铸造标准应用手册

下

全国铸造标准化技术委员会 组编
娄延春 主编

机械工业出版社

本手册主要对"十三五"以来发布实施的铸钢、铸铁、铸造有色合金、熔模铸造、通用基础等相关铸造国家标准和行业标准进行了系统解读，提示了如何去理解和贯彻这些标准；每一节解读一个标准，基本包括标准概况、标准主要内容说明、标准的特点与应用、标准内容四个部分。手册最后一章还对部分铸铁国际标准进行了解读，并以附录形式提供了铸造国家标准和行业标准目录、ISO 铸造标准和 ASTM 铸造标准目录。本手册由全国铸造标准化技术委员会组织编写，涉及铸造国家标准和行业标准 31 项，铸造国际标准 7 项，内容实用，具有权威性。本手册有助于读者对铸造行业各相关领域现行标准的理解与更好的应用，对贯彻铸造标准具有重要的参考价值。

本手册可供与铸造行业相关的工程技术人员、检测人员、科研人员及销售人员等使用。

图书在版编目（CIP）数据

铸造标准应用手册. 下/全国铸造标准化技术委员会组编；娄延春主编. —北京：机械工业出版社，2023.3
ISBN 978-7-111-72443-8

Ⅰ.①铸⋯ Ⅱ.①全⋯ ②娄⋯ Ⅲ.①铸造-标准-技术手册 Ⅳ.①TG2-65

中国版本图书馆 CIP 数据核字（2022）第 256175 号

机械工业出版社（北京市百万庄大街 22 号　邮政编码 100037）
策划编辑：陈保华　沈　红　　责任编辑：陈保华　王春雨
责任校对：樊钟英　张　征　　责任印制：刘　媛
盛通（廊坊）出版物印刷有限公司印刷
2023 年 4 月第 1 版第 1 次印刷
184mm×260mm·36.75 印张·2 插页·911 千字
标准书号：ISBN 978-7-111-72443-8
定价：229.00 元

电话服务　　　　　　　　网络服务
客服电话：010-88361066　机 工 官 网：www.cmpbook.com
　　　　　010-88379833　机 工 官 博：weibo.com/cmp1952
　　　　　010-68326294　金　书　网：www.golden-book.com
封底无防伪标均为盗版　　机工教育服务网：www.cmpedu.com

《铸造标准应用手册 下》
编委会

主　任：娄延春

副主任：苏仕方

编　委：南　海　　吴智信　　谢华生　　王成刚　　李锋军

　　　　金　立　　冯志军　　赵　军　　张　寅　　于　波

　　　　邱克强　　陈亚涛　　王顺序　　丛建臣　　夏少华

　　　　冯军宁　　吕志刚　　马　波　　修　坤　　李兴捷

　　　　王泽华　　邓　涵　　刘时兵　　朱家辉　　刘冬梅

　　　　秦广华

序

标准化对科技创新、产业发展、国际贸易、国家治理和社会管理的影响越来越广泛,也越来越深刻。

2021年10月,中共中央、国务院印发了《国家标准化发展纲要》。纲要指出:标准是经济活动和社会发展的技术支撑,是国家基础性制度的重要方面。纲要进一步明确地将标准化提升到党和国家事业发展全局的战略高度,充分说明了标准化在推进国家治理体系和治理能力现代化中发挥的基础性、引领性作用,这是我国标准化事业发展史上重大的里程碑事件。新时代推动高质量发展、全面建设社会主义现代化国家,迫切需要进一步加强标准化工作。

铸造标准化工作是铸造行业重要的基础性技术工作,对引领和促进铸造技术进步、保证产品质量和安全、提高生产率和开展国际贸易有着重要的作用。

"十三五"以来,全国铸造标准化技术委员会组织众多单位开展了标准研制工作,完成了72项标准的制定和修订工作,其中,国家标准44项(新制定18项,修订26项),行业标准28项(新制定12项,修订16项),增加了铸造节能、资源再生再利用、铸造安全生产、清洁生产、铸件检测、艺术铸造等领域的标准,进一步补充完善了我国铸造标准体系。经过几十年的发展,我国铸造标准化工作取得了显著的进步,目前现行的铸造国家标准106项,行业标准81项,已构建起具有系统性、协调性、适用性、前瞻性的比较完善的适应铸造行业科学发展需求的铸造标准体系。铸造国家标准体系构架逐步过渡到和ISO(国际标准化组织)标准体系保持一致。现有标准体系已涵盖了主要铸造工艺、主要铸件合金材料、主要检测方法,为产业发展提供了技术支撑,基本满足了行业发展的需要。标准在铸造产业发展的技术支撑和引领、技术创新、促进产业规范化和国际交流与合作等方面发挥了重要作用,效果显著。

"十三五"期间,我国铸造标准化在参与国际标准化工作方面取得了新的突破。2019年5月,ISO正式发布实施ISO 945-4:2019 *Microstructure of cast irons—Part 4:Test method for evaluating nodularity in spheroidal graphite cast irons*(中文名:《铸铁金相组织 第4部分:球墨铸铁球化率评定方法》)。ISO 945-4是首个由我国提出并负责制定的铸造国际标准,也是全国铸造标准化技术委员会首次组织国内铸造企业制定的国际标准。ISO 945-4的发布有利于提高我国铸铁标准的质量和水平,促进国外同行对我国铸造技术和铸造现状的了解,标志着我国铸铁和生铁领域在实质性参与国际标准化工作程度和实效上取得了重要的突破,对提高我国铸铁和生铁材料水平及其检验水平起到了积极的促进作用,为我国今后参与国际标准的制定和国际标准方面的合作创造了有利条件。

此次出版的《铸造标准应用手册 下》包含了全国铸造标准化技术委员会组织研制,由国家标准化管理委员会批准发布实施的30项国家标准及由工业和信息化部批准发布实施的1项行业标准的解读内容,还包括了7项铸铁材料国际标准的解读内容。全国铸造标准化技术委员会组织了众多来自标准研制工作单位的专家对这些标准进行了技术解读。手册的出版旨在使这些标准能够在铸造行业内得到更好的贯彻应用,并对我国铸造行业的技术进步与发展起到积极的引领和促进作用。

祝贺《铸造标准应用手册 下》出版发行!

祝愿我国铸造标准化工作在引领和促进铸造行业高质量发展中发挥更大的作用!

中国工程院院士

中国机械工程学会铸造分会主任委员

上海交通大学教授

丁文江

前　言

铸造标准化工作是铸造行业重要的基础性技术工作，铸造标准是铸造行业发展和质量技术基础的核心要素。铸造标准作为铸造行业产品设计、制造、采购、检测、使用和维护的依据，其系统性、协调性、适用性和前瞻性决定了铸造行业产品质量的整体水平和竞争力。随着我国铸造标准体系的不断优化、完善，铸造标准为我国铸件生产、产品质量检验提供了重要的技术依据，在我国铸造产业的发展中起到了重要的技术支撑作用。

作为标准宣贯的重要手段之一，《铸造标准应用手册》在指导铸造标准有效应用、发挥和释放标准核心要素价值、引领和促进铸造行业高质量发展方面有着十分重要的意义和作用。

全国铸造标准化技术委员会和机械工业出版社合作，于2011年和2016年先后编辑出版了《铸造标准应用手册　上》《铸造标准应用手册　中》，对指导铸造标准在铸造生产、科研和国际合作中的应用起到了重要作用。"十三五"期间，我国又制定和修订了一批铸造国家标准和行业标准，为了指导我国广大铸造工作者准确掌握和了解这些标准的技术内容，并正确实施这些标准，我们编写了《铸造标准应用手册　下》。本手册包含了"十三五"以来由全国铸造标准化技术委员会组织制定和修订的30项铸造国家标准和1项行业标准的技术解读内容及标准内容，还包含了7项铸铁材料国际标准的解读内容及铸铁材料国际标准概述。本手册还附有目前正在实施的铸造国家标准和行业标准目录、ISO铸造标准和ASTM铸造标准目录。

本手册分为六章，分别为：铸钢、铸铁、铸造有色合金、熔模铸造、通用基础和铸铁国际标准。每节解读一个标准，基本包括标准概况、标准主要内容说明、标准的特点与应用、标准内容四个部分。本手册涉及铸造行业的国家标准和行业标准30项，以及铸造国际标准7项。读者使用各项标准时应以正式出版的标准文本为准，本手册所列标准内容仅供参考。

本手册由全国铸造标准化技术委员会组织编写，编写工作得到了各章节编写人员的大力支持，这些编写人员来自22家标准起草单位，在手册各章节均有署名。在此，对各位编写人员表示衷心感谢！

本手册的出版得到了机械工业出版社的大力支持，在此表示衷心感谢！

同时，我们还真诚地希望读者对标准文本内容与标准解读方面存在的差错和问题提出意见和建议，以便更正和解决。我们希望更多的单位和有关人员继续关注、支持和参与铸造国家标准和行业标准的制定和修订工作，让我们一同努力，持续提升我国铸造标准化工作质量和标准应用水平，让铸造标准在我国铸造业高质量发展中发挥重要作用。

全国铸造标准化技术委员会

目　录

序
前言

第一章　铸钢 ……………………………………… 1
　第一节　通用铸造碳钢和低合金钢铸件 …… 1
　第二节　通用耐蚀钢铸件 …………………… 17
　第三节　高温承压马氏体不锈钢和
　　　　　合金钢通用铸件 …………………… 33
　第四节　承压钢铸件 ………………………… 44
　第五节　工程结构用中、高强度不锈钢
　　　　　铸件金相检验 ……………………… 70
　第六节　铸钢件焊接工艺评定规范 ………… 84
　第七节　铸钢件　交货验收通用技术
　　　　　条件 ………………………………… 103

第二章　铸铁 ……………………………………… 118
　第一节　球墨铸铁件 ………………………… 118
　第二节　球墨铸铁件　超声检测 …………… 146
　第三节　球墨铸铁金相检验 ………………… 159
　第四节　蠕墨铸铁件 ………………………… 211
　第五节　铸铁楔压强度试验方法 …………… 232
　第六节　生铁及铸铁　铬、铜、镁、锰、
　　　　　钼、镍、磷、锡、钛、钒和
　　　　　硅的测定　电感耦合等离子
　　　　　体原子发射光谱法 ………………… 238
　第七节　铁型覆砂造型机 …………………… 253

第三章　铸造有色合金 …………………………… 261
　第一节　铸造有色金属及其合金牌号
　　　　　表示方法 …………………………… 261
　第二节　铝合金铸件射线照相检测
　　　　　缺陷分级 …………………………… 270
　第三节　铝合金石膏型铸造通用技术
　　　　　导则 ………………………………… 290
　第四节　铸造铝合金　半固态流变
　　　　　压铸成形工艺规范 ………………… 297
　第五节　镁合金铸件 ………………………… 314
　第六节　钛合金铸件表面处理技术
　　　　　规范 ………………………………… 325

第四章　熔模铸造 ………………………………… 333
　第一节　熔模铸造低温模料　第1部分：
　　　　　物理性能试验方法 ………………… 333
　第二节　熔模铸造低温模料　第2部分：
　　　　　使用性能试验方法 ………………… 349
　第三节　熔模铸造用硅砂、粉 ……………… 363
　第四节　熔模铸造用铝矾土砂、粉 ………… 369

第五章　通用基础 ………………………………… 378
　第一节　铸件　尺寸公差、几何公差与
　　　　　机械加工余量 ……………………… 378
　第二节　铸件重量公差 ……………………… 398
　第三节　铸造表面粗糙度　评定
　　　　　方法 ………………………………… 405
　第四节　铸件 X 射线数字成像
　　　　　检测 ………………………………… 409
　第五节　铸件　射线照相检测 ……………… 433
　第六节　铸钢铸铁件　渗透检测/
　　　　　磁粉检测 …………………………… 458

第六章　铸铁国际标准 …………………………… 520
　第一节　概述 ………………………………… 520
　第二节　灰铸铁　分类 ……………………… 525
　第三节　球墨铸铁　分类 …………………… 530
　第四节　蠕墨铸铁　分类 …………………… 538
　第五节　奥氏体铸铁　分类 ………………… 542
　第六节　抗磨铸铁 …………………………… 547
　第七节　铸造　等温淬火球墨铸铁
　　　　　分类 ………………………………… 553
　第八节　铸铁金相组织　球墨铸铁球
　　　　　化率评定方法 ……………………… 560

附录 ……………………………………………… 568
　附录 A　全国铸造标准化技术委员会
　　　　　简介 ………………………………… 568
　附录 B　铸造国家标准和行业标准 ………… 569
　附录 C　ISO 铸造标准和 ASTM 铸造
　　　　　标准 ………………………………… 574

第一章 铸 钢

第一节 通用铸造碳钢和低合金钢铸件

陈 涛 顾丽丽

一、标准概况

GB/T 40802—2021《通用铸造碳钢和低合金钢铸件》是根据国标委发〔2019〕22 号文件首次制定的，于 2021 年 10 月 11 日发布，2022 年 5 月 1 日正式实施。该标准修改采用了 ISO 14737：2015《一般用途铸造碳钢和低合金钢》中包括化学成分、力学性能和附录在内的大部分内容，并对部分内容进行针对性的修改、调整与补充。铸造碳钢和低合金钢是应用最为广泛的铸钢材料，但生产企业使用的技术标准各异，产品质量存在较大差别，应制定统一的国家标准以满足产业发展的需求。ISO 14737 从首次制定至今已实施近 18 年，所列材料主要技术指标也得到了实际验证。

二、标准主要内容说明

1. 技术要求

（1）牌号　GB/T 40802—2021 所涉牌号与 GB/T 14408《一般工程与结构用低合金钢铸件》、GB/T 11352《一般工程用铸造碳钢件》两标准完全不同。标准中大部分低合金钢牌号同时在 EN 10293：2005 中也有列出，化学成分及力学性能相同或接近，使用过程要辨别客户所用标准号。GB/T 40802—2021 删除了 ISO 14737：2015 中 GE200、GE240 两牌号。因为 ISO 14737：2015 中的 GE200、GE240 分别与 GS200、GS240 比较，力学性能相近，后两者磷硫含量更低，力学性能更加好。GS200、GS240 的磷硫含量均为 $w(P) \leqslant 0.030\%$，$w(S) \leqslant 0.025\%$，而 GE200、GE240 的磷硫含量均为 $w(P) \leqslant 0.035\%$，$w(S) \leqslant 0.030\%$，并且 C、Si、Mn 没有限制；GS200、GS240 的最小冲击吸收能量 KV 分别为 35J、31J，而 GE200、GE240 的最小冲击吸收能量 KV 均为 27J。GE200、GE240 两牌号的市场份额和实用意义不大。

GB/T 40802—2021 按照 GB/T 5613—2014《铸钢牌号表示方法》的规定对所有牌号重新命名，大部分材料牌号（ZG19Mo 除外）中碳的名义含量数值与 ISO 14737 保持一致。因为部分牌号的平均碳含量无论是向上取整，还是向下取整，都不是很准确，为方便对照，采用向下取整，保持和 ISO 14737 的牌号一致。

表 1.1-1 为该标准部分牌号与 GB/T 11352—2009 的对比情况（壁厚均为≤100mm）。后者降低碳含量提高锰含量，仍保持较高强度和韧性，尤其是 ZG340-550 中碳的质量分数已降至 0.30%以下。表 1.1-1 中各牌号碳当量大多数有所下降，利于提高焊接性能（仅 ZG340-550 焊接性能欠佳）；降低硫含量上限以减少晶粒周围 FeS 和 FeS-Fe 共晶体的存量，降低磷含量上限以减少晶粒周围 Fe_2P 的析出倾向，从而提高力学性能；降低大部分牌号的抗拉强度标准值并规定上限，使其屈强比可以大概率地在合理范围，提高结构零件设计的可靠性。

表 1.1-1　GB/T 40802—2021 部分牌号与 GB/T 11352—2009 的对比情况

序号	标准号	材料牌号	主要化学元素(质量分数,%)						力学性能				
			C≤	Si≤	Mn≤	P≤	S≤	CE[①]	规定塑性延伸强度 $R_{p0.2}$ /MPa ≥	抗拉强度 R_m /MPa ≥	断后伸长率 A (%) ≥	断面收缩率 Z (%) ≥	冲击吸收能量 KV_2 /J ≥
1	GB/T 11352	ZG200-400	0.20	0.60	0.80	0.035	0.035	0.33	200	400	25	40	30
	GB/T 40802	ZG200-380	0.18	0.60	1.20	0.030	0.025	0.38	200	380~530	25		35
2	GB/T 11352	ZG230-450	0.30	0.60	0.90	0.035	0.035	0.45	230	450	22	32	25
	GB/T 40802	ZG240-450	0.23	0.60	1.20	0.030	0.025	0.43	240	450~600	22		31
3	GB/T 11352	ZG270-500	0.40	0.60	0.90	0.035	0.035	0.55	270	500	18	25	22
	GB/T 40802	ZG270-480	0.24	0.60	1.30	0.030	0.025	0.46	270	480~630	18		27
4	GB/T 11352	ZG340-640	0.60	0.60	0.90	0.035	0.035	0.75	340	640	10	18	10
	GB/T 40802	ZG340-550	0.30	0.60	1.50	0.030	0.025	0.55	340	550~700	15		20

① CE 为碳当量,CE=w(C)+w(Mn)/6+w(Cr+V+Mo)/5+w(Ni+Cu)/15,此公式已为国际焊接学会和美国 ASTM 学会采用;表中 CE 值计算时 C、Mn 均取上限,未考虑残余元素。

(2) 化学成分　GB/T 40802—2021 在 ISO 14737:2015 表 1 的基础上增加了:铸件的成品化学成分允许偏差应符合 GB/T 222《钢的成品化学成分允许偏差》的规定。

(3) 力学性能　GB/T 40802—2021 在 ISO 14737:2015 表 2 的基础上做了如下修改:

将 ISO 14737:2015 的表 2 表头中"KV"修改为"KV_2",因为国内标准普遍采用"KV_2",即 V 型缺口在 2mm 摆锤刀刃下的冲击吸收能量。

备注和角标调整:删除 ISO 14737:2015 表头中"符号"的上角标"c",同时删除备注"c.T 后面的数字 1、2 或 3 代表不同的回火温度"。因为该备注表意不准确,尤其对序号 8 而言,QT1 和 QT2 的回火温度均为 640℃~660℃,其区别在于力学性能存在差异。经查阅中国机械工程学会铸造分会组编的《铸造手册:第 2 卷 铸钢》(第 3 版),所涉内容也未对此进行备注。无此备注不影响技术判断,故做上述调整。

另外做了三处修改:

1) 将 ZG10Mn2MoV+QT2 的壁厚(mm)范围(第 1 行)做出修改:ISO 14737:2015 中 G10MnMoV6-3+QT2 对应"50<t≤100",GB/T 40802—2021 将其修改为"≤50"。因 ISO 14737:2003 中 G10MnMoV6-3+QT2 对应"≤50";ISO 14737:2015 前言部分对新版更改的内容中未提及壁厚方面的任何修改;ISO 14737:2015 中第一、二行均为"50<t≤100",在热处理工艺(淬火+回火)参数相同条件下,对应的力学性能有较大差异。标准工作组一致认为 ISO 14737:2015 中的"50<t≤100"为笔误,故做此修改。

2) 将 ZG25NiCrMo+QT1 的回火温度(℃)范围"500~650"修改为"600~650"。原因:ISO 14737:2015 中,G25NiCrMo2-2+QT1 对应的回火温度下限(500)与 QT2 回火温度(550~600)相比明显偏低:回火温度降至 500℃,但强度指标反而比后者低;"500~650"的回火温度范围过大;同时结合此牌号相关生产企业的实际回火温度数据做此修改。

3) 将 ZG25NiCrMo + QT2 的回火温度（℃）范围做出修改：ISO 14737：2015 中 G25NiCrMo2-2+ QT2 对应 "550~500"，GB/T 40802 将其修改为 "550~600"。因 ISO 14737：2003 中 G25NiCrMo2-2+QT2 对应 "550~600"；ISO 14737：2015 前言部分对新版更改的内容中未提及回火温度方面的任何修改；ISO 14737：2015 中 "550~500" 的表达方式不符合其行文习惯。标准工作组一致认为 "550~500" 为笔误，故做此修改。

以上三处均在新修订的 ISO 14737：2021（2021 年 7 月发布）中得到修改。

（4）其他技术要求 GB/T 40802—2021 额外规定了铸件的热处理按 GB/T 16923《钢件的正火与退火》、GB/T 16924《钢件的淬火与回火》执行，并在 6.6 判定规则里对重新热处理规则予以说明，便于供需双方在热处理工艺条件、热处理工件状态、热处理记录等方面达成共识。GB/T 40802—2021 将 ISO 4990 中对几何形状和尺寸、焊补、重量偏差和无损检测等方面的规定作为一般要求列出，并按实际情况采用国内标准。增加 4.9 条：对焊补缺陷大小、缺陷清除、焊工资质、焊补工艺、焊后热处理、焊后检查等做出规定，并对重大焊补进行定义和要求。增加 4.10 条：允许通过矫正的方法消除铸件变形。

2. 检验方法与检验规则

GB/T 40802—2021 规定的检验方法与检验规则比 ISO 14737：2015 的内容更加丰富，条款更加明确。包括化学成分分析、力学性能试验及复验、表面质量、铸件几何形状和尺寸、重新热处理、无损检测等多项条款被列入该标准，同时对检验实施方、检验地点以及争议情况下的检验方法、批次划分等做出说明。

具体技术差异如下：

1）化学成分分析方面：ISO 14737：2015 仅列出表 1 中的化学成分。而 GB/T 40802—2021 额外规定了化学分析试样的取样方法和化学成分分析方法需要执行的标准，同时规定了检验频次，并将光谱分析列为常用的分析方法。

2）力学性能试验方面：ISO 14737：2015 仅列出表 2 中的力学性能，规定试块的壁厚应不低于 28mm，规定了壁厚超过表 2 中最大壁厚时所测力学性能的判定方法。而 GB/T 40802—2021 在室温拉伸试验和室温冲击试验的检验方法上采用国家标准，其检验规则与 ISO 4990 保持一致；明确单铸试块的制作和取样方法，规定附铸试块的要求和切取方法；规定力学性能试验失效的判定方法和复验规则。

3）无损检测方面：ISO 14737：2015 无具体规定。而 GB/T 40802—2021 规定铸件可以按照图样或合同规定的检测方法、检测范围、检测数量、验收标准进行渗透检测、磁粉检测、超声检测和射线检测，分别检测其表面及内部缺陷。

3. 附录

新增附录 A 列出了 GB/T 40802—2021 与 ISO 14737：2015 的章条编号对照表。

新增附录 B 列出了 GB/T 40802—2021 与 ISO 14737：2015 的技术性差异及其原因一览表。

附录 C 代替 ISO 14737：2015 附录 A 焊接指导性数据。为了更加贴近生产实际情况并与前文习惯保持一致，将 ZG17Cr2Mo 的焊后热处理温度（℃）做出调整：ISO 14737：2015 中 G17CrMo9-10 对应 ">680"，该标准将其修改为 "≥680"。实际工况下焊后热处理温度相差 1℃，对于产品内在质量和力学性能的影响可以忽略。

附录 D 列出了 GB/T 40802—2021 与 ISO 14737：2015 以及相近 UNS 铸钢牌号的对照表。

三、标准的特点与应用

GB/T 40802—2021为推荐性国家标准,适用于通用碳钢和低合金钢铸件的生产和验收。其内容详细、准确、条理清晰,更适合我国铸造工作者的使用习惯。建议各生产和使用单位全面采用该标准,严格控制实际运用中的工艺参数,保证精准测试力学性能,客观反馈测试结果,以便及时修订。GB/T 40802—2021列出的各牌号铸钢的典型应用见表1.1-2,仅供参考。

表1.1-2　GB/T 40802—2021列出的各牌号铸钢的典型应用

序号	材料牌号	材料用途
1	ZG200-380	用于载荷不大,要求一定程度冲击韧性的各种机械零件,如机座、变速箱等
2	ZG240-450	用于载荷不大,要求一定程度冲击韧性的各种机械零件,如砧座、轴承盖、外壳、阀体,实际化学成分、力学性能和焊接性能近似GB/T 7659 ZG230-450H和ASTM A216/A216M WCB
3	ZG270-480	用于载荷中等的各种机械零件,如轧钢机机架、轴承座、连杆、箱体、横梁、缸体等,实际化学成分、力学性能和焊接性能近似GB/T 7659 ZG275-485H和ASTM A216/A216M WCC
4	ZG340-550	用于载荷较高、需要一定程度耐磨性的零件,如大齿圈、制动轮等
5	ZG28Mn2	主要以调质状态使用。通过提高锰含量,细化珠光体,改善淬透性,增加强度和耐磨性,可用于承受冲击和摩擦的零件,如齿轮等。由于锰含量较高,其焊接性能较差,且铸造过程要采取措施防止裂纹
6	ZG28MnMo	与ZG28Mn2相比,稍降低锰含量,但加入钼后仍能保持良好的淬透性,室温下屈强比较高,同时高温下仍有较高的屈服强度,并且无明显的回火脆性,焊接性能稍微改善。可用于有耐磨要求的齿轮等零件
7	ZG19Mo ZG17CrMo ZG17Cr2Mo	属于铁素体热强钢,可在静载荷的高温环境下工作。屈服强度随温度升高而降低,但在500℃~550℃仍能保持室温屈服强度的50%~60%,具体参见EN 10213—2007表6。ZG19Mo、ZG17CrMo和ZG17Cr2Mo的化学成分分别接近ASTM A217/A217M高温承压件用合金钢WC1、WC6和WC9,其中WC1经NT处理后的力学性能与ZG19Mo+QT相当。ZG17CrMo和ZG17Cr2Mo在经过QT处理后强度性能指标分别比WC6和WC9(均为NT处理)更高。ZG17CrMo可用于风扇磨煤机结构零件(叶片和护板等为高锰钢、中铬或低合金耐磨钢)
8	ZG10Mn2MoV	加入钒,能提高其抗蠕变能力。用于对安全可靠性有要求的零件,如大型体育场馆屋面索盖
9	ZG20NiCrMo	调质处理后有较高的韧性和疲劳强度,可用于较大截面尺寸的机器零件
10	ZG25NiCrMo ZG30NiCrMo	正火+回火状态很少使用。油淬+回火(QT1,QT2)后可用于重型机械零件、直径≥φ300mm的重要场合齿轮件。其中ZG30NiCrMo牌号提高碳、铬含量至上限,经水淬+回火后抗拉强度、硬度大幅提高,无明显屈服点,但塑性和冲击韧性急剧下降,使用中不易变形和开裂,可以用于挖机斗齿、破碎机护板、锤头、球磨机二/三仓衬板等零件
11	ZG26CrMo	用于中低载荷的直齿轮、高压缸体等零件
12	ZG34CrMo	室温强度高,冲击韧性好,有较高的疲劳强度和高温(500℃)抗蠕变强度,用于制造承受冲击、扭矩、高载荷的各种重要的机器零件,如人字齿轮、链轮、电铲支承轮、轴承体、齿圈等零件

(续)

序号	材料牌号	材料用途
13	ZG42CrMo	中碳调质高强度钢，具有抗多次冲击能力和较高的疲劳强度，用于比 ZG34CrMo 要求更高的工况条件，可以用作注塑设备、折弯机等机器零件，如锥齿轮、牵引机传动齿轮、齿条、行星架。复杂和壁厚不均的铸件会出现收缩原因引起的裂纹，需要铸造工艺采取相应措施来预防
14	ZG30Cr2MoV	高强度钢，有较高的持久强度和热强性，钒的碳化物和氮化物能阻碍钢在高温受力时沿晶界产生滑移，从而提高其抗蠕变能力，用于汽轮机、燃气轮机、水轮机、离心泵、轴流泵等重要装备零件。铸造工艺性差，生产过程容易产生裂纹，需要通过炉外钢液精炼减少裂纹倾向
15	ZG35Cr2Ni2Mo	高强度钢，用于要求综合力学性能优良的铸件，如锥齿轮、小齿轮、吊车行走轮、重要的轴等
16	ZG30Ni2CrMo ZG40Ni2CrMo	高强度钢。与本表序号 10 中 ZG30NiCrMo 相比，ZG30Ni2CrMo 在提高镍含量后，调质后可以得到更高的强度指标，同时保持优良的塑性和韧性。ZG30Ni2CrMo、ZG40Ni2CrMo 在正火+回火后即可达到较高的屈服强度（分别为 ≥550MPa，≥585MPa），便于制造大型且复杂的铸件
17	ZG32Ni2CrMo	典型的风电用高强度钢。与本表序号 16 中 ZG30Ni2CrMo 相比，镍、铬、钼含量均有增加，大幅提高屈强比，同时保持较高的冲击韧性（$KV_2 \geqslant 35J$），综合力学性能优良

四、标准内容

GB/T 40802—2021

通用铸造碳钢和低合金钢铸件

1 范围

本文件规定了通用铸造碳钢和低合金钢铸件的技术要求、检验方法、检验规则、标识、合格证、包装和贮运。

本文件适用于通用铸造碳钢和低合金钢铸件（以下简称"铸件"）。

2 规范性引用文件

下列文件中的内容通过文中的规范性引用而构成本文件必不可少的条款。其中，注日期的引用文件，仅该日期对应的版本适用于本文件；不注日期的引用文件，其最新版本（包括所有的修改单）适用于本文件。

GB/T 222 钢的成品化学成分允许偏差

GB/T 223.5 钢铁 酸溶硅和全硅含量的测定 还原型硅钼酸盐分光光度法（GB/T 223.5—2008，ISO 4829-1：1986，MOD）

GB/T 223.11 钢铁及合金 铬含量的测定 可视滴定或电位滴定法（GB/T 223.11—2008，ISO 4937：1986，MOD）

GB/T 223.14 钢铁及合金化学分析方法 钽试剂萃取光度法测定钒含量

GB/T 223.19 钢铁及合金化学分析方法 新亚铜灵-三氯甲烷萃取光度法测定铜量

GB/T 223.23 钢铁及合金 镍含量的测定 丁二酮肟分光光度法

GB/T 223.25 钢铁及合金化学分析方法 丁二酮肟重量法测定镍量

GB/T 223.26 钢铁及合金 钼含量的测定 硫氰酸盐分光光度法

GB/T 223.59 钢铁及合金 磷含量的测定 铋磷钼蓝分光光度法和锑磷钼蓝分光光度法

GB/T 223.63 钢铁及合金化学分析方法 高碘酸钠（钾）光度法测定锰量

GB/T 223.68 钢铁及合金化学分析方法 管式炉内燃烧后碘酸钾滴定法测定硫含量

GB/T 223.69 钢铁及合金 碳含量的测定 管式炉内燃烧后气体容量法

GB/T 228.1 金属材料 拉伸试验 第1部分：室温试验方法（GB/T 228.1—2010，ISO 6892-1：2009，MOD）

GB/T 229 金属材料 夏比摆锤冲击试验方法（GB/T 229—2020，ISO 148-1：2016，MOD）

GB/T 4336 碳素钢和中低合金钢 多元素含量的测定 火花放电原子发射光谱法（常规法）

GB/T 5677 铸件 射线照相检测（GB/T 5677—2018，ISO 4993：205，MOD）

GB/T 6414 铸件 尺寸公差、几何公差与机械加工余量（GB/T 6414—2017，ISO 8062-3：2007，MOD）

GB/T 7233.1 铸钢件 超声检测 第1部分：一般用途铸钢件（GB/T 7233.1—2009，ISO 4992-1：2006，MOD）

GB/T 8170 数值修约规则与极限数值的表示和判定

GB/T 9443 铸钢铸铁件 渗透检测（GB/T 9443—2019，ISO 4987：2010，MOD）

GB/T 9444 铸钢铸铁件 磁粉检测（GB/T 9444—2019，ISO 4986：2010，MOD）

GB/T 11351 铸件重量公差

GB/T 15056 铸造表面粗糙度 评定方法

GB/T 16923 钢件的正火与退火

GB/T 16924 钢件的淬火与回火

GB/T 20066 钢和铁 化学成分测定用试样的取样和制样方法（GB/T 20066—2006，ISO 14284：1996，IDT）

GB/T 39428 砂型铸钢件 表面质量目视检测方法（GB/T 39428—2020，ISO 11971：2020，MOD）

3 术语和定义

本文件没有需要界定的术语和定义。

4 技术要求

4.1 制造

除另有规定外，熔炼方法和铸造工艺由供方决定。

4.2 化学成分

4.2.1 化学成分应符合表1的规定。

表1 化学成分

序号	材料牌号	主要化学元素（质量分数,%）									
		C	Si	Mn	P	S	Cr	Mo	Ni	V	Cu
1	ZG200-380	0.18	0.60	1.20	0.030	0.025	0.30	0.12	0.40	0.03	0.30
2	ZG240-450	0.23	0.60	1.20	0.030	0.025	0.30	0.12	0.40	0.03	0.30

(续)

序号	材料牌号	主要化学元素(质量分数,%)									
		C	Si	Mn	P	S	Cr	Mo	Ni	V	Cu
3	ZG270-480	0.24	0.60	1.30	0.030	0.025	0.30①	0.12①	0.40①	0.03①	0.30①
4	ZG340-550	0.30	0.60	1.50	0.030	0.025	0.30①	0.12①	0.40①	0.03①	0.30①
5	ZG28Mn2	0.25~0.32	0.60	1.20~1.80	0.035	0.030	0.30	0.15	0.40	0.05	0.30
6	ZG28MnMo	0.25~0.32	0.60	1.20~1.60	0.025	0.025	0.30	0.20~0.40	0.40	0.05	0.30
7	ZG19Mo	0.15~0.23	0.60	0.50~1.00	0.025	0.020②	0.30	0.40~0.60	0.40	0.05	0.30
8	ZG10Mn2MoV	0.12	0.60	1.20~1.80	0.025	0.020	0.30	0.20~0.40	0.40	0.05~0.10	0.30
9	ZG20NiCrMo	0.18~0.23	0.60	0.60~1.00	0.035	0.030	0.40~0.60	0.15~0.25	0.40~0.70	0.05	0.30
10	ZG25NiCrMo	0.23~0.28	0.60	0.60~1.00	0.035	0.030	0.40~0.60	0.15~0.25	0.40~0.70	0.05	0.30
11	ZG30NiCrMo	0.28~0.33	0.60	0.60~1.00	0.035	0.030	0.40~0.60	0.15~0.25	0.40~0.70	0.05	0.30
12	ZG17CrMo	0.15~0.20	0.60	0.50~1.00	0.025	0.020②	1.00~1.50	0.45~0.65	0.40	0.05	0.30
13	ZG17Cr2Mo	0.13~0.20	0.60	0.50~0.90	0.025	0.020②	2.00~2.50	0.90~1.20	0.40	0.05	0.30
14	ZG26CrMo	0.22~0.29	0.60	0.50~0.80	0.025	0.020②	0.80~1.20	0.15~0.30	0.40	0.05	0.30
15	ZG34CrMo	0.30~0.37	0.60	0.50~0.80	0.025	0.020②	0.80~1.20	0.15~0.30	0.40	0.05	0.30
16	ZG42CrMo	0.38~0.45	0.60	0.60~1.00	0.025	0.020②	0.80~1.20	0.15~0.30	0.40	0.05	0.30
17	ZG30Cr2MoV	0.27~0.34	0.60	0.60~1.00	0.025	0.020②	1.30~1.70	0.30~0.50	0.40	0.05~0.15	0.30
18	ZG35Cr2Ni2Mo	0.32~0.38	0.60	0.60~1.00	0.025	0.020②	1.40~1.70	0.15~0.35	1.40~1.70	0.05	0.30
19	ZG30Ni2CrMo	0.28~0.33	0.60	0.60~0.90	0.035	0.030	0.70~0.90	0.20~0.30	1.65~2.00	0.05	0.30
20	ZG40Ni2CrMo	0.38~0.43	0.60	0.60~0.90	0.035	0.030	0.70~0.90	0.20~0.30	1.65~2.00	0.05	0.30
21	ZG32Ni2CrMo	0.28~0.35	0.60	0.60~1.00	0.020	0.015	1.00~1.40	0.30~0.50	1.60~2.10	0.05	0.30

注：表中的单个值为最大值。
① Cr+Mo+Ni+V+Cu≤1.00%。
② 主要壁厚<28mm 的铸件，S 可≤0.030%。

4.2.2 当需方要求时，可进行成品化学成分分析，成分允许偏差应符合 GB/T 222 的规定。

4.3 力学性能

4.3.1 力学性能应符合表2 的规定。

表 2 室温力学性能

序号	材料牌号	热处理状态				力学性能			
		符号	正火或淬火温度/℃	回火温度/℃	壁厚 t/mm	规定塑性延伸强度 $R_{p0.2}$/MPa	抗拉强度 R_m/MPa	断后伸长率 A(%)	冲击吸收能量 KV_2/J
1	ZG200-380	+N	900~980	—	≤100	≥200	380~530	≥25	≥35
2	ZG240-450	+N	880~980	—	≤100	≥240	450~600	≥22	≥31
3	ZG270-480	+N	880~960	—	≤100	≥270	480~630	≥18	≥27
4	ZG340-550	+N	880~960	—	≤100	≥340	550~700	≥15	≥20

（续）

序号	材料牌号	热处理状态			力学性能			
		符号	正火或淬火温度/℃	回火温度/℃	壁厚 t /mm	规定塑性延伸强度 $R_{p0.2}$ /MPa	抗拉强度 R_m /MPa	断后伸长率 A (%)	冲击吸收能量 KV_2 /J
5	ZG28Mn2	+N	—	—	≤250	≥260	520~670	≥18	≥27
		+QT1	880~950	630~680	≤100	≥450	600~750	≥14	≥35
		+QT2		580~630	≤50	≥550	700~850	≥10	≥31
6	ZG28MnMo	+QT1	880~950	630~680	≤50	≥500	700~850	≥12	≥35
					≤100	≥480	670~830	≥10	≥31
		+QT2		580~630	≤100	≥590	850~1000	≥8	≥27
7	ZG19Mo	+QT	920~980	650~730	≤100	≥245	440~590	≥22	≥27
8	ZG10Mn2MoV	+QT1	950~980	640~660	≤50	≥380	500~650	≥22	≥60
					50<t≤100	≥350	480~630	≥22	≥60
					100<t≤150	≥330	480~630	≥20	≥60
					150<t≤250	≥330	450~600	≥18	≥60
		+QT2			≤50	≥500	600~750	≥18	≥60
					50<t≤100	≥400	550~700	≥18	≥60
					100<t≤150	≥380	500~650	≥18	≥60
					150<t≤250	≥350	460~610	≥18	≥60
		+QT3[①]		740~760+600~650	≤100	≥400	520~650	≥22	≥27[②]
									≥60
9	ZG20NiCrMo	+NT	900~980	610~660	≤100	≥200	550~700	≥18	≥10
		+QT1		600~650		≥430	700~850	≥15	≥25
		+QT2		500~550		≥540	820~970	≥12	≥25
10	ZG25NiCrMo	+NT	900~980	580~630	≤100	≥240	600~750	≥18	≥10
		+QT1		600~650		≥500	750~900	≥15	≥25
		+QT2		550~600		≥600	850~1000	≥12	≥25
11	ZG30NiCrMo	+NT	900~980	600~650	≤100	≥270	630~780	≥18	≥10
		+QT1		600~650		≥540	820~970	≥14	≥25
		+QT2		550~600		≥630	900~1050	≥11	≥25
12	ZG17CrMo	+QT	920~960	680~730	≤100	≥315	490~690	≥20	≥27
13	ZG17Cr2Mo	+QT	930~970	680~740	≤150	≥400	590~740	≥18	≥40
14	ZG26CrMo	+QT1	880~950	600~650	≤100	≥450	600~750	≥16	≥40
					100<t≤250	≥300	550~700	≥14	≥27
		+QT2	880~950	550~600	≤100	≥550	700~850	≥10	≥18
15	ZG34CrMo	+NT	880~950	600~650	≤100	≥270	630~780	≥16	≥10
		+QT1				≥540	700~850	≥12	≥35

(续)

序号	材料牌号	热处理状态			力学性能				
		符号	正火或淬火温度/℃	回火温度/℃	壁厚 t /mm	规定塑性延伸强度 $R_{p0.2}$/MPa	抗拉强度 R_m/MPa	断后伸长率 A (%)	冲击吸收能量 KV_2/J
15	ZG34CrMo	+QT1	880~950	600~650	100<t≤150	≥480	620~770	≥10	≥27
					150<t≤250	≥330	620~770	≥10	≥16
		+QT2		550~600	≤100	≥650	830~980	≥10	≥27
16	ZG42CrMo	+NT	900~980	630~680	≤100	≥300	700~850	≥15	≥10
		+QT1	880~950	600~650	≤100	≥600	800~950	≥12	≥31
					100<t≤150	≥550	700~850	≥10	≥27
					150<t≤250	≥350	650~800	≥10	≥16
		+QT2		550~600	≤100	≥700	850~1000	≥10	≥27
17	ZG30Cr2MoV	+QT1	880~950	600~650	≤100	≥700	850~1000	≥14	≥45
					100<t≤150	≥550	750~900	≥12	≥27
					150<t≤250	≥350	650~800	≥12	≥20
		+QT2		530~600	≤100	≥750	900~1100	≥12	≥31
18	ZG35Cr2Ni2Mo	+N	860~920	—	≤150	≥550	800~950	≥12	≥31
					150<t≤250	≥500	750~900	≥12	≥31
		+QT1		600~650	≤100	≥700	850~1000	≥12	≥45
					100<t≤150	≥650	800~950	≥12	≥35
					150<t≤250	≥650	800~950	≥12	≥30
		+QT2		510~560	≤100	≥800	900~1050	≥10	≥35
19	ZG30Ni2CrMo	+NT	900~980	630~680	≤100	≥550	760~900	≥12	≥10
		+QT1				≥690	930~1100	≥10	≥25
		+QT2		580~630		≥795	1030~1200	≥8	≥25
20	ZG40Ni2CrMo	+NT	900~980	630~680	≤100	≥585	860~1100	≥10	≥10
		+QT1				≥760	1000~1140	≥8	≥25
		+QT2		580~630		≥795	1030~1200	≥8	≥25
21	ZG32Ni2CrMo	+QT1	880~920	600~650	≤100	≥700	850~1000	≥16	≥50
					100<t≤250	≥650	820~970	≥14	≥35
		+QT2		500~550	≤100	≥950	1050~1200	≥10	≥35

注：+N—正火；+NT—正火+回火；+QT—淬火+回火。
① 两次回火。
② 测试温度-20℃。

4.3.2 当铸件壁厚超过表2中壁厚最大值时，力学性能的试验值由供需双方商定。

4.4 热处理

铸件应进行热处理。除另有规定外，热处理工艺由供方决定，表2中的热处理温度仅供参考。

4.5 表面质量
4.5.1 铸件表面粗糙度应符合图样或合同规定。
4.5.2 铸件应修整飞边、毛刺,去除冒口,且无影响产品使用质量的表面铸造缺陷。

4.6 内部质量
4.6.1 铸件内部允许存在的缺陷种类、范围、数量,应符合需方图样、技术要求或者由供需双方商定。
4.6.2 可采用无损检测方法检测铸件内部质量。

4.7 几何形状、尺寸
铸件几何形状、尺寸应符合图样或合同规定,几何公差和尺寸公差等级按 GB/T 6414 选取。

4.8 重量公差
铸件的重量公差应符合 GB/T 11351 的规定。

4.9 焊补
4.9.1 铸件缺陷可焊补,焊补条件由供方确定。需方对焊补的缺陷位置、大小和焊补的次数另有规定时,由供需双方商定。
4.9.2 焊补铸件的焊工应具有相应的资质。焊补前需将铸件缺陷部位清理干净,边缘区域圆滑过渡。焊补应选用适合的焊材,焊接工艺评定后施焊。焊前预热温度和最高层间温度见附录C。
4.9.3 铸件焊补后应对该部位重新检验。
4.9.4 为焊补而准备的凹坑深度超过壁厚的40%或25mm(二者中取较小者),或面积超过 $65cm^2$ 的,均视为是重大焊补。
4.9.5 重大焊补应记录焊补位置和焊补范围。
4.9.6 重大焊补的铸件应进行焊后热处理,焊后热处理温度见附录C。

4.10 矫正
铸件产生的变形可通过矫正消除,通常在热处理后和室温下对铸件矫正,特殊情况下可采用热矫正。如有需要时,矫正后可消除应力处理。

5 试验方法

5.1 化学成分分析
5.1.1 化学成分分析采用常规化学分析或光谱分析。
5.1.2 常规化学分析按 GB/T 223.5、GB/T 223.11、GB/T 223.14、GB/T 223.19、GB/T 223.23、GB/T 223.25、GB/T 223.26、GB/T 223.59、GB/T 223.63、GB/T 223.68 和 GB/T 223.69 的规定执行。
5.1.3 光谱分析方法按 GB/T 4336 的规定执行。
5.1.4 铸件按熔炼炉次取样分析化学成分。
5.1.5 熔炼分析用试块应在浇注过程中制取,成品分析采用附铸或单铸试块。
5.1.6 分析用试样的取样和制样方法按 GB/T 20066 的规定执行。
5.1.7 如果单个铸件采用一炉熔炼多钢包合浇,则应对每一钢包取样进行化学成分分析和记录。

5.1.8 多炉熔炼且多包合浇的铸件，应在铸件附铸试块上取样，其化学成分报告以加权平均分析法计算值为准。

5.2 力学性能

5.2.1 拉伸试验按 GB/T 228.1 的规定执行。

5.2.2 冲击试验按 GB/T 229 的规定执行。

5.2.3 力学性能用试块，应在浇注过程中单独铸出或附铸在铸件上。

5.2.4 除非另有规定外，试块的壁厚应不低于 28mm。

5.2.5 试块单独铸出时，应与其所代表的铸件同炉浇注、同炉热处理，并做标记。

5.2.6 单铸试块的形状、尺寸和试样切取位置见图 1。

5.2.7 附铸试块的位置、形状、尺寸、试样切取位置和力学性能由供需双方商定。

5.2.8 附铸试块可在热处理前做适当切割，但不应完全从本体切离，并在热处理后割掉，切割掉前应做标记。

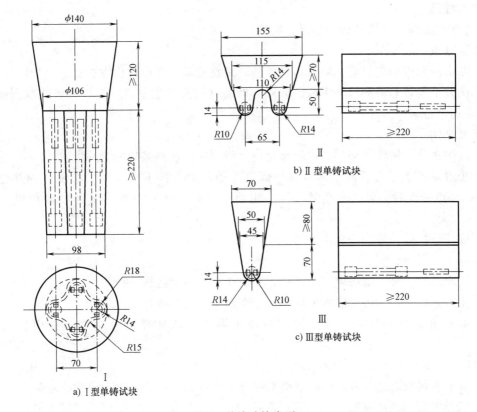

图 1 单铸试块类型

5.3 表面质量

5.3.1 砂型铸造的铸件表面质量目视检测按 GB/T 39428 的规定执行。

5.3.2 铸件表面粗糙度检测按 GB/T 15056 的规定执行。

5.3.3 铸件的表面质量应逐件检验。

5.4 无损检测

5.4.1 铸件的渗透检测，按 GB/T 9443 的规定执行，以检测铸件表面开口性缺陷。

5.4.2 铸件的磁粉检测，按 GB/T 9444 的规定执行，以检测铸件表面和近表面的缺陷。

5.4.3 铸件的超声检测，按 GB/T 7233.1 的规定执行，以检测铸件内部的缺陷。

5.4.4 铸件的 X 射线或 γ 射线检测，按 GB/T 5677 的规定执行，以检测铸件内部的缺陷。

5.4.5 无损检测的检测数量、检测范围、缺陷程度和验收准则，由供需双方商定。

5.5 几何形状和尺寸

5.5.1 铸件几何形状和尺寸检测应选择相应精度的检测工具、量规、样板或划线检查。

5.5.2 铸件几何形状、尺寸公差的抽检数量由供需双方商定。

5.6 热处理

铸件的热处理按 GB/T 16923、GB/T 16924 的规定执行。

5.7 试验结果的修约

力学性能和化学成分试验结果的修约，应符合 GB/T 8170 的规定。

6 检验规则

6.1 检验程序

除另有规定外，铸件的检验由供方实施。

6.2 检验地点

6.2.1 除供需双方商定只能在需方做检验外，最终检验一般应在供方进行。

6.2.2 供方不具备必需的检验手段，或双方对铸件质量发生争议时，检验可在双方确认的第三方机构进行。

6.3 组批规则

6.3.1 按炉次分：铸件由同一炉次钢液浇注、做同一炉次热处理的为一批次。

6.3.2 按数量或重量分：同一牌号在熔炼工艺稳定的条件下，几个炉次浇注的并经相同工艺多炉次热处理后，以一定数量或以一定重量的铸件为一批次，具体要求由供需双方商定。

6.3.3 按件分：以一件为一批次。

6.4 抽样

6.4.1 拉伸试验：每一批次取三个试样，一个送样，两个备样。

6.4.2 冲击试验：每一批次取六个试样，三个送样，三个备样。

6.4.3 当备用试块不足时，可从铸件本体上取样，取样部位及性能指标由供需双方商定。

6.5 复验

6.5.1 由于下列原因之一造成试验结果不符合要求时，则试验无效，此时应复验。

    a）试样安装不当或试验机功能不正常；

    b）拉伸试样断在标距之外；

    c）试样加工不当；

    d）试样存在缺陷。

6.5.2 当力学性能试验结果不合格，但不是 6.5.1 所列原因引起的，供方可复验。取两个拉伸备样复验拉伸试验，取三个冲击备样复验冲击试验。

6.5.3 当力学性能复验结果仍不合格时，可将对应批次的铸件和试块重新热处理。未经需方同意，重新热处理次数不得超过两次（若无特殊规定，回火除外）。

6.6 判定规则

6.6.1 化学成分分析结果不合格时,可重新取样复验。若复验仍有不合格项时,对该批次化学成分的判定,由供需双方商定。

6.6.2 若复验中有一个拉伸试样结果不合格,则供方可重新热处理。若重新热处理后试验结果仍不合格,该批铸件最终裁定为不合格。

6.6.3 冲击试验结果按三个冲击试样检测值的算术平均值计算,结果应符合表 2 的规定,其中有一个试样检测值可低于表 2 规定值,但不应低于规定值的 70%。若冲击试验结果不合格,可取备样或在重新热处理后的试块上另取三个试样进行复验。复验结果按前后六个冲击试样检测值的算术平均值计算,复验结果应符合表 2 的规定值,且复验试样检测值中不应有低于规定值 70% 的单值,否则判定该批次铸件为不合格。

7 标识、合格证、包装和贮运

7.1 标识

7.1.1 铸件应在非加工面上做出下列标识:
  a) 供方标志;
  b) 铸件号或批量号;
  c) 熔炼炉次号;
  d) 需方要求的其他标识。

7.1.2 铸件号、批量号和熔炼炉次号作为质量追溯标识,可按供需双方约定的规则或图样要求编排。

7.1.3 标识方法应在合同或图样中规定。如标识需要打印,应明确字符大小、钢印类型等。

7.2 合格证

出厂铸件应附有检验合格证,合格证内容应包括:
  a) 供方名称;
  b) 铸件号或批量号;
  c) 铸件图号或订货合同号;
  d) 材料牌号、熔炼炉次号、热处理状态及炉次号;
  e) 制造日期;
  f) 所规定的各项检验结果;
  g) 供需双方商定的其他内容。

注:本文件的材料牌号和 ISO 14737:2015 及 UNS 牌号对照见附录 D。

7.3 包装和贮运

7.3.1 铸件在检验合格后应防护处理或包装。

7.3.2 铸件表面防护、运输和贮存应符合订货协议。

附 录 A
（资料性）
本文件与 ISO 14737:2015 相比的结构变化情况

本文件与 ISO 14737:2015 相比在结构上有较多调整,具体章条编号对照情况见表 A.1。

表 A.1 本文件与 ISO 14737：2015 的章条编号对照情况

本文件章条编号	对应的 ISO 14737:2015 章条编号
1	1
2	2
3	—
—	3
4.1	—
4.2.1	4
4.2.2	
4.3.1	第6章的第一段,表2
4.3.2	第6章的第三段
4.4	5
4.5~4.10	—
5.1	—
5.2.1	7.1
5.2.2	7.2
5.2.4	第6章的第二段
5.2.3,5.2.5~5.2.8	
5.3~5.7	—
6	
—	8
7.1	9
7.2,7.3	
附录A	
附录B	
附录C	附录A
附录D	附录B

附 录 B
（资料性）
本文件与 ISO 14737：2015 的技术性差异及其原因

本文件与 ISO 14737：2015 的技术性差异及其原因见表 B.1。

表 B.1 本文件与 ISO 14737：2015 的技术性差异及其原因

本文件章条编号	技术性差异	原因
1	修改了标准的适用范围,删除 ISO 14737:2015 的注	适用于我国标准的编写规则
2	关于规范性引用文件,本文件做了具有技术性差异的调整,调整的情况集中反映在第2章"规范性引用文件"中,具体调整如下 ——用修改采用国际标准的 GB/T 229 代替了 ISO 148-1(见5.2.1),用修改采用国际标准 GB/T 228.1 代替了 ISO 6892-1(见5.2.2) ——增加引用了 GB/T 223.5、GB/T 223.11、GB/T 223.14、GB/T 223.19、GB/T 223.23、GB/T 223.25、GB/T 223.26、GB/T 223.59、GB/T 223.63、GB/T 223.68、GB/T 223.69、GB/T 222、GB/T 4336、GB/T 5677、GB/T 6414、GB/T 7233.1、GB/T 8170、GB/T 9443、GB/T 9444、GB/T 11351、GB/T 15056、GB/T 16923、GB/T 16924、GB/T 20066、GB/T 39428 等25项文件 ——删除了 ISO 4990	引用国家标准,便于标准的使用,也适应我国的技术条件和标准编写要求

(续)

本文件章条编号	技术性差异	原因
3	删除了 ISO 14737:2015 的"一般交货条件"	ISO 14737:2015 的"一般交货条件"引用了 ISO 4990,其主要内容已在本文件不同的条款中体现为"供需双方商定"
4.1	增加了确定制造工艺的主体要求	明确规定供方的权限
表1	化学成分中删除了 GE200 和 GE240 两个牌号;修改材料牌号,删除材料代码	将不利于产品质量提升、不利于引领技术进步的材料牌号予以删除;材料按我国的材料牌号命名法命名,符合我国实际技术条件
4.2.2	增加了成品化学成分分析允许偏差的规定	便于标准的执行,增强标准的指导性
表2	修改材料牌号,删除材料代码;修改了表2中的"KV"为"KV_2",ZG10Mn2MoV 的 QT2 对应壁厚"$50 < t \leq 100$"修改为"≤ 50",ZG25NiCrMo 的 +QT1 回火温度数值范围由"500~650"修改为"600~650",+QT2 回火温度数值范围由"550~500"修改为"550~600"	将不利于产品质量提升、不利于引领技术进步的材料牌号予以删除;材料按我国的材料牌号命名法命名,符合我国实际技术条件;ISO 14737:2015 技术勘误,修正后的数值更准确,可保证质量
4.5~4.10	增加了表面质量、内部质量、几何形状和尺寸、重量公差、焊补、矫正等要求	规定更全面和明确,增加标准的指导性和可操作性
5.1	增加了化学成分分析试验方法	规定更全面和明确,增加标准的可操作性
5.2.3~5.2.8 5.3~5.7	增加了"力学性能"试验方法的试样取样要求;增加了表面质量,无损检测,几何形状和尺寸试验方法要求,以及热处理和试验结果修约的要求	规定更全面和明确,增加标准的指导性和可操作性,便于标准实施
6~7	增加了检验规则、标识、合格证、包装和贮运的相关要求	规定更全面和明确,增加标准的指导性和可操作性,便于标准实施

附 录 C
(资料性)
焊接指导性数据

铸件的焊接指导性数据见表 C.1。

表 C.1 焊接指导性数据

序号	材料名称		焊前预热温度[①]/℃	最高层间温度/℃	焊后热处理温度/℃
	材料牌号	材料代码			
1	ZG200-380	1.0449	20~150		无
2	ZG240-450	1.0455	20~150		
3	ZG270-480	1.0454	20~150		≥620
4	ZG340-550	1.0467	150~300	350	
5	ZG28Mn2	1.1165	20~150		[②]
6	ZG28MnMo	1.5433	150~300		
7	ZG19Mo	1.5419	20~200		≥650[②]

（续）

序号	材料名称		焊前预热温度[①]/℃	最高层间温度/℃	焊后热处理温度/℃
	材料牌号	材料代码			
8	ZG10Mn2MoV	1.5410	20~150	350	无
9	ZG20NiCrMo	1.6741	—	350	②
10	ZG25NiCrMo	1.6744	100~200	350	②
11	ZG30NiCrMo	1.6778	150~250	350	②
12	ZG17CrMo	1.7357	150~250	350	≥650[②]
13	ZG17Cr2Mo	1.7379	150~250	350	≥680[②]
14	ZG26CrMo	1.7221	150~300	350	②
15	ZG34CrMo	1.7230	200~350	—	—
16	ZG42CrMo	1.7231	200~350	—	—
17	ZG30Cr2MoV	1.7725	200~350	400	②
18	ZG35Cr2Ni2Mo	1.6579	200~350	400	②
19	ZG30Ni2CrMo	1.6572	200~350	400	②
20	ZG40Ni2CrMo	1.6573	200~350	400	②
21	ZG32Ni2CrMo	1.6570	200~350	400	②

① 焊前预热温度与铸件的几何形状、壁厚以及环境因素有关。
② 后热处理温度应低于回火温度至少20℃，但不能低于回火温度50℃。

附 录 D
（资料性）
本文件铸钢牌号与 ISO 14737：2015 及 UNS 牌号对照

本文件铸钢牌号与 ISO 14737：2015 及 UNS 牌号近似对照见表 D.1。

表 D.1 本文件铸钢牌号与 ISO 14737：2015 及 UNS 牌号近似对照表

序号	本文件牌号	ISO 14737:2015 铸钢牌号		相近 UNS 铸钢牌号
		材料牌号	材料代码	
1	ZG200-380	GS200	1.0449	J02001
2	ZG240-450	GS240	1.0455	J02003
3	ZG270-480	GS270	1.0454	J02503
4	ZG340-550	GS340	1.0467	J03003
5	ZG28Mn2	G28Mn6	1.1165	—
6	ZG28MnMo	G28MnMo6	1.5433	—
7	ZG19Mo	G20Mo5	1.5419	—
8	ZG10Mn2MoV	G10MnMoV6-3	1.5410	—
9	ZG20NiCrMo	G20NiCrMo2-2	1.6741	J12047,J12095
10	ZG25NiCrMo	G25NiCrMo2-2	1.6744	J12595
11	ZG30NiCrMo	G30NiCrMo2-2	1.6778	J13095

(续)

序号	本文件牌号	ISO 14737:2015 铸钢牌号		相近 UNS 铸钢牌号
		材料牌号	材料代码	
12	ZG17CrMo	G17CrMo5-5	1.7357	—
13	ZG17Cr2Mo	G17CrMo9-10	1.7379	—
14	ZG26CrMo	G26CrMo4	1.7221	J13502
15	ZG34CrMo	G34CrMo4	1.7230	J14047、J23259
16	ZG42CrMo	G42CrMo4	1.7231	—
17	ZG30Cr2MoV	G30CrMoV6-4	1.7725	—
18	ZG35Cr2Ni2Mo	G35CrNiMo6-6	1.6579	—
19	ZG30Ni2CrMo	G30NiCrMo7-3	1.6572	J23259
20	ZG40Ni2CrMo	G40NiCrMo7-3	1.6573	J24053
21	ZG32Ni2CrMo	G32NiCrMo8-5-4	1.6570	—

第二节 通用耐蚀钢铸件

陈亚涛 王灵水 郑 霏

一、标准概况

为满足各种腐蚀环境对耐蚀钢铸件的需求，1981 年 7 月 1 日，国家标准总局发布了 GB/T 2100—1980《不锈耐酸钢铸件技术条件》，涉及 18 种不锈钢；2002 年 5 月 17 日，国家质量监督检验检疫总局发布了 GB/T 2100—2002《一般用途耐蚀钢铸件》，涉及 19 种不锈钢；2017 年 11 月 1 日，国家质量监督检验检疫总局和国家标准化管理委员会发布了 GB/T 2100—2017《通用耐蚀钢铸件》，涉及 27 种不锈钢。

GB/T 2100—2017《通用耐蚀钢铸件》是在充分考虑国内外耐蚀钢铸件材料发展水平和应用现状的基础上，结合我国现有工艺装备水平及检测能力，采用重新起草法对 ISO 11972：2015《通用耐蚀铸钢》修订而成的。GB/T 2100—2017《通用耐蚀钢铸件》作为我国耐蚀钢铸件基础通用技术标准，明确了通用耐蚀钢铸件的技术要求、试验方法、检验规则，以及标志、贮存、包装和运输等通用技术要求。

与 GB/T 2100—2002 的 19 种不锈钢牌号相比，GB/T 2100—2017 将 GB/T 2100—2002 中的奥氏体不锈钢牌号 ZG03Cr14Ni14Si4 删除，并对其 18 种不锈钢的牌号和成分进行了修改和完善，增加了马氏体不锈钢 2 种（ZG06Cr13Ni4Mo 和 ZG10Cr12Ni1），奥氏体不锈钢 2 种（ZG025Cr20Ni25Mo7Cu1N 和 ZG025Cr20Ni19Mo7CuN），双相不锈钢 5 种（ZG05Cr26Ni6Mo2N、ZG03Cr22Ni6Mo3N、ZG03Cr25Ni7Mo4WCuN、ZG03Cr26Ni7Mo4CuN 和 ZG03Cr26Ni6Mo3Cu1N）。

GB/T 2100—2017 对 GB/T 2100—2002 中 12 种耐蚀钢铸件牌号的室温力学性能进行了修改，增加了 9 种不锈钢牌号及其力学性能标准值。

GB/T 2100—2017 对 GB/T 2100—2002 的热处理工艺做了修改，并增加了 9 种不锈钢牌号及其热处理工艺要求。

二、标准主要内容说明

1. 适用范围

GB/T 2100—2017 规定的 27 种不锈钢牌号适用于各种腐蚀工况环境的通用耐蚀钢铸件，基本上可以满足各种腐蚀工况环境对铸件耐蚀性和力学性能的要求。

2. 技术要求

（1）通用耐蚀钢的牌号、化学成分和力学性能　该标准规定的 27 种不锈钢牌号的化学成分、力学性能与 ISO 标准对应牌号的化学成分、力学性能分别见表 1.2-1 和表 1.2-2。由表 1.2-1 和表 1.2-2 可知，GB/T 2100—2017 基本参考了国际标准 ISO 11972：2015，同时结合国内技术水平及应用现状，对材料的化学成分和力学性能进行了调整，使其适应性更强。

表 1.2-1　通用耐蚀钢铸件的化学成分

序号	牌号	化学成分（质量分数，%）								
		C	Si	Mn	P	S	Cr	Mo	Ni	其他
1	ZG15Cr13	0.15	0.80	0.80	0.035	0.025	11.50~13.50	0.50	1.00	
	GX12Cr12		1.0	1.0						
2	ZG20Cr13	0.16~0.24	1.00	0.60	0.035	0.025	11.50~14.00			
	GX20Cr14①	0.16~0.23		1.00	0.045	0.03	12.50~14.50		1.00	
3	ZG10Cr13Ni2Mo	0.10	1.00	1.00	0.035	0.025	12.00~13.50	0.20~0.50	1.00~2.00	
	GX7CrNiMo12-1									
4	ZG06Cr13Ni4Mo	0.06	1.00	1.00	0.035	0.025	12.00~13.50	0.70	3.50~5.00	Cu0.50,V0.05 W0.10
	GX4CrNi13-4									
5	ZG06Cr13Ni4	0.06	1.00	1.00	0.035	0.025	12.00~13.00	0.70	3.50~5.00	
	GX4CrNi12-4			1.5			11.5~13.0	1.0		
6	ZG06Cr16Ni5Mo	0.06	0.80	1.00	0.035	0.025	15.00~17.00	0.70~1.50	4.00~6.00	
	GX4CrNiMo16-5-1									
7	ZG10Cr12Ni1	0.10	0.40	0.50~0.80	0.030	0.020	11.50~12.50	0.50	0.80~1.50	Cu0.30,V0.30
	GX8CrNi12-1									Cu0.30,V0.08
8	ZG03Cr19Ni11	0.03	1.50	2.00	0.035	0.025	18.00~20.00		9.00~12.00	N0.20
	GX2CrNi19-11									
9	ZG03Cr19Ni11N	0.03	1.50	2.00 1.5	0.040	0.030	18.00~20.00		9.00~12.00	N0.12~0.20
	GX2CrNiN19-11									
10	ZG07Cr19Ni10	0.07	1.50	1.50	0.040	0.030	18.00~20.00		8.00~11.00	
	GX5CrNi19-10									

第一章　铸　钢

（续）

序号	牌号	化学成分（质量分数，%）								
		C	Si	Mn	P	S	Cr	Mo	Ni	其他
11	ZG07Cr19Ni11Nb	0.07	1.50	1.50	0.040	0.030	18.00~20.00		9.00~12.00	Nb8C~1.00
	GX5CrNiNb19-11									
12	ZG03Cr19Ni11Mo2	0.03	1.50	2.00	0.035	0.025	18.00~20.00	2.00~2.50	9.00~12.00	N0.20
	GX2CrNiMo19-11-2									
13	ZG03Cr19Ni11Mo2N	0.03	1.50	2.00	0.035	0.030	18.00~20.00	2.00~2.50	9.00~12.00	N0.10~0.20
	GX2CrNiMoN19-11-2									N0.12~0.20
14	ZG05Cr26Ni6Mo2N	0.05	1.00	2.00	0.035	0.025	25.00~27.00	1.30~2.00	4.50~6.50	N0.12~0.20
	GX4CrNiMoN26-5-2									
15	ZG07Cr19Ni11Mo2	0.07	1.50	1.50	0.040	0.030	18.00~20.00	2.00~2.50	9.00~12.00	
	GX5CrNiMo19-11-2									
16	ZG07Cr19Ni11Mo2Nb	0.07	1.50	1.50	0.040	0.030	18.00~20.00	2.00~2.50	9.00~12.00	Nb8C~1.00
	GX5CrNiMoNb19-11-2									
17	ZG03Cr19Ni11Mo3	0.03	1.50	1.50	0.040	0.030	18.00~20.00	3.00~3.50	9.00~12.00	
	GX2CrNiMo19-11-3									
18	ZG03Cr19Ni11Mo3N	0.03	1.50	1.50	0.040	0.030	18.00~20.00	3.00~3.50	9.00~12.00	N0.010~0.20
	GX2CrNiMoN19-11-3									
19	ZG03Cr22Ni6Mo3N	0.03	1.00	2.00	0.035	0.025	21.00~23.00	2.50~3.50	4.50~6.50	N0.12~0.20
	GX2CrNiMoN22-5-3									
20	ZG03Cr25Ni7Mo4WCuN	0.03	1.00	1.50	0.030	0.020	24.00~26.00	3.00~4.00	6.00~8.50	Cu1.00 N0.15~0.25 W1.00
	GX2CrNiMoN25-7-3									
21	ZG03Cr26Ni7Mo4CuN	0.03	1.00	1.00	0.035	0.025	25.00~27.00	3.00~5.00	6.00~8.00	N0.12~0.22,Cu1.30
	GX2CrNiMoN26-7-4									
22	ZG07Cr19Ni12Mo3	0.07	1.50	1.50	0.040	0.030	18.00~20.00	3.00~3.50	10.00~13.00	
	GX5CrNiMo19-11-3									
23	ZG025Cr20Ni25Mo7Cu1N	0.025	1.00	2.00	0.035	0.020	19.00~21.00	6.00~7.00	24.00~26.00	N0.15~0.25 Cu0.50~1.50
	GX2NiCrMoCuN25-20-6	0.02								N0.10~0.25 Cu0.50~1.50
24	ZG025Cr20Ni19Mo7CuN	0.025	1.00	1.20	0.030	0.010	19.50~20.50	6.00~7.00	17.50~19.50	N0.18~0.24 Cu0.50~1.00
	GX2CrNiMoCuN20-18-6	0.02								
25	ZG03Cr26Ni6Mo3N	0.03	1.00	1.50	0.035	0.025	24.50~26.50	2.50~3.50	5.00~7.00	N0.12~0.22 Cu2.75~3.50
	GX2CrNiMoCuN25-6-3-3									
26	ZG03Cr26Ni6Mo3Cu1N	0.03	1.00	2.00	0.030	0.020	24.5~26.50	2.50~3.50	5.50~7.00	N0.12~0.25 Cu0.80~1.30
	GX3CrNiMoCuN26-6-3									
27	ZG03Cr26Ni6Mo3N	0.03	1.00	2.00	0.035	0.025	24.50~26.50	2.50~3.50	5.50~7.00	N0.12~0.25
	GX2CrNiMoN25-6-3									

注：表中的单个值为最大值。
① BS EN 10283：2019。

表 1.2-2 通用耐蚀钢铸件力学性能

序号	牌号	屈服强度 $R_{p0.2}$/MPa ≥	抗拉强度 R_m/MPa ≥	伸长率 A(%) ≥	冲击吸收能量 KV_2/J ≥	厚度 t/mm ≤
1	ZG15Cr13	450	620	15	20	150
	GX12Cr12					
2	ZG20Cr13	390	590	15	20	150
	GX20Cr14①	440		12	—	
3	ZG10Cr13Ni2Mo	440	590	15	27	300
	GX7CrNiMo12-1					
4	ZG06Cr13Ni4Mo	550	760	15	50	300
	GX4CrNi13-4(QT1)		750			
5	ZG06Cr13Ni4	550	750	15	50	300
	GX4CrNi12-4(QT1)				45	
6	ZG06Cr16Ni5Mo	540	760	15	60	300
	GX4CrNiMo16-5-1					
7	ZG10Cr12Ni1	355	540	18	45	150
	GX8CrNi12-1(QT1)		540~690			300
8	ZG03Cr19Ni11	185	440	30	80	150
	GX2CrNi19-11					
9	ZG03Cr19Ni11N	230	510	30	80	150
	GX2CrNiN19-11					
10	ZG07Cr19Ni10	175	440	30	60	150
	GX5CrNi19-10					
11	ZG07Cr19Ni11Nb	175	440	25	40	150
	GX5CrNiNb19-11					
12	ZG03Cr19Ni11Mo2	195	440	30	80	150
	GX2CrNiMo19-11-2					
13	ZG03Cr19Ni11Mo2N	230	510	30	80	150
	GX2CrNiMoN19-11-2					
14	ZG05Cr26Ni6Mo2N	420	600	20	30	150
	GX4CrNiMoN26-5-2					
15	ZG07Cr19Ni11Mo2	185	440	30	60	150
	GX5CrNiMo19-11-2					
16	ZG07Cr19Ni11Mo2Nb	185	440	25	40	150
	GX5CrNiMoNb19-11-2					
17	ZG03Cr19Ni11Mo3	180	440	30	80	150
	GX2CrNiMo19-11-3					

(续)

序号	牌号	屈服强度 $R_{p0.2}$/MPa ≥	抗拉强度 R_m/MPa ≥	伸长率 A(%) ≥	冲击吸收能量 KV_2/J ≥	厚度 t/mm ≤
18	ZG03Cr19Ni11Mo3N GX2CrNiMoN19-11-3	230	510	30	80	150
19	ZG03Cr22Ni6Mo3N GX2CrNiMoN22-5-3	420	600	20	30	150
20	ZG03Cr25Ni7Mo4WCuN GX2CrNiMoN25-7-3	480	650	22	50	150
21	ZG03Cr26Ni7Mo4CuN GX2CrNiMoN26-7-4	480	650	22	50	150
22	ZG07Cr19Ni12Mo3 GX5CrNiMo19-11-3	205	440	30	60	150
23	ZG025Cr20Ni25Mo7Cu1N GX2NiCrMoCuN25-20-6	210	480	30	60	50
24	ZG025Cr20Ni19Mo7CuN GX2NiCrMoCuN20-18-6	260	500	35	50	50
25	ZG03Cr26Ni6Mo3N GX2CrNiMoCuN25-6-3-3	480	650	22	50	150
26	ZG03Cr26Ni6Mo3Cu1N GX3CrNiMoCuN26-6-3	480	650	22	60	200
27	ZG03Cr26Ni6Mo3N GX2CrNiMoN25-6-3	480	650	22	50	150

① BS EN 10283：2019 标准。

马氏体不锈钢的耐蚀性比奥氏体不锈钢和双相不锈钢要差，一般应用于腐蚀性较弱介质（如大气、水蒸气和水等）且要求较高力学性能的工况环境中。该标准中马氏体不锈钢牌号除了 ZG20Cr13 为马氏体铬不锈钢外，其余均为马氏体铬镍不锈钢。在马氏体不锈钢牌号中，ZG06Cr13Ni4Mo、ZG06Cr13Ni4 为低碳、高镍马氏体不锈钢，其组织一般为回火低碳板条马氏体+均匀分布在马氏体板条晶界及内部的逆转变奥氏体组织，改变了传统 Cr13 马氏体不锈钢的高碳马氏体+碳化物的组织强化模式，极大改善了马氏体不锈钢的铸造、焊接和机械加工性能，显著提升了马氏体不锈钢的综合力学性能（厚大截面性能）、耐蚀性、耐磨蚀性能及耐气蚀性能等，广泛应用于水电、火电、核电、石油炼化、化工、海上钻井平台等领域。ZG06Cr16Ni5Mo 为低碳、高铬、高镍、高钼的马氏体不锈钢，不仅强度高、塑性与韧性好、焊接性优良，而且耐蚀性优良，被称为超级马氏体不锈钢，广泛应用于海洋大气、短时浸泡海水及弱酸、含有 CO_2 或 H_2S 等腐蚀苛刻的工况环境。

铬镍奥氏体不锈钢与马氏体不锈钢和双相不锈钢相比，铬镍奥氏体不锈钢在多种腐蚀介质中具有优良的耐蚀性、综合力学性能、工艺性能和焊接性能，多应用于化工行业。由于奥氏体不锈钢在高温和室温下不发生组织转变，不能通过热处理来强化性能，所以其强度、硬度偏低，不宜作为承受较大载荷或耐磨性的铸件材料。标准中的奥氏体不锈钢牌号均为铬镍奥氏体不锈钢，其成分特点是低碳、高铬、高镍，有的还含钼、氮、铌等元素。由于成分中合金元素种类、含量不同，导致耐蚀性差异较大。铬镍奥氏体不锈钢对氧化性介质，如大气、稀和中等浓度的硝酸以及浓硫酸等介质是耐蚀的；在氢氧化钠和氢氧化钾溶液中也具有优良的耐蚀性；在还原性介质，如盐酸、亚硫酸及沸腾冰醋酸，特别是含氯离子的环境中是不耐腐蚀的。含钼的奥氏体不锈钢是不耐硝酸腐蚀的，但在某些有机酸中却有着良好的耐蚀性。碳的质量分数在0.03%以下的奥氏体不锈钢牌号具有优良的耐蚀性以及防敏化态晶间腐蚀性能；含氮的奥氏体不锈钢牌号强度高、耐局部腐蚀性能（耐晶间腐蚀、点蚀和缝隙腐蚀）优良；含铌的奥氏体不锈钢牌号强度（包括高温强度）高、防敏化态晶间腐蚀性能优良。奥氏体不锈钢牌号 ZG025Cr20Ni19Mo7CuN 和 ZG025Cr20Ni25Mo7Cu1N，其碳的质量分数低于0.025%，铬的质量分数为19%～21%，镍的质量分数为17.5%～26.0%，钼的质量分数为6%～7%，此外，还含有铜和氮等元素，其不仅具有较高的强度和优良的韧性和塑性，还具有优异的耐蚀性（耐点蚀、耐缝隙腐蚀、耐应力腐蚀等），被称为超级奥氏体不锈钢，主要应用于石油、化工等腐蚀苛刻的工况环境。

双相不锈钢的组织由奥氏体和铁素体组成，在一定程度上兼有奥氏体不锈钢和铁素体不锈钢的特征。与奥氏体不锈钢相比，双相不锈钢不仅强度较高，而且具有优良的耐海水腐蚀性能、耐晶间腐蚀性能、抗氯化物应力腐蚀断裂性能、耐腐蚀疲劳以及耐磨损腐蚀性能等，含钼的双相不锈钢还具有良好的耐孔蚀性能。双相不锈钢广泛应用于石化、化工、造纸、核电、船舶、海水淡化、海工装备、建筑、环保（FGD）等行业。双相不锈钢的组织由奥氏体和铁素体组成，一般较少相的体积分数≥30%；为避免脆性相析出，铸件使用温度低于315℃。双相不锈钢牌号 ZG03Cr25Ni7Mo4WCuN 和 ZG03Cr26Ni7Mo4CuN 的成分特点是超低碳、高铬、高镍、高钼、含氮，PREN 值大于40，具有较高的强度、硬度和优异的耐蚀性，被称为超级双相不锈钢，主要应用于对氯化物应力腐蚀开裂性能要求较高的腐蚀苛刻的工况环境，如海洋环境和海底油气田开采（含 Cl^-、CO_2、H_2S）等。

该标准对27种耐蚀钢的化学成分和力学性能均做出了明确规定。在对化学成分进行分析时，铸造厂家可根据分析检测设备情况选择化学分析方法或光谱分析方法，同时标准规定化学成分允许偏差应符合 GB/T 222 的规定。标准规定了27种耐蚀钢的室温力学性能（屈服强度、抗拉强度、伸长率和冲击吸收能量）和铸件的最大厚度，但是对耐蚀不锈钢铸件的高/低温力学性能、使用温度以及其他性能等未进行明确规定，这就需要供需双方对铸件服役工况环境进行识别，合理确认铸件服役参数。例如，在石油炼化领域，为避免产生硫化物应力开裂，要求马氏体不锈钢 ZG06Cr13Ni4Mo 铸件的硬度不超过 23HRC；在丁二醇化工领域，要求奥氏体不锈钢 ZG07Cr19Ni10 铸件 -70℃ 的低温冲击吸收能量不低于20J。

（2）热处理　该标准对27种耐蚀钢的热处理方式、加热温度、冷却方式进行了较为明确的规定，但是未对保温时间进行规定，这就需要根据铸件材料、壁厚、结构以及热处理炉的特性合理设计保温时间。

马氏体不锈钢在热处理过程中组织转变复杂，一般采用淬火+回火的热处理方式，尤其是回火对马氏体不锈钢的综合性能影响较大。例如马氏体不锈钢 ZG06Cr13Ni4Mo、

ZG06Cr13Ni4 等在热处理过程中，由于其马氏体转变终止温度 Mf 较低，在空冷淬火时，铸件温度必须降低至 Mf 温度以下才可以装炉回火，否则由于组织中 γ→M 的转变还未完成，进入回火后这些本应该转变的奥氏体停止转变，待回火冷却温度降低至 Ms~Mf 区间时，未转变的奥氏体继续发生 γ→M 的转变，则导致回火后铸件组织中存在未经回火的马氏体，严重影响铸件的力学性能。

奥氏体不锈钢在热处理过程中不发生组织转变，所以不能通过热处理来强化。奥氏体不锈钢铸件一般采用固溶处理，在高温下将碳化物和 σ 析出相等全部溶解到奥氏体中，然后快速冷却，从而提高奥氏体不锈钢的耐蚀性。该标准指出，奥氏体不锈钢在固溶处理时，可以采用水淬，也可根据铸件厚度采用空冷或其他快冷方法。

双相不锈钢在热处理过程中发生组织转变，在加热时发生 γ→α 转变，在随后水冷时发生 α→γ 转变。双相不锈钢铸件一般采用固溶处理，固溶处理后的双相不锈钢的相比例（α 相与 γ 相）严重影响双相不锈钢的力学性能和耐蚀性；而影响相比例的因素有两个，一个是合金成分，一个是固溶处理温度。因此，合理选择固溶处理温度对双相不锈钢的性能至关重要。双相不锈钢在固溶处理时选择快速水淬，因为双相不锈钢如果经过高温加热后缓慢冷却时，组织中会析出碳化物、金属间脆性相（α′相、σ 相、χ 相等），这些相硬而脆，严重恶化双相不锈钢的性能。该标准还指出，为防止形状复杂的铸件开裂，双相不锈钢在高温加热保温后，也可随炉冷却至 1010℃~1040℃ 时再固溶处理，水淬。

（3）铸件质量、尺寸和重量公差　该标准对铸件的外观质量、内部质量、尺寸和重量公差等进行了明确规定。例如，铸件表面粗糙度按照 GB/T 6060.1 选定，并在图样或订货合同中注明；铸件几何公差、尺寸公差如图样和订货合同中无规定，按照 GB/T 6414 选定；铸件重量公差按照 GB/T 11351 选定；铸件内部质量应符合需方的图样和技术要求。

（4）铸件的焊补　该标准对铸件重大焊补进行了定义，并明确了重大焊补流程和要求。除订货合同中规定不准许焊补或重大焊补外，供方可进行焊补。铸件重大焊补定义，即除供需双方另有商定外，焊接坡口（凹坑）深度超过壁厚的 22% 或者 25mm 者（两者中取较小者），或其面积超过 $65cm^2$ 者，或当承压铸件水压试验漏水时，均认为是重大焊补。对铸件的重大焊补，应经需方同意后才能进行焊补；需提供材料的焊补工艺评定报告、施焊条件、焊补位置、焊补范围记录等报告，并在质量证明书中说明；在焊补过程中要做好焊补记录，记录内容包括焊补位置图、焊补工艺参数、焊补人员、设备及材料批号等。此外，该标准还要求铸件焊补后还应根据材料牌号及焊补情况及时做消除应力处理。

3. 试验方法

GB/T 2100—2017 明确规定了化学分析，力学性能试验，表面粗糙度，几何公差、尺寸公差及重量公差，内部质量等试验方法、检测工具或检测方法等，提升了铸件检测的统一性和合规性。

在铸件成分分析中，既可采用化学分析方法，也可采用光谱分析方法，这两种方法都符合标准的要求。在铸件内部质量检测时，可以采用渗透、磁粉、超声波或射线探伤检测，但是标准未对每种探伤方法的适用范围进行说明，如磁粉和超声波探伤不适用于奥氏体不锈钢和双相不锈钢铸件。

4. 检验规则

GB/T 2100—2017 对化学成分检验、力学性能检验、外观质量检验、尺寸公差检验及检验结果的修约等进行了明确规定。标准未对铸件如何组批进行说明，但是明确了铸件化学成分应按熔炼炉次数逐炉进行检验，力学性能试验用试样应取自同一炉次的单铸试块或附铸试块，试块与其所代表的铸件应同炉进行热处理。针对砂型铸造的铸件试样，化学成分检验取样部位应在表层下6mm处。力学性能试验用单铸试块可采用梅花状试样、单基尔试样或双基尔试样，标准中提供了单铸试块的图样和试样切取位置；力学性能试验用辅助试块厚度应满足25mm～150mm；当力学性能试验结果不符合要求时，标准对力学性能复验的处理流程和要求进行了规定。此外，标准还规定铸件的外观质量要逐件100%目视检查。

三、标准的特点与应用

1. 标准的特点

GB/T 2100—2017修改采用ISO 11972：2015《通用耐蚀铸钢》，主要技术指标相当于ISO 11972：2015国际先进标准水平，根据我国的技术水平和应用现状，在其24种牌号的基础上增加3种。目前标准中所列27种牌号并未囊括目前应用的全部牌号，仅为当前常用的耐蚀钢牌号，但是能够满足我国一般腐蚀领域对耐蚀铸钢的需求。同时结合我国国情，该标准对适用范围、规范性引用文件、技术要求、试验方法、检验规则以及标志、贮存、包装和运输等进行了明确规定，内容翔实，操作性强，能够为耐蚀钢铸件的生产和验收提供了依据。

2. 标准的应用

GB/T 2100—2017规定的27种耐蚀钢能够满足一般腐蚀环境对耐蚀钢铸件的要求，耐蚀钢铸件应用领域基本涵盖了目前所有的工业领域，如石油炼化、天然气、化工、造纸、化肥、电力（水电、火电、核电）、航空航天、建筑、环保、船舶、海水淡化、海底油气田开采以及海工装备等。该标准的耐蚀钢包含马氏体不锈钢、奥氏体不锈钢和双相不锈钢，材料的化学成分和性能差异较大。由于各类设备或装备服役工况环境不同，对材料的耐蚀性和力学性能要求也不相同。在选择铸件材料牌号时，首先要确认服役工况环境对材料性能的真实需求，其次要综合考虑材料成本、制造成本以及工艺实施难易程度等因素，优选出性价比高的耐蚀钢铸件牌号，提升耐蚀钢装备的安全性和可靠性。

四、标准内容

GB/T 2100—2017

通用耐蚀钢铸件

1 范围

本标准规定了通用耐蚀钢铸件的技术要求，试验方法，检验规则及标志、贮存、包装和运输。

本标准适用于各种腐蚀工况的通用耐蚀钢铸件。

2 规范性引用文件

下列文件对于本文件的应用是必不可少的。凡是注日期的引用文件，仅注日期的版本适用于本文件。凡是不注日期的引用文件，其最新版本（包括所有的修改单）适用于本文件。

GB/T 222 钢的成品化学成分允许偏差

GB/T 223.4 钢铁及合金 锰含量的测定 电位滴定或可视滴定法

GB/T 223.5 钢铁 酸溶硅和全硅含量的测定 还原型硅钼酸盐分光光度法

GB/T 223.12 钢铁及合金化学分析方法 碳酸钠分离-二苯碳酰二肼光度法测定铬量

GB/T 223.13 钢铁及合金化学分析方法 硫酸亚铁铵滴定法测定钒含量

GB/T 223.19 钢铁及合金化学分析方法 新亚铜灵-三氯甲烷萃取光度法测定铜量

GB/T 223.24 钢铁及合金化学分析方法 萃取分离-丁二酮肟分光光度法测定镍量

GB/T 223.26 钢铁及合金 钼含量的测定 硫氰酸盐分光光度法

GB/T 223.37 钢铁及合金化学分析方法 蒸馏分离-靛酚蓝光度法测定氮量

GB/T 223.40 钢铁及合金 铌含量的测定 氯磺酚S分光光度法

GB/T 223.43 钢铁及合金 钨含量的测定 重量法和分光光度法

GB/T 223.61 钢铁及合金化学分析方法 磷钼酸铵容量法测定磷量

GB/T 223.69 钢铁及合金 碳含量的测定 管式炉内燃烧后气体容量法

GB/T 223.85 钢铁及合金 硫含量的测定 感应炉燃烧后红外吸收法（GB/T 223.85—2009，ISO 4935：1989，IDT）

GB/T 228.1 金属材料 拉伸试验 第1部分：室温试验方法（GB/T 228.1—2010，ISO 6892-1：2009，MOD）

GB/T 229 金属材料 夏比摆锤冲击试验方法（GB/T 229—2007，ISO 148-1：2006，MOD）

GB/T 5677 铸钢件射线照相检测（GB/T 5677—2077，ISO 4993：1987，IDT）

GB/T 6060.1 表面粗糙度比较样块 铸造表面

GB/T 6414 铸件 几何公差、尺寸公差与机械加工余量

GB/T 7233.1 铸钢件 超声检测 第1部分：一般用途铸钢件（GB/T 7233.1—2009，ISO 4992-1：2006，MOD）

GB/T 8170 数值修约规则与极限数值的表示和判定

GB/T 9443 铸钢件渗透检测（GB/T 9443—2007，ISO 4987：1992，IDT）

GB/T 9444 铸钢件磁粉检测（GB/T 9444—2007，ISO 4986：1992，IDT）

GB/T 11170 不锈钢 多元素含量的测定 火花放电原子发射光谱法（常规法）

GB/T 11351 铸件重量公差

GB/T 11352 一般工程用铸造碳钢件（GB/T 11352—2009，ISO 3755：1991、ISO 4990：2003，MOD）

GB/T 14203 火花放电原子发射光谱分析法通则

GB/T 15056 铸造表面粗糙度 评定方法

GB/T 20066 钢和铁 化学成分测定用试样的取样和制样方法（GB/T 20066—2006，ISO 14284：1996，IDT）

3 技术要求

3.1 制造

3.1.1 炼钢方法需采用电弧炉加精炼炉精炼方法或由供方自行决定。

3.1.2 除另有规定外，铸造工艺由供方自行决定。

3.2 化学成分

3.2.1 铸件材料牌号及化学成分应符合表1的规定。

表1 化学成分

序号	牌号	化学成分(质量分数,%)								
		C	Si	Mn	P	S	Cr	Mo	Ni	其他
1	ZG15Cr13	0.15	0.80	0.80	0.035	0.025	11.50~13.50	0.50	1.00	
2	ZG20Cr13	0.16~0.24	1.00	0.60	0.035	0.025	11.50~14.00	—	—	
3	ZG10Cr13Ni2Mo	0.10	1.00	1.00	0.035	0.025	12.00~13.50	0.20~0.50	1.00~2.00	
4	ZG06Cr13Ni4Mo	0.06	1.00	1.00	0.035	0.025	12.00~13.50	0.70	3.50~5.00	Cu0.50,V0.05 W0.10
5	ZG06Cr13Ni4	0.06	1.00	1.00	0.035	0.025	12.00~13.00	0.70	3.50~5.00	
6	ZG06Cr16Ni5Mo	0.06	0.80	1.00	0.035	0.025	15.00~17.00	0.70~1.50	4.00~6.00	
7	ZG10Cr12Ni1	0.10	0.40	0.50~0.80	0.030	0.020	11.5~12.50	0.50	0.8~1.5	Cu0.30 V0.30
8	ZG03Cr19Ni11	0.03	1.50	2.00	0.035	0.025	18.00~20.00	—	9.00~12.00	N0.20
9	ZG03Cr19Ni11N	0.03	1.50	2.00	0.040	0.030	18.00~20.00		9.00~12.00	N0.12~0.20
10	ZG07Cr19Ni10	0.07	1.50	1.50	0.040	0.030	18.00~20.00	—	8.00~11.00	
11	ZG07Cr19Ni11Nb	0.07	1.50	1.50	0.040	0.030	18.00~20.00	—	9.00~12.00	Nb8C~1.00
12	ZG03Cr19Ni11Mo2	0.03	1.50	2.00	0.035	0.025	18.00~20.00	2.00~2.50	9.00~12.00	N0.20
13	ZG03Cr19Ni11Mo2N	0.03	1.50	2.00	0.035	0.030	18.00~20.00	2.00~2.50	9.00~12.00	N0.10~0.20
14	ZG05Cr26Ni6Mo2N	0.05	1.00	2.00	0.035	0.025	25.00~27.00	1.30~2.00	4.50~6.50	N0.12~0.20
15	ZG07Cr19Ni11Mo2	0.07	1.50	1.50	0.040	0.030	18.00~20.00	2.00~2.50	9.00~12.00	
16	ZG07Cr19Ni11Mo2Nb	0.07	1.50	1.50	0.040	0.030	18.00~20.00	2.00~2.50	9.00~12.00	Nb8C~1.00
17	ZG03Cr19Ni11Mo3	0.03	1.50	1.50	0.040	0.030	18.00~20.00	3.00~3.50	9.00~12.00	
18	ZG03Cr19Ni11Mo3N	0.03	1.50	1.50	0.040	0.030	18.00~20.00	3.00~3.50	9.00~12.00	N0.10~0.20
19	ZG03Cr22Ni6Mo3N	0.03	1.00	2.00	0.035	0.025	21.00~23.00	2.50~3.50	4.50~6.50	N0.12~0.20

(续)

序号	牌号	化学成分(质量分数,%)								
		C	Si	Mn	P	S	Cr	Mo	Ni	其他
20	ZG03Cr25Ni7Mo4WCuN	0.03	1.00	1.50	0.030	0.020	24.00~26.00	3.00~4.00	6.00~8.50	Cu1.00 N0.15~0.25 W1.00
21	ZG03Cr26Ni7Mo4CuN	0.03	1.00	1.00	0.035	0.025	25.00~27.00	3.00~5.00	6.00~8.00	N0.12~0.22 Cu1.30
22	ZG07Cr19Ni12Mo3	0.07	1.50	1.50	0.040	0.030	18.00~20.00	3.00~3.50	10.00~13.00	
23	ZG025Cr20Ni25Mo7Cu1N	0.025	1.00	2.00	0.035	0.020	19.00~21.00	6.00~7.00	24.00~26.00	N0.15~0.25 Cu0.50~1.50
24	ZG025Cr20Ni19Mo7CuN	0.025	1.00	1.20	0.030	0.010	19.50~20.50	6.00~7.00	17.50~19.50	N0.18~0.24 Cu0.50~1.00
25	ZG03Cr26Ni6Mo3Cu3N	0.03	1.00	1.00	0.035	0.025	24.50~26.50	2.50~3.50	5.00~7.00	N0.12~0.22 Cu2.75~3.50
26	ZG03Cr26Ni6Mo3Cu1N	0.03	1.00	2.00	0.030	0.020	24.50~26.50	2.50~3.50	5.50~7.00	N0.12~0.25 Cu0.80~1.30
27	ZG03Cr26Ni6Mo3N	0.03	1.00	2.00	0.035	0.025	24.50~26.50	2.50~3.50	5.50~7.00	N0.12~0.25

注：表中的单个值为最大值。

3.2.2 铸件的化学成分允许偏差应符合 GB/T 222 的规定。

3.3 力学性能

铸件的室温力学性能应符合表2规定。

表2 室温力学性能

序号	牌号	厚度 t/mm ≤	屈服强度 $R_{p0.2}$/MPa ≥	抗拉强度 R_m/MPa ≥	伸长率 A(%) ≥	冲击吸收能量 KV_2/J ≥
1	ZG15Cr13	150	450	620	15	20
2	ZG20Cr13	150	390	590	15	20
3	ZG10Cr13Ni2Mo	300	440	590	15	27
4	ZG06Cr13Ni4Mo	300	550	760	15	50
5	ZG06Cr13Ni4	300	550	750	15	50
6	ZG06Cr16Ni5Mo	300	540	760	15	60
7	ZG10Cr12Ni1	150	355	540	18	45
8	ZG03Cr19Ni11	150	185	440	30	80
9	ZG03Cr19Ni11N	150	230	510	30	80
10	ZG07Cr19Ni10	150	175	440	30	60
11	ZG07Cr19Ni11Nb	150	175	440	25	40
12	ZG03Cr19Ni11Mo2	150	195	440	30	80

(续)

序号	牌号	厚度 t/mm $\leq$	屈服强度 $R_{p0.2}$/MPa $\geq$	抗拉强度 R_m/MPa $\geq$	伸长率 A(%) $\geq$	冲击吸收能量 KV_2/J $\geq$
13	ZG03Cr19Ni11Mo2N	150	230	510	30	80
14	ZG05Cr26Ni6Mo2N	150	420	600	20	30
15	ZG07Cr19Ni11Mo2	150	185	440	30	60
16	ZG07Cr19Ni11Mo2Nb	150	185	440	25	40
17	ZG03Cr19Ni11Mo3	150	180	440	30	80
18	ZG03Cr19Ni11Mo3N	150	230	510	30	80
19	ZG03Cr22Ni6Mo3N	150	420	600	20	30
20	ZG03Cr25Ni7Mo4WCuN	150	480	650	22	50
21	ZG03Cr26Ni7Mo4CuN	150	480	650	22	50
22	ZG07Cr19Ni12Mo3	150	205	440	30	60
23	ZG025Cr20Ni25Mo7Cu1N	50	210	480	30	60
24	ZG025Cr20Ni19Mo7CuN	50	260	500	35	60
25	ZG03Cr26Ni6Mo3Cu3N	150	480	650	22	50
26	ZG03Cr26Ni6Mo3Cu1N	200	480	650	22	50
27	ZG03Cr26Ni6Mo3N	150	480	650	22	50

3.4 热处理

所有铸件均应进行热处理，热处理温度参考附录B。

3.5 外观质量

3.5.1 铸件不准许有裂纹和影响铸件使用性能的铸造缺陷。

3.5.2 铸件浇冒口、毛刺、粘砂等应清理干净，浇冒口残留量应符合供需双方认可的标准。

3.5.3 铸件表面粗糙度按GB/T 6060.1选定，并在图样或订货合同中注明。

3.6 几何公差、尺寸公差及重量公差

3.6.1 铸件的几何公差、尺寸公差应符合图样或订货合同规定。

3.6.2 如图样和订货合同中无规定，铸件几何公差、尺寸公差按GB/T 6414选定。

3.6.3 铸件重量公差按GB/T 11351选定。

3.7 焊补

3.7.1 除订货合同中规定不准许焊补或重大焊补外，供方可进行焊补。

3.7.2 铸件的重大焊补定义为：除供需双方另有商定外，焊接坡口（凹坑）深度超过壁厚的22%或25mm者（两者中取较小者）；或其面积超过65cm²者；或当承压铸件水压试验漏水时，均认为是重大焊补。

3.7.3 如铸件需要重大焊补时，应经需方同意后才能进行焊补，并做焊补记录，记录内容包括焊补位置图、焊补工艺参数、焊补人员、设备及焊材批号。

3.7.4 重大焊补还需要提供材料的焊补工艺评定报告和铸件缺陷施焊条件、焊补位置、焊补范围记录报告，并在质量证明书中说明。

3.7.5 铸件焊补后应根据材料牌号及焊补情况及时做消除应力处理。
3.8 内部质量
铸件的内部质量应符合需方的图样和技术要求。
3.9 矫正
铸件如产生变形，允许在热处理后进行矫正。对尺寸稳定性要求高的受力件，如需方要求时，可对矫正后的铸件进行消除应力处理。
4 试验方法
4.1 化学分析
4.1.1 化学成分仲裁分析方法应按 GB/T 223.4、GB/T 223.5、GB/T 223.12、GB/T 223.13、GB/T 223.19、GB/T 223.24、GB/T 223.26、GB/T 223.37、GB/T 223.40、GB/T 223.43、GB/T 223.61、GB/T 223.69 和 GB/T 223.85 的规定执行。
4.1.2 化学成分光谱分析方法按 GB/T 11170 和 GB/T 14203 的规定执行。
4.2 力学性能试验
4.2.1 拉伸试验按 GB/T 228.1 的规定进行。
4.2.2 冲击试验按 GB/T 229 的规定进行。
4.3 表面粗糙度
铸造表面粗糙度检验按 GB/T 15056 的规定进行。
4.4 几何公差、尺寸公差及重量公差
4.4.1 铸件的几何公差、尺寸检验应选择相应精度的检测工具、量块、样板或划线检验，检测标准按 GB/T 6414 的规定执行。
4.4.2 重量公差按 GB/T 11351 的规定执行。
4.5 内部质量
铸件需要进行渗透、磁粉、超声波或射线探伤检测时，分别按 GB/T 9443、GB/T 9444、GB/T 7233.1 和 GB/T 5677 的规定执行。
5 检验规则
5.1 化学成分检验
5.1.1 铸件化学成分应按熔炼炉次数逐炉进行检验。
5.1.2 化学分析用试样的取样和制样方法按 GB/T 20066 的规定执行。
5.1.3 砂型铸造的铸件试样，其取样部位应在表层下 6mm 处。
5.2 力学性能检验
5.2.1 力学性能试验用试样应取自同一炉次的单铸试块或附铸试块。
5.2.2 试块与其所代表的铸件应同炉进行热处理。试块在炉中应放置在与具有代表性的铸件靠近位置。
5.2.3 单铸试块的尺寸和切取试样的位置见图1，也可按 GB/T 11352 的标准图样制作。
5.2.4 附铸试块的附铸部位、尺寸和数量，由供方决定。
5.2.5 力学性能试验用辅助试块厚度应 28mm～150mm。
5.2.6 每批铸件应取一个拉伸试样和三个冲击试样进行试验，拉伸试样和冲击试样分别按 GB/T 228.1 和 GB/T 229 的规定执行。
5.2.7 当力学性能试验结果不符合要求，并且不是由于 5.2.9 所列原因引起的，允许采用

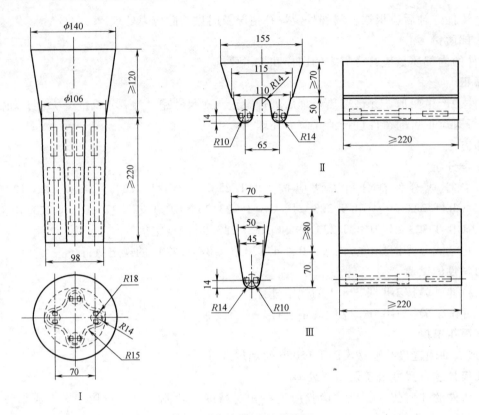

图 1　力学性能单铸试块图

同炉次备用试样进行复验。拉伸试验取 2 个试样进行复验，如果 2 个复验试样的试验结果均合格，则可判定拉伸试验结果合格，否则为不合格。冲击试验取 3 个试样进行复验，如果 3 个复验试样的试验结果均合格，并且初试和复试共 6 个试样算术平均值也合格，则可判定冲击试验结果合格，否则为不合格。

5.2.8　当力学性能复验结果仍不符合表 2 规定时，可以将铸件和试块重新进行热处理，然后重新试验。未经需方同意，重新热处理次数不得超过两次（回火除外）。

5.2.9　因下列原因而不符合规定的力学性能试验结果视为无效：
　　a）试样安装不当或试验机功能不正常；
　　b）拉伸试样在标距之外断裂；
　　c）试样制备不当；
　　d）试样中存在异常。
　　发生上述情况之一时，应在同一试块（铸件）或同批次的另一试块（铸件）中制取试样重新试验，其试验结果可以代替不良试样的试验结果。

5.3　外观质量检验
　　铸件的外观质量要逐件 100% 目测检查。

5.4　尺寸公差检验
　　铸件的尺寸公差按双方商定的数量抽检。

5.5　检验结果的修约
　　铸件尺寸检验结果按 GB/T 8170 的规定修约。

6 标志、贮存、包装和运输

6.1 标志和合格证

6.1.1 标志

在铸件的非加工面上应铸出厂标或需方要求的其他标志;当无法在铸件上做出标志时,可在铸件的标签上标注。

6.1.2 质量合格证明书

出厂铸件应附有质检部门出具的合格证或质量合格证明书,质量合格证明书中应包括:
a) 供方名称和地址;
b) 商标;
c) 铸件名称和牌号;
d) 铸件炉次号;
e) 铸件检验批号;
f) 化学成分及力学性能;
g) 热处理规范;
h) 检验结果(检验报告);
i) 铸件图号或订货合同号;
j) 标准号;
k) 出厂日期。

6.2 贮存、包装和运输

6.2.1 铸件在检验合格后应进行防护处理和包装。

6.2.2 铸件防护、贮存、包装和运输应符合订货合同的规定。

附 录 A
(资料性)
本标准与 ISO 11972:2015 的章条编号对照

本标准与 ISO 11972:2015 对应的章条编号对照见表 A.1。

表 A.1 本标准与 ISO 11972:2015 对应的章条编号对照表

序号	GB/T 2100 章条编号	对应的 ISO 11972:2015 的章条编号
1	3 技术要求	
2	3.1 制造	3 订货要求
3	3.2 化学成分	4 化学成分
4	3.3 力学性能	5 力学性能
5	3.4 热处理	6 热处理
6	3.5 外观质量	
7	3.6 几何公差、尺寸公差及其重量公差	
8	3.7 焊补	
9	3.8 内部质量	
10	3.9 矫正	

(续)

序号	GB/T 2100 章条编号	对应的 ISO 11972:2015 的章条编号
11	4 试验方法	
12	5 检验规则	
13	6 标志、贮存、包装和运输	
14	附录 A 本标准与 ISO 11972:2015 的章条编号对照	7 补充要求
15	附录 B 通用耐蚀钢铸件的热处理工艺	附录 A ISO 铸件牌号与 UNS 铸件牌号对照表

附 录 B
（资料性）
通用耐蚀钢铸件热处理工艺

通用耐蚀钢铸件热处理工艺可参考表 B.1。

表 B.1 通用耐蚀钢铸件热处理工艺

序号	牌号	热处理工艺
1	ZG15Cr13	加热到 950℃～1050℃，保温，空冷；并在 650℃～750℃，回火，空冷
2	ZG20Cr13	加热到 950℃～1050℃，保温，空冷或油冷；并在 680℃～740℃，回火，空冷
3	ZG10Cr13Ni2Mo	加热到 1000℃～1050℃，保温，空冷；并在 620℃～720℃，回火，空冷或炉冷
4	ZG06Cr13Ni4Mo	加热到 1000℃～1050℃，保温，空冷；并在 570℃～620℃，回火，空冷或炉冷
5	ZG06Cr13Ni4	加热到 1000℃～1050℃，保温，空冷；并在 570℃～620℃，回火，空冷或炉冷
6	ZG06Cr16Ni5Mo	加热到 1020℃～1070℃，保温，空冷；并在 580℃～630℃，回火，空冷或炉冷
7	ZG10Cr12Ni1	加热到 1020℃～1060℃，保温，空冷；并在 680℃～730℃，回火，空冷或炉冷
8	ZG03Cr19Ni11	加热到 1050℃～1150℃，保温，固溶处理，水淬。也可根据铸件厚度空冷或其他快冷方法
9	ZG03Cr19Ni11N	加热到 1050℃～1150℃，保温，固溶处理，水淬。也可根据铸件厚度空冷或其他快冷方法
10	ZG07Cr19Ni10	加热到 1050℃～1150℃，保温，固溶处理，水淬。也可根据铸件厚度空冷或其他快冷方法
11	ZG07Cr19Ni11Nb	加热到 1050℃～1150℃，保温，固溶处理，水淬。也可根据铸件厚度空冷或其他快冷方法
12	ZG03Cr19Ni11Mo2	加热到 1080℃～1150℃，保温，固溶处理，水淬。也可根据铸件厚度空冷或其他快冷方法
13	ZG03Cr19Ni11Mo2N	加热到 1080℃～1150℃，保温，固溶处理，水淬。也可根据铸件厚度空冷或其他快冷方法
14	ZG05Cr26Ni6Mo2N	加热到 1120℃～1150℃，保温，固溶处理，水淬。也可为防止形状复杂的铸件开裂，可随炉冷却至 1010℃～1040℃时再固溶处理，水淬
15	ZG07Cr19Ni11Mo2	加热到 1080℃～1150℃，保温，固溶处理，水淬。也可根据铸件厚度空冷或其他快冷方法
16	ZG07Cr19Ni11Mo2Nb	加热到 1080℃～1150℃，保温，固溶处理，水淬。也可根据铸件厚度空冷或其他快冷方法

(续)

序号	牌号	热处理工艺
17	ZG03Cr19Ni11Mo3	加热到≥1120℃,保温,固溶处理,水淬。也可根据铸件厚度空冷或其他快冷方法
18	ZG03Cr19Ni11Mo3N	加热到≥1120℃,保温,固溶处理,水淬。也可根据铸件厚度空冷或其他快冷方法
19	ZG03Cr22Ni6Mo3N	加热到1120℃~1150℃,保温,固溶处理,水淬。也可为防止形状复杂的铸件开裂,可随炉冷却至1010℃~1040℃时再固溶处理,水淬
20	ZG03Cr25Ni7Mo4WCuN	加热到1120℃~1150℃,保温,固溶处理,水淬。也可为防止形状复杂的铸件开裂,可随炉冷却至1010℃~1040℃时再固溶处理,水淬
21	ZG03Cr26Ni7Mo4CuN	加热到1120℃~1150℃,保温,固溶处理,水淬。也可为防止形状复杂的铸件开裂,可随炉冷却至1010℃~1040℃时再固溶处理,水淬
22	ZG07Cr19Ni12Mo3	加热到1120℃~1180℃,保温,固溶处理,水淬。也可根据铸件厚度空冷或其他快冷方法
23	ZG025Cr20Ni25Mo7Cu1N	加热到1200℃~1240℃,保温,固溶处理,水淬
24	ZG025Cr20Ni19Mo7CuN	加热到1080℃~1150℃,保温,固溶处理,水淬。也可根据铸件厚度空冷或其他快冷方法
25	ZG03Cr26Ni6Mo3Cu3N	加热到1120℃~1150℃,保温,固溶处理,水淬。为防止形状复杂的铸件开裂,也可随炉冷却至1010℃~1040℃时再固溶处理,水淬
26	ZG03Cr26Ni6Mo3Cu1N	加热到1120℃~1150℃,保温,固溶处理,水淬。为防止形状复杂的铸件开裂,也可随炉冷却至1010℃~1040℃时再固溶处理,水淬
27	ZG03Cr26Ni6Mo3N	加热到1120℃~1150℃,保温,固溶处理,水淬。为防止形状复杂的铸件开裂,也可随炉冷却至1010℃~1040℃时再固溶处理,水淬

第三节 高温承压马氏体不锈钢和合金钢通用铸件

李振纲 储开宇

一、标准概况

火力发电、化工和石油石化等行业广泛使用的铸造阀门、法兰、管件等都是采用不锈钢及耐热钢来制造的,对铸件的高温性能、抗氧化性、耐蚀性和组织稳定性等都有较高的要求,此外承受高压还要求有足够的韧性及良好的工艺性能。为指导国内企业规范化生产,有效管控产品质量和生产成本,指导行业进行新产品开发,以实现更大范围特定产品的国产化和普遍提升行业技术水平,结合行业内的制造水平,制定了GB/T 32255—2015《高温承压马氏体不锈钢和合金钢通用铸件》。该标准于2015年12月10日发布,2016年7月1日实施。

二、标准主要内容说明

1. 适用范围

GB/T 32255—2015《高温承压马氏体不锈钢和合金钢通用铸件》适用于工作温度不高于600℃条件下使用的铸造阀门、法兰和管件等,其他高温承压铸件可参考使用。

在火力发电机组中，高温承压马氏体不锈钢和合金钢通用铸件是不可或缺的关键零部件。该标准的发布实施将有力促进国内高温承压马氏体不锈钢和合金钢通用铸件的性能提升和新产品开发。

2. 技术要求

（1）材料牌号和化学成分 该标准在参考国内外常用高温承压马氏体不锈钢和合金钢通用铸件钢种的基础上，共制定了12个牌号。铸钢牌号及化学成分见 GB/T 32255—2015 中表1，与国外牌号的近似对照见 GB/T 32255—2015 附录 A 中表 A.1。

在 GB/T 32255—2015 表1中规定的12种铸钢牌号中，后三个牌号 ZG08Cr12Ni1Mo、ZG06Cr13Ni4Mo 及 ZG23Cr12Mo1NiV 的铬加入量超过了12%（质量分数），在高温下具有较好的抗氧化性和化学稳定性，属于 Cr13 型马氏体不锈钢。前九个牌号属于合金耐热钢，其中前六个牌号属于珠光体耐热钢，第7~9这三个牌号属于马氏体耐热钢。

马氏体不锈钢中的主加元素是 Cr，在钢表面可形成附着性强且稳定的 Cr_2O_3 氧化膜，并可通过固溶强化增强基体原子间的结合强度，从而使马氏体不锈钢具有良好的耐蚀性和热强性。Mo 的质量分数大都在1%以下或左右，在钢中起固溶强化作用。若加入少量的 W（如牌号 ZG23Cr12Mo1NiV 中含有 0.5% 质量分数的 W），W 和 Mo 起复合固溶强化作用，效果更好。钢中 W 和 Mo 的比例影响到钢的强度和韧性，若 Mo 高 W 低，则有高的韧性和塑性，但蠕变强度较低，牌号 ZG23Cr12Mo1NiV 即属于此种情况；若 Mo 低 W 高，则有高的蠕变强度，而韧性和塑性较低。钢中加入少量的 V，在热处理时能析出 VC 颗粒，起到沉淀强化作用。钢中的 Cu 可进一步提高钢的强度、韧性，特别是大气腐蚀性能，但容易产生热脆，铜的质量分数超过0.5%塑性会显著降低，故牌号中铜的质量分数均在0.3%以下。钢中的 Ni 可细化晶粒，提高淬透性，使铸钢在高温下有一定的耐蚀性和耐热性。

马氏体不锈钢是一种既耐腐蚀又能通过热处理强化的不锈钢。马氏体不锈钢具有较高的强度和耐磨性，但是其塑性和焊接性较铁素体不锈钢要差。因为马氏体不锈钢具有良好的力学性能和耐蚀性，所以它在机械工业中应用较广泛。

GB/T 32255—2015 附录 A 表 A.1 中前六个牌号铸钢的合金元素质量分数不超过5%，退火后得到铁素体加珠光体组织，属于 Cr-Mo 或 Cr-Mo-V 系铁素体-珠光体耐热钢，通过热处理可使钢强化。Mo 溶于基体相，能增强基体原子间结合强度，提高再结晶温度，因而能显著地提高基体的蠕变抗力，固溶强化效果最好；Cr 在质量分数小于0.5%时强化基体的作用较强，再增加则强化作用增加很少；V 加入后在钢中形成的 VC，可实现弥散强化并稳定组织以提高钢的热强性。随着 Cr 加入量的增加，其抗氧化性和耐蚀性会随之提高。

GB/T 32255—2015 附录 A 表 A.1 中第7~9这三个牌号铸钢是典型的 9Cr-1Mo 型马氏体耐热钢，该类型钢在 593℃、10^5h 条件下的持久强度可达 100MPa，且有较好的韧性。ZG10Cr9Mo1VNbN 是在 ZG16Cr9Mo1 的基础上添加了质量分数为 0.18%~0.25% 的 V 和微量的 Nb，在回火时会在铁素体基体上沉淀析出复合碳-氮化物 $M(CN)_X$，再加上 VN 的沉淀析出，可提高钢的高温强度。合金中还加入微量的 Ti 和 Zr，通过几种合金元素的复合弥散强化作用来进一步提高钢的高温强度；少量 Al 的加入形成的 Al_2O_3 稳定致密保护膜可提高钢的抗氧化性，但其不能大量加入，也不能单独加入，否则会使钢变脆，恶化工艺性能。ZG12Cr9Mo1VNbN 和 ZG10Cr9Mo1VNbN 相比，碳含量有所增加，合金元素加入种类变化不大，也未添加 Ti 和 Zr，其耐热性能变化不大。铁素体耐热铸钢的抗应力腐蚀性能较好，生产成本较低，应用更广泛，但铁素体耐热铸钢的高温抗蠕变性能较奥氏体耐热铸钢差。

在化学成分控制方面，该标准具有良好的操作性。生产厂家一般采用中频炉或中频炉加 AOD 炉熔炼工艺，就可达到化学成分的技术要求，并且 AOD 精炼技术已经在国内开始推广应用，精炼工艺已逐步趋于成熟。该标准试验论证中，采用了碱酚醛树脂砂造型工艺。碱性酚醛树脂砂比呋喃树脂砂具有更好的退让性，比水玻璃砂具有更好的溃散性，是比较成熟的铸造工艺。

对于 GB/T 32255—2015 中的 12 个马氏体不锈钢和合金钢牌号，应根据铸件的设计要求、使用条件、力学性能及耐热性和耐蚀性进行选择。

与发达国家相比，我国对不锈钢及耐热钢的研究还相对落后。目前的牌号也存在产品性能不高，使用寿命明显低于国外同类产品的情况。因此，提高材料认识，优化生产工艺，是国内企业面临的实际问题。

（2）铸件的热处理 采用 GB/T 32255—2015 中的铸钢牌号生产的所有铸件均应进行热处理，且热处理应在铸件温度冷却到相变温度以下进行，具体热处理要求和室温力学性能见 GB/T 32255—2015 中表 2。

所有的铸钢牌号既可以进行正火+回火处理，也可以进行淬火+回火处理。ZG19Mo、ZG17Cr1Mo、ZG17Cr2Mo1 的合金元素加入量和种类较少，正火和淬火后的力学性能差别不大，但加热温度会随着合金元素加入量的增加应略有提高。ZG13MoCrV、ZG17Cr1Mo1V 一般在回火前进行淬火处理，这两种钢中都添加了 V，为保证 VC 等碳化物能充分地溶入到奥氏体中，淬火加热温度提高了 30~80℃；ZG16Cr5Mo、ZG16Cr9Mo1、ZG10Cr9Mo1VNbN、ZG12Cr9Mo1VNbN、ZG08Cr12Ni1Mo 和 ZG06Cr13Ni4Mo 的合金元素加入量和加入种类明显增多，大大地提高了其淬透性，一般采用正火处理就能保证其强度要求。为保证碳化物的充分溶解，正火加热温度大都在 1000℃ 以上。ZG23Cr12Mo1NiV 中碳含量最高，加入的合金元素种类最多，为保证其高强度要求，一般要进行淬火处理，加热温度提高到 1030~1080℃，回火温度也比大多数铸钢要高。

（3）力学性能 高温承压马氏体不锈钢和合金钢通用铸件在室温状态下的力学性能见 GB/T 32255—2015 中表 2。测试力学性能用的试样，应取自与铸件同一批浇注并同炉热处理的单铸试块或附铸试块。

高温承压铸钢既要求有良好的高温强度和与之相适应的塑性，还要求具有较好的抗氧化性和耐蚀性，并随着工作温度的提高，化学稳定性的要求会随之提高。GB/T 32255—2015 表 2 中明确规定了各牌号室温状态下的力学性能最低值和范围，前六个牌号属于碳铬钢或铬钼钢，铬和钼的加入量较低，热处理后其强度相对较低，抗氧化性和耐蚀性也较差，但其塑性和韧性较好，可在温度不太高的工作条件下使用。一般来讲，铁素体耐热铸钢在高温条件下强度较低，作为结构材料使用时需要慎重。

GB/T 32255—2015 表 2 中第 7~9 个牌号属于 9Cr-1Mo 型耐热钢，铬的加入量显著提高，并加入了一定的钒，使钢的高温强度大大提高，韧性也较好。后三个牌号属于马氏体不锈钢，热处理后具有较高的强度，且具有较高的化学稳定性，虽然其塑性有所降低，但仍保持较高的韧性，可以承受更高温度和更高介质压力的冲击。

目前对耐热铸钢及合金钢的高温强度，无论是生产企业还是用户，一般都不具备检测条件，还缺乏这方面的数据支持，在 GB/T 32255—2015 附录 B 表 B.1 中列出了 12 个牌号不同温度下的最小屈服强度值作为参考。耐热铸钢及合金钢的使用寿命主要是由材质、工况条件及铸造工艺等因素决定的，在实际选用牌号时还应考虑环境、载荷等实际使用条件。

（4）铸件的焊补 该标准规定了焊补规范，允许焊补铸件缺陷，焊补前须将铸件缺陷部位清理干净，焊补后应不影响铸件的使用和外观质量。当焊接坡口（凹坑）深度超过壁厚的40%或25mm（二者中取较小者），属于重大焊补。重大焊补须经需方事先同意，并且应有施焊条件、焊补位置和范围等记录。对重大焊补的铸件，均应进行焊后回火处理。

铸件的焊补规范应符合 GB/T 32255—2015 中表3的规定。

三、标准的特点与应用

GB/T 32255—2015 是在修改采用 EN 10213:2007《承压用钢铸件》和美国 ASTM A217/A217M—2012《适用于高温设备的承压部件钢铸件、马氏体不锈钢和合金钢的标准规范》，并研究总结国内产品制造的实践基础上制定的，在技术内容上与之等效。在 GB/T 32255—2015 制定前，EN 10213:2007《承压用钢铸件》更受行业认可，GB/T 32255—2015 与 EN 10213:2007《承压用钢铸件》在主要技术内容上存在以下差异：

1）在规范性引用文件中增加了通用标准、铸钢牌号、外观质量、铸件致密性、形状尺寸和公差等要求。

2）综合考虑国内熔炼技术改进，原材料中的 S、P 含量，以及市场应用要求，并结合国外标准确定了有害元素 S、P 含量，高于目前国外标准平均水平，达到国外标准的先进水平。

3）为使标准具有更强的适用性，该标准对焊补工艺做出了建议性规定，未做强制性规定，具体操作遵循市场要求，由用户和制造商协商决定焊补工艺。

近年来，国内在铸造高温承压马氏体不锈钢和合金钢通用铸件方面取得了不少研究成果，制定该标准时除了参考国外标准化成果以外，主要借鉴了国内研究成果。该标准的制定建立了国内铸造高温承压马氏体不锈钢和合金钢通用铸件的标准体系，为我国特种行业承压部件高温承压马氏体不锈钢和合金钢通用铸件的选材、制造、应用提供了参考和依据，必将有力促进国内高温承压马氏体不锈钢和合金钢通用铸件应用性能提升和新产品开发，指导行业更大范围地实现特定产品的国产化，普遍提升行业技术水平。

四、标准内容

GB/T 32255—2015

高温承压马氏体不锈钢和合金钢通用铸件

1 范围

本标准规定了高温承压马氏体不锈钢和合金钢通用铸件的技术要求、试验方法、检验规则、标志、贮存、包装和运输等要求。

本标准适用于工作温度不高于600℃条件下使用的铸造阀门、法兰、管件，其他高温承压铸件可参考使用。

2 规范性引用文件

下列文件对于本文件的应用是必不可少的。凡是注日期的引用文件，仅注日期的版本适用于本文件。凡是不注日期的引用文件，其最新版本（包括所有的修改单）适用于本文件。

GB/T 222   钢的成品化学成分允许偏差
GB/T 223.4   钢铁及合金   锰含量的测定   电位滴定或可视滴定法
GB/T 223.5   钢铁   酸溶硅和全硅含量的测定   还原型硅钼酸盐分光光度法
GB/T 223.9   钢铁及合金   铝含量的测定   铬天青S分光光度法
GB/T 223.11   钢铁及合金   铬含量的测定   可视滴定或电位滴定法
GB/T 223.14   钢铁及合金   钒含量的测定   钽试剂萃取光度法
GB/T 223.23   钢铁及合金   镍含量的测定   丁二酮肟分光光度法
GB/T 223.26   钢铁及合金   钼含量的测定   硫氰酸盐分光光度法
GB/T 223.36   钢铁及合金   氮含量的测定   蒸馏分离-中和滴定法
GB/T 223.40   钢铁及合金   铌含量的测定   氯磺酚S分光光度法
GB/T 223.43   钢铁及合金   钨含量的测定   重量法和分光光度法
GB/T 223.59   钢铁及合金   磷含量的测定   铋磷钼蓝分光光度法和锑磷钼蓝分光光度法
GB/T 223.67   钢铁及合金   硫含量的测定   次甲基蓝分光光度法
GB/T 223.69   钢铁及合金   碳含量的测定   管式炉内燃烧后气体容量法
GB/T 228.1   金属材料   拉伸试验   第1部分：室温试验方法
GB/T 229   金属材料   夏比摆锤冲击试验方法
GB/T 4336   碳素钢和中低合金钢   火花源原子发射光谱分析方法（常规法）
GB/T 5677   铸钢件射线照相检测
GB/T 6060.1   表面粗糙度比较样块   铸造表面
GB/T 6414   铸件   尺寸公差与机械加工余量
GB/T 7233.2   铸钢件   超声检测   第2部分：高承压铸钢件
GB/T 8170   数值修约规则与极限数值的表示和判定
GB/T 9443   铸钢件渗透检测
GB/T 9444   铸钢件磁粉检测
GB/T 15056   铸造表面粗糙度   评定方法
GB/T 20066   钢和铁   化学成分测定用试样的取样和制样方法

3 技术要求
3.1 制造
除另有规定外，冶炼和铸造方法由供方自行决定。
3.2 化学成分
3.2.1 各牌号的化学成分应符合表1的规定。各牌号对应的部分国外牌号参见附录A。

表1 铸件材料牌号及其化学成分

序号	牌号	化学成分(质量分数,%)										
		C	Si	Mn	P	S	Cr	Mo	Ni	V	Cu	其他
1	ZG19Mo	0.15~0.23	0.60	0.50~1.00	0.025	0.020[①]	0.30	0.40~0.60	0.40	0.05	0.30	—
2	ZG17Cr1Mo	0.15~0.20	0.60	0.50~1.00	0.025	0.020[①]	1.00~1.50	0.45~0.65	0.40	0.05	0.30	—

(续)

序号	牌号	化学成分(质量分数,%)										
		C	Si	Mn	P	S	Cr	Mo	Ni	V	Cu	其他
3	ZG17Cr2Mo1	0.13~0.20	0.60	0.50~0.90	0.025	0.020①	2.00~2.50	0.90~1.20	0.40	0.05	0.30	—
4	ZG13MoCrV	0.10~0.15	0.45	0.40~0.70	0.030	0.020①	0.30~0.50	0.40~0.60	0.40	0.22~0.30	0.30	Sn0.025
5	ZG17Cr1Mo1V	0.15~0.20	0.60	0.50~0.90	0.020	0.015	1.20~1.50	0.90~1.10	0.40	0.20~0.30	0.30	Sn0.025
6	ZG16Cr5Mo	0.12~0.19	0.80	0.50~0.80	0.025	0.025	4.00~6.00	0.45~0.65	0.40	0.05	0.30	—
7	ZG16Cr9Mo1	0.12~0.19	1.00	0.35~0.65	0.030	0.030	8.00~10.00	0.90~1.20	0.40	0.05	0.30	—
8	ZG10Cr9Mo1VNbN	0.08~0.12	0.20~0.50	0.30~0.60	0.030	0.010	8.00~9.50	0.85~1.05	0.40	0.18~0.25	—	Nb0.06~0.10 N0.03~0.07 Al0.02, Ti0.01 Zr0.01
9	ZG12Cr9Mo1VNbN	0.11~0.14	0.20~0.50	0.40~0.80	0.020	0.010	8.00~9.50	0.85~1.05	0.40	0.18~0.25	—	Nb0.05~0.08 N0.04~0.06 Al0.02
10	ZG08Cr12Ni1Mo	0.05~0.10	0.40	0.50~0.80	0.030	0.020	11.50~12.50	0.50	0.80~1.50	0.08	0.30	—
11	ZG06Cr13Ni4Mo	0.06	1.00	1.00	0.035	0.025	12.00~13.50	0.70	3.50~5.00	0.08	0.30	—
12	ZG23Cr12Mo1NiV	0.20~0.26	0.40	0.50~0.80	0.030	0.020	11.30~12.20	1.00~1.20	1.00	0.25~0.35	0.30	W0.50

① 对于测量壁厚<28mm 的铸件,允许 S 的质量分数为 0.030%。

3.2.2 钢的成品化学成分允许偏差应符合 GB/T 222 的规定。

3.3 力学性能

铸件的室温力学性能应符合表 2 的规定。不同热处理温度下的屈服强度参见附录 B。

表 2 铸件的室温力学性能

序号	牌号	热处理状态		厚度 t /mm ≤	屈服强度 $R_{p0.2}$ /MPa ≥	抗拉强度 R_m /MPa	断后伸长率 A (%) ≥	冲击吸收能量 KV_2/J ≥
		正火或淬火温度/℃	回火温度/℃					
1	ZG19Mo	920~980	650~730	100	245	440~590	22	27
2	ZG17Cr1Mo	920~960	680~730	100	315	490~690	20	27
3	ZG17Cr2Mo1	930~970	680~740	150	400	590~740	18	40
4	ZG13MoCrV	950~1000	680~720	100	295	510~660	17	27
5	ZG17Cr1Mo1V	1020~1070	680~740	150	440	590~780	15	27
6	ZG16Cr5Mo	930~990	680~730	150	420	630~760	16	27

(续)

序号	牌号	热处理状态		厚度 t /mm ≤	屈服强度 $R_{p0.2}$ /MPa ≥	抗拉强度 R_m /MPa	断后伸长率 A (%) ≥	冲击吸收能量 KV_2/J ≥
		正火或淬火温度/℃	回火温度/℃					
7	ZG16Cr9Mo1	960~1020	680~730	150	415	620~795	18	27
8	ZG10Cr9Mo1VNbN	1040~1080	730~800	100	415	585~760	16	27
9	ZG12Cr9Mo1VNbN	1040~1090	730~780	100	450	630~750	16	35
10	ZG08Cr12Ni1Mo	1000~1060	680~730	300	355	540~690	18	45
		1000~1060	600~680	300	500	600~800	16	40
11	ZG06Cr13Ni4Mo	1000~1060	630~680 +590~620	300	550	760~960	15	27
12	ZG23Cr12Mo1NiV	1030~1080	700~750	150	540	740~880	15	27

3.4 热处理

3.4.1 所有铸件均应进行热处理，表2中的热处理温度仅供参考。

3.4.2 铸件应以正火+回火或淬火+回火状态供货。

3.5 外观质量

3.5.1 铸件不允许有裂纹和影响使用性能的夹渣、夹砂、冷隔、气孔、缩孔、缩松、缺肉等铸造缺陷。

3.5.2 铸件浇冒口、毛刺、粘砂等应清除干净，浇冒口打磨残余量应符合供需双方认可的规定。

3.5.3 铸件表面粗糙度应按GB/T 6060.1选定，并在图样或订货合同中规定。

3.6 几何形状、尺寸和公差

铸件的几何形状、尺寸和公差应符合图样或订货合同规定。如图样和订货合同中无规定，铸件尺寸偏差按GB/T 6414选定，但铸件承压部位的壁厚不允许负偏差。

3.7 焊补

3.7.1 铸件缺陷允许焊补，焊补前须将铸件缺陷部位清理干净，焊补后应不影响铸件的使用和外观质量。

3.7.2 铸件的焊补规范应符合表3规定。

表3 铸件焊补规范

序号	牌号	预热温度[①]/℃	最高道间温度/℃	焊后热处理/℃
1	ZG19Mo	20~200	350	≥650
2	ZG17Cr1Mo	150~250	350	≥650
3	ZG17Cr2Mo1	150~250	350	≥680
4	ZG13MoCrV	200~300	400	≥680
5	ZG17Cr1Mo1V	200~300	400	≥680
6	ZG16Cr5Mo	150~250	350	≥650
7	ZG16Cr9Mo1	200~300	350	≥680

(续)

序号	牌号	预热温度[①]/℃	最高道间温度/℃	焊后热处理/℃
8	ZG10Cr9Mo1VNbN	200~300	350	不大于回火温度
9	ZG12Cr9Mo1VNbN	200~300	350	不大于回火温度
10	ZG08Cr12Ni1Mo	100~200	350	不大于回火温度
11	ZG06Cr13Ni4Mo	20~450	450	不大于回火温度
12	ZG23Cr12Mo1NiV	100~200	300	不大于回火温度

① 预热温度涉及几何尺寸、铸件的厚度和气候条件。

3.7.3 焊补铸件的焊工应具有相应的资质。

3.7.4 除供需双方另有商定外，焊接坡口（凹坑）深度超过壁厚的40%或25mm（二者中取较小者），属于重大焊补。重大焊补须经需方事先同意，并且应有施焊条件、焊补位置、范围等记录。

3.7.5 应选用适合的焊材并进行焊补工艺评定后方可施焊，对重大焊补的铸件，均应进行焊后进行回火处理。

3.7.6 铸件焊补后，均应按照检验铸件的同一标准进行检验。

3.8 矫正

铸件如产生变形，允许对铸件矫正，矫正后铸件应进行消除应力处理。

4 试验方法

4.1 化学分析

4.1.1 化学成分仲裁分析方法按 GB/T 223.4、GB/T 223.5、GB/T 223.9、GB/T 223.11、GB/T 223.14、GB/T 223.23、GB/T 223.26、GB/T 223.36、GB/T 223.40、GB/T 223.43、GB/T 223.59、GB/T 223.67、GB/T 223.69 的规定执行。

4.1.2 光谱分析按 GB/T 4336 的规定执行。

4.2 力学性能试验

4.2.1 拉伸试验按 GB/T 228.1 的规定执行。

4.2.2 冲击试验按 GB/T 229 的规定执行。

4.3 无损检测

4.3.1 除另有规定外，铸件表面磁粉检测按 GB/T 9444 的规定执行。

4.3.2 除另有规定外，铸件渗透检测按 GB/T 9443 的规定执行。

4.3.3 除另有规定外，铸件超声波检测按 GB/T 7233.2 的规定执行。

4.3.4 除另有规定外，铸件射线照相检测按 GB/T 5677 的规定执行。

4.4 表面粗糙度

表面粗糙度检验方法按 GB/T 15056 的规定执行。

4.5 铸件几何形状和尺寸

铸件几何形状和尺寸检验应选择相应精度的检测工具、量块、样板或划线检验。

4.6 检验结果的修约

力学性能和化学成分试验结果，可以按照规定的试验方法中的原则或 GB/T 8170 的规定加以修约。

5 检验规则

5.1 化学成分

5.1.1 铸件化学成分应按冶炼炉次逐炉进行检验。

5.1.2 化学分析用试样的取样和制样方法按照 GB/T 20066 的规定执行。

5.1.3 化学分析用试样取自同一熔炼炉次单独浇注的单铸试块或附铸试块,也可以在铸件本体上取样。化学分析样品的取样部位应低于试块或铸件表层以下至少 6mm 处。

5.2 力学性能

5.2.1 力学性能试验用试样应取自同一批钢液浇注并同炉热处理的单铸试块或附铸试块。试块应始终与其所代表的铸件同炉内进行热处理。单铸试块的主要尺寸和切取试样的位置见图 1。

5.2.2 附铸试块的附铸部位、尺寸和数量,由供方决定。如需方有特殊要求,由供需双方商定。

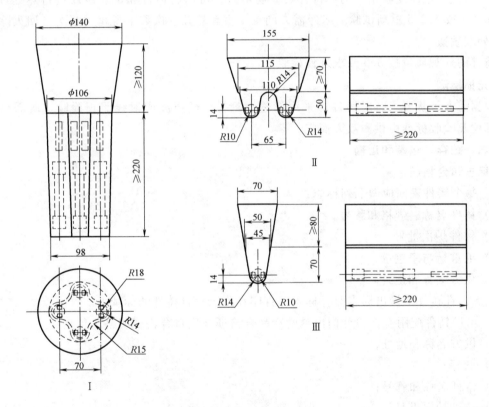

图 1 力学性能单铸试块图

5.2.3 力学性能试验用试块厚度应≥28mm(包括经双方商定,在铸件上切取的试块)。

5.2.4 拉伸试验每一批次取一个拉伸试样进行试验,结果应符合表 2 规定。

5.2.5 当需方需要做冲击试验时,每一批次取 3 个冲击试样进行试验,3 个冲击试样的平均值应符合表 2 规定。3 个冲击试样中,只允许其中一个试样冲击数值低于表 2 规定值,但不能低于规定值的 2/3。

5.2.6 因下列原因而不符合规定的力学性能试验结果视为无效:

a) 试样安装不当或试验机功能不正常；
b) 拉伸试样在标距之外断裂；
c) 试样制备不当；
d) 试样中存在异常。

发生上述情况之一时，应在同一试块（铸件）或同批次的另一试块（铸件）中制取试样重新试验，其试验结果可以代替不良试样的试验结果。

5.2.7 当力学性能试验结果不符合要求，并且不是由于5.2.6所列原因引起的，允许采用同炉次备用试样进行复验。拉伸试验取2个试样进行复验，如果2个复验试样的试验结果均合格，则可判定拉伸试验结果合格，否则为不合格。冲击试验取3个试样进行复验，如果3个复验试样的试验结果均合格，并且初试和复试共6个试样算术平均值也合格，则可判定冲击试验结果合格，否则为不合格。

5.2.8 当力学性能复验结果仍不符合表2规定时，可以将铸件和试块重新进行热处理，然后按5.2.4或5.2.5重新试验。未经需方同意，重新热处理次数不得超过两次（回火除外）。

5.3 外观质量

铸件的外观质量按3.5要求逐件检验。

5.4 无损检测

根据需方订货要求，对铸件可采用渗透、磁粉、超声波或射线照相检验。所需检验方法、部位及验收标准由供需双方商定。

6 标志、贮存、包装和运输

6.1 标志和合格证

6.1.1 每个铸件表面应做下列标志：
a) 铸件名称、规格和牌号；
b) 铸件炉次批号；
c) 毛重量与净重量；
d) 供方名称和地址。

当无法在铸件上做出标志时，标志可打印在附于每批铸件的标牌上。

6.1.2 出厂铸件应附有检验部门出具的产品合格证或质量合格证明书，包括：
a) 供方名称和地址；
b) 商标；
c) 铸件名称和牌号；
d) 铸件炉次批号；
e) 检验结果（检验报告）；
f) 铸件图号或订货合同号；
g) 标准号；
h) 出厂日期。

6.2 贮存、包装和运输

6.2.1 铸件在检验合格后应进行防护处理和包装。

6.2.2 铸件防护、贮存、包装和运输应符合订货合同的规定。

附 录 A
（资料性）
本标准铸钢牌号与 BS EN 10213：2007、ASTM A217—2012 铸钢牌号对照

各牌号对应的部分国外牌号见表 A.1。

表 A.1 本标准铸钢牌号与 BS EN 10213：2007、ASTM A217—2012 铸钢牌号的近似对照表

序号	本标准牌号	BS EN 10213:2007 铸钢牌号	ASTM A217—2012 铸钢牌号
1	ZG19Mo	G20Mo5	WC1
2	ZG17Cr1Mo	G17CrMo5-5	WC6
3	ZG17Cr2Mo1	G17CrMo9-10	WC9
4	ZG13MoCrV	G12MoCrV5-2	—
5	ZG17Cr1Mo1V	G17CrMoV5-10	—
6	ZG16Cr5Mo	GX15CrMo5	C5
7	ZG16Cr9Mo1	GX15CrMo9-1	C12
8	ZG10Cr9Mo1VNbN	GX10CrMoV9-1	C12A
9	ZG12Cr9Mo1VNbN		
10	ZG08Cr12Ni1Mo	GX8CrNi12-1	CA15
11	ZG06Cr13Ni4Mo	GX4CrNi13-4	—
12	ZG23Cr12Mo1NiV	GX23CrMoV12-1	—

附 录 B
（资料性）
高温承压马氏体不锈钢和合金钢通用铸件不同温度的强度

不同热处理温度下的最小屈服强度对比见表 B.1。

表 B.1 高温承压马氏体不锈钢和合金钢通用铸件不同热处理温度下的最小屈服强度对比

序号	牌号	热处理状态	下列温度(℃)的屈服强度 $R_{p0.2}$/MPa ≥								
			100	200	300	350	400	450	500	550	600
1	ZG19Mo	正火+回火，淬火+回火	—	190	165	155	150	145	135	—	—
2	ZG17Cr1Mo	正火+回火，淬火+回火	—	250	230	215	200	190	175	160	—
3	ZG17Cr2Mo1	正火+回火，淬火+回火	264	244	230	—	214	—	194	144	—
4	ZG13MoCrV	淬火+回火	—	385	365	350	335	320	300	260	—
5	ZG17Cr1Mo1V	淬火+回火	—	355	345	330	315	305	280	240	—
6	ZG16Cr5Mo	正火+回火	—	390	380	—	370	—	305	250	—
7	ZG16Cr9Mo1	正火+回火	—	375	355	345	320	295	265	—	—
8	ZG10Cr9Mo1VNbN	正火+回火	410	380	360	350	340	320	300	270	215

(续)

序号	牌号	热处理状态	下列温度(℃)的屈服强度 $R_{p0.2}$/MPa ≥								
			100	200	300	350	400	450	500	550	600
9	ZG12Cr9Mo1VNbN	正火+回火-1	—	275	265	—	255	—	—	—	—
10	ZG08Cr12Ni1Mo	正火+回火-2	—	410	390	—	370	—	—	—	—
11	ZG06Cr13Ni4Mo	正火+回火	—	450	430	410	390	370	340	290	—
12	ZG23Cr12Mo1NiV	淬火+回火	515	485	465	440	—	—	—	—	—

第四节 承压钢铸件

成应晋

一、标准概况

GB/T 16253《承压钢铸件》于1996年首次制定并实施后，对承压钢铸件的生产起到了一定的指导作用。

GB/T 16253—1996作为我国第一项承压钢铸件的专门标准，内容主要包括铸件的技术要求、检验规则、试验方法、标志、包装、运输、贮存及补充要求等，适用于包括按照TSC 21《固定式压力容器安全技术监察规程》要求生产的压力容器用承压钢铸件和不按TSC 21要求生产的承压钢铸件。该标准发布后，在机械、冶金、能源化工等行业得到了较广泛应用。

GB/T 16253—2019《承压钢铸件》于2019年8月30日发布，并于2020年3月20日起实施。

此次标准修订主要参照了ISO 4991：2015、BS EN 10213：2007，以及ISO 4991：2015的配套标准ISO 4990：2015的内容，此外还对比参考了美国ASTM部分标准的内容。

二、标准主要内容说明

1. 范围

GB/T 16253—2019适用碳钢和合金钢制造的承压钢铸件，而且在标准内容中增加了GB/T 16253—1996不包含的铸焊结构承压钢铸件焊接工艺内容。

2. 技术要求

（1）一般要求 GB/T 16253—2019为供需双方提供可选的质量要求，在其技术要求部分和附录B中提供了承压钢铸件的一般要求和补充要求，并在试验方法部分提供了各项检查和检验的试验方法，供需双方应将其作为合同参考以明确责任归属，减少争议。为保证铸件质量和安全，规定了制造厂生产压力容器用承压钢铸件时必须经过"首件鉴定"。

（2）牌号和化学成分 GB/T 16253—2019对各牌号铸件化学成分要求与ISO 4991：2015保持一致，且已按照GB/T 5613—2014的规则对ISO 4991：2015铸件牌号进行统一改写，并在附录D中给出与国内常用牌号和常用国外牌号及数字命名对应关系。另外，为反映技术发展并促进国外先进材料引入国内，GB/T 16253—2019还新增加了国外新开发的耐热钢铸件材料 GX13CrMoCoVNbNB9-2-1（即COST CB2，转化为国内铸钢牌号

ZG12Cr9Mo2CoNiVNbNB），该材料可以用于超超临界汽轮机。GB/T 16253—1996 中表 1 规定的铸件牌号及化学成分要求，已与能源化工、石油机械、海洋装备等行业实际情况脱节，GB/T 16253—2019 做了较大改动。

GB/T 16253—2019 对铸件主要杂质 P、S 含量要求较 GB/T 16253—1996 更为严格。GB/T 16253—2019 涉及的材料成分范围跨度大，组织类型多，包括铸造碳钢、铸造中低合金钢、铸造高合金钢及不锈钢。实际上，有许多牌号等同或相近铸件已在国内外应用，并反映在专门的铸件标准中，如 GB/T 1200、GB/T 12229、GB/T 12230、GB/T 32255、JB/T 7248、JB/T 11018、JB/T 12380、NB/T 20005、NB/T 20007、NB/T 20010、ASTM A487/A487M、ASTM A216/A216M、ASTM A217/A217M、ASTM A351/A351M、ASTM A352/A352M、ASTM A995/A995M、EN 10213 等。这些专用标准对铸件的要求各有侧重，可与 GB/T 16253—2019 配合使用。

（3）冶炼　与 GB/T 16253—1996 相比，GB/T 16253—2019 对铸钢的熔炼方法未做出具体要求，仅将"熔炼"改为"冶炼"，与 ISO 4991：2015 的引用文件 ISO 4990：2015 一致。制造厂可根据实际情况选择铸钢的冶炼方法及工艺。

（4）热处理及力学性能要求　GB/T 16253—2019 规定了材料的热处理方式并推荐了热处理温度。热处理后材料力学性能除应当满足 GB/T 16253—2019 中表 3 所示的室温下拉伸性能外，还应满足合同规定的其他条款，如室温冲击、低温冲击、高温拉伸、蠕变等力学性能（见 GB/T 16253—2019 中表 4、表 5、表 6 及表 F.1）及补充要求。GB/T 16253—2019 对热处理工艺细节不做强制要求，这给铸件制造厂留有一定的工艺调整余地。与 GB/T 16253—1996 相比，以上要求也有明显改动。

在 GB/T 16253—2019 表 2 中，序号 1~4 对应材料为铸造碳钢，其中 ZG18 的碳当量和碳含量均为最低，采用正火可能无法满足强度要求。除此以外，可采用淬火+回火或正火方式热处理，正火后同样允许回火处理以降低内应力并消除局部偏析形成的淬硬区。以上铸件适用于通用阀门、法兰、管件等部件。

序号 5~16 对应材料为典型的铸造中低合金钢，合金元素主要以 Cr、Mo、Ni 为主，强韧性匹配较好，采用淬火+高温回火可得到马氏体回火组织（如回火索氏体），通常具有最佳的力学性能，并有一定的抗氧化性和热强性；序号 17~24 对应材料为典型的铸造马氏体耐热钢，其马氏体形成倾向更大。以上铸件的室温强度较高，且有一定的高温性能，多用于航空航天、能源动力等行业的高温承压工况（一般低于 600℃，ZG12Cr9Mo2CoNiVNbNB 可在 620℃/30MPa 下服役），或对耐蚀性有一定要求的过流件中；经适当热处理后也具备较好的冲击性能，可用于对低温韧性有一定要求的工况中。对铸钢热处理而言，随着合金元素总含量或微合金元素含量的提高（如 V、Nb 等），材料奥氏体保温温度应适当提高，制造厂应基于此原则灵活选择热处理温度，而不应拘泥于标准的推荐值；淬火冷却介质也应以获得均匀马氏体组织且不产生变形和开裂为原则，根据铸件壁厚和合金成分合理选用。

序号 25~34 对应材料均为铸造奥氏体或双相不锈钢，该类材料一般均需固溶处理，并视铸件实际情况调整固溶温度、冷却介质。该标准对铸造奥氏体不锈钢的规定塑性延伸强度均按 1%考核，且只规定-196℃下的低温冲击值，其中 ZG07Cr19Ni11Nb 和 ZG07Cr19Ni11Mo2Nb 是在 ZG07Cr19Ni10 和 ZG07Cr19Ni11Mo2 基础上添加稳定化元素 Nb 以提高其晶间腐蚀抗力而来，故固溶后允许对其进行稳定化处理；ZG03Cr19Ni11N 和 ZG03Cr19Ni11Mo2N 则在

ZG07Cr19Ni10 和 ZG07Cr19Ni11Mo2 基础上进行增 N 降 C，提高了晶间腐蚀和点蚀抗力，并提高了奥氏体基体的稳定性，从而使其强度和低温冲击性能均有所提升；而 ZG03Cr22Ni5Mo3N、ZG03Cr26Ni6Mo3Cu3N 和 ZG03Cr26Ni7Mo4N 属于铸造双相不锈钢，不仅更耐腐蚀，且兼具奥氏体不锈钢的高塑性、低温韧性和热强性及铁素体不锈钢高室温强度的特点。以上铸件通常用于腐蚀介质中或高低温环境中使用的承压铸件。

（5）焊接　该部分规定了铸件焊补和拼焊时应当满足的要求，并在附录 G 中提供了部分铸件的推荐焊接工艺条件，见 GB/T 16253—2019 附录 G 中表 G.1。此外，针对焊后需高温热处理的铸件，应选用可热处理焊接材料，尽量连续施焊，焊接过程层间温度不应低于预热温度；如不得不中断施焊，则应当采取保温措施。

（6）试块　该部分规定了铸件检验用试块类型、试块部位和切取方法、试块尺寸。当铸件采用一个以上钢包浇注时，必须使用附铸试块。

关于试块尺寸，该标准中试块尺寸类型有 A 型试块、B 型试块、C 型试块 3 种，对应于 GB/T 16253—1996 的 Ⅰ 型试块、Ⅱ 型试块、Ⅲ 型试块。而 ISO 4990 和 ISO 4991 中只规定了 $T×T$ 试块和 $T×3T×3T$ 试块，对应于该标准的 B 型试块和 C 型试块，这两类试块在 ISO 和 EN 之外的铸件标准中较少见。与 GB/T 16253—1996 相比，GB/T 16253—2019 按照 ISO 4990：2015 的内容修改了 B 型试块（$T×T$）试块和 C 型试块（$T×3T×3T$）中力学性能试样的取样位置，限制 C 型试块最大尺寸；而 A 型试块尺寸仍与 GB/T 16253—1996 中的 Ⅰ 型试块保持一致，其原因是考虑到该类试块（即基尔试块）在国内铸造行业应用广泛，故保留该试块类型以保证标准的通用性，该类试块一般作单铸试块。

上述试块中的尺寸 T 为试块厚度，试块厚度应视铸件主要截面最大厚度而定。当铸件主要截面最大厚度不超过 150mm 时，试块厚度即取所代表铸件的主要截面最大厚度；当铸件主要截面最大厚度超过 150mm 时，在供需双方一致同意的情况下，允许试块厚度超过 150mm。在 GB/T 16253—2019 附录 B 中给出了各铸件主要截面厚度允许的最大值，见 GB/T 16253—2019 附录 B 中表 B.1。当铸件主要截面最大厚度超出表 B.1 对应值时，允许试块的力学性能低于 GB/T 16253—2019 中表 3、表 4、表 5、表 6 及表 F.1 规定值。

B 型试块和 C 型试块尺寸比 A 型试块更大，反映的铸件性能更具真实性和严格性，因此采用 B 型试块和 C 型试块进行铸件检验后无须采用 A 型试块重复检验。

（7）表面质量及内部质量　GB/T 16253—2019 规定了铸件交付时对外观的基本要求，与 GB/T 16253—1996 相比，细化了表面质量和内部质量的具体标准，相应试验标准可见 GB/T 16253—2019 中表 7 及附录 B 对应条目。

（8）形状、尺寸及公差　GB/T 16253—2019 规定了铸件形状、尺寸和公差应满足的要求，除 GB/T 6414 外，允许铸件尺寸公差按合同验收。铸件重量公差的内容作为补充要求可见 GB/T 16253—2019 中表 7 及附录 B 对应条目。

3. 试验方法

GB/T 16253—2019 结合国内铸造行业钢铸件生产实际情况，规定了标准所涉及的全部检查检验的试验方法要求。与 GB/T 16253—1996 相比，除对应试验方法更新外，检验项目增加了拉伸蠕变、铸件硬度和单批铸件均匀性。此外，铸件成分除采用传统化学检验方法外，还允许采用 GB/T 4336、GB/T 11170、GB/T 20123、GB/T 20124、GB/T 20125、SN/T 0750、SN/T 2718、SN/T 3806、SN/T 3343 进行光谱法测定，以适应技术发展。

4. 检验规则

GB/T 16253—2019 主要规定了铸件产品的组批规则、取样规则和判定规则，并规定了复验和重新热处理的要求。与 ISO 4990：2015 的 6.2.2 节内容相比，GB/T 16253—2019 只删去了按产量组批的规则；与 GB/T 16253—1996 相比，GB/T 16253—2019 根据 ISO 4990：2015 的内容，增加了检验规则的一般要求，修改了化学分析取样和冲击复验的要求。

（1）组批规则　GB/T 16253—2019 按炉次将同一炉钢液浇注、同炉热处理的同类型铸件作为一批。如技术条件中有规定或供需双方另有协商，则可按件或其他规则进行组批。

（2）取样规则　对化学分析，通常以逐炉取样的熔炼分析作为铸件的验收依据。当供需双方对分析结果有争议时，可对铸钢炉前样、代表铸件的试块或试样上取成品试样进行校核分析。若在壁厚大于 15mm 的试块中取样，则取样部位与铸造表面距离应不小于 6mm，以保证试样具有代表性。成品试样取样方法和样品质量要求可参考 GB/T 222—2006 内容。GB/T 16253—2019 在附录 E 中提供了校核分析结果与熔炼分析结果的允许偏差，见表 E.1，表 E.1 中各元素允许偏差值不大于 ISO 4990：2015 中表 1 的值。

对力学性能，通常在代表该批铸件的试块上取样，规定室温拉伸试样数为 1 件，夏比冲击试样数量为每组温度 3 件，高温拉伸试样数量按照合同规定。只有当合同中有规定时，铸件才需进行夏比冲击和高温拉伸测试。GB/T 16253—2019 对 A 型试块、B 型试块（$T \times T$）试块和 C 型试块（$T \times 3T \times 3T$）试块中取样位置做了详细规定，力学性能试样中轴线与试块表面的距离均大于 1/4 壁厚。该种取样方法更能代表铸件本体性能，且 B 型试块和 C 型试块尺寸比 A 型试块更大，其对力学性能的考核更严格，故当采用 B 型试块或 C 型试块进行力学性能取样时，不需要再从 A 型试块取样。

（3）判定规则及复验　GB/T 16253—2019 根据 ISO 4990：2015 内容修改了 GB/T 16253—1996 中的冲击复验要求，明确了应当进行冲击复验的情况和冲击复验判定合格的条件，此外还明确规定了拉伸和冲击双倍复验时应在原试块（或同炉浇注及同炉热处理的另一件试块）取样，保证了复验结果的可靠性。

（4）重新热处理　GB/T 16253—2019 规定当力学性能检验或复验不符合要求时，允许对铸件及其试块进行重新热处理。重新热处理的铸件及其试块应作为新的一批进行全部力学性能检验。未经需方同意，铸件及其试块的重新热处理不应超过两次（若无特殊规定，则回火次数不限）。这与其他铸钢领域国家标准内容基本一致。某些偏析严重的中高合金钢铸件或存在第一类回火脆性的铸件重新热处理时可能需要调整工艺，这点不容忽视。

5. 标志、质量证明书、包装、运输和贮存

GB/T 16253—2019 规定了铸件的标志、质量证明书、包装、运输和贮存要求，包括铸件上标志内容、标志方式、标志位置、铸件质量证明书内容、铸件的包装、运输及贮存应遵循的原则。此部分内容对铸件的溯源、交付和贮存具有重要意义，可为供需双方合同中相关条款的签订提供参考。这部分内容与 GB/T 16253—1996 相比变化不大。

6. 补充要求

GB/T 16253—2019 的补充要求部分和附录 B 明确了承压钢铸件补充要求，提供更全面的检验项目，仅适用于需方有额外检查或检验项目要求的情况，这样既保证了铸件质量又能兼顾经济性。补充要求共包括 11 条，其具体试验方法在 GB/T 16253—2019 列出，主要技术内容与 ISO 4991：2015 和 ISO 4990：2015 基本一致。它是 GB/T 16253—2019 的重要组成部分，一经选定，即成为确保承压钢铸件性能、质量和安全使用必须要保证的技术要求。与GB/T 16253—1996相比，GB/T 16253—2019增加了单批铸件的重量和均匀性检验（B.5）、表面处理（B.9）、热等静压（B.10）、奥氏体钢或奥氏体-铁素体钢中铁素体含量的测定（B.11.1）、硬度检验（B.11.2）、磁性检验（B.11.6），与ISO 4991：2015的引用文件ISO 4990：2015包含的检验条目一致，并给出了对应的试验方法。

三、承压钢铸件的应用

承压钢铸件广泛应用于阀门、法兰、管件、缸体等部件中，是一类附加值较高的铸件。过去不少高端承压钢铸件还需进口，近年来国内企业通过自研、引进、转化了不少承压用铸钢牌号，如 ZG08Cr12Ni1、ZG12Cr9Mo1VNbN、ZG12Cr10Mo1W1NiVNbN、ZG12Cr9Mo2CoNiVNbNB、ZG14Ni3CrMoV 等，承压钢铸件水平不断提高，基本能满足国计民生、国家安全的需求，如大型耐热耐蚀承压不锈钢铸造技术满足了我国新型发电设备制造需求，先进钢液熔炼与精炼技术大大提高了关键设备铸件的材质等级，大壁厚高强度钢铸造技术满足了我国国防装备发展需求等。

表1.3-1列出了该标准中部分牌号铸件批量生产实测数据，可见按照该标准的成分和热处理要求生产的铸钢，其力学性能基本均能满足指标要求。

表1.3-1　GB/T 16253—2019部分牌号铸件批量生产实测数据

牌号		$R_{p0.2}$/MPa	R_m/MPa	A(%)	KV_2/J
ZGR240-420	指标要求（+N）	≥240	420~600	≥22	≥27（室温）
	实测值	254	466	31	52
ZG20	指标要求（+N）	≥300	480~620	≥22	≥27（-30℃）
	实测值	308	492	36	40
ZG17Cr2Mo	指标要求（+QT）	≥400	590~740	≥18	≥40（室温）
	实测值	445	615	26.2	151
ZG18CrMoV	指标要求（+QT）	≥440	590~780	≥15	≥27（室温）
	实测值	490	630	25.6	138
ZG010Cr12Ni	指标要求（+QT1）	≥355	540~690	≥18	≥45（室温）
	实测值	400	630	23.8	65
ZG06Cr13Ni4Mo	指标要求（+QT）	≥550	760~960	≥15	≥50（室温）
	实测值	650	805	23.6	126
ZG12Cr9Mo2CoNiVNbNB	指标要求（+QT）	≥500	630~750	≥15	≥30
	实测值	530	685	19.2	38

四、标准内容

GB/T 16253—2019

承压钢铸件

1 范围

本标准规定了承压钢铸件的技术要求，试验方法，检验规则，标志、质量说明书、包装、运输和贮存，补充要求。

本标准适用于碳钢和合金钢制造的承压钢铸件。

2 规范性引用文件

下列文件对于本文件的应用是必不可少的。凡是注日期的引用文件，仅注日期的版本适用于本文件。凡是不注日期的引用文件，其最新版本（包括所有的修改单）适用于本文件。

GB/T 223.3　钢铁及合金化学分析方法　二安替比林甲烷磷钼酸重量法测定磷量

GB/T 223.5　钢铁　酸溶硅和全硅含量的测定　还原型硅钼酸盐分光光度法（GB/T 223.5—2008，ISO 4829-1：1986、ISO 4829-2：1988，MOD）

GB/T 223.9　钢铁及合金　铝含量的测定　铬天青S分光光度法

GB/T 223.11　钢铁及合金　铬含量的测定　可视滴定或电位滴定法（GB/T 223.11—2008，ISO 4937：1986，MOD）

GB/T 223.14　钢铁及合金化学分析方法　钽试剂萃取光度法测定钒含量

GB/T 223.18　钢铁及合金化学分析方法　硫代硫酸钠分离-碘量法测定铜量

GB/T 223.22　钢铁及合金化学分析方法　亚硝基R盐分光光度法测定钴量

GB/T 223.23　钢铁及合金　镍含量的测定　丁二酮肟分光光度法

GB/T 223.25　钢铁及合金化学分析方法　丁二酮肟重量法测定镍量

GB/T 223.26　钢铁及合金　钼含量的测定　硫氰酸盐分光光度法

GB/T 223.28　钢铁及合金化学分析方法　α-安息香肟重量法测定钼量

GB/T 223.30　钢铁及合金化学分析方法　对-溴苦杏仁酸沉淀分离-偶氮胂Ⅲ分光光度法测定锆量

GB/T 223.36　钢铁及合金化学分析方法　蒸馏分离-中和滴定法测定氮量

GB/T 223.58　钢铁及合金化学分析方法　亚砷酸钠-亚硝酸钠滴定法测定锰量

GB/T 223.60　钢铁及合金化学分析方法　高氯酸脱水重量法测定硅含量

GB/T 223.63　钢铁及合金化学分析方法　高碘酸钠（钾）光度法测定锰量

GB/T 223.65　钢铁及合金　钴含量的测定　火焰原子吸收光谱法（GB/T 223.65—2012，ISO 11652：1997，MOD）

GB/T 223.75　钢铁及合金　硼含量的测定　甲醇蒸馏-姜黄素光度法

GB/T 223.78　钢铁及合金化学分析方法　姜黄素直接光度法测定硼含量（GB/T 223.78—2000，idt ISO 10153：1997）

GB/T 223.81　钢铁及合金　总铝和总硼含量的测定　微波消解-电感耦合等离子体质谱法

GB/T 223.84　钢铁及合金　钛含量的测定　二安替比林甲烷分光光度法（GB/T 223.84—2009，ISO 10280：1991，IDT）

GB/T 223.85　钢铁及合金　硫含量的测定　感应炉燃烧后红外吸收法（GB/T 223.85—2009，ISO 4935：1989，IDT）

GB/T 223.86　钢铁及合金　总碳含量的测定　感应炉燃烧后红外吸收法（GB/T 223.86—2009，ISO 9556：1989，IDT）

GB/T 228.1　金属材料　拉伸试验　第1部分：室温试验方法（GB/T 228.1—2010，ISO 6892-1：2009，MOD）

GB/T 228.2　金属材料　拉伸试验　第2部分：高温试验方法（GB/T 228.2—2015，

ISO 6892-2：2011，MOD）

GB/T 229　金属材料　夏比摆锤冲击试验方法（GB/T 229—2007，ISO 148-1：2006，MOD）

GB/T 230.1　金属材料　洛氏硬度试验　第1部分：试验方法（GB/T 230.1—2018，ISO 6508-1：2016，MOD）

GB/T 231.1　金属材料　布氏硬度试验　第1部分：试验方法（GB/T 231.1—2018，ISO 6506-1：2014，MOD）

GB/T 2039　金属材料　单轴拉伸蠕变试验方法（GB/T 2039—2012，ISO 204：2009，MOD）

GB/T 4334　金属和合金的腐蚀　不锈钢晶间腐蚀试验方法（GB/T 4334—2008，ISO 3651-1：1998、ISO 3651-2：1998，MOD）

GB/T 4336　碳素钢和中低合金钢　多元素含量的测定　火花放电原子发射光谱法（常规法）

GB/T 4340.1　金属材料　维氏硬度试验　第1部分：试验方法（GB/T 4340.1—2009，ISO 6507-1：2005，MOD）

GB/T 5677　铸件　射线照相检测（GB/T 5677—2018，ISO 4993：2015，MOD）

GB/T 5678　铸造合金光谱分析取样方法

GB/T 6060.1　表面粗糙度比较样块　第1部分：铸造表面

GB/T 6414　铸件　尺寸公差、几何公差与机械加工余量（GB/T 6414—2017，ISO 8062-3：2007，MOD）

GB/T 6967—2009　工程结构用中、高强度不锈钢铸件（ISO 11972：1998、ISO 4990：2003，MOD）

GB/T 7233.1　铸钢件　超声检测　第1部分：一般用途铸钢件（GB/T 7233.1—2009，ISO 4992-1：2006，MOD）

GB/T 7233.2　铸钢件　超声检测　第2部分：高承压铸钢件（GB/T 7233.2—2010，ISO 4992-2：2006，MOD）

GB/T 9443　铸钢铸铁件　渗透检测（GB/T 9443—2019，ISO 4987：2010，MOD）

GB/T 9444　铸钢铸铁件　磁粉检测（GB/T 9444—2019，ISO 4986：2010，MOD）

GB/T 11170　不锈钢　多元素含量的测定　火花放电原子发射光谱法（常规法）

GB/T 11351　铸件重量公差

GB/T 12778　金属夏比冲击断口测定方法

GB/T 15056　铸造表面粗糙度　评定方法

GB/T 20066　钢和铁　化学成分测定用试样的取样和制样方法（GB/T 20066—2006，ISO 14284：1996，IDT）

GB/T 20123　钢铁　总碳硫含量的测定　高频感应炉燃烧后红外吸收法（常规方法）（GB/T 20123—2006，ISO 15350：2000，IDT）

GB/T 20124　钢铁　氮含量的测定　惰性气体熔融热导法（常规方法）（GB/T 20124—2006，ISO 15351：1999，IDT）

GB/T 20125　低合金钢　多元素含量的测定　电感耦合等离子体原子发射光谱法

GB/T 33362 金属材料 硬度值的换算（GB/T 33362—2016，ISO 18265：2013，IDT）

GB/T 35690 弱磁材料相对磁导率的测量方法（GB/T 35690—2017，IEC 60404-15：2016，MOD）

SN/T 0750 进出口碳钢、低合金钢中铝、砷、铬、钴、铜、磷、锰、钼、镍、硅、锡、钛、钒含量的测定 电感耦合等离子体原子发射光谱（ICP-AES）法

SN/T 2718 不锈钢化学成分测定 电感耦合等离子体原子发射光谱法

SN/T 3343 不锈钢中锰、磷、硅、铬、镍、铜、钼和钛含量的测定 电感耦合等离子体原子发射光谱法

SN/T 3806 进出口碳钢、合金钢中铌、硼、钨、锆含量的测定 电感耦合等离子体原子发射光谱法

3 技术要求

3.1 一般要求

3.1.1 当合同有要求时，首次生产的铸件及其工序、技术文件等应经供需双方的认可。

3.1.2 需方可根据需要选择附录 B 中承压钢铸件的补充要求，并参照附录 C 提供信息；所选项目的技术要求及检验规则，凡本标准未规定的，由供需双方商定，并在合同中注明。

3.2 牌号和化学成分

铸钢的牌号及其铸件的化学成分应符合表 1 的规定。

表 1 铸钢牌号及其铸件的化学成分

序号	牌号	化学成分[①][②]（质量分数，%）										
		C	Si	Mn	P	S	Cr	Mo	Ni	V	Cu	其他
1	ZGR240-420	0.18~0.23[③]	0.60	0.50~1.20[③]	0.030	0.020	0.30	0.12	0.40	0.03	0.30	(Cr+Mo+Ni+V+Cu)≤1.00
2	ZGR280-480	0.18~0.25[③]	0.60	0.80~1.20[③]	0.030	0.020	0.30	0.12	0.40	0.03	0.30	(Cr+Mo+Ni+V+Cu)≤1.00
3	ZG18	0.15~0.20	0.60	1.00~1.60	0.020	0.025	0.30	0.12	0.40	0.03	0.30	(Cr+Mo+Ni+V+Cu)≤1.00
4	ZG20	0.17~0.23	0.60	0.50~1.00	0.020	0.020	0.30	0.12	0.80	0.03	0.30	—
5	ZG18Mo	0.15~0.20	0.60	0.80~1.20	0.020	0.020	0.30	0.45~0.65	0.40	0.050	0.30	—
6	ZG19Mo	0.15~0.23	0.60	0.50~1.00	0.025	0.020	0.30	0.40~0.60	0.40	0.050	0.30	—
7	ZG18CrMo	0.15~0.20	0.60	0.50~1.00	0.020	0.020	1.00~1.50	0.45~0.65	0.40	0.050	0.30	—
8	ZG17Cr2Mo	0.13~0.20	0.60	0.50~0.90	0.020	0.020	2.00~2.50	0.90~1.20	0.40	0.050	0.30	—
9	ZG13MoCrV	0.10~0.15	0.45	0.40~0.70	0.030	0.020	0.30~0.50	0.40~0.60	0.40	0.22~0.30	0.30	—
10	ZG18CrMoV	0.15~0.20	0.60	0.50~0.90	0.020	0.015	1.20~1.50	0.90~1.10	0.40	0.20~0.30	0.30	—

(续)

序号	牌号	化学成分[①][②]（质量分数,%）										
		C	Si	Mn	P	S	Cr	Mo	Ni	V	Cu	其他
11	ZG26CrNiMo	0.23~0.28	0.80	0.60~1.00	0.030	0.025	0.40~0.80	0.15~0.30	0.40~0.80	0.03	0.30	—
12	ZG26Ni2CrMo	0.23~0.28	0.60	0.60~0.90	0.030	0.025	0.70~0.90	0.20~0.30	1.00~2.00	0.03	0.30	—
13	ZG17Ni3Cr2Mo	0.15~0.19	0.50	0.55~0.80	0.015	0.015	1.30~1.80	0.45~0.60	3.00~3.50	0.050	0.30	—
14	ZG012Ni3	0.06~0.12	0.60	0.50~0.80	0.020	0.015	0.30	0.20	2.00~3.00	0.050	0.30	—
15	ZG012Ni4	0.06~0.12	0.60	0.50~0.80	0.020	0.015	0.30	0.20	3.00~4.00	0.050	0.30	—
16	ZG16Cr5Mo	0.12~0.19	0.80	0.50~0.80	0.025	0.025	4.00~6.00	0.45~0.65	—	0.05	0.30	—
17	ZG10Cr9MoV	0.08~0.12	0.20~0.50	0.30~0.60	0.030	0.010	8.0~9.5	0.85~1.05	0.40	0.18~0.25	—	0.060≤Nb≤0.10 0.030≤N≤0.070 Al≤0.02 Ti≤0.01 Zr≤0.01
18	ZG16Cr9Mo	0.12~0.19	1.00	0.35~0.65	0.030	0.030	8.0~10.0	0.90~1.20	0.40	0.05	0.30	—
19	ZG12Cr9Mo2Co-NiVNbNB[④]	0.10~0.14	0.20~0.30	0.80~1.00	0.02	0.01	9.00~9.60	1.40~1.60	0.10~0.20	0.18~0.23	—	0.90≤Co≤1.10 0.05≤Nb≤0.08 0.015≤N≤0.022 0.008≤B≤0.011 Alt≤0.02 Ti≤0.01
20	ZG010Cr12Ni	0.10	0.40	0.50~0.80	0.030	0.020	11.50~12.50	0.50	0.80~1.50	0.08	0.30	—
21	ZG23Cr12MoV	0.20~0.26	0.40	0.50~0.80	0.030	0.020	11.30~12.20	1.00~1.20	1.00	0.25~0.35	0.30	W≤0.50
22	ZG05Cr13Ni4	0.05	1.00	1.00	0.035	0.015	12.00~13.50	0.70	3.50~5.00	0.08	0.30	—
23	ZG06Cr13Ni4	0.06	1.00	1.00	0.035	0.025	12.00~13.50	0.70	3.50~5.00	0.08	0.30	—
24	ZG06Cr16Ni5Mo	0.06	0.80	1.00	0.035	0.025	15.00~17.00	0.70~1.50	4.00~6.00	0.08	0.30	—
25	ZG03Cr19Ni11N	0.03	1.50	2.00	0.035	0.030	18.00~20.00	—	9.00~12.00	—	0.50	0.12≤N≤0.20

(续)

序号	牌号	化学成分①②（质量分数，%）										
		C	Si	Mn	P	S	Cr	Mo	Ni	V	Cu	其他
26	ZG07Cr19Ni10	0.07	1.50	1.50	0.040	0.030	18.00~20.00	—	8.00~11.00	—	0.50	—
27	ZG07Cr19Ni11Nb	0.07	1.50	1.50	0.040	0.030	18.00~20.00	—	9.00~12.00	—	0.50	8×C≤Nb≤1.0
28	ZG03Cr19Ni11Mo2N	0.030	1.50	2.00	0.035	0.030	18.00~20.00	2.00~2.50	9.00~12.00	—	0.50	0.12≤N≤0.20
29	ZG07Cr19Ni11Mo2	0.07	1.50	1.50	0.040	0.030	18.00~20.00	2.00~2.50	9.00~12.00	—	0.50	—
30	ZG07Cr19Ni11Mo2Nb	0.07	1.50	1.50	0.040	0.030	18.00~20.00	2.00~2.50	9.00~12.00	—	0.50	8×C≤Nb≤1.0
31	ZG03Cr22Ni5Mo3N	0.03	1.00	2.00	0.035	0.025	21.00~23.00	2.50~3.50	4.50~6.50	—	0.50	0.12≤N≤0.20
32	ZG03Cr26Ni6Mo3Cu3N	0.03	1.00	1.50	0.035	0.025	25.00~27.00	2.50~3.50	5.00~7.00	—	2.75~3.50	0.12≤N≤0.22
33	ZG03Cr26Ni7Mo4N⑤	0.03	1.00	1.00	0.035	0.025	25.00~27.00	3.00~5.00	6.00~8.00	—	1.30	0.12≤N≤0.22
34	ZG03Ni28Cr21Mo2	0.03	1.00	1.00	0.035	0.025	19.00~22.00	2.00~2.50	26.00~30.00	—	2.00	N≤0.20

注：本标准牌号和 ISO 标准的牌号对照参见附录 D。
① 除规定的化学成分范围外，各元素化学成分数值均为最大值。各元素化学分析的允许偏差参见附录 E。
② 表中未列入的元素，未经需方同意不得有意加入。
③ 对上限每减少 0.01% 的碳，允许增加 0.04% 的锰，最高至 1.40%。
④ 应记录 Cu 和 Sn 的含量。
⑤ 可规定（Cr+3.3×Mo+16×N）≥40%。

3.3 冶炼

除供需双方另有约定，或者材料有特殊要求外，铸件的冶炼方法由供方自行确定。

3.4 热处理

3.4.1 铸件及试块的热处理方式应符合表 2 的规定。当某牌号铸钢有一种以上的热处理方式时，除需方另有规定外，供方可从中任选一种热处理方式。

3.4.2 表 2 所列热处理温度为推荐值。

表 2 热处理方式

序号	牌号	热处理方式①	热处理温度②	
			正火温度或淬火温度或固溶温度/℃	回火温度/℃
1	ZGR240-420③	+N④	900~980	—
		+QT	900~980	600~700
2	ZGR280-480③	+N④	900~980	—
		+QT	900~980	600~700
3	ZG18	+QT	890~980	600~700

(续)

序号	牌号	热处理方式[①]	热处理温度[②]	
			正火温度或淬火温度或固溶温度/℃	回火温度/℃
4	ZG20[③]	+N[d]	900~980	—
		+QT	900~980	610~660
5	ZG18Mo	+QT	900~980	600~700
6	ZG19Mo	+QT	920~980	650~730
7	ZG18CrMo	+QT	920~960	680~730
8	ZG17Cr2Mo	+QT	930~970	680~740
9	ZG13MoCrV	+QT	950~1000	680~720
10	ZG18CrMoV	+QT	920~960	680~740
11	ZG26CrNiMo[③]	+QT1	970~960	600~700
		+QT2	870~960	600~680
12	ZG26Ni2CrMo[③]	+QT1	850~920	600~650
		+QT2	850~920	600~650
13	ZG17Ni3Cr2Mo	+QT	890~930	600~640
14	ZG012Ni3	+QT	830~890	600~650
15	ZG012Ni4	+QT	820~900	590~640
16	ZG16Cr5Mo	+QT	930~990	680~730
17	ZG10Cr9MoV	+NT	1040~1080	730~800
18	ZG16Cr9Mo	+QT	960~1020	680~730
19	ZG12Cr9Mo2CoNiVNbNB[⑤]	+QT	1040~1130	700~750+700~750
20	ZG010Cr12Ni[③]	+QT1	1000~1060	680~730
		+QT2	1000~1060	600~680
21	ZG23Cr12MoV	+QT	1030~1080	700~750
22	ZG05Cr13Ni4[⑤]	+QT	1000~1050	670~690+590~620
23	ZG06Cr13Ni4	+QT	1000~1050	590~620
24	ZG06Cr16Ni5Mo	+QT	1020~1070	580~630
25	ZG03Cr19Ni11N	+AT	1050~1150	—
26	ZG07Cr19Ni10	+AT	1050~1150	—
27	ZG07Cr19Ni11Nb[⑥]	+AT	1050~1150	—
28	ZG03Cr19Ni11Mo2N	+AT	1080~1150	—
29	ZG07Cr19Ni11Mo2	+AT	1080~1150	—
30	ZG07Cr19Ni11Mo2Nb[⑥]	+AT	1080~1150	—
31	ZG03Cr22Ni5Mo3N[⑦]	+AT	1120~1150	—
32	ZG03Cr26Ni6Mo3Cu3N[⑦]	+AT	1120~1150	—
33	ZG03Cr26Ni7Mo4N[⑦]	+AT	1140~1180	—
34	ZG03Ni28Cr21Mo2	+AT	1100~1180	—

① 热处理方式为强制性，热处理方式代号的含义：+N—正火；+QT—淬火加回火；+AT—固溶处理。
② 热处理温度仅供参考。
③ 应根据拉伸性能要求在钢牌号中增加热处理方式的代号。
④ 允许回火处理。
⑤ 铸件应进行二次回火，且第二次回火温度不得高于第一次回火。
⑥ 为提高材料的耐蚀性，ZG07Cr19Ni11Nb 可在 600℃~650℃ 下进行稳定化处理，而 ZG07Cr19Ni11Mo2Nb 可在 550℃~600℃ 下进行稳定化处理。
⑦ 铸件固溶处理时可降温至 1010℃~1040℃ 后再进行快速冷却。

3.5 力学性能

3.5.1 铸件及试块经热处理后,室温条件下的拉伸性能见表3。

表3 室温拉伸性能

序号	牌号	热处理方式[①]	规定塑性延伸强度 $R_{p0.2}$/MPa	规定塑性延伸强度 $R_{p1.0}$/MPa	抗拉强度 R_m/MPa	断后伸长率 A(%)
1	ZGR240-420	+N[②]	≥240	—	420~600	≥22
		+QT	≥240	—	420~600	≥22
2	ZGR280-480	+N[②]	≥280	—	480~640	≥22
		+QT	≥280	—	480~640	≥22
3	ZG18	+QT	≥240	—	450~600	≥24
4	ZG20	+N[②]	≥300	—	480~620	≥20
		+QT	≥300	—	500~650	≥22
5	ZG18Mo	+QT	≥240	—	440~590	≥23
6	ZG19Mo	+QT	≥245	—	440~690	≥22
7	ZG18CrMo	+QT	≥315	—	490~690	≥20
8	ZG17Cr2Mo	+QT	≥400	—	590~740	≥18
9	ZG13MoCrV	+QT	≥295	—	510~660	≥17
10	ZG18CrMoV	+QT	≥440	—	590~780	≥15
11	ZG26CrNiMo	+QT1	≥415	—	620~795	≥18
		+QT2	≥585	—	725~865	≥17
12	ZG26Ni2CrMo	+QT1	≥485	—	690~860	≥18
		+QT2	≥690	—	860~1000	≥15
13	ZG17Ni3Cr2Mo	+QT	≥600	—	750~900	≥15
14	ZG012Ni3	+QT	≥280	—	480~630	≥24
15	ZG012Ni4	+QT	≥360	—	500~650	≥20
16	ZG16Cr5Mo	+QT	≥420	—	630~760	≥16
17	ZG10Cr9MoV	+NT	≥415	—	585~760	≥16
18	ZG16Cr9Mo	+QT	≥415	—	620~795	≥18
19	ZG12Cr9Mo2CoNiVNbNB	+QT	≥500	—	630~750	≥15
20	ZG010Cr12Ni	+QT1	≥355	—	540~690	≥18
		+QT2	≥500	—	600~800	≥16
21	ZG23Cr12MoV	+QT	≥540	—	740~880	≥15
22	ZG05Cr13Ni4	+QT	≥500	—	700~900	≥15
23	ZG06Cr13Ni4	+QT	≥550	—	760~960	≥15
24	ZG06Cr16Ni5Mo	+QT	≥540	—	760~960	≥15
25	ZG03Cr19Ni11N	+AT	—	≥230	440~640	≥30
26	ZG07Cr19Ni10	+AT	—	≥200	440~640	≥30

(续)

序号	牌号	热处理方式①	室温拉伸性能			
			规定塑性延伸强度 $R_{p0.2}$/MPa	规定塑性延伸强度 $R_{p1.0}$/MPa	抗拉强度 R_m/MPa	断后伸长率 $A(\%)$
27	ZG07Cr19Ni11Nb	+AT	—	≥200	440~640	≥25
28	ZG03Cr19Ni11Mo2N	+AT	—	≥230	440~640	≥30
29	ZG07Cr19Ni11Mo2	+AT	—	≥210	440~640	≥30
30	ZG07Cr19Ni11Mo2Nb	+AT	—	≥210	440~640	≥25
31	ZG03Cr22Ni5Mo3N	+AT	≥420	—	600~800	≥20
32	ZG03Cr26Ni6Mo3Cu3N	+AT	≥480	—	650~850	≥22
33	ZG03Cr26Ni7Mo4N	+AT	≥480	—	650~850	≥22
34	ZG03Ni28Cr21Mo2	+AT	—	≥190	430~630	≥30

① 热处理方式为强制性，热处理方式代号的含义：+N—正火；+QT—淬火加回火；+AT—固溶处理。
② 允许回火处理。

3.5.2 如对室温冲击性能有要求，则铸件及试块的室温冲击性能应符合表4规定。

表4 室温冲击性能

序号	牌号	热处理方式	冲击吸收能量 KV_2(室温)/J
1	ZGR240-420	+N	≥27
		+QT	≥40
2	ZGR280-480	+N	≥27
		+QT	≥40
3	ZG19Mo	+QT	≥27
4	ZG18CrMo	+QT	≥27
5	ZG17Cr2Mo	+QT	≥40
6	ZG13MoCrV	+QT	≥27
7	ZG18CrMoV	+QT	≥27
8	ZG26CrNiMo	+QT1	≥27
		+QT2	≥27
9	ZG26Ni2CrMo	+QT1	≥27
		+QT2	≥40
10	ZG16Cr5Mo	+QT	≥27
11	ZG16Cr9Mo	+QT	≥27
12	ZG12Cr9Mo2CoNiVNbNB	+QT	≥30
13	ZG010Cr12Ni	+QT1	≥45
		+QT2	≥40
14	ZG23Cr12MoV	+QT	≥27
15	ZG05Cr13Ni4	+QT	≥50
16	ZG06Cr13Ni4	+QT	≥50
17	ZG06Cr16Ni5Mo	+QT	≥60

3.5.3 如对低温冲击性能有要求，则铸件及试块的低温冲击性能应符合表5规定。

表5 低温冲击性能

序号	牌号	热处理方式	冲击性能 温度/℃	冲击吸收能量 KV_2/J
1	ZG18	+QT	−40	≥27
2	ZG20	+N	−30	≥27
		+QT	−40	≥27
3	ZG18Mo	+QT	−45	≥27
4	ZG17Ni3Cr2Mo	+QT	−80	≥27
5	ZG012Ni3	+QT	−70	≥27
6	ZG012Ni4	+QT	−90	≥27
7	ZG05Cr13Ni4	+QT	−120	≥27
8	ZG03Cr19Ni11N	+AT	−196	≥70
9	ZG07Cr19Ni10	+AT	−196	≥60
10	ZG03Cr19Ni11Mo2N	+AT	−196	≥70
11	ZG07Cr19Ni11Mo2	+AT	−196	≥60
12	ZG03Cr22Ni5Mo3N	+AT	−40	≥40
13	ZG03Cr26Ni6Mo3Cu3N	+AT	−70	≥35
14	ZG03Cr26Ni7Mo4N	+AT	−70	≥35
15	ZG03Ni28Cr21Mo2	+AT	−196	≥60

3.5.4 如对高温拉伸性能有要求，则铸件及试块的高温拉伸性能应符合表6的规定。

表6 高温拉伸性能

序号	牌号	热处理方式	高温下规定塑性延伸强度 R_p/MPa								
			R_p	100℃	200℃	300℃	350℃	400℃	450℃	500℃	550℃
1	ZGR240-420	+N	0.2%	≥210	≥175	≥145	≥135	≥130	≥125	—	—
		+QT	0.2%	≥210	≥175	≥145	≥135	≥130	≥125	—	—
2	ZGR280-480	+N	0.2%	≥250	≥220	≥190	≥170	≥160	≥150	—	—
		+QT	0.2%	≥250	≥220	≥190	≥160	≥160	≥150	—	—
3	ZG19Mo	+QT	0.2%	—	≥190	≥165	≥155	≥150	≥145	≥135	—
4	ZG18CrMo	+QT	0.2%	—	≥250	≥230	≥215	≥200	≥190	≥175	≥160
5	ZG13MoCrV	+QT	0.2%	≥264	≥244	≥230	—	≥214	—	≥194	≥144
6	ZG18CrMoV	+QT	0.2%	—	≥385	≥365	≥350	≥335	≥320	≥300	≥260
7	ZG17Cr2Mo	+QT	0.2%	—	≥355	≥345	≥330	≥315	≥305	≥280	≥240
8	ZG16Cr5Mo	+QT	0.2%	—	≥390	≥380	—	≥370	—	≥305	≥250
9	ZG12Cr9Mo2CoNiVNbNB①	+QT	0.2%	—	—	—	—	—	—	—	≥325
10	ZG16Cr9Mo	+QT	0.2%	—	≥375	≥355	≥345	≥320	≥295	≥265	—
11	ZG23Cr12MoV	+QT	0.2%	—	≥450	≥430	≥410	≥390	≥370	≥340	≥290

(续)

序号	牌号	热处理方式	R_p	100℃	200℃	300℃	350℃	400℃	450℃	500℃	550℃
						高温下规定塑性延伸强度 R_p/MPa					
12	ZG06Cr13Ni4	+QT	0.2%	≥515	≥485	≥455	≥440	—	—	—	—
13	ZG06Cr16Ni5Mo	+QT	0.2%	≥515	≥485	≥455	—	—	—	—	—
14	ZG03Cr19Ni11N	+AT	1%	≥165	≥130	≥110	≥100	—	—	—	—
15	ZG07Cr19Ni10	+AT	1%	≥160	≥125	≥110	—	—	—	—	—
16	ZG07Cr19Ni11Nb	+AT	1%	≥165	≥145	≥130	—	≥120	—	≥110	≥100
17	ZG03Cr19Ni11Mo2N	+AT	1%	≥175	≥145	≥115	—	≥105	—	—	—
18	ZG07Cr19Ni11Mo2	+AT	1%	≥170	≥135	≥115	—	≥105	—	—	—
19	ZG07Cr19Ni11Mo2Nb	+AT	1%	≥185	≥160	≥145	—	≥130	—	≥120	≥115
20	ZG03Cr22Ni5Mo3N[②]	+AT	0.2%	≥330	≥280	—	—	—	—	—	—
21	ZG03Cr26Ni6Mo3Cu3N[②]	+AT	0.2%	≥390	≥330	—	—	—	—	—	—
22	ZG03Cr26Ni7Mo4N[②]	+AT	0.2%	≥390	≥330	—	—	—	—	—	—
23	ZG03Ni28Cr21Mo2	+AT	1%	≥165	≥135	≥120	—	≥110	—	—	—

① 应在600℃、620℃、650℃测定高温下规定塑性延伸强度 $R_{p0.2}$,允许的最小值分别为275MPa、245MPa、200MPa。
② 奥氏体-铁素体双相钢不宜在250℃以上使用。

3.5.5 部分牌号铸钢的名义蠕变强度可参考附录F。

3.6 焊接

3.6.1 铸件焊接区域检查和重大焊补区的补充规定见附录B。

3.6.2 除合同规定不允许焊接的情况外,供方可以对铸件进行焊接。

3.6.3 铸件的焊接工艺评定和焊接规程应符合合同要求。铸件上所有需要进行焊接的部位均应采用与检验铸件该部位相同的无损检验判据进行检验。部分铸件的推荐焊接工艺条件可参考附录G。

3.7 试块

3.7.1 试块的力学性能代表同批次铸件的力学性能。试块按浇注方式可分为单铸试块和附铸试块。当铸件采用一个以上钢包的钢液浇注时,应采用附铸试块。

3.7.2 单铸试块应使用与其代表的铸件同炉钢液浇注并使用相同热处理炉按同一工艺进行热处理,应在完成全部热处理后方可从试块切取试样,取样宜采用冷加工方法,且取样过程不应影响铸件及试样性能。

3.7.3 附铸试块的附铸部位、附铸方法和切割方法由供需双方商定。附铸试块应在完成全部热处理后方可从铸件上分离。

3.7.4 订货时供需双方应确认试块的尺寸、形状、铸造工艺条件及取样的位置。试块可从以下三种尺寸类型中选择:

    a) A型试块:试块厚度为28mm,试块图应符合GB/T 6967—2009图1中Ⅱ或Ⅲ的要求。

    b) B型试块:$T×T$ 试块,其中 T 为主要截面的最大厚度(mm)。当28mm<T≤56mm时可采用B型试块,试块图由供需双方商定。

    c) C型试块:$T×3T×3T$ 试块。当 T>56mm时可采用C型试块,试块图由供需双方商定,试块最大尺寸不超过500mm。

3.8 表面质量及内部质量

3.8.1 除另有规定外,铸件应以非机加工状态交付,且修整掉毛刺,去除浇冒口和冷铁,无粘砂、冷隔、热处理氧化皮及裂纹等影响产品质量的缺陷。

3.8.2 供需双方可参考附录B商定增加表面质量检查和内部质量检查。

3.9 形状、尺寸及公差

铸件的形状和尺寸应符合图样要求。铸件的尺寸公差应符合GB/T 6414的规定。

4 试验方法

各项检查和试验应按表7的规定进行。

表7 试验方法

序号	检验项目	试验方法	技术要求对应的章条号
1	化学成分	GB/T 223.3、GB/T 223.5、GB/T 223.9、GB/T 223.11、GB/T 223.14、GB/T 223.18、GB/T 223.22、GB/T 223.23、GB/T 223.25、GB/T 223.26、GB/T 223.28、GB/T 223.30、GB/T 223.36、GB/T 223.58、GB/T 223.60、GB/T 223.63、GB/T 223.65、GB/T 223.75、GB/T 223.78、GB/T 223.81、GB/T 223.84、GB/T 223.85、GB/T 223.86、GB/T 4336、GB/T 11170、GB/T 20123、GB/T 20124、GB/T 20125、SN/T 0750、SN/T 2718、SN/T 3806、SN/T 3343	3.2、B.1.2、B.11.1
2	室温拉伸	GB/T 228.1	3.5.1、5.5.2
3	冲击试验	GB/T 229、GB/T 12778	3.5.2、3.5.3、5.5.3、B.11.4
4	高温拉伸	GB/T 228.2	3.5.4、B.11.3
5	拉伸蠕变	GB/T 2039	3.5.5
6	表面质量和内在质量	GB/T 6060.1、GB/T 15056、GB/T 7233.1、GB/T 7233.2、GB/T 5677、GB/T 9443、GB/T 9444	3.8、B.3
7	尺寸公差	GB/T 6414	3.9
8	重量公差	GB/T 11351	B.2
9	铸件硬度和单批铸件均匀性	GB/T 230.1、GB/T 231.1、GB/T 4340.1、GB/T 33362	B.5.2、B.11.2
10	晶间腐蚀	GB/T 4334	B.11.5

5 检验规则

5.1 一般要求

5.1.1 按本标准订货的所有产品均需在合同指定的地点进行专门的检查和验收。

5.1.2 根据检验项目类型,一般从试块取样,试块不足时可从铸件本体取样。

5.1.3 供需双方应按合同规定安排铸件产品的提交检查和验收时间。

5.2 组批规则

铸件应按批检查和验收。铸件按以下规则组批:

a) 按炉次:同一炉钢液浇注、同炉热处理的同类型铸件为一批;
b) 按件组批:每件为一批,仅适用于技术条件中有规定的产品;
c) 供需双方商定的其他组批规则。

5.3 取样规则

5.3.1 化学分析取样

5.3.1.1 按 GB/T 5678 或 GB/T 20066 的规定从每炉钢液中取样进行化学成分分析。当供需双方对分析结果有争议时，可从炉前样、代表铸件的试块或试样上取样并按 GB/T 223.3、GB/T 223.5、GB/T 223.9、GB/T 223.11、GB/T 223.14、GB/T 223.18、GB/T 223.22、GB/T 223.23、GB/T 223.25、GB/T 223.26、GB/T 223.28、GB/T 223.30、GB/T 223.36、GB/T 223.58、GB/T 223.60、GB/T 223.63、GB/T 223.65、GB/T 223.75、GB/T 223.78、GB/T 223.81、GB/T 223.84、GB/T 223.85、GB/T 223.86 的规定对相应元素进行校核分析，校核分析结果与熔炼分析结果的允许偏差可参考附录 E 或由供需双方商定。

5.3.1.2 当壁厚大于 15mm 时，应在铸造表面下至少 6mm 处取样。

5.3.2 力学性能取样

5.3.2.1 室温拉伸试样

应在代表该批铸件的试块上制取一件拉伸试样，试样尺寸应符合 GB/T 228.1 的规定。

5.3.2.2 高温拉伸试样

当规定作高温拉伸试验时，应按合同规定的数量在试块上制取拉伸试样，试样尺寸应符合 GB/T 228.2 的规定。

5.3.2.3 冲击试验试样

当规定作冲击试验时，应在代表该批铸件的试块上制取一组（三件）夏比 V 型缺口标准冲击试样，试样尺寸应符合 GB/T 229 的规定。

5.3.2.4 取样位置

除供需双方另有约定外，A 型试块取样时试样轴线距铸件表面至少为 7mm。B 型试块力学性能取样位置与主要截面最大厚度 T 有关，当 T 不大于 56mm 时，试样轴线距铸件表面至少为 14mm；当 T 大于 56mm 时，试样轴线距铸件表面的距离应大于 $T/4$ 且不大于 $T/3$。C 型试块力学性能取样位置如图 1 所示。当采用 B 型试块或 C 型试块进行力学性能取样时，不需要再从 A 型试块取样。

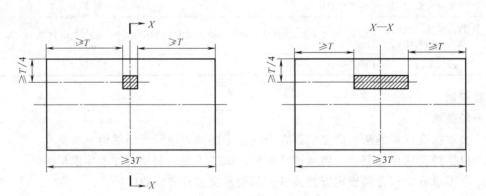

图 1 C 型试块取样的位置和尺寸

5.4 判定规则

5.4.1 当检验结果符合 3.2、3.5.1、3.5.2、3.5.3、3.5.4、3.8 和 3.9（或力学性能复验结果符合 5.5）以及合同规定的补充要求时，判定该批铸件合格；否则判定为不合格。

5.4.2 由于下列原因致使力学性能试验结果不符合要求时,该试验无效。此时可从同一试块或同一检验批的另一件试块上重新取样进行试验。

  a) 试样有缺陷或试验机功能不正常;
  b) 试样有加工缺陷;
  c) 拉伸试样断在标距之外。

5.5 复验

5.5.1 当力学性能不合格时,除5.4.2的情况或供需双方另有约定外,供方可按以下规定进行复验,或按5.6的规定重新热处理。

5.5.2 如拉伸试验结果不合格时,允许在原试块(或同炉浇注及同炉热处理的另一件试块)上进行双倍复验,复验结果应当符合3.5.1及合同规定的补充要求,否则判定为不合格。

5.5.3 如三个冲击试验结果的平均值不符合3.5.2和(或者)3.5.3的要求,或者有一个试样的冲击试验值低于指标要求的70%时,允许在原试块或同炉浇注及同炉热处理的另一件试块上另取三个试样进行复验。复验前后六个冲击试样的平均值应当符合3.5.2和(或者)3.5.3及合同规定的补充要求,且复验试样不准许有低于指标要求的70%的单值,否则判定为不合格。

5.6 重新热处理

  当力学性能检验或复验不合格时,允许对铸件及其试块进行重新热处理。重新热处理的铸件及其试块应作为新的一批进行全部力学性能检验。未经需方同意,铸件及其试块的重新热处理不应超过两次(若无特殊规定,则回火次数不限)。

6 标志、质量证明书、包装、运输和贮存

6.1 标志

6.1.1 原则上每件铸件均应标志清楚。标志应包括材料牌号、检验批号、熔炼炉号或可追溯到熔炼炉号的识别号,以及其他需方要求标示的内容。

6.1.2 小铸件可分批标志,并在每一批铸件中挂上打有标志的标牌。

6.1.3 除非供需双方另有协议,铸件上应有供方的名称或者代号等标志。

6.1.4 当铸件可选用多种热处理方式时,应在标志中的材料牌号后添加所选的热处理方式代号。

6.1.5 除需方特别指定外,标志位置由供方自定。

6.2 质量证明书

  交货的铸件应附有质量证明书,内容应包括:

  a) 供方名称;
  b) 铸件号或批号;
  c) 铸件图样号或订货合同号;
  d) 铸钢牌号、熔炼炉号;
  e) 热处理炉号和热处理状态;
  f) 各项检验结果(包括补充要求)或复验结果;
  g) 双方商定的其他内容;
  h) 质量检验部门及其代表的签章;

i) 其他文件。
6.3 包装、运输和贮存
6.3.1 铸件检验合格后应进行防护处理或包装。

6.3.2 铸件的表面防护、运输和贮存均应符合合同的规定。

6.3.3 铸件在贮存期间应防止锈蚀。

7 补充要求

额外的检查或检验项目的补充要求,见附录 B。

附 录 A
（资料性）
本标准与 ISO 4991：2015 的章条编号对照表

本标准与 ISO 4991：2015 的章条编号对照见表 A.1。

表 A.1 本标准与 ISO 4991：2015 的章条编号对照

序号	本标准章条编号	对应 ISO 4991:2015 标准章条编号
1	1	1
2	2	2
3	—	3
4	3.1	—
5	3.2	7.1
6	3.3	—
7	3.4	5
8	3.5	7.2
9	3.6	6
10	3.7	8.2
11	3.8	8.4
12	3.9	—
13	4	—
14	5.1	8.1
15	5.2	8.3
16	5.3、5.4、5.5、5.6	—
17	6.1	8.5
18	6.2、6.3	—
19	7	9
20	附录 A	—
21	附录 B	附录 A
22	附录 C	4
23	附录 D	附录 D
24	附录 E	—
25	附录 F	附录 C
26	附录 G	附录 B
27	—	参考文献

附 录 B
（规范性）
额外检验项目的补充要求

B.1 制造工艺

B.1.1 供需双方应确认铸件的制造工艺，并在合同中注明。

B.1.2 供需双方应确认铸件化学成分中没有列入的残余元素含量，并在合同中注明。

B.1.3 应向需方提供熔炼方法报告。

B.1.4 当合同中有规定时，应向需方提供详细的铸件热处理工艺（热处理时间-温度曲线）。

B.2 铸件重量及重量公差

供需双方应在合同中确定铸件重量、重量公差及称重方法。铸件重量公差应符合合同或 GB/T 11351 的规定。

B.3 表面质量检查和内部质量检查

B.3.1 供需双方应在合同中明确铸件检验时采用的无损检测方法、需检查的部位以及验收要求。

B.3.2 铸件表面质量检查按 GB/T 15056 的规定执行。

B.3.3 铸件表面磁粉检测按 GB/T 9444 的规定执行。

B.3.4 铸件渗透检测按 GB/T 9443 的规定执行。

B.3.5 铸件超声检测按 GB/T 7233.1 和 GB/T 7233.2 的规定执行。

B.3.6 铸件射线照相检测按 GB/T 5677 的规定执行。

B.4 铸件制造过程中的焊接检查

B.4.1 应按合同规定的无损检测方法在焊前及焊后对铸件焊接区域进行检查，铸件焊前表面检查应选择磁粉检测或渗透检测。

B.4.2 供需双方应在合同中明确焊前检查和焊后检查的验收标准，如无其他要求，验收标准应与同一位置的铸钢基体一致，无损检测的方法见 B.3。

B.5 单批铸件的重量和均匀性检验

B.5.1 单批铸件重量

每批铸件的最大重量可为 500kg、1000kg 或 5000kg，供需双方还可在合同中规定其他基于统计控制方法的组批方式。

B.5.2 单批铸件均匀性检验

取每批的 5% 铸件，且每批不低于 5 件（或按照合同规定的数量取样）。应按 GB/T 231.1 的规定进行硬度试验，每个铸件测量硬度的位置应相同，其偏差值由供需双方商定。

B.6 关于重大焊补的事前约定

B.6.1 重大焊补前应获得需方同意，并在合同中注明。

B.6.2 当焊补制备的凹坑深度超过铸件壁厚的 20% 或 25mm（二者中取较小者），或面积超过 $65cm^2$，或铸件压力试验渗漏者，均认为是重大焊补。

B.7 焊补图

应在图样或照片上标出各焊补的部位及范围，并将相应资料提交给需方。

B.8 试块

B.8.1 代表铸件的试块

B.8.1.1 铸件主要截面的最大厚度应由需方在合同中说明。表3~表6中所列的力学性能适用于主要截面最大厚度不超过表B.1所列的最大值的铸件。

B.8.1.2 当铸件主要截面最大厚度不超过150mm时,试块厚度应为所代表铸件的主要截面最大厚度。当铸件主要截面最大厚度超过150mm时,在供需双方一致同意的情况下,允许试块厚度超过150mm。

B.8.1.3 当铸件主要截面厚度超过表B.1所列的最大厚度时,允许降低试块的力学性能。

表 B.1 铸件主要截面的最大厚度

序号	牌号	主要截面的最大厚度/mm
1	ZGR240-420	100
2	ZGR280-480	100
3	ZG18	50
4	ZG20	100
5	ZG18Mo	100
6	ZG19Mo	100
7	ZG18CrMo	100
8	ZG13MoCrV	100
9	ZG18CrMoV	150
10	ZG17Cr2Mo	150
11	ZG17Ni3Cr2Mo	200
12	ZG16Cr5Mo	150
13	ZG10Cr9MoV	—
14	ZG010Cr12Ni	300
15	ZG23Cr12MoV	150
16	ZG05Cr13Ni4	300
17	ZG06Cr13Ni4	300
18	ZG06Cr16Ni5Mo	300
19	ZG03Cr19Ni11N	150
20	ZG07Cr19Ni10	150
21	ZG07Cr19Ni11Nb	150
22	ZG03Cr19Ni11Mo2N	150
23	ZG07Cr19Ni11Mo2	150
24	ZG07Cr19Ni11Mo2Nb	150
25	ZG03Cr22Ni5Mo3N	150
26	ZG03Cr26Ni6Mo3Cu3N	150
27	ZG03Cr26Ni7Mo4N	150
28	ZG03Ni28Cr21Mo2	150

B.8.2　B 型试块和 C 型试块选择

供需双方应确认选择 B 型试块或 C 型试块。

B.8.3　单铸试块和附铸试块的选择

供需双方应确认选择单铸试块或附铸试块。

B.9　表面处理

经机加工的铸件或未经机加工的铸件表面应进行防护处理。

B.10　热等静压（HIP）

供需双方应确认铸件的热等静压处理工艺以及检查、检验的方法。

B.11　性能检验

B.11.1　奥氏体钢铸件或奥氏体-铁素体钢铸件中铁素体含量的测定

应按供需双方商定的检验方法进行奥氏体钢铸件或奥氏体-铁素体钢铸件中铁素体含量的测定。

B.11.2　硬度检验

铸件或试块的布氏硬度测定按 GB/T 231.1 的规定执行。如需方未指定测定位置，则由供方自定。若按 GB/T 230.1 或 GB/T 4340.1 的规定测定了铸件或试块的洛氏硬度或维氏硬度，则应按 GB/T 33362 的规定换算成布氏硬度。

B.11.3　高温下规定非比例延伸强度检验

高温下规定非比例延伸强度应满足指标或合同规定。

B.11.4　冲击性能检验

冲击性能应满足指标或合同规定。供需双方可商定增加侧膨胀值和剪切断面率测定，测定过程应符合 GB/T 12778 的规定。

B.11.5　晶间腐蚀试验

供需双方应确认晶间腐蚀的验收条件，并在合同中注明。晶间腐蚀试验方法按 GB/T 4334 的规定或供需双方认可的其他试验方法执行。

B.11.6　磁性检验

磁性检验常用于测定材料的磁导率等参数。试验方法和验收条件应按合同的规定执行。弱磁材料的磁导率测定按 GB/T 35690 的规定执行。

B.11.7　承压密闭性检验

B.11.7.1　铸件应在指定的介质、压力和时间下进行承压密闭性试验。

B.11.7.2　试验前铸件不得被氧化，不得有任何防护性的涂层和镀层。

B.11.7.3　压力容器用铸件的承压密闭性试验，应参照该种容器试验标准规定的试验条件（包括试验介质、压力、时间）。

<h2 style="text-align:center">附　录　C
（资料性）
铸件产品订货时需方需要提供的信息</h2>

C.1　订货时需要提供的信息

C.1.1　需提供铸件的模样号和（或）图样。若提供模样，则应包含模样中部件的说明。当未提供图样，则按模样制造铸件，在此情况下铸造厂不对铸件的尺寸负责。由于制造厂工艺要求而对图样或模样所做的修改，应获得需方同意。

C.1.2 铸件材料标准号、交付状态和牌号。

C.2 订货时需要提供的补充信息

根据情况，订货时还需要提供如下补充信息：
a) 附录 B 中的补充要求；
b) 采用的无损检测方法，进行无损检测的位置、范围和验收条件；
c) 供货时需提供的检验文件；
d) 试验批的批量；
e) 标志、机加工、防护、包装、装箱、装运、运输方式和目的地；
f) 批量生产前提供铸件样件进行认可；
g) 抽样时采用的统计控制方法；
h) 其他证明文件。

附 录 D
（资料性）
ISO 4991：2015 铸钢牌号对照

ISO 4991：2015 铸钢牌号与本标准牌号、国内常用牌号及相近 UNS 铸钢牌号对照见表 D.1。

表 D.1 铸钢牌号对照表

序号	ISO 4991:2015 牌号	ISO 4991:2015 代号	本标准牌号	国内常用牌号	相近 UNS 铸钢牌号
1	GP240GH	1.0619	ZGR240-420	—	J02500
2	GP280GH	1.0625	ZGR280-480	—	J02505
3	G17Mn5	1.1131	ZG18	ZG17Mn5	J02505
4	G20Mn5	1.6220	ZG20	ZG20Mn5	J02505
5	G18Mo5	1.5422	ZG18Mo	ZG18Mo5	J11547
6	G20Mo5	1.5419	ZG19Mo	ZG20Mo5	J11547
7	G17CrMo5-5	1.7357	ZG18CrMo	ZG15Cr1Mo	J12080
8	G17CrMo9-10	1.7379	ZG17Cr2Mo	ZG17Cr2Mo1	J21890
9	G12MoCrV5-2	1.7720	ZG13MoCrV	ZG12MoCrV	—
10	G17CrMoV5-10	1.7706	ZG18CrMoV	ZG17Cr1Mo1V	—
11	G25NiCrMo3	1.6553	ZG26CrNiMo	ZG25CrNiMo	J12082
12	G25NiCrMo6	1.6554	ZG26Ni2CrMo	ZG25CrNi2Mo	—
13	G17NiCrMo13-6	1.6781	ZG17Ni3Cr2Mo	—	—
14	G9Ni10	1.5636	ZG012Ni3	—	J22500
15	G9Ni14	1.5638	ZG012Ni4	—	J31550
16	GX15CrMo5	1.7365	ZG16Cr5Mo	—	J42045
17	GX10CrMoV9-1	1.7367	ZG10Cr9MoV	—	J91150
18	GX15CrMo9-1	1.7376	ZG16Cr9Mo	—	J82090
19	—	—	ZG12Cr9Mo2CoNiVNbNB	—	—
20	GX8CrNi12-1	1.4107	ZG010Cr12Ni	ZG08Cr12Ni1	J91150
21	GX23CrMoV12-1	1.4931	ZG23Cr12MoV	—	J91442

(续)

序号	ISO 4991:2015 牌号	ISO 4991:2015 代号	本标准牌号	国内常用牌号	相近UNS铸钢牌号
22	GX3CrNi13-4	1.6982	ZG05Cr13Ni4Mo	—	J91550
23	GX4CrNi13-4	1.4317	ZG06Cr13Ni4Mo	ZG06Cr13Ni4Mo	J91550
24	GX4CrNiMo16-5-1	1.4405	ZG06Cr16Ni5Mo	—	J91804
25	GX5CrNi19-10	1.4308	ZG07Cr19Ni10	—	J92600
26	GX2CrNiN19-11	1.4487	ZG03Cr19Ni11N	—	J92500
27	GX5CrNiNb19-11	1.4552	ZG07Cr19Ni11Nb	—	J92710
28	GX2CrNiMoN19-11-2	1.4490	ZG03Cr19Ni11Mo2N	—	J92804
29	GX5CrNiMo19-11-2	1.4408	ZG07Cr19Ni11Mo2	—	J92900
30	GX5CrNiMoNb19-11-2	1.4581	ZG07Cr19Ni11Mo2Nb	—	—
31	GX2CrNiMoN22-5-3	1.4470	ZG03Cr22Ni5Mo3N	—	J92205
32	GX2CrNiMoCuN26-5-3-3	1.4451	ZG03Cr26Ni6Mo3Cu3N	—	J93372
33	GX2CrNiMoN26-7-4	1.4469	ZG03Cr26Ni7Mo4N	—	J93404
34	GX2NiCrMo28-20-2	1.4458	ZG03Ni28Cr21Mo2	—	N08007

附 录 E
（资料性）

校核分析结果与熔炼分析结果的允许偏差

校核分析结果与熔炼分析结果的允许偏差见表 E.1。

表 E.1 校核分析结果与熔炼分析结果的允许偏差

元素	含量范围（质量分数,%）	允许偏差（质量分数,%）	元素	含量范围（质量分数,%）	允许偏差（质量分数,%）
C	≤0.03	+0.005	Mo	≤1.00	±0.07
C	>0.03~0.08	±0.01	Mo	>1.00~2.00	±0.10
C	>0.08~0.30	±0.02	Mo	>2.00~5.00	±0.15
C	>0.30~0.60	±0.03	Ni	≤1.00	±0.07
Si	≤2.00	±0.10	Ni	>1.00~2.00	±0.10
Mn	≤0.70	±0.06	Ni	>2.00~5.00	±0.15
Mn	>0.70~2.00	±0.10	Ni	>5.00~10.00	±0.20
P	≤0.045	±0.005	Ni	>10.00~20.00	±0.25
P	>0.045~0.060	±0.010	Nb	≤1.00	±0.05
S	≤0.045	±0.005	Co	≤1.00	±0.07
S	>0.045~0.060	±0.010	Co	>1.00~2.00	±0.10
Cr	≤2.00	±0.10	V	≤0.30	±0.03
Cr	>2.00~10.00	±0.20	V	>0.30~1.00	±0.07
Cr	>10.00~15.00	±0.30	Cu	≤2.00	±0.10
Cr	>15.00~20.00	±0.40	Cu	>2.00~5.00	±0.20
Cr	>20.00	±0.50	N	≤0.30	±0.02
Ti	≤1.00	±0.05	W	≤1.00	±0.05

附录 F
（资料性）
部分铸钢名义蠕变性能

部分铸钢名义蠕变性能见表F.1。

表F.1 部分铸钢名义蠕变性能

序号	牌号	温度/℃	400			450			500			550		
		时间/h	10000	100000	200000	10000	100000	200000	10000	100000	200000	10000	100000	200000
1	ZGR240-420	σ_r	205	160	145	132	83	71	74	40	32	—	—	—
		σ_{A1}	147	110	—	88	50	—	43	20	—	—	—	—
2	ZGR280-480	σ_r	210	165	—	135	85	—	75	42	—	—	—	—
		σ_{A1}	148	110	—	90	52	—	45	22	—	—	—	—
3	ZG5mm0	σ_r	360	310	290	275	205	180	160	85	70	66	30	23
		σ_{A1}	—	—	—	185	150	130	125	65	50	41	15	10
4	ZG18CrMo	σ_r	420	370	356	321	244	222	187	117	96	98	55	44
		σ_{A1}	271	222	—	196	145	—	130	81	—	65	35	—
5	ZG17Cr2Mo	σ_r	404	324	304	282	218	200	188	136	120	106	66	52
		σ_{A1}	350	300	278	229	168	148	141	96	80	70	40	31
6	ZG13MoCrV	σ_r	—	—	—	365	277	—	208	140	—	135	75	—
7	ZG18CrMoV	σ_r	463	419	395	340	275	254	229	171	157	151	96	83
		σ_{A1}	427	385	356	305	243	218	196	133	110	120	70	49
8	ZG16Cr5Mo	σ_r	—	—	—	228[①]	165[①]	—	168	106	—	93	58	—
9	ZG5mm3Cr12MoV	σ_r	504	426	394	383	309	279	269	207	187	167	118	103
		σ_{A1}	—	—	—	305	259	239	219	172	153	131	91	77
10	ZG07Cr19Ni10	σ_r	—	—	—	—	—	—	—	—	—	147	124	—
11	ZG07Cr19Ni11Nb	σ_r	—	—	—	—	—	—	—	—	—	246	192	—
12	ZG05Cr19Ni11Mo2	σ_r	—	—	—	—	—	—	—	—	—	194	160	—

注：σ_r 为材料失效应力，单位为MPa；σ_{A1} 为材料伸长率为1%时的蠕变极限，单位为MPa。
① 温度为470℃。

附录 G
（资料性）
焊接条件

焊接条件见表G.1。

表G.1 焊接条件

序号	牌号	预热温度[①]/℃	最高道间温度/℃	焊后热处理温度/℃
1	ZGR240-420	20~150	350	不需要
2	ZGR280-480	20~150	350	不需要
3	ZG18	20~150	350	不需要

(续)

序号	牌号	预热温度[①]/℃	最高道间温度/℃	焊后热处理温度/℃
4	ZG20	20~150	350	不需要
5	ZG18Mo	20~200	350	>650
6	ZG19Mo	20~200	350	>650
7	ZG18CrMo	150~250	350	>650
8	ZG13MoCrV	200~300	400	>680
9	ZG18CrMoV	200~300	400	>680
10	ZG26CrNiMo	150~250	350	②
11	ZG17Cr2Mo	150~250	350	>680
12	ZG17Ni3Cr2Mo	20~200	350	>580
13	ZG012Ni3	20~150	350	>570
14	ZG012Ni4	20~200	300	>560
15	ZG16Cr5Mo	150~250	350	650
16	ZG10Cr9MoV	—	—	—
17	ZG16Cr9Mo	200~300	350	680
18	ZG12Cr9Mo2CoNiVNbNB	200~300	200~300	冷至80℃~100℃后再在720℃以上温度热处理
19	ZG010Cr12Ni	100~200	350	与正常回火温度相同
20	ZG06Cr16Ni5Mo	不需要	200	与正常回火温度相同
21	ZG05Cr13Ni4	20~200	③	③
22	ZG06Cr13Ni4	100~200	300	与正常回火温度相同
23	ZG23Cr12MoV	200~450	450	冷至80℃~130℃后再在680℃以上温度热处理
24	ZG03Cr19Ni11N	不需要	—	④
25	ZG07Cr19Ni10	不需要	③	④
26	ZG07Cr19Ni11Nb[⑤]	不需要	③	④
27	ZG03Cr19Ni11Mo2N	不需要	③	④
28	ZG07Cr19Ni11Mo2	不需要	③	④
29	ZG07Cr19Ni11Mo2Nb[⑤]	不需要	③	④
30	ZG03Cr22Ni5Mo3N	20~100	250	④
31	ZG03Cr26Ni6Mo3Cu3N	20~100	250	④
32	ZG03Cr26Ni7Mo4N	20~100	250	④
33	ZG03Ni28Cr21Mo2	20~100	150	④

① 预热温度与铸件形状、厚度及环境条件有关。
② 焊后热处理温度应不低于200℃，且至少比回火温度低50℃。
③ 除另有规定外，由制造厂自定。
④ 为保证铸件的耐蚀性和力学性能，根据需要可进行固溶处理（+AT）。
⑤ 为提高材料的耐蚀性，ZG07Cr19Ni11Nb 可在600℃~650℃下进行稳定化处理，而 ZG07Cr19Ni11Mo2Nb 可在550℃~600℃下进行稳定化处理。

第五节　工程结构用中、高强度不锈钢铸件金相检验

王志明　李巨文

一、标准概况

工程结构用中、高强度不锈钢铸件的性能与其金相组织密切相关。该铸件一般采用正火+回火处理工艺。正火温度为1050℃左右，保温后空冷，由于铬、镍、钼的综合作用，其淬透性良好，一般在空冷条件下都能淬透，得到马氏体组织；580℃~650℃回火后，其金相组织主要是低碳板条状回火马氏体，具有优良的力学性能，同时具有良好的工艺性能。经此规范处理后，铸件的力学性能可达到GB/T 6967—2009《工程结构用中、高强度不锈钢铸件》规定的要求。如果正火温度过高，会使马氏体粗大（晶粒粗大），如果正火温度过低，会存在铸态组织而使力学性能下降。δ铁素体过多或集中分布会造成铸件力学性能降低现象，非金属夹杂物超标会导致铸件冲击及疲劳性能下降。通过对铸件金相组织、马氏体级别、δ铁素体含量、非金属夹杂物的检测和评定，可找出金相组织与力学性能的对应关系，以达到控制和提高铸件质量的目的。

GB/T 38222—2019于2019年10月18日由国家市场监督管理总局与国家标准化管理委员会发布，2020年5月1日实施。

二、标准主要内容说明

1. 金相组织

该标准给出了工程结构用中、高强度不锈钢铸件在不同热处理状态下的金相组织参考图，以方便进行金相检验。

1) 铸件在铸态、正火态及正火+回火态下，其典型金相组织参见标准中附录A。

2) 附录A（资料性附录）工程结构用中、高强度不锈钢铸件不同热处理状态下的金相组织参考图：图A.1 ZG06Cr13Ni4Mo铸态组织，共2张照片；图A.2 ZG06Cr13Ni4Mo正火态组织，共2张照片；图A.3 ZG06Cr13Ni4Mo正火+回火态组织，共2张照片；图A.4 ZG06Cr16Ni5Mo正火+回火态组织，共2张照片。

ZG06Cr13Ni4Mo铸件不同状态下的力学性能见表1.5-1。由于铸态组织主要为粗大低碳板条状淬火马氏体，塑性很差，其内应力由于冷却过程中收缩不一致而增大，因此不能直接使用；正火态组织主要为低碳板条状马氏体，其断后伸长率、断面收缩率及硬度达不到GB/T 6967—2009的要求，一般也不在生产中使用；而正火+回火态组织主要为低碳板条状回火马氏体，其性能可以满足标准要求。因此，工程结构用中、高强度不锈钢铸件通常是在正火+回火状态下使用的。

2. 马氏体级别

1) 评定原则：试样浸蚀后，观察整个检验面，选择有代表性的视场，按其马氏体板条的最大长度，在放大500倍视场下，对照相应评级图进行评定。

2) 马氏体评级说明见GB/T 38222—2019中表1；评级图照片见GB/T 38222—2019中图1，共分为6个级别，6张照片。

表 1.5-1　不同热处理状态下的力学性能

试样状态	抗拉强度 R_m /MPa	规定塑性延伸强度 $R_{p0.2}$/MPa	断后伸长率 A (%)	断面收缩率 Z (%)	硬度 HBW	冲击吸收量 KV_2/J	弯曲结果
铸态	1013	752	5.5	19	313、315	51、47、77	弯曲15°产生裂纹
正火 1050℃，40min	1013	817	9.0	21	300、302	118、142、125	弯曲90°无裂纹
正火 1100℃，40min+回火 620℃，2h	823	689	19.0	69	256、257	120、143、128	—
正火 1050℃，40min+回火 620℃，2h	834	686	20.5	69	262、262	144、134、140	—
正火 1050℃，40min+回火 620℃，2h+回火 590℃，2h	824	687	18.5	68	256、260	149、139、145	弯曲90°无裂纹
GB/T 6967—2009 规定值	≥750	≥550	≥15	≥35	221~294	≥50	—

铸件马氏体板条长度与其晶粒度密切相关，马氏体板条长度与晶粒度有一定的对应关系，一般重要铸件均需进行晶粒度检验。但由于中、高强度不锈钢铸件浸蚀后晶界不明显，因此为了评定方便而制定了马氏体级别（马氏体板条最大长度）的评定标准，通过马氏体级别的评定可代替晶粒度的评定。粗大马氏体（晶粒度粗大）会降低其力学性能指标，因此成品铸件一般要求具有马氏体板条适中（晶粒度适中）的组织。标准中马氏体级别、马氏体特征及与其晶粒度的对应关系见表 1.5-2。

表 1.5-2　马氏体级别、马氏体特征及与其晶粒度的对应关系

级别/级	马氏体板条最大长度 L/mm	标准中图号	马氏体特征	对应的晶粒度/级
1	L≥0.50	图1a	极粗大马氏体	<1
2	0.50>L≥0.35	图1b	粗大马氏体	1~2
3	0.35>L≥0.25	图1c	较粗大马氏体	2~3
4	0.25>L≥0.15	图1d	马氏体	3~4
5	0.15>L≥0.1	图1e	细马氏体	4~5
6	L<0.1	图1f	细微马氏体	>5

3. δ 铁素体含量

(1) 测量方法　GB/T 38222—2019 规定了两种测量方法。

1) 最多视场法（方法 A）：观察整个检验面，选择 δ 铁素体含量最多的视场，测定 δ 铁素体含量，作为该试样的 δ 铁素体含量。

2) 平均法（方法 B）：测量时应选择具有代表性（δ 铁素体含量为大多数）的视场，测量视场数取决于待测物相均匀性，一般不少于 5 个视场，并应避免视场的重叠，取平均值作为该试样 δ 铁素体含量；依据供需双方约定进行评定，双方未约定时采用最多视场法（方法 A）进行评定。

(2) 评定方法　GB/T 38222—2019 规定了两种评定方法。

1) 比较法：将选定的视场与标准评级图片进行比较，在放大 100 倍视场下，对照标准评级图片，确定 δ 铁素体面积含量（%）；δ 铁素体面积含量分为 8 级，评级图见 GB/T 38222—2019 中附录 B，共分为 8 个级别，8 张照片。各级别 δ 铁素体面积含量见 GB/T 38222—2019 中表 2。

评级图各级别图片的δ铁素体实际面积含量为规定含量的上限值,当被测视场中的δ铁素体面积含量处于标准评级图两级别之间时,应评为较高级别。当未发现δ铁素体时,评为0级;当δ铁素体面积含量>20%时,评为>4.0级。

2)定量法:放大倍数的选择应以清晰地分辨待测δ铁素体的形貌和边界为准,在此基础上选择较低的倍数,建议采用100倍;网格数点法、网格截线法、显微镜测微目镜测定法、线段刻度测定法及图像分析仪测定法等的具体定量金相测量方法按GB/T 15749执行。

中、高强度不锈钢铸件的δ铁素体含量对铸件的力学性能(特别是冷弯性能及冲击性能)有较大影响,ZG06Cr13Ni4Mo铸件一般要求δ铁素体的面积含量≤5%,而ZG06Cr16Ni5Mo铸件δ铁素体的面积含量≤10%。

例如:某ZG04Cr13Ni5Mo导叶,其力学性能见表1.5-3,其中冲击吸收能量(KV_2)不符合标准要求,通过金相检测,发现其δ铁素体较多,其面积含量达到20%。

表1.5-3 ZG04Cr13Ni5Mo 导叶力学性能检验结果

材料名称	抗拉强度 R_m/MPa	规定塑性延伸强度 $R_{p0.2}$/MPa	断后伸长率 A(%)	断面收缩率 Z(%)	硬度 HBW	冲击吸收能量 KV_2/J
ZG04Cr13Ni5Mo 导叶	871	794	21	69	271、257、272	38
GB/T 6967—2009 规定值	≥750	≥550	≥15	≥35	221~294	≥50

4. 非金属夹杂物含量

中、高强度不锈钢铸件对非金属夹杂物要求较高,一般均要求精炼处理。GB/T 6967—2009中规定ZG04Cr13Ni4Mo及ZG04Cr13Ni5Mo两个牌号应采用钢液精炼工艺,如真空氧脱碳(VOD)及氩氧脱碳(AOD)或其他精炼方法。因此,非金属夹杂物评级对于中、高强度不锈钢铸件而言是相当重要的检测项目。GB/T 10561—2005《钢中非金属夹杂物含量的测定》标准评级图显微检验法是针对轧制和锻制钢材制定的,而GB/T 38222—2019中所检测的是铸件,铸件没有变形,故标准中A类(硫化物类)、B类(氧化铝类)、C类(硅酸盐类)基本不会出现,而主要以D类(球状硫化物类、球状氧化铝类、球状硅酸盐类或复合形式)及DS类存在,因此GB/T 38222—2019将球状夹杂物一并按D类(球状夹杂物类)评定。

三、标准的特点与应用

1. 标准的技术特点

1) GB/T 38222—2019给出了工程结构用中、高强度不锈钢铸件在不同热处理状态下典型金相组织参考图,供检验金相组织时对比使用。

2) GB/T 38222—2019给出了工程结构用中、高强度不锈钢铸件马氏体评级说明及评级图照片,供评定马氏体板条最大长度使用。马氏体级别的评定可代替铸件晶粒度大小的评级。

3) GB/T 38222—2019给出了工程结构用中、高强度不锈钢铸件δ铁素体级别与面积含量的关系,以及δ铁素体面积含量在100倍下的实物评级图照片,可以方便、快捷地评定δ

铁素体含量。

4) GB/T 38222—2019 给出了工程结构用中、高强度不锈钢铸件非金属夹杂物评级标准，主要是：将 GB/T 10561—2005 评级图中的 D 类（球状氧化物类）改为 D 类（球状夹杂物类），球状夹杂物类包括球状硫化物类、球状氧化铝类、球状硅酸盐类或复合形式存在的球状夹杂物；当非金属夹杂物中粗系与细系混合存在时，分别进行评定。

2. 标准的应用

GB/T 38222—2019《工程结构用中、高强度不锈钢铸件金相检验》作为推荐性国家标准，广泛地应用于水电站过流部件（叶片、导叶、上冠、下环等）、水泵、压缩机叶轮、核电站铸件和压力容器等铸件的金相检测领域。该标准的实施弥补了过往不锈钢铸件金相检验过程中无法对金相组织、马氏体级别、δ铁素体面积含量及非金属夹杂物等进行检验的空白，细化了金相检验的内容，对生产工艺的优化调整提供了细化的检测指标，使得检测结果更有说服力，满足了目前企业对铸件金相组织检测的需求。该标准可作为 GB/T 6967—2009《工程结构用中、高强度不锈钢铸件》的配套使用标准，对企业的生产、质量检验提供技术指导，同时有助于引导和推动铸造行业采用先进的金相检验技术，从而达到提高铸件产品质量的目的。

四、标准内容

GB/T 38222—2019

工程结构用中、高强度不锈钢铸件金相检验

1 范围

本标准规定了工程结构用中、高强度不锈钢铸件金相检验试样的选取与制备、金相组织、马氏体级别、δ铁素体含量、非金属夹杂物级别的评定方法和检验报告。

本标准适用于 Cr-Ni-Mo 系列工程结构用中、高强度不锈钢铸件的金相组织检验，其他牌号的中、高强度不锈钢铸件可参照执行。

2 规范性引用文件

下列文件对于本文件的应用是必不可少的。凡是注日期的引用文件，仅注日期的版本适用于本文件。凡是不注日期的引用文件，其最新版本（包括所有的修改单）适用于本文件。

GB/T 10561—2005　钢中非金属夹杂物含量的测定　标准评级图显微检验法

GB/T 13298　金属显微组织检验方法

GB/T 15749　定量金相测定方法

3 术语和定义

下列术语和定义适用于本文件。

3.1　δ铁素体　Delta ferrite

由液态铁冷却到1538℃时发生结晶，液态铁转变为δ-Fe的高温铁素体。

注：δ铁素体作为高温铁素体，在中、高强度不锈钢中，由于少量碳和大量合金元素对高温平衡影响极大，故室温得以保存。

4 试样的选取与制备

4.1 金相试样在铸件或铸件的附铸试块上截取，也可直接在铸件上进行检验。

4.2 金相试样的制备方法按 GB/T 13298 规定执行，截取和制备试样过程中应防止组织发生变化，试样检验面浸蚀前应保持表面光洁，无划痕等磨制及抛光缺陷。

4.3 试样检验面面积应不小于 $100mm^2$，当单个试样检验面积小于 $100mm^2$ 时，应增加取样数量，试样尺寸较大时，允许分割成若干块，但仍视为一块试样。

4.4 铸件金相组织中的马氏体级别、δ 铁素体含量及非金属夹杂物含量可在同一试样上分别进行检验。

4.5 浸蚀剂：推荐选用苦味酸 1g+盐酸 5mL+无水乙醇 95mL，三氯化铁（$FeCl_3 \cdot 6H_2O$）2g~5g+盐酸 5mL+无水乙醇 100mL 及三氯化铁（$FeCl_3 \cdot 6H_2O$）5g+盐酸 50mL+水 100mL。

5 金相组织

铸件在铸态、正火态及正火+回火态下，其典型的金相组织参见附录 A。

6 马氏体级别

6.1 评定原则：试样浸蚀后，观察整个检验面，选择有代表性的视场，按其马氏体板条的最大长度，在放大 100× 视场下，对照相应评级图进行评定。

6.2 马氏体评级说明见表 1，评级图见图 1。

表 1　马氏体评级说明

级别/级	马氏体板条最大长度 L/mm	图号
1	$L \geqslant 0.50$	图 1 a
2	$0.50 > L \geqslant 0.35$	图 1 b
3	$0.35 > L \geqslant 0.25$	图 1 c
4	$0.25 > L \geqslant 0.15$	图 1 d
5	$0.15 > L \geqslant 0.1$	图 1 e
6	$L < 0.1$	图 1 f

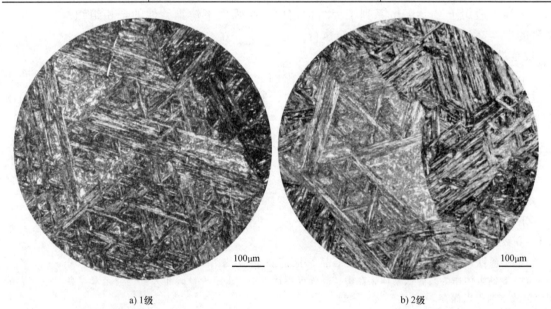

a) 1级　　　　　　　　　　　　b) 2级

图 1　马氏体评级图

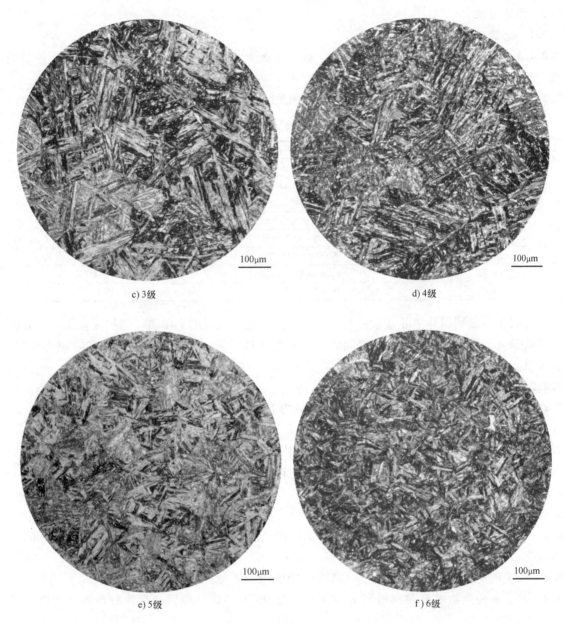

图 1 马氏体评级图（续）

7 δ铁素体含量

7.1 测量方法

7.1.1 最多视场法（方法 A）：观察整个检验面，选择 δ 铁素体含量最多的视场，测定其 δ 铁素体含量，作为该试样的 δ 铁素体含量。

7.1.2 平均法（方法 B）：测量时应选择具有代表性（δ 铁素体含量为大多数）的视场，测量视场数取决于待测物相均匀性，一般不少于 5 个视场，并应避免视场的重叠，取平均值作为该试样 δ 铁素体含量。

7.1.3 依据供需双方约定进行评定，双方未约定时采用最多视场法（方法 A）进行评定。

7.2 评定方法
7.2.1 比较法

7.2.1.1 将选定的视场与标准评级图片进行比较,在放大100×视场下,对照标准评级图片,确定δ铁素体面积百分含量。

7.2.1.2 δ铁素体面积含量分为8级,评级图见附录B。各级别的δ铁素体面积含量见表2。

表2 δ铁素体面积含量规定

级别/级	δ铁素体面积含量 S	图号
0.5	$0<S\leqslant 0.5\%$	图B.1 a
1.0	$0.5\%<S\leqslant 1.0\%$	图B.1 b
1.5	$1.0\%<S\leqslant 2.0\%$	图B.1 c
2.0	$2.0\%<S\leqslant 5.0\%$	图B.1 d
2.5	$5.0\%<S\leqslant 8.0\%$	图B.1 e
3.0	$8.0\%<S\leqslant 12.0\%$	图B.1 f
3.5	$12.0\%<S\leqslant 16.0\%$	图B.1 g
4.0	$16.0\%<S\leqslant 20.0\%$	图B.1 h

评级图各级别图片的δ铁素体实际面积含量为规定含量的上限值,当被测视场中的δ铁素体含量处于标准评级图两级别之间时,应评为较高级别。当未发现δ铁素体时评为0级,当δ铁素体>20%时评为>4.0级。

7.2.2 定量法

7.2.2.1 放大倍数的选择应以清晰地分辨待测δ铁素体的形貌和边界为准,在此基础上选择较低的倍数,建议采用100×。

7.2.2.2 网格数点法、网格截线法、显微镜测微目镜测定法、线段刻度测定法及图像分析仪测定法等的具体定量金相测量方法按GB/T 15749执行。

8 非金属夹杂物评级

8.1 放大倍数:100×。

8.2 评定实际视场:0.71mm×0.71mm,试样抛光后,检验整个抛光表面,选取最严重的视场评定。

8.3 非金属夹杂物的评定按GB/T 10561—2005的实际检验A法进行。

8.4 非金属夹杂物中D类(球状夹杂物类)及DS类(单颗粒球状类)评级表及评级图见附录C。

8.5 当非金属夹杂物中粗系与细系混合存在时,应分别进行评定。

9 检验报告

检验报告宜包括以下内容:
a) 试样的名称及材质;
b) 本标准编号;
c) 送检状态;
d) 测定方法;
e) 使用仪器及型号;
f) 检验结果;

g) 报告编号及检测日期;
h) 检测人员及审核人员签字。

附 录 A
（资料性）
工程结构用中、高强度不锈钢铸件不同热处理状态下的金相组织参考图

A.1 ZG06Cr13Ni4Mo 铸态组织

ZG06Cr13Ni4Mo 铸态组织见图 A.1。

a) 铸态组织 100×　　　　　　　　　　b) 铸态组织 500×

图 A.1　ZG06Cr13Ni4Mo 铸态组织

A.2 ZG06Cr13Ni4Mo 正火态组织

ZG06Cr13Ni4Mo 正火态组织见图 A.2。

a) 正火态组织 100×　　　　　　　　　　b) 正火态组织 500×

图 A.2　ZG06Cr13Ni4Mo 正火态组织

A.3 ZG06Cr13Ni4Mo 正火+回火态组织

ZG06Cr13Ni4Mo 正火+回火态组织见图 A.3。

a) 正火+回火态组织 100×　　　　　　　　b) 正火+回火态组织 500×

图 A.3　ZG06Cr13Ni4Mo 正火+回火态组织

A.4 ZG06Cr16Ni5Mo 正火+回火态组织

ZG06Cr16Ni5Mo 正火+回火态组织见图 A.4（图中白色条状相为 δ 铁素体）。

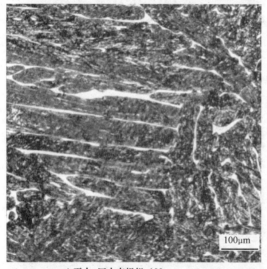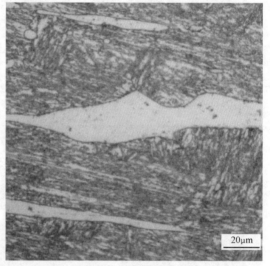

a) 正火+回火态组织 100×　　　　　　　　b) 正火+回火态组织 500×

图 A.4　ZG06Cr16Ni5Mo 正火+回火态组织

附　录　B
（规范性）
δ 铁素体面积含量评级图

δ 铁素体面积含量（S）评级图见图 B.1。

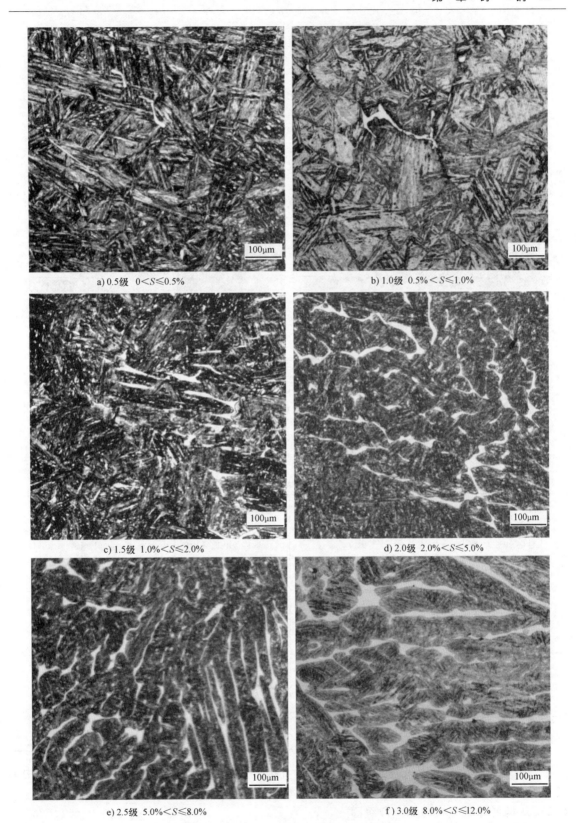

图 B.1 δ铁素体面积含量（S） 100×

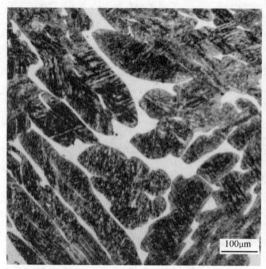

g) 3.5级 12.0%<S≤16.0%　　　　　h) 4.0级 16.0%<S≤20.0%

图 B.1　δ 铁素体面积含量（S）　100×（续）

附　录　C
（规范性）
D 类（球状夹杂物类）及 DS 类（单颗粒球状类）评级表及评级图

C.1　D 类（球状夹杂物类）评级表

D 类（球状夹杂物类）评级表见表 C.1。

表 C.1　D 类（球状夹杂物类）评级表

夹杂物评级图细系级别 i/级 （直径 3μm~8μm）	数量 最小值/个	图号	夹杂物评级图粗系级别 i/级 （直径>8μm~13μm）	数量 最小值/个	图号
0.5	1	图 C.1a	2	16	图 C.1g
0.5e	1	图 C.1b	2e	16	图 C.1h
1	4	图 C.1c	2.5	25	图 C.1i
1e	4	图 C.1d	2.5e	25	图 C.1j
1.5	9	图 C.1e	3	36(<49)	图 C.1k
1.5e	9	图 C.1f	3e	36(<49)	图 C.1l

当夹杂物级别大于 3 级时，可用公式 $\lg i = [0.5\lg n] - 0.301$ 计算评级图片级别（其中 i 表示夹杂物级别，n 表示视场中球状夹杂物的数量）。

C.2　D 类（球状夹杂物类）评级图

D 类（球状夹杂物类）评级图见图 C.1。

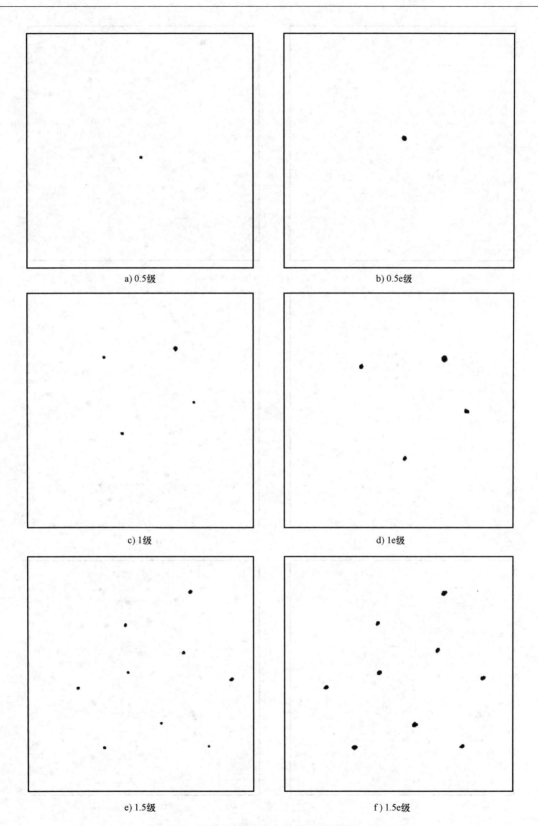

图 C.1 D 类（球状夹杂物类）评级图 100×

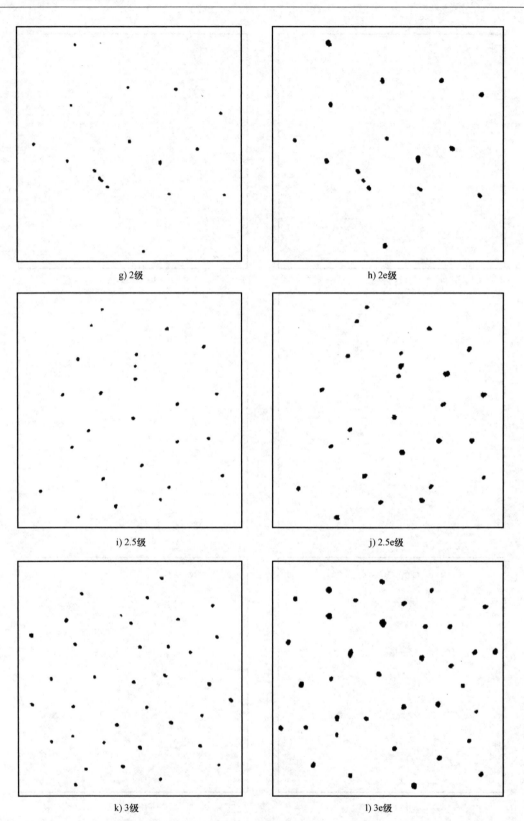

图 C.1 D 类（球状夹杂物类）评级图 100×（续）

C.3 DS类（单颗粒球状类）评级表

DS类（单颗粒球状类）评级表见表C.2。

表 C.2　DS类（单颗粒球状类）评级表

夹杂物评级图级别 i/级	直径最小值/μm	图号	夹杂物评级图级别 i/级	直径最小值/μm	图号
0.5	13	图 C.2a	2	38	图 C.2d
1	19	图 C.2b	2.5	53	图 C.2e
1.5	27	图 C.2c	3	76(<107)	图 C.2f

当单颗粒球状类夹杂物级别大于3级时，可用公式 $i=[3.311\lg d]-3.22$ 计算评级图片级别（其中 i 表示夹杂物级别，d 表示视场中单颗粒球状夹杂物直径，用 μm 表示）。

C.4 DS类（单颗粒球状类）评级图

DS类（单颗粒球状类）评级图见图C.2。

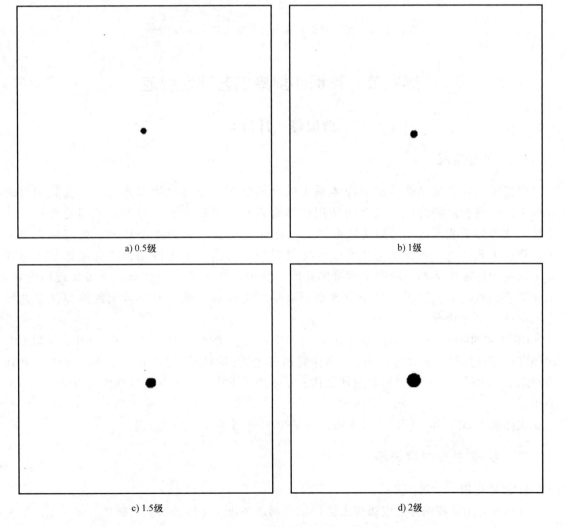

a) 0.5级　　　　b) 1级

c) 1.5级　　　　d) 2级

图 C.2　DS类（单颗粒球状类）评级图　100×

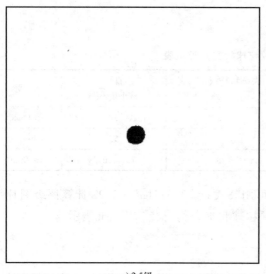 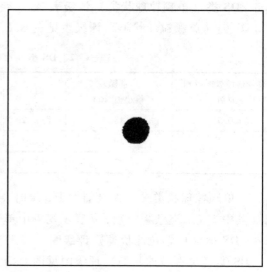

　　e) 2.5级　　　　　　　　　　　　　　f) 3级

图 C.2　DS 类（单颗粒球状类）评级图　100×（续）

第六节　铸钢件焊接工艺评定规范

曹健峰　吕昌略

一、标准概况

焊接工艺评定是焊接质量管理体系中的重要过程。通过焊接工艺评定，检验拟订的焊接工艺预规程焊制的焊接接头的使用性能是否符合设计要求，并为正式制定焊接工艺指导书或焊接工艺卡提供可靠的依据。我国在焊接质量保证的各个环节，如焊接人员考核、焊接工艺评定、焊接工艺规程、焊接材料等，均建立了比较完善的标准体系，也开展了大量的标准化活动，制定了相应的标准。其中焊接工艺评定在承压设备、现场设备、工业管道、石油输气管道、钢结构等多领域均已实现标准化，但在铸钢件的焊接工艺评定上尚处于空白状态。

GB/T 40800—2021《铸钢件焊接工艺评定规范》在起草过程中修改采用 ISO 11970：2016《铸钢件焊接工艺评定规范》，结合我国常用的铸钢件焊接技术，对 ISO 11970：2016 所确定的方法做了适当修订，在总体结构和基本内容方面两者没有明显差异，与国际标准水平相当。

该标准于 2021 年 10 月 11 日发布，并于 2022 年 5 月 1 日正式实施。

二、标准主要内容说明

1. 适用范围

该标准适用于铸钢件的电弧焊工艺评定。制造企业应在焊接工艺实施之前完成焊接工艺评定，以验证所拟定的试件焊接工艺的正确性。焊接工艺评定的一般过程：

1）根据铸钢材料的焊接性能，按照设计文件、制造工艺以及 GB/T 19868.3 规定，拟定焊接工艺预规程（pWPS）。

2）施焊试件和制取试样。

3）检测焊接试件是否符合规定。

4）形成焊接工艺评定报告。

2. 试件的制备与焊接

试件的形式主要分为两大类：补焊接头形式与对接接头形式。其中，补焊接头形式又分为凹坑型与穿透型两种，这也是铸钢件生产中最常见的接头形式；对接接头形式主要是管的对接与板的对接两种。

3. 试件的检验

试件的检验按照 GB/T 40800—2021 进行，针对测试内容，射线检测或超声检测、表面裂纹检测、横向拉伸试验、弯曲试验、冲击试验等均增加了补充规定。例如，超声检测，考虑到 8mm 以下焊缝超声检测后如何进行等级评定没有标准依据，此外，奥氏体材料由于晶粒粗大，组织不均，超声检测难度较大，因此明确规定"超声检测不适用于厚度小于 8mm 的试件，且不适用于奥氏体材料"。对于腐蚀试验，多数铸钢材料并不要求，因此将其归入附加试验。其他如横向拉伸试验、弯曲试验以及宏观金相检验，根据现在国内大多数厂家的焊接工艺评定，对其测试范围进行了相应调整。试件的所有检验应该在要求的焊后热处理结束之后进行，针对如 Cr-Mo 钢、低合金高强度铸钢等有延迟裂纹倾向的铸钢需要在 24h 之后才能进行检验。

4. 破坏性试验及结果评价

破坏性试验主要有横向拉伸试验、弯曲试验、宏观金相、微观金相、冲击试验以及硬度测试等检测项目，针对每个检测项目均明确了合格评价方式，以贴合实际应用。横向拉伸试验和冲击试验都分别增加了对异种钢焊接接头的规定，如横向拉伸试验要求每个试样的抗拉强度应不低于两种母材标准规定值下限的较低值，冲击试验要求在每侧母材热影响区分别取样。

该标准增加了对弯曲试验的规定。从试验目的来看，横向拉伸试验的目的是测试焊接接头的抗拉强度，弯曲试验则是检验焊接接头拉伸面上的塑性，同时可反映出各区域的塑性差别。这两项试验互为补充，可充分验证焊接接头的力学性能。

关于试样的复试，重点增加了冲击试样试验不合格时的复试规定。在冲击试验过程中，试验设备、试样与试验过程都可能会影响试验数据的稳定性。当出现一组试样的试验结果不合格时（如单个值低于规定值的 70%），可取三个附加试样进行附加试验。

5. 工艺评定适用范围

制造企业获得的焊接工艺评定规范仅适用在其相同的质量和技术控制的车间或现场焊接。铸钢材料种类繁多，为了减少焊接工艺评定的数量，对铸钢件材料进行了分组，分组方式仍沿用 ISO 11970：2016 中的规定，当母材组别改变时应重新进行评定。对于异种材料铸钢件的焊接，由于接头成分、性能、组织分布的不均匀，因此即使这两种母材各自都已评定合格，其异种钢焊接接头仍应重新评定；而采用过渡层的异种钢焊接，无论是母材或过渡层材质有任何改变，其焊接工艺应重新评定。

焊接工艺通用规则中，对于焊接方法，经评定合格的焊接工艺仅适用于评定时所用的焊接方法，并且只能用同一焊接工艺评定同一焊接方法，不应使用其他焊接方法评定，在实际中存在很多此类情形，为避免引起不同的争执，该标准做了统一规定。对同一条焊缝使用两种或两种以上焊接方法（或焊接工艺）时，可按每一种焊接方法（或焊接工艺）分别进行评定，也可使用两种或两种以上的焊接方法（或焊接工艺）焊接试件，进行组合评定。组合评定合格后，可以单独采用其中一种或几种焊接方法（或焊接工艺），但要保证每一种焊接方法（或焊接工艺）所熔覆的焊缝金属厚度都在已评定的各自有效范围内，且所使用的焊接方法（或焊接工艺）顺序有效。

  焊接试板时，不同位置的焊接热输入有所不同，焊接热输入会对焊缝区及热影响区组织产生影响，从而改变焊缝及热影响区性能。热输入越大，焊缝区及热影响区组织越粗大，韧性越差；热输入过小，焊缝及热影响区硬度偏低。因此，对于试件取样位置，在有冲击试验和（或）硬度试验要求时，为了评定所有的位置，冲击试样应取自热输入最高的焊缝部位，硬度试样应取自热输入最低的焊缝部位。同时为满足冲击试验和（或）硬度试验，如不要求在单一位置做评定，则应在不同焊接位置焊制两块试件。当要求对所有位置进行评定时，两块试件均应进行全面的目视检测和无损检测。

  由于单层焊与多层焊对材料的力学性能影响差异很大，针对评定合格的焊接工艺，从多层焊改为单层焊和相反的情况下，都需要重新评定。为便于热输入值的计算，该标准对热输入计算公式及一般焊接方法对应的热效率系数进行了规定。当有冲击试验要求时，热输入上限值不得高于在焊接试件时热输入值的 115%；当有硬度试验要求时，热输入下限值不得低于在焊接试件时热输入值的 85%。

  关于试件的后热与焊后热处理方面：后热可以消除焊接产生的热应力、均匀焊缝和热影响区的组织、排除焊缝在焊接过程中产生的氢脆，因此该标准规定后热不应取消，但可增加。工艺评定试件的焊后热处理应当和焊缝在产品中受到的热处理基本上相同，为便于生产操作，规定在热处理温度下累计时间不得少于产品所用时间的 80%，但可在一次热循环中完成。在热处理类别、热处理温度和保温时间（增加）超出原评定时的有效范围以及冷却工艺改变时，焊接工艺需要重新评定。

  针对不同的焊接方法，在有气体保护时，实际生产中有许多混合气体的情况，规定当保护气体和（或）背面保护气体或混合气体的名义化学成分发生改变时，原先经评定合格的焊接工艺应重新评定。

三、标准的特点与应用

1. 标准的特点

  目前对铸钢件产品的要求越来越高，产品的返修补焊必不可少，国内暂无相关指导铸钢件生产的补焊工艺评定规范，国内铸钢件产品的修补性焊接均只能采用 ASME IX 或者 ISO 15614-1 等标准，其标准的指向性均为产品的结构性焊接，与铸钢件补焊存在较大的不同。该标准是通过国际标准转化，并结合我国铸钢件生产实践编制而成的，解决了我国铸钢件焊接工艺评定标准缺失的问题。该标准的制定能够系统地规范铸钢件补焊的工艺评定，给铸钢件补焊工艺验证提供可靠的保障；同时，还能够在保证焊接接头质量的前提下，尽可能提高焊接工艺评定效率和最大限度地降低工艺评定成本，从而获取最大的经济效益。

2. 标准的应用

该标准主要适用于铸钢件的电弧焊工艺评定，常见的如焊条电弧焊、钨极气体保护焊、埋弧焊、熔化极气体保护焊等焊接方法，如客户同意也可应用于铸钢件其他熔化焊的焊接工艺评定。该标准根据我国铸钢件生产过程中补焊的切实需求，结合配套产品技术规范的技术要求，提出了相应的焊接工艺评定的规范要求，为评定施焊单位是否有能力焊出符合相关国家或行业标准、技术规范所要求的焊接接头，提供了统一的评判标准，填补了国内铸钢件补焊工艺评定的空白，有利于保障我国铸钢件生产企业产品补焊的质量和可靠性，从而更好地促进企业的发展。此外，通过该标准的实施，可以不断地增加企业对焊接工艺评定的执行力，促进我国铸钢件焊接工艺评定标准与国际快速接轨。

四、标准内容

GB/T 40800—2021

铸钢件焊接工艺评定规范

1 范围

本文件规定了铸钢件焊接工艺预规程、焊接工艺评定、试件、试件的检验、工艺评定适用范围、焊接工艺评定报告。

本文件适用于铸钢件的电弧焊工艺评定。

2 规范性引用文件

下列文件中的内容通过文中的规范性引用而构成本文件必不可少的条款。其中，注日期的引用文件，仅该日期对应的版本适用于本文件；不注日期的引用文件，其最新版本（包括所有的修改单）适用于本文件。

GB/T 226 钢的低倍组织及缺陷酸蚀检验法

GB/T 228.1 金属材料 拉伸试验 第1部分：室温试验方法（GB/T 228.1—2010，ISO 6892-1：2009，MOD）

GB/T 229 金属材料 夏比摆锤冲击试验方法（GB/T 229—2020，ISO 148-1：2016，MOD）

GB/T 2650 焊接接头冲击试验方法（GB/T 2650—2008，ISO 9016：2001，IDT）

GB/T 2651 焊接接头拉伸试验方法（GB/T 2651—2008，ISO 4136：2001，IDT）

GB/T 2653 焊接接头弯曲试验方法（GB/T 2653—2008，ISO 5173：2000，IDT）

GB/T 3375 焊接术语

GB/T 4340.1 金属材料 维氏硬度试验 第1部分：试验方法（GB/T 4340.1—2009，ISO 6507-1：2005，MOD）

GB/T 5185 焊接及相关工艺方法代号（GB/T 5185—2005，ISO 4063：1998，IDT）

GB/T 19418—2003 钢的弧焊接头 缺陷质量分级指南（ISO 5817：1992，IDT）

GB/T 19866 焊接工艺规程及评定的一般原则（GB/T 19866—2005，ISO 15607：2003，IDT）

GB/T 19868.3 基于标准焊接规程的工艺评定（GB/T 19868.3—2005，ISO 15612：2004，IDT）

3 术语和定义

GB/T 3375、GB/T 19866界定的以及下列术语和定义适用于本文件。

3.1 电弧焊 arc welding
利用电弧作为热源的熔焊方法。

3.2 补焊 repair welding
为修补铸钢件的缺陷而进行的焊接。

4 焊接工艺预规程（pWPS）

制造企业应按GB/T 19868.3的规定编制焊接工艺预规程（pWPS）。

5 焊接工艺评定

5.1 应在焊接工艺实施之前完成焊接工艺评定，以验证所拟定的试件焊接工艺的正确性。

5.2 焊接工艺评定的一般过程：
   a）根据铸钢材料的焊接性能，按照设计文件、制造工艺以及GB/T 19868.3规定，拟定pWPS；
   b）施焊试件和制取试样；
   c）检测焊接试件是否符合规定；
   d）形成焊接工艺评定报告。

5.3 焊接工艺评定应在制造企业进行，所用设备、仪器应符合使用要求，由制造企业内焊接人员焊接试件。

5.4 焊接工艺评定用试件的铸钢材料、热处理状态、坡口形式、焊接材料、焊接设备及工艺条件应根据所代表的产品进行选择。

6 试件

6.1 试件的制备

6.1.1 试件形式应从图1~图4中选择。其中图1、图2为补焊接头形式，图3、图4为对接接头形式。

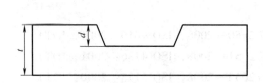

图1 焊接凹坑截面

t—母材厚度>15mm　d—凹坑深度>0.5t。
对于钨极氩弧焊（TIG焊），$d \leq 0.5t$

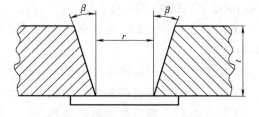

图2 焊接接头

t—母材厚度>15mm　r—根部宽度，5mm<r<15mm
β—坡口角度，5°<β<20°

注：图1~图4中给出的尺寸数据仅供参考。

6.1.2 试件的尺寸和数量应能确保所有要求的试验。

6.1.3 可制备附加试件，以备附加试验或复试。

6.2 试件的焊接

6.2.1 应根据pWPS的要求焊接试件。

6.2.2 如果定位焊缝最终熔入焊接接头，试件中应包含定位焊缝。

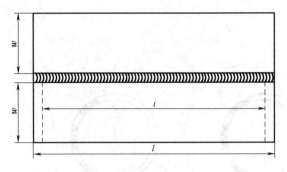 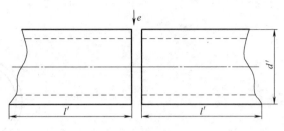

图 3　焊接试件（板）　　　　　　　图 4　焊接试件（管）

w—焊接本体材料宽度（w＝3t 或 ≥150mm，取大者）　　　l'—管长（l'≥150mm）　d'—管外径
l—焊缝长度（l＝6t 或 ≥350mm，取大者）　　　　　　　e—pWPS 中坡口准备和装配间隙
i—检验长度（i＝焊缝长度 l 去除两端各 25mm）

7　试件的检验

7.1　检验要求

7.1.1　焊接试件的检验项目应符合表1的规定。

表1　试件的检验项目

检验项目	范围	检验项目	范围
目视检测	100%	冲击试验[5]	2组
射线检测或超声检测[1]	100%	硬度试验	根据订单或相应标准
表面裂纹检测[2]	100%	宏观金相	1个试样
横向拉伸试验[3]	2件试样	微观金相	根据订单或相应标准
弯曲试验[4]	2个面弯和2个背弯或者4个侧弯试样	附加试验	根据订单或相应标准

① 超声检测不适用于厚度小于 8mm 的试件，且不适用于奥氏体材料。
② 采用渗透检测或磁粉检测，对非磁性的材料选择渗透检测，铁磁性材料优先选择磁粉检测。
③ 当试验机受能力限制不能进行全厚度的拉伸试验时，可将试件在厚度方向上均匀分层取样，等分后制取试样厚度应接近试验机所能试验的最大厚度。等分后的两片或多片试样试验代替一个全厚度试样的试验。在这种情况下，试样相对接头厚度的位置应做记录。
④ 弯曲试验：当试样厚度 ≥12mm 时，对所需的面弯和背弯试样可用 4 个侧弯试样代替。
⑤ 对厚度 ≥12mm 的母材，且已经规定冲击性能时，要求：焊缝金属1组，热影响区1组。应用标准可能要求做厚度 12mm 以下的冲击试验。试验温度应由制造企业按照应用场合或应用标准选择，但不应高于母材标准规定的温度。

7.1.2　所有检验应在焊后热处理结束之后进行，对有延迟裂纹倾向的铸钢材料试件应至少在焊接完成 24h 后进行无损检测。

7.2　无损检测及结果评价

7.2.1　热影响区应与母材的质量要求一致。

7.2.2　焊缝质量应满足 GB/T 19418—2003 中的 C 级，焊缝余高和局部凸起应达到 D 级。

7.3　试样取样位置

7.3.1　试样位置应按照图5、图6选取。

7.3.2　应在目视检测、无损检测合格后进行取样，取样位置宜避开缺陷区域。

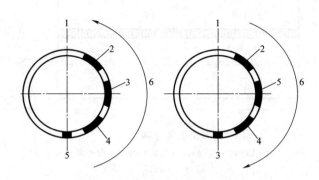

图 5　板的测试试样取样位置
1—去除 25mm　2—焊接方向
3、5—拉伸试样和 1 背弯 1 面弯或
2 侧弯试样　4—冲击试样或附加试样
6—金相（宏观、微观）和
硬度测试试样

图 6　管的测试试样取样位置
1—固定管的顶部　2、4—拉伸试样和 1 背弯 1 面弯或 2 侧弯试样
3—冲击试样或附加试样　5—金相（宏观、微观）
和硬度测试试样　6—焊接方向

7.4　破坏性试验及结果评价

7.4.1　横向拉伸试验

7.4.1.1　横向拉伸试样及其试验应符合 GB/T 228.1 和 GB/T 2651 的规定。

7.4.1.2　横向拉伸试验只检测抗拉强度值。

7.4.1.3　合格指标：

a）每个试样的抗拉强度应不低于母材标准规定值的下限值；

b）对于异种钢焊接接头，每个试样的抗拉强度应不低于两种母材标准规定值下限的较低值；

c）如果试样断于焊缝或熔合线以外的母材上，每个试样的抗拉强度应不低于母材标准规定值下限的 95%。

7.4.2　弯曲试验

7.4.2.1　弯曲试样及其试验应符合 GB/T 2653 的规定。

7.4.2.2　试样厚度<12mm 时，应用 2 个面弯试样和 2 个背弯试样。试样厚度≥12mm 时，推荐用 4 个侧弯试样代替 2 个面弯试样和 2 个背弯试样。

7.4.2.3　对于异种钢焊接接头，可以采用 1 个纵向背弯试样或 1 个纵向面弯试样代替 4 个横向弯曲试验。

7.4.2.4　对于断后伸长率 $A \geqslant 20\%$ 的材料，弯曲用成型辊（弯心）或内辊的直径 D 应为 $4t$（t 表示弯曲试样的厚度），弯曲角度为 180°；

对于断后伸长率 $A<20\%$ 的材料，弯曲用成型辊（弯心）或内辊的直径 D 应按公式（1）确定：

$$D = \frac{100t}{A} - t \tag{1}$$

式中　　D——内辊的直径（mm）；

　　　　t——弯曲试样的厚度（mm）；

　　　　A——断后伸长率（%）。

7.4.2.5 合格指标：在弯曲后的弯曲试样凸面上沿任何方向测量，在焊缝和热影响区内不应有单条长度超过 3mm 的开口缺陷，试样边角部位出现的开口缺陷可不计，但有确切的证据表明是由夹渣或其他焊接缺陷造成的边角部位开口缺陷应计入。

7.4.3　宏观金相

7.4.3.1　宏观金相检验用试样，应按 GB/T 226 制备，试样应腐蚀至清晰地显示出熔合线、热影响区和各层焊道。

7.4.3.2　宏观金相检验应包括未受到热影响的母材区。

7.4.3.3　合格指标应按 7.2.2 执行。

7.4.4　微观金相

微观金相检验，应准备测试试样，试样应腐蚀至清晰地显示熔合线、焊缝和热影响区组织。

7.4.5　冲击试验

7.4.5.1　冲击试验，应按照图 5、图 6 位置取样，冲击试验按 GB/T 229 的规定执行，试样的取样、缺口方向和试验报告应符合 GB/T 2650 的规定。

7.4.5.2　冲击试验应采用 V 型缺口试样，并在母材表面 2mm 以下沿焊缝垂直取样。一组冲击试验应取三个试样。用一个试件评定多种焊接方法时，冲击试样应取自每种焊接方法施焊的焊缝金属和热影响区。

7.4.5.3　应在焊缝金属和热影响区各取一组进行冲击试验。焊缝金属的一套冲击试样类型为 VWT 型。热影响区的一套冲击试样类型为 VHT 型。

注：V 指 V 型缺口；W 指缺口位于焊缝金属的中心线；T 指缺口沿厚度方向；H 指缺口位于熔合线和距熔合线 2mm 的热影响区。

7.4.5.4　如焊接试件厚≥50mm，应增加两组试样测试，一组取自焊缝金属，一组取自热影响区。这两组试样可以从焊缝厚度的一半以下或从焊缝根部区域取样。

7.4.5.5　试验温度应不高于母材标准规定的冲击试验温度。

7.4.5.6　对异种钢焊接接头冲击试验时，应在每侧母材热影响区分别取样。

7.4.5.7　合格指标：每个区三个试样的平均值应不小于相应母材标准规定的最小值，至多允许一个试样的测定值低于规定的最小值，但不应低于该最小值的 70%。

7.4.6　硬度测试

7.4.6.1　硬度测试位置应按图 7 执行。维氏硬度（HV10）测试按 GB/T 4340.1 的规定执行。为了测量记录焊接接头范围内的硬度值，应在焊缝金属区、热影响区和母材区进行测量。测试点应排成排，且距离表面最多不超过 2mm（见图 7）。

7.4.6.2　在焊缝金属区、热影响区（两侧）和母材（两侧）区域，每排应有至少 3 个单独的测试点。

7.4.6.3　在热影响区测试时，第一个测试点距离熔合线应不超过 1mm。

7.5　评定和复试

7.5.1　如试件不符合 7.2 规定的无损检测要求，应用备用试件进行同样的试验。如果这块

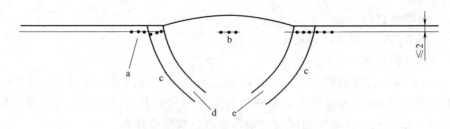

图 7 硬度测试位置

a—压痕（测试点） b—焊缝 c—母材 d—窄热影响区 e—宽热影响区

试件仍旧不符合要求，则应修改 pWPS。

7.5.2 如果试样仅因为焊接缺陷（见 7.2）导致任意一项试验不符合 7.4 要求，则每个不合格项应进行双倍复试。复试应从同一块试件上取样（如果有充足的材料），或者从一块新的试件上取样，并进行相同的试验。

7.5.3 复试试样中任意一个不符合要求，则应修改 pWPS。

7.5.4 对于冲击试验，一组试样的试验结果不合格时（如单个值低于规定值的 70%），可取三个附加试样进行附加试验。所有这些试样（附加试样与原始试样）的平均值不应低于标准规定的最小值。

8 工艺评定适用范围

8.1 一般要求

如实际情况超出了工艺评定的适用范围，则应重新进行焊接工艺评定。

8.2 关于制造企业

制造企业获得的焊接工艺评定规范仅适用在其相同的质量和技术控制的车间或现场焊接。

8.3 关于材料

8.3.1 母材—铸钢牌号分组系统

8.3.1.1 为了减少焊接工艺评定的数量，铸钢应按表 2 进行分组。一个分支组中的一种材料经过了评定，则该评定结果适用于同分支组中的所有材料。

8.3.1.2 改变母材组别时应重新评定。

8.3.1.3 在 A、B、C、F 分组中，每个分支组评定仅覆盖本组内的低级分支组，如在分组 A 中：

——分支组 A3 评定覆盖分支组 A1 和 A2；

——分支组 A2 评定覆盖分支组 A1。

8.3.1.4 未被分组系统覆盖的铸钢应进行单独的焊接工艺评定。

8.3.1.5 当两种组别的材料组成异种钢焊接接头时，即使这两种母材各自都已评定合格，其异种钢焊接接头仍应重新评定。

8.3.1.6 采用过渡层的异种钢焊接，无论是母材或过渡层材质有任何改变，其焊接工艺应重新评定。

8.3.2 试件厚度评定范围

焊接工艺评定选择的试件厚度应能评定铸钢件的全部壁厚，焊缝厚度在此范围内同样有效，评定范围应符合表 3 的规定。

表 2 铸钢牌号分组系统

分组	铸钢类型
A	碳钢[$w(\mathrm{Si}) \leq 0.80\%$, $w(\mathrm{Mn}) \leq 1.70\%$]
A1	$w(\mathrm{C}) \leq 0.25\%$；下屈服强度 R_{eL}(或规定塑性延伸强度 $R_{p0.2}$) ≤ 275MPa
A2	$w(\mathrm{C}) \leq 0.25\%$；275MPa<下屈服强度 R_{eL}(或规定塑性延伸强度 $R_{p0.2}$) ≤ 360MPa
A3	下屈服强度 R_{eL}(或规定塑性延伸强度 $R_{p0.2}$)>360MPa
B	低合金钢(退火、正火、正回火)
B1	下屈服强度 R_{eL}(或规定塑性延伸强度 $R_{p0.2}$) ≤ 360MPa
B2	下屈服强度 R_{eL}(或规定塑性延伸强度 $R_{p0.2}$)>360MPa
C	低合金钢(调质)
C1	下屈服强度 R_{eL}(或规定塑性延伸强度 $R_{p0.2}$) ≤ 500MPa
C2	500MPa<下屈服强度 R_{eL}(或规定塑性延伸强度 $R_{p0.2}$) ≤ 700MPa
C3	下屈服强度 R_{eL}(或规定塑性延伸强度 $R_{p0.2}$)>700MPa
D	铁素体不锈钢
D1	铁素体不锈钢
E	马氏体不锈钢
E1	马氏体不锈钢
F	奥氏体不锈钢
F1	铁素体含量≤35%的奥氏体不锈钢
F2	全奥氏体不锈钢
G	双相不锈钢
G1	铁素体含量>35%的双相不锈钢
H	奥氏体耐热钢
H1	奥氏体耐热钢
I	沉淀硬化不锈钢
I1	沉淀硬化不锈钢
J	镍基合金
J1	镍基合金
K	奥氏体锰钢
K1	奥氏体锰钢

表 3 试件厚度评定范围

厚度 t/mm	评定范围
15<t≤30	3mm~2t
t>30	0.5t~2t 或 200mm，取大者

8.4 焊接工艺通用规则

8.4.1 焊接方法

8.4.1.1 经评定合格的焊接工艺仅适用于评定时所用的焊接方法。

8.4.1.2 同一条焊缝的焊接使用多种焊接方法（或焊接工艺）时，焊接工艺评定可按每种焊接方法（或焊接工艺）分别进行评定，也可使用多种焊接方法（或焊接工艺）组合评定。

8.4.1.3 经评定合格的组合焊接工艺，仅对多种焊接方法工艺评定试验时所使用的焊接方法（或焊接工艺）顺序有效。

8.4.1.4 改变焊接方法（或焊接工艺）时应重新评定。

8.4.2 焊接位置

8.4.2.1 当不要求做冲击试验和硬度试验时，任一位置上的焊接都可以评定其余所有位置的焊接。

8.4.2.2 当应冲击试验和（或）硬度试验时，为了评定所有的位置，冲击试样应取自热输入最高的焊缝部位，硬度试样应取自热输入最低的焊缝部位。

8.4.2.3 为满足冲击试验和（或）硬度试验，如不要求在单一位置做评定，则应在不同焊接位置焊制两块试件；当要求对所有位置进行评定时，两块试件应进行全面的目视检测和无损检测。

8.4.3 接头类型

8.4.3.1 图1~图4所示接头类型可以覆盖对应的所有接头（补焊和对接焊）。

8.4.3.2 经评定合格的焊接工艺，从多层焊改为单层焊和相反的情况下，应重新评定。

8.4.4 焊接材料

8.4.4.1 焊接材料包括焊条、焊丝、焊剂和保护气体。

8.4.4.2 焊接材料的评定范围应符合表2的规定。其他焊接材料的使用应满足以下要求之一：

a) 具有相同抗拉强度等级（有冲击要求的除外）；
b) 与母材名义成分相匹配；
c) F组中，铁素体含量比母材更低；
d) D、E、F、G、H、I、J、K组中，比母材更能满足使用条件的。

8.4.4.3 焊条按国家有关标准分类。任何一类焊条均应单独评定。同一类焊条中非低氢型焊条评定可取代低氢型焊条的评定，反之应重新进行评定。

8.4.4.4 在符合8.4.6的前提下，可改变焊条、焊丝直径。

8.4.4.5 改变焊条、焊丝型号应重新评定。

8.4.4.6 保护气体有下列情况之一者，均应新评定：

a) 改变保护气体类型；
b) 取消背面保护气体；
c) 由单一气体改变为混合气体或混合气体改为单一气体。

8.4.5 电源类型

电源类型（交流、直流、脉冲）和极性应与评定焊接工艺测试时一致。对于焊条电弧焊，在不要求冲击试验时，交流、直流可互相代替。

8.4.6 热输入

8.4.6.1 需要控制热输入时,热输入值可按公式(2)计算:

$$Q = k \frac{UI}{1000v} \tag{2}$$

式中 Q——热输入值(kJ/mm);
U——电弧电压(V);
I——焊接电流(A);
v——焊接速度(mm/s);
k——热效率系数(不同焊接方法对应的热效率系数 k 见表4)。

表4 不同焊接方法对应的热效率系数 k

焊接方法代号	焊接方法	热效率系数 k
121	单丝埋弧焊	1.0
111	焊条电弧焊	0.8
131	熔化极惰性气体保护焊	0.8
135	熔化极活性气体保护焊	0.8
114	自保护药芯焊丝电弧焊	0.8
136	熔化极药芯焊丝气体保护焊	0.8
138	金属芯活性气体保护焊	0.8
141	钨极氩弧焊	0.6

8.4.6.2 当有冲击试验要求时,热输入上限值不应高于在焊接试件时热输入值的115%。

8.4.6.3 当有硬度试验要求时,热输入下限值不应低于在焊接试件时热输入值的85%。

8.4.6.4 如果在高热输入值和低热输入值下进行的焊接工艺评定合格,则中间的热输入焊接工艺评定也合格。

8.4.7 预热温度

经评定合格的焊接工艺,比焊接工艺评定报告记录的预热温度下限降低超过50℃以上,应重新评定。

8.4.8 道间温度

经评定合格的焊接工艺,比焊接工艺评定报告记录的道间温度上限升高超过50℃以上,应重新评定。

8.4.9 后热

焊后消氢后热处理的温度不应降低,持续时间不能减少。后热不应取消,但可增加。

8.4.10 焊后热处理

8.4.10.1 工艺评定试件的焊后热处理应当和焊缝在产品中受到的热处理基本上相同,在热处理温度下累计时间不应少于产品所用时间的80%,但可在一次热循环中完成。

8.4.10.2 除特殊规定外,有效的焊后热处理温度范围应为焊接工艺评定焊后热处理温度±20℃。

8.4.10.3 升温速度、冷却速度和保温时间根据产品零件而定。

8.4.10.4 经评定合格的焊接工艺，增加或减少焊后热处理，应重新评定。

8.4.10.5 焊后热处理的焊接工艺，有下列情况之一时，应重新评定：

  a）改变热处理类别（退火、正火、正火+回火、调质处理、固溶处理、稳定化处理等）；

  b）焊后热处理温度和保温时间（增加）超出原评定时的有效范围；

  c）改变冷却工艺。

8.5 不同焊接方法的特殊要求

8.5.1 一般规定

本文件采用GB/T 5185中规定的工艺方法代号。

8.5.2 焊接方法111（焊条电弧焊）和114（自保护药芯焊丝电弧焊）

对于每一条焊道，焊条直径允许比焊接工艺试验时增加或减少1个焊条直径等级。但对于单面焊双面成型的对接焊缝，根部焊道不应改变焊条直径。

8.5.3 焊接方法121（单丝埋弧焊）

8.5.3.1 经评定合格的焊接工艺，改变送丝系统（例如单丝或多丝系统）时，应重新评定。

8.5.3.2 经评定合格的焊接工艺，改变焊机型号和焊丝的种类和牌号时，应重新评定。

8.5.4 焊接方法131（熔化极惰性气体保护焊），135（熔化极活性气体保护焊），136（熔化极药芯焊丝气体保护焊）和138（金属芯活性气体保护焊）

8.5.4.1 经评定合格的焊接工艺，保护气体和（或）背面保护气体发生改变，应重新评定。

8.5.4.2 经评定合格的焊接工艺，改变送丝系统（例如单丝或多丝系统）时，应重新评定。

8.5.4.3 对于实心焊丝和金属芯焊丝，从熔滴弧、喷射弧或脉冲弧焊接改变为短路弧过渡时应重新评定，反之亦然。

8.5.5 焊接方法141（钨极氩弧焊）

8.5.5.1 经评定合格的焊接工艺，保护气体和（或）背面保护气体发生改变，应重新评定。

8.5.5.2 经评定合格的焊接工艺，无背面保护气体的评定适用于背面有保护气体的焊接工艺。

8.5.5.3 经评定合格的焊接工艺，有填充材料的焊接工艺不适用于无填充材料的焊接工艺，反之亦然。

9 焊接工艺评定报告

焊接工艺评定报告（WPQR）应记录每个试样的测试评估结果，包括复试。WPQR见附录C，焊接工艺评定报告格式见附录D，检测报告格式见附录E。

附 录 A
（资料性）
本文件与ISO 11970：2016相比的结构变化情况

本文件与ISO 11970：2016相比，在结构上有较多调整，具体章条编号对照情况见表A.1。

表 A.1 本文件与 ISO 11970:2016 的章条编号对照情况

本文件章条编号	对应的 ISO 11970:2016 章条编号	本文件章条编号	对应的 ISO 11970:2016 章条编号
5	—	8.4.2.1	8.4.2
6.1	6.1,6.2	8.4.3.1	8.4.3
6.1.2	—	8.4.4.2	8.4.4
6.2	6.3	8.4.6.2,8.4.6.3	8.4.6
7.1.1,7.1.2	7.1	8.4.9	—
7.2.1,7.2.2	7.3	8.4.10,8.4.10.3,8.4.10.4	8.4.9
7.3.1,7.3.2	7.2	8.4.10.1,8.4.10.2,8.4.10.5	—
7.4.1.1~7.4.1.3	7.4.1	8.5.1	—
7.4.2	—	8.5.2	8.5.1
7.4.3,7.4.3.1~7.4.3.3	7.4.2	8.5.3	8.5.2
7.4.4	7.4.3	8.5.4	8.5.3
7.4.5.1~7.4.5.5	7.4.4	8.5.5	8.5.4
7.4.6	7.4.5	附录 A	—
7.5.1~7.5.3	7.5	附录 B	—
—	7.6	附录 C	附录 A
8.3.1.1,8.3.1.3,8.3.1.4	8.3.1	附录 D	附录 B
8.4.1.1,8.4.1.2,8.4.1.3	8.4.1	附录 E	

附 录 B
（资料性）
本文件与 ISO 11970:2016 的技术性差异及其原因

表 B.1 给出了本文件与 ISO 11970:2016 的技术性差异及其原因。

表 B.1 本文件与 ISO 11970:2016 的技术性差异及其原因

本文件章条编号	技术性差异	原因
1	修改了适用范围,删除了多余的表述	删除不适合我国标准的表述
2	关于规范性引用文件,本文件做了具有技术性差异的调整,调整的情况集中反映在第 2 章"规范性引用文件"中,具体调整如下 ——用修改采用国际标准的 GB/T 228.1 代替了 ISO 6892-1 ——用修改采用国际标准的 GB/T 229 代替了 ISO 148-1 ——用等同采用国际标准的 GB/T 2650 代替了 ISO 9016 ——用等同采用国际标准的 GB/T 2651 代替了 ISO 4136 ——用等同采用国际标准的 GB/T 2653 代替了 ISO 5173 ——用修改采用国际标准的 GB/T 4340.1 代替了 ISO 6507-1 ——用等同采用国际标准的 GB/T 19418 代替了 ISO 5817 ——用等同采用国际标准的 GB/T 19866 代替了 ISO 15607 ——用等同采用国际标准的 GB/T 19868.3 代替了 ISO 15612 ——增加引用了 GB/T 226、GB/T 3375 和 GB/T 5185 等三项文件 ——删除了国际文件引用的 ISO 857-1、ISO 4969、ISO 4986、ISO 4987、ISO 4992-1、ISO 4992-2、ISO 4993、ISO 6892-1、ISO 9606-1	引用国家标准,便于标准的使用,也适应我国的技术条件和标准编写要求

(续)

本文件章条编号	技术性差异	原因
3	删除了 ISO 11970:2016 中的术语和定义 3.1、3.1.1、3.1.2,增加了术语"电弧焊",修改了 3.2"补焊"的定义内容	删除非必要的术语,增加常用术语,便于标准使用者的理解和执行
5	删除了 ISO 11970:2016 中第 5 章的内容,增加了 5.1,5.2,5.3,5.4	增加可操作性,便于标准的理解和执行
6	将 ISO 11970:2016 中的 6.1、6.2 合并修改为本文件 6.1,并增加了对图 1~图 4 接头形式的说明,增加了 6.1.2	规定更全面和明确,便于标准的理解和执行
6.2.2	修改了图 3 中的注:w—焊接本体材料宽度($w=3t$ 或 $\geq 150mm$,取大者)	便于标准执行
7	章标题修改为"试件的检验"	使标题和内容相符合
7.1.1	表 1 中的测试内容:射线检测或超声检测、表面裂纹检测、横向拉伸试验、弯曲试验、冲击试验等增加了脚注。删除了腐蚀试验,纳入附加试验,对横向拉伸试验,测试范围由 1 个试样增加为 2 个试样,规定了弯曲试验与宏观金相的测试范围	增加解释说明,便于标准的理解和执行
7.1.2	增加了对有延迟裂纹倾向的铸钢材料试件无损检测的规定	规定更全面和明确
7.3.2	用"目视检测、无损检测"代替"无损检测",同时增加了:"取样位置宜避开缺陷区域"	增加操作的有效性、指导性
7.3.2 图 5	更改 50mm 的舍弃料为国内通用的 25mm,同时增加了拉伸试样与弯曲试样的取样位置	适应我国的技术条件,增加可操作性,便于标准的执行
7.3.2 图 6	增加了管的两种焊接方向的示意图,并分别指定其取样位置	规定更全面和明确,便于标准的执行
7.4.1.3	增加了横向拉伸试验的"合格指标"的判定标准	增加可操作性,便于标准的执行
7.4.2	增加了"弯曲试验"	增加检测项目,提高标准有效性
7.4.4	条标题修改为"微观金相"	表述更准确,以免产生歧义
7.4.5.6	增加了对异种钢焊接接头冲击试验时的取样规定	增加可操作性,便于标准实施
7.4.5.7	增加了冲击试验的合格评定指标	便于标准的执行
7.5.4	增加了一组试样冲击试验不合格时的复试规定	增加复验要求,提高标准的可操作性
7	删除了 ISO 11970:2016 中的 7.6 关于焊工资质的要求	提高标准的可操作性,部分行业不适用该规定
8.3.1.2	增加了"改变母材组别时应重新评定"的规定	规定更全面和明确
8.3.1.5	增加了针对两种组别的材料组成异种钢焊接接头工艺评定的规定	规定更全面和明确
8.3.1.6	增加了针对采用过渡层的异种钢焊接工艺评定的规定	规定更全面和明确
8.4.1.4	增加了"改变焊接方法时需要重新评定"	增强标准的指导性
8.4.2.2	增加了当需要冲击试验和(或)硬度试验时,评定焊接位置的规定	增强标准的指导性
8.4.2.3	增加了"为满足冲击试验和(或)硬度试验,如不要求在单一位置做评定,则需要在不同焊接位置焊制两块试件;当要求对所有位置进行评定时,两块试件应进行全面的目视检测和无损检测"的规定	规定更全面和明确

(续)

本文件章条编号	技术性差异	原因
8.4.3.1	在图1的基础上增加图2、图3、图4所示接头类型可以覆盖对应的所有接头(补焊和对接焊)的规定	规定更全面和明确
8.4.3.2	增加了在多层焊与单层焊互换的情况下工艺评定的规定	规定更全面和明确
8.4.4	增加了8.4.4.3~8.4.4.6中改变焊接材料直径、焊接材料重新评定的规定	规定更详细,增加可操作性
8.4.4.1	增加了"焊接材料包括焊条、焊丝、焊剂和保护气体"的规定	规定更全面和明确
8.4.5	增加"对于焊条电弧焊,在不要求冲击试验时,交流、直流可互相代替"	增加补充规定,提高标准的指导性
8.4.6.1	增加了热输入值计算公式的规定以及不同焊接方法对应的热效率系数 k 值的规定	增加可操作性,便于标准的执行
8.4.6.4	增加了对在高热输入值和低热输入值中间进行的焊接工艺评定的规定	增加补充规定,提高标准的指导性
8.4.7	增加了"……比焊接工艺评定报告记录的预热温度下限降低50℃以上,需要重新评定"的规定	增加可操作性,便于标准实施
8.4.8	增加了道间温度上限升高超过50℃以上应重新评定的规定	增加可操作性,便于标准实施
8.4.9	增加了"后热"	增加可操作性,便于标准的实施
8.4.10	增加了试件热处理累计时间、有效的焊后热处理温度范围以及焊后热处理的改变应重新评定的规定	规定更全面和明确
8.5.1	增加了"一般规定"	适应我国的技术条件,也方便标准使用者
8.5.4.3	增加了"对于实心焊丝和金属芯焊丝,从熔滴弧、喷射弧、或脉冲弧焊接改变为短路弧过渡时需要重新评定,反之亦然"的规定	增加补充规定,提高标准的指导性
8.5.5.2	增加了"无背面保护气体的评定适用于背面有保护气体的焊接工艺"的规定	规定更全面和明确
8.5.5.3	增加了"有填充材料的焊接工艺不适用于无填充材料的焊接工艺,反之亦然"的规定	规定更全面和明确
附录D	修改了附录B的表格形式,原附录B由规范性附录变更为资料性附录	此附录非正文的补充或附加条款,其内容多为信息说明或记录性资料

附 录 C
(资料性)
焊接工艺评定报告

焊接工艺评定报告包括以下内容:

制造企业:

地址:

申请日期:

标准：
评定项目：
焊接方法：
接头类型：
母材：
尺寸：
焊缝类型：
填充金属：
保护气体/焊剂：
电源类型：
辅助材料：
焊接位置：
预热温度：
道间温度：
后热：
焊后热处理：
允许工作温度：
结果：

试验日期：

地点   制造企业
签发日期   姓名，日期，签字

检验师或检验单位
姓名，日期，签字

备注：

附 录 D
(资料性)
焊接工艺评定报告格式

焊接工艺评定报告模板格式如下：

地址：	检验师或检验单位：
制造企业焊接工艺：	准备和清理的方法：
参考号：	母材规范：
工艺评定号：	焊机型号：
制造企业：	材料厚度：
焊工姓名：	外径：
焊接方法：	
接头类型：	焊接位置：
焊接准备描述：	
接头设计	焊接顺序

焊接描述

焊道	焊接方法	填充材料规格/mm	焊接电流/A	电弧电压/V	电流类型/极性	送丝速度/(mm/min)	焊接速度/(mm/min)	热输入/(kJ/mm)

消耗品牌号：	其他的内容：
规定的烘干条件：	摆动（最大焊道宽度）：
气体/焊剂：	摆动：幅度，频率，停留时间：
——保护：	脉冲焊情况：
——衬垫：	电极工件间距离：
流量：	等离子焊情况：
——保护：	焊炬角度：
——衬垫：	电弧过渡形式：
钨极种类/尺寸：	反面清根/衬垫：
预热温度：	道间温度：
焊后热处理/时效：	加热和冷却速度：
时间、温度、方法：	
制造企业：	检验单位：
报告人姓名、日期、签字	检验师姓名、日期、签字

附 录 E
（资料性）
检测报告

铸钢件检测报告包含以下项目报告。

a) 目视检测。

b) 无损检测。

c) 焊缝横向拉伸试验。

表 E.1 给出了焊缝横向拉伸试验报告的示例。

表 E.1 焊缝横向拉伸试验报告

试样编号 焊缝位置	试样位置	尺寸/mm		试验温度/℃	标距长度 L_0/mm	抗拉强度 R_m/MPa	断裂位置、断裂和缺陷类型
		厚度	宽度				
	技术要求						

d) 弯曲试验。

弯曲试验报告注明压辊直径,表 E.2 给出了弯曲试验报告示例。

表 E.2 弯曲试验报告

试样编号 焊缝位置	试样位置	尺寸/mm		角度/(°)	断后伸长率 A(%)	断裂位置、断裂和缺陷类型
		厚度	宽度			

e) 冲击试验。

冲击试验报告注明试样形式,表 E.3 给出了冲击试验报告的示例。

表 E.3 冲击试验报告

试样编号 焊缝位置	试样位置	缺口位置	尺寸/mm		截面积 S_0/mm^2	试验温度 T/℃	冲击吸收能量 KV/J	冲击吸收能量 KV 平均值/J	备注
			厚度	宽度					

f) 组织检查,宏观、微观。

表 E.4 给出了宏观、微观组织试验报告的示例。

表 E.4 宏观、微观组织试验报告

宏观结构
微观结构
母材
热影响区
焊缝

g) 硬度试验。

表 E.5 给出了硬度试验报告的示例。

表 E.5 硬度试验报告

测试位置		区域	凹痕位置	硬度值	
				1	2
母材	未受影响金属	1			
		2			
		3			
		4			
		5			
		6			
	热影响区	7			
		8			
		9			
		10			
		11			
		12			
焊缝		13			
		14			
		15			
		16			
		17			

第七节　铸钢件　交货验收通用技术条件

李文定

一、标准概况

作为铸钢件生产的主要国家之一，我国之前一直没有自己制定的铸钢件生产交付通用技术标准。同时，一些大批量、通用性强的铸钢件，因为缺少一适宜技术规范和验收要求，导致国内市场上铸钢件验收执行的标准名目繁多，检验方法各自为政，验收条件参差不齐，铸件质量的衡量标准不一，使市场上这类铸钢件质量争议经常出现，造成时间和经济上的损失。针对这一情况，在 ISO 4990：2015 的基础上，结合目前生产中铸钢件交付技术条件，对 ISO 4990：2015 所确定的方法做了适当修订，制定了 GB/T 40805—2021《铸钢件　交货验收通用技术条件》，填补了我国在通用砂型铸钢件交付条件通用标准的空白，规范了国内砂型铸钢件技术条件，为通用铸钢件的采购和交付提供了依据。

GB/T 40805—2021 于 2021 年 10 月 11 日发布，2022 年 5 月 1 日实施。

二、标准主要内容说明

1. 适用范围

GB/T 40805—2021 依据铸钢件交货验收的流程，按照铸件生产过程中的流程节点，对每个环节的技术要求进行了规定。该标准与 ISO 4990：2015 相比有较多的调整，具体的调整内容见该标准中附录 A。

该标准覆盖不同行业各类铸钢件的技术要求，适用于各种工艺生产的铸钢件的采购与交货验收。

2. 规范性引用文件

通过对标国际标准和国家标准，该部分从适应我国的技术条件及标准的易用性出发，将 ISO 4990：2015 中引用的国际标准全部用已经修改采用的国家标准的现行版本替代，同时删除了不适用的引用标准，增加了最新适用的引用标准：如删除了 ISO 4990：2015 中引用的 ISO 404：2013、ISO 4948-1、ISO 6929：2013、ISO 10474。增加引用了 GB/T 222、GB/T 232、GB/T 2039、GB/T 4336、GB/T 6414、GB/T 9239.1、GB/T 11170、GB/T 13298、GB/T 35690、JB/T 9629。

3. 订货要求

该部分对订货方需要向制造方提供的基本信息、技术文件做了详细的规定。依据目前行业的实际生产状况，ISO 4990：2015 中提到的按照模样交付铸件，此种交付的条款在我国基本不适用，所以将 ISO 4990：2015 中"依据模样或图样（3D 数模）制作铸件"修改为"a）完整的图样或三维数模以及相关的技术规范"。为了把铸钢件订货时的信息补充完整，将 ISO 4990：2015 中 4.2 条款的部分内容与 ISO 4990：2015 中的 4.1 条款合并，并且增加了铸钢件供货规格、材质牌号、检验文件等内容，删除了 ISO 4990：2015 中的 4.1.1 条款和 4.1.3 条款。同时，按照我国标准的编写规则，将 ISO 4990：2015 中 4.2 条款的列项 b、c、e 的内容提到 4.1 条款中，删除了 ISO 4990：2015 中 4.2 条款的列项 h。

4. 技术要求

该部分主要对铸件生产过程中涉及的铸造、清理、热处理和焊接等关键工序的技术要求进行了规定。与 ISO 4990：2015 相比，GB/T 40805—2021 涵盖了整个铸件生产全流程，所以内容更全面且易于执行。在技术差异方面，GB/T 40805—2021 增加了铸件尺寸检测规范、热处理工序的质量控制要求及焊接工序的质量控制要求。

5. 试验方法

该部分明确了产品化学成分、力学性能、表面质量、尺寸及无损检测的测试要求，并对检验结果的记录和报告要求进行了说明。与 ISO 4990：2015 对比，GB/T 40805—2021 从技术的适用性、协调性和先进性出发，对化学成分试验方法、力学性能试验方法及尺寸检验方法进行了修订。

在化学成分的试验方法中，为保证取样时去除铸钢件表面氧化层，GB/T 40805—2021 将 ISO 4990：2015 规定的"如果铸钢件壁厚大于 15mm，应至少从试块表面以下 6mm 取样"修改为"取样时，应至少从试块表面以下 6mm 取样"。从技术的先进性和成本效率的层面考虑，化学成分的分析方法增加光谱分析法或 X 射线法分析法，提高了标准的适用性。从标准的协调性原则考虑，GB/T 40805—2021 删除了 ISO 4990：2015 "表 1 中产品成分分析允许的偏差"，修改为"成品化学分析允许的偏差按 GB/T 222 执行"。对于力学性能试验方法，为了增强标准的指导性，GB/T 40805—2021 在 6.2.2 条款删除了 ISO 4990：2015 中"加工 3 个 V 型缺口的夏比试样及冲击值要求"。按照标准的一致性原则和易用性原则，GB/T 40805—2021 在尺寸检测方法中增加了 6.4.2 条款"铸钢件的几何形状、尺寸公差应选择相应精度的检测工具、量块、样板或划线进行检验。尺寸公差应按 GB/T 6414 选定的公差等级执行"，与该标准技术要求部分的内容对应。

6. 检验规则

该部分阐述了不同情况下检验批次的确认，对试块的尺寸、种类、取样要求进行了详细说明，并且就试验失败后的复验做了规定。对比 ISO 4990：2015，GB/T 40805—2021 根据不同企业的生产情况，从标准的适用性原则出发，对检验批次的构成进行了补充，在 7.1.1 条款增加了检验批次"按数量或吨位、按班次、按时间段"划分的规定。对于试块的检验规则，依据目前行业内试块取样的普遍方法，在 7.2.2 条款删除了"试块上制取力学性能试验用的试样的轴线距试块表面至少为 7mm"的规定，并在 7.2.3 条款中对试块的厚度做了详细的规定。同时，通过行业内大量的生产实践，验证了 ISO 4990：2015 中"试块尺寸 $t×3t×3t$ 的取样要求及图 B.1"已经不适用，所以删除了该要求。为了使取样的力学性能能够最大限度地体现铸钢件整体力学性能，增加了当试块厚度 >56mm 时，试样轴心距铸造表面不超过 30mm 的要求。对于试块的类型和尺寸要求，GB/T 40805—2021 补充了单铸试块的类型和尺寸，并附图进行了说明。在试验的有效性规定中，GB/T 40805—2021 对失效情况的处理措施进行了补充，增加了"冲击性能两个单值达不到规定值时以及复检时仍有两个单值达不到规定值时的要求"。

7. 标识、质量证明书、包装和贮运

该部分对铸钢件的标识、质量证明书、包装和贮存进行了规定。在 ISO 4990：2015 的基础上，GB/T 40805—2021 在 8.2.2 条款增加了铸钢件的质量证明书可以包含的具体内容，并列举了常见的报告内容，便于标准的使用者进行参考，使标准的要求更具体，实用性更强。对比 ISO 4990：2015，GB/T 40805—2021 依据目前行业内铸钢件交付时的要求，增加了包装和运输的规定，实现了铸钢件交货验收的全流程控制。

8. 规范条款的补充

随着近些年铸钢件的应用领域不断扩大和先进铸造技术的应用，相应的技术要求也增加了很多。因此，在附录的规范性条款补充内容中，GB/T 40805—2021 依据目前行业中对铸钢件的技术要求，在力学性能试验条款中，增加了高温拉伸试验、弯曲试验、高温持久试验的要求。这样规定后，该标准就涵盖了铸钢件所有的力学性能检测要求。同时，补充了泄漏试验的检测时机要求，增加了水压试验检测、放射性检测及动静平衡检测要求。这些技术条款的补充，使得该标准的内容更全面，适用性更强。

三、标准的特点与应用

1. 标准的特点

该标准对砂型铸造铸钢件的订货要求、技术要求、检验和试验要求进行规定，规范了产品采购、生产和检验活动，可用于指导铸钢件的采购。同时，该标准规定的检验规则和复验要求，对生产、检验中出现的各种分歧或不合格的处理，有着重要的指导意义。

2. 标准的应用

该标准的发布和推广应用，为实际生产、验收活动提供了充足的依据，将有效规范铸钢产品的制造和检验，为砂型铸造铸钢件的制造和检测提供技术支撑，可避免生产、验收过程可能产生的分歧与争议造成的时间和成本浪费，为推动砂型铸钢件产业化奠定了基础，并能够为我国铸造产业的发展带来明显的社会和经济效益。

四、标准内容

GB/T 40805—2021

铸钢件 交货验收通用技术条件

1 范围

本文件规定了铸钢件的订货要求、技术要求、检测和试验方法、检验规则、标识、质量证明书、包装和运输。

本文件适用于各种工艺生产的铸钢件的采购与交货验收。

2 规范性引用文件

下列文件中的内容通过文中的规范性引用而构成本文件必不可少的条款。其中，注日期的引用文件，仅该日期对应的版本适用于本文件；不注日期的引用文件，其最新版本（包括所有的修改单）适用于本文件。

GB/T 222 钢的成品化学成分允许偏差

GB/T 228.1 金属材料 拉伸试验 第1部分：室温试验方法（GB/T 228.1—2010, ISO 6892-1：2009, MOD）

GB/T 228.2 金属材料 拉伸试验 第2部分：高温试验方法（GB/T 228.2—2015, ISO 6892-2：2011, MOD）

GB/T 229 金属材料 夏比摆锤冲击试验方法（GB/T 229—2020, ISO 148-1：2016, MOD）

GB/T 231.1 金属材料 布氏硬度试验 第1部分：试验方法（GB/T 231.1—2018, ISO 6506-1：2014, MOD）

GB/T 232 金属材料 弯曲试验方法（GB/T 232—2010, ISO 7438：2005, MOD）

GB/T 2039 金属材料 单轴拉伸蠕变试验方法（GB/T 2039—2012, ISO 204：2009, MOD）

GB/T 4334 金属和合金的腐蚀 奥氏体及铁素体-奥氏体（双相）不锈钢晶间腐蚀试验方法（GB/T 4334—2020, ISO 3651-1：1998；ISO 3651-2：1998, MOD）

GB/T 4336 碳素钢和中低合金钢 多元素含量的测定 火花放电原子发射光谱法（常规法）

GB/T 5677 铸件 射线照相检测（GB/T 5677—2018, ISO 4993：2015, MOD）

GB/T 6414 铸件 尺寸公差、几何公差与机械加工余量（GB/T 6414—2017, ISO 8062-3：2007, MOD）

GB/T 7233.1 铸钢件 超声检测 第1部分：一般用途铸钢件（GB/T 7233.1—2009, ISO 4992-1：2006, MOD）

GB/T 7233.2 铸钢件 超声检测 第2部分：高承压铸钢件（GB/T 7233.2—2010,

ISO 4992-2：2006，MOD）

GB/T 9239.1　机械振动　恒态（刚性）转子平衡品质要求　第1部分：规范与平衡允差的检验（GB/T 9239.1—2006，ISO 1940-1：2003，IDT）

GB/T 9443　铸钢铸铁件　渗透检测（GB/T 9443—2019，ISO 4987：2010，MOD）

GB/T 9444　铸钢铸铁件　磁粉检测（GB/T 9444—2019，ISO 4986：2010，MOD）

GB/T 11170　不锈钢　多元素含量的测定　火花放电原子发射光谱法（常规法）

GB/T 13298　金属显微组织检验方法

GB/T 20066　钢和铁　化学成分测定用试样的取样和制样方法（GB/T 20066—2006，ISO 14284：1996，IDT）

GB/T 33362　金属材料　硬度值的换算（GB/T 33362—2016，ISO 18265：2013，IDT）

GB/T 35690　弱磁材料相对磁导率的测量方法（GB/T 35690—2017，IEC 60404-15：2016，MOD）

GB/T 39428　砂型铸钢件　表面质量目视检测方法（GB/T 39428—2020，ISO 11971：2020，MOD）

GB/T 40800　铸钢件焊接工艺评定规范（GB/T 40800—2021，ISO 11970：2016，MOD）

JB/T 9629　汽轮机承压件　水压试验技术条件

3　术语和定义

本文件没有需要界定的术语和定义。

4　订货要求

4.1　订货信息

订货时需方应提供或明确以下信息：

a）完整的图样或三维数模以及相关的技术规范；
b）供货铸钢件的规格型号、数量和交付计划；
c）铸钢件材料标准及牌号、交货状态以及尺寸检测要求；
d）无损检测规范，无损检测的范围及接受准则；
e）铸钢件标识的方法；
f）机加工余量（如需要机加工状态交货）、标识、防护、装箱、装运、发运、目的地的程序，交货时应提交的检验文件类型。

4.2　附加资料

订货时还应提供以下附加材料：

a）涉及附录C中补充要求的，按附录C的规定执行；
b）检验批次的划分原则；
c）使用的统计、控制方法；
d）批量生产前，标准样件和试生产件的批准程序。

5　技术要求

5.1　铸造

除另有规定外，铸造工艺、熔炼方法、成形方法由供方决定。

5.2　化学成分

化学成分应符合对应产品的技术要求。

5.3 力学性能
力学性能应满足订单或技术协议规定的要求。

5.4 表面质量
铸钢件应去除浇冒口、毛刺飞边等，表面质量应符合相应产品标准或订货合同要求。

5.5 形状、尺寸和尺寸公差
5.5.1 铸钢件的形状和尺寸应符合图样或订单要求。

5.5.2 铸钢件加工余量、尺寸公差以及几何公差应符合图样或订单要求，当图样或订单无要求时应符合 GB/T 6414 的规定，选取适当的公差等级。

5.6 热处理
5.6.1 铸钢件应进行热处理，以满足性能要求。除需方另有规定外，供方可自行选择热处理工艺。

5.6.2 当供需双方在询价和订货时达成一致时，应用的热处理方式、热处理时间温度曲线应向需方报告。

5.7 焊补
5.7.1 铸钢件的焊补应按 GB/T 40800 执行，除另有规定，焊接工艺由供方决定。

5.7.2 需方可在订单中对焊接工艺以及焊工资质提出要求。

5.7.3 如无特殊规定，较大缺陷补焊后，铸钢件应进行去应力热处理，去应力热处理温度应低于前期热处理的最低回火温度。

5.7.4 除非另有规定，当挖缺深度超过 25mm 或壁厚的 40% 时（二者取较小者）或挖修面积大于 $64cm^2$ 时，应视作重大缺陷。如无特殊规定，重大缺陷的焊补应提前取得需方的批准。

5.7.5 重大缺陷焊接部位应通过草图或照片记录其位置及范围。订单完成后，该文件应提交给需方。

6 试验方法

6.1 化学成分
6.1.1 用于检测化学成分的炉前试样应符合规范规定的等级。当多包钢液浇注一个铸钢件时，每一包钢水都应进行成分分析并符合相应的技术要求。

6.1.2 试样应按 GB/T 20066 的规定制备，如无特殊规定，取样时，应至少从试块表面以下 6mm 处取样。

6.1.3 可使用常规化学分析方法或按 GB/T 4336、GB/T 11170 规定的光谱分析法或 X 射线法检测化学成分。

6.1.4 成品化学分析允许的偏差应符合 GB/T 222 的规定。

6.2 力学性能
6.2.1 每批次铸钢件应进行室温拉伸试验，试样的形状、尺寸和试验方法按 GB/T 228.1 的规定执行。

6.2.2 冲击试验应按 GB/T 229 的规定执行。

6.3 表面质量
应按 GB/T 39428 的规定目视检测铸钢件表面质量，检测范围及等级应符合订货要求。

6.4 形状、尺寸和尺寸公差

6.4.1 铸钢件的形状、尺寸检测和加工的基准点位置应由供方标注出来。

6.4.2 铸钢件的几何形状、尺寸公差应选择相应精度的检测工具、量块、样板或划线进行检验。尺寸公差应按 GB/T 6414 选定的公差等级执行。

6.5 无损检测

6.5.1 应目视检测铸钢件可见表面，按 C.7.1 的规定执行。

6.5.2 应按订货要求选择特定的无损检测方式（渗透检测、磁粉检测、射线检测、超声检测），如需方未明确检测方法时，按 C.7.2~C.7.5 的规定执行。

6.6 记录及报告

6.6.1 检验记录及报告应按订货要求执行。

6.6.2 检验记录及报告应由供方具有相应资质的人员签字。供方通过电子版打印出来的书面证书或者电子格式的证书应被视为与实际签署的证书具有同样效力。

6.6.3 检验记录和试验报告应完整保存，确保铸钢件质量的可追溯性。

7 检验规则

7.1 检验批次的构成

下列情况之一可构成一个检验批次：

a) 按熔炼炉次及热处理炉次：同材料牌号的产品，当其来自同一熔炼炉次，并在同一热处理炉次中做了相同工艺的热处理，可以定义为一个检验批次；

b) 按熔炼炉次：同材料牌号的产品，当其来自同一炉次并做了相同工艺的热处理时，可以按熔炼炉次，定义为一个检验批次；

c) 按热处理批次：同材料牌号的产品，当其来自同一炉次，且铸钢件分批次进行热处理时，可以按热处理批次确定检验批次；

d) 按数量或吨位：对于同材料牌号的产品，当其熔炼工艺一致，且使用同一热处理工艺时，可以按铸钢件的数量或者吨位确定检验批次；

e) 按班次：对于同材料牌号的产品，当其熔炼工艺一致，且使用同一热处理工艺时，可以按每班次交检的产品数量确定检验批次；

f) 按时间段：对于同材料牌号的产品，当其熔炼工艺一致，且使用同一热处理工艺时，如连续浇注生产，可以将某一时间段（天、星期）生产出来的铸钢件，确定为一个检验批次；

g) 按件：按件数确定检验批次；

h) 按订货合同的规定。

7.2 试块

7.2.1 试块的尺寸、形状、位置、试块的铸造条件及试样的取样位置由供方决定。

7.2.2 试块厚度可参照铸钢件主要截面厚度（t），但应不小于 28mm。

7.2.3 如无特殊规定，应按如下规定取样：

——当试块厚度≤56mm 时，试样轴心距铸造表面距离应不小于 14mm；

——当试块厚度>56mm 时，试样轴心距铸造表面距离应为 $t/4$~$t/3$，且不超过 30mm。

7.2.4 试块可单铸、附铸或者取自铸钢件本体。试块应与它代表的铸钢件来自同一炉次的钢液并与铸钢件同炉热处理。当试块连在铸钢件上时，其连接方法由供方决定。

7.2.5 经热处理铸钢件性能未合格之前，不应将附铸试块从铸钢件上分离。

7.2.6 单铸试块的形式和尺寸见图1。当需方无明确要求时，供方可任选其中一种类型。

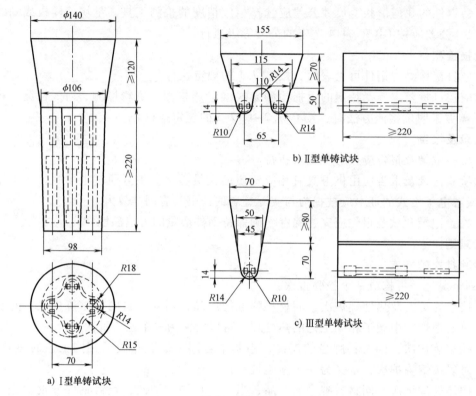

图1 单铸试块

7.3 试验的有效性

7.3.1 如出现以下情况之一，试验结果无效：

a) 试样在试验机上安装不当或试验机操作不当。

b) 试样表面有铸造缺陷或试样切削加工不当（如试样尺寸、过渡圆角、表面粗糙度不符合要求等）。

c) 试样断在标距外。

d) 试样拉断后断口上有铸造缺陷。

7.3.2 出现以上7.3.1情况之一，应从同一个试块或者同一炉钢液中的其他试块上再取一个试样进行试验，该试验结果可以替代上述无效的试验结果。

7.4 判定规则

当试验结果不合格时，除非另有规定，供方应按以下条款执行：

a) 对不合格的力学试验（除冲击试验）项目，另取两个试样重做该力学试验。如果两个试样中有一个试样的结果不合格，则供方可按7.4c)执行。

b) 对于冲击试验，若三个试样的平均值达不到规定值，或有一个单值达不到规定值的70%，或有两个低于规定值时，供方则可从原来已取样的同一试块上，或从代表所属铸钢件的另一个试块上，再取三个试样进行试验。这三次试验值与原来的试验值相加后重新计算平均值。如果新的平均值满足规定的平均值，则可判定其合格。如果新的平均值仍达不到规定值，或新的试验值中有任何一个低于规定值下限的70%，或新的试验值中有两个达不到规定值时，则供方可按7.4c）执行。

c）在材料标准限定的范围内，将铸钢件和试块重新热处理，然后用试块再进行力学试验。未经需方同意，铸钢件及试块的重新热处理不应超过2次（回火除外）。

8 标识、质量证明书、包装和贮运

8.1 标识

8.1.1 经供需双方同意，应对每个铸钢件做好标识，标识的位置由供方决定。

8.1.2 标识应包括以下内容：

a）供方标识；

b）检验批次标识；

c）铸钢件标识（炉号、牌号、名称或件号）；

d）需方要求的其他标识。

8.1.3 小型铸钢件可分批标识，并将识别标识挂于每批铸钢件的标牌上。

8.2 质量证明书

8.2.1 供方应按本文件和订单的规定，向需方提供合格铸钢件的相关技术文件。

8.2.2 供方应向需方提供由供方检验部门负责人签章的质量证明书。铸钢件的质量证明书可包含以下内容：

a）订货合同号；

b）零件图号及名称；

c）材料牌号；

d）执行的标准号；

e）熔炼炉号；

f）尺寸检验记录；

g）化学分析试验报告；

h）力学性能试验报告；

i）无损检测报告；

j）热处理记录；

k）重大缺陷焊补记录；

l）订单中规定的特殊项目的检验报告；

m）供方厂名或其识别标志。

8.3 包装和贮运

8.3.1 供方应在适宜的工序点，对铸钢件实施适当的保护措施。铸钢件表面如需要涂刷油漆，则应在订单中明确。

8.3.2 供方应根据运输条件，对铸钢件进行包装和运输。

附 录 A
（资料性）
本文件与 ISO 4990：2015 相比的结构变化情况

本文件与 ISO 4990：2015 相比在结构上有较多调整，具体章条编号对照情况见表 A.1。

表 A.1　本文件与 ISO 4990：2015 的章条编号对照情况

本文件章条编号	ISO 4990:2015 章条编号	本文件章条编号	ISO 4990:2015 章条编号
—	3.1	7.3.1,7.3.2	6.2.2.3.1
—	4.1.1,4.1.3	7.3.3	6.2.2.3.2
5	—	8.1,8.3	7
—	5	8.2	—
5.2,5.3	—	—	8
5.4	5.2	—	图 B.1,附录 A
5.5,5.5.1,5.5.2	6.2.3.3	附录 A,附录 B	—
5.6	5.1,B.7	附录 C	附录 B
5.7	5.3	C.1	B.1
5.7.1	5.3 第一段	C.2	B.2
5.7.2,5.7.3	—	C.2.1	B.2.1
5.7.4	B.8.1	C.2.2.1,C.2.2.2	B.2.2
5.7.5	B.8.2	C.2.3	B.2.3
—	6.1	C.3	B.3
6.1	6.2.2.4	C.4	B.4
6.1.1	6.2.2.4 第一段	—	B.4.1
6.1.2	6.2.2.4 第二段	C.4.1,C.4.2,C.4.3	—
6.1.3	—	C.4.4	B.4.2
6.1.4	6.2.2.4 第三段,表 1	C.4.5	B.4.3
6.2	6.2.2.2	C.4.6	B.4.4
6.2.1	6.2.2.2.1	C.5	B.5
6.2.2	6.2.2.2.2	C.6	B.8.1,B.8.2
—	6.2.3	C.7	B.9
6.3	6.2.3.2 第一段、第二段	C.7.1	B.9.5
6.4	6.2.3.3	C.7.2	B.9.1
6.4.1	6.2.3.3 第一段	C.7.3	B.9.2
6.4.2	—	C.7.4	B.9.3
6.5	6.2.3.2	C.7.5	B.9.4
6.5.1	6.2.3.2 第一段、第二段	C.7.6.1	B.9.6 第一段
6.5.2	6.2.3.2 第三段	C.7.6.2	B.9.6 第二段
6.6	6.2.1	C.7.6.3	B.9.6 第三段
6.6.1	6.2.1 第一段、第二段、第三段	C.8	B.10
6.6.2	6.2.1 第四段、第五段	C.8.1	—
6.6.3	6.2.1 第六段	C.8.2	B.10.1
7	—	C.8.3	B.10.2
7.1	6.2.3.1	C.8.4	B.10.3
7.2	6.2.2.1,B.6	C.8.4.1	B.10.3 第一段
7.2.1	B.6.1.1	C.8.4.2	B.10.3 第二段
7.2.2	6.2.2.1 第二段	C.8.4.3	B.10.3 第三段
7.2.3	B.6.1.2	C.8.4.4	—
7.2.4	6.2.2.1 第一段,B.6.2	C.8.4.5	B.10.3 第四段
7.2.5	B.6.3	C.9	B.12
7.2.6,图 1	—	C.10,C.11,C.12	—
7.3	6.2.2.3		

附 录 B
（资料性）
本文件与 ISO 4990：2015 的技术性差异及其原因

本文件与 ISO 4990：2015 的技术性差异及其原因见表 B.1。

表 B.1 本文件与 ISO 4990：2015 的技术性差异及其原因

本文件章条编号	技术性差异	原因
1	修改了标准的适用范围，将"本文件规定了铸钢件（包括一般铸钢件，镍基合金和钴基合金）的交货通用技术要求"修改为"本文件规定了铸钢件的订货要求、技术要求、检测和试验方法、检验规则、标识、质量证明书、包装和运输"	镍基合金和钴基合金涉及的内容少
2	关于规范性引用文件，本文件做了具有技术性差异的调整，调整的情况集中反映在第 2 章"规范性引用文件"中，具体调整如下： ——用修改采用国际标准的 GB/T 228.1 代替 ISO 6892-1，用修改采用国际标准的 GB/T 228.2 代替 ISO 6892-2，用修改采用国际标准的 GB/T 229 代替 ISO 148-1，用修改采用国际标准的 GB/T 231.1 代替 ISO 6506-1，用修改采用国际标准的 GB/T 4334 代替 ISO 3651-2，用修改采用国际标准的 GB/T 5677 代替 ISO 4993，用修改采用国际标准的 GB/T 7233.1 代替 ISO 4992-1，用修改采用国际标准的 GB/T 7233.2 代替 ISO 4992-2，用修改采用国际标准的 GB/T 9443 代替 ISO 4987，用修改采用国际标准的 GB/T 9444 代替 ISO 4986，用等同采用国际标准的 GB/T 20066 代替 ISO 14284，用等同采用国际标准的 GB/T 33362 代替 ISO 18265，用修改采用国际标准的 GB/T 40800 代替 ISO 11970，用修改采用国际标准的 GB/T 39428 代替 ISO 11971 ——删除了 ISO 4990：2015 中引用的 ISO 404：2013、ISO 4948-1、ISO 6929：2013、ISO 10474 ——增加引用了 GB/T 222、GB/T 232、GB/T 2039、GB/T 4336、GB/T 6414、GB/T 9239.1、GB/T 11170、GB/T 13298、GB/T 35690、JB/T 9629	以适应我国的技术条件，也便于标准的应用
3	删除了"术语 3.1 炉次"	在 7.1 中已有更详细的划分方法
4.1	"依据模样或图样（3D 数模）制作逐渐"修改为"a）完整的图样或三维数模以及相关的技术规范"。删除如"未提供图样时则按模具制作铸钢件。在此情况下供方将不应对铸钢件的尺寸负责"	符合国内的生产状况
	将原文中 4.2 的部分内容提到 4.1 中，与原文中的 4.1 合并，并且增加了铸钢件供货规格、材质牌号、检验文件等内容。删除了 ISO 4990：2015 中的 4.1.1 和 4.1.3	在铸钢件订货时的信息补充完成，原文中遗漏了一些基本的信息
4.2	将 ISO 4990：2015 中 4.2 的列项 b）、c）、e）的内容提到 4.1 中，删除 ISO 4990：2015 中 4.2 的列项 h）	标准结构调整，符合我国标准的编写规则
5.2	新增 5.2 化学成分"化学成分应符合对应产品的技术要求。"	标准内容更详尽全面，符合国内的生产状况
5.3	新增 5.3 力学性能"热处理应确保力学性能满足订单或技术协议规定的要求。"	标准内容更详尽全面，符合国内的生产状况
5.5.2	增加了"铸钢件加工余量、尺寸公差以及几何公差应符合图样或订单要求，当图样或订单无要求时应符合 GB/T 6414 的规定"	给出检测规范，便于标准的执行
5.6	增加了"铸钢件应进行热处理，以满足性能要求。除需方另有规定外，供方可自行选择热处理工艺"	增加热处理工序的技术要求，保证完整的生产流程

(续)

本文件章条编号	技术性差异	原因
5.7.2	增加了对"焊工资质"的要求	从标准上保证焊接工序质量
5.7.3	增加了"较大缺陷补焊后去应力热处理及要求"	规范热处理质量控制
6.1.2	修改了"如果铸钢件壁厚大于15mm,应至少从试块表面以下6mm取样"为"取样时,应至少从试块表面以下6mm取样"	要保证取样时去除铸钢件表面氧化层
6.1.3	增加了"可使用常规化学分析方法或按GB/T 4336、GB/T 11170规定的光谱分析法或X射线法等检测铸钢件化学成分"	增加光谱分析法或X射线法分析化学成分,方便快捷,便于标准的使用
6.1.4	删除了表1中产品成分分析允许的偏差,修改为"成品化学分析允许的偏差按GB/T 222执行"	以适应我国的技术条件,便于标准的实施
6.2.2	删除了"加工3个V型缺口的夏比试样及冲击值要求"	增强标准的指导性
6.4.2	增加了"铸钢件的几何形状、尺寸公差应选择相应精度的检测工具、量块、样板或划线进行检验。尺寸公差应按GB/T 6414选定的公差等级执行"	给出检测规范,便于标准的执行
7.1	增加了检验批次"按数量或吨位、按班次、按时间段"划分的规定	适应不同企业的生产情况,保证标准的适用性
7.2.2	删除了"试块上制取力学性能试验用的试样的轴线距试块表面至少为7mm"的规定	在7.2.3中根据时刻厚度做了更为详细的说明,更能准确地检测出试块性能
7.2.3	删除了"试块尺寸 $t \times 3t \times 3t$ 的取样要求及图B.1增加了当试块厚度>56mm时,增加了"且不超过30mm"	以适应我国的技术条件。因铸钢件淬透性原因,3倍壁厚芯部取样的性能已不能完全代表铸钢件的性能
7.2.6	增加了"单铸试块的类型和尺寸"及"图1单铸试块尺寸"	增强标准的指导性
7.4 b)	增加了"冲击性能两个单值达不到规定值时以及复检时仍有两个单值达不到规定值时的要求"	增加失效情况的处理措施,增强标准的指导性
8.2.2	增加了"质量证明书可包含的内容"要求	标准内容更详尽全面
8.3	增加了"包装和运输要求"	一些顾客要求铸钢件到厂交付,铸钢件交付中包装运输也是很重要的一部分
附录A	增加了本文件与ISO 4990:2015的章条编号对照表	用于比对本文件与ISO 4990:2015的结构对应关系
附录B	增加了本文件与ISO 4990:2015的技术性差异及其原因说明	用于说明本文件与ISO 4990:2015的技术性差异及其原因
	删除了"高温屈服极限"	在附录C中明确了需要做高温拉伸试验,此试验包括高温抗拉强度和高温屈服强度
	删除了"热处理类型及热处理细节"	在正文5.6中已明确
	删除了"表面处理"	在正文8.3中明确

(续)

本文件章条编号	技术性差异	原因
C.4.1	增加了"高温拉伸试验",删除了 ISO 4990:2015 中的 B.4.1	取代附录 B 中的高温屈服极限,更加全面的检测材料性能
C.4.2	增加了"弯曲试验"	更加全面的检测材料性能(高温材料)
C.4.3	增加了"高温持久试验"	更加全面的检测材料性能(低温材料)
C.8.1	增加了"金相检验"	更加全面的检测材料组织
C.8.3	明确规定按照国家标准 GB/T 35690 检测	有国家标准的按照国家标准执行
C.8.4.4	增加了"泄漏试验的检测时机、地点应在订单中规定。"	有必要明确清楚
C.10	增加了"水压试验"	涵盖了压力容器的质量检测
C.11	增加了"放射性检测"	对安全性技术法规的支持
C.12	增加了"动静平衡检测"	扩大标准的覆盖面,增强适用性

附 录 C
（规范性）
补充要求

C.1 通则

当订单中特殊要求时，可采用以下补充要求中的一项或多项，补充要求应在订货合同中确定。指定的试验应在铸钢件发运前完成。

C.2 制造要点

C.2.1 熔炼工艺流程

熔炼工艺流程应报告给需方。

C.2.2 检验批的重量

C.2.2.1 检验批的重量可为下列中的一种：

a）500kg 以下；
b）1000kg 以下；
c）5000kg 以下。

C.2.2.2 还可采用其他的统计方法划分检验批。所采用的其他方法应在订单中加以规定。

C.2.3 重量和重量公差

重量和重量公差由供需双方商定。

C.3 残余元素的化学分析

对于未列入规范中的残余元素，是否要分析，由供需双方商定。

C.4 力学性能试验

C.4.1 高温拉伸试验
试样尺寸和试验方法应符合 GB/T 228.2 的规定，试验温度及试验应力应按相应材料标准执行或在订单中明确。

C.4.2 弯曲试验
弯曲试验按 GB/T 232 的规定执行。

C.4.3 高温持久试验
高温持久试验按 GB/T 2039 的规定执行。

C.4.4 布氏硬度试验
铸钢件硬度的检测按 GB/T 231.1 的规定执行。试块或铸钢件上的硬度测试位置应在订单中规定。若订单中无具体要求，测试位置由供方决定。

C.4.5 其他的硬度试验
可采用布氏硬度以外的其他硬度试验。数值的转换按 GB/T 33362 的规定执行。

C.4.6 低温冲击试验
试验温度及冲击吸收能量应在单独的产品规范中规定，当未规定时，由供需双方商定。其他可能需要检测的性能如下：
a）侧向膨胀；
b）剪切面积百分比。

C.5 检验批的均一性
如无其他规定，每批应检验 5% 的铸钢件（或至少 5 个铸钢件），用硬度试验检验该试验批的均一性。

C.6 焊补
当订单中有规定时，应在焊补区域检测硬度。

C.7 无损检测

C.7.1 目视检测
应目视检测铸钢件表面质量，检测位置及验收等级应在订单中规定。

C.7.2 渗透检测
渗透检测按 GB/T 9443 的规定执行。检测位置及验收等级应在订单中规定。

C.7.3 磁粉检测
磁粉检测按 GB/T 9444 的规定执行。检测位置及验收等级应在订单中规定。

C.7.4 射线检测
射线检测按 GB/T 5677 的规定执行，检测位置及验收等级应在订单中规定。

C.7.5 超声检测
超声检测按 GB/T 7233.1 或 GB/T 7233.2 的规定执行，检测位置及验收等级应在订单中规定。

C.7.6 焊补区域的检测
C.7.6.1 焊补区域应进行无损检测。
C.7.6.2 准备焊接的区域应采用磁粉检测或渗透检测，以验证在铸钢件检测过程中发现的所有不合格缺陷都已清除干净。

C.7.6.3 试验应根据 C.7.2~C.7.5 中描述的要求执行。接受标准应由供需双方协商确定。除非另有规定，焊补区域的验收等级应和相同区域铸钢件母材的验收等级保持一致。

C.8 其他试验

C.8.1 金相检验

金相检验按 GB/T 13298 的规定执行。

C.8.2 晶间腐蚀试验

晶间腐蚀试验的接受等级应在订单中规定，晶间腐蚀试验按 GB/T 4334 的规定执行。

C.8.3 磁性试验

磁导率检测按 GB/T 35690 的规定执行。

C.8.4 泄漏试验

C.8.4.1 铸钢件应按规定的压力、时间，用规定的流体进行试验。

C.8.4.2 用于泄漏试验的铸钢件，不应氧化，不应喷涂、覆盖及浸透。

C.8.4.3 对于压力容器铸钢件，应参考压力容器的试验标准中给出的试验条件。

C.8.4.4 泄漏试验的检测时机、地点应在订单中规定。

C.8.4.5 供方应保证铸钢件泄漏试验的结果符合订单要求。

C.9 热等静压试验（HIP）

铸钢件应进行热等静压处理（HIP）。除非另有规定，热等静压的时间、温度、压力及其他参数均可由供方自行决定。

C.10 水压试验

水压试验按 JB/T 9629 的规定执行。

C.11 放射性检测

供应商应在铸钢件交货阶段检测铸钢件放射性。

C.12 动静平衡检测

转轮体铸钢件在精加工交付时，应按 GB/T 9239.1 规定的方法，检测动平衡或静平衡。

第二章 铸 铁

第一节 球墨铸铁件

崔兰芳　逄文华

一、标准概况

我国球墨铸铁的发展经历了4个阶段：1949年—1958年为第1阶段，镁球墨铸铁时期；1959年—1965年为第2阶段，稀土镁球化剂以及稀土镁球墨铸铁的研究与开发阶段；1965年—2000年为第3阶段，稀土镁球墨铸铁在全国推广普及阶段，球墨铸铁产量逐年增长，质量逐步提高；从2000年开始为第4阶段，球墨铸铁从生产工艺到质量全面提高，赶超世界水平的阶段。

我国球墨铸铁件国家标准经历了GB/T 1348—1978《球墨铸铁件》（首次）、GB/T 1348—1988《球墨铸铁件》（第一次修订）、GB/T 1348—2009《球墨铸铁件》（第二次修订）和GB/T 1348—2019《球墨铸铁件》（第三次修订）四个版次。GB/T 1348—2019《球墨铸铁件》于2019年12月31日发布，2020年7月1日实施。

二、标准主要内容说明

1. 标准的主要修订内容

GB/T 1348—2009《球墨铸铁件》发布实施以来，在球墨铸铁行业广为应用，在促进产品质量提升和企业转型升级等方面发挥了重要作用。近年来，随着球墨铸铁行业的发展，以及相对应的国际标准ISO 1083：2018《球墨铸铁　分类》的变化，GB/T 1348—2009诸多技术内容已经不能满足发展的需求，故而对其进行修订。

GB/T 1348—2019《球墨铸铁件》与GB/T 1348—2009《球墨铸铁件》相比，主要有如下变化：

1）修改了适用范围。适用范围增加了固溶强化球墨铸铁件，明确了不适用界限。

2）修改了规范性引用文件。增加了GB/T 223.72《钢铁及合金　硫含量的测定　重量法》、GB/T 223.83《钢铁及合金　高硫含量的测定　感应炉燃烧后红外吸收法》、GB/T 223.86《钢铁及合金　总碳含量的测定　感应炉燃烧后红外吸收法》、GB/T 5677《铸件射线照相检测》、GB/T 9443《铸钢件渗透检测》、GB/T 24234《铸铁　多元素含量的测定　火花放电原子发射光谱法（常规法）》、GB/T 34904《球墨铸铁件　超声检测》七个标准，删除了GB/T 4336《碳素钢和中低合金钢　火花源原子发射光谱分析方法（常规法）》、GB/T 7233《铸钢件超声探伤及质量评级方法》两个标准。

3）增加了术语和定义。增加了球墨铸铁（spheroidal graphite cast iron）、铁素体珠光体球墨铸铁（ferritic to pearlitic spheroidal graphite cast iron）、铸造试块（cast sample）、并排试块（side-by-side cast sample）、固溶强化（solid solution strengthened）、固溶强化铁素体球墨

铸铁（solid solution strengthened ferritic spheroidal graphite cast iron）五个术语和定义，修改了铸件的主要壁厚（relevant wall thickness）的定义。

4) 修改了球墨铸铁的低温冲击性能（见 GB/T 1348—2019 中表 2）的铸件壁厚范围。

5) 增加了固溶强化铁素体球墨铸铁的三个牌号。

6) 第 6 章化学方法和化学成分，增加了关于固溶强化铁素体球墨铸铁的内容。

7) 增加了固溶强化铁素体球墨铸铁的技术要求，包括铸造试样的拉伸性能、铸件本体试样、按硬度分类、石墨形态和基体组织要求。

8) 增加了并排试块及要求。

9) 删除了 GB/T 1348—2009 中附录 D（韧性）。

2. 标准与 ISO 1083：2018 的技术性差异及原因

该标准修改采用 ISO 1083：2018《球墨铸铁 分类》，与 ISO 1083：2018 相比，技术性差异及其原因如下：

1) 关于规范性引用文件，该标准做了具有技术性差异的调整，以适应我国的技术条件，调整的情况集中反映在 GB/T 1348—2019 中第 2 章 "规范性引用文件"。

2) 为方便使用，删除了 ISO 1083：2018 中与 GB/T 5611《铸造术语》中重复的术语（单铸试块、附铸试块、本体试块），增加了术语 "固溶强化"（见 GB/T 1348—2019 中 3.7 条）。

3) 为符合产品标准的结构，增加了铸件外观质量和内在质量、铸件形状、几何尺寸和公差等方面的技术条件（见 GB/T 1348—2019 中 7.4 条~7.8 条）。

4) 为满足产品检测需要，保证检测的准确性，增加了铸件质量性能试验方法（见 GB/T 1348—2019 中 9.3 条~9.10 条）。

5) 为满足用户需要，增加了铸件标志和质量保证书、防锈、包装和储存要求（见 GB/T 1348—2019 中第 11 章和第 12 章）。

6) 删除了 ISO 1083：2018 中附录 C 球墨铸铁断裂力学性能的研究方法，包括断裂力学性能的概念、断裂力学性能值的确定、影响因素、测试方法和应用等。

3. 牌号

GB/T 1348—2019 附录 I 给出了与 ISO 1083：2018、EN 1563：2012、ASTM A536：2014 和 SAE J434：2004 标准相似的牌号对照表。

GB/T 1348—2019 中球墨铸铁的牌号表示方法按 GB/T 5612—2008 的规定，分为铁素体珠光体球墨铸铁和固溶强化铁素体球墨铸铁两类：①铁素体珠光体球墨铸铁的力学性能分为 14 个牌号，见 GB/T 1348—2019 中表 1；②固溶强化铁素体球墨铸铁的力学性能分为 3 个牌号，见 GB/T 1348—2019 中表 3。

GB/T 1348—2019 铸件材料牌号是依据采用砂型或导热性与砂型相当的铸型铸造的单铸、并排、附铸试块或本体试块加工的厚度或直径 25mm 的试样（试样原始标距为 $L_0 = 5d$）的最小力学性能确定的，与铸件壁厚 $t \leqslant 30$mm 的力学性能值相对应，见 GB/T 1348—2019 中表 1 和表 3。

ISO 1083：2018 与 GB/T 1348—2019 相同，是根据单铸、并排、附铸试块或本体试块加工的厚度或直径 25mm 的试样的最小力学性能确定的，试样原始标距为 $L_0 = 5d$。ASTM A536：2014《球墨铸铁件分类》是根据单铸试块加工的试样（试样原始标距为 $L_0 = 4d$）测定的力学性能进行分级。由于试样在拉伸过程中的断后伸长率是不均匀的，在断口处伸长更长一些，因此原始标距 $L_0 = 4d$ 的试样比原始标距 $L_0 = 5d$ 试样的断后伸长率要高一些。GB/T 1348—2019 中附录 D 给出了原始标距 $L_0 = 5d$ 和 $L_0 = 4d$ 试样的伸长率的对应值，以及两者之间的换算关系式：$A_4 = A_5 \times 1.047 + 0.39$。

GB/T 1348—2019 中附录 E 给出了铁素体珠光体球墨铸铁和固溶强化球墨铸铁材料按硬度分类的硬度等级、确定满足抗拉强度性能要求的球墨铸铁的硬度范围的程序等。

4. 生产方法和化学成分

球墨铸铁的生产控制包括原铁液化学成分的选择和控制、熔炼、球化处理、孕育处理、热处理等，其中化学成分的选择和控制尤为重要。GB/T 1348—2019 规定：球墨铸铁的生产方法和化学成分由供方自行确定，球墨铸铁的化学成分不作为铸件验收的依据。很多情况下，需方对铸件的使用条件、工况和质量要求比供方更清楚，而需方可能对铸造工艺、材料技术本身不内行，对于一个具体的铸造企业，其生产条件和工艺已经确定，所以球墨铸铁的生产方法和化学成分由供方自行确定。对铁素体珠光体球墨铸件，其力学性能等级取决于铁素体珠光体的比例，一般通过调整合金含量或采用热处理的方式来调整铁素体和珠光体的比例。

球墨铸铁化学成分根据元素的基本功能分为 4 类：基本元素 C、Si、Mn、P 和 S，金属液处理元素 Mg、Ce 和 Si，合金元素 Cu、Ni 和 Mo 等和微量元素。有些微量元素是原材料带来的，有的是特意加入的，而且特意加入的情况越来越多，如 Sb、Sn 等，用来改变石墨形态和分布、基体组织，效果很好。Sn、Pb 和 Bi 等是很强的珠光体促进形成元素。Cr、V、Ti 和 B 等是很强的碳化物形成元素，都是正偏析元素，易偏析于铸件最后凝固的部位，在晶界处浓度很高，造成晶界碳化物和夹杂。晶间夹杂物对力学性能有影响，特别是对冲击韧性和疲劳强度等动力学性能有严重的影响。对于要求低温冲击韧度，或者其他特殊要求的球墨铸铁件，如高铁零件、风电零件、核废料储运容器及其他关键运动件等与安全有关的零件，应严格控制所有可能造成晶间夹杂物的有害元素含量。

热处理的方式可参照 JB/T 6051—2007《球墨铸铁热处理工艺及质量检验》。JB/T 6051—2007 规定了普通和低合金球墨铸铁的热处理工艺、设备及质量检验方法，适用于球墨铸铁的退火、正火、淬火、回火及等温淬火热处理工艺。对于其他球墨铸铁，可视其工艺要求参照执行。

固溶强化铁素体球墨铸铁的力学性能取决于铁素体基体的固溶强化程度。固溶强化程度主要取决于硅含量。固溶强化铁素体球墨铸铁的化学成分、物理性能可参考 GB/T 1348—2019 中附录 B。硅固溶强化铁素体基体，可以提高铸铁的抗拉强度与屈服强度指标，但硅含量超过一定限度后，会显著提高低温冲击的韧-脆转变温度，降低低温冲击值指标。不同牌号和不同冲击值的低温铁素体球墨铸铁在硅含量的选择上会有明显的差异，特别要注意硅含量的调整验证。

5. 铁素体珠光体球墨铸铁

（1）铸造试样拉伸性能　GB/T 1348—2019 规定了铁素体珠光体球墨铸铁 14 个牌号的拉伸性能，见 GB/T 1348—2019 中表 1。随着材料牌号的提高，球墨铸铁的抗拉强度和屈服强度相应提高，断后伸长率相应降低。该表适用于单铸试样、附铸试样和并排试样，从单铸试样、附铸试样和并排试样测得的力学性能并不能准确地反映铸件本体的力学性能。

（2）铸造试样冲击吸收能量　GB/T 1348—2019 规定了铁素体球墨铸铁室温和低温下在不同壁厚范围（$t \leq 30mm$、$30mm < t \leq 60mm$ 和 $60mm < t \leq 200mm$）时的最小冲击吸收能量值

（三个试样平均值及个别值），见 GB/T 1348—2019 中表 2。该表数据适用于单铸试样、并排试样和附铸试样，从这些试样上测得的冲击吸收能量值并不能准确地反映铸件本体的冲击性能。表 2 中涉及的这些材料牌号也可用于压力容器，有关断裂韧性的内容可参考 ISO 1083：2018 中附录 C。

近年来，我国轨道交通业、风电行业、核废料储运容器等领域快速发展，不仅要求球墨铸铁具有优良的常温力学性能，而且要有良好的低温冲击韧性。合理选择原材料、铸造工艺、热处理工艺，可以得到合适的铁素体基体组织，确保良好的石墨形态、球化率等级，减少晶界夹杂物，从而获得低温冲击韧性良好的球墨铸铁。

6. 固溶强化球墨铸铁

（1）固溶强化球墨铸铁概况　欧盟于 2012 年 3 月修改了 DIN EN 1563：2005 球墨铸铁的标准，在原有铁素体珠光体球墨铸铁的基础上，增加了 3 个牌号的硅强化铁素体球墨铸铁：EN-GJS-450-18、EN-GJS-500-14 和 EN-GJS-600-10，见 GB/T 1348—2019 中附录 I。最早研发的瑞典还在此基础上增加了 550-12 的牌号。大量研究与应用的报道充分说明这类球墨铸铁的优点是：

1）不用热处理，在铸态时就能在高强度下得到高的断后伸长率，节能。

2）与传统的普通球墨铸铁相比，硅强化铁素体球墨铸铁的屈服强度提高了 20%（屈强比从 0.6 提高到 0.8）。高的屈强比可以减少铸件壁厚，减轻构件重量，或者在原有构件重量上承受更大的载荷。

3）由于此类球墨铸铁的基体是单相的铁素体基体，硬度比混合基体低，且受冷却速度的影响小，所以铸件本体上硬度均匀，从原先的硬度差为 50HBW~90HBW 降低到 30HBW，提高切削性能约为 20%，减少刀具磨损 50% 以上，从而大大降低后续的机械加工费用。

4）可以在生产时大量使用废钢，用合成铸铁的生产方法来降低生产成本。

5）硅强化铁素体球墨铸铁的流动性、补缩性等铸造性能和原有混合基体球墨铸铁相差不大，所以仍可以使用原有的模具工装。

（2）铸造试样拉伸性能　GB/T 1348—2019 规定了固溶强化球墨铸铁 3 个牌号的拉伸性能，见 GB/T 1348—2019 中表 3。随着材料牌号的提高，球墨铸铁的抗拉强度和屈服强度相应提高，断后伸长率相应降低。该表适用于单铸试样、附铸试样和并排浇注试样。从单铸试样、附铸试样和并排浇注试样测得的力学性能并不能准确地反映铸件本体的力学性能。

7. 铸件本体试样

铸件本体的性能值无法统一，因其取决于铸件的复杂程度和铸件壁厚的变化。随着铸件壁厚的增加，石墨尺寸变大且数量会减少，石墨形态会由Ⅵ型恶化为Ⅴ或Ⅳ型，因此铸件较厚部位的力学性能一般低于壁厚较薄部位的力学性能。铸件本体试样的力学性能值不仅受到材料性能的影响，还受到取样部位缺陷的影响。

GB/T 1348—2019 中 7.2.2 和 7.3.2 分别规定：铁素体珠光体球墨铸铁和固溶强化球墨铸铁铸件本体试样的取样位置及要达到的力学性能指标，由供需双方商定。GB/T 1348—2019 中附录 C 给出了铁素体珠光体球墨铸铁和固溶强化球墨铸铁铸件本体试样的力学性能指导值，随铸件壁厚增大，抗拉强度和断后伸长率会降低。

8. 石墨形态及尺寸

GB/T 1348—2019 中 7.2.4 和 7.3.4 分别对铁素体珠光体球墨铸铁和固溶强化球墨铸铁

的石墨形态进行了规定：石墨以Ⅵ型和Ⅴ型形态为主，球化级别不低于GB/T 9441—2009规定的球化级别3级。更精确的石墨形态、球化级别由供需双方商定。石墨形态可以通过观察金相试样或无损检测的方法确定。当有异议时，以金相检测法为准。

球墨铸铁金相检验按GB/T 9441—2021的规定，检测部位和频次由供需双方商定。GB/T 9441—2021《球墨铸铁金相检验》规定了目视法评定球墨铸铁显微组织及用计算机图像分析软件评定球墨铸铁球化率的方法，适用于评定铸态、正火态、退火态球墨铸铁的金相组织。金相试样应在与铸件同时浇注、同炉热处理（如热处理时）的试块或铸件上截取。在铸件上取样时，取样部位应避开铸件表面和受到激冷影响的区域。GB/T 9441—2021中附录C给出了石墨颗粒形态分类，附录E给出了圆形和矩形视场中的球化率评级图，附录F给出了石墨颗粒数评定对比图。

9. 特殊要求

无损检测是目视检测的备用手段，检测目视检测不到的裂纹、缩孔等缺陷，无损检测不能替代目视检测，目视检测也不能替代无损检测。铸件上的无损检测常用的方法有宏观检测（VT）、磁粉检测（MT）、渗透检测（PT）、射线检测（RT）、超声检测（UT）。一些行业的重要部件或关键受力铸件（如轨道交通、核电、液压等行业关键铸件），在铸件的样件批准与验证阶段都明确需要进行无损检测，并对铸件的不同部位划分不同质量等级。

GB/T 1348—2019中7.8规定：需方对磁粉检测、超声检验、射线检验等有要求时，供方应按需方的技术要求进行检查；由供需双方商定检测的频次和数量。

磁粉检测按GB/T 9444—2019《铸钢铸铁件 磁粉检测》的规定执行，渗透检测按GB/T 9443—2019《铸钢铸铁件 渗透检测》的规定执行，超声检测按GB/T 34904—2017《球墨铸铁件 超声检测》的规定执行，射线检测按GB/T 5677—2018《铸件 射线照相检测》的规定执行。

10. 试样制备

材料的力学性能可通过测试下列试块制取的样品进行评价。

1）单铸试块：在冶金条件与铸件相似的浇注系统中浇注。
2）并排试块：和铸件用同一浇注系统，与铸件并排浇注。
3）附铸试块：直接连接在铸件浇注系统上的试块。
4）本体试块：直接在铸件上制取的试块。

GB/T 1348—2019与GB/T 1348—2009相比，增加了并排试块。

GB/T 1348—2019规定：制备的试样应能代表生产的铸件。根据铸件的重量和壁厚来选择试块的型式和大小（单铸试块、附铸试块、并排试块、本体试块）。除非另有协议，试样的选取由供方确定。当铸件重量超过2000kg且主要壁厚超过60mm时，应优先采用附铸试块或并排试块，试块尺寸和位置由供需双方商定。型内球化处理时，不应采用单铸试块。所有的试块都应有明显的标记，以确保可追溯性。

GB/T 1348—2019详细规定了铸造试块的尺寸、检验频次和数量，以及针对单铸试块、附铸试块、并排试块、铸件本体试块的具体要求。

三、标准的特点与作用

GB/T 1348—2019《球墨铸铁件》修改采用ISO 1083：2018《球墨铸铁 分类》，并做了部分技术调整,以适应我国的技术条件,便于使用者应用和理解。将国际标准的内容纳入我国球墨铸铁件标准,使我国球墨铸铁件标准技术水平达到国际水平,保证了我国球墨铸铁标准化文件在国际层面上的协调,降低了球墨铸铁出口产品在国际贸易中遭遇技术贸易壁垒的风险,提高了球墨铸铁行业整体水平,从而为我国企业进入国际市场提供了有力的支撑,增强了我国球墨铸铁产品与国际接轨的能力。该标准全面、系统、合理地规定了技术指标和检验检测方法,规则科学,方法实用,技术上先进,经济上合理,可为球墨铸铁产业的发展提供有力的技术支撑和引领作用。

四、标准内容

GB/T 1348—2019

球墨铸铁件

1 范围

本标准规定了球墨铸铁件的牌号、订单信息、生产方法和化学成分、技术要求、试样制备、试验方法、检验规则、标志和质量证明书、防锈、包装和储存。

本标准适用于砂型或导热性与砂型相当的铸型中铸造的普通或低合金铁素体珠光体球墨铸铁件以及固溶强化的铁素体球墨铸铁件,特种铸造方法生产的球墨铸铁件也可参照使用。

本标准不适用于球墨铸铁管、球墨铸铁管件、配件和接头;

本标准不适用于奥氏体球墨铸铁;

本标准不适用于奥铁体球墨铸铁(等温淬火球墨铸铁)。

2 规范性引用文件

下列文件对于本文件的应用是必不可少的。凡是注日期的引用文件,仅注日期的版本适用于本文件。凡是不注日期的引用文件,其最新版本(包括所有的修改单)适用于本文件。

GB/T 223.3 钢铁及合金化学分析方法 二安替比林甲烷磷钼酸重量法测定磷量

GB/T 223.4 钢铁及合金 锰含量的测定 电位滴定或可视滴定法

GB/T 223.60 钢铁及合金化学分析方法 高氯酸脱水重量法测定硅含量

GB/T 223.72 钢铁及合金 硫含量的测定 重量法

GB/T 223.83 钢铁及合金 高硫含量的测定 感应炉燃烧后红外吸收法(GB/T 223.83—2009,ISO 13902:1997,IDT)

GB/T 223.86 钢铁及合金 总碳含量的测定 感应炉燃烧后红外吸收法(GB/T 223.86—2009,ISO 9556:1989,IDT)

GB/T 228.1 金属材料 拉伸试验 第1部分:室温试验方法(GB/T 228.1—2010,ISO 6892-1:2009,IDT)

GB/T 229 金属材料 夏比摆锤冲击试验方法(GB/T 229—2007,ISO 148-1:2006,MOD)

GB/T 231.1 金属材料 布氏硬度试验 第1部分:试验方法(GB/T 231.1—2018,ISO 6506-1:2014,MOD)

GB/T 231.2 金属材料 布氏硬度试验 第2部分:硬度计的检验与校准(GB/T 231.2—2012,ISO 6506-2:2005,MOD)

GB/T 231.3 金属材料 布氏硬度试验 第3部分:标准硬度块的标定(GB/T

231.3—2012，ISO 6506-3：2005，MOD）

  GB/T 5611 铸造术语

  GB/T 5612 铸铁牌号表示方法（GB/T 5612—2008，ISO/TR 115931：2004，MOD）

  GB/T 5677 铸件　射线照相检测（GB/T 5677—2018，ISO 4993：2015，MOD）

  GB/T 6060.1 表面粗糙度比较样块　第1部分：铸造表面

  GB/T 6414 铸件　尺寸公差、几何公差与机械加工余量（GB/T 6414—2017，ISO 8062-3：2007，MOD）

  GB/T 9441 球墨铸铁金相检验（GB/T 9441—2009，ISO 945-1：2008，MOD）

  GB/T 9443 铸钢件渗透检测（GB/T 9443—2007，ISO 4987：1992，IDT）

  GB/T 9444 铸钢件磁粉检测（GB/T 9444—2007，ISO 4986：1992，IDT）

  GB/T 11351 铸件重量公差

  GB/T 24234 铸铁　多元素含量的测定　火花放电原子发射光谱法（常规法）

  GB/T 34904 球墨铸铁件　超声检测

3　术语和定义

GB/T 5611界定的以及下列术语和定义适用于本文件。

3.1　**球墨铸铁**　spheroidal graphite cast iron

以铁、碳和硅为基本元素，碳主要以球状石墨形式存在的铸铁。

3.2　**铁素体珠光体球墨铸铁**　ferritic to pearlitic spheroidal graphite cast iron

含有铁素体或珠光体或铁素体和珠光体的混合基体的球墨铸铁。

3.3　**石墨球化处理**　graphite spheroidizing treatment

球化处理

在铁液中加入球化剂，使铁液凝固过程中，碳主要以球状石墨形态析出的工艺过程。

3.4　**铸件的主要壁厚**　relevant wall thickness

代表铸件材料力学性能的铸件断面厚度。

3.5　**铸造试块**　cast sample

代表铸件材料性能的试块，包括单铸试块、并排试块和附铸试块。

3.6　**并排试块**　side-by-side cast sample

和铸件用同一浇注系统，与铸件并排浇注的试块。

3.7　**固溶强化**　solid solution strengthened

溶质原子溶入金属基体而形成固溶体，使金属的强度和硬度提高的现象。

3.8　**固溶强化铁素体球墨铸铁**　solid solution strengthened ferritic spheroidal graphite cast iron

主要通过硅固溶强化，以铁素体基体为主的球墨铸铁。

3.9　**检验批次**　test unit；inspection lot；test batch

检测铸件时，用于一并被接受或拒收的铸件数量或吨位数。

4　球墨铸铁牌号

4.1　球墨铸铁的牌号表示方法按GB/T 5612的规定，分为铁素体珠光体球墨铸铁和固溶强化铁素体球墨铸铁两类：

  a）按铁素体珠光体球墨铸铁的力学性能分为14个牌号，见表1的规定。

  b）按固溶强化铁素体球墨铸铁的力学性能分为3个牌号，见表3的规定。

4.2 铸件材料牌号是通过测定下列试样的力学性能而确定的：
 ——单铸试样：从单铸试块上截取加工而成的试样。
 ——并排试样：从并排试块上截取加工而成的试样。
 ——附铸试样：从附铸试块上截取加工而成的试样。
 ——本体试样：从铸件本体上截取加工而成的试样。
 铸件材料牌号等级是依照从试样测出的力学性能而定义的。

5 订单信息

5.1 下列订货信息应由铸件需方提供：
 a）铸件材料牌号；
 b）任何特殊要求（包括主要壁厚的位置）由供需双方商定。

5.2 所有的订货要求应在接受订单的同时由供需双方协商确定。

6 生产方法和化学成分

6.1 球墨铸铁的生产方法和化学成分由供方自行确定，球墨铸铁的化学成分不作为铸件验收的依据。

6.2 对铁素体珠光体球墨铸件，其力学性能等级取决于铁素体珠光体的比例，一般通过调整合金含量或采用热处理的方式来调整铁素体和珠光体的比例。

6.3 固溶强化铁素体球墨铸铁的力学性能取决于铁素体基体的固溶强化程度。固溶强化程度主要取决于硅的含量。固溶强化铁素体球墨铸铁的化学成分、物理性能可参考附录B。

7 技术要求

7.1 总则

7.1.1 本标准中所列性能指标值是用砂型或导热性能与砂型相当的铸型浇铸的球墨铸铁的性能值。经供需双方同意，也可用于其他方法浇铸的球墨铸铁。

7.1.2 铸件材料牌号是依据厚度或直径25mm的试块的最小力学性能确定的，牌号和试块的类型无关。

7.2 铁素体珠光体球墨铸铁

7.2.1 铸造试样

7.2.1.1 拉伸性能

铁素体珠光体球墨铸铁试样的拉伸性能应符合表1的规定。

表1 铁素体珠光体球墨铸铁试样的拉伸性能

材料牌号	铸件壁厚 t/mm	屈服强度 $R_{p0.2}$/MPa ≥	抗拉强度 R_m/MPa ≥	断后伸长率 A[①]（%）≥
QT350-22L	$t \leq 30$	220	350	22
	$30 < t \leq 60$	210	330	18
	$60 < t \leq 200$	200	320	15
QT350-22R	$t \leq 30$	220	350	22
	$30 < t \leq 60$	220	330	18
	$60 < t \leq 200$	210	320	15
QT350-22	$t \leq 30$	220	350	22
	$30 < t \leq 60$	220	330	18
	$60 < t \leq 200$	210	320	15

（续）

材料牌号	铸件壁厚 t/mm	屈服强度 $R_{p0.2}$/MPa ≥	抗拉强度 R_m/MPa ≥	断后伸长率 A[①]（%）≥
QT400-18L	$t \leqslant 30$	240	400	18
	$30 < t \leqslant 60$	230	380	15
	$60 < t \leqslant 200$	220	360	12
QT400-18R	$t \leqslant 30$	250	400	18
	$30 < t \leqslant 60$	250	390	15
	$60 < t \leqslant 200$	240	370	12
QT400-18	$t \leqslant 30$	250	400	18
	$30 < t \leqslant 60$	250	390	15
	$60 < t \leqslant 200$	240	370	12
QT400-15	$t \leqslant 30$	250	400	15
	$30 < t \leqslant 60$	250	390	14
	$60 < t \leqslant 200$	240	370	11
QT450-10	$t \leqslant 30$	310	450	10
	$30 < t \leqslant 60$	供需双方商定		
	$60 < t \leqslant 200$			
QT500-7	$t \leqslant 30$	320	500	7
	$30 < t \leqslant 60$	300	450	7
	$60 < t \leqslant 200$	290	420	5
QT550-5	$t \leqslant 30$	350	550	5
	$30 < t \leqslant 60$	330	520	4
	$60 < t \leqslant 200$	320	500	3
QT600-3	$t \leqslant 30$	370	600	3
	$30 < t \leqslant 60$	360	600	2
	$60 < t \leqslant 200$	340	550	1
QT700-2	$t \leqslant 30$	420	700	2
	$30 < t \leqslant 60$	400	700	2
	$60 < t \leqslant 200$	380	650	1
QT800-2	$t \leqslant 30$	480	800	2
	$30 < t \leqslant 60$	供需双方商定		
	$60 < t \leqslant 200$			
QT900-2	$t \leqslant 30$	600	900	2
	$30 < t \leqslant 60$	供需双方商定		
	$60 < t \leqslant 200$			

注：1. 从试样测得的力学性能并不能准确地反映铸件本体的力学性能，铸件本体的拉伸性能指导值参考附录C。
2. 本表数据适用于单铸试样、附铸试样和并排铸造试样。
3. 字母"L"表示低温；字母"R"表示室温。

① 伸长率在原始标距 $L_o = 5d$ 上测得，d 是试样上原始标距处的直径，其他规格的标距见9.1和附录D。

7.2.1.2 冲击吸收能量

表 2 给出了室温和低温下的冲击吸收能量值。如果需方要求时，可以做冲击试验。三个试样的平均值和个别值应符合表 2 的规定。

表 2 铁素体球墨铸铁试样上加工的 V 型缺口试样的最小冲击吸收能量

牌号	铸件壁厚 t/mm	最小冲击吸收能量/J					
		室温(23±5)℃		低温(-20±2)℃		低温(-40±2)℃	
		三个试样平均值	单个值	三个试样平均值	单个值	三个试样平均值	单个值
QT350-22L	$t \leqslant 30$	—	—	—	—	12	9
	$30 < t \leqslant 60$	—	—	—	—	12	9
	$60 < t \leqslant 200$	—	—	—	—	10	7
QT350-22R	$t \leqslant 30$	17	14	—	—	—	—
	$30 < t \leqslant 60$	17	14	—	—	—	—
	$60 < t \leqslant 200$	15	12	—	—	—	—
QT400-18L	$t \leqslant 30$	—	—	12	9	—	—
	$30 < t \leqslant 60$	—	—	12	9	—	—
	$60 < t \leqslant 200$	—	—	10	7	—	—
QT400-18R	$t \leqslant 30$	14	11	—	—	—	—
	$30 < t \leqslant 60$	14	11	—	—	—	—
	$60 < t \leqslant 200$	12	9	—	—	—	—

注：1. 这些材料牌号也可用于压力容器。
2. 从试样上测得的力学性能并不能准确地反映铸件本体的力学性能。
3. 该表数据适用于单铸试样、附铸试样和并排浇铸试样。
4. 字母"L"表示低温；字母"R"表示室温。

7.2.2 铸件本体试样

7.2.2.1 铸件本体试样的取样位置及要达到的力学性能指标，由供需双方商定。

7.2.2.2 铸件本体试样的最小力学性能值或允许范围值参考附录 C。

注1：铸件本体试样的性能值无法统一一致，因其取决于铸件的复杂程度以及铸件壁厚的变化。

注2：铸件本体试样的力学性能值不仅仅受到材料性能的影响，还受到取样部位缺陷的影响。

7.2.3 硬度分类

经供需双方协商一致，可按硬度进行分类，参考附录 E。

7.2.4 石墨形态

7.2.4.1 石墨以Ⅵ型和Ⅴ型形态为主，球化级别不低于 GB/T 9441 规定的球化级别 3 级。更精确的石墨形态、球化级别由供需双方商定。

7.2.4.2 石墨形态可以通过观察金相试样或无损检测的方法确定。当有异议时，以金相检测法为准。

注：附录 F 给出了更多有关球化率的参考资料。

7.2.5 基体组织

基体组织的要求一般由供方确定，如有特殊要求，则由供需双方商定。附录G中表G.1给出了基体组织的参考资料。

7.3 固溶强化铁素体球墨铸铁

7.3.1 铸造试样

固溶强化铁素体球墨铸铁的铸造试样的拉伸性能应符合表3的规定。

表3 固溶强化铁素体球墨铸铁铸造试样的拉伸性能

材料牌号	铸件壁厚 t/mm	屈服强度 $R_{p0.2}$/MPa ≥	抗拉强度 R_m/MPa ≥	断后伸长率 A(%) ≥
QT450-18	$t \leqslant 30$	350	450	18
	$30 < t \leqslant 60$	340	430	14
	$60 < t \leqslant 200$	供需双方商定		
QT500-14	$t \leqslant 30$	400	500	14
	$30 < t \leqslant 60$	390	480	12
	$60 < t \leqslant 200$	供需双方商定		
QT600-10	$t \leqslant 30$	470	600	10
	$30 < t \leqslant 60$	450	580	8
	$60 < t \leqslant 200$	供需双方商定		

注：1. 从铸造试样测得的力学性能并不能准确地反映铸件本体的力学性能，铸件本体的拉伸性能指导值参考附录D。
2. 本表数据适用于单铸试样、附铸试样和并排浇铸试样。

7.3.2 铸件本体试样

7.3.2.1 铸件本体试样的取样位置及要达到的力学性能指标，由供需双方商定。

7.3.2.2 铸件本体试样的力学性能的最小值或允许范围值参考附录C。

注1：铸件本体试样的性能值无法统一一致，因其取决于铸件的复杂程度以及铸件壁厚的变化。

注2：铸件本体试样的力学性能值不仅仅受到材料性能的影响（本标准包括的），还受到取样部位缺陷的影响。

7.3.3 按硬度分类

经供需双方协商一致，可按硬度进行分类，参考附录E。

7.3.4 石墨形态

7.3.4.1 石墨以Ⅵ型和Ⅴ型形态为主，球化级别不低于GB/T 9441规定的球化级别3级。更精确的石墨形态、球化级别由供需双方商定。

7.3.4.2 石墨形态可以通过观察金相试样或无损检测的方法确定。当有异议时，以金相检测法为准。

注：附录F给出了更多有关球化率的参考资料。

7.3.5 基体组织

基体组织的要求由供需双方商定。附录G中表G.1给出了主要基体组织的参考资料。

7.4 几何形状及其尺寸公差

7.4.1 铸件的几何形状及其尺寸应符合图样的规定。

7.4.2 铸件的尺寸公差按 GB/T 6414 的规定执行。有特殊要求的可按图样或有关技术要求执行。

7.5 重量偏差

铸件的重量偏差按 GB/T 11351 的有关规定执行。有特殊要求的可按图样或有关技术要求执行。

7.6 铸件表面质量

7.6.1 铸件应清理干净，修整多余部分。

7.6.2 浇冒口残余、粘砂、氧化皮及内腔残余物等去除要求应符合技术规范或供需双方订货协定。

7.6.3 采用等离子方法切割铸件后，应加工掉热影响区。

7.6.4 铸件表面粗糙度应符合 GB/T 6060.1 的规定，或需方图样和产品技术标准的要求。

7.6.5 铸件交付时应符合需方的防锈要求。

7.7 铸件的缺陷及修补

7.7.1 不应有影响铸件使用性能的铸造缺陷（如裂纹、冷隔、缩孔等）存在。

7.7.2 铸件允许存在能加工去除的表面缺陷。

7.7.3 铸件非加工面上及铸件内部允许的缺陷种类、数量、范围，应符合需方图样、技术规范的要求或者供需双方订货协议的规定。

7.7.4 不影响铸件使用性能的缺陷可以修补，修补技术要求由供需双方商定。

7.8 特殊要求

需方对磁粉探伤、超声波检验、射线检验等有要求时，供方应按需方的技术要求进行检查；由供需双方商定检测的频次和数量。

8 试样制备

8.1 总则

8.1.1 制备的试样应能代表生产的铸件。

8.1.2 根据铸件的重量和壁厚所选取的试样型式（单铸试样、附铸试样、并排浇铸试样、本体试样）。除非另有协议，试样的选取由供方确定。

8.1.3 当铸件重量超过 2000kg 且主要壁厚超过 60mm 时，应优先采用附铸试块或并排浇铸试块。试块的尺寸和位置由供需双方商定。

8.1.4 型内球化处理时，不应采用单铸试块。

8.1.5 所有的试块都应有明显的标记以确保可追溯性。

8.1.6 需热处理时，试块应与所代表的铸件进行相同的热处理，热处理后再制取试样。

8.2 铸造试块

8.2.1 铸造试块的尺寸

8.2.1.1 铸造试块的尺寸应与铸件的主要壁厚相对应，见表4。

8.2.1.2 若采用其他尺寸，由供需双方商定。

8.2.2 检测频次和数量

8.2.2.1 代表铸件材料的试块的取样应与供需双方商定的质量控制体系要求一致。

8.2.2.2 若供需双方无质量控制体系要求或其他协议，应按照供需双方商定的频次来取样，最少应浇铸一个试块能检测材料的拉伸性能。

表4 与铸件主要壁厚对应的铸造试块的型式、尺寸和拉伸试样的尺寸

铸件的主要壁厚 t/mm	试块型式			附铸试块（见图4、表7）	拉伸试样首选直径 d/mm
	选项1 U型（见图1）	选项2 Y型（见图2、表5）	选项3 圆棒（见图3、表6）		
$t \leqslant 12.5$	—	Ⅰ	b、c型	A	7（选项3）14mm
$12.5 < t \leqslant 30$	—	Ⅱ	a、b、c型	B	14
$30 < t \leqslant 60$	①	Ⅲ	—	C	14
$60 < t \leqslant 200$		Ⅳ	—	D	14

① 试块的冷却速度和40mm厚壁的冷却速度一致。

8.2.2.3 若要求冲击试验，试块的取样频次由供需双方商定。

8.2.3 单铸试块

8.2.3.1 单铸试块应在与铸件相同的铸型或导热性能相当的铸型中单独浇铸。也可选择和浇注铸件相似的浇注系统中浇注单铸试块。试块的落砂温度和铸件的落砂温度相当，一般不应超过500℃。

8.2.3.2 单铸试块应与它代表的铸件用同一批次的末期铁液浇注。

8.2.3.3 试块的形状和尺寸可从图1或图2、表5或图3、表6中选择。

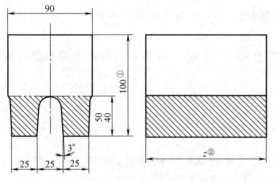

图1 单铸试块或并排试块（U型）

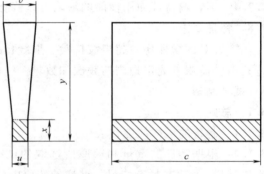

图2 单铸试块或并排试块（Y型）

注：试块最小吃砂量为40mm。对薄壁铸件或金属型铸件，经供需双方协商，拉伸试样也可以从壁厚 u 小于12.5mm的试块上加工。

① 该尺寸仅供参考。
② 根据图5所示不同规格的拉伸试样的总长度确定。

表5 单铸试块或并排试块（Y型）尺寸

试块类型	试块尺寸/mm					试块的最小吃砂量/mm
	u	v	x	y①	c②	
Ⅰ	12.5	40	25	135	根据图5所示不同规格拉伸试样的总长确定	40
Ⅱ	25	55	40	140		
Ⅲ	50	100	50	150		
Ⅳ	75	125	65	175		80

① "y" 尺寸供参考。
② 对薄壁铸件或金属型铸件，经供需双方商定，拉伸试样也可以从壁厚 u 小于12.5mm的试块上加工。

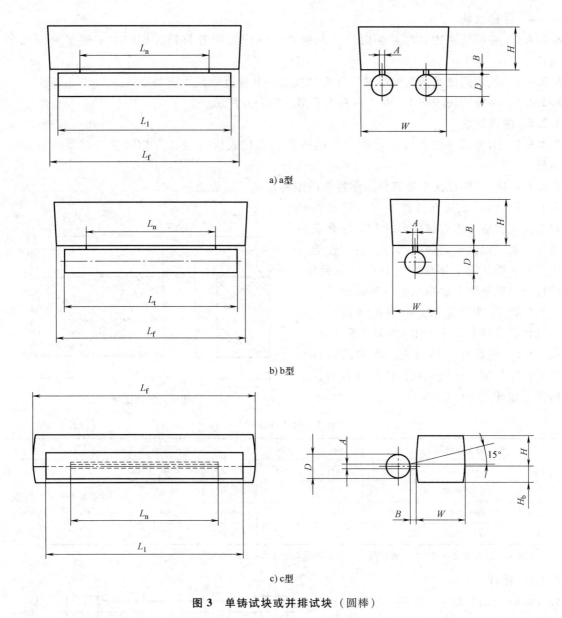

图 3 单铸试块或并排试块（圆棒）

表 6 单铸试块或并排试块（圆棒）尺寸　　　　　　　（单位：mm）

类型	A	B	D	H	H_b	L_f	L_n	L_t	W
a	4.5	5.5	25	50	—	L_t+20	L_f-50	根据图 5 所示不同规格拉伸试样的总长度	100
b	4.5	5.5	25	50	—	L_t+20	L_f-50		50
c	4.0	5.0	25	35	15	L_t+20	L_f-50		50

注：试块最小吃砂量为 40mm。

8.2.3.4 型内球化处理时，试块可以在与铸件有共同的浇注系统的型腔内浇注，或在和铸件工艺相似的带有反应室的型内单独浇注。

8.2.3.5 铸件需要热处理时，试块应与其所代表的铸件进行相同的热处理。

8.2.4 并排试块

8.2.4.1 并排试块代表与其同时浇注的铸件，也代表所有与其有相同主要壁厚的同批次铸件。

8.2.4.2 代表同批次同类型所有铸件力学性能的并排浇铸试块应最后浇注。

8.2.4.3 并排试块如图1、图2和表5或图3和表6所示。

8.2.5 附铸试块

8.2.5.1 附铸试块代表与其连在一起的铸件，也代表所有与其有相同主要壁厚的同批次铸件。

8.2.5.2 代表同批次系列铸件力学性能的附铸试块应最后浇注。

8.2.5.3 附铸试块在铸件上的位置由供需双方商定，应考虑到铸件形状和浇注系统的结构形式，以避免对邻近部位的各项性能产生不良影响，并以不影响铸件的结构性能、铸件外观质量以及试块致密性为原则。

8.2.5.4 除非供需双方另有特殊规定，附铸试块的形状和尺寸如图4、表7所示。

8.2.5.5 如铸件需热处理，除非供需双方另有特殊规定，试块应在铸件热处理后再从铸件上切开。

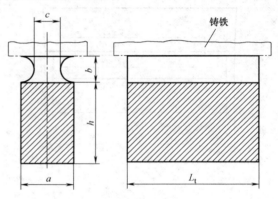

图4　附铸试块

表7　附铸试块尺寸　　　　　　　　（单位：mm）

类型	铸件的主要壁厚 t	a	$b\leqslant$	$c\geqslant$	h	最小吃砂量	L_t
A[①]	$t\leqslant 12.5$	15	11	7.5	20~30	40	根据图5所示不同规格拉伸试样的总长确定
B	$12.5<t\leqslant 30$	25	19	12.5	30~40	40	
C	$30<t\leqslant 60$	40	30	20	40~65	80	
D	$60<t\leqslant 200$	70	52.5	35	65~105	80	

① 如选用比A型更小尺寸的附铸试块时，应采用下式计算关系：$b=0.75a$，$c=0.5a$。

8.2.6 试样

8.2.6.1 拉伸试样（见图5）和冲击试样取自试块（见图3）或试块的剖面线部位（见图1、图2和图4）。取样方法参考附录H。

8.2.6.2 除非另有规定，拉伸试样的形状和尺寸如图5、表8所示。

8.3 本体试样

8.3.1 铸件本体取样的位置、试样尺寸及所要求的本体力学性能（参考附录C），由供需双方商定。若需方未规定取样位置，供方可自行选择取样位置和试样尺寸。

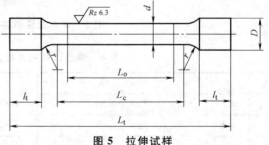

图5　拉伸试样

L_o—原始标距长度，此处 $L_o=5d$
d—试样标距长度处的直径
L_c—平行段长度，$L_c>L_o$（原则上，$L_c-L_o\geqslant d$）
L_t—试样总长（取决于 L_c 和 l_t）
注：试样夹紧的方法及夹持端的长度 l_t，可由供方和需方商定。

8.3.2 试样的中心线应位于铸件壁厚的表面到中心的中间。

注：若试样的直径范围内包含铸件最后凝固的区域，则不测断后伸长率。

8.3.3 对于大尺寸单个铸件，套孔取样的位置，由供需双方商定。

表 8　拉伸试样尺寸　　　　　　　　　　　　　　　　（单位：mm）

d	L_o	$L_c \geq$	d	L_o	$L_c \geq$
5±0.1	25	30	**14±0.1**	**70**	**84**
7±0.1	35	42	20±0.1	100	120
10±0.1	50	60			

注：表中黑体字表示优先选用的尺寸。

9　试验方法

9.1　拉伸试验

9.1.1 拉伸试验按 GB/T 228.1 的规定执行。拉伸试样应优先采用直径 $\phi 14$mm 的试样，如果因技术原因，或者从铸件本体上取样，也可以采用其他直径的试样（见图5、表8）。采用其他直径的试样，其原始标距长度应符合下列公式：

$$L_o = 5.65\sqrt{S_0} \text{ 或 } L_o = 5d$$

式中　L_o——试样原始标距长度；
　　　S_0——试样原始截面积；
　　　d——试样原始标距直径。

9.1.2 经供需双方协商，也可以采用不同的标距长度。对拉伸试样，$L_o = 4d$ 见表 D.1，伸长率可以转换成 $L_o = 5d$ 时的伸长率。

9.2　冲击试验

9.2.1 冲击试验用 3 个 V 型缺口冲击试样，冲击试验按 GB/T 229 的规定执行。

9.2.2 冲击试验应采用半径为 2mm 的摆锤刀刃。冲击试块的形状和尺寸如图 6 所示。

9.2.3 做冲击试验时，每一批次取三个冲击试样进行试验，三个试样的平均值应符合表 2 的规定，单个试样的最小值不应低于规定值。

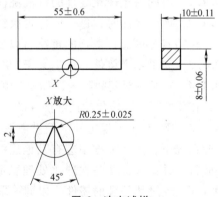

图 6　冲击试样

9.3　硬度试验

9.3.1 布氏硬度试验应按 GB/T 231.1、GB/T 231.2 和 GB/T 231.3 的规定执行。

9.3.2 铸件硬度试验的部位、频次和数量由供需双方商定。

注：更多有关硬度的信息参考附录 E。

9.4　金相检验

金相检验按 GB/T 9441 的规定执行。铸件金相组织的检测部位和频次由供需双方商定。

9.5　表面质量

铸件表面用目测方法按 7.6 的要求逐件进行检验。

9.6　几何尺寸、尺寸公差

9.6.1 铸件的几何形状及尺寸公差按 7.4 的要求进行检查。

9.6.2 首批铸件，应按图样规定逐件检查尺寸和几何形状。采用能保证尺寸稳定性方法生产出来的铸件可以抽查,抽查频次和数量由供需双方商定。

9.6.3 批量生产的铸件,检测频次和数量由供需双方商定。

9.7 化学成分分析

9.7.1 当需方对铸件化学成分有要求时,则应按需方技术要求的规定执行,如需方技术要求中无规定时,化学成分由供方自行确定。

9.7.2 光谱化学分析按 GB/T 24234 的规定执行。

9.7.3 铸件常规化学成分分析方法按 GB/T 223.3、GB/T 223.4、GB/T 223.60、GB/T 223.72、GB/T 223.83、GB/T 223.86 的规定执行。

9.8 无损检测

9.8.1 磁粉检测按 GB/T 9444 的规定执行。

9.8.2 渗透检测按 GB/T 9443 的规定执行。

9.8.3 超声波检测按 GB/T 34904 的规定执行。

9.8.4 射线检测按 GB/T 5677 的规定执行。

9.9 缺陷

9.9.1 铸件表面缺陷,可目视检查。当需方有特殊要求时,也可采用磁粉探伤或渗透检测方法检查。

9.9.2 铸件的内部缺陷,可用射线或超声波等方法检查。

9.10 可选的测试方法

经供需双方同意,也可以选择运用等效的测定抗拉强度、布氏硬度、金相组织的其他方法。

10 检验规则

10.1 取样批次的构成

10.1.1 由同一包球化处理的铁液浇注的铸件为一个批量,构成一个取样批次。

10.1.2 连续浇注时,每一取样批次铸件的最大重量为 2000kg 或 2h 浇注的铸件作为一个批次。供需双方同意,取样的批次可以变动。

10.1.3 如果单个铸件的重量大于 2000kg 时,单独构成一个取样批次。

10.1.4 在某一时间间隔内,如发生炉料的改变、工艺条件的变化或要求的化学成分有变化时,在此期间连续熔化的铁液浇注的所有铸件,无论时间间隔有多短,都作为一个取样批次。

10.1.5 除 10.1.1 规定外,经供需双方商定,也可把若干个批次的铸件并成一组进行验收。在此情况下,生产过程中应有其他连续检测方法,如金相检验、无损检验、断口检验、弯曲检验等,并确实证明各次球化处理稳定、符合要求。

10.1.6 经过热处理的铸件,以同一取样批次检测,除非该批次中的铸件结构明显不同。在此情况下这些结构明显不同的铸件构成一个取样批次。

10.2 检测批次的数量

取样和试验应符合第 8 章~第 10 章的相关规定。每个取样批次都要进行试验,除非生产过程的质量控制体系为取样批次合并,并预先采取保证措施。当型内球化处理时,取样批次和试验数量的大小应在接受订单时由供需双方商定。

10.3 复验

10.3.1 复验的条件

如果首次测试的结果不能满足材料的力学性能要求,允许进行重复试验。

10.3.2 试验的有效性

10.3.2.1 由于下列原因之一造成试验结果不符合要求时，则试验无效：

a）试样在试验机上的装卡不当或试验机操作不当；

b）试样表面有铸造缺陷或试样切削加工不当（如试样尺寸、过渡圆角、粗糙度不符合要求等）；

c）拉伸试样在标距外断裂；

d）拉伸试样断口上存在明显的铸造缺陷。

10.3.2.2 在上述情况下，应在同一试块上重新取样或者从同一批次浇注的试块上重新取样再试验，复试的结果代替无效试验的结果。

10.3.2.3 复验的结果作为最终试验结果。

10.4 试验结果的评定

10.4.1 检验力学性能时，先用一根拉伸试样进行试验，如果符合要求，则该批铸件在材质上即为合格；若试验结果达不到要求，而不是由于10.3.2.1所列原因引起的，则可从同一批的试样中取另两根进行复验。

10.4.2 冲击试验时，若三个冲击试样的冲击吸收能量均符合要求，则该批铸件的冲动性能即为合格；若有一个试样的试验结果达不到最小值时，则从同一批次中加倍取三个备用的冲击试样进行试验，该结果与原结果相加重新计算平均值。若新计算平均值符合表2的规定，其中允许最多只有一个试样的值可低于规定值，且不低于规定值的三分之二，则该批铸件的冲击值仍为合格。否则供方应按10.5处理。

10.4.3 复验结果都达到要求，则该批铸件的材质仍为合格。若复验结果中仍有一根达不到要求，则该批铸件初步判为材质不合格。这时，可选取该批次最后浇注的一型中的铸件，在供需双方商定的部位从铸件本体上切取试样，再进行力学性能试验。若试验结果达到要求，则仍可判定该批铸件材质合格；若本体试样的试验结果仍然达不到要求，则最终判定该批铸件材质为不合格。

10.5 试块和铸件的热处理

10.5.1 除有特殊要求外，如果铸件以铸态供货，其力学性能不符合本标准时，经供需双方同意后，供方可将该批铸件和其代表的试块一起进行热处理，然后再重新试验。

10.5.2 铸件经过热处理且力学性能不合格的情况下，生产方可以将铸件及代表铸件的试块一起进行再次热处理。并再次提交验收。如果从热处理后的试块上加工的试样性能合格，则认为重复热处理的该批铸件性能合格。

10.5.3 为复验而进行的重复热处理的次数不得超过两次。

11 标志和质量证明书

11.1 铸件应有供方标志。标志的位置、尺寸（字号、字高、凸凹）和方法由供需双方商定。

11.2 铸件出厂应附有供方检验部门签章的质量证明书，证明书应包括下列内容：

a）供方名称或标识；

b）零件号或订货合同号；

c）材质牌号；

d）批次号；

e) 各项检验结果;

f) 标准号。

12 防锈、包装和储存

12.1 铸件经检验合格后,其防锈、包装和储存方式由供需双方商定。

12.2 对于长途运输的铸件,应按运输条例的规定,由双方商定包装与运输工具。

附 录 A
（资料性）
本标准与 ISO 1083:2018 相比的结构变化情况

本标准与 ISO 1083:2018 的章条编号对照情况见表 A.1。

表 A.1 本标准与 ISO 1083:2018 的章条编号对照情况

本标准章条编号	对应的 ISO 1083:2018 章条编号	本标准章条编号	对应的 ISO 1083:2018 章条编号
1	1	9.1~9.4	9.1~9.4
2	2	9.5~9.10	—
3.1~3.2,3.5	3.1~3.2,3.5	10.3.1~10.3.2	10.1~10.2
3.3	3.4	10.4~10.5	10.3~10.4
3.4	3.10	11	—
3.6	3.7	12	—
3.7	—	附录 A	
3.8	3.3	附录 B	附录 A
3.9	3.11	附录 C	附录 D
—	3.6,3.8,3.9	附录 D	附录 B
4	4	—	附录 C
5	5	附录 E	附录 E
6	6	附录 F	附录 F
7.1~7.3	7.1~7.3	附录 G	附录 G
7.4~7.8	—	附录 H	附录 H
8.1~8.3	8.1~8.3	附录 I	附录 I
10.1~10.2	8.4.1~8.4.2		

附 录 B
（资料性）
固溶强化铁素体球墨铸铁补充信息

B.1 材料性能

B.1.1 化学成分

为满足力学性能要求,固溶强化铁素体球墨铸铁中,推荐的硅含量可参考表 B.1。

B.1.2 基体组织

基体组织以铁素体为主,珠光体数量不应超过5%。游离渗碳体或碳化物数量不应超过1%。

表 B.1　硅含量指导值

材料牌号	硅含量[①][②]（质量分数，%）
QT450-18	≈3.20
QT500-14	≈3.80
QT600-10	≈4.20

注：1. 高硅化学分析的取样方法对硅含量的检测值有较大影响。为保证获得准确的结果，建立取样方法规程从而获得白口组织和选择化学分析方法至关重要。
　　2. 需注意过高的硅含量可能对冲击韧性产生不利影响。
① 由于其他合金化元素，或者对厚壁件，硅含量可以降低。
② 随着硅含量的增加，碳含量应相应地降低。

B.1.3　石墨形态

B.1.3.1　石墨形状以球状为主。

B.1.3.2　由于硅含量增加，在固溶强化铁素体球墨铸铁件的厚壁处石墨可能有变异。因此，由于硅固溶强化的铁素体基体和大量珠光体强化的铸铁相比，大大降低了对球化率的影响。

B.1.3.3　在满足本标准中最低抗拉强度的情况下，以球状石墨或团球状石墨为主，存在一定比例的蠕虫状石墨是可以接受的。

B.2　补充信息

B.2.1　应用

固溶强化铁素体球墨铸铁适用于要求具有良好切削性能、较高韧性和强度适中的铸件。

B.2.2　力学性能

B.2.2.1　0.2%屈服强度

B.2.2.1.1　固溶强化铁素体球墨铸铁的典型性能之一是"0.2%屈服强度/抗拉强度（$R_{p0.2}/R_m$）比"高达75%~85%，对铁素体珠光体球墨铸铁，这个比值较低，为55%~65%，参考图 B.1。同时，固溶强化铁素体球墨铸铁的断后伸长率较高，延展性较好（对比表1和表3）。

B.2.2.1.2　固溶强化铁素体球墨铸铁的另一个典型性能是硬度相同的情况下，屈服强度值较高，（对比表1、表3和表 F.1）如图 B.2 所示。

球墨铸铁的抗拉强度和硬度的关系和球墨铸铁的牌号等级有关，参考图 B.3。

B.2.2.2　其他力学性能和物理性能

其他力学性能和物理性能参考附录 G。

B.2.3　机械加工性能

和相对应的铁素体珠光体牌号相比较，固溶强化铁素体球墨铸铁材料的硬度偏差小，这是由于其单一的基体组织。这种硬度均匀性和极少量的珠光体使其在相同的平均硬度值下具有良好的机加工性能和尺寸稳定性。

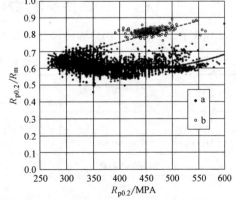

图 B.1　球墨铸铁"0.2%屈服强度/抗拉强度"
比值（25mm 试棒，室温下准静态加载）
a—铁素体、铁素体珠光体和珠光体球墨铸铁
b—固溶强化铁素体球墨铸铁
R_m—抗拉强度　$R_{p0.2}$—0.2%屈服强度

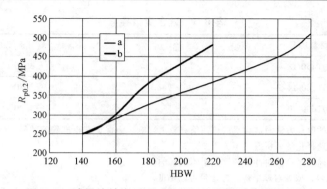

图 B.2 球墨铸铁布氏硬度和 0.2%屈服强度的关系图

a—铁素体、铁素体珠光体和珠光体球墨铸铁 b—固溶强化铁素体球墨铸铁

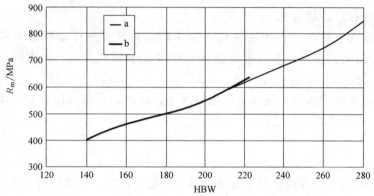

图 B.3 球墨铸铁布氏硬度和抗拉强度的关系图

a—铁素体、铁素体珠光体和珠光体球墨铸铁 b—固溶强化铁素体球墨铸铁

附 录 C
（资料性）
铸件本体试样的力学性能指导值

表 C.1 和表 C.2 给出了从铸件本体试样的力学性能指导值。

表 C.1 铁素体珠光体球墨铸铁本体试样的力学性能指导值

材料牌号	铸件壁厚 t/mm	屈服强度 $R_{p0.2}$/MPa ≥	抗拉强度 R_m/MPa ≥	伸长率 A(%) ≥
QT350-22L/C	$t \leqslant 30$	220	340	20
	$30 < t \leqslant 60$	210	320	15
	$60 < t \leqslant 200$	200	310	12
QT350-22R/C	$t \leqslant 30$	220	340	20
	$30 < t \leqslant 60$	210	320	15
	$60 < t \leqslant 200$	200	310	12
QT350-22/C	$t \leqslant 30$	220	340	20
	$30 < t \leqslant 60$	210	320	15
	$60 < t \leqslant 200$	200	310	12

(续)

材料牌号	铸件壁厚 t/mm	屈服强度 $R_{p0.2}$/MPa ≥	抗拉强度 R_m/MPa ≥	伸长率 A(%) ≥
QT400-18L/C	$t \leq 30$	240	390	15
	$30 < t \leq 60$	230	370	12
	$60 < t \leq 200$	220	340	10
QT400-18R/C	$t \leq 30$	250	390	15
	$30 < t \leq 60$	240	370	12
	$60 < t \leq 200$	230	350	10
QT400-18/C	$t \leq 30$	250	390	15
	$30 < t \leq 60$	240	370	12
	$60 < t \leq 200$	230	350	10
QT400-15/C	$t \leq 30$	250	390	12
	$30 < t \leq 60$	240	370	11
	$60 < t \leq 200$	230	350	8
QT450-10/C	$t \leq 30$	300	440	8
	$30 < t \leq 60$	供方提供指导值		
	$60 < t \leq 200$			
QT500-7/C	$t \leq 30$	300	480	6
	$30 < t \leq 60$	280	450	5
	$60 < t \leq 200$	260	400	3
QT550-5/C	$t \leq 30$	330	530	4
	$30 < t \leq 60$	310	500	3
	$60 < t \leq 200$	290	450	2
QT600-3/C	$t \leq 30$	360	580	3
	$30 < t \leq 60$	340	550	2
	$60 < t \leq 200$	320	500	1
QT700-2/C	$t \leq 30$	410	680	2
	$30 < t \leq 60$	390	650	1
	$60 < t \leq 200$	370	600	1
QT800-2/C	$t \leq 30$	460	780	2
	$30 < t \leq 60$	供方提供指导值		
	$60 < t \leq 200$			

注：若需方要求特定位置的最小力学性能值，由供需双方商定。

表 C.2　固溶强化铁素体球墨铸铁件本体试样的力学性能指导值

材料牌号	铸件壁厚 t/mm	屈服强度 $R_{p0.2}$/MPa ≥	抗拉强度 R_m/MPa ≥	伸长率 A(%) ≥
QT450-18/C	$t \leq 30$	350	440	16
	$30 < t \leq 60$	340	420	12
	$60 < t \leq 200$	供方提供指导值		
QT500-14/C	$t \leq 30$	400	480	12
	$30 < t \leq 60$	390	460	10
	$60 < t \leq 200$	供方提供指导值		

(续)

材料牌号	铸件壁厚 t/mm	屈服强度 $R_{p0.2}$/MPa ≥	抗拉强度 R_m/MPa ≥	伸长率 $A(\%)$ ≥
QT600-10/C	$t \leq 30$	450	580	8
	$30 < t \leq 60$	430	560	6
	$60 < t \leq 200$	供方提供指导值		

注：若需方要求特定位置的最小力学性能值，由供需双方商定。

附 录 D
（规范性）
$L_o = 5d$ 和 $L_o = 4d$ 时测得的伸长率的差别

在供需双方协商同意时可选择标距 $L_o = 4d$ 替代标距 $L_o = 5d$ 的测试试样。

如果选用标距 $L_o = 4d$ 的试样，试样尺寸如图 D.1 所示。

表 D.1 给出了两种试样的伸长率的差别。

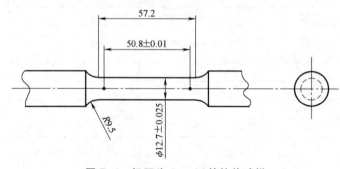

图 D.1 标距为 $L_o = 4d$ 的拉伸试样

表 D.1 $L_o = 5d$ 和 $L_o = 4d$ 时测得的伸长率的差别

伸长率 $A(\%)(L_o = 5d)$	伸长率 $A(\%)(L_o = 4d)$
22	23
18	19
15	16
10	11
7	8
5	6
3	3.5
2	2.5

标距 $L_o = 4d$ 时伸长率的计算式应符合：

$$A(L_o = 4d) = A(L_o = 5d) \times 1.047 + 0.39 \tag{D.1}$$

注：表 D.1 所给计算式是从单铸试样测得值的回归统计计算式。

附 录 E
（资料性）
按硬度分类

注：当供需双方同意时才能使用本附录。

E.1 总则

E.1.1 对硬度有要求时，布氏硬度值参考表 E.1。

E.1.2 除了对抗拉强度有要求外还对硬度有要求时，布氏硬度值参考表 E.1，推荐的硬度的测定步骤参考 E.3。

E.2 分类

E.2.1 铁素体珠光体球墨铸铁材料的硬度等级参考表 E.1，固溶强化铁素体球墨铸铁材料的硬度等级参考表 E.2。

E.2.2 经供需双方同意，可采用较低的硬度范围，硬度差范围在 30~40 可以接受，但对铁素体-珠光体基体的球墨铸铁件，其硬度差范围应略宽一些。

表 E.1 铁素体珠光体球墨铸铁材料的硬度等级

材料牌号	布氏硬度范围 HBW	其他性能[①][②]	
		抗拉强度 R_m/MPa ≥	屈服强度 $R_{p0.2}$/MPa ≥
QT-HBW130	<160	350	220
QT-HBW150	130~175	400	250
QT-HBW155	135~180	400	250
QT-HBW185	160~210	450	310
QT-HBW200	170~230	500	320
QT-HBW215	180~250	550	350
QT-HBW230	190~270	600	370
QT-HBW265	225~305	700	420
QT-HBW300[③]	245~335	800	480
QT-HBW330[③]	270~360	900	600

① 当硬度作为检验项目时,这些性能值仅供参考。
② 除了对抗拉强度有要求外还对硬度有要求时,推荐的硬度的测定步骤参考 E.3。
③ HBW300 和 HBW330 不适用于厚壁铸件。

表 E.2 固溶强化铁素体球墨铸铁材料的硬度等级

材料牌号	布氏硬度范围 HBW	其他性能[①][②]	
		抗拉强度 R_m/MPa ≥	屈服强度 $R_{p0.2}$/MPa ≥
QT-HBW175	160~190	450	350
QT-HBW195	180~210	500	400
QT-HBW210	195~225	600	470

① 当硬度作为检验项目时,这些性能值仅供参考。
② 除了对抗拉强度有要求外还对硬度有要求时,推荐的硬度的测定步骤参考 E.3。

E.2.3 全铁素体球墨铸铁的硬度与硅固溶强化效果成正比例关系,关系式为 $HBW = 54 + 37w(Si)$。该公式也适用于全铁素体球墨铸铁常规硅元素的控制或通过降低硅含量来降低冲击吸收能量值的计算,可参考表 E.1。

E.3 确定满足抗拉强度性能要求的球墨铸铁的硬度范围

E.3.1 以下程序主要适用于铸件的批量生产。

E.3.2 对于表 E.1 的材料牌号和上述特定的铸造过程,用以下程序来确定符合表 1 或表 3 各抗拉强度性能要求材料的硬度范围:

a) 从表 E.1 中选择硬度等级。
b) 按表 E.1 中各硬度牌号所列出的抗拉强度和屈服强度,在表 1 或表 3 中选择相应的材料牌号。
c) 只保留硬度值符合表 E.1 规定的硬度范围的试样。
d) 围绕相差最接近 10HBW 的硬度值,测定每一个试样的抗拉强度、屈服强度、伸长率和布氏硬度。当供需双方为获得希望的统计置信度,对应于每个布氏硬度值,为得到一个最小抗拉强度,可以进行多次试验。
e) 绘制抗拉强度性能柱状图,作为硬度的函数之一。
f) 对每一个布氏硬度值,选取对应的最小抗拉强度值作为过程能力的指标。
g) 逐一列出满足表 1 和表 3 抗拉强度和屈服强度值的各牌号材料的最小硬度值。

h）逐一列出满足表 1 和表 3 伸长率的各牌号材料的最大硬度值。

最大和最小布氏硬度值的硬度范围按以上步骤确定。

E.4 取样要求

每一种硬度测试可以在试棒上测试，也可以在供需双方商定的铸件本体位置上测试。如双方没有协议时，由供方选择在铸件有代表性的位置上取样。

E.5 测试方法

E.5.1 硬度的试验方法按 GB/T 231.1 的规定执行。

E.5.2 如果不能在铸件本体上测试硬度，经供需双方商定，也可以在附铸试块或单铸试块上测试硬度。

E.5.3 如果铸件需要热处理，附铸试棒（块）应在铸件热处理后再切下。

E.5.4 如果从单铸试块上切取试样测试硬度，当铸件有任何热处理要求时，试块则应和它所代表的铸件一起进行热处理。

E.6 硬度测试的频次和数量

硬度测试的频次和数量由供需双方商定。

E.7 金相组织

E.7.1 铁素体基体具有最低的硬度，硬度随着基体中珠光体数量的增加而增加。

E.7.2 共晶碳化物可以增加硬度，但通常不希望出现共晶碳化物，或者只允许出现极少量的共晶碳化物。

附 录 F
（资料性）
球化率（或球状石墨比率）

球墨铸铁的球化率定义为球状石墨和团球状石墨所占的百分数。球化率可以通过以下三种方法来确定：

——对照 GB/T 9441 石墨颗粒形态示意图，估算Ⅴ型和Ⅵ型石墨球所占的百分数。

——在金相显微镜下用目测法比较球墨铸铁石墨形态图谱。

——自动图像分析确定Ⅴ型和Ⅵ型石墨面积占所有石墨颗粒面积的百分数。

这个百分数通常是在断面上切取试样后抛光放大 100 倍下观察所得到的；也可以在较高的放大倍数下通过图像分析而得到；也可预先校准后，通过测量穿过材料的超声波声速而得到的。

球化等级不仅取决于生产工艺（炉料、残余镁量、孕育方式等），也取决于铸件断面的冷却模数。此外，一些恶化的石墨和铸型有关。

即使对给定冷却模数的材料，也不可能准确的确定产生临界球化等级的最小特征值。因为球化等级的变化不仅与所用的测定方法有关，而且与铸件的材料牌号（特别是材料的化学成分）、单位面积上石墨的数量有关。

然而，80%~85%或更高的球化率通常就能保证标准规定的（更高的屈服强度 $R_{p0.2}$）最小拉伸性能值。15%~20%的石墨中多数不是球状和团状石墨而是团絮状石墨，有些可能是蠕虫状石墨。

铸件要承受多种载荷，特别是在疲劳状态下要求有较高的球化率（包括球状和团状石墨所占百分数）。对于特殊的铸件和材料牌号，更高球化率的要求应通过实验研究来评定。

附 录 G
（资料性）

球墨铸铁材料的力学及物理性能

球墨铸铁材料牌号及其力学性能和物理性能参考表 G.1 和表 G.2（除此之外的信息见表 1～表 3）。本标准中的球墨铸铁材料牌号和国外球墨铸铁材料牌号对照情况可参考附录 I。

表 G.1 球墨铸铁材料的力学性能和物理性能

特性值	材料牌号									
	QT350-22	QT400-18	QT450-10	QT500-7	QT550-5	QT600-3	QT700-2	QT800-2	QT900-2	QT450-18	QT500-14	QT600-10
抗剪强度/MPa	315	360	405	450	500	540	630	720	810	—	—	—
抗扭强度/MPa	315	360	405	450	500	540	630	720	810	—	—	—
弹性模量 E (拉伸和压缩)/GPa	169	169	169	169	172	174	176	176	176	170	170	170
泊松比 ν	0.275	0.275	0.275	0.275	0.275	0.275	0.275	0.275	0.275	0.28～0.29	0.28～0.29	0.28～0.29
抗压强度/MPa	—	700	700	800	840	870	1000	1150	—	—	—	—
断裂韧性 K_{IC}/MPa·$\sqrt{m}$	31	30	28	25	22	20	15	14	14	—	—	—
300℃时的热传导率/[W/(K·m)]	36.2	36.2	36.2	35.2	34	32.5	31.1	31.1	31.1	—	—	—
20℃～500℃的比热容量/[J/(kg·K)]	515	515	515	515	515	515	515	515	515	—	—	—
20℃～400℃的线膨胀系数/[μm/(m·K)]	12.5	12.5	12.5	12.5	12.5	12.5	12.5	12.5	12.5	—	—	—
密度/(kg/dm³)	7.1	7.1	7.1	7.1	7.1	7.2	7.2	7.2	7.2	7.1	7.0	7.0
最大磁导率/(μH/m)	2136	2136	2136	1596	1200	866	501	501	501	—	—	—
磁滞损耗 (B=1T)/(J/m³)	600	600	600	1345	1800	2248	2700	2700	2700	—	—	—
电阻率 μΩ·m	0.50	0.50	0.50	0.51	0.52	0.53	0.54	0.54	0.54	—	—	—
主要基体组织	铁素体	铁素体	铁素体	铁素体-珠光体	铁素体-珠光体	珠光体-铁素体	珠光体[①]	珠光体或索氏体	回火马氏体或索氏体或屈氏体	铁素体	铁素体	铁素体

无缺口试样：对于抗拉强度是 370MPa 的球墨铸铁件，退火铁素体球墨铸铁件的疲劳极限强度大约是抗拉强度的 0.5 倍。在珠光体球墨铸铁（淬火+回火）球墨铸铁中这个比率随着抗拉强度的增加而减少。疲劳极限强度大约是抗拉强度的 0.4 倍。当抗拉强度超过 740MPa 时这个比率将进一步减少。

有缺口试样：对直径 φ10.6mm 的 45°R0.25mm 圆角的 V 型缺口试样，退火球墨铸铁件的疲劳极限强度低到无缺口球墨铸铁（抗拉强度 370MPa）疲劳极限的 0.63 倍。这个比率随着铁素体球墨铸铁抗拉强度的增加而减少。珠光体球墨铸铁件和（淬火+回火）球墨铸铁的疲劳极限大约是无缺口试样疲劳极限强度的 0.6 倍。

注：除非另有说明，本表中所列数值都是常温下的测定值。

① 对大型铸件，也可能是回火珠光体，也可能是回火马氏体或屈氏体+索氏体。

表 G.2 铸件本体试样（$\phi \leqslant 25$mm）的力学性能指导值（主要壁厚 $t \leqslant 30$mm）

特性值		QT350-22	QT400-18	QT450-10	QT500-7	QT600-3	QT700-2	QT800-2	QT900-2	QT450-18	QT500-14	QT600-10
抗拉强度 R_m/MPa		350	400	450	500	600	700	800	900	450	500	600
交变拉伸-压缩 $\sigma_w = \sigma$ ($R=-1$)①	平均疲劳强度值 σ_w②（标准差约为22.3%）/MPa	150	168	185	200	228	252	272	288	185	200	228
	强度比 σ_w/R_m 约为 $0.50 - 0.0002 \times R_m$	0.43	0.42	0.41	0.40	0.38	0.36	0.34	0.32	0.41	0.40	0.38
脉冲拉伸 $\sigma_{max} = 2 \times \sigma$ ($R=0$)①②	平均疲劳强度 σ_{ma}（标准差约为9%）②/MPa	210	235	259	280	319	353	381	403	259	280	319
	关系式 $\sigma(R=0)/\sigma(R=-1)$ 约为 0.7											
交变扭转 $\tau_w = \tau_A$ ($R=-1$)①	平均扭转疲劳强度值 τ_w②（标准差约为14%）/MPa	138	152	166	180	204	224	240	252	166	180	204
	强度比 τ_w/R_m 约为 $0.46 - 0.0002 \times R_m$	0.39	0.38	0.37	0.36	0.34	0.32	0.30	0.28	0.37	0.36	0.34
旋转弯曲 $\sigma_w = \sigma_{bw}$ ($R=-1$)①	平均疲劳强度值 σ_w②（标准差约为14.2%）/MPa	168	188	207	225	258	287	312	333	207	225	258
	强度比 σ_w/R_m 约为 $0.55 - 0.0002 \times R_m$	0.48	0.47	0.46	0.45	0.43	0.41	0.39	0.37	0.46	0.45	0.43
旋转弯曲 $\sigma_w = \sigma_{bwk}$ ($R=-1$)①	平均疲劳弯曲 σ_{bwk}（$R=-1$）/MPa	115	128	139	150	168	182	192	198	139	150	168
	强度比 $\sigma_{bwk}(R=-1)/R_m$ 约为 $0.40 - 0.0002 \times R_m$	0.33	0.32	0.31	0.30	0.28	0.26	0.24	0.22	0.31	0.30	0.28

① 应力控制疲劳测试。
② 无缺口试样（$\phi \leqslant 25$mm）在高循环次数为100万转（$N=10^7$）下的平均疲劳强度和失效概率 $P=50\%$，相应的疲劳强度比随着抗拉强度的减小而增大；缺口试样（$K_t \leqslant 3$）在高循环次数为100万转（$N=10^7$）下的平均扭转弯曲疲劳强度和失效概率 $P=50\%$。相应的疲劳强度比随着抗拉强度的减小而增大。

附 录 H
（资料性）
切取试样的步骤

图 H.1 和图 H.2 给出了 Y 型试块和附铸试块切取试样的步骤。

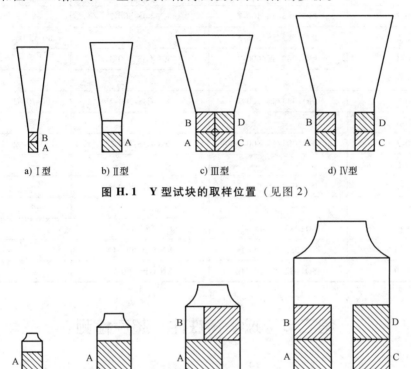

a) Ⅰ型　　b) Ⅱ型　　c) Ⅲ型　　d) Ⅳ型

图 H.1　Y 型试块的取样位置（见图 2）

a) A 型　　b) B 型　　c) C 型　　d) D 型

图 H.2　附铸试块的取样位置（见图 4）

附 录 I
（资料性）
国内外球墨铸铁牌号对照表

表 I.1 列出了国内外球墨铸铁材料牌号的对照。用表 I.1 进行球墨铸铁材料牌号替换，应考虑各国牌号技术要求的差异。

表 I.1　国内外球墨铸铁牌号对照表

GB/T 1348	ISO 1083:2018	EN 1563:2012	ASTM A536	SAE J434
QT350-22L	ISO1083/JS/350-22-LT	EN-GJS-350-22-LT	—	—
QT350-22R	ISO1083/JS/350-22-RT	EN-GJS-350-22-RT	—	—
QT350-22	ISO1083/JS/350-22	EN-GJS-350-22		
QT400-18L	ISO1083/JS/400-18-LT	EN-GJS-400-18-LT		
QT400-18R	ISO1083/JS/400-18-RT	EN-GJS-400-18-RT		

（续）

GB/T 1348	ISO 1083:2018	EN 1563:2012	ASTM A536	SAE J434
QT400-18	ISO1083/JS/400-18	EN-GJS-400-18	60-40-18	D400
QT400-15	ISO1083/JS/400-15	EN-GJS-400-15	—	—
QT450-10	ISO1083/JS/450-10	EN-GJS-450-10	65-45-12	D450
QT500-7	ISO1083/JS/500-7	EN-GJS-500-7	—	D500
QT550-5	ISO1083/JS/550-5	—	80-55-06	D550
QT600-3	ISO1083/JS/600-3	EN-GJS-600-3	—	—
QT600-10	—	—	—	—
QT700-2	ISO1083/JS/700-2	EN-GJS-700-2	100-70-03	D700
QT700-8	—	—	—	—
QT800-2	ISO1083/JS/800-2	EN-GJS-800-2	120-90-02	D800
QT800-6	—	—	—	—
QT900-2	ISO1083/JS/900-2	EN-GJS-900-2	—	—
QT900-5	—	—	—	—
QT450-18	ISO1083/JS/450-18	EN-GJS-450-18	—	—
QT500-14	ISO1083/JS/500-14	EN-GJS-500-14	—	—
QT600-10	ISO1083/JS/600-10	EN-GJS-600-10	—	—

第二节 球墨铸铁件 超声检测

付 迎 蒋春宏

一、标准概况

球墨铸铁件的超声检测是铸造行业的一项常用的检测方法，越来越多的客户和产品都有此检测需求，越来越多的铸造企业掌握并应用了该检测方法，国内相关检测设备和技术越来越成熟，有大量高水平的检测人员，且对检测人员的培训也很成熟。

GB/T 34904—2017《球墨铸铁件 超声检测》于2017年11月1日发布，2018年5月1日实施。

二、标准主要内容说明

1. 适用范围

该标准规定了球墨铸铁件扫描显示超声检测要求和通过脉冲回波技术确定内部缺陷的技术要求，适用于一般用途球墨铸铁件且厚度在10mm～500mm范围内的球墨铸铁件缺陷的超声检测，不适用于球墨铸铁球化率的检测和穿透技术的检测方法。

2. 相对于国外标准的技术差异

GB/T 34904—2017参考了欧洲标准EN 12680-3：2012《超声波试验 第3部分：球墨铸铁铸件》和美国标准ASTM A 609/A609M—2012《碳钢、低合金钢和马氏体不锈钢铸件超声波检验操作规程》，与国外标准相比，其主要技术性差异如下：

1）5.2.1 增加了探头扫查重叠区面积，即相邻两次扫查相互重叠区约为探头晶片尺寸的 15%。

2）5.2.2.2 增加了扫查灵敏度，即搜索不连续时，扫查灵敏度的设定可以提高至草状回波在屏幕上刚刚可见，或者也可在最小灵敏度上直接加 6dB。

3）5.2.3.2 增加了加工面缺陷的处理，即加工面上的缺陷，如加工后会露头，无论大小都需要在报告中记录。

4）5.2.4.3 增加了记录壁厚方向缺陷尺寸时的必要条件。

5）5.2.5.1 增加了当所有底波衰减或缺陷回波高度达到或超过相应范围极限时，应评估和记录条件。

3. 主要试验（或验证）情况分析

在该标准起草前和起草的过程中，做过大量的实际生产验证工作，对于球墨铸铁件易产生的典型缺陷，如冷隔、夹渣、缩松和缩孔等，采用超声检测结果与射线检测对比验证，与实际切割解剖对比验证，以及对缺陷部位逐层去除材料进行对比验证，确保标准的准确性。

不同缺陷（冷隔、夹渣、缩松和缩孔）的解剖外观检测、解剖渗透检测、超声检测及射线检测的对比结果，见表 2.2-1～表 2.2-4。

表 2.2-1 冷隔缺陷对比

冷隔试块样品	冷隔平面解剖后外观评估：呈亮白色曲线条状	冷隔平面解剖后渗透评估：呈曲线线条状指示
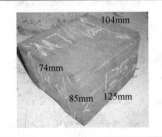		
不同方向超声检测波形评估		

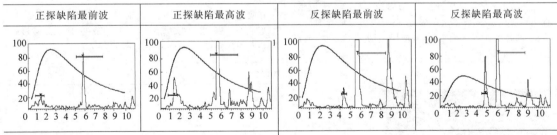

在冷隔正面波形反射特征：大多为表面开口形缺陷，波形受表面结构和缺陷阻挡，其波形呈多个小缺陷反射波出现，与表面杂波混在一起时不易分辨，所以超声检测时探头应放置缺陷的垂直方向 注：冷隔面积大时，且底波降低严重，冷隔面积小时，底波降低不明显	在冷隔背面波形反射特征：是一个比较尖锐、较高的反射波。当探头移动时此波不会很快消失，缺陷几乎连在一起，向不同的深度方向延续移动，底波降低不明显，但通常缺陷投影指示可以连成一条断续线或一个曲面，此时要特别注意缺陷区域有无结构反射波造成的假指示

射线底片评估	
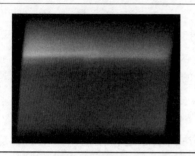	冷隔的分布方向与透视面趋于平行,且存在于表面与近表面,用射线检测也比较难于发现 在遇到有冷隔缺陷时,主要采用超声波进行侧探(可选择远场分辨率较好的双晶探头)。必要时,可实施表面修磨来发现,一般修磨有疑似冷隔征兆的表面时,会发生局部"起皱皮"现象,附加磁粉检测或渗透检测进行验证

表 2.2-2 夹渣缺陷对比

夹渣试块样品	解剖后外观评估:相对粗糙,无金属光泽	解剖后渗透评估:与外观指示基本一致

不同方向超声检测波形评估

正探缺陷最前波	正探缺陷最高波	反探缺陷最前波	反探缺陷最高波
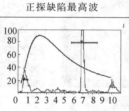			
在夹渣正面波形反射特征:夹渣对探头移动不太敏感,探头移动时,缺陷波变化迟缓,且夹渣表面粗糙界面反射率低,同时还有部分声能透入夹渣层,形成多次反射,波形宽度大并带锯齿		在夹渣背面波形反射特征:反射波与底波分辨率明显,且靠近底波一侧,当探头移动时此波不会消失,缺陷波易形成一块集中的面积区域,底波降低不明显	

射线底片评估	
	因此夹渣缺陷已处理剥落,留下表面局部的凹坑,用射线检测评估结果其为表面凹陷 在遇到有夹杂或冲砂缺陷时,主要采用超声波进行反探(可选择远场分辨率较好的双晶直探头或单晶探头),同时必须找到缺陷波的最前波来定义的最大深度;必要时可实施表面修磨来发现,附加磁粉检测或渗透检测进行验证

表 2.2-3 缩松缺陷对比

缩松试块样品	逐层解剖后外观评估：呈细微海绵状	逐层解剖后渗透评估：局部密集型细点状分布
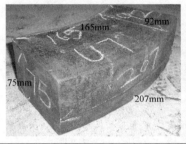		

不同方向超声检测波形评估

正探缺陷最前波	正探缺陷最高波	反探缺陷最前波	反探缺陷最高波
	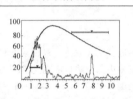	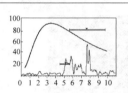	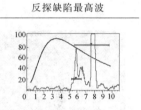
在缩松正面波形反射特征：在不同的方向探测，缺陷回波无明显变化		在缩松背面波形反射特征：反探和正探及多方向验证波形基本一致，缺陷波当量小，底波衰减不明显	

射线底片评估

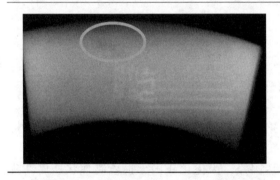

射线检测评估灰度值较深的一片面积较小，也可以大致证明中部空隙程度和解剖后的缺陷形态尺寸基本一致，射线报告中可定义缩松缺陷的性质

在遇到缩松缺陷时，主要采用超声波进行正反探及多方向验证（可选择双晶直探头或单晶探头），同时必须确定缺陷的最大衰减特性

表 2.2-4 缩孔缺陷对比

缩孔试块样品	缩孔逐层解剖后外观评估：呈孔洞海绵状	缩孔逐层解剖后渗透评估：肉眼外观明显
	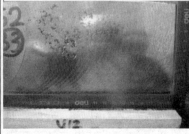	

(续)

不同方向超声检测波形评估			
正探缺陷最前波	正探缺陷最高波	反探缺陷最前波	反探缺陷最高波
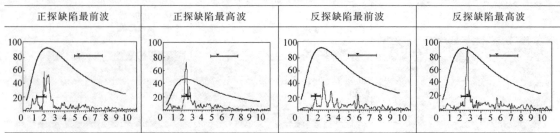			
在缩孔正面波形反射特征:缺陷波很高,波的根部很宽,底波消失。由于受缩孔壁的影响,当移动探头时,缺陷(形状、位置)都有些变化,但不是很大		在缩孔背面波形反射特征:反探和正探及多方向验证波形基本一致,缺陷波当量大,根部宽,几乎无底波	

射线底片评估
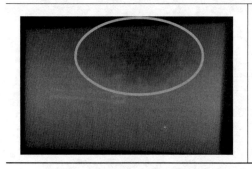 射线检测评估灰度值较深的一片明显越到中部越黑,也间接可以大致证明中部空隙程度,射线报告中可定义缩孔缺陷的性质 在遇到缩孔缺陷时,主要采用超声波进行正反探及多方向验证(可选择双晶直探头或单晶探头),同时必须确定缺陷的最高当量值

三、标准的特点与应用

1. 标准的特点

在编制 GB/T 34904—2017 过程中,对国内外相关标准进行了广泛的调研和深入对标。与国外标准相比,该标准的特点主要体现在:

1) 以我国球墨铸铁的特点及使用环境为依据,可满足各主要工业领域球墨铸铁超声检测技术及缺陷记录和评定的需要。

2) 标准化超声检测技术不再受制于某些发达国家,为优化我国无损检测现状、提高我国无损检测在世界的影响力提供支持。

3) 该标准是铸铁件超声检测体系的重要组成,为我国建立健全稳固的无损检测体系打下坚实基础。

2. 标准应用

1) 通过该标准的制定,对球墨铸铁的缺陷尺寸大小和边界记录进行了统一。在没有制定该标准时,通常采用欧洲标准 EN 12680-3:2012《超声波试验 第 3 部分:球墨铸铁铸件》,但欧洲标准对缺陷边界的划分一直存在着分歧。

2) 针对球墨铸铁件在生产中经常出现的缺陷,该标准规定采用超声波纵波直探头检测法,通过对工件缺陷回波及底面回波的波形进行分析,总结了球墨铸铁常见缺陷的大小、种类、数量等。该标准规定的超声检测方法具有快速、方便、准确度高的特点,是保证产品质量的一种有效手段。如能将准确的超声波定量结果与铸造工艺相结合,可以有效减少产品废品损失和材料浪费。

3）球墨铸铁由于焊接性能较差，一旦发现缺陷造成废品的可能性较大，所以检测前对于该标准的理解尤为重要。合理选择仪器、探头及检测方法是工作的前提。特别注意的是，高牌号球墨铸铁硬度高质脆，应力释放不均容易出现表面开裂，在粗加工后应进行表面裂纹检测。

4）超声检测技术应用于球墨铸铁件的内部质量检测时，其经济性和缺陷检出率还是相当高的。但是所有检测方法都有其局限性，在工业生产中还要根据实际情况考虑其他检测手段予以辅助补充。

四、标准内容

GB/T 34904—2017

球墨铸铁件　超声检测

1　范围

本标准规定了球墨铸铁件超声检测的术语和定义、一般要求和检测方法。

本标准适用于一般用途球墨铸铁件且厚度在 10mm～500mm 范围内的球墨铸铁件缺陷的超声检测。

本标准不适用于球墨铸铁球化率的检测和穿透技术的检测方法。

2　规范性引用文件

下列文件对于本文件的应用是必不可少的。凡是注日期的引用文件，仅注日期的版本适用于本文件。凡是不注日期的引用文件，其最新版本（包括所有的修改单）适用于本文件。

GB/T 9445　无损检测　人员资格鉴定与认证

GB/T 12604.1　无损检测　术语　超声检测

GB/T 19799.1　无损检测　超声检测　1 号校准试块

GB/T 19799.2　无损检测　超声检测　2 号校准试块

GB/T 27664.1　无损检测　超声检测设备的性能与检验　第 1 部分：仪器

GB/T 27664.2　无损检测　超声检测设备的性能与检验　第 2 部分：探头

GB/T 27664.3　无损检测　超声检测设备的性能与检验　第 3 部分：组合设备

JB/T 9219　球墨铸铁超声声速测定方法

3　术语和定义

GB/T 12604.1 界定的以及下列术语和定义适用于本文件。

3.1　浮渣　dross

铸件边缘区的细微夹渣物（氧化物、硫化物等），密度比熔融金属小、结集在熔池表面或铸件表面的熔渣。

4　一般要求

4.1　订货信息

订货时需方应提供下列信息：

a）球墨铸铁件超声检测的区域、数量或百分数；

b）球墨铸铁件各部位的质量等级；

c) 检测工艺要求；

d) 是否有其他检测的特殊要求。

4.2 人员资质

超声检测人员应依据 GB/T 9445 或其他等效标准的规定，取得相应资格证书。

4.3 检测设备

4.3.1 超声检测仪

4.3.1.1 超声检测仪的性能应满足 GB/T 27664.1 规定的要求，并具备下列特性：

a) 范围：钢中纵波和横波，至少在 10mm 和 2000mm 内可连续选择；

b) 增益：范围调整在 80dB 以上，步进级每档不大于 2dB，精度 1dB；

c) 至少满足双晶和单晶两种探头可调，同时满足探头从 0.5MHz~5MHz 标称频率，可调换使用。

4.3.1.2 操作人员应根据 GB/T 27664.3 定期检查超声检测组合设备。

4.3.2 探头

4.3.2.1 双晶探头应用于检测靠近测试表面的区域，检测近表面的缺陷时，可使用双晶探头或斜探头。

4.3.2.2 对于特殊的几何形状，可使用斜探头进行检测。斜探头标称的折射角一般在 45°~70°范围之内，斜探头可检测的声程最大为 100mm。

4.3.3 超声检测仪和探头

4.3.3.1 仪器和探头频率应分别符合 GB/T 27664.2 和 GB/T 27664.3。

4.3.3.2 高频率探头通常用于检测薄壁或高质量要求的铸件。铸件壁厚截面分区如图 1 所示。

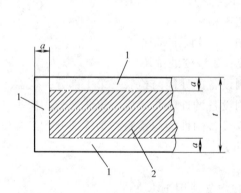
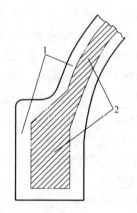

图 1 铸件壁厚截面分区

1—边缘区　2—中心区　t—壁厚　$a=t/5$（最小 5mm，最大 30mm）

4.3.3.3 如果已知球墨铸铁件的声速，可根据声速确定探头的折射角，见图 2。

4.3.3.4 使用两个同样的探头精确测定折射角度，如图 3 所示。

已知折射角 α，根据式（1），可以确定球墨铸铁横波声速：

$$C_c = 3255 \times \frac{\sin\alpha_c}{\sin\alpha_s} \tag{1}$$

式中 C_c——铸件横波声速（m/s）；
    3255——钢横波声速（m/s）；
    α_c——铸件折射角度（°）；
    α_s——钢折射角度（°）。

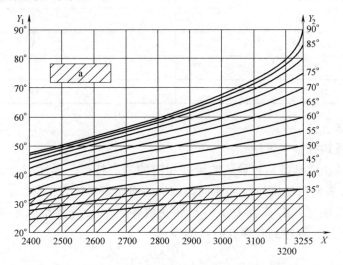

图2 已知钢的折射角确定斜探头在球墨铸铁中的折射角

Y_1—球墨铸铁的折射角 α_c X—横波声速 C_{trans}（m/s） Y_2—钢的标称折射角 a—同步的纵波和横波

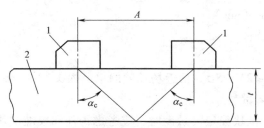

图3 用斜探头确定球墨铸铁的折射角

α_c——铸件的折射角，$\alpha_c = \arctan\dfrac{A}{2t}$ A—在最大信号处斜探头的探头入射点的距离 t—壁厚（最终装配尺寸） 1—同型号的斜探头 2—试样或参考试块

4.3.4 耦合剂

耦合剂应能润湿检测区域，保证探头与被检测面之间有最佳的声波传递效果。在进行校准和随后所有的检测时，应使用相同的耦合剂。

4.4 铸件检测表面准备

被检测的铸件表面应与探头达到满意的耦合效果（例如铸态表面，抛丸表面、清理打磨表面或加工表面）。

4.5 仪器校准

4.5.1 参考反射体

4.5.1.1 超声设备灵敏度设定需利用一个恰当的参考反射体，例如铸件本身的平行面、平底孔试块、长横孔试块或根据 GB/T 19799.1 和 GB/T 19799.2 制作的参考试块等。

4.5.1.2 利用参考反射体来制作参考曲线时，应根据不同材料的声能衰减、表面质量和材料声速来确定转移补偿。表1规定了铸件不同厚度的参考反射体可探测的最小平底孔直径的信号水平。

表1 超声可探测性要求

检测区域铸件壁厚/mm	符合5.1的可探测的最小平底孔直径/mm
>10~20	3
>20~100	5
>100~250	8
>250~500	10

4.5.2 参考试块法

4.5.2.1 选用球墨铸铁参考试块

4.5.2.1.1 参考试块应具备与被检测的铸件相同的超声特征,厚度应与被检测铸件的壁厚相当,表面特性(表面粗糙度)也要相同,试块的面应是平的和平行的。

4.5.2.1.2 参考试块应具有符合表1的平底孔或等效的长横孔作为参考反射体,利用式(2)可以进行由平底孔直径到长横孔直径的换算:

$$D_Q = \frac{4935 D_{FBH}^4}{\lambda^2 S} \tag{2}$$

式中 D_Q——长横孔直径(mm);

D_{FBH}——平底孔直径(mm);

λ——波长(mm);

S——声程长度(mm)。

此公式仅适用于 $D_Q \geq 2\lambda$、$S \geq 5$ 倍近场长度的单晶探头。

4.5.2.2 选用标准钢参考试块

当使用标准的钢参考试块设定灵敏度时,应考虑铸件和校准试块的声速、声衰减和表面质量的不同。

4.5.3 选用DGS法

直接利用铸件本身的平行面作为参考反射体,使用针对球墨铸铁计算出的DGS图(有些探头自带)来进行超声设备灵敏度的设定。

5 检测方法

5.1 材料

5.1.1 小铸件,一般铸件重量≤500kg;大铸件,一般铸件重量>500kg。小铸件的质量等级执行表2和表3,大铸件执行表4和表5,适用于铸件不同壁厚区域。

5.1.2 操作人员应根据JB/T 9219检查球墨铸铁件的纵波声速,纵波声速应≥5500m/s。

5.1.3 材料的超声可探测性可通过比较参考反射体回波高度(通常是第一次底波)和噪声信号来评价。评价时应选择球墨铸铁件具有代表性的区域,该区域应是上下面平行的最终表面和最大厚度。

5.1.4 被检材料的第一次底波高度至少要比草状回波高6dB。若达不到时,需将探测到的平底孔或横孔直径在检测报告中说明。

第二章 铸 铁 155

表2 小铸件缺陷严重度等级划分

标记	严重度等级								
	1	2		3		4		5	
检测区域壁厚/mm	—	<50	≥50	<50	≥50	<50	≥50	<50	≥50
缺陷最大厚度占壁厚的百分比(%)	—	15		20		25		30	
边缘区缺陷最大长度/mm	①	4	6	6	10	10	16	16	25
边缘区缺陷最大面积/mm²	①	35	70	70	200	200	500	500	1250
中心区缺陷最大长度/mm	①	8	12	12	20	20	32	32	45
中心区缺陷最大面积/mm²	①	125	300	300	800	800	2000	2000	4000

注：1. 关于浮渣见表3。
2. 按球墨铸铁件最终使用尺寸进行区域划分，边缘区见图1。
3. 允许最多有2个表中规定面积的指示缺陷。

① 不能有超过表6规定范围的指示缺陷。

表3 小铸件非加工区域浮渣最大允许厚度

标记	严重度等级				
	1	2	3	4	5
占壁厚的百分比(%)	①	5	10	15	20

① 不能有超过表6规定范围的指示缺陷。

表4 大铸件缺陷严重度等级划分

标记	严重度等级												
	01	1			2			3			4		
检测区域壁厚/mm	—	<50	50~200	>200	<50	50~200	>200	<50	50~200	>200	<50	50~200	>200
缺陷最大厚度占壁厚的百分比(%)	—	15			20			25			30		
边缘区缺陷最大面积/mm²	①	300	500	800	600	1000	1000	1000	2000	2000	—	—	—
中心区缺陷最大面积/mm²	①	2500	5000	10000	10000	15000	20000	15000	20000	30000	20000	—	—
缺陷总面积占检测区域百分比(%)	①	10	10	10	10	15	15	15	20	20	15	20	30

注：1. 关于浮渣参阅表5。
2. 按球墨铸铁件最终使用尺寸进行区域划分，边缘区见图1。

① 不能有超过表6规定范围的指示缺陷。

表5 大铸件非加工区域浮渣最大允许厚度

标记	严重度等级				
	01	1	2	3	4
占壁厚的百分比(%)	①	10	15	20	25

① 不能有超过表6规定范围的指示缺陷。

5.2 检测程序
5.2.1 探测和扫查方向选择
5.2.1.1 入射方向和探头的选择很大程度上取决于铸件形状、缺陷的性质和位置,检测程序由铸件生产商和有经验的操作者来制定。

5.2.1.2 探头扫查时要有重叠,扫查速度不应超过150mm/s,相邻两次扫查相互重叠区约为探头晶片尺寸的15%。

5.2.2 探测和扫查灵敏度设定
5.2.2.1 探测灵敏度
对于待检铸件的壁厚范围,表6给出最大壁厚的平底孔或等效横孔的回波高度应不小于屏幕高度的40%。如果无法设定这种最小的探测灵敏度,应在检测报告里注明。

表6 被评估的超声指示缺陷

检测区域的铸件壁厚 /mm	评估范围		
	底波衰减/dB ≥	符合5.1的最小可探测平底孔直径/mm	回波高度大于噪声级以上/dB[①] ≥
>10~20	12	3	6
>20~100		5	6
>100~250	20	8	12
>250~500		10	12

① 仅用于因铸件几何形状不能获得底波的区域。

5.2.2.2 扫查灵敏度
搜索不连续时,扫查灵敏度的设定可以提高至草状回波在屏幕上刚刚可见,或者也可在最小灵敏度上直接加6dB。

5.2.3 评定不同类型缺陷
5.2.3.1 在铸件检测中需要评定以下两种指示(证明不是由于铸件形状或耦合造成的):
——底波衰减;
——中间回波。
各种类型的指示可单独出现,也可能同时出现。

5.2.3.2 加工面上的缺陷,如加工后会露头,无论大小都需要在报告中记录。

5.2.4 缺陷尺寸确定
5.2.4.1 总述
如果缺陷的间距小于最大缺陷的长度,相邻的缺陷视为一个缺陷。

5.2.4.2 确定投射在表面的缺陷尺寸
5.2.4.2.1 针对根据表2,表4由于中间回波高度(见表6)需记录的缺陷,确定其表面尺寸时,探头应在检测区域上方移动,画出比回波峰值低6dB信号点。

5.2.4.2.2 针对底波衰减的情况,探头应在检测表面移动,确定那些根据表6底波衰减12dB或20dB的点。

5.2.4.2.3 两种情况确定的点都应精确的标记(例如直探头为探头中心,斜探头为探头入射点,可以在缺陷部位使用最小声束直径的探头),标记点之间的连线给出了缺陷可测量的尺寸。

5.2.4.2.4 使用斜探头时，只要铸件形状允许，缺陷边缘点应尽可能投射到铸件的检测表面上。

5.2.4.3 确定壁厚方向的缺陷尺寸

对于根据表 2，表 4 由于中间回波高度（见表 6）需记录厚度方向尺寸的缺陷[5.2.5.1b)、d)]，使用直探头从两面（见图 4）测量缺陷在壁厚方向到检测表面的距离。

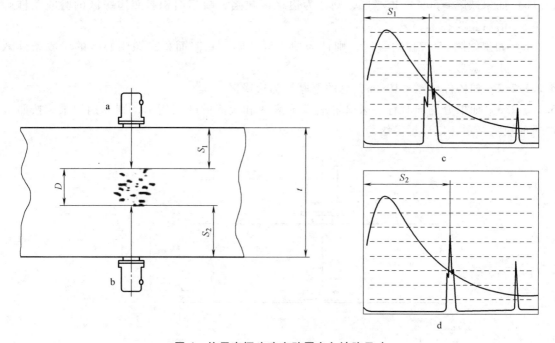

图 4　使用直探头确定壁厚方向缺陷尺寸

a—扫描位置　b—扫描位置　c—从扫描位置 a 开始的 a 扫描　d—从扫描位置 b 开始的 b 扫描
S_1—声程长度（mm）　S_2—声程长度（mm）　t—壁厚（最终装配尺寸）（mm）

深度方向尺寸大小 $D = t - (S_1 + S_2)$

5.2.4.4 确定壁厚方向浮渣层厚度

使用直探头从浮渣层的对面（见图 5）测量浮渣层厚度。

5.2.5　缺陷评估和记录

5.2.5.1　缺陷的评估和记录条件

当所有底波衰减或缺陷回波高度达到或超过表 6 规定的范围极限值时，都应当进行评估，如果其值超过表 2、表 3 或表 4、表 5 各自规定的范围极限的 75%，应记录［见下文 a)、b)、c)、d)、e) 描述］，其位置和标注应在检测报告中注明，记录的缺陷位置可用网格、图样或照片描述。

a) 无中间回波但底波衰减>评估限值：通过底波衰减来确定缺陷面积；

b) 中间回波>评估限值并且底波衰减>评估限值：通过中间回波和底波衰减来确定缺陷面积，取两者的并集，同时要通过超过评估水平的中间回波来确定缺陷的厚度方向尺寸；

c) 中间回波<评估限值并且底波衰减>评估限值：通过底波衰减来确定缺陷面积；

d) 中间回波>评估限值并且底波衰减<评估限值：通过中间回波来确定缺陷面积，同时要通过超过评估水平的中间回波来确定缺陷的厚度方向尺寸；

e) 中间回波<评估限值并且底波衰减<评估限值：无须记录。

5.2.5.2 特殊缺陷的记录和评定

5.2.5.2.1 当缺陷同时位于边缘区和中心区时，以下规定适用：

a) 如果缺陷≥50%在边缘区，则计为边缘区缺陷，缺陷面积参照边缘区的验收条件翻倍后验收；

b) 如果缺陷<50%在边缘区，则计为中心区缺陷，缺陷面积参照中心区的验收条件减半后验收。

5.2.5.2.2 如铸件壁厚≤10mm，总的壁厚均为边缘区。

5.2.5.2.3 如果分别同时存在表2和表3或表4和表5的缺陷指示，则分别记录，按照最严重的缺陷指示评定质量等级。

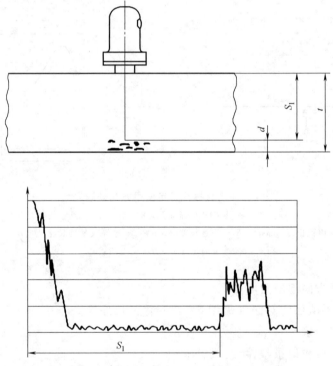

图5 使用直探头确定壁厚方向浮渣层厚度

t—壁厚（最终装配尺寸）（mm） S_1—声程长度（mm） d—浮渣层厚度（mm）

5.2.5.3 验证记录的指示缺陷

如需对缺陷进一步分析，包括其类型、形状、尺寸和位置，可以通过改变探头频率、大小或改变检测程序来进行，也可使用射线探伤或其他方法检测。

5.3 检测报告

检测报告应包含以下信息：

a) 执行标准；

b) 被检测铸件的特征（如名称、编号、材质、热处理状态、探伤面的表面粗糙度等）；

c) 检测范围；
d) 使用的检测设备类型；
e) 使用的探头；
f) 关于检测区域的检测方法；
g) 灵敏度设定所需的所有数据；
h) 超声检测合适性的结果；
i) 关于所有被记录的缺陷的典型特征信息（例如底波衰减、壁厚方向的位置、尺寸、长度、面积和缺陷当量大小）和其位置描述（图样或照片）；
j) 缺陷的质量等级评定及检测结论；
k) 检测人员、日期和负责人的签名。

第三节 球墨铸铁金相检验

王泽华 张 欣 郭道成

一、标准概况

球墨铸铁具有优异的综合力学性能、良好的铸造性能和切削加工性能，已广泛应用于大型柴油机机体、高铁齿轮箱和轴承、地铁构架、风电轮毂和底座、重型燃气轮机壳体等。2020年全球球墨铸铁产量达2360万t以上，其中我国的产量是1530万t。随着对球墨铸铁技术指标要求的不断提高，以及现代化检测技术的发展，球墨铸铁标准应不断进行修改和完善，使标准能更好地指导和服务于产品生产和检验。

GB/T 9441—2009《球墨铸铁金相检验》在球化率评定、球形石墨定义、石墨颗粒大小等级评定、视场选择等方面尚存在与国际标准不统一、有差异及不合理之处。因此，全国铸造标准化技术委员会组织了国内有代表性的单位，对国家标准《球墨铸铁金相检验》进行了修订。

GB/T 9441—2021《球墨铸铁金相检验》于2021年12月发布，2022年7月开始实施。

二、标准主要内容说明

GB/T 9441—2021规定了球墨铸铁的球化率计算、金相试样制备、检验规则、检验项目和评级图、结果表示和检验报告。该标准适用于评定铸态、正火态、退火态球墨铸铁的金相组织。

球化率是球墨铸铁的关键技术指标之一，明确的球墨铸铁石墨颗粒形态定义是评定球化率的基础。因此，该标准建立了石墨颗粒形态的数值模型，定义了球形颗粒石墨的圆整度计算公式和临界值，规定了球墨铸铁球化率、石墨颗粒大小分布、单位面积石墨颗粒数量，以及珠光体、碳化物、磷共晶含量等质量指标的评定方法，并提供了相应的评级参照图。

1. GB/T 9441—2021 与 GB/T 9441—2009 的差异

与GB/T 9441—2009相比，GB/T 9441—2021除结构调整和编辑性改动外，主要技术内容变化有：

1) 增加了最大佛雷德直径、颗粒圆整度、球形石墨颗粒和石墨颗粒数等术语。

2) 增加了铸件本体取样规定。
3) 增加了石墨颗粒圆整度计算模型和球化率计算公式。
4) 更改了球化率分级、评定方法和球化率评级图。
5) 更改了石墨颗粒大小评级方法和评级图。
6) 增加了石墨颗粒数评定方法和评级图。
7) 修改了珠光体含量评定规则和评级图，删除了分散分布的铁素体数量分级。
8) 修改了磷共晶含量和碳化物含量评级图。

2. 标准术语和定义

(1) 圆整度 ρ　圆整度 ρ 定义为石墨颗粒面积与该颗粒最大佛雷德圆面积的比值，其值可由 GB/T 9441—2021 中公式（1）计算获得。

球墨铸铁的石墨颗粒并非完全是球形，其中很多呈不规则形态，描述不规则颗粒形态的方式有多种，常用的定量描述参数有形状系数、形状指数、密度系数等。金相是二维平面图像，金相检验看到的石墨颗粒形态是真实石墨颗粒的截面，所以只能用二维图像来描述石墨颗粒的圆整度。常用石墨颗粒圆整度的表示方法有外切圆法（即颗粒面积除以外切圆面积）和最大佛雷德圆法（即颗粒面积除以最大佛雷德圆面积）。相对于外切圆法，最大佛雷德圆法易于实现计算机图像分析处理。为此，该标准采用石墨颗粒面积与该颗粒最大佛雷德圆面积的比值来衡量石墨颗粒的圆整度。

(2) 最大佛雷德直径　石墨颗粒截面轮廓线上两点之间的最大距离，如 GB/T 9441—2021 图 1 中的 l_m。

(3) 球形石墨　ISO 945-1《铸铁显微组织—石墨目测分类法》中规定的Ⅵ型和Ⅴ形石墨颗粒，或圆整度≥0.6 的石墨颗粒。这个球形石墨的定义既遵循了传统的定性描述，又做了定量描述，这对球形石墨颗粒的认定具有更好的操作性，为实现计算机图像分析奠定了基础。

(4) 球化率　石墨颗粒面积占石墨颗粒总面积的百分数。

(5) 球墨铸铁　一种以铁、硅、碳为基体的铸造合金，其碳主要以球形石墨形式存在。较以前的定义"一种以铁、碳为基体的铸造合金，其碳主要以球形石墨形式存在"，增加了元素"硅"。这是因为不仅普通球墨铸铁含有较高含量的"硅"，其质量分数一般为 2.0%~2.8%，而且中硅球墨铸铁、高硅球墨铸铁含有更多的"硅"，甚至高于"碳"的含量。

(6) 石墨颗粒数　用石墨颗粒数（graphite particle count）取代原标准中的球形石墨颗粒数（nodular count）。这是因为实际目视评定石墨球颗粒数时，不区分球形石墨和非球形石墨，而是直接用评级图对比石墨颗粒数。

3. 球化率计算

(1) 计算公式　球化率规定为圆整度≥0.6 的石墨颗粒的面积除以所有形态石墨颗粒的面积，见 GB/T 9441—2021 中公式（2），计算结果取整数。

(2) 图像分辨率　颗粒面积和最大佛雷德圆直径都是通过统计图像像数确定的，像数尺寸、对金相照片的扫描方式以及图像的数据处理方法等直接影响计算结果。在计算石墨颗粒圆整度时，采用高的分辨率，有利于提高计算结果精度。标准要求图分辨率≤1μm。分辨率越高，计算结果越精确。

（3）球形石墨颗粒圆整度临界值　临界值是人为确定的，对于同一金相组织，圆整度临界值越大，意味着金相组织中球形石墨越少，计算得出的球化率就越低；反之，计算得出的球化率就越高。因此，球形石墨颗粒圆整度临界值的大小直接影响球化率的计算结果。

为了确定球形石墨颗粒圆整度的临界值，对 ISO 945-1《铸铁金相组织　第 1 部分：石墨分类目测检测法》中的 V 形石墨颗粒和 AFS 球化率评级图中球化率为 100% 的评级图进行了分析，见图 2.3-1 和图 2.3-2。ISO 945-1 的 V 形石墨示意图（见图 2.3-1a）中有 18 个石墨颗粒，其中 4 颗石墨颗粒的圆整度小于 0.6，最小的为 0.47，见图 2.3-1b；AFS 的 100% 球化率评级图 2.3-2a 中有 116 个石墨颗粒，其中 12 颗石墨颗粒的圆整度小于 0.6，最小的为 0.45，见图 2.3-2b。

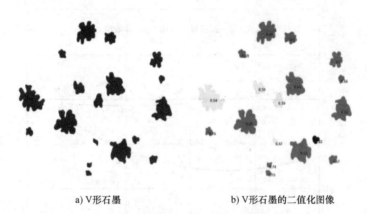

a) V 形石墨　　　　　　　　b) V 形石墨的二值化图像

图 2.3-1　ISO 945-1 定义的 V 形石墨及其二值化图像

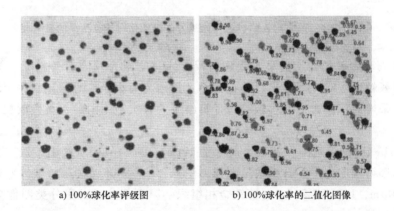

a) 100% 球化率评级图　　　　　　　　b) 100% 球化率的二值化图像

图 2.3-2　AFS 评级球化率 100% 评级图及其二值化图像

为了加深对石墨颗粒圆整度的印象，图 2.3-3 提供了一些典型石墨颗粒的圆整度，其中有圆整度为 0.44 和 0.48 的石墨颗粒。由此可见，将圆整度为 0.45 的石墨颗粒认定是球形石墨似乎说不过去了。由于球墨铸铁生产技术水平已经大幅度提高，尽管考虑到新旧标准的衔接，但新标准对球形石墨的定义应适当提高。

为此，采用计数法和面积法，以 0.5 和 0.6 作为圆整度临界值计算同一视场的球化率，结果见图 2.3-4。图 2.3-4 的横坐标 A 是以圆整度临界值为 0.5，采用计数法计算的球化率；B 和 C 是以圆整度临界值为 0.6，分别采用计数法和面积法计算的球化率。由此可以看到，

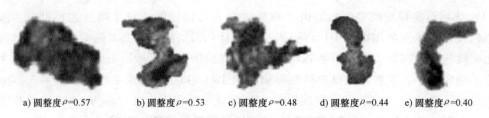

a) 圆整度ρ=0.57　　b) 圆整度ρ=0.53　　c) 圆整度ρ=0.48　　d) 圆整度ρ=0.44　　e) 圆整度ρ=0.40

图 2.3-3　典型石墨颗粒及其圆整度值

采用面积法以 0.6 为临界值时的计算结果 B 与采用计数法以 0.5 临界值时的计算结果 A 比较接近。经大量验证试验，采用面积法、球形石墨颗粒圆整度定为 0.6 是合适的。

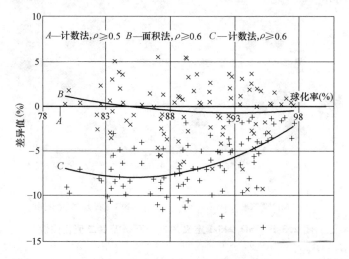

图 2.3-4　圆整度 ρ 临界值和计算方法对球化率计算结果的影响

（4）最小石墨颗粒尺寸　最小石墨颗粒尺寸直接影响球化率计算结果。当采用计数法时，最小石墨颗粒尺寸对计算结果影响很大。这是因为大小颗粒对球化率评定结果的影响权重是相等的；采用面积法时，大小颗粒对计算结果的权重是不同的，石墨颗粒小，对结果的影响小。

GB/T 9441—2009 规定的颗粒最小尺寸为 20μm，ISO 16112《蠕墨铸铁　分类》、ASTM E2567-14《球墨铸铁球化率和石墨数量图像方法》、JIS G5505《蠕墨铸铁件》规定最小石墨颗粒尺寸为 10μm，ISO/TR 945-2《铸铁金相组织　第 2 部分：石墨分类图像分析法》规定的最小颗粒尺寸是 5μm。

GB/T 9441—2021 规定一般最小石墨颗粒极限为 10μm，但对于厚大断面球墨铸铁试样或薄壁快速凝固试样，其最小颗粒尺寸极限可以适当调整。

4. 球化率的评定

（1）球化率等级　根据球化率由高到低，新修订标准对球化率等级的划分与 GB/T 9441—2009 相同，即球化率为 50%~95%，分为 6 个级别，见 GB/T 9441—2021 中表 1。

（2）目测比较法　目测比较法也称评级图比对法，通过比较试样金相组织与评级图，确定石墨球化率级别。目测比较法评定球墨铸铁球化率对检验设备要求简单，操作方便，国内外普遍采用。

目测比较法的基础是标准评级图，GB/T 9441—2021 提供了球化率为 50%~95% 的评级图，见 GB/T 9441—2021 中图 E.1。与 GB/T 9441—2009 的评级图相比，GB/T 9441—2021 的评级图做了两方面的改进：

1）严格按照球形石墨定义和石墨颗粒数学模型、球化率计算公式的计算结果制作评级图。

2）扩大评定视场，有利于提高评估结果的稳定性。评级图由原来的 $\phi70mm$，增大到 $\phi120mm$，实际视场由 $\phi0.7mm$ 扩大到 $\phi1.2mm$，并根据现有金相显微组织评定的实际需要，增加了矩形评级图。

（3）图像分析法　目测比较法评定球墨铸铁球化率时存在人为因素的影响，而图像分析法可以较好地避免人为因素的影响。随着计算机科学技术的发展和普及，图像分析法的应用日益普遍。

什么形态的石墨颗粒为球状石墨，这是图像分析法遇到的一个基本问题。ISO 945-1 示意的Ⅵ形石墨和Ⅴ形石墨为球状石墨，这对于图像分析法来说是无法操作的，图像分析法应有Ⅵ形石墨和Ⅴ形石墨的数值模型。

该标准采用石墨颗粒面积与该颗粒最大佛雷德圆面积的比值来衡量石墨颗粒的圆整度。首先由图像分析软件按 GB/T 9441—2021 中公式（1）计算检验视场中每颗石墨颗粒的圆整度和最大佛雷德直径，去除小于临界尺寸的石墨颗粒和圆整度<0.6 的石墨颗粒，然后按 GB/T 9441—2021 中公式（2）计算视场中圆整度≥0.6 的石墨颗粒的面积与大于临界尺寸的所有石墨颗粒的面积 A_{all} 的比值，即球化率（%）。

采用图像分析法评定球化率时，还应注意：

1）除去与检验视场边界相切割的石墨颗粒，因为不能正确判别与视场边界相切割石墨颗粒的形态。

2）当两颗石墨颗粒相邻太近时，计算机生成图像易将其混为一体，应对相近石墨颗粒采取人为分离措施，以确保石墨颗粒圆整度和检验视场球化率计算结果的准确。

（4）视场的选择　评定视场的选择对评定结果会产生较大的影响。GB/T 9441—2021 与 ISO 945-4：2019 一致，采用随机选择检验视场，而不是 GB/T 9441—2009 规定的选择 3 个球化率最差视场评定球化率；而且随机选取视场数量不得少于 5 个，其石墨颗粒数量不得少于 500 颗。

选择最差的视场不具有代表性，随机选择视场更为合理；适当增加评定视场数量，增加检验石墨颗粒数量，有利于提高评定结果的稳定性。新版标准同时规定了评定视场的数量和石墨颗粒数量是基于薄壁件和厚大断面铸件。对于薄壁件，石墨颗粒细小，不需要 5 个视场的石墨颗粒数量就会超过 500 颗，这时也必须检验 5 个及以上视场；对于厚大断面铸件，由于石墨颗粒粗大，单个视场中石墨颗粒少，必须测定较多的视场，以满足最少检验 500 颗石墨的要求。

（5）评定结果的一致性　GB/T 9441—2021 的球化率评级图引用 ISO 945-4 的评级图，都经图像分析法计算确认，并经国际标准化组织送 ISO/TC25 成员国实验室认证。为了保证目测比较法和图像分析法评定结果的一致性，在评定球化率时，还必须注意：

1）采用目测比较法时，尽量使视场中石墨颗粒的大小与评级图一致。一般取视场的放大倍数为 100 倍，但当视场中大部分石墨颗粒小于 $10\mu m$ 时，应适当提高放大倍数；当视场中大部分石墨颗粒大于120μm时,应适当降低放大倍数,使之达到最合适的观察评定效果。

2)采用的图像分析软件必须严格执行该标准规定的石墨颗粒数学模型和球化率计算公式,图像分辨率≤1μm。另外,由于目前市场上的软件形式多样,建议以 GB/T 9441—2021 的球化率参照图为标准,对图像分析软件进行标定。

5. 石墨颗粒大小等级评定

图2.3-5是随意抽取的一个球墨铸铁拉伸试样断口的扫描电镜图像,从图中可以清楚地看到石墨颗粒的三维最大尺寸,图中大部分石墨颗粒尺寸为6级和7级,还有少量的5级和8级。因此得出结论,球墨铸铁中石墨颗粒的大小并非是均匀一致的,而且往往是跨级的,甚至跨多个级别。

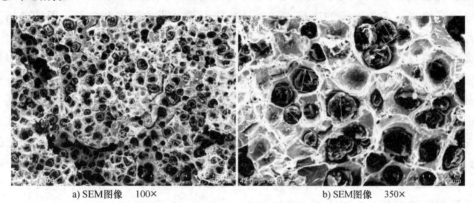

a) SEM图像　　100×　　　　　　　　b) SEM图像　　350×

图 2.3-5　球墨铸铁石墨颗粒尺寸分布

按照 GB/T 9441—2021,石墨颗粒大小分级评定时,应根据实测石墨颗粒尺寸按标准中表3分级,石墨颗粒大小分布可能是同一级别,也可能是跨级分布,所以评定结果可能是一个级别,也可能是跨级的。这一点与 GB/T 9441—2009 不同。按 GB/T 9441—2009 规定的"计算直径大于最大石墨球半径的石墨颗粒直径的平均值",石墨颗粒大小级别只能一个。

众所周知,二维金相看到的石墨颗粒是实际石墨颗粒的一个截面,不一定是石墨颗粒的实际最大尺寸,实际上一般是小于石墨颗粒的最大尺寸,甚至是石墨颗粒的小截面。因此,在石墨颗粒大小评级时,允许跨级别评定,允许有少量小于相应等级尺寸的小颗粒石墨。

6. 石墨颗粒数评定

单位面积石墨颗粒数(简称"石墨颗粒数")按 GB/T 9441—2021 中公式(3)计算。

采用目测比较法评定石墨颗粒数时,一般不区分球形石墨和非球形石墨,所以 GB/T 9441—2009 评定的"石墨球数"实际上是"石墨颗粒数"。石墨颗粒数多少与规定的临界尺寸密切相关,国内外标准规定的石墨颗粒临界尺寸有5μm、10μm和20μm,GB/T 9441—2021 提供了以10μm和5μm为临界尺寸的石墨颗粒数评级图,见 GB/T 9441—2021 中图 F.1。该标准给出了一组标准参照,当以10μm为临界尺寸时,石墨颗粒数为25颗/mm^2 ~ 1000颗/mm^2;当以5μm为临界尺寸时,石墨颗粒数为31颗/mm^2 ~ 2188颗/mm^2。

7. 珠光体含量评定

一般球墨铸铁基体中珠光体含量越高,球墨铸铁的强度、硬度越高,另外,珠光体含量越高，球墨铸铁的塑性和热稳定下降，所以珠光体含量是球墨铸铁的重要检验指标。根据珠光体含量多少（5%~95%），分为12个级别，每个级别的珠光体含量及采用的评级图的珠光体含量见 GB/T 9441—2021 中表3，不同级别珠光体含量的评级图见 GB/T 9441—2021 中图 H.1。

评定珠光体含量时，不考虑石墨所占比例，即珠光体含量+铁素体含量+碳化物含量+磷共晶含量=100%。随机最少选取5个视场，放大倍数100倍。可根据石墨颗粒大小，调整放大倍数，使石墨颗粒大小与评级图接近，取所有视场测定结果的平均值，取整数。

在珠光体含量评定方面，GB/T 9441—2021 规定"随机最少选取5个视场"，替代 GB/T 9441—2009 规定的代表性视场；评级视场从 ϕ0.7mm 扩大到 ϕ1.2mm，观测视场扩大近3倍；GB/T 9441—2021 规定可以调整放大倍数，用一组评级图取代 GB/T 9441—2009 的 2 组评级图。

8. 磷共晶含量

磷共晶硬度高，脆性大，磷共晶分布在晶界区域，使铸铁强度和塑性下降，硬度提高。另外，磷共晶熔点低，使铸件热裂倾向增加。因此，对于一般球墨铸铁而言，磷是有害元素，磷共晶含量应严格控制。根据一般球墨铸铁对磷共晶的要求，GB/T 9441—2021 给出了 6 个级别的磷共晶含量，分别为 0.5%、1.0%、1.5%、2.0%、2.5% 和 3.0%，评级图见 GB/T 9441—2021 中图 I.1。

评定磷共晶含量时，不考虑石墨所占比例，即珠光体含量+铁素体含量+碳化物含量+磷共晶含量=100%。观察整个受检面，以磷共晶含量最多的视场为受检视场，按照标准中图 I.1 评级图评定磷共晶含量。

9. 碳化物含量

碳化物硬度高，脆性大，使铸铁强度和塑性下降，硬度提高，耐磨性提高，切削加工性能变差。对于一般球墨铸铁而言，碳化物含量是控制指标。GB/T 9441—2021 定义了 5 个级别的碳化物含量，分别为 1%、2%、3%、5% 和 10%，相应的评级图见 GB/T 9441—2021 中图 J.1。

评定碳化物含量时，同样不考虑石墨所占比例，即珠光体含量+铁素体含量+碳化物含量+磷共晶含量=100%。观察整个受检面，以碳化物含量最多的视场为受检视场，按照 GB/T 9441—2021 中图 J.1 评定碳化物含量。

三、标准的特点与应用

球墨铸铁金相检验标准是球墨铸铁生产、产品质量检验和质量控制的基本依据。针对 GB/T 9441—2009 存在的不足，在尽可能保证新旧标准评定结果具有良好一致性的前提下，GB/T 9441—2021 定义了球形石墨颗粒的数学模型和球化率的计算方法，规定了球墨铸铁球化率、石墨颗粒大小、单位面积石墨颗粒数，以及珠光体含量、磷共晶含量和碳化物含量等级及其检验方法，对检验视场的选择、视场大小、视场边界上石墨颗粒以及相邻石墨颗粒的处理都做了明确的规定，减少了人为因素，提高了评定结果的稳定性。但在使用计算机图像分析法评定球化率时，首要对软件进行标定，规范计算方法和参数设定值，以确保评定结果的准确性。

四、标准内容

GB/T 9441—2021

球墨铸铁金相检验

1 范围

本文件规定了球墨铸铁的球化率计算、金相试样制备、检验规则、检验项目和评级图、结果表示和检验报告。

本文件规定了目视法评定球墨铸铁显微组织及用计算机图像分析软件评定球墨铸铁球化率的方法。

本文件适用于评定铸态、正火态、退火态球墨铸铁的金相组织。

2 规范性引用文件

下列文件中的内容通过文中的规范性引用而构成本文件必不可少的条款。其中，注日期的引用文件，仅该日期对应的版本适用于本文件；不注日期的引用文件，其最新版本（包括所有的修改单）适用于本文件。

GB/T 5611 铸造术语
GB/T 13298 金属显微组织检验方法

3 术语和定义

GB/T 5611 界定的以及下列术语和定义适用于本文件。

3.1 最大佛雷德直径 maximum Féret diameter

石墨颗粒外缘轮廓上任意两点之间的最大直线距离 l_m。

注：最大佛雷德直径（l_m）用于表示石墨颗粒大小，见图1。

3.2 颗粒圆整度 particle roundness

石墨颗粒面积除以最大佛雷德直径的石墨颗粒的圆面积。

石墨颗粒圆整度计算见公式（1）。

$$\rho = \frac{A}{A_m} = \frac{4A}{\pi l_m^2} \quad (1)$$

式中 ρ——石墨颗粒圆整度；
　　A——石墨颗粒面积（mm²）；
　　A_m——最大佛雷德直径的石墨颗粒圆面积（mm²）；
　　l_m——最大佛雷德直径（mm）。

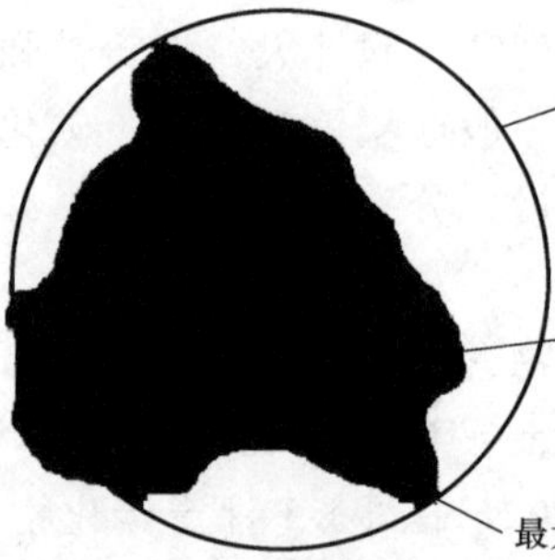

图1 石墨颗粒最大佛雷德直径示意图

3.3 球形石墨颗粒 spheroidal graphite

石墨颗粒圆整度 $\rho \geq 0.60$ 的石墨颗粒。

3.4 球墨铸铁 spheroidal graphite cast iron

以铁、碳和硅为基本元素，碳主要以球状石墨形式析出的铸铁。

3.5 球化率 nodularity

P_{nod}

铸铁中球形石墨颗粒面积占石墨颗粒总面积的百分数。

3.6 石墨颗粒数 graphite particle count
单位面积上的石墨颗粒数量。

4 球化率计算

4.1 球化率等于球形石墨颗粒（颗粒圆整度 $\rho \geqslant 0.60$）的面积除以所有石墨颗粒总面积，见公式（2）。

$$P_{nod} = \frac{A_{VI} + A_V}{A_{all}} \tag{2}$$

式中 P_{nod}——球化率（%）；

$A_{VI} + A_V$——颗粒圆整度 $\rho \geqslant 0.60$ 的石墨颗粒的面积，或附录 C 中所示的Ⅵ形和Ⅴ形石墨颗粒的面积（mm^2）；

A_{all}——石墨颗粒的总面积（小于临界尺寸的石墨颗粒和被视场边界切割的石墨颗粒不予考虑）（mm^2）。

4.2 典型石墨颗粒圆整度见附录 D。

5 金相试样制备

5.1 金相试样应在与铸件同时浇注、同炉热处理（如热处理时）的试块或铸件上截取。

5.2 在铸件上取样时，取样部位应避开铸件表面和受到激冷影响的区域。

5.3 金相试样的制备按 GB/T 13298 规定执行，截取和制备金相试样过程中应防止组织发生变化、石墨剥落及石墨曳尾，试样表面应光洁，不应有明显的划痕。

6 检验规则

6.1 随机选取视场，视场直径或等效直径为 1.20mm。放大 100 倍时，最大佛雷德直径 l_m 小于 1.0mm 的石墨颗粒不计。若大量石墨颗粒小于 1.0mm 或大于 12.0mm 时，则可适当放大或缩小放大倍数，使视场中的石墨颗粒尺寸尽可能接近本文件相应的评级图。视场内的石墨颗粒数一般不少于 50 个/mm^2。

6.2 检验球化率、石墨颗粒大小分级和石墨颗粒数量时，最少选取 5 个视场，且受检石墨颗粒总数量不应少于 500 个。

6.3 当检验视场中存在相邻石墨颗粒太近且计算机生成图像混为一体时，应对石墨颗粒采取人为分离措施。

6.4 检验磷共晶和碳化物含量时，首先观察整个受检面，以磷共晶或碳化物含量最多的视场为受检视场。

6.5 检验珠光体、铁素体、磷共晶和碳化物含量时，不考虑石墨颗粒所占的面积。

6.6 当图像分析法和目视法的评定结果有差异且对评定结果有争议时，以目视法评定结果为准。

7 检验项目

7.1 球化等级

7.1.1 球化等级分为六级，见表 1。

7.1.2 在抛光态下检验石墨的球化等级，放大倍数为 100 倍或调整放大倍数，使石墨颗粒大小与附录 E 中的评级图相近。

7.1.3 随机选取视场,按照图 E.1 对比评定球化率等级。

7.1.4 采用图像分析系统评定时,在抛光态下按公式(1)和公式(2)计算球化率。测试结果为所有视场测定结果的平均值,取整数。

表1 球化等级

球化等级/级	球化率(%)	评级图及球化率
1	≥95	图 E.1a,95%
2	90~94	图 E.1b,90%
3	80~89	图 E.1c,85%
		图 E.1d,80%
4	70~79	图 E.1e,75%
		图 E.1f,70%
5	60~69	图 E.1g,65%
		图 E.1h,60%
6	50~59	图 E.1i,55%
		图 E.1j,50%

7.2 石墨颗粒数

7.2.1 石墨颗粒数按附录 F 中的图 F.1 比对评定。图 F.1 给出了临界最大佛雷德直径(l_m)为 10μm 和 5μm 时分别对应的石墨颗粒数。对普通铸件宜评定临界最大佛雷德直径为 10μm 的石墨颗粒数。

7.2.2 抛光态下检验石墨颗粒数,放大倍数 100 倍。随机选取视场,按照图 F.1 进行评定。

7.2.3 石墨颗粒数按公式(3)计算。

$$n = \frac{n_1 + \frac{n_2}{2}}{A_f} \tag{3}$$

式中 n——石墨颗粒数(个/mm^2);

n_1——完全落在视场内的石墨颗粒数量(个);

n_2——被视场边界所切割的石墨颗粒数量(个);

A_f——检测视场的面积(mm^2)。

7.2.4 最少随机选定 5 个视场,受检石墨颗粒总数量不应少于 500 个,测试结果为所有视场测定结果的平均值,取整数。

7.3 石墨颗粒大小

7.3.1 石墨颗粒大小分为 6 级,分级应符合表 2 的规定,对应的石墨颗粒大小评定应符合附录 G 中的图 G.1。

注:石墨颗粒大小分级根据石墨颗粒的实际尺寸按表 2 规定分级,但图 G.1 中有些石墨颗粒尺寸小于表 2 规定的下限值,因为视场中的石墨颗粒图像是石墨颗粒的剖面,其最大尺寸一般会小于实际石墨颗粒尺寸。

表2 石墨大小分级及评级图

级别/级	在100×下观察,尺寸/mm	实际尺寸/mm	评级图
3	>25~50	>0.25~0.5	图G.1a
4	>12~25	>0.12~0.25	图G.1b
5	>6~12	>0.06~0.12	图G.1c
6	>3~6	>0.03~0.06	图G.1d
7	>1.5~3	>0.015~0.03	图G.1e
8	≤1.5	≤0.015	图G.1f

7.3.2 抛光态下检验石墨颗粒大小,放大倍数100倍。随机选取视场,按照图G.1相应的评级图评定。

注:可根据石墨颗粒大小,调整放大倍数。

7.3.3 最少随机选定5个视场,受检石墨颗粒总数量不得少于500个,测试结果为所有视场测定结果的平均值,取整数。

7.3.4 采用图像分析评定石墨颗粒大小级别时,按表2统计石墨颗粒大小分布。当石墨颗粒大小分布跨级时,记录每个受检视场的石墨大小级别及其所占的面积百分数。按石墨颗粒尺寸由大到小最多记录3个等级,小尺寸石墨颗粒的面积可不计。检测结果为所有受检视场测定结果的平均值,取整数。

7.4 珠光体含量

7.4.1 珠光体含量分级应符合表3的规定,对应的珠光体含量评定应符合附录H中的图H.1。

7.4.2 抛光态试样用2%~5%硝酸乙醇溶液侵蚀后,检验珠光体含量。

7.4.3 随机选取视场,放大倍数100倍,按图H.1评定珠光体含量分级。

注:可根据石墨颗粒大小,调整放大倍数,使石墨颗粒大小与评级图接近。

7.4.4 最少选取5个视场,取所有视场测定结果的平均值,取整数。

表3 珠光体含量分级

级别	珠光体含量(%)	评级图及其珠光体含量
珠95	>90	图H.1a,95%
珠85	>80~90	图H.1b,85%
珠75	>70~80	图H.1c,75%
珠65	>60~70	图H.1d,65%
珠55	>50~60	图H.1e,55%
珠45	>40~50	图H.1f,45%
珠35	>30~40	图H.1g,35%
珠25	≈25	图H.1h,25%
珠20	≈20	图H.1i,20%
珠15	≈15	图H.1j,15%
珠10	≈10	图H.1k,10%
珠5	≈5	图H.1l,5%

7.5 磷共晶含量

7.5.1 磷共晶含量分级应符合表4的规定，对应的磷共晶含量评定应符合附录I中的图I.1。

7.5.2 抛光态试样，用2%~5%硝酸乙醇溶液侵蚀后，放大倍数100倍，评定磷共晶含量等级。

7.5.3 首先观察整个受检面，以磷共晶含量最多的视场为受检视场，按照图I.1评级图评定磷共晶含量。

表4 磷共晶含量分级

级别	磷共晶含量(%)	评级图及其磷共晶含量
磷0.5	≈0.5	图I.1a,0.5%
磷1.0	≈1.0	图I.1b,1.0%
磷1.5	≈1.5	图I.1c,1.5%
磷2.0	≈2.0	图I.1d,2.0%
磷2.5	≈2.5	图I.1e,2.5%
磷3.0	≈3.0	图I.1f,3.0%

7.6 碳化物含量

7.6.1 碳化物含量分级应符合表5的规定，对应的碳化物含量评定应符合附录J中的图J.1。

7.6.2 抛光态试样经2%~5%硝酸乙醇溶液侵蚀后，放大倍数100倍，检验碳化物含量。

7.6.3 观察整个受检面，以碳化物含量最多的视场为受检视场，按图J.1评级图评定碳化物含量。

表5 碳化物含量分级

级别	碳化物含量(%)	评级图及其碳化物含量
碳1	≈1	图J.1a,1%
碳2	≈2	图J.1b,2%
碳3	≈3	图J.1c,3%
碳5	≈5	图J.1d,5%
碳10	≈10	图J.1e,10%

8 结果表示

8.1 球化率以球化级别或球化率百分数表示，如2级或90%，不能跨级别表示；如用百分数表示时，则应为整数，如球化率92%。

8.2 石墨颗粒大小以级别表示，如石墨颗粒大小6级。当评定结果为跨级别时，应分别取各级平均值，且主要级别写在前面，次要级别写在后面。

示例1：

> 石墨颗粒大小：5级+6级。
> 注：表示石墨颗粒大小为5级和6级，5级多，6级少。数量多的级别写在前面，数量少的写在后面。

示例 2：

> 石墨颗粒大小分布：6 级 58%+7 级 31%+5 级 11%。
> 注：如测定 5 个视场，各视场石墨颗粒大小分布为：
> 　　视场 1：5 级 17%、6 级 51%、7 级 32%；
> 　　视场 2：5 级 9%、6 级 59%、7 级 32%；
> 　　视场 3：5 级 6%、6 级 62%、7 级 32%；
> 　　视场 4：5 级 12%、6 级 59%、7 级 29%；
> 　　视场 5：5 级 12%、6 级 58%、7 级 30%。
> 各级别石墨颗粒分布的平均值为 5 级 11%、6 级 58%、7 级 31%，则石墨颗粒大小分布表示为 6 级 58%+7 级 31%+5 级 11%。

8.3 石墨颗粒数以每平方毫米范围内的石墨颗粒数量表示，取整数，如 300 个/mm²。

8.4 珠光体含量、磷共晶含量以及碳化物含量用相应的级别或百分数来表示。

8.5 碳化物和磷共晶总含量不超过 5% 时，可以表示二者的综合结果。

9 检验报告

检验报告应包括以下部分：

a）标准编号；
b）样品的名称及特征描述；
c）测定方法（采用图像分析时，应注明软件名称和版本）；
d）检验结果；
e）检验报告编号和检测日期；
f）检验员和审核员。

附 录 A
（资料性）

本文件与 ISO 945-4：2019 相比的结构变化情况

本文件与 ISO 945-4：2019 相比在结构上有较多调整，具体章条编号对照情况见表 A.1。

表 A.1　本文件与 ISO 945-4：2019 的章条编号对照情况

本文件章条编号	对应的 ISO 945-4:2019 章条编号
1	1
4.1	6.4 第一段、第二段和公式(2)
4.2	7 第二段
5.1~5.2	—
5.3	5 第二段
6.1	6.1,6.5 第一段,6.5 第二段,6.5 第三段
6.2	6.5 第一段
6.3~6.6	—
7.1.1	—
7.1.2	6.1
7.1.3	6.5 第一段,6.2 第二段

(续)

本文件章条编号	对应的 ISO 945-4:2019 章条编号
7.1.4	6.3 第二段,6.6 第二段
7.2.1	6.2 第二段,图 B.1,6.5 第二段
7.2.2	6.1,6.5 第一段,6.2 第二段
7.2.3	6.4
7.2.4	6.5 第一段
7.3.1	4.1 第三段
7.3.2	6.1
7.3.3	6.5 第一段
7.3.4	—
7.4~7.6	—
8.1	4.1a),4.2a),6.6 第二段
8.2	4.1b),4.2b),6.6 第二段
8.3	4.1c),4.2c),6.6 第二段
8.4~8.5	—
9	8
附录 A、附录 B、附录 C	—
附录 D	附录 C
附录 E	附录 A
附录 F	附录 B
附录 G、附录 H、附录 I、附录 J	—

附 录 B
（资料性）
本文件与 ISO 945-4:2019 的技术性差异及其原因

表 B.1 给出了本文件与 ISO 945-4:2019 的技术性差异及其原因。

表 B.1 本文件与 ISO 945-4:2019 的技术性差异及其原因

本文件章条编号	技术性差异	原因
1	扩大了标准的适用范围,本文件规定了球墨铸铁的球化率计算、金相试样制备、检验规则、检验项目和评级图、结果表示和检验报告	标准内容和标准范围相符
2	关于规范性引用文件,本文件做了具有技术性差异的调整,调整的情况集中反映在第 2 章"规范性引用文件"中,具体调整如下 ——删除了原文中引用的 ISO 945-1; ——增加引用了 GB/T 5611、GB/T 13298	适应我国技术条件
3.1	对 ISO 945-4:2019 的图 1 进行了修改	使其表达更加清晰
5.3	将引用标准修改为对应的国家标准	适应我国技术条件
6.1	视场内的石墨颗粒数量一般不少于 20 个修改为 50 个	增加可操作性,便于标准的执行

(续)

本文件章条编号	技术性差异	原因
6.3	增加了对相邻石墨颗粒的处理规定	增加可操作性,便于标准的执行
6.4	增加了对磷共晶和碳化物检验规则	增加可操作性,便于标准的执行
6.5	增加了基体组织含量计算规则	增加可操作性,便于标准的执行
7.1.1	增加了球化率分级表	增加可操作性,便于标准的执行
7.2.1	增加了"对普通铸件宜评定临界最大佛雷德直径为 $10\mu m$ 的石墨颗粒数"	增加可操作性、指导性
7.2.3	列出了石墨颗粒数计算公式	便于标准的实施应用
7.3.4	当石墨颗粒大小分布跨级时,记录每个受检视场的石墨大小级别及其所占的面积百分数。按石墨颗粒尺寸由大到小最多记录3个等级,小尺寸石墨颗粒的面积可不计。检测结果为所有受检视场测定结果的平均值,取整数	增加可操作性,便于标准的执行
7.4	增加了珠光体含量分级和评定	增加可操作性,便于标准的执行
7.5	增加了磷共晶含量分级和评定	增加可操作性,便于标准的执行
7.6	增加了碳化物含量分级和评定	增加可操作性,便于标准的执行
8.2	更改了示例1	便于对标准的理解
8.2	增加了示例2	便于对标准的理解
8.4	增加了珠光体含量、磷共晶含量和碳化物含量的表示方法	便于对标准的理解
8.5	增加了磷共晶含量和碳化物含量不超过5%时的表示方法	便于对标准的理解
9	在检验报告中删除了下列要求 如采用图像分析时 ——像数 ——观测总面积 ——石墨颗粒分布及其偏差 ——平均颗粒圆整度 ——本方法测试所产生的偏差 如需要的话,报告应提供下列信息 ——存在本文件中没有提及的其他形态的石墨 ——处理相邻石墨颗粒的方法 ——提供1~2张金相照片	增加可操作性,便于标准的执行
附录G	增加了石墨颗粒大小评级图	增加可操作性,便于标准的执行
附录H	增加了珠光体含量评级图	增加可操作性,便于标准的执行
附录I	增加了磷共晶含量评级图	增加可操作性,便于标准的执行
附录J	增加了碳化物含量评级图	增加可操作性,便于标准的执行

附 录 C
（资料性）
石墨颗粒形态分类

石墨颗粒形态分为六类，具体分类见表 C.1 和图 C.1。

表 C.1 石墨颗粒形态分类

石墨类型	名称	存在的铸铁类型
I	片状石墨	灰铸铁，及其他类型铸铁材料的边缘区域
II	聚集的片状石墨，蟹状石墨	快速冷却的过共晶灰铸铁
III	蠕虫石墨	蠕墨铸铁、球墨铸铁
IV	团絮状石墨	可锻铸铁、球墨铸铁
V	团状石墨	球墨铸铁、蠕墨铸铁、可锻铸铁
VI	球状石墨	球墨铸铁，蠕墨铸铁

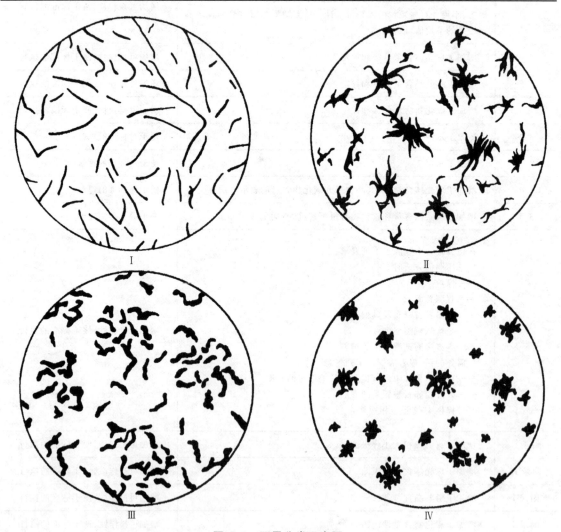

图 C.1 石墨分类示意图

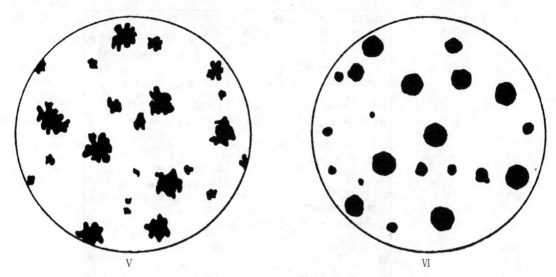

图 C.1 石墨分类示意图（续）

附 录 D
（资料性）
典型石墨颗粒圆整度参照表

表 D.1 为典型石墨颗粒及其圆整度值。

表 D.1 典型石墨颗粒及其圆整度值

石墨颗粒					
颗粒圆整度 ρ	0.98	0.92	0.88	0.84	0.80
石墨颗粒					
颗粒圆整度 ρ	0.76	0.72	0.68	0.64	0.60
石墨颗粒					
颗粒圆整度 ρ	0.57	0.53	0.48	0.44	0.40
石墨颗粒					
颗粒圆整度 ρ	0.33	0.20	0.13	0.10	0.09

附录 E
（规范性）
球墨铸铁球化率评级图

图 E.1 为圆形和矩形视场中的球化率评级图。

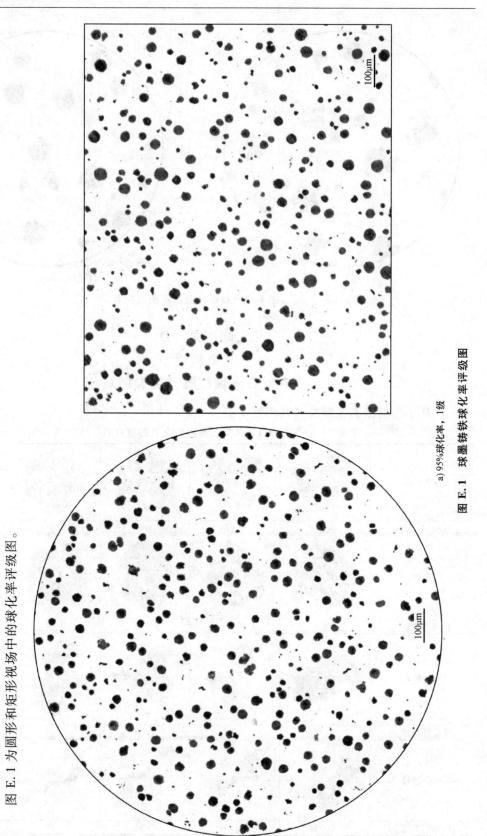

a) 95%球化率，1级

图 E.1 球墨铸铁球化率评级图

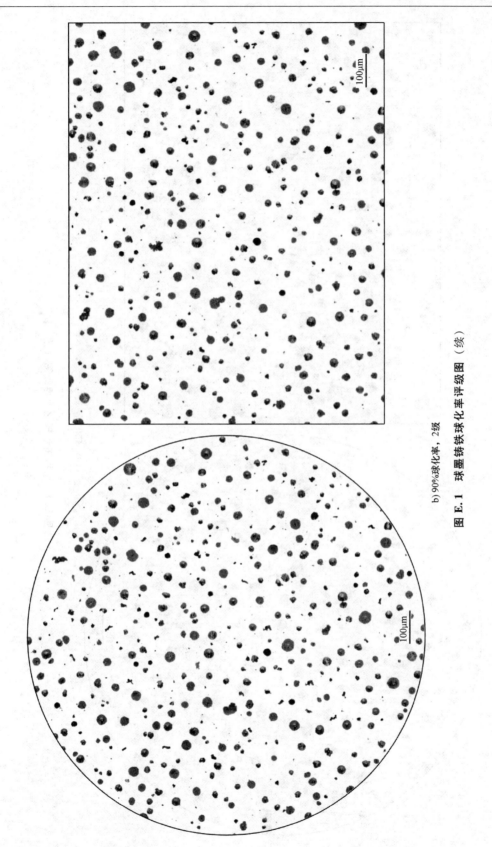

b) 90%球化率，2级

图 E.1 球墨铸铁球化率评级图（续）

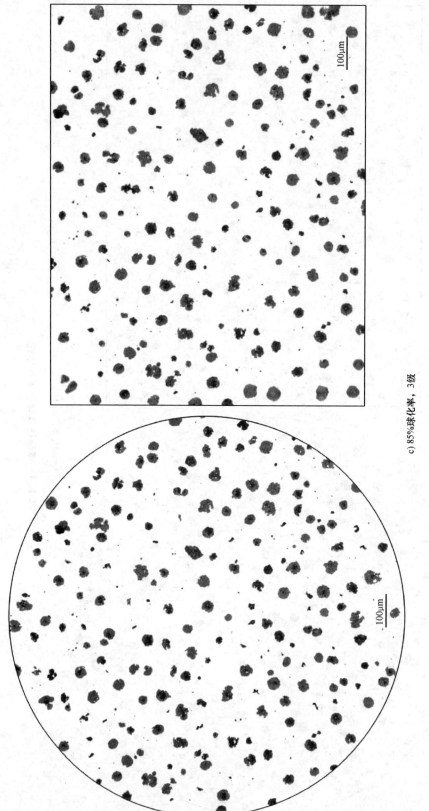

c) 85%球化率，3级

图 E.1 球墨铸铁球化率评级图（续）

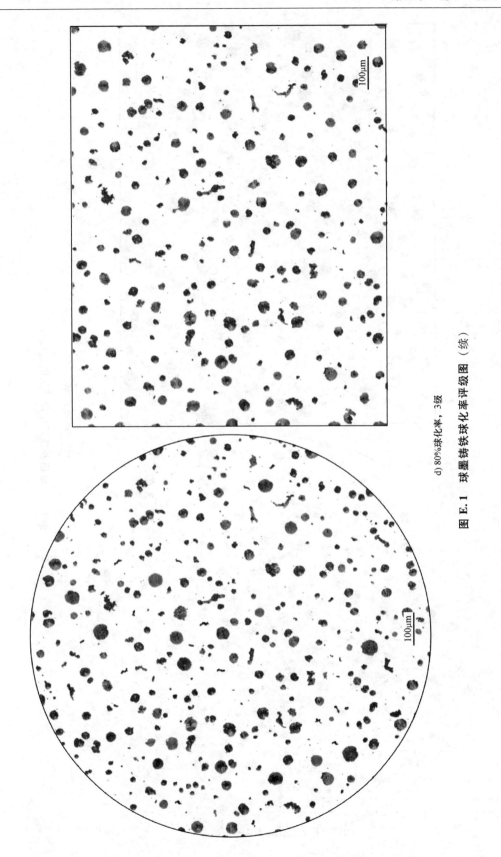

d) 80%球化率,3级

图 E.1 球墨铸铁球化率评级图(续)

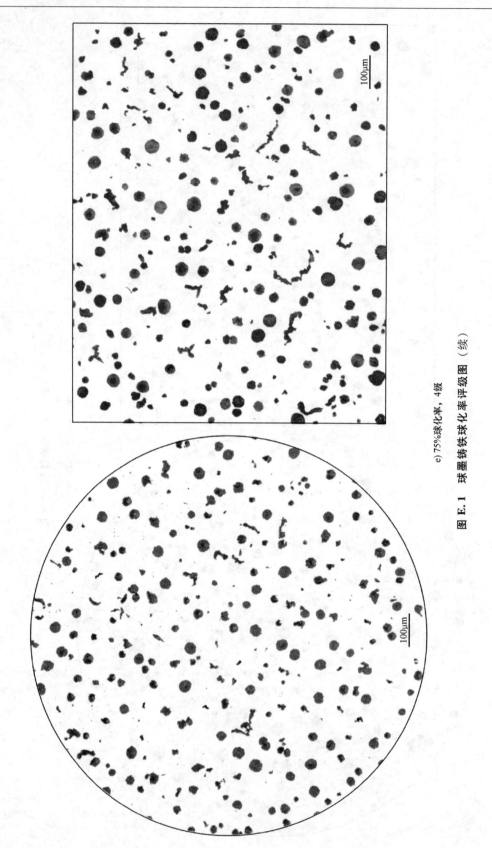

e) 75%球化率，4级

图 E.1 球墨铸铁球化率评级图（续）

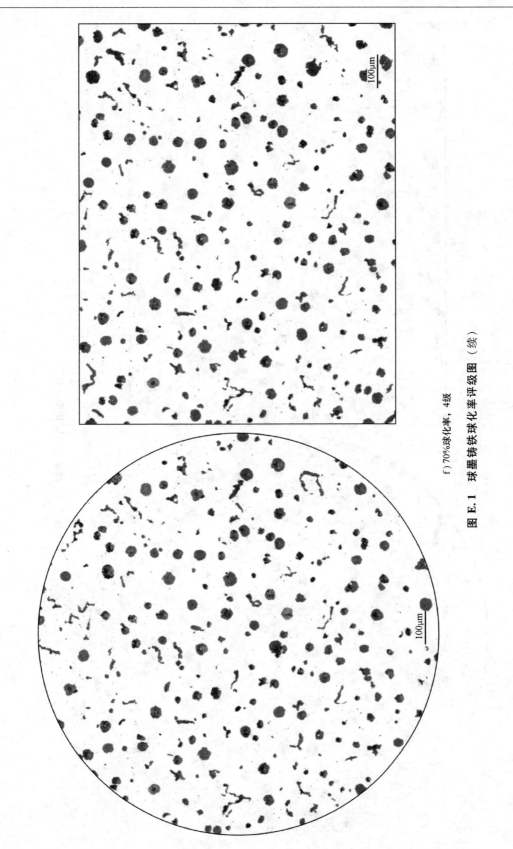

f) 70%球化率，4级

图 E.1 球墨铸铁球化率评级图（续）

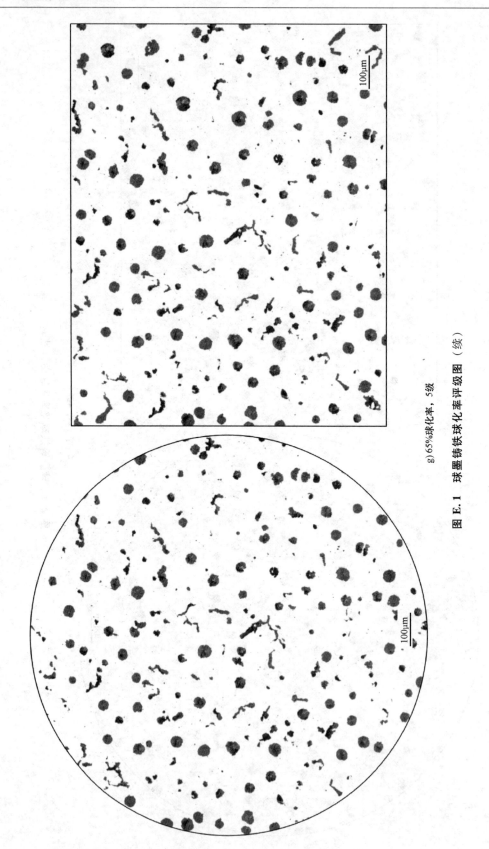

g) 65%球化率，5级

图 E.1 球墨铸铁球化率评级图（续）

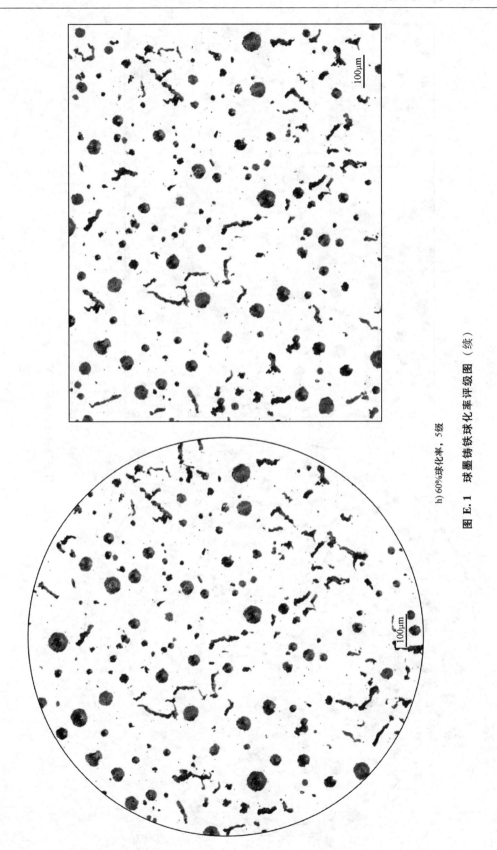

h) 60%球化率,5级

图 E.1 球墨铸铁球化率评级图(续)

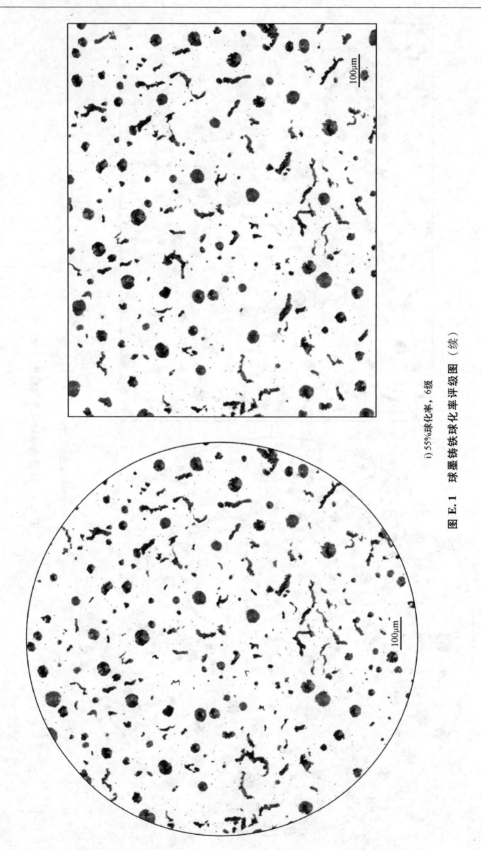

i) 55%球化率，6级

图 E.1 球墨铸铁球化率评级图（续）

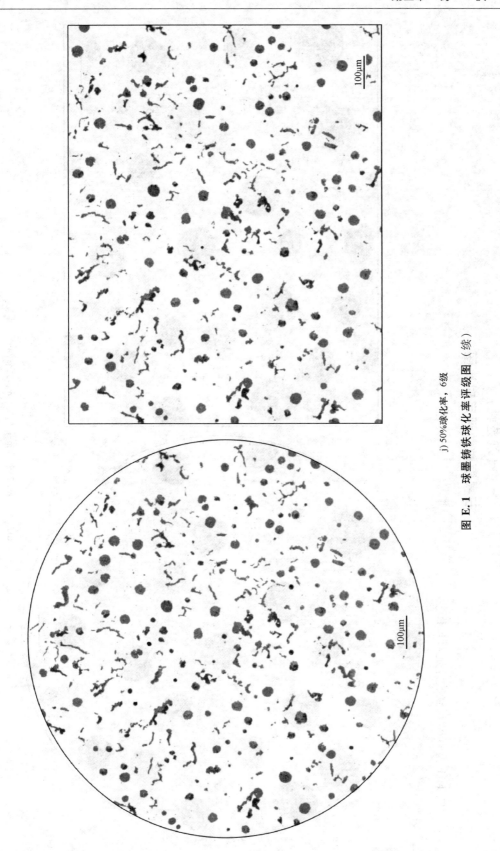

j) 50%球化率，6级

图 E.1 球墨铸铁球化率评级图（续）

附 录 F
（规范性）
石墨颗粒数评定对比图

图 F.1 为石墨颗粒数评定对比图。

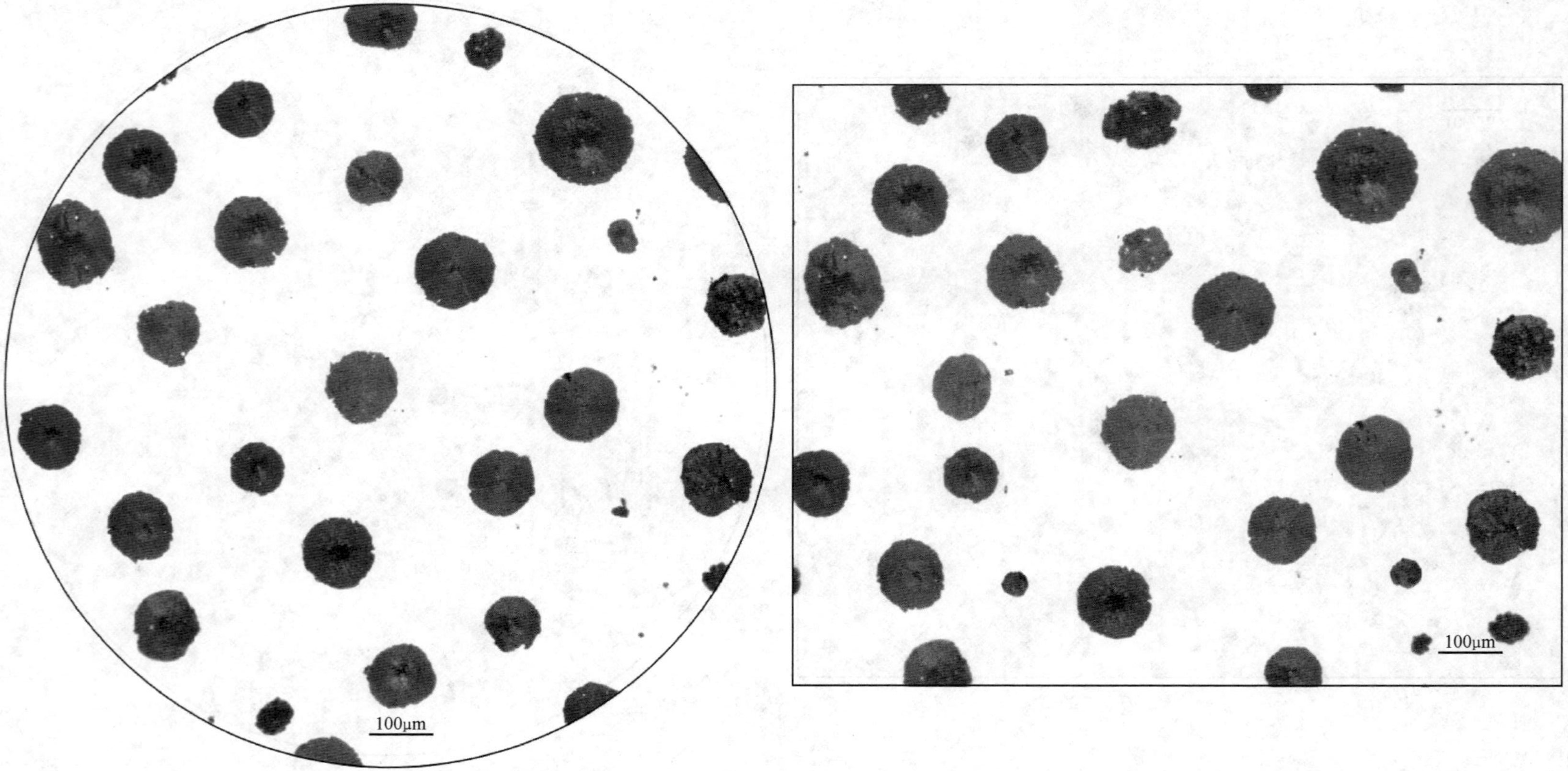

a) $l_m \geqslant 10\mu m$，25个/mm²；$l_m \geqslant 5\mu m$，31个/mm²

图 F.1 石墨颗粒数评定对比图

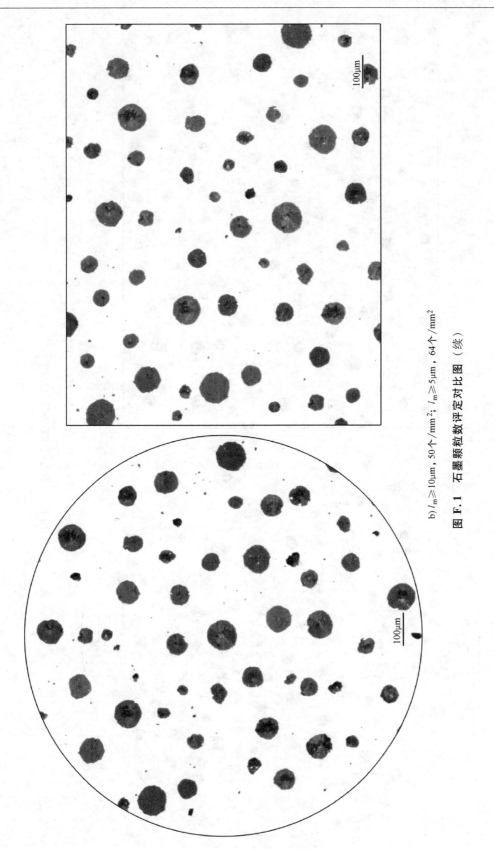

b) $l_m \geqslant 10\mu m$，50个/mm^2；$l_m \geqslant 5\mu m$，64个/mm^2

图 F.1 石墨颗粒数评定对比图（续）

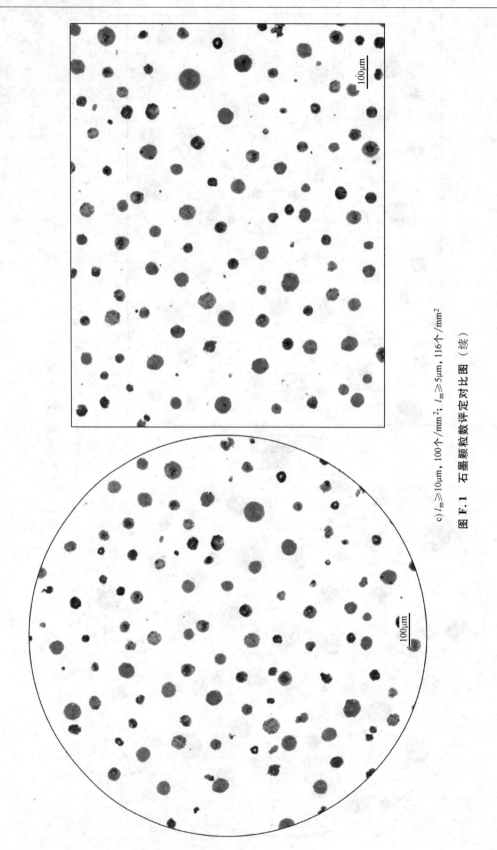

c) $l_m \geqslant 10\mu m$,100个/mm^2;$l_m \geqslant 5\mu m$,116个/mm^2

图 F.1 石墨颗粒数评定对比图（续）

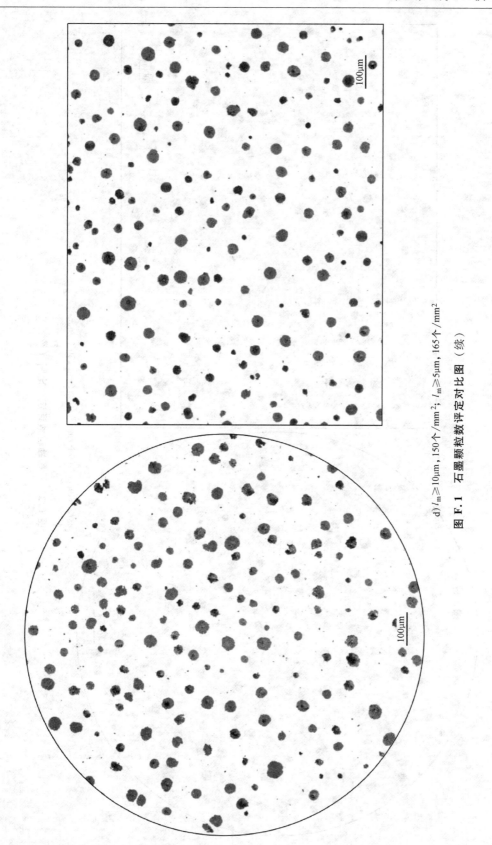

d) $l_m \geqslant 10\mu m$，150个/mm^2；$l_m \geqslant 5\mu m$，165个/mm^2

图 F.1 石墨颗粒数评定对比图（续）

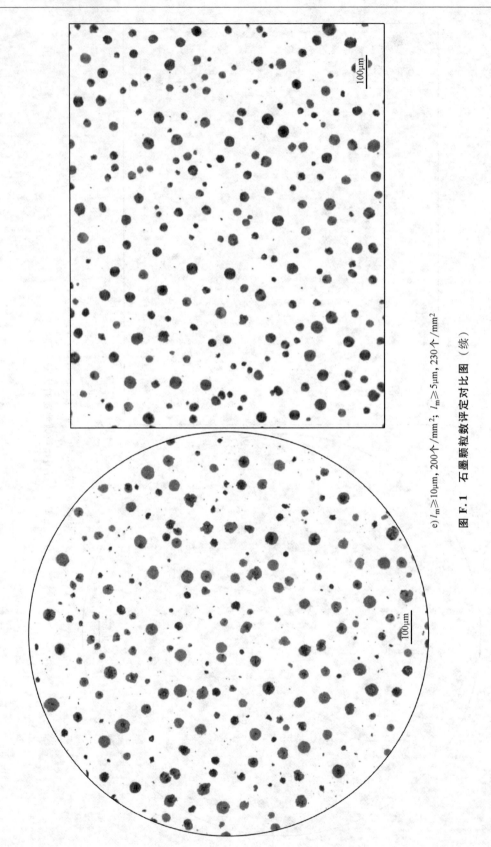

e) $l_m \geqslant 10\mu m$,200个/mm^2;$l_m \geqslant 5\mu m$,230个/mm^2

图 F.1 石墨颗粒数评定对比图（续）

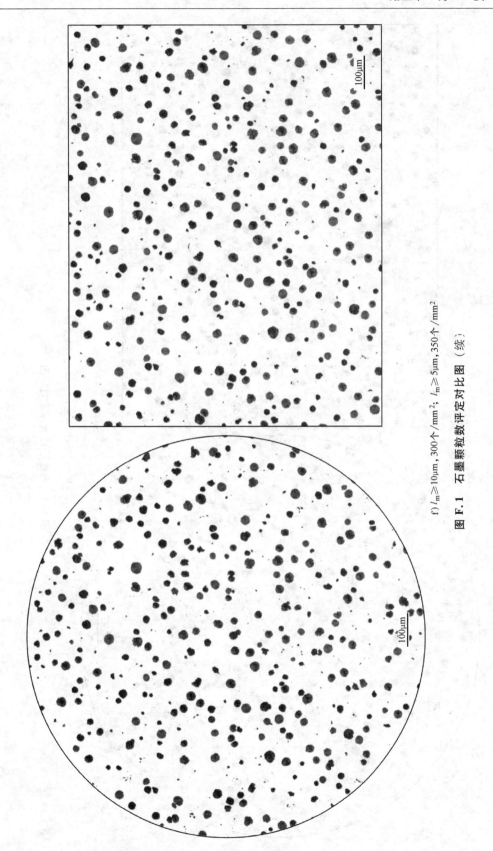

f) $l_m \geqslant 10\mu m$，300个/mm^2；$l_m \geqslant 5\mu m$，350个/mm^2

图 F.1 石墨颗粒数评定对比图（续）

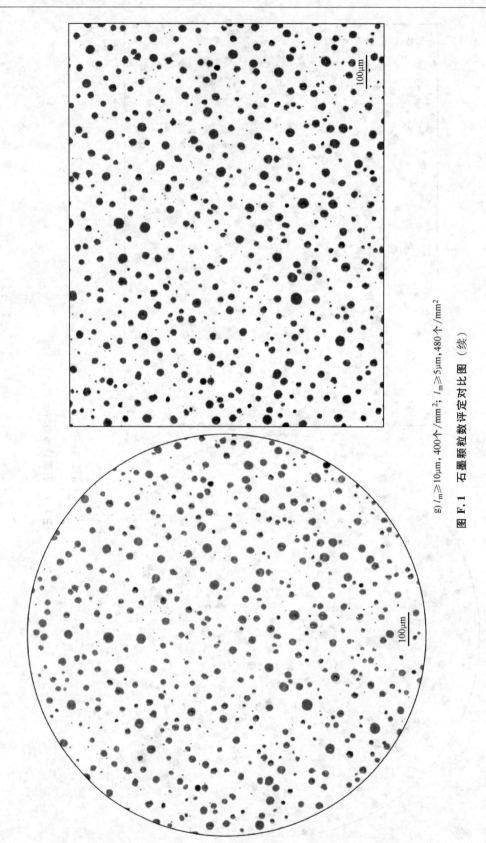

g) $l_m \geqslant 10\mu m$，400个/mm^2；$l_m \geqslant 5\mu m$，480个/mm^2

图 F.1 石墨颗粒数评定对比图（续）

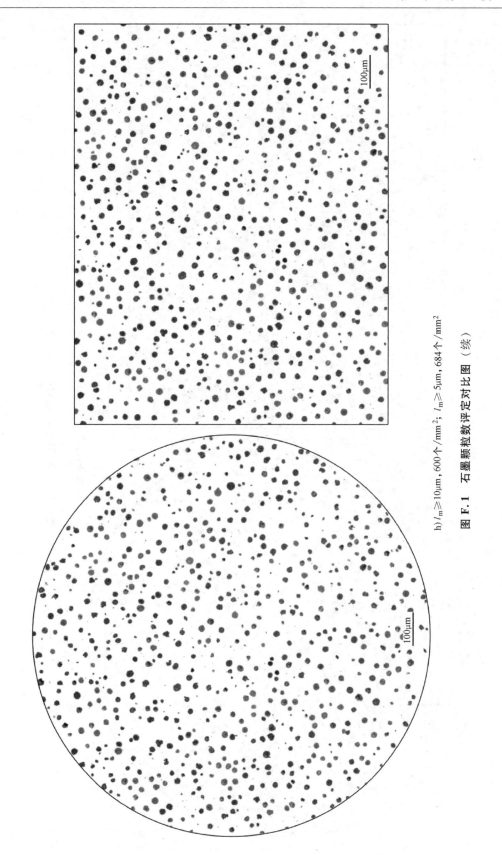

h) $l_m \geq 10\mu m$,600个/mm²;$l_m \geq 5\mu m$,684个/mm²

图 F.1 石墨颗粒数评定对比图（续）

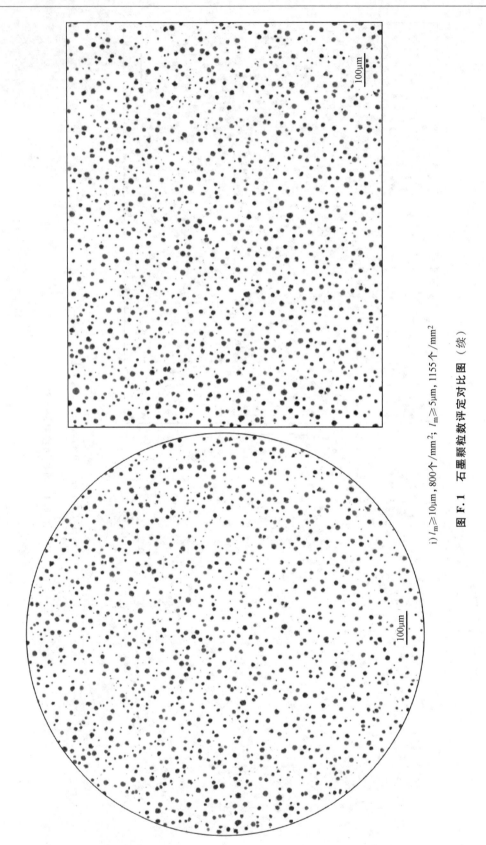

i) $l_m \geqslant 10\mu m$，800个/mm^2；$l_m \geqslant 5\mu m$，1155个/mm^2

图 F.1 石墨颗粒数评定对比图（续）

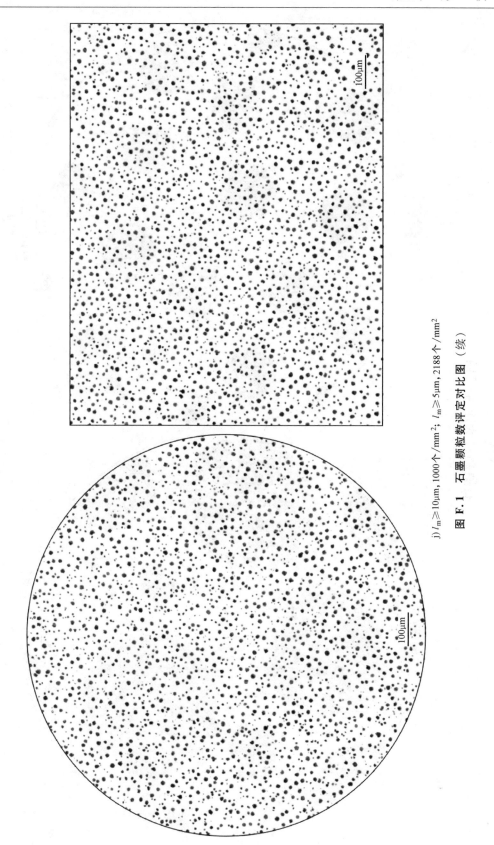

j) $l_m \geqslant 10\mu m$，1000个/mm^2；$l_m \geqslant 5\mu m$，2188个/mm^2

图 F.1 石墨颗粒数评定对比图（续）

附 录 G
（规范性）
石墨颗粒大小评级图

图 G.1 为石墨颗粒大小评级图。

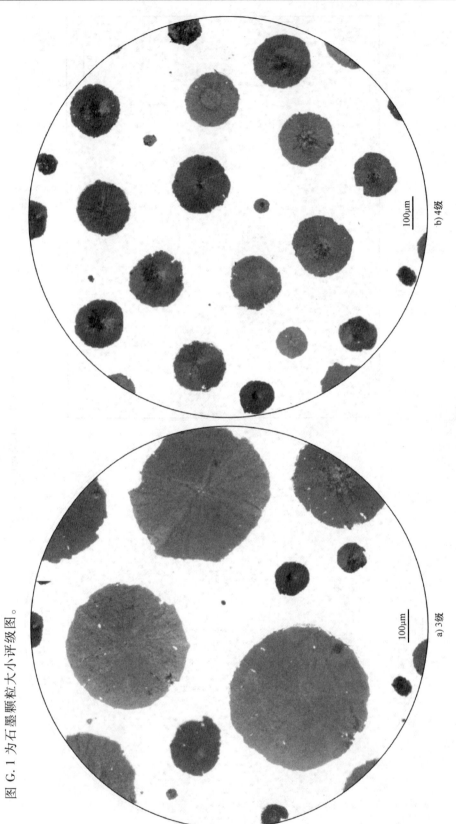

图 G.1 石墨颗粒大小评级图

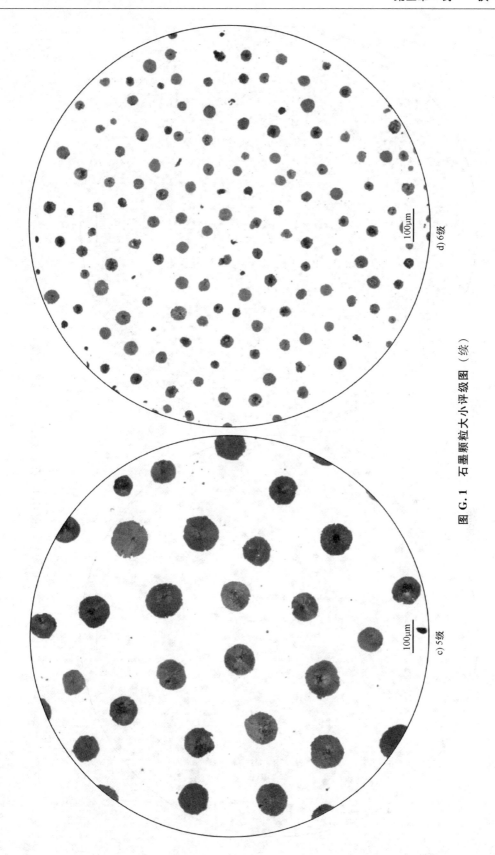

图 G.1 石墨颗粒大小评级图（续）

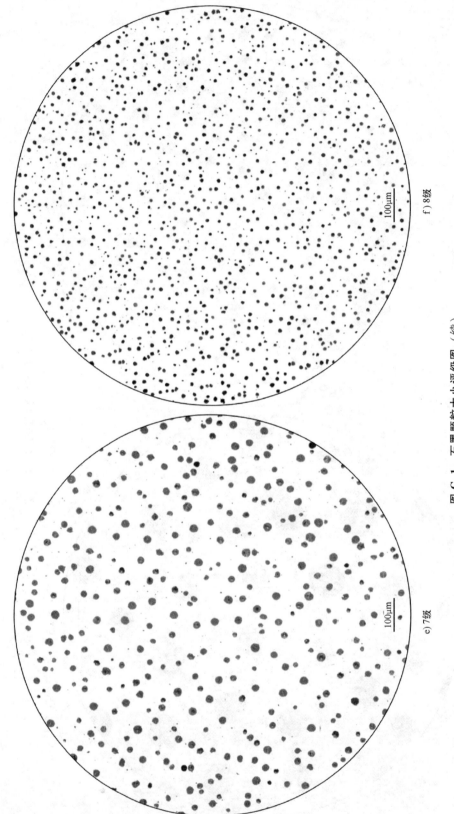

图 G.1 石墨颗粒大小评级图（续）

附 录 H
（规范性）
珠光体含量评级图

图 H.1 为珠光体体含量评级图。

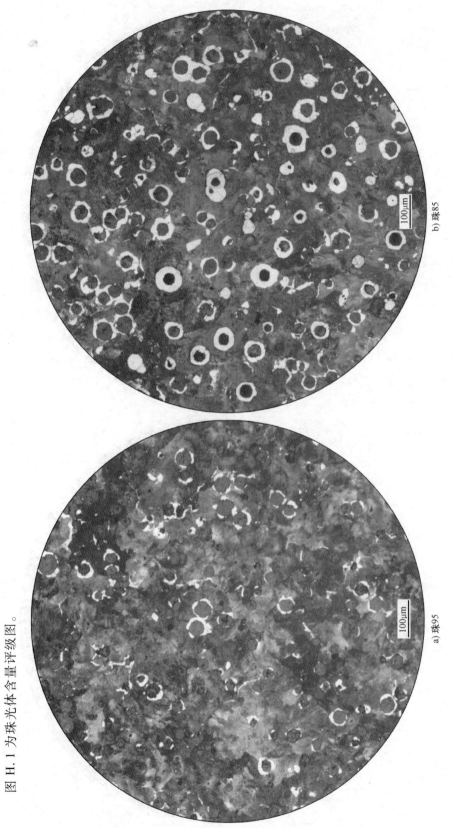

图 H.1 珠光体含量评级图

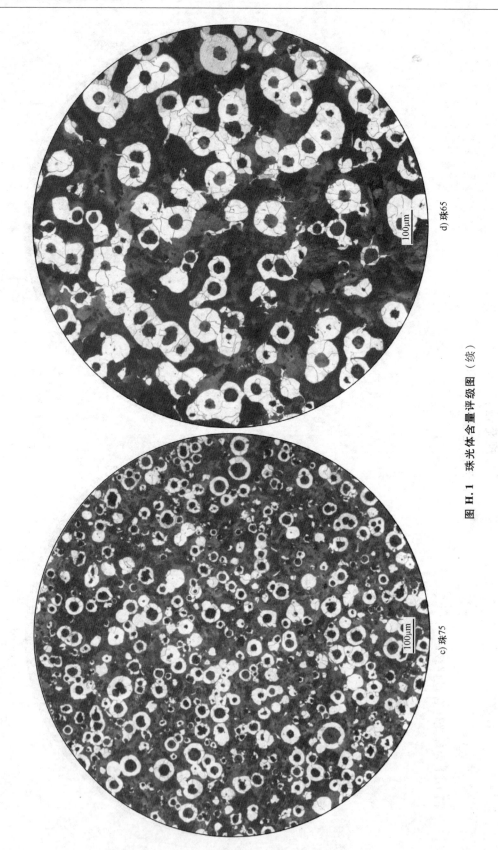

图 H.1 珠光体含量评级图（续）

c) 珠75

d) 珠65

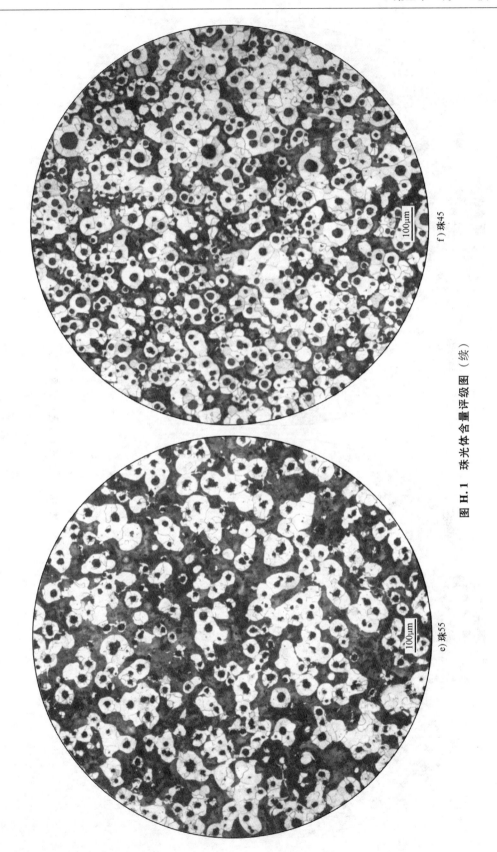

f) 珠45

e) 珠55

图 H.1 珠光体含量评级图（续）

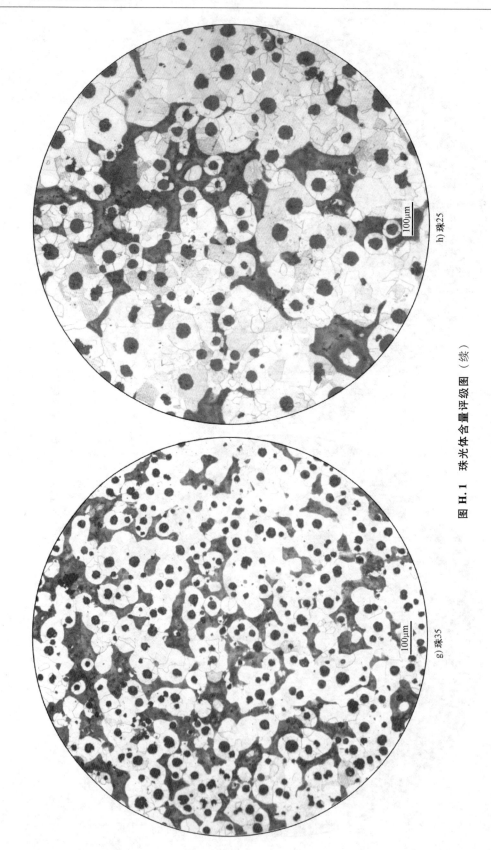

g) 珠35 h) 珠25

图 H.1 珠光体含量评级图（续）

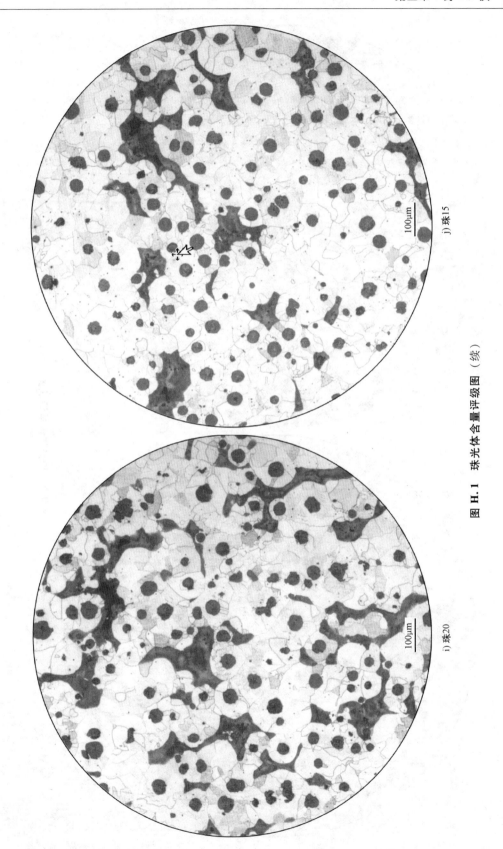

图 H.1 珠光体含量评级图（续）

j) 珠15

i) 珠20

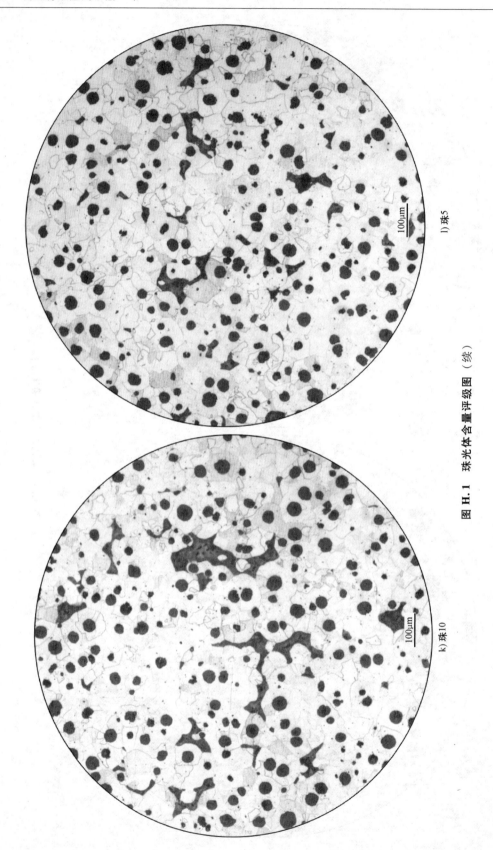

k) 珠10　　l) 珠5

图 H.1　珠光体含量评级图（续）

附 录 I
（规范性）
磷共晶含量评级图

图 I.1 为磷共晶含量评级图。

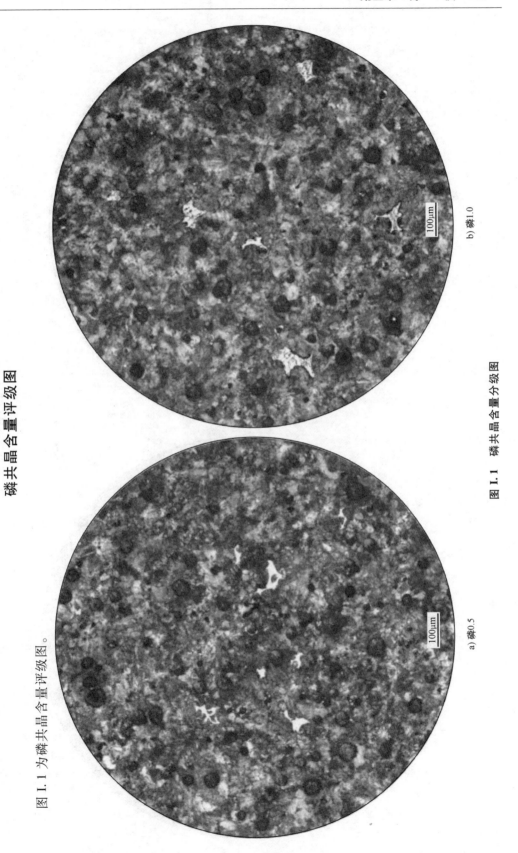

图 I.1 磷共晶含量分级图
a) 磷0.5
b) 磷1.0

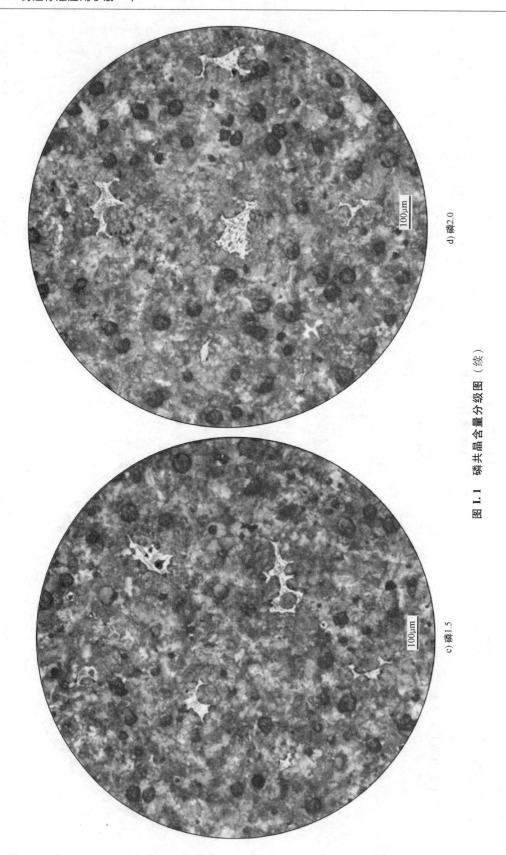

图 I.1 磷共晶含量分级图（续）

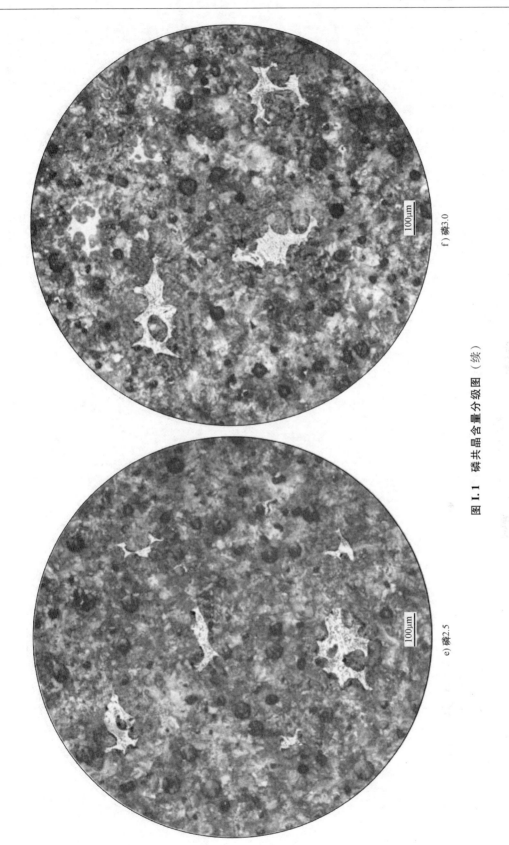

图 I.1 磷共晶含量分级图（续）

附 录 J
（规范性）
碳化物含量评级图

图 J.1 为碳化物含量评级图。

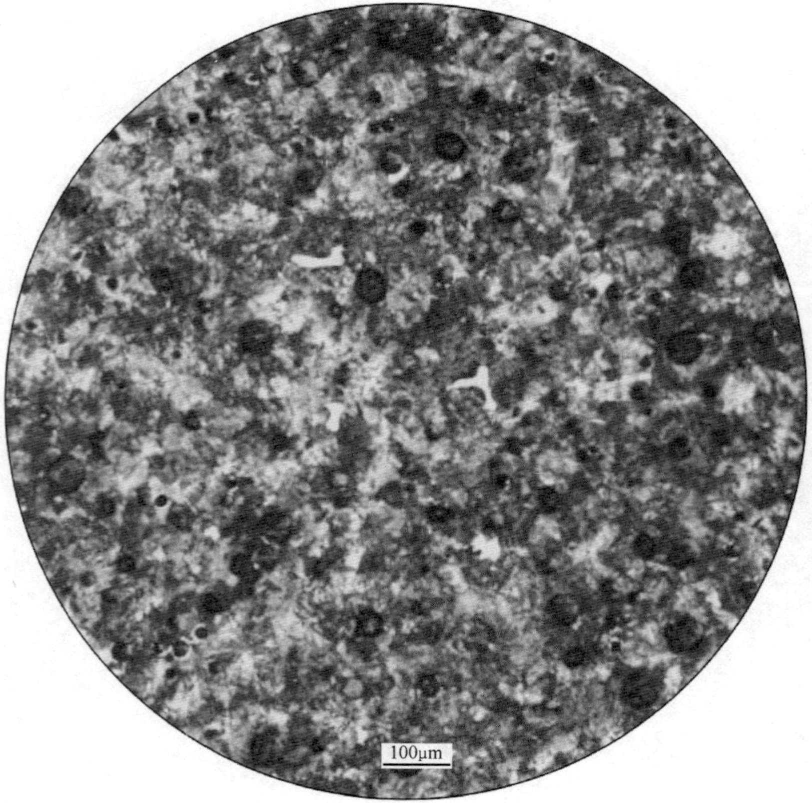

a) 碳1

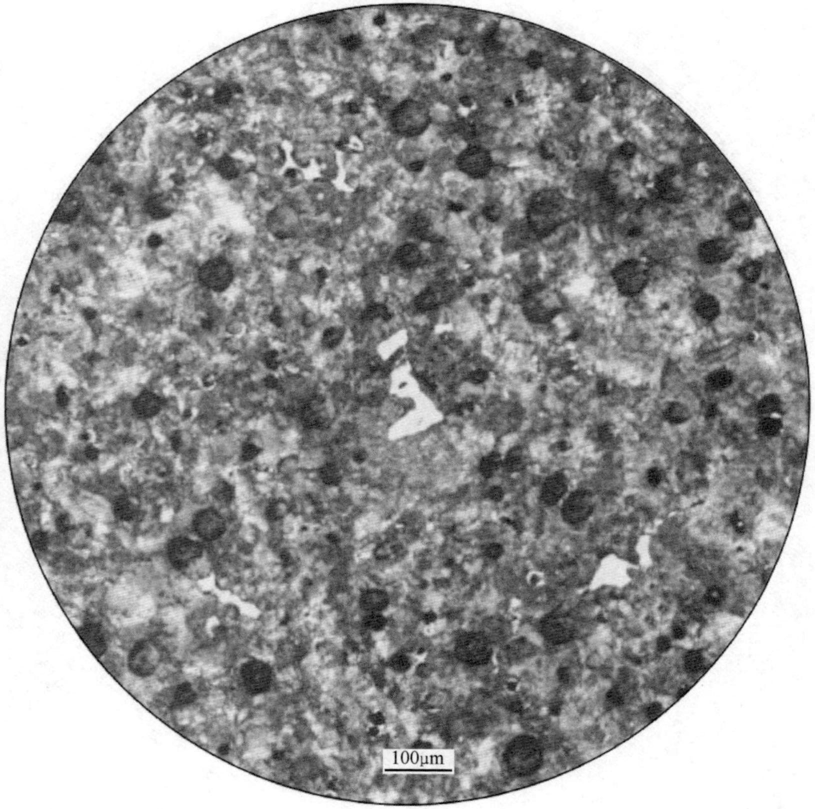

b) 碳2

图 J.1 碳化物含量评级图

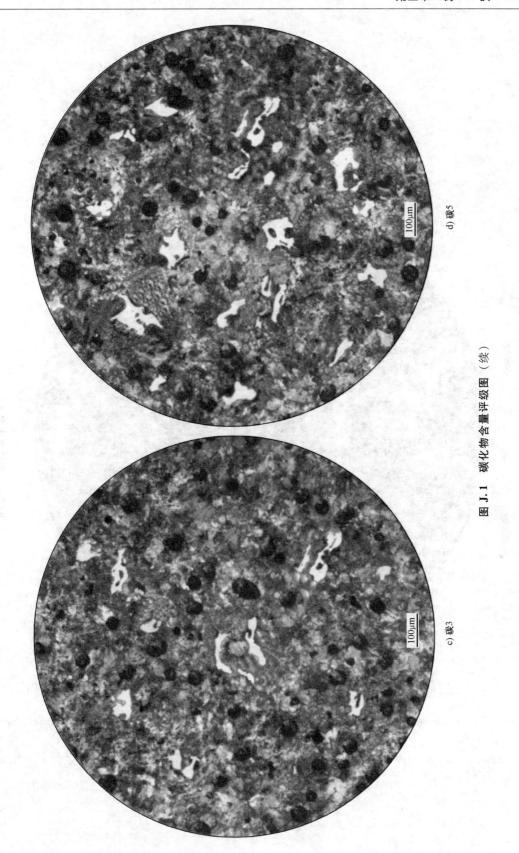

c) 碳3   d) 碳5

图 J.1 碳化物含量评级图（续）

210 铸造标准应用手册 下

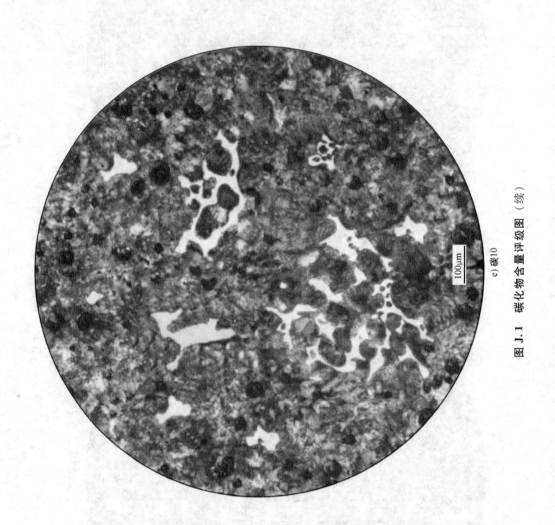

e) 碳10

图 J.1 碳化物含量评级图（续）

第四节 蠕墨铸铁件

徐 东 徐 宁

一、标准概况

我国于20世纪80年代制定了JB/T 4403—1987《蠕墨铸铁件》和JB/T 3289—1984《蠕墨铸铁 金相》两项机械行业标准。2011年发布了GB/T 26655—2011《蠕墨铸铁件》和GB/T 26656—2011《蠕墨铸铁 金相检验》两项国家标准。GB/T 26655—2011《蠕墨铸铁件》发布实施以来，在蠕墨铸铁行业广为应用，在促进产品质量提升和企业转型升级等方面发挥了重要作用。近年来，随着蠕墨铸铁行业的发展，新的检验检测技术和检测方法的出现，以及相对应的国际标准ISO 16112：2017《蠕墨铸铁 分类》的发布，为适应行业技术发展的需要，对GB/T 26655—2011进行了修订。

GB/T 26655—2022《蠕墨铸铁件》于2022年3月9日发布，2022年10月1日实施。

二、标准主要内容说明

1. 生产方法和化学成分

GB/T 26655—2022中没有规定蠕墨铸铁的生产方法和化学成分，由供方自行决定，化学成分不作为铸件验收的依据，通过合金化可以获得不同牌号的蠕墨铸铁。当需方对铸件有特殊要求时，材料的化学成分和热处理方式由供需双方商定。

2. 牌号

GB/T 26655—2022中表C.1列出了ISO、ASTM、EN、SAE标准相似的蠕墨铸铁牌号的对照。用表C.1进行蠕墨铸铁牌号替换，应考虑各国牌号技术要求的差异。

GB/T 26655—2022中蠕墨铸铁牌号的表示方法符合GB/T 5612—2008《铸铁牌号表示方法》的规定。蠕墨铸铁牌号是依据从厚度或直径为25mm的单铸试块（试棒）、并排试块（试棒）或附铸试块上加工的试样测出的最小抗拉强度值而定义的。按单铸试样、并排试样或附铸试样（试样原始标距为$L_0=5d$）上测得的最小抗拉强度值，将蠕墨铸铁分为5个牌号，分别为RuT300、RuT350、RuT400、RuT450和RuT500，见GB/T 26655—2022中表1和表2。采用并排或附铸试块时，牌号后面加"A"。

ASTM A842—2011《蠕墨铸铁件分类》是根据单铸试块加工的试样（试样原始标距为$L_0=4d$）测定的力学性能进行分级，牌号与试块类型有关。

3. 单铸试样力学性能和主要基体组织

按GB/T 26655—2022中图1、图2和图3的单铸试样上测得的蠕墨铸铁的力学性能应符合GB/T 26655—2022中表1的规定。随着牌号的升高，蠕墨铸铁抗拉强度和屈服强度增大，断后伸长率下降。蠕墨铸铁力学性能主要与石墨形态和基体组织有关，例如，RuT300的基体组织主要为铁素体，抗拉强度和硬度相对偏低，断后伸长率相对其他牌号高。

4. 并排试样和附铸试样的力学性能和主要基体组织

并排试样或附铸试样的力学性能及主要基体组织见GB/T 26655—2022中表2，并排试样或附铸试样的力学性能并不能准确地反映铸件本体的力学性能，但与单铸试样相比更接近于铸件的实际性能值。GB/T 26655—2022中附录E给出了蠕墨铸铁力学和物理性能指导值。力学性能随铸件结构和冷却条件而变化,随铸件断面厚度增加而相应降低。对于主要壁厚大于200mm的铸件,供需双方商定试样的类型、尺寸和性能最低值。

5. 本体试样

铸件本体的力学性能值无法统一规定,因其受凝固过程中和凝固后的冷却速度、化学成分(尤其是碳当量)、铸件设计、铸型的设计和特性、浇冒口的位置和效果、石墨形态及其他因素的影响。铸件本体的力学性能值不仅受到材料性能的影响,还受到取样部位缺陷的影响。GB/T 26655—2022中7.4.1规定:本体试样的取样位置及要达到的力学性能指标,由供需双方商定。本体试样的最小力学性能值或允许范围值参照GB/T 26655—2022中表2和附录E。

铸件本体取样的位置、试样尺寸及所要求的本体力学性能,由供需双方商定。若需方未规定取样位置,供方可自行选择取样位置和试样尺寸。

6. 石墨形态

随着铸件主要壁厚的增加,铁液的凝固速率降低,形成球状石墨的趋势也减弱,所以厚壁铸件中的石墨球数要少于薄壁铸件,导致其性能有差别,图2.4-1和图2.4-2所示石墨形态的蠕化率分别为95%和40%。GB/T 26655—2022对并排和附铸试块力学性能的要求是,随着壁厚的增加,对材料的力学性能要求降低,这是因为蠕墨铸铁中石墨球数的增加可以提高其抗拉强度和断后伸长率,但是球状石墨的增多也会导致材料的导热性能下降。

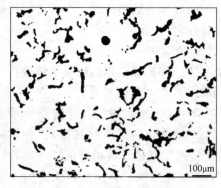   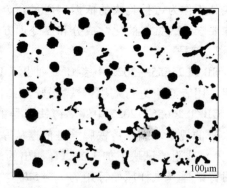

图2.4-1　石墨形态(蠕化率95%)　　　　图2.4-2　石墨形态(蠕化率40%)

蠕墨铸铁中往往伴有一些团状或球状石墨。当石墨大部分为蠕虫状时,铸铁性能趋近于高强度灰铸铁;随着团状、球状石墨的增多,铸铁性能相应趋近于球墨铸铁。蠕墨铸铁的特性主要取决于蠕墨占石墨总量的比例,即蠕化率。

蠕墨铸铁的蠕化率可以用蠕虫状石墨和部分团状、团絮状石墨(按照ISO 945-1:2019中Ⅲ型和部分Ⅳ、Ⅴ型石墨)占石墨总面积的百分比来表示和确定。蠕化率的级别不仅取决于铸铁的处理过程(原铁液、残余镁量、残余稀土量、孕育程度等),而且也与铸件断面的冷却模数有关。此外,通常会看到一些与铸型接触面处石墨的衰退,由此在铸件表面边缘地带出现极少数的片状(细片状)石墨。蠕化率测定时,不选择该铸件表面边缘区域。蠕化率通常是在放大100倍的试样抛光面上测定的。精确的分析要求试样抛光面上有足够数量的被用来评定尺寸、形状准确的石墨颗粒。蠕化率可以由半自动或自动的图像分析(仪)等方法来测定。

GB/T 26655—2022 规定蠕墨铸铁材料的蠕化率应大于等于 80%，其余为球状石墨、团状石墨、团絮状石墨。除了铸件表面边缘区域之外，不应出现片状石墨。在实际应用中，同一铸件的不同壁厚部位及不同铸件对铸造工艺性能和材料性能的要求不同，以及不同铸件的服役条件也不同，所以对于蠕墨铸铁件可根据其产品结构、服役条件，由供需双方商定蠕化率（不小于 50%）。GB/T 26655—2022 中附录 F 给出了有关蠕墨铸铁球化率的测定资料。

三、标准的特点与应用

1. 标准特点

GB/T 26655—2022《蠕墨铸铁件》修改采用 ISO 16112：2017《蠕墨铸铁 分类》，并做了部分技术调整，以适应我国的技术条件及便于使用者应用和理解。该标准全面、系统、合理地规定技术指标和检验检测方法，规则科学，方法实用，技术上先进，经济上合理，为蠕墨铸铁产业的发展提供了有力的技术支撑和引领作用。

2. 标准应用

蠕墨铸铁性能介于灰铸铁和球墨铸铁之间，其强度和韧性略低于球墨铸铁，但比灰铸铁高；其导热性和减震性虽然比灰铸铁略差，但优于球墨铸铁。因此，其综合性能优良，有其独特的应用。GB/T 26655—2022 中表 D.1 列出了蠕墨铸铁的性能特点和典型应用的有关资料。

四、标准内容

GB/T 26655—2022

蠕墨铸铁件

1 范围

本文件规定了蠕墨铸铁件的牌号、订货信息、生产方法和化学成分、技术要求、试验方法、检验规则、标识、质量证明书、防锈、包装和贮运。

本文件适用于在砂型或导热性与砂型相当的铸型铸造的蠕墨铸铁件。其他铸造方法生产的蠕墨铸铁件可参照使用。

2 规范性引用文件

下列文件中的内容通过文中的规范性引用而构成本文件必不可少的条款。其中，注日期的引用文件，仅该日期对应的版本适用于本文件；不注日期的引用文件，其最新版本（包括所有的修改单）适用于本文件。

GB/T 223.3 钢铁及合金化学分析方法 二安替比林甲烷磷钼酸重量法测定磷量

GB/T 223.4 钢铁及合金 锰含量的测定 电位滴定或可视滴定法

GB/T 223.60 钢铁及合金化学分析方法 高氯酸脱水重量法测定硅含量

GB/T 223.72 钢铁及合金 硫含量的测定 重量法

GB/T 223.86 钢铁及合金 总碳含量的测定 感应炉燃烧后红外吸收法

GB/T 228.1 金属材料 拉伸试验 第1部分：室温试验方法（GB/T 228.1—2010，ISO 6892-1：2009，MOD）

GB/T 231.1 金属材料 布氏硬度试验 第1部分：试验方法（GB/T 231.1—2018，

ISO 6506-1：2014，MOD）

  GB/T 4336 碳素钢和中低合金钢 多元素含量的测定 火花放电原子发射光谱法（常规法）

  GB/T 5611 铸造术语

  GB/T 5612 铸铁牌号表示方法（GB/T 5612—2018，ISO/TR 15931：2004，MOD）

  GB/T 5677 铸件 射线照相检测

  GB/T 6060.1 表面粗糙度比较样块 第1部分：铸造表面

  GB/T 6414 铸件 尺寸公差、几何公差与机械加工余量

  GB/T 9443 铸钢铸铁件 渗透检测

  GB/T 9444 铸钢铸铁件 磁粉检测

  GB/T 11351 铸件重量公差

  GB/T 15056 铸造表面粗糙度 评定方法

  GB/T 20123 钢铁 总碳硫含量的测定 高频感应炉燃烧后红外吸收法（常规方法）

  GB/T 24234 铸铁 多元素含量的测定 火花放电原子发射光谱法（常规法）

  GB/T 26656 蠕墨铸铁金相检验

  GB/T 34904 球墨铸铁件 超声检测

  GB/T 38441 生铁及铸铁 铬、铜、镁、锰、钼、镍、磷、锡、钛、钒和硅的测定 电感耦合等离子体原子发射光谱法

3 术语和定义

  GB/T 5611界定的以及下列术语和定义适用于本文件。

3.1 **蠕墨铸铁** compacted（vermicular）graphite cast iron

  碳主要以蠕虫状石墨形态析出存在于金属基体之中的铸铁材料。

3.2 **蠕化处理** treatments for compacted（vermicular）graphite iron

  往铁液中加入蠕化剂，使碳在铁液凝固过程中形成蠕虫状石墨为主的工艺过程。

3.3 **铸件主要壁厚** relevant wall thickness

  代表铸件材料力学性能的铸件断面厚度或铸件主要工作部位的厚度。

3.4 **铸造试块** cast sample

  代表铸件材料性能而浇注的试块或试棒。

  注：包括单铸试块（试棒）、并排试块（并排试棒）和附铸试块。

3.5 **并排试块** side-by-side cast sample

  并排试棒

  和铸件用同一浇注系统，与铸件并排浇注的试块或试棒。

3.6 **检验批次** test unit；inspection lot；test batch

  取样批次

  检验铸件时，用于一并被接受或拒收的铸件数量或吨位数。

4 牌号

4.1 蠕墨铸铁牌号的表示方法符合GB/T 5612的规定。

4.2 蠕墨铸铁材料牌号等级是依据从图1、图2、图3所示厚度或直径为25mm的单铸试块（试棒）或并排试块（试棒）上加工的试样测出的最小抗拉强度值而定义的。

4.3 表1和表2分别列出了按单铸试样或并排试样上测得的抗拉强度值,将蠕墨铸铁分为5个牌号。蠕墨铸铁牌号与其他标准相似牌号的对照见附录C。

4.4 铸件的力学性能也可通过下列试样测定:
——附铸试样:从附铸试块上截取加工的试样;
——本体试样:从铸件本体上截取加工的试样。

5 订货信息

5.1 下列订货信息应由需方提供:
a) 铸件材料牌号、数量及批量;
b) 试样类型及规格;
c) 铸件技术要求、试验项目;
d) 对铸件的表面防护、包装、运输和贮存要求;
e) 批量生产前对样件检验程序要求;
f) 交货时有无气密性试验、水压试验、渗漏试验等特殊要求。

5.2 所有的订货要求应在接受订单的同时,由供需双方协商确认。

6 生产方法和化学成分

6.1 蠕墨铸铁的生产方法和化学成分由供方自行决定,化学成分不作为铸件验收的依据。

6.2 当需方对铸件有特殊要求时,材料的化学成分和热处理方式由供需双方商定。

7 技术要求

7.1 一般要求

7.1.1 本文件中所列性能指标值是指在砂型或导热性能与砂型相当的铸型中浇注的蠕墨铸铁的性能值。

7.1.2 蠕墨铸铁的力学性能值应符合表1和表2的规定。

7.1.3 除需方有特殊要求外,屈服强度 $R_{p0.2}$ 一般不作为验收依据。

7.1.4 蠕墨铸铁的性能特点和典型应用见附录D。

7.2 单铸试样

按图1、图2以及图3的单铸试块或试棒加工而成的试样上测得的蠕墨铸铁的力学性能应符合表1的规定。

表1 单铸试样的力学性能和主要基体组织

牌号	抗拉强度 R_m/MPa ≥	屈服强度 $R_{p0.2}$/MPa ≥	断后伸长率 A (%) ≥	典型的布氏硬度范围 HBW	主要基体组织
RuT300	300	210	2.0	140~210	铁素体
RuT350	350	245	1.5	160~220	铁素体+珠光体
RuT400	400	280	1.0	180~240	珠光体+铁素体
RuT450	450	315	1.0	200~250	珠光体
RuT500	500	350	0.5	220~260	珠光体

注:布氏硬度(指导值)仅供参考。

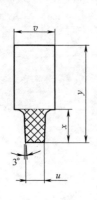 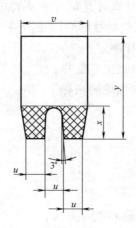 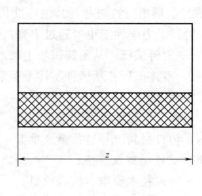

a) Ⅰ、Ⅱ$_a$ 和 Ⅲ型　　　　　　　　　　　b) Ⅱ$_b$　　　　　　　　　（单位：mm）

试块类型	u①	v	x	y②	z	试块的最小吃砂量
Ⅰ	12.5	40	30	80	根据图5所示不同规格拉伸试样的总长确定	40
Ⅱ$_a$	25	55	40	100		
Ⅱ$_b$	25	90	40～50	100		
Ⅲ	50	90	60	150		80

① 对薄壁铸件或金属型铸件，经供需双方商定，拉伸试样也可以从壁厚 u 小于12.5mm的试块上加工。
② y 尺寸数值供参考。

图 1　单铸试块或并排试块（U 型）

注：网纹线表示加工试样的位置。

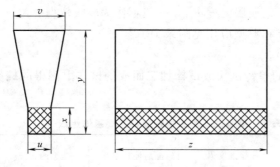

（单位：mm）

试块类型	u①	v	x	y②	z	试块的最小吃砂量
Ⅰ	12.5	40	25	135	根据图5所示不同规格拉伸试样的总长确定	40
Ⅱ	25	55	40	140		
Ⅲ	50	100	50	150		80
Ⅳ	75	125	65	175		

① 对薄壁铸件或金属型铸件，经供需双方商定，拉伸试样也可以从壁厚 u 小于12.5mm的试块上加工。
② y 尺寸数值供参考。

图 2　单铸试块或并排试块（Y 型）

注：网纹线表示加工试样的位置。

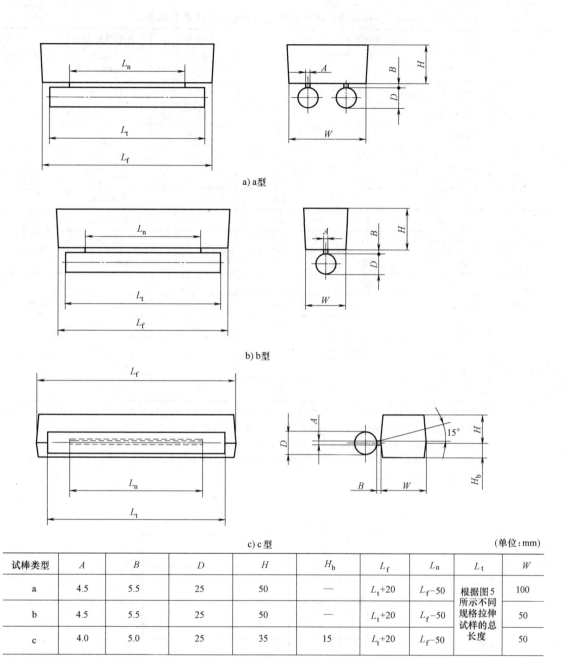

试棒类型	A	B	D	H	H_b	L_f	L_n	L_t	W
a	4.5	5.5	25	50	—	L_t+20	L_f-50	根据图5所示不同规格拉伸试样的总长度	100
b	4.5	5.5	25	50	—	L_t+20	L_f-50		50
c	4.0	5.0	25	35	15	L_t+20	L_f-50		50

图 3　单铸试棒或并排试棒（圆棒）

注：试块最小吃砂量为 40mm。

7.3　并排试样和附铸试样

从图 1、图 2 以及图 3 所示的并排试块或试棒和图 4 所示的附铸试块加工而成的试样上测得的蠕墨铸铁的力学性能值应符合表 2 的规定。

表2 并排试样和附铸试样的力学性能及主要基体组织

牌号	主要壁厚 t[①]/mm	抗拉强度 R_m/MPa ≥	屈服强度 $R_{p0.2}$/MPa ≥	断后伸长率 A(%) ≥	典型的布氏硬度范围 HBW	主要基体组织
RuT300A	$t≤30$	300	210	2.0	140~210	铁素体
	$30<t≤60$	275	195	2.0	140~210	
	$60<t≤200$	250	175	2.0	140~210	
RuT350A	$t≤30$	350	245	1.5	160~220	铁素体+珠光体
	$30<t≤60$	325	230	1.5	160~220	
	$60<t≤200$	300	210	1.5	160~220	
RuT400A	$t≤30$	400	280	1.0	180~240	珠光体+铁素体
	$30<t≤60$	375	260	1.0	180~240	
	$60<t≤200$	325	230	1.0	180~240	
RuT450A	$t≤30$	450	315	1.0	200~250	珠光体
	$30<t≤60$	400	280	1.0	200~250	
	$60<t≤200$	375	260	1.0	200~250	
RuT500A	$t≤30$	500	350	0.5	220~260	珠光体
	$30<t≤60$	450	315	0.5	220~260	
	$60<t≤200$	400	280	0.5	220~260	

注:1. 从并排试样或附铸试样上测得的力学性能并不能准确地反映铸件本体的力学性能,但与单铸试样测得的值相比更接近于铸件的实际性能值。附录E给出了蠕墨铸铁力学和物理性能指导值。
2. 力学性能随铸件结构和冷却条件而变化,随铸件断面厚度增加而相应降低。

① 对于主要壁厚大于200mm的铸件,供需双方商定试样的类型、尺寸和性能最低值。

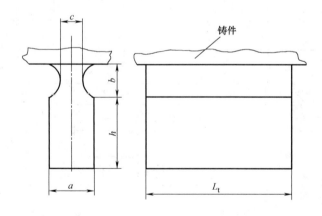

(单位:mm)

类型	铸件的主要壁厚 t	a	b≤	c≥	h	L_t	最小吃砂量
A[①]	$t≤12.5$	15	11	7.5	20~30	根据图5所示不同规格拉伸试样的总长确定	40
B	$12.5<t≤30$	25	19	12.5	30~40		40
C	$30<t≤60$	40	30	20	40~65		80
D	$60<t≤200$	70	52.5	35	65~105		80

① 如用比A型更小尺寸的附铸试块时应按下式规定:$b=0.75a,c=0.5a$。

图4 附铸试块

7.4 本体试样

7.4.1 本体试样的取样位置及要达到的力学性能指标，由供需双方商定。

7.4.2 本体试样的最小力学性能值或允许范围值参照表2和附录E。

注1：铸件本体的力学性能值无法统一一致，因其受铸件的复杂程度、铸件壁厚以及冷却速度等因素的影响。

注2：铸件本体的力学性能值不仅受到材料性能的影响，还受到取样部位缺陷的影响。

7.5 硬度

需要测定铸件的硬度时，由供需双方商定。表1和表2中的布氏硬度值仅供参考。

7.6 石墨形态

7.6.1 蠕墨铸铁应在其二维抛光平面上观察到蠕化率应大于等于80%，其余为球状石墨、团状石墨、团絮状石墨。除了铸件表面边缘区域之外，不应出现片状石墨。在接受订单时，供需双方商定铸件边缘区域的厚度。

7.6.2 蠕墨铸铁件可根据其产品结构、服役条件，由供需双方商定蠕化率（不小于50%）。

注：附录F给出了更多有关球化率的参考资料。

7.7 基体组织

基体组织应符合表1、表2的规定。硅固溶强化蠕墨铸铁基体以铁素体为主。

7.8 几何形状及其尺寸公差

7.8.1 铸件的几何形状及其尺寸应符合图样的规定。

7.8.2 铸件的尺寸公差、几何公差符合图样或有关技术要求，铸件的尺寸公差、几何公差等级应按GB/T 6414的规定选取。

7.9 重量偏差

铸件的重量偏差等级应符合图样或有关技术要求，铸件的重量偏差等级应按GB/T 11351的有关规定选择。

7.10 铸件表面质量

7.10.1 铸件应清理干净，修整多余部分。

7.10.2 浇冒口残余、粘砂、氧化皮及内腔残余物等去除要求应符合图样、技术要求或供需双方订货协定。

7.10.3 采用等离子方法切割浇冒口后，应去除掉热影响区。

7.10.4 铸件表面粗糙度等级应符合图样和产品技术要求，铸件表面粗糙度等级应按GB/T 6060.1的规定选择。

7.10.5 铸件交付时应符合需方的防锈要求。

7.11 铸件的缺陷及修补

7.11.1 不应有影响铸件使用性能的铸造缺陷（如裂纹、冷隔、缩孔等）存在。

7.11.2 铸件允许存在能加工去除掉的缺陷。

7.11.3 铸件非加工面上及铸件内部允许的缺陷种类、数量、范围，应符合需方图样、技术规范的要求或者供需双方订货协议的规定。

7.11.4 不影响铸件使用性能的缺陷可以修补，修补技术要求由供需双方商定。

7.12 特殊要求

需方对磁粉检测、渗透检测、超声检验、射线检验等有要求时，供方应按需方的技术要求进行检查;由供需双方商定检测的频次和数量。铸件的机械加工性能受工艺因素影响可参照附录G。

8 试验方法

8.1 试样制备

8.1.1 试块/试棒应能代表所生产的铸件。

8.1.2 根据铸件的重量和壁厚选取试样型式(单铸试样、附铸试样、并排试样或本体试样)。其中附铸试样、并排试样、本体试样的形式和位置由供需双方商定,如果需方无规定,试样的选取由供方确定。

8.1.3 当铸件重量超过2000kg且主要壁厚超过60mm时,应优先采用附铸试块或并排试块/试棒。试块/试棒的尺寸和位置由供需双方商定。

8.1.4 所有的试样都应有明显的标记以确保可追溯性。

8.1.5 需热处理时,试块/试棒应与所代表的铸件进行相同的热处理,热处理后再制取试样。

8.2 铸造试块/试棒

8.2.1 铸造试块/试棒的尺寸

铸造试块/试棒的尺寸应与铸件的主要壁厚相对应,尺寸应符合表3的规定值。

表3 与铸件主要壁厚对应的铸造试块/试棒的型式、尺寸和拉伸试样的尺寸

铸件的主要壁厚 t mm	试块/试棒型式				拉伸试样首选直径 d[①]/ mm
	选项1 U型(见图1)	选项2 Y型(见图2)	选项3 圆棒(见图3)	附铸试样 (见图4)	
$t \leqslant 12.5$	Ⅰ	Ⅰ	b、c型	A	7(选项3:14mm)
$12.5 < t \leqslant 30$	Ⅱa	Ⅱ	a、b、c型	B	14
$30 < t \leqslant 60$	Ⅱb、Ⅲ[②]	Ⅲ	—	C	14
$60 < t \leqslant 200$	—	Ⅳ	—	D	14

① 若采用其他尺寸直径,根据图5由供需双方商定。
② Ⅱb、Ⅲ试块的冷却速度和40mm厚壁的冷却速度一致。

8.2.2 检测频次和数量

代表铸件材料的试块/试棒的取样频次和数量应由供需双方商定,应最少浇铸一组试块/试棒能检测材料的力学性能。

8.2.3 单铸试块/试棒

8.2.3.1 单铸试块或试棒应在与铸件相同的铸型或导热性能相当的铸型中单独浇铸。也可选择与浇注铸件相似的浇注系统中浇注。试块或试棒的落砂温度和铸件的落砂温度相当,一般不应超过500℃。

8.2.3.2 单铸试块或试棒应与它所代表的铸件用同一批次的铁液浇注,并在该批次铁液的后期浇注。

8.2.3.3 试块或试棒的形状和尺寸可从图1、图2、图3中选择。

8.2.4 并排试块/试棒

8.2.4.1 并排试块或试棒代表与其同时浇注的铸件,也代表所有与其有相同主要壁厚的同批次铸件。

8.2.4.2 代表同批次同类型所有铸件力学性能的并排试块或试棒应最后浇注。

8.2.4.3 并排试块或试棒如图1、图2、图3所示。

8.2.5 附铸试块

8.2.5.1 附铸试块代表与其连在一起的铸件,也代表所有与其有相同主要壁厚的同批次铸件。

8.2.5.2 代表同批次系列铸件力学性能的附铸试块应最后浇注。

8.2.5.3 附铸试块在铸件上的位置由供需双方商定,应考虑到铸件形状和浇注系统的结构形式,以避免对邻近部位的各项性能产生不良影响,并以不影响铸件的结构性能、铸件外观质量以及试块致密性为原则。

8.2.5.4 除非供需双方另有特殊规定,附铸试块的形状和尺寸如图4所示。

8.2.5.5 如铸件需热处理,除非供需双方另有特殊规定,试块应在铸件热处理后再从铸件上切开。

8.2.6 试样

拉伸试样优先采用直径为14mm的试样,如果因技术原因或者从铸件本体上取样,也可以采用其他直径的试样(见图5)。采用其他直径的试样,其原始标距长度应符合下式:

$$L_0 = 5.65\sqrt{S_0} = 5d$$

式中 L_0——试样的原始标距长度(mm);

S_0——试样原始横截面积(mm^2);

d——试样原始标距直径(mm)。

如果上述计算公式中的L_0不适用,供需双方商定拉伸试样尺寸。供需双方协商,也可以采用不同的标距长度。

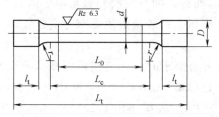

(单位:mm)

d	L_0	L_c 最小	r 最小
5±0.1	25	30	4
7±0.1	35	42	
10±0.1	50	60	
14[①]±0.1	70	84	
20±0.1	100	120	

① 优先采用的尺寸。

图5 拉伸试样

L_0—试样原始标距长度(mm),$L_0=5d$ d—试样标距长度处的直径(mm) L_c—平行段长度(mm);
$L_c>L_0$(原则上,$L_c-L_0 \geq d$) L_t—试样总长(取决于L_c和l_t)(mm) r—圆弧半径(mm)
Rz—最大表面粗糙度(μm)

注:试样两端部的夹持方式及端部长度l_t由供需双方商定。

8.2.7 本体试样

铸件本体取样的位置、试样尺寸及所要求的本体力学性能,由供需双方商定。若需方未规定取样位置,供方可自行选择取样位置和试样尺寸。

8.3 拉伸试验

拉伸试验按 GB/T 228.1 的规定执行。

8.4 硬度试验

8.4.1 布氏硬度试验应按 GB/T 231.1 的规定执行。

8.4.2 铸件硬度试验的部位、频次和数量由供需双方商定。如果不能在铸件上进行试验,由供需双方商定,可以在铸件上附铸的试块上试验。

8.4.3 若供需双方未明确检测部位,则由供方自行决定检测部位。

8.5 金相检验

8.5.1 金相检验应按 GB/T 26656 的规定执行。铸件金相组织的检测部位和频次由供需双方商定。

8.5.2 石墨形态既可用金相检验法,也可用其他无损检验方法测定。有争议时应以金相图谱法裁定。

8.6 表面质量

8.6.1 铸件表面质量用目测法逐件进行检验。

8.6.2 铸件的铸造表面粗糙度检验按 GB/T 15056 的规定执行。

8.7 几何尺寸、尺寸公差

8.7.1 铸件的几何形状及尺寸公差按 GB/T 6414 的规定方法进行检查。

8.7.2 首批铸件,应按图样规定逐件检查尺寸和几何形状。一般铸件及采用能保证尺寸稳定性方法生产出来的铸件可以抽查,抽查频次和数量由供需双方商定。

8.7.3 批量生产的铸件,检测频次和数量由供需双方商定。

8.8 化学成分

8.8.1 当需方对铸件化学成分有要求时,则应按需方技术要求的规定执行。

8.8.2 光谱化学分析按 GB/T 4336、GB/T 24234 和 GB/T 38441 的规定执行。

8.8.3 铸件常规化学成分分析方法按 GB/T 223.3、GB/T 223.4、GB/T 223.60、GB/T 223.72、GB/T 223.86 及 GB/T 20123 的规定执行,也可按其他方法执行。

8.9 无损检测

8.9.1 磁粉检测按 GB/T 9444 的规定执行。

8.9.2 渗透检测按 GB/T 9443 的规定执行。

8.9.3 超声检测按 GB/T 34904 的规定执行。

8.9.4 射线检测按 GB/T 5677 的规定执行。

8.10 重量公差

铸件的重量公差检验如需方无特殊要求时,按 GB/T 11351 的规定执行。

8.11 缺陷

8.11.1 铸件表面的缺陷,可用目视检测或借助内窥镜进行检查。当需方有特殊要求时,可采用磁粉探伤或渗透探伤等方法检测。

8.11.2 铸件的内部缺陷,可用射线、超声波等方法检测。

8.11.3 应逐件目测检查铸件的外观缺陷,但对几何形状、内腔形状复杂的铸件内在缺陷的检查,可按双方商定的检测频次、数量、检验方法进行抽检。

8.12 可选的测试方法

经供需双方同意,也可以应用等效的测定抗拉强度、布氏硬度、金相组织的其他方法。

9 检验规则

9.1 取样批次的构成

9.1.1 由同一包蠕化处理的铁液浇注的铸件为一个批量,构成一个取样批次。

9.1.2 连续浇注时,每一取样批次铸件的最大重量为2000kg或2h浇注的铸件作为一个批次。供需双方同意,取样的批次可以变动。

9.1.3 在某一时间间隔内,如发生生产工艺改变(炉料的改变、工艺条件的变化、或要求的化学成分有变化)时,在此期间连续熔化的铁液浇注的所有铸件,无论时间间隔有多短,都作为一个取样批次。

9.1.4 除9.1.1的规定外,经供需双方商定,可把若干个批次的铸件并成一组进行验收。在此情况下,生产过程中应有其他连续检测方法,如金相检验、无损检验、断口检验、弯曲检验等,并确实证明各批次蠕化处理稳定、符合要求。

9.1.5 经过同一热处理工艺处理的铸件,保持原来的取样批次。如果对该批次的铸件进行了不同的热处理工艺处理,则每一热处理批次的铸件构成一个取样批次。

9.2 检测批次的数量

每个取样批次都要进行试验,除非生产过程的质量控制体系对取样批次合并作了规定,并预先采取保证措施。

9.3 复验

9.3.1 复验的条件

如果首次测试的结果不能满足材料的力学性能要求,允许进行重复试验。

9.3.2 试验的有效性

9.3.2.1 由于下列原因之一造成试验结果不符合要求时,则试验无效:
  a) 试样在试验机上的装卡不当或试验机操作不当;
  b) 试样表面有铸造缺陷或试样切削加工不当(如试样尺寸、过渡圆角、粗糙度不符合要求等);
  c) 拉伸试样在标距外断裂;
  d) 拉伸试样断口上存在明显的铸造缺陷。

9.3.2.2 在上述情况下,应在同一试块上重新取样或者从同一批次浇注的试块上重新取样再试验,复试的结果代替无效试验的结果。

9.3.2.3 复验的结果作为最终试验结果。

9.4 试验结果的评定

9.4.1 检验力学性能时,先用一根拉伸试样进行试验,如果符合要求,则该批铸件在材质上即为合格;若试验结果达不到要求,而不是由于9.3.2.1所列原因引起的,则可从同一批的试样中另取二根进行复验。

9.4.2 复验结果都达到要求,则该批铸件的材质仍为合格。若复验结果中仍有一根达不到要求,则该批铸件初步判为材质不合格。这时,可选取该批次的最后浇注的铸件,在供需双方商定的部位从铸件本体上切取试样,再进行力学性能试验。若试验结果达到要求,则仍可判定该批铸件材质合格;若本体试样的试验结果仍然达不到要求,则最终判定该批铸件材质为不合格。

9.5 试块/试棒和铸件的热处理

9.5.1 除有特殊要求外,如果铸件以铸态供货,其力学性能不符合本文件时,经需方同意后,供方可将该批铸件和其代表的试块/试棒一起进行同炉热处理,然后再重新试验。

9.5.2 铸件经过热处理且力学性能不合格的情况下,生产方可以将铸件及代表铸件的试块/试棒一起再次进行同炉热处理。并再次提交验收。如果热处理后的试块/试棒上加工的试样性能合格,则认为重复热处理的该批铸件性能合格。

9.5.3 为复验而进行的热处理的次数不应超过两次。

10 标识、质量证明书、防锈、包装和贮运

10.1 标识

10.1.1 经供需双方商定,可在非加工面上做出供方代码、商标、零件代码、生产日期、生产顺序号、模型号等标识。如需方对标识的位置、尺寸(字号、字高、凹凸)和方法等没有明确要求时,由供方确定。

10.1.2 当无法在铸件上做出标识时,标识可打印在附于每批铸件的标签上。

10.2 质量证明书

铸件出厂应附有供方检验部门签章的质量证明书,证明书应包括但不限于下列内容:
a) 供方名称或标识;
b) 零件号或订货合同号;
c) 材质牌号;
d) 各项检验结果;
e) 标准编号;
f) 批次号。

10.3 防锈、包装和贮运

10.3.1 铸件经检验合格后,其防锈、包装和贮存方式由供需双方商定。

10.3.2 对于长途运输的铸件,应按相关的规定,由双方商定运输方式。

附 录 A
(资料性)

本文件与 ISO 16112:2017 的章条编号对照表

表 A.1 给出了本文件与 ISO 16112:2017 的章条编号对照一览表。

表 A.1 本文件与 ISO 16112:2017 的章条编号对照情况

本文件章条编号	对应的 ISO 16112:2017 章条编号
1	1
2	2
3	3
4	4

(续)

本文件章条编号	对应的 ISO 16112:2017 章条编号
5	5
6	6
7.1~7.6	7.1~7.6
7.7~7.12	—
8.1	8.1
8.2.1	—
8.2.2	8.2.1
8.2.3	8.2.2
8.2.4	8.2.3
8.2.5	8.2.4
8.2.6	8.2.5
8.2.7	8.3
8.3	9.1
8.4	9.2
8.5~8.12	—
9.1	8.4.1
9.2	8.4.2
9.3.1	10.1
9.3.2	10.2
9.4	10.3
9.5	10.4
10.1~10.2	—
附录 A、附录 B	—
附录 C	附录 D
附录 D	附录 C
附录 E	附录 A
附录 F	附录 B
附录 G	—

附 录 B
（资料性）
本文件与 ISO 16112：2017 的技术性差异及其原因

表 B.1 给出了本文件与 ISO 16112：2017 的技术性差异及其原因一览表。

表 B.1 本文件与 ISO 16112：2017 的技术性差异及其原因

本文件章条编号	技术性差异	原因
1	修改了标准的适用范围，删除多余的表述	删除不符合格式的表述

(续)

本文件章条编号	技术性差异	原因
2	关于规范性引用文件，本文件做了具有技术性差异的调整，调整的情况集中反映在第2章"规范性引用文件"中，具体调整如下 ——用修改采用国际标准的 GB/T 228.1 代替了 ISO 6892-1（见8.3） ——用修改采用国际标准的 GB/T 231.1 代替了 ISO 6506-1（见8.4.1） ——用修改采用国际标准的 GB/T 5612 代替了 ISO/TR 15931（见4.1） ——删除了国际文件引用的 ISO 945-1 ——增加引用了 GB/T 223.3（见8.8.3）、GB/T 223.4（见8.8.3）、GB/T 223.60（见8.8.3）、GB/T 223.72（见8.8.3）、GB/T 223.86（见8.8.3）、GB/T 4336（见8.8.2）、GB/T 5611（见第3章）、GB/T 5677（见8.9.4）、GB/T 6060.1（见7.10.4）、GB/T 6414（见7.8.2,8.7.1）、GB/T 9443（见8.9.2）、GB/T 9444（见8.9.1）、GB/T 11351（见7.9,8.10）、GB/T 15056（见8.6.2）、GB/T 20123（见8.8.3）、GB/T 24234（见8.8.2）、GB/T 26656（见8.5.1）、GB/T 34904（见8.9.3）和 GB/T 38441（见8.8.2）	引用国家标准，便于标准的使用，也适应我国的技术条件和标准编写要求
4	修改了牌号的表示方法，按试样的类型后缀不同的字母	方便标准使用者
7.2	增加了从单铸试样上测得的布氏硬度和主要的基体组织	增强标准的适用性、指导性
7.3	增加了从并排试样或附铸试样上测得的布氏硬度和主要的基体组织	增强标准的适用性、指导性
7.7~7.12	增加了7.7基体组织，7.8几何形状及其尺寸公差，7.9重量偏差，7.10铸件表面质量，7.11铸件的缺陷及修补和7.12特殊要求	增强标准的适用性、指导性
8.2.1	增加铸造试块的类型和尺寸汇总表	便利标准的使用和实施
8.5~8.12	增加了8.5金相检验，8.6表面质量，8.7几何尺寸、尺寸公差，8.8化学成分，8.9无损检测，8.10重量公差，8.11缺陷，8.12可选的测试方法等检验项目	使标准结构完整，增强标准的指导性，便于标准的实施
9.3.2.3	增加复验的结果作为最终试验结果	符合国内企业的实际生产状况
10	增加标识、质量证明书、防锈、包装和贮运	规定的内容更详尽全面

附 录 C
（资料性）
蠕墨铸铁件牌号与其他标准相似牌号的对照

表 C.1 列出了国内外蠕墨铸铁材料牌号的对照。用表 C.1 进行蠕墨铸铁牌号替换，宜考虑各国牌号技术要求的差异。

表 C.1　蠕墨铸铁牌号与其他标准相似牌号的对照

材料牌号	ASTM A842-11	EN 16079	JIS G5505	ISO 16112	SAE J1887 JUL
RuT300	300	EN-GJV-300	FCV300	ISO 16112/JV/300/S	C300
RuT350	350	EN-GJV-350	FCV350	ISO 16112/JV/350/S	C350
RuT400	400	EN-GJV-400	FCV400	ISO 16112/JV/400/S	C400
RuT450	450	EN-GJV-450	FCV450	ISO 16112/JV/450/S	C450
RuT500	—	EN-GJV-500	FCV500	ISO 16112/JV/500/S	—

附　录　D
（资料性）
蠕墨铸铁的性能特点和典型应用

表 D.1 列出了蠕墨铸铁的性能特点和典型应用的有关资料。

表 D.1　蠕墨铸铁的性能特点和典型应用

材料牌号	性能特点	典型应用例子
RuT300	强度低，塑韧性高；高的热导率和低的弹性模量；热应力积聚小；以铁素体基体为主，长时间暴露于高温之中引起的生长小	排气歧管、涡轮增压器壳体、离合器零部件、大型船用和固定式发动机缸盖
RuT350	与合金灰铸铁比较，有较高强度并有一定的塑韧性；与球墨铸铁比较，有较好的铸造、机加工性能和较高的工艺出品率	机床底座、托架和联轴器、离合器零部件、大型船用和固定式柴油机缸体和缸盖、铸锭模
RuT400	材料强度、刚性和热传导综合性能好；较好的耐磨性	汽车发动机缸体和缸盖、机床底座、托架和联轴器、重型卡车制动鼓、泵壳和液压件、铸锭模
RuT450	比 RuT400 有更高的强度、刚性和耐磨性，不过切削性能稍差	汽车发动机缸体和缸盖、气缸套、火车制动盘、泵壳和液压件
RuT500	强度高，塑韧性低；耐磨性最好，切削性差	高负荷汽车缸体、气缸套

附　录　E
（资料性）
蠕墨铸铁性能的补充资料

表 E.1 列出了蠕墨铸铁的力学和物理性能的补充资料。

表 E.1　蠕墨铸铁力学和物理性能的补充资料

性能		材料牌号				
		RuT300	RuT350	RuT400	RuT450	RuT500
抗拉强度 R_m[①]/MPa	23℃	300~375	350~425	400~475	450~525	500~575
	100℃	275~350	325~400	375~450	425~500	475~550
	400℃	225~300	275~350	300~375	350~425	400~475
0.2%屈服强度 $R_{p0.2}$/MPa	23℃	210~260	245~295	280~330	315~365	350~400
	100℃	190~240	220~270	255~305	290~340	325~375
	400℃	170~220	195~245	230~280	265~315	300~350

（续）

性能		材料牌号				
		RuT300	RuT350	RuT400	RuT450	RuT500
断后伸长率 A (%)	23℃	2.0~5.0	1.5~4.0	1.0~3.5	1.0~2.5	0.5~2.0
	100℃	1.5~4.5	1.5~3.5	1.0~3.0	1.0~2.0	0.5~1.5
	400℃	1.0~4.0	1.0~3.0	1.0~2.5	0.5~1.5	0.5~1.5
弹性模量[2]/ GPa	23℃	130~145	135~150	140~150	145~155	145~160
	100℃	125~140	130~145	135~145	140~150	140~155
	400℃	120~135	125~140	130~140	135~145	135~150
布氏硬度 HBW	23℃	140~210	160~220	180~240	200~250	220~260
疲劳系数旋转-弯曲、拉-压、3点弯曲	23℃	0.50~0.55	0.47~0.52	0.45~0.50	0.45~0.50	0.43~0.48
	23℃	0.30~0.40	0.27~0.37	0.25~0.35	0.25~0.35	0.20~0.30
	23℃	0.65~0.75	0.62~0.72	0.60~0.70	0.60~0.70	0.55~0.65
泊松比		0.26	0.26	0.26	0.26	0.26
密度/(g/mm³)		7.0	7.0	7.0~7.1	7.0~7.2	7.0~7.2
热导率/ [W/(m·K)]	23℃	47	43	39	38	36
	100℃	45	42	39	37	35
	400℃	42	40	38	36	34
热膨胀系数 μ/ (10^{-6}/℃)	100℃	11	11	11	11	11
	400℃	12.5	12.5	12.5	12.5	12.5
比热容/[J/(g·K)]	100℃	0.475	0.475	0.475	0.475	0.475
基体组织		铁素体为主	铁素体—珠光体	珠光体—铁素体	珠光体为主	完全珠光体

① 壁厚 25mm。
② 剪切模量 200MPa~300MPa。

附 录 F
（资料性）
蠕墨铸铁球化率的测定

F.1 蠕墨铸铁石墨的球化水平可用类似球状或球状石墨（ISO 945-1：2019 中的 Ⅴ 和 Ⅵ 型）的面积占石墨总面积的百分比来表示和确定。

F.2 蠕墨铸铁球化级别不仅取决于铸铁的处理工艺（原铁液、残余镁量、孕育效果等），而且也与铸件断面的冷却速度有关。此外，与铸型表面接触的铸件表面边缘区域通常存在石墨衰退现象，出现一定数量的片状（或薄片状）石墨。

F.3 蠕墨铸铁球化率可采用图像对比法、半自动或自动图像分析法等方法来测定。调节光线亮度和灰度临界值应使所有石墨都能清楚地呈现，保证图像分析的测量结果精确。随机选取视场，视场直径或等效直径为 1.20mm。放大 100 倍时，最大佛雷德直径（ISO 945-4：2019 的 3.1）（见图 F.1）l_m 小于 1.0mm 的石墨颗粒不计。若大量石墨颗粒小于 1.0mm 或大于 12.0mm 时，则可适当放大或缩小放大倍数，最少选取 5 个视场，且受检石墨颗粒总数量不应少于 500 个。

F.4 圆整度系数（ISO 945-4：2019 的 3.2）是图像分析法测试球化率的主要根据，圆整度系数以公式（F.1）和图 F.2 或表 F.1 确定。

$$\rho = \frac{A}{A_m} = \frac{4A}{\pi l_m^2} \qquad (F.1)$$

式中 ρ——石墨颗粒圆整度系数；

A——石墨颗粒面积，单位为平方毫米（mm^2）；

A_m——最大佛雷德直径圆面积，单位为平方毫米（mm^2）；

l_m——最大佛雷德直径，单位为毫米（mm）。

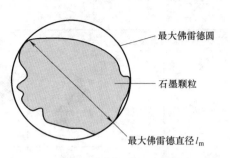

图 F.1 石墨颗粒最大佛雷德直径示意图

l_m—最大佛雷德直径（物体剖面轮廓线上任意两点之间的最大直线距离）

F.5 按表 F.2 的圆整度系数对大于 10μm 的石墨进行分类，可分为球状石墨、团絮状石墨和蠕虫状（紧密状）石墨。最大佛雷德直径小于 10μm 和与图像边缘相交的石墨不计，蠕化衰退产生的片状石墨和其他形态石墨（见 F.2）也不计。除铸件表面边缘区域外，蠕墨铸铁组织中不应存在片状石墨；如果试样中出现片状石墨，则试样所代表的铸件应拒收。

表 F.1 各种形态石墨颗粒的圆整度及球状修正系统

石墨颗粒圆整度		各种形态的石墨及对应的球状修正系统					石墨类型
<1.0	≥0.80	0.98	0.92	0.88	0.84	0.80	球状石墨
<0.80	≥0.60	0.76	0.72	0.68	0.64	0.60	
<0.60	≥0.525				0.57	0.53	团絮状石墨
<0.525	≥0.40	0.52	0.48	0.44	0.40		蠕虫状石墨

（续）

石墨颗粒圆整度		各种形态的石墨及对应的球状修正系统				石墨类型
<0.4	≥0.10	0.33	0.20	0.13	0.10	蠕虫状石墨

表 F.2 石墨按圆整度系数分类

圆整度系数	石墨型式（类型）
0.600~1.000	球状
0.525~<0.600	团絮状
<0.525	蠕虫状（紧密状）

注：石墨颗粒最大佛雷德直径小于 10μm 的石墨不计。

F.6 一个完整的蠕虫状石墨团族，由于横截面位置不同，在二维抛光面上会呈现不规则球状，类似于 ISO 945-1：2019 中的Ⅳ、Ⅴ和Ⅵ型石墨；AA 截面和 BB 截面在抛光面上的石墨形态误判为Ⅳ、Ⅴ和Ⅵ型石墨；CC 截面在抛光面上的石墨颗粒形态为正确的蠕虫状石墨。团絮状石墨可能为不规则蠕虫状石墨团族截面位置不同在二维抛光面上观察到的石墨形态（见图 F.2）。

图 F.2 在抛光面上观察石墨形状的影响

F.7 球化率（ISO 945-4：2019 中的 6.4）等于球形石墨颗粒（圆整度系数 $\rho \geq 0.6$）的面积除以所有石墨颗粒的面积，见公式（F.2）。

$$P_{\text{nod}} = \frac{A_\text{Ⅵ} + A_\text{Ⅴ}}{A_{\text{all}}} \tag{F.2}$$

式中　P_{nod}——球化率，以%表示；
　　　$A_{VI}+A_V$——圆整度系数 $\rho \geq 0.6$ 石墨颗粒的面积，或 ISO 945-1：2019 所示的Ⅵ形和Ⅴ形石墨颗粒的面积；
　　　A_{all}——石墨颗粒的总面积；小于临界尺寸的石墨颗粒和与视场边界切割的石墨颗粒不予考虑。

F.8 球化率检测的位置由供需双方商定。典型的蠕墨铸铁的显微组织如图 F.3 所示（球化率 5%、10%、15%和 20%）（100×）。

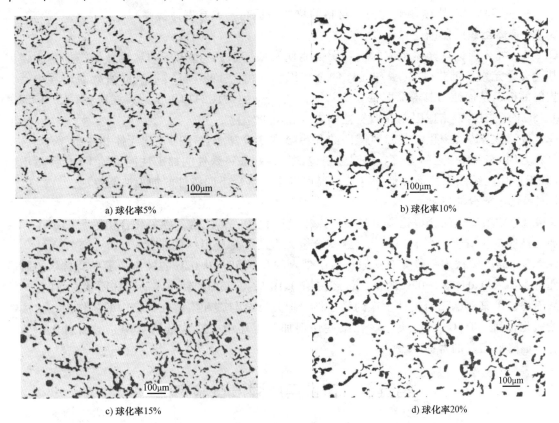

图 F.3　典型的蠕墨铸铁的显微组织

附　录　G
（资料性）
工艺因素对蠕墨铸铁机加工性能的影响

G.1　概述

判别蠕墨铸铁机加工性能的三种主要方式为：对切削刀具寿命的影响；对机加工工艺的影响；对铸铁材料加工质量的影响。以下详述蠕墨铸铁的化学成分和显微组织对机加工刀具寿命的影响。

G.2　石墨组织的影响

G.2.1 与灰铸铁相比，蠕墨铸铁有更高的强度和韧性，会降低铸铁的断削性。

G.2.2 切削速度大于 400m/min 时，刀具的寿命更低。

G.2.3 影响刀具寿命的因素有：
——石墨形态（球化率增加，刀具寿命降低）；
——含钛量（含钛量增加，刀具寿命降低）；
——游离碳化物（游离碳化物量增加，刀具寿命降低）；
——基体的断裂韧性（断裂韧性提高，刀具寿命降低）；
——材料的导热性（导热性提高，刀具寿命提高）；
——刀具材料的热导率（刀具材料的热导率提高，刀具寿命提高）。

G.3 基体组织的影响

G.3.1 加入促进珠光体生成的铜和锡，能使蠕墨铸铁获得>95%的珠光体。添加锰、铬或其他合金元素，可获得100%珠光体的金相组织，由于Fe_3C量增加或促使凝固过程中碳化物的偏析，从而使刀具寿命降低50%以上。为了得到最佳的加工性能，锰应保持在0.3%~0.45%的范围内，铬应限制在微量范围内（≤0.08%）。

G.3.2 根据铸铁的化学成分和铸件的开箱温度或冷却条件不同，珠光体相中的Fe_3C含量可在大约8%~15%之间变化。如同球墨铸铁件，蠕墨铸铁件的加工性能也随Fe_3C含量增加（珠光体片间距减小）而降低。这种情况可以用来解释不同铸件的加工性能差别。

G.4 化学成分的影响

G.4.1 蠕墨铸铁的合金化会引起硬质点相（碳化物、氮化物、碳氮化合物等）的产生，对加工性能产生有害的影响。因此，这些合金元素的含量应当尽可能低。

G.4.2 蠕墨铸铁中一般含有从原材料中带入的0.005%~0.02%的钛。为了提高材料的耐磨性有意加入0.04%~0.07%的钛。曾经使用0.10%~0.25%的钛用来防止球团状石墨的产生，从而增加了某些蠕墨铸铁件生产的稳定性。但是钛会与碳和溶解在铁液中的氮作用，生成钛碳氮化合物［Ti(C,N)］夹杂。在某些切削加工工序中，钛含量从0.01%增加到0.02%就有可能降低刀具的寿命50%。

第五节 铸铁楔压强度试验方法

崔兰芳 张 寅

一、标准概况

GB/T 38440—2019《铸铁楔压强度试验方法》发布实施前，灰铸铁件常采用抗拉强度和硬度来评价力学性能。抗拉强度是通过对浇注的力学性能试棒进行拉伸试验得到的。力学性能试棒通常不是在铸件本体上制取的，而是在浇注的单铸试块、附铸试块或并排浇注试块上加工制取的。试块虽然尽量做到与铸件本体的化学成分、冷却条件相似，但由于灰铸铁材料的"断面敏感性"大，即由于生产条件和工艺因素的影响，试块与铸件本体的性能仍然存在一定的差异，因此试块不能真实地反映铸件本体的力学性能。楔压强度试验试样体积小，且易于加工，可以实现铸件本体取样，不需要另行浇注试块，节约了能源和原材料，并且能够准确评定铸件本体的强度，在设计、工艺和试验中具有较强的实用价值，因此研究用楔压强度试验方法对铸件本体的力学性能进行评价具有重要的意义。

GB/T 38440—2019《铸铁楔压强度试验方法》于 2019 年 12 月 31 日发布，2020 年 7 月 1 日实施。该标准规定了灰铸铁材料以及牌号为 RuT400~RuT500 的蠕墨铸铁材料的楔压强度试验原理、试样、仪器设备、试验条件、试验步骤、试验数据处理及试验报告。

二、标准主要内容说明

1. 范围

该标准适用于灰铸铁、牌号为 RuT400~RuT500 的蠕墨铸铁的楔压强度试验。其他脆性材料可参照该标准执行。

2. 试验原理

楔压试验是静态的机械测试方法，试验原理见 GB/T 38440—2019 中图 1。

3. 试样

（1）试样取样部位　灰铸铁件（GB/T 9439）、蠕墨铸铁件（GB/T 26655）标准中均有涉及取样和试块的规定。试样应代表同批次生产的铸件。应根据铸件的重量和壁厚来选择试块的型式和大小（单铸、附铸、并排浇注或取自铸件本体的试样）。由于不同材料的断面敏感性不同，尤其是铸件本体取样，取样位置直接影响试样是否具有代表性，另外，取样部位还涉及取样的难易程度、检验成本等问题，因此该标准中试样的取样部位由供需双方商定。

（2）试样尺寸与偏差　试样有圆形和矩形两种，试样的横截面积均为矩形，圆形试样的尺寸与偏差见 GB/T 38440—2019 中图 2，矩形试样的尺寸与偏差见 GB/T 38440—2019 中图 3。矩形试样长度 $L \geqslant 20$mm。试样的厚度和平行度对测试结果有显著影响，该标准规定试样的厚度为 (6 ± 0.1)mm，在给定样品 20mm 宽度（或直径）范围内，试样的平行度误差不超过 0.05mm。该标准附录 A 中的楔压强度与抗拉强度的换算关系适用于楔压试样厚度为 6mm 的情况。

4. 仪器设备

（1）试验机　楔压试验可以用万能试验机和楔压试验装置，也可以用专用的楔压试验机进行。图 2.5-1 所示为德国铸造专家协会标准（VDG P-340）给出的楔压试验机的设计图。

试验机的精度应为 1 级或优于 1 级，并应按照 GB/T 16825.1 进行检验。

万能试验机上下压板的硬度应不低于 55HRC。依据 GB/T 16825.1—2008《静力单轴试验机的检验　第 1 部分：拉力和（或）压力试验机测力系统的检验与校准》中附录 B（资料性附录），压力试验机压板的检查：钢制压板的硬度不宜低于 55HRC。

（2）楔压试验装置　标准对楔块的材料、楔角、楔块刃的圆角半径、楔块刃的长度以及上下楔块刃在水平和垂直方向上的平行度做了规定。

图 2.5-2 所示为德国铸造专家协会标准（VDG P-340）给出的楔压试验装置模型图。应有试样定位装置，以保证垂直于试验面施加压力。

5. 试验条件

试验台应保持清洁，试样应稳固地放置于试验台上，并保证在试验过程中不产生位移。在整个试验期间，试验机要避免受到影响试验结果的冲击和震动。

试验一般在 10℃~35℃ 的室温环境下进行。其他特定试验温度由供需双方商定。

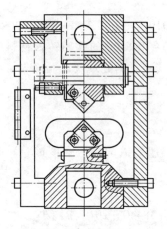

图 2.5-1 楔压试验机设计图

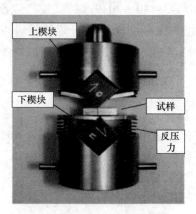

图 2.5-2 楔压试验装置模型图

通常不需要加载初始载荷，试验速率控制在 $2N/(mm^2 \cdot s) \sim 10N/(mm^2 \cdot s)$ 范围内。

6. 试验步骤

上下楔块平行且对准试样，垂直于试验面施加试验力，直至样品断裂，记录试验最大断裂力 F_m。

试样断口如有肉眼可见的夹渣、缩孔、缩松和气孔等铸造缺陷，测得数值不准确，不能代表试样楔压强度的真实值，应在试验记录和报告中注明。

图 2.5-3 所示为用专用的楔压强度试验机进行试验记录的 HT250 楔压强度试验曲线，其中曲线上可以显示试验的最大断裂力 F_m。试验后的宏观形貌如图 2.5-4 所示，刻痕深度为 0.5mm，断口为脆性断裂形貌。该标准适用于灰铸铁材料以及牌号为 RuT400~RuT500 的蠕墨铸铁材料的楔压强度试验，试验后的刻痕深度可以作为适用性的参考值，一般应不超过 0.5mm。

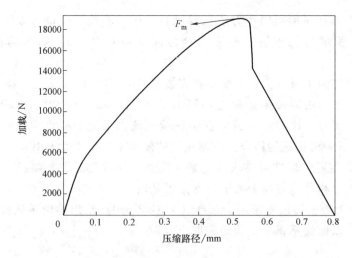

图 2.5-3 HT250 楔压强度试验曲线

7. 试验数据处理

楔压强度 R_k 的计算，见 GB/T 38440—2019 中公式（1）。楔压强度和抗拉强度之间的

图 2.5-4　HT250 楔压强度试验后的宏观形貌

换算关系参考该标准附录 A。通过楔压强度换算得出的抗拉强度值，由此可判断铸件本体的抗拉强度是否合格。

8. 楔压强度与抗拉强度的换算

楔压强度与抗拉强度的一次函数换算关系如下：

$$R_m = AR_k - B$$

式中　R_k——楔压强度（MPa）；

　　　R_m——抗拉强度（MPa）；

　　A、B——拟合系数。

楔压强度与抗拉强度之间的换算关系与试样类型和尺寸、楔角、楔块刃的圆角半径和材料有关。在该标准规定的试样条件下，楔压强度与抗拉强度之间的换算关系推荐采用该标准附录 A 中表 A.1。

三、标准的应用

楔压强度试验方法在汽车制动盘、制动鼓行业的应用如下：

制动盘属于薄壁件，在制动盘本体上制备拉伸试样比较困难。抗拉强度是通过对浇注的拉伸试棒进行拉伸试验得到的，拉伸试棒是在浇注的单铸试棒上制取的。尽管单铸试棒尽量做到与制动盘本体的化学成分、冷却条件相似，但是由于生产条件和工艺因素的影响（即断面敏感性），单铸试棒与制动盘本体的性能仍然存在一定的差异。GB/T 34422—2017《汽车用制动盘》规定了制动盘本体的楔压强度指标、试样尺寸及检验方法。GB/T 37336—2019《汽车制动鼓》规定了楔压强度的检验方法、试样尺寸及楔压强度与抗拉强度的换算关系。在抗拉强度取样尺寸受限制的情况下，可用楔压强度替代抗拉强度。

用楔压强度可以更准确地判定铸件材料本体的抗拉强度。因受铸件结构限制，无法在铸件本体上加工切取抗拉强度试样时，可以从铸件本体上切取楔压强度试块来测定楔压强度。测定楔压强度在欧洲汽车零部件生产企业已施行了超过 40 年。我国在 GB/T 9439—2009《灰铸铁件》中作为资料性附录提及了楔压强度，目前楔压强度的检测已普遍在汽车零部件企业中执行，因其检测结果可以准确判定铸件本体强度而被国外客户所认可。

四、标准内容

GB/T 38440—2019

铸铁楔压强度试验方法

1 范围

本标准规定了灰铸铁材料以及牌号为RuT400~RuT500的蠕墨铸铁材料的楔压强度试验原理、试样、仪器设备、试验条件、试验步骤、试验数据处理及试验报告。

本标准适用于灰铸铁材料、牌号为RuT400~RuT500的蠕墨铸铁材料的楔压强度试验。其他脆性材料可参照本标准执行。

2 规范性引用文件

下列文件对于本文件的应用是必不可少的。凡是注日期的引用文件，仅注日期的版本适用于本文件。凡是不注日期的引用文件，其最新版本（包括所有的修改单）适用于本文件。

GB/T 8170 数值修约规则与极限数值的表示和判定

GB/T 16825.1 静力单轴试验机的检验 第1部分：拉力和（或）压力试验机 测力系统的检验与校准

3 原理

楔压强度试验是静态的机械测试方法。在楔压装置上，试样夹在两块相对且平行的楔块中间，楔块作用在试样上的上、下截断力使试样发生断裂，这种作用在试样单位截断面积上的最大断裂力就是楔压强度。楔压强度试验原理见图1。

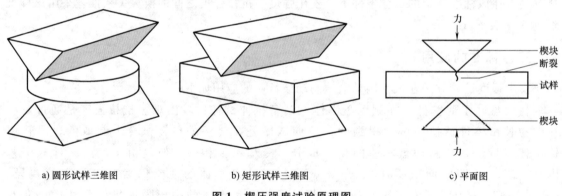

a) 圆形试样三维图　　　　b) 矩形试样三维图　　　　c) 平面图

图1 楔压强度试验原理图

4 试样

4.1 试样的取样部位

试样的取样部位应由供需双方商定。

4.2 试样的尺寸与偏差

4.2.1 试样的尺寸与偏差见图2、图3。

4.2.2 矩形试样长度$L \geq 20$mm。

5 仪器设备

5.1 试验机

5.1.1 楔压强度试验可以用万能试验机+楔压强度试验装置，也可以用专门的楔压强度试验机。

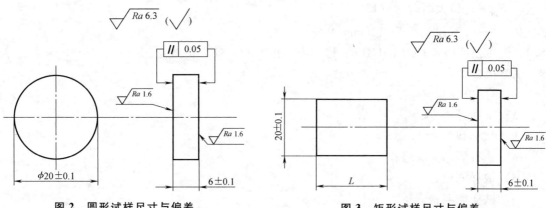

图2 圆形试样尺寸与偏差　　　　　　图3 矩形试样尺寸与偏差

5.1.2 试验机的精度应为1级或优于1级，并应按GB/T 16825.1进行检验。
5.1.3 万能试验机上、下压板的硬度应不低于55HRC。
5.2 楔压强度试验装置
5.2.1 楔块的材料应为工具钢，硬度范围应为（62±2）HRC。
5.2.2 楔角应为（90±0.5）°，楔块刃的圆角半径应为0.15mm～0.2mm，楔块刃的长度应大于40mm。上下楔块刃在水平和垂直方向上的平行度应不低于1/0.0025。
5.2.3 应有试样定位装置。
6 试验条件
6.1 一般要求
　　试验台应清洁，试样应稳固地放置于试验台上，以保证试验过程中试样不产生位移。在整个试验期间，试验机不应受到影响试验结果的冲击和震动。
6.2 试验温度
　　试验一般在10℃～35℃的室温范围内进行。其他特定试验温度由供需双方商定。
6.3 试验速率
　　试验速率控制在2N/(mm^2·s)～10N/(mm^2·s)范围内。
7 试验步骤
7.1 试验过程
　　上、下楔块平行且对准试样，垂直于试验面施加试验力，直至样品断裂，记录试验最大断裂力值F_m。
7.2 断口检查
　　试样断口如有肉眼可见的夹渣、缩孔、缩松和气孔等铸造缺陷，应在试验记录和报告中注明。
8 试验数据处理
8.1 楔压强度R_k的计算，见式（1）。楔压强度和抗拉强度之间的换算关系参考附录A。通过楔压强度换算得出抗拉强度值，以此可判断铸件本体的抗拉强度值是否合格。

$$R_k = \frac{F_m}{S} \tag{1}$$

式中　　R_k——楔压强度（MPa）；

F_m——最大断裂力（kN）；

S——试样截断面积（mm²）。

8.2 楔压强度结果修约至1MPa，修约方法按 GB/T 8170 的规定。

9 试验报告

试验报告内容应包括：

a) 试样号；

b) 材料牌号；

c) 执行的标准编号；

d) 取样部位；

e) 试样类型；

f) 应力速率；

g) 楔压强度；

h) 断口情况。

附 录 A
（资料性）
楔压强度与抗拉强度之间的换算关系

楔压强度与抗拉强度之间的换算关系见表 A.1。

表 A.1 不同材料的楔压强度与抗拉强度之间的换算关系

材料	换算关系
灰铸铁 HT100~HT350	$R_m = 1.86R_k - 64$ 或 $R_m = 1.80R_k - 55$
蠕墨铸铁 RuT400~RuT500	$R_m = 1.84R_k - 99$

注：1. 楔压强度与抗拉强度之间的换算关系适用于楔压试样厚度为6mm的情况下。

2. R_k 为楔压强度（MPa）；R_m 为抗拉强度（MPa）。

第六节 生铁及铸铁 铬、铜、镁、锰、钼、镍、磷、锡、钛、钒和硅的测定 电感耦合等离子体原子发射光谱法

陈 蓉 骆 坤

一、标准概况

应用电感耦合等离子体发射光谱（ICP-AES）法测定生铁、铸铁元素，具有检出下限低，干扰小，方法简便，精密度和准确度好的特点。GB/T 38441—2019《生铁及铸铁 铬、铜、镁、锰、钼、镍、磷、锡、钛、钒和硅的测定 电感耦合等离子体原子发射光谱法》的制定实施，能更好地推动铸造行业由传统的湿法化学成分分析向绿色数字化湿法化学成分检测技术的发展，实现湿法化学成分分析检测的自动化和智能化，大大降低检测成本，提高检测效率，符合国家铸造产业绿色智能的要求。该标准有利于推动铸造行业对产品质量的控制与提升，有助于铸造行业提高产品竞争力和附加值，可为铸造行业的产业升级提供技术

支撑。

GB/T 38441—2019 于 2019 年 12 月 31 日发布，2020 年 7 月 1 日实施。

二、标准主要内容说明

1. 试剂或材料

试剂与材料中杂质或共存元素对检测结果有影响，该标准对试剂材料进行了规定。

该标准规定只使用分析纯的试剂和符合 GB/T 6682—2008 中规定的三级水。

为了防止玻璃烧杯容器对检测结果影响，该标准选用聚四氟乙烯烧杯溶解试样。

2. 样品

样品的采取与制备是成分检测的第一环节，分析样品必须具备足够的稳定性、均匀性和高度代表性。因此，该标准规定了按 GB/T 20066—2006 取样制样，保证样品的代表性，且干燥密封保存，防止样品的生锈、污染。

3. 样品溶解方式的选择

在生铁和铸铁中，铬、铜、镁、锰、钼、镍、磷、锡、钛、钒元素存在形式，有的以与铁形成固溶体存在，有的以碳化物、氮化物、硅化物、氧化物、硫化物等形式存在。该标准样品溶解设计选择，首先考虑样品要全部分解，而且不能有元素损失。ICP-AES 法溶样酸宜选择盐酸、硝酸、高氯酸。该标准选择试料以盐酸、硝酸混合酸溶解，至试样溶解，高氯酸冒烟氧化，破坏碳化物、氮化物等。

生铁和铸铁中铬、铜、镁、锰、钼、镍、磷、锡、钛、钒元素样品完全溶解后，用混合酸溶解盐类。溶解时会出现游离石墨、硅胶不溶物，直接进入仪器，会造成仪器管道堵塞。该标准试样溶液的制备采用定容后干过滤，过滤游离石墨、硅胶不溶物，对检测结果没有影响。

对生铁和铸铁中的硅测定时，要全部转成溶液，不能使用高氯酸，所以标准中的硅测定为单独一章。在生铁和铸铁中，硅元素主要以固溶体存在，少部分以硅化物等形式存在。该标准选择试样以盐酸、硝酸混合酸溶解，因铸铁中硅的质量分数最高测到 4.0%，为了防止硅形成硅胶对结果造成偏低的影响，标准采用减少称样量，称样量为 0.0500g。经试验验证，标准还采用比较稀的盐酸-硝酸混合酸。保证样品能全部溶解。加 85mL 盐酸-硝酸混合酸，加热溶解，需要不断补充水分，体积控制在 80mL 左右。稀高锰酸钾氧化破坏碳化物，试液稀释至一定体积，干过滤，过滤游离石墨，以避免仪器管道堵塞。

4. 基体和共存元素的影响

铁是被测试液中主要的基体元素，通过试验发现铁在铬、铜、镁、锰、钼、镍、磷、锡、钛、钒、元素所选谱线积分窗口内不产生波峰，但不同浓度铁可使待测元素谱线背景强度有所改变。综合考虑激发行为强度不能太低，又不能溢出及产生背景影响，需要在标准溶液系列中加入基体铁，相当生铁、铸铁中铁来消除基体干扰。标准中有两个称样量。校准曲线的标准溶液系列一的制备：称取 0.5000g 高纯铁；校准曲线的标准溶液系列二的制备：称取 0.2000g 高纯铁。

为了消除试剂对共存元素的影响，该标准采用空白试验。根据不同含量称量，分别称取 0.5000g 和 0.2000g 高纯铁，随同试样做空白试验。

5. 仪器设备

仪器设备的性能对检测的准确度和精密度都会有较大影响。该标准规定了常用玻璃量器，即单标线移液管、分度移液管和单刻度容量瓶，应符合 GB/T 12806—2011、GB/T 12807—1991 和 GB/T 12808—2015 的规定。

对主要试验设备（电感耦合等离子体原子发射光谱仪）的性能指标，包括光谱仪的分析线、光谱仪的分辨率、短期稳定性、检测限、曲线的特性等进行了规定要求。对于光谱仪的分析线，该标准不指定特殊的分析线，推荐使用的分析线在使用时，应仔细检查谱线的干扰情况。光谱仪的实际分辨率：带宽应小于 0.03nm。光谱仪的短期稳定性：相对标准偏差应小于 0.9%。光谱仪的长期稳定性：相对标准偏差应小于 1.8%。检测限其结果应低于标准规定中的数值。

为了保证电感耦合等离子体原子发射光谱设备正常使用，标准规定了仪器准备，保证仪器最佳使用状态。第一开启 ICP-AES，测量前至少运行 1h；第二测量最浓校准溶液，根据仪器厂家提供的操作程序和指南调节仪器参数：高频发生器的功率、工作气体（冷却气、辅气、载气）流速、观测高度、按标准准备分析线波长、预冲洗时间、积分时间；第三准备测量分析线强度、平均值、相对标准偏差的软件；第四检查给定的各项仪器性能要求。

例如，Optima 8000 型电感耦合等离子体发射光谱仪（美国 PerkinElmer 公司）推荐仪器测量参数：射频功率为 1300W；辅助气流量为 0.2（L/min）；雾室压力为 0.55psi（1psi=6.895kPa）；泵速为 1.50（r/min）；等离子体为 15（L/min）；观测方式为轴向观测。

6. 元素分析线的选择

分析线的选择对检测的准确度影响最大。通过扫描铬、铜、镁、锰、钼、镍、磷、锡、钛、钒、硅元素谱线图，结合设备给出各谱线的强度和信背比值，在没有铁基体干扰的情况下，选取强度大的谱线作为铬、铜、镁、锰、钼、镍、磷、锡、钛、钒、硅元素标准推荐使用的分析线，分别为 267.716nm、327.393nm、285.213nm、257.610nm、202.031nm、231.604nm、177.434nm、189.927nm、334.940nm、292.464nm、251.611nm。

7. 光谱测量

为了保证发射强度不变化，减少温度使容量瓶体积变化而对浓度的影响，标准规定了测量绝对强度的方法：第一步，应确保所有测量溶液温度差均在 1℃ 之内。第二步，干过滤操作。用中速滤纸过滤所有溶液，弃去最初的 2mL~3mL 溶液。第三步，校准溶液测量绝对强度。为了防止溶液前后对光谱强度干扰，如先测最高浓度，再测低浓度，将会影响测定强度不准确。标准规定了开始用最低浓度校准溶液测量绝对强度。第四步，待测液光谱强度测定。接着测量 2 个或 3 个未知试液，然后测量仅次于最低浓度的校准溶液，再测 2 个或多个未知试液，如此下去。

8. 线性范围和相关系数

标准的线性范围：按照标准溶液加入确定测定各元素测定最低含量和最高含量。检测范围（质量分数，%）分别为：铬 0.004~1.0；铜 0.004~1.0；镁 0.004~0.5；锰 0.004~2.5；钼 0.004~1.0；镍 0.004~1.0；磷 0.004~0.5；锡 0.004~0.5；钛 0.004~0.5；钒 0.004~0.5；Si 0.1~4.0。

电感耦合等离子体原子发射光谱法工作曲线校准，用相关系数判定方法是否可行，待测元素校准曲线线性良好,相关系数应大于等于 0.999。采用 Optima 8000 型电感耦合等离子体发射光谱仪,使用统计程序(例如最小二乘法),计算机自动计算,铸铁、生铁工作曲线校准,相关系数分别为:硅 0.999954;锰 0.999681;磷 0.999017;铜 0.999955;铬 0.999842;镍 0.999888;钼 Mo,0.999757;钛 0.999855;钒 0.999900;锡 0.999970;镁 0.999853。相关系数都大于 0.999,说明该标准工作曲线线性优良。标准规定曲线的特性,校准曲线的线性通过计算相关系数进行检查,相关系数必须大于 0.999。

9. 检测限

检测限的测定,按照标准附录 A(规范性附录)测试设备性能的操作进行。标准规定对于溶液中仅含被测元素的分析线,计算检测限(DL),其结果应低于标准规定的数值。采用 Optima 8000 型电感耦合等离子体发射光谱仪,测得检测限(μg/mL)分别为:硅 0.0309;锰 0.0000192;磷 0.0108;铜 0.0000417;铬 0.000118;镍 0.000133;钼 0.000553;钛 0.0000135;钒 0.0000387;锡 0.00106;镁 0.000943。其验证结果符合标准。标准规定检测限,其结果应低于标准规定中的数值。

10. 精密度

该标准的精密度数据是由 5 个实验室对各元素 5 个水平进行共同试验所确定的。按照 GB/T 6379.2—2004 的规定,对多元素的每个水平每次测定 3 次来完成。原始数据按照 GB/T 6379.2—2004 进行统计分析。

以硅为例,原始数据按照 GB/T 6379.2—2004 进行统计分析。重复性限 r、统计的方程为:$r = -0.000830 + 0.008843m$,如图 2.6-1 所示;再现性限 R 统计的方程为:$\lg R = -1.423 + 0.3847 \lg m$,如图 2.6-2 所示。

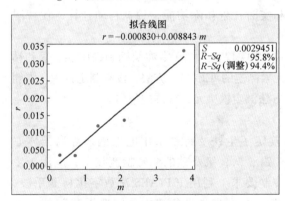

图 2.6-1 重复性限 r 拟合线图

注:S 表示标准方差;R-Sq 表示相关系数。

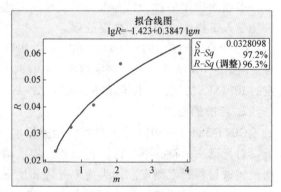

图 2.6-2 再现性限 R 拟合线图

注:S 表示标准方差;R-Sq 表示相关系数。

重复性限 r、再现性限 R 按标准给出的方程求得。在重复性条件下,获得的两次独立测试结果的绝对差值不大于重复性限(r),大于重复性限(r)的情况以不超过 5% 为前提。在再现性条件下,获得的两次独立测试结果的绝对差值不大于再现性限(R),大于再现性限(R)的情况以不超过 5% 为前提。

每次检测需用与样品含被测元素含量接近的铸铁或生铁标准物质按该标准验证,误差应不超过元素的精密度再现性限(R)。标准规定平行试验做两次,两次独立检测结果应不超过元素的精密度再现性限(r)。

三、标准的特点与应用

1. 标准的特点

电感耦合等离子体原子发射光谱法（ICP-AES）是以电感耦合等离子炬为激发光源的一类光谱分析方法，现在 ICP-AES 分析技术已成为现代检测技术的一个重要组成部分。GB/T 38441—2019 的制定实施，既符合铸造产业数字化智能化的发展方向，又能确保铸件产品质量。该标准适应市场需求，满足行业发展，为企业的生产、质量检验、进出口贸易提供了技术规范和指导。GB/T 38441—2019 的特点如下：

1）适用性较广。金属直读光谱只能检测白口样品，不能检测灰口样品。该标准样品铸铁或生铁白口和灰口组织都能检测。该标准样品需加混合酸等处理转化为溶液，取样制样的样品为灰口组织。白口组织的样品可以退火处理后转化为灰口组织，再取样检测。

2）分析速度快。ICP-AES 法同时可对多种元素进行定量分析。经典的化学方法（如光度法、重量法等）只能对每一个元素进行单独分析，步骤复杂，分析程序长，对人员操作技能要求高。该标准检测效率提高 30%。

3）分析准确度和精密度较高。该标准 ICP-AES 法是各种分析方法中干扰较小的。该标准采用基体匹配，消除物理干扰和基体效应的影响，有较好的检出限。经典的化学方法（如光度法、重量法等）检出下限高，干扰严重。

4）用的试剂少。与传统经典的湿法化学分析方法相比，该标准是绿色环保的一种湿法化学分析方法。

5）采用数字化智能化分析手段。采用计算分析软件，基于网络化连接与控制的多任务、多用途操作平台，具有多种干扰校正方法和实时背景扣除功能，数据自动计算，代替湿法化学人工操作、记录、数据处理。

6）ISO 10278：1995、ISO 13898-1~4：1997 和 JIS G 1258：1999 中涉及钢和铁中镍、铜和钴含量测定的 ICP-AES 方法。国家标准中只有钢中元素测定的 ICP-AES 方法，没有制定铁中元素测定的 ICP-AES 方法，该标准填补了采用 ICP-AES 方法测定铁中元素标准的空白。

2. 标准的应用

GB/T 38441—2019 作为推荐性国家标准，规定了生铁及铸铁采用电感耦合等离子体原子发射光谱法的铬、铜、镁、锰、钼、镍、磷、锡、钛、钒及硅的测定检测技术，应用于生铁及铸铁材料元素测定。作为检测方法和质量控制要求，利用 ICP-AES 法数字化检测手段，为控制铸件产品质量提供了指导依据，符合铸造行业未来"绿色智能化铸造生产"的发展方向。

四、标准内容

GB/T 38441—2019

生铁及铸铁 铬、铜、镁、锰、钼、镍、磷、锡、钛、钒和硅的测定 电感耦合等离子体原子发射光谱法

1 范围

本标准规定了采用电感耦合等离子体原子发射光谱法测定生铁及铸铁中铬、铜、镁、

锰、钼、镍、磷、锡、钛、钒以及硅的方法。

本标准适用于生铁和铸铁中铬、铜、镁、锰、钼、镍、磷、锡、钛、钒和硅含量的测定。

2 规范性引用文件

下列文件对于本文件的应用是必不可少的。凡是注日期的引用文件，仅注日期的版本适用于本文件。凡是不注日期的引用文件，其最新版本（包括所有的修改单）适用于本文件。

GB/T 6379.2 测量方法与结果的准确度（正确度与精密度） 第 2 部分：确定标准测量方法重复性与再现性的基本方法

GB/T 6682 分析实验室用水规格和试验方法

GB/T 12806 实验室玻璃仪器 单标线容量瓶

GB/T 12807 实验室玻璃仪器 分度吸量管

GB/T 12808 实验室玻璃仪器 单标线吸量管

GB/T 20066 钢和铁 化学成分测定用试样的取样和制样方法

3 铬、铜、镁、锰、钼、镍、磷、锡、钛、钒的测定

3.1 测定范围

测定元素含量范围见表 1。

表 1 测定元素含量范围

分析元素	含量范围（质量分数，%）
铬	0.004~1.0
铜	0.004~1.0
镁	0.004~0.5
锰	0.004~2.5
钼	0.004~1.0
镍	0.004~1.0
磷	0.004~0.5
锡	0.004~0.5
钛	0.004~0.5
钒	0.004~0.5

3.2 原理

试料以盐酸、硝酸混合酸溶解，高氯酸冒烟，以混合酸溶解盐类，试液稀释至一定体积，干过滤。在电感耦合等离子体原子发射光谱仪上，于所推荐的波长或其他合适的波长处测量试液中分析元素的发射光谱强度，由校准曲线计算铬、铜、镁、锰、钼、镍、磷、锡、钛、钒的质量分数。

3.3 试剂或材料

3.3.1 除另有说明外，在分析过程中只使用分析纯的试剂和符合 GB/T 6682 中规定的三级水。

3.3.2 高纯铁，质量分数大于 99.9%。

3.3.3 盐酸，$\rho = 1.19 \text{g/mL}$。

3.3.4　硝酸，$\rho=1.42\text{g/mL}$。

3.3.5　盐酸，1+1。

3.3.6　硝酸，1+1。

3.3.7　高氯酸，$\rho=1.61\text{g/mL}$。

3.3.8　过氧化氢，30%。

3.3.9　硫酸，$\rho=1.84\text{g/mL}$。

3.3.10　氢氟酸，$\rho=1.14\text{g/mL}$。

3.3.11　铬储备溶液，$1000.0\mu\text{g/mL}$。称取1.0000g纯铬（质量分数大于99.9%），置于500mL烧杯中，加50mL盐酸（3.3.3），加热溶解后，冷却至室温，移入1000mL容量瓶中，用水稀释至刻度，混匀。此溶液1mL含$1000.0\mu\text{g}$铬。

3.3.12　铬标准溶液，$100.0\mu\text{g/mL}$。将10.00mL铬储备液（3.3.11）移入100mL容量瓶中，用水稀释至刻度，混匀。此溶液1mL含$100.0\mu\text{g}$铬。

3.3.13　铜储备溶液，$1000.0\mu\text{g/mL}$。称取1.0000g纯铜（质量分数大于99.9%），置于500mL烧杯中，加20mL盐酸（3.3.3）低温加热，滴加过氧化氢（3.3.8）至完全溶解后，煮沸，冷却至室温，移入1000mL容量瓶中，用水稀释至刻度，混匀。此溶液1mL含$1000.0\mu\text{g}$铜。

3.3.14　铜标准溶液，$100.0\mu\text{g/mL}$。将10.00mL铜储备液（3.3.13）移入100mL容量瓶中，用水稀释至刻度，混匀。此溶液1mL含$100.0\mu\text{g}$铜。

3.3.15　镁储备溶液，$1000.0\mu\text{g/mL}$。称取1.6583g预先于850℃灼烧30min并于干燥器中冷却至室温的高纯氧化镁（质量分数大于99.95%）于250mL烧杯中，加20mL水，混匀。盖上表皿，加20mL盐酸（3.3.3），低温加热溶解。冷却至室温，移入1000mL容量瓶中，用水稀释至刻度，混匀。此溶液1mL含$1000.0\mu\text{g}$镁。

3.3.16　镁标准溶液，$100.0\mu\text{g/mL}$。将10.00mL镁储备液（3.3.15）移入100mL容量瓶中，加1mL盐酸（3.3.5），用水稀释至刻度，混匀。此溶液1mL含$100.0\mu\text{g}$镁。

3.3.17　锰储备溶液，$1000.0\mu\text{g/mL}$。称取1.0000g电解锰（质量分数大于99.9%），预先用硝酸（1+3）洗净表面氧化膜，再放在无水乙醇中洗4次~5次，取出放在干燥器中贮存12h以上置于500mL烧杯中，加入50mL硝酸（1+3），加热溶解，煮沸驱尽氮氧化物，取下冷却至室温，移入1000mL容量瓶中，用水稀释至刻度，混匀。此溶液1mL含$1000.0\mu\text{g}$锰。

3.3.18　锰标准溶液，$100.0\mu\text{g/mL}$。将10.00mL锰储备液（3.3.17）移入100mL容量瓶中，用水稀释至刻度，混匀。此溶液1mL含$100.0\mu\text{g}$锰。

3.3.19　钼储备溶液，$1000.0\mu\text{g/mL}$。称取1.0000g金属钼（质量分数大于99.9%），置于500mL烧杯中，加30mL硝酸（3.3.6），加热溶解后，冷却，加入30mL硫酸（3.3.9），加热至冒硫酸白烟，冷却至室温，移入1000mL容量瓶中，用水稀释至刻度，混匀。此溶液1mL含$1000.0\mu\text{g}$钼。

3.3.20　钼标准溶液，$100.0\mu\text{g/mL}$。将10.00mL钼储备液（3.3.19）移入100mL容量瓶中，用水稀释至刻度，混匀。此溶液1mL含$100.0\mu\text{g}$钼。

3.3.21　镍储备溶液，$1000.0\mu\text{g/mL}$。称取1.0000g纯镍（质量分数大于99.9%），置于500mL烧杯中，加50mL硝酸（3.3.6），加热溶解后，冷却至室温，移入1000mL容量瓶中，用水稀释至刻度，混匀。此溶液1mL含1000.0μg镍。

3.3.22 镍标准溶液，100.0μg/mL。将10.00mL镍储备液（3.3.21）移入100mL容量瓶中，用水稀释至刻度，混匀。此溶液1mL含100.0μg镍。

3.3.23 磷储备溶液，1000.0μg/mL。称取4.3936g基准磷酸二氢钾（KH_2PO_4）（预先经105℃烘1h，置于干燥器中，冷却至室温），置于500mL烧杯中，用适量水溶解，煮沸，冷却，移入1000mL容量瓶中，用水稀释至刻度，混匀。此溶液1mL含1000.0μg磷。

3.3.24 磷标准溶液，100.0μg/mL。将10.00mL镍储备液（3.3.22）移入100mL容量瓶中，用水稀释至刻度，混匀。此溶液1mL含100.0μg磷。

3.3.25 锡储备溶液，500.0μg/mL。称取0.5000g纯锡（质量分数大于99.9%），置于200mL烧杯中，加100mL盐酸（3.3.3），加热溶解，冷却，加5mL硫酸（3.3.9），加热至冒硫酸白烟，冷却至室温，移入1000mL容量瓶中，用水稀释至刻度，混匀。此溶液1mL含500.0μg锡。

3.3.26 锡标准溶液，100.0μg/mL。将20.00mL锡储备液（3.3.25）移入100mL容量瓶中，用水稀释至刻度，混匀。此溶液1mL含100.0μg锡。

3.3.27 钛储备溶液，1000.0μg/mL。称取1.0000g金属钛（质量分数大于99.9%），置于400mL聚四氟乙烯烧杯中，加5mL氢氟酸（3.3.10），立即滴加2mL硝酸（3.3.4），加热溶解，冷却，加入20mL硫酸（3.3.9），低温蒸发至冒硫酸烟，冷却至室温，用硫酸（5+95）移入1000mL容量瓶中，稀释至刻度，混匀。此溶液1mL含1000.0μg钛。

3.3.28 钛标准溶液，100.0μg/mL。将10.00mL钛储备液（3.3.27）移入100mL容量瓶中，用硫酸（5+95）稀释至刻度，混匀。此溶液1mL含100.0μg钛。

3.3.29 钒储备溶液，1000.0μg/mL。称取0.4463g五氧化二钒（质量分数大于99.9%，预先在110℃烘4h后，置于干燥器中，冷却至室温），置于250mL烧杯中，加30mL盐酸（3.3.3），滴加过氧化氢（3.3.8）加热溶解，煮沸，冷却至室温，移入250mL容量瓶中，用水稀释至刻度，混匀。此溶液1mL含1000.0μg钒。

3.3.30 钒标准溶液，100.0μg/mL。将10.00mL钒储备液（3.3.29）移入100mL容量瓶中，用水稀释至刻度，混匀。此溶液1mL含100.0μg钒。

3.4 仪器设备
3.4.1 常用玻璃量器
单标线移液管、分度移液管、单刻度容量瓶，符合GB/T 12806，GB/T 12807和GB/T 12808的规定。

3.4.2 电感耦合等离子体原子发射光谱仪（以下简称光谱仪）
3.4.2.1 光谱仪按3.6.4.1准备后，符合3.4.2.2~3.4.2.7的性能指标，即达到使用要求。光谱仪既可是同时型的，也可是顺序型的。

3.4.2.2 光谱仪的分析线。本标准不指定特殊的分析线，推荐使用的分析线列于表2，在使用时，应仔细检查谱线的干扰情况。

表2 推荐的分析线

元素	波长/nm	可能的干扰元素
Mn	257.610	Co,Fe,Ni

(续)

元素	波长/nm	可能的干扰元素
P	177.434	Mo,Cr,Mn
Cu	327.393	Mo
Cr	267.716	Mn
Ni	231.604	Co
Mo	202.031	Fe
Ti	334.940	Cr,Ni
V	292.464	—
Sn	189.927	—
Mg	285.213	Cr,V,Ti

3.4.2.3 光谱仪的实际分辨率（见附录 A 中 A.1）。计算每条应当使用的波长的带宽。带宽应小于 0.03nm。

3.4.2.4 光谱仪的短期稳定性。测定 10 次每个元素浓度最高的校准溶液的绝对强度或强度比，计算其标准偏差，相对标准偏差应小于 0.9%。

3.4.2.5 光谱仪的长期稳定性。测定 3 次每个元素浓度最高的校准溶液的绝对强度或强度比的平均值，计算七个平均值的标准偏差，绝对强度法相对标准偏差小于 1.8%。

3.4.2.6 检测限（见 A.2）。对于溶液中仅含被测元素的分析线，计算检测限（DL），其结果应低于表 3 中的数值。

表 3　分析线和检测限

分析元素	分析线/nm	DL/(μg/mL)
Mn	257.610	0.000657
P	177.434	0.0522
Cu	327.393	0.00191
Cr	267.716	0.00201
Ni	231.604	0.00897
Mo	202.031	0.00432
Ti	334.940	0.00864
V	292.464	0.00185
Sn	189.927	0.00146
Mg	285.213	0.0104

3.4.2.7 曲线的特性。校准曲线的线性通过计算相关系数进行检查，相关系数应大于 0.999。

3.5　样品

按 GB/T 20066 取样制样，且干燥密封保存。

3.6　试验步骤

3.6.1　试样量

3.6.1.1 平行试验，平行做两份试验。

3.6.1.2 锰、磷、铜、铬、镍、钼、钛、钒、锡、镁（0.004%～0.2%）：称取（0.5±0.0005）g 试样，精确至 0.0001g。

3.6.1.3 磷、钛、钒、锡、镁（0.025%～0.5%）、铜、铬、镍、钼（0.05%～1%）、锰（0.2%～2.5%）：称取（0.2±0.0005）g 试样，精确至 0.0001g。

3.6.2 空白试验

3.6.2.1 锰、磷、铜、铬、镍、钼、钛、钒、锡、镁（0.004%～0.2%）：称取 0.5000g 高纯铁（3.3.2），随同试样作空白试验。

3.6.2.2 磷、钛、钒、锡、镁（0.025%～0.5%）、铜、铬、镍、钼（0.05%～1%）、锰（0.2%～2.5%）：称取 0.2000g 高纯铁（3.3.2），随同试样作空白试验。

3.6.3 测定

3.6.3.1 试样溶液的制备

3.6.3.1.1 锰、磷、铜、铬、镍、钼、钛、钒、锡、镁（0.004%～0.2%）：将试样（3.6.1.1）置于 200mL 聚四氟乙烯烧杯中，加盐酸（3.3.5）10mL，加硝酸（3.3.6）10mL，加热缓慢溶解，溶解后，加高氯酸（3.3.7）5mL，冒烟至瓶口约 0.5min，冷却，加水 20mL，加盐酸（3.3.5）10mL，加稀硝酸（3.3.6）5mL，加热溶解盐类，滴加一滴过氧化氢（3.3.8）还原，并加热 3min 微沸至过氧化氢完全分解，然后冷却至室温，将溶液定量转移至 100mL 容量瓶中，加水稀释至刻度，摇匀，干过滤，滤液待测。

3.6.3.1.2 磷、钛、钒、锡、镁（0.025%～0.5%）、铜、铬、镍、钼（0.05%～1%）、锰（0.2%～2.5%）：将试样（3.6.1.2）置于 200mL 聚四氟乙烯烧杯中，加盐酸（3.3.5）10mL，加硝酸（3.3.6）10mL，加热缓慢溶解，溶解后，加高氯酸（3.3.7）5mL，冒烟至瓶口约 0.5min，冷却，加水 20mL，加盐酸（3.3.5）10mL，加硝酸（3.3.6）5mL，加热溶解盐类，滴加一滴过氧化氢（3.3.8）还原，并加热 3min 微沸至过氧化氢完全分解，然后冷却至室温，将溶液定量转移至 100mL 容量瓶中，加水稀释至刻度，摇匀，干过滤，滤液待测。

3.6.3.2 校准曲线溶液的制备

3.6.3.2.1 校准曲线的标准溶液系列一的制备：称取 0.5000g 高纯铁（3.3.2）6 份分别于 200mL 聚四氟乙烯烧杯中，按 3.6.3.1.1 步骤将其溶解，冷却至室温，将溶液转移至 100mL 容量瓶中，按表 4 加入被测元素的标准溶液，加水稀释至刻度，摇匀待测。

3.6.3.2.2 校准曲线的标准溶液系列二的制备：称取 0.2000g 高纯铁（3.3.2）6 份分别于 200mL 聚四氟乙烯烧杯中，按 3.6.3.1.2 步骤将其溶解，冷却至室温，将溶液转移至 100mL 容量瓶中，按表 5 加入被测元素的标准溶液，加水稀释至刻度，摇匀待测。

表 4 制作校准曲线的标准溶液系列一

分析元素	标准溶液质量浓度/（μg/mL）	加入标准溶液的体积/mL					相应试样中元素含量（质量分数,%）
锰	100.0	0	0.2	1.0	2.0	5.0	10.0	0.004～0.20
磷	100.0	0	0.2	1.0	2.0	5.0	10.0	0.004～0.20
铜	100.0	0	0.2	1.0	2.0	5.0	10.0	0.004～0.20
铬	100.0	0	0.2	1.0	2.0	5.0	10.0	0.004～0.20

（续）

分析元素	标准溶液质量浓度/(μg/mL)	加入标准溶液的体积/mL					相应试样中元素含量（质量分数,%）
镍	100.0	0	0.2	1.0	2.0	5.0	10.0	0.004~0.20
钼	100.0	0	0.2	1.0	2.0	5.0	10.0	0.004~0.20
钛	100.0	0	0.2	1.0	2.0	5.0	10.0	0.004~0.20
钒	100.0	0	0.2	1.0	2.0	5.0	10.0	0.004~0.20
锡	100.0	0	0.2	1.0	2.0	5.0	10.0	0.004~0.20
镁	100.0	0	0.2	1.0	2.0	5.0	10.0	0.004~0.20

表 5 制作校准曲线的标准溶液系列二

分析元素	标准溶液质量浓度/(μg/mL)	加入标准溶液的体积/mL					相应试样中元素含量（质量分数,%）
锰	1000.0	0	0.5	1.0	2.0	3.0	5.0	0.20~2.5
磷	100.0	0	0.5	1.0	2.0	5.0	10.0	0.025~0.5
铜	100.0	0	1.0	2.0	5.0	10.0	20.0	0.050~1.0
铬	100.0	0	1.0	2.0	5.0	10.0	20.0	0.050~1.0
镍	100.0	0	1.0	2.0	5.0	10.0	20.0	0.050~1.0
钼	100.0	0	1.0	2.0	5.0	10.0	20.0	0.050~1.0
钛	100.0	0	0.5	1.0	2.0	5.0	10.0	0.025~0.5
钒	100.0	0	0.5	1.0	2.0	5.0	10.0	0.025~0.5
锡	100.0	0	0.5	1.0	2.0	5.0	10.0	0.025~0.5
镁	100.0	0	0.5	1.0	2.0	5.0	10.0	0.025~0.5

3.6.4 光谱测量

3.6.4.1 仪器的准备

仪器准备按照如下方法：

——开启光谱仪，进行测量前至少运行 1h。

——测量最浓校准溶液，根据仪器厂家提供的操作程序和指南调节仪器参数：高频发生器的功率，工作气体（冷却气、辅气、载气）流速，观测高度，表 2、表 7 中分析线波长，预冲洗时间，积分时间。

——准备测量分析线强度，平均值，相对标准偏差的软件。

——检查 3.4.2.2~3.4.2.7 中给定的各项仪器性能要求。

3.6.4.2 发射强度的测量

发射强度的测量按如下方法：

——如测量绝对强度，应确保所有测量溶液温度差均在 1℃ 之内。用中速滤纸过滤所有溶液，弃去最初的 2mL~3mL 溶液。

——开始用最低浓度校准溶液测量绝对强度。

——接着测量 2 个或 3 个未知试液，然后测量仅次于最低浓度的校准溶液，再测量 2 个或多个未知试液,如此下去。对各溶液中被测元素,积分 5 次并按 3.4.2.4 规定检查短期稳定性,然后计算平均强度。

——各溶液中被测元素的平均绝对强度(I_i)减去零号(表 4、表 5、表 9 中加入标准溶液的体积为 0mL 的系列)中平均绝对强度(I_0)得到被测元素的净绝对强度(I_N),如式(1)所示。

$$I_N = I_i - I_0 \tag{1}$$

式中 I_N——被测元素的净绝对强度;

I_i——被测元素的平均绝对强度;

I_0——零号中平均绝对强度。

3.6.5 校准曲线的绘制

以净强度为 Y 轴,被测元素的质量浓度(μg/mL)为 X 轴作线性回归。计算相关系数,应符合 3.4.2.7 的规定。

3.7 试验数据处理

根据校准曲线(3.6.5),将试液的净强度转化为相应被测元素的质量浓度,以 μg/mL 表示。被测元素的含量以质量分数 w_M 计,数值以%表示,按式(2)计算:

$$w_M = \frac{\rho_M V}{m \times 10^6} \times 100 \tag{2}$$

式中 ρ_M——试液中分析元素的质量浓度(μg/mL);

V——被测试液的体积(mL);

m——试样的质量(g)。

3.8 精密度

本标准的精密度数据是由 5 个实验室对各元素 5 个水平进行共同试验所确定的。按照 GB/T 6379.2 的规定对多元素的每个水平每次测定 3 次完成。原始数据按照 GB/T 6379.2 进行统计分析,精密度见表 6。

表 6 元素的精密度

元素	含量范围(质量分数,%)	重复性限 r	再现性限 R
Mn	0.004~2.5	$r = 0.002124 + 0.002437m$	$R = 0.01104 + 0.02287m$
P	0.004~0.5	$\lg r = -1.737 + 0.9886\lg m$	$R = 0.00155 + 0.07975m$
Cu	0.004~1	$\lg r = -1.988 + 0.9702\lg m$	$R = 0.002698 + 0.05832m$
Cr	0.004~1	$r = -0.000005 + 0.006173m$	$R = 0.005452 + 0.03625m$
Ni	0.004~1	$r = -0.000087 + 0.008084m$	$R = 0.001279 + 0.07308m$
Mo	0.004~1	$r = -0.000048 + 0.008619m$	$\lg R = -1.199 + 0.8773\lg m$
Ti	0.004~0.5	$\lg r = -2.322 + 0.7995\lg m$	$R = 0.001761 + 0.07125m$
V	0.004~0.5	$r = -0.000073 + 0.02189m$	$\lg R = -0.7555 + 1.216\lg m$
Sn	0.004~0.5	$\lg r = -1.923 + 0.8692\lg m$	$\lg R = -1.066 + 0.9955\lg m$
Mg	0.004~0.5	$r = -0.000121 + 0.01298m$	$R = -0.0000331 + 0.1026m$

注:式中 m 是两个测定值的平均值,以百分数表示(质量分数)。

重复性限 r、再现性限 R 按表 6 给出的方程求得。

在重复性条件下，获得的两次独立测试结果的绝对差值不大于重复性限（r），大于重复性限（r）的情况以不超过5%为前提。

在再现性条件下，获得的两次独立测试结果的绝对差值不大于再现性限（R），大于再现性限（R）的情况以不超过5%为前提。

4 硅的测定

4.1 测定范围

测定Si元素含量范围：0.1%~4.0%。

4.2 原理

试样以盐酸、硝酸混合酸溶解，高锰酸钾氧化破坏碳化物，试液稀释至一定体积，干过滤。在电感耦合等离子体原子发射光谱仪上，于所推荐的波长或其他合适的波长处测量试液中分析元素的发射光谱强度，由校准曲线计算硅的质量分数。

4.3 试剂或材料

4.3.1 除另有说明外，在分析过程中只使用分析纯的试剂和符合GB/T 6682中规定的三级水。

4.3.2 高纯铁，质量分数大于99.9%。

4.3.3 盐酸，$\rho=1.19 g/mL$。

4.3.4 硝酸，$\rho=1.42 g/mL$。

4.3.5 盐酸-硝酸混合酸，9+3+88。90mL盐酸（4.3.3），30mL硝酸（4.3.4），分别加入到880mL水中，混合均匀。

4.3.6 盐酸，1+1。

4.3.7 硝酸，1+1。

4.3.8 高锰酸钾溶液，40g/L。

4.3.9 过氧化氢，30%。

4.3.10 硫酸，$\rho=1.84 g/mL$。

4.3.11 硅储备溶液，500.0μg/mL。称取0.5348g二氧化硅（质量分数大于99.9%，预先经1000℃灼烧1h后，置于干燥器中，冷却至室温），置于加有3g无水碳酸钠的铂坩埚中，搅拌均匀，上面再覆盖1g~2g无水碳酸钠，先将铂坩埚于低温处加热，再置于950℃高温处加热熔融至透明，继续加热熔融3min，取出，冷却。移入盛有冷水的聚四氟乙烯烧杯中浸取，低温加热熔块至完全溶解。取出坩埚，仔细洗净，冷却至室温，将溶液移入500mL容量瓶中，用水稀释至刻度，混匀，贮于聚丙烯瓶中。此溶液1mL含500.0μg硅。

4.3.12 硅标准溶液，100.0μg/mL。将20.00mL硅储备液（4.3.11）移入100mL容量瓶中，用水稀释至刻度，混匀。此溶液1mL含100.0μg硅。

4.4 仪器设备

4.4.1 常用玻璃量器

单标线移液管、分度移液管、单刻度容量瓶，符合GB/T 12806、GB/T 12807和GB/T 12808的规定。

4.4.2 电感耦合等离子体原子发射光谱仪（以下简称光谱仪）

4.4.2.1 光谱仪按3.6.4.1优化后，符合4.4.2.2~4.4.2.7的性能指标，即达到使用要求。光谱仪既可是同时型的，也可是顺序型的。

4.4.2.2 光谱仪的分析线。本标准不指定特殊的分析线，推荐使用的分析线列于表7，在使用时，应仔细检查谱线的干扰情况。

表 7　推荐的分析线

元素	波长/nm	可能的干扰元素
Si	251.611	Mo,V,Fe

4.4.2.3 光谱仪的实际分辨率（见 A.1）。计算每条应当使用的波长的带宽。带宽应小于 0.03nm。

4.4.2.4 光谱仪的短期稳定性。测定 10 次硅元素浓度最高的校准溶液的绝对强度或强度比，计算其标准偏差，相对标准偏差应小于 0.9%。

4.4.2.5 光谱仪的长期稳定性。测定 3 次硅元素浓度最高的校准溶液的绝对强度或强度比的平均值，计算七个平均值的标准偏差，绝对强度法相对标准偏差小于 1.8%。

4.4.2.6 检测限（见 A.2）。对于溶液中仅含硅元素的分析线，计算检测限（DL），其结果应低于表 8 中的数值。

表 8　分析线和检测限

分析元素	分析线/nm	DL/(μg/mL)
Si	251.611	0.0139

4.4.2.7 曲线的特性。校准曲线的线性通过计算相关系数进行检查，相关系数应大于 0.999。

4.5　样品

按 GB/T 20066 取样制样，且干燥密封保存。

4.6　试验步骤

4.6.1　试样量

平行试验，平行做两份试验。

称取（0.05±0.0005）g 试样，精确至 0.0001g。

4.6.2　空白试验

称取 0.0500g 高纯铁（4.3.2），随同试样做空白试验。

4.6.3　测定

4.6.3.1　试样溶液的制备

将试样（4.6.1）置于 200mL 聚四氟乙烯烧杯中，加 85mL 混合酸（4.3.5），加热溶解，不断补充水分，体积控制 80mL 左右，溶解完全后，滴加高锰酸钾溶液（4.3.8）约 24 滴，氧化至棕色沉淀出现，煮沸 2min，滴加过氧化氢 1 滴还原（4.3.9），并加热 3min 微沸至过氧化氢完全分解，然后冷却至室温，将溶液定量转移至 100mL 塑料容量瓶中，加水稀释至刻度，摇匀，干过滤，滤液待测。

4.6.3.2　校准曲线溶液的制备

称取 0.0500g 高纯铁（4.3.2）7 份分别置于 200mL 聚四氟乙烯烧杯中，按 4.6.3.1 步骤将其溶解，冷却至室温，将溶液转移至 100mL 容量瓶中，按表 9 加入硅元素的标准溶液，加水稀释至刻度，摇匀待测。

表9 制作校准曲线的标准溶液系列

分析元素	标准溶液质量浓度/(μg/mL)	加入标准溶液的体积/mL						相应试料中元素含量(质量分数,%)
Si	100.0	0	0.5	1.0	2.0	5.0	10.0	20.0	0.1~4.0

4.6.4 光谱测量
按3.6.4进行。

4.6.5 校准曲线的绘制
按3.6.5进行。

4.7 试验数据处理
根据校准曲线（4.6.5），将试液的净强度转化为相应硅元素的质量浓度，以 μg/mL 表示。

硅元素的含量以质量分数 w_M 计，数值以%表示，按式（3）计算：

$$w_M = \frac{\rho_M V}{m \times 10^6} \times 100 \tag{3}$$

式中 ρ_M——试液中分析元素的质量浓度（μg/mL）；
  V——被测试液的体积（mL）；
  m——试料的质量（g）。

4.8 精密度
本标准的精密度数据是由5个实验室的对硅元素5个水平进行共同试验所确定的。按照 GB/T 6379.2 的规定对硅元素的每个水平每次测定3次完成。原始数据按照 GB/T 6379.2 进行统计分析，精密度见表10。

表10 元素的精密度

元素	含量范围(质量分数,%)	重复性限 r	再现性限 R
Si	0.1~4.0	$r = -0.000830 + 0.008843m$	$\lg R = -1.423 + 0.3847 \lg m$

注：式中 m 是两个测定值的平均值，以百分数表示（质量分数）。

重复性限 r、再现性限 R 按表10给出的方程求得。

在重复性条件下，获得的两次独立测试结果的绝对差值不大于重复性限（r），大于重复性限（r）的情况以不超过5%为前提；

在再现性条件下，获得的两次独立测试结果的绝对差值不大于再现性限（R），大于再现性限（R）的情况以不超过5%为前提。

5 试验报告
试验报告应当包括下列内容：
a）识别样品、实验室和试验日期所需的全部材料；
b）执行标准编号；
c）结果及其表示；
d）使用的分析线；
e）测定中发现的异常现象；
f）对结果可能已产生影响的本标准中未做规定的各种操作或任选的操作。

附 录 A
（规范性）
测试设备性能的操作

A.1 光谱仪实际分辨率

发射光谱的分辨率通常用其波长扫描图形的半峰宽表示，即测定峰高一半处的峰宽，用纳米（nm）表示。

A.2 检测限

A.2.1 程序

A.2.1.1 制备三份溶液，含待测物浓度分别为：0浓度水平，10倍检测限，1000倍检测限。这些溶液含有与待测样品相似浓度的酸、溶剂、基体元素。

A.2.1.2 对待测元素设定合适的操作条件。

A.2.1.3 喷入1000倍检测限溶液，在溶液进入等离子体后等待10s，以保证稳定雾化。

A.2.1.4 将选择的波长定位在其最高峰处，选择适当的测量条件，以保证测量的光谱强度有4位有效数字。设定积分时间为3s。

A.2.1.5 喷入空白试液约10s，以预设积分时间测定10次。

A.2.1.6 喷入10倍检测限溶液10s，以预设积分时间测定10次。

A.2.2 计算

由空白试验和10倍检测液得到的光谱强度读数，计算空白试液平均强度 $\overline{X}_b$，10倍检测限溶液平均强度 $\overline{X}_i$ 和空白试液的标准偏差 s_b。

按式（A.1）计算10倍检测限溶液的净平均强度 $\overline{X}_{ni}$：

$$\overline{X}_{ni} = \overline{X}_i - \overline{X}_b \tag{A.1}$$

式中 $\overline{X}_{ni}$——10倍检测限溶液的净平均强度；

$\overline{X}_i$——10倍检出限溶液平均强度；

$\overline{X}_b$——空白试液平均强度。

按式（A.2）计算测量元素的检测限（DL）：

$$DL = 3s_b \times \frac{\rho_1}{\overline{X}_{ni}} \tag{A.2}$$

式中 DL——测量元素的检测限；

s_b——空白试液的标准偏差；

ρ_1——10倍检测限的质量浓度（μg/mL）；

$\overline{X}_{ni}$——10倍检测限溶液的净平均强度。

第七节 铁型覆砂造型机

沈永华 夏小江

一、标准概况

铁型覆砂造型机是铁型覆砂铸造中的核心设备，是一种区别其他铸造工艺的专用造型机,其质量直接影响造型质量、造型效率,从而影响铁型覆砂铸造的应用水平。JB/T 12281—2015《铁型覆砂造型机》是铁型覆砂铸造领域第一个行业标准。

JB/T 12281—2015《铁型覆砂造型机》于2015年10月10日发布,2016年3月1日实施。该标准规定了单工位和多工位铁型覆砂造型机的术语和定义、型号与参数、技术要求、检验方法、检验规则、标志、包装与储运和质量保证期。

二、标准主要内容说明

1. 型号及参数

造型机型号参考JB/T 3000中专用铸造设备的型号表示方法编制。以ZJ开头,表示专用铸造设备;第三位为Z,属于类代号,表示造型设备;第四五位为TF,属于组、型代号,表示铁型覆砂用造型机,取"铁覆"两字的拼音首字母;第六位是数字,表示工位数,如果是1个工位,也可以省略。短横线后面两组数字用斜杠分开,前面一组数表示造型机适用铁型的最大长度,后面一组数表示造型机适用铁型的宽度,类似砂型铸造的砂箱最大尺寸,单位为cm,一般取整。目前,铁型覆砂铸造用铁型尺寸越来越大,最大长度和宽度都有可能达到三位数的情况。最后一位是改型顺序号。例如,型号为ZJZTF2-100/68的造型机,表示2工位的铁型覆砂专用造型机,适用铁型的最大长度为1000mm,最大宽度为680mm。

标准提供了四种典型造型机的主要技术参数,这四种造型机是目前应用最广的,占有率在95%以上。按照造型机不同工位数和结构形式的不同,规定了相应的造型效率、工作气压、起模行程、起模最大力、顶升最大力。二工位造型机市场上目前有两种典型形式。一般的二工位造型机采用二个造型工位和一个射砂工位,所以起模和射砂采用两套压力缸,起模缸行程可以做得比较小,定压缸压力设计比较大。二工位A造型机结构上是两个单工位的组合,同样,四工位造型机机构也基本是四个单工位的组合,所以除了造型效率不同,其他主要技术参数是相同的。

2. 技术要求

(1) 一般要求 铁型覆砂铸造采用的铁型不同于传统砂型铸造用的砂箱,砂箱可以采用系列标准尺寸,但铁型是按照铸件的形状和布置设计的,铁型和铸件要有一个合适的重量匹配,所以铁型一般不能采用系列标准尺寸,是一个非标产品。因此,用于铁型造型用的造型机,设计时要适应铁型的尺寸,也是一个非标铸造机械产品,按设计图制造。一般要求规定了造型机设计、制造的总要求,包括结构件、外购件、液压系统、气动系统、电气系统、安全性和技术文件。外购件尽量采用通用标准件。液压系统、气动系统应符合GB/T 3766、GB/T 7932两个通用技术标准。电气系统应符合GB 5226.1的规定。造型机的主要结构件一般为焊接件和灰铸铁件,参考切削机床对焊接件和铸件的要求,分别应符合GB/T 23570和JB/T 3997的规定。造型机的安全要求按照铸造机械安全标准,即GB 20905的规定。造型机随机技术文件的编制参照金属切削机床,应符合GB/T 23571的规定。

(2) 功能要求 铁型覆砂造型机的造型材料规定为覆膜砂,在功能上必须满足射砂功能和加热功能。射砂采用压缩空气,一般气压在0.3MPa~0.5MPa,将射砂头内的覆膜砂吹入到铁型内。射砂筒(见图2.7-1)是连接射砂头和砂斗的部件,其功能是引入压缩空气,并将覆膜砂引入射砂头。在射砂工作时要保持密闭。射砂筒也承担砂斗中的覆膜砂加入射砂

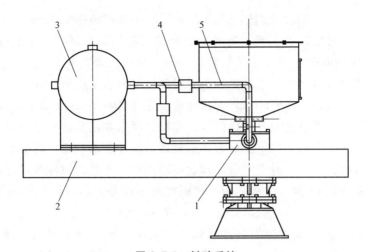

图 2.7-1 射砂系统
1—射砂筒 2—上梁 3—压缩空气罐 4—射砂阀 5—气管

头的功能,所以射砂筒和砂斗之间有一个连接结构,射砂工作时要关闭密封,加砂时要打开。这个结构在传统热芯盒射芯机上一般采用闸板加密封圈的结构,铁型覆砂造型机目前采用类似阀体的结构,整个加砂通道是封闭的,依靠内部橡胶球的浮动实现加砂通道的自动开闭,覆膜砂不会泄露到外面,结构简单,故障少。射砂时该部位的喷砂,是造型机的顽疾,所以标准规定采用封闭的自动加砂机构,不得有外漏覆膜砂的现象。覆膜砂造型,通过加热铁型并利用铁型的余热,实现热固化,所以标准规定造型机必须配备温控设备,温度误差范围为 ±10℃,以保证覆砂质量。标准也提出了为造型机的砂斗内加砂的方式为气力输送、斗提或其他方法(如加砂平台),主要根据车间条件和自动化要求来选择。

实践证明,过小的覆砂层厚度,由于强度问题,不能很好地附着在铁型壁上,也容易在浇注中产生冲砂,所以在功能要求中规定了最小覆砂层厚度为 3mm。最小覆砂层的实现,主要依靠模具的设计,但造型机的起模平稳性、射砂时砂流平稳性,都会影响造型质量,可能在覆砂层较薄的地方出现空洞现象。

(3) 外观质量 外观质量要求主要规定了外观呈现、管路布置、油漆及标牌。造型机外观应整洁、平滑,不得有明显的划伤、裂纹、变形、脱漆和锈蚀等缺陷,这是对全新机器的一般要求。管路布置是影响造型机外观的重要因素,规定必须紧凑、整齐、固定可靠。造型机的油漆工艺采用通用机床油漆工艺,但油漆颜色可按用户要求确定,体现在技术文件中。造型机的标牌按照现有标准 GB/T 13306—2011 的要求规定,主要包括铭牌、操作指示牌、说明牌、安全指示牌等。

(4) 几何精度 几何精度规定了机械加工未注公差尺寸和影响造型机性能的一些重要装配精度项目。由于铸造机械整体精度要求没有切削机床要求高,所以零部件中未注公差尺寸应符合 GB/T 1804 规定的中等级 (m) 公差要求。工作台与射砂头的平行度、工作台与起模辊轮上平面的平行度、工作台中心与射砂头中心误差、工作台面的平面度是造型机最关键的精度,在标准中做了明确规定。精度的规定原则为在满足性能要求的情况下,适当提高一些,兼顾质量和经济性、实用性。工作台与射砂头的平行度是保证射砂时不喷砂的重要因素。对于固定安装的射砂头(标准称为刚性连接),平行度误差控制在 0.3mm~0.5mm;对于进出活动的射砂头（标准称为刚性连接），平行度误差控制在 0.8mm~1.0mm。工作台与起模辊轮上平面的平行度误差主要影响造型机合模与起模，模样的一般起模斜度在 0.5°以上，当工作台长 400mm 时，平行度误差为 0.5mm，角度误差在 0.2°左右，对合模和起模不会造成影响。工作台与射砂头中心的误差，主要影响射砂板上的射砂孔与铁型上射砂孔的对正，目前一般射砂孔直径为 20mm~25mm，标准规定小于 1.5mm 的误差，对射砂不会构成影响，同时这个误差也可通过调整模样位置来克服，所以规定精度不是很高。工作台工作平面是一个大平面，往往一些生产企业认为铸造机械的精度要求较低，对平面度没有要求，造成设备安装模样后，容易产生射砂时喷砂和起模缺陷等。因此，该标准规定一个平面度的要求，基本介于公差等级 11 级~12 级之间，从而在满足设备的使用性能情况下，可实现制造的经济性。

（5）运转试验　运转试验分为空运转试验和负荷试验。空运转试验规定了试验方法、运转次数、空运转检验的项目等。造型机的空运转试验要求不少于 10 个工作循环，主要检验造型机的操作过程、部件运动过程及气动液压系统，考察动作的正确性、灵活性、可靠性。负荷试验规定了试验方法、造型过程、加砂过程、噪声及试验场地。负荷试验需要模样，所以一般在用户场地进行，如用户场地没有条件，也可以双方协商确定。负荷试验按照操作规程进行，造型不少于 5 型。通过实际造型可以检查射砂、起模等情况，检查造型质量、型砂外漏、运行噪声等指标。规定运行噪声必须小于 85dB，该数据是根据国家环境噪声要求确定的。

3. 试验方法

试验方法主要包括两部分：一是噪声检测方法，标准规定按照 JB/T 6331.2《铸造机械噪声的测定方法　声压级测定》，目前该标准已作废，可用升级的国家标准 GB/T 25371《铸造机械　噪声声压级测量方法》替代；二是精度检验方法，主要参考了金属重力铸造机的检验方法和 GB/T 17421.1 中的平面度检测方法，在满足检测精度的条件下也可采用其他方法和检测仪器。

4. 检验规则

检验规则包括出厂检验和型式检验。出厂检验主要检验标准中 5.2、5.3、5.4、5.5 所规定的四个方面。除负荷试验外，有关造型机的技术要求的方面应进行全面检查，要求所检项目必须全部合格。标准规定了需要型式检验的四种情况，型式检验需要检查全部技术要求的项目，并规定了型式检验的数量。型式检验的场地一般在制造厂完成，对于负荷试验，如果条件不允许，也可以在用户单位进行。以上规定参照通用机床类机器的检验规则。

三、标准的应用

该标准适用于铁型覆砂铸造用单工位、多工位造型机，也适用于铁型覆砂铸造机械化生产线用造型机。自该标准发布实施以来，已有多家铸造设备生产企业采用此标准，先后在全国十多个省市的 100 多家铸造企业中推广应用，共应用于近 150 余台铁型覆砂造型机。通过制定铁型覆砂造型机的行业标准，进一步规范造型机的规格型号、制造和检验，提升造型机的质量和技术水平，从而促进铁型覆砂铸造技术的推广应用。

四、标准内容

JB/T 12281—2015

铁型覆砂造型机

1 范围

本标准规定了单工位和多工位铁型覆砂造型机的术语和定义、型号与参数、技术要求、检验方法、检验规则、标志、包装与储运和质量保证期。

本标准适用于铁型覆砂铸造用单工位、多工位造型机，也适用于铁型覆砂铸造机械化生产线用造型机。

2 规范性引用文件

下列文件对于本文件的应用是必不可少的。凡是注日期的引用文件，仅注日期的版本适用于本文件。凡是不注日期的引用文件，其最新版本（包括所有的修改单）适用于本文件。

GB/T 1804 一般公差 未注公差的线性和角度尺寸的公差

GB/T 3766 液压系统通用技术条件

GB 5226.1 机械电气安全 机械电气设备 第1部分：通用技术条件

GB/T 7932 气动系统通用技术条件

GB/T 13306 标牌

GB/T 17421.1 机床检验通则 第1部分：在无负荷或精加工条件下机床的几何精度

GB 20905 铸造机械 安全要求

GB/T 23570 金属切削机床焊接件 通用技术条件

GB/T 23571 金属切削机床 随机技术文件的编制

JB/T 1644 铸造机械 通用技术条件

JB/T 3000 铸造设备型号编制方法

JB/T 3997 金属切削机床灰铸铁件 技术条件

JB/T 6331.2 铸造机械噪声的测定方法 声压级测定

JB/T 8356.1 机床包装 技术条件

3 术语和定义

下列术语和定义适用于本文件。

3.1 铁型 iron mould

铸造用的成型砂箱，其型腔直接铸出或机械加工成形，在铸件模样与型腔间留一定间隙作为砂型厚度，一般为 5mm～10mm。

3.2 铁型覆砂铸造 sand-lined iron mould casting

在铁型的型腔内表面覆上一层型砂形成铸型的一种生产方法，也称覆砂金属型铸造。

4 型号与参数

4.1 造型机型号

造型机型号按照 JB/T 3000 中专用铸造设备的型号表示方法编制。造型机型号及含义如下：

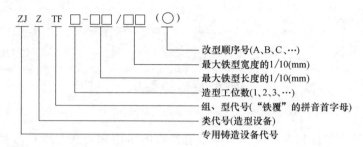

4.2 主要技术参数

造型机主要技术参数见表1。

表1 造型机主要技术参数

工位数	造型效率/ (型/h)	工作气压/ MPa	起模缸行程/ mm	起模最大力/ kN	顶升最大力/ kN
一（单）工位	≥20 单型	0.6	≥400	≥60	≥60
二（双）工位	≥15	0.6	≥160	≥20	≥100
二（双）工位A	≥20	0.6	≥400	≥60	≥60
四工位	≥30	0.6	≥400	≥60	≥60

5 技术要求

5.1 一般要求

5.1.1 造型机应符合本标准的要求，并按规定的图样及技术文件制造。

5.1.2 造型机的外购件应符合设计图样和通用标准件的有关规定。

5.1.3 造型机的液压系统、气动系统、电气系统应分别符合GB/T 3766、GB/T 7932、GB 5226.1的规定。

5.1.4 造型机主要结构用焊接件应符合GB/T 23570的规定，铸铁件应满足JB/T 3997的规定。

5.1.5 造型机的安全要求应符合GB 20905的规定。

5.1.6 造型机随机技术文件的编制应符合GB/T 23571的规定。

5.2 功能要求

5.2.1 造型机采用覆膜砂为造型材料。

5.2.2 造型机砂斗加砂可采用气力输送、斗提或其他方法。

5.2.3 造型机射砂筒加砂采用封闭的自动加砂机构，不得有外漏现象。

5.2.4 造型机模具温度可控，温度区间为100℃~300℃，误差范围±10℃。

5.2.5 造型最薄覆砂层厚度为3mm。

5.3 外观质量

5.3.1 造型机外观应整洁、平滑，不得有明显的外观缺陷。

5.3.2 造型机上的各种管线应布置整齐、固定可靠。

5.3.3 造型机的涂装应符合相关标准和技术文件的规定。

5.3.4 造型机的标牌应符合GB/T 13306的规定。

5.4 几何精度

5.4.1 机械加工未注公差尺寸应符合GB/T 1804规定的中等级（m）公差要求。

5.4.2 重要精度项目应符合表2的规定。

表 2 重要精度项目的精度要求　　　　　　　　　　（单位：mm）

项目	精度		
工作台或射砂头的最大长度	400~630	>630~1000	>1000~1600
工作台与射砂头的平行度误差(刚性连接)	≤0.30	≤0.40	≤0.5
工作台与射砂头的平行度误差(柔性连接)	≤0.80	≤0.90	≤1.0
工作台与起模辊轮上平面的平行度误差	≤0.40	≤0.50	≤0.60
工作台中心与射砂头中心误差	<1.50		
工作台面的平面度(允许中凹)	0.50/1000		

5.5 空运转试验

5.5.1 造型机应按技术文件的要求进行空运转,空运转次数不得少于10个工作循环。

5.5.2 造型机的各工作机构和操作机构动作应灵活可靠。

5.5.3 造型机各运动机构应运行平稳,没有停顿、爬行和抖动等现象,运动停止时没有明显的冲击、碰撞现象。

5.5.4 造型机气动、液压系统运行正常。气动系统除正常的空气消耗外,不应有任何可听到的泄漏声。液压系统除不足以形成油滴的微量渗湿之外,不应有能测到的泄漏。

5.6 负荷试验

5.6.1 造型机负荷试验前应先进行空运转试验。

5.6.2 负荷试验应按操作规程进行,造型数量不少于5型。

5.6.3 造型机运转情况下,其噪声声压级应小于80dB（A）。

5.6.4 负荷试验一般在需方进行,也可以由双方协商确定。

6 检验方法

6.1 噪声检测

按 JB/T 6331.2 的规定测量噪声值。

6.2 精度检验

精度按表3的规定检验。

表 3 重要精度项目检验方法

序号	检验项目	图例	检验工具	检验方法
1	工作台与射砂头的平行度		百分表、百分表座	将百分表的表座紧靠在工作台面上,将百分表的测头触及射砂头下表面,以四个角为测量点,误差以四点的百分表读数最大差值计
2	工作台与起模辊轮上平面的平行度误差		百分表、百分表座、平尺	将平尺置于辊道上表面,百分表的表座紧靠在工作台面上,将百分表的测头触及平尺下表面,以工作台四个角为测量点,误差以四点的百分表读数最大差值计

(续)

序号	检验项目	图例	检验工具	检验方法
3	工作台中心与射砂头中心的误差		百分表、百分表座、平尺	将平尺固定于工作台面中心,在平尺的上表面放一具有导向侧面的专用百分表座,沿平尺移动百分表座(百分表)测得射头体外缘的值,同理测得另一侧外缘的值,再计算偏差值(横向和纵向均按上述同一方法测量)
4	工作台面的平面度(允许中凹)		等高量块、可调量块、平尺	按 GB/T 17421.1 规定的方法进行(平尺测量平面度误差)

7 检验规则

7.1 出厂检验

7.1.1 每台造型机应经供方质量检验部门检验合格,并附有产品质量合格证明书后方可出厂。

7.1.2 出厂检验按 5.2、5.3、5.4、5.5 的项目进行,所检项目应全部合格。

7.2 型式检验

7.2.1 有下列情况之一时,应进行型式检验:
  a) 新型号造型机或现有型号造型机转厂生产的试制定型鉴定;
  b) 正式生产后,如结构、材料、工艺有较大改变可能影响产品性能;
  c) 造型机停产两年以上恢复生产;
  d) 国家质量监督机构提出型式检验要求。

7.2.2 型式检验项目为本标准规定的所有项目,所检项目应全部合格。

7.2.3 型式检验时抽检样品的数量:
  a) 当每批产量不大于 10 台时抽检样品 1 台;
  b) 当每批产量大于 10 台时抽检样品 2 台。

8 标志、包装与储运

8.1 每台造型机应在明显位置固定产品标牌,标牌应符合 GB/T 13306 的规定。

8.2 造型机包装应符合 JB/T 8356.1 的规定。

8.3 造型机应附有下列技术文件,随机技术文件的编制应符合 GB/T 23571 的规定。
  a) 使用说明书;
  b) 合格证明书;
  c) 装箱单。

8.4 造型机的储运应符合 JB/T 1644 的规定。

9 质量保证期

质量保证期为从用户开始使用起 12 个月或从制造厂发货起 18 个月。质量保证期内,在遵守造型机的运输、保管、安装、调整、保养和使用规定的条件下,如因造型机质量造成不能正常工作,制造厂应负责免费为用户修理或更换造型机的零部件(易损件除外)。

第三章 铸造有色合金

第一节 铸造有色金属及其合金牌号表示方法

秦广华　朱家辉

一、标准概况

随着我国铸造有色合金产业不断发展，原有的 GB/T 8063—1994《铸造有色金属及其合金牌号表示方法》已不能满足需要，需要进行修订，补充完善。在修订过程中，针对 GB/T 8063—1994 在使用过程中存在的问题进行了全面调研，了解到 GB/T 8063—1994 中规定的铸造铝、镁、铜、钛等有色金属及其合金牌号表示方法仍具有普遍适用性，同时广泛收集和检索了国内外相关标准和技术资料，结合实际应用经验，完成了对 GB/T 8063—1994 的修订工作。GB/T 8063—2017《铸造有色金属及其合金牌号表示方法》于 2017 年 12 月发布并实施。

GB/T 8063—2017 增加了术语和定义，增加了铸造锆及锆合金的牌号表示；修改了镁合金的牌号表示示例，增加了合金元素含量小于 1%（质量分数，下同）的合金牌号表示示例等，以适应国内铸造有色金属及其合金的发展需求。修订后的标准具有较强的适用性，对铸造有色金属及其合金的发展起着重要的基础性支撑作用。

二、标准主要内容说明

1. 标准的主要修订内容

与 GB/T 8063—1994 相比，GB/T 8063—2017 对以下方面的技术内容进行了修订：

1）修改了适用范围。在原有合金牌号的基础上，增加了铸造锆及锆合金，标准适用范围略有扩大。

2）增加了合金元素、稀土元素、超低间隙元素的术语和定义。

3）增加了铸造纯锆及铸造锆合金牌号的表示示例。参照 YS/T 853—2012，铸造纯锆牌号表示为 ZZr-1，铸造锆合金表示示例为 ZZrNb2.5。

4）修改了铸造镁合金牌号的表示示例。GB/T 8063—1994 中的表示示例为添加钆和钇两种稀土元素的镁合金牌号，并将混合稀土元素符号统一以 RE 表示。修订后的标准进一步具体化，将合金中具体添加的两种稀土元素引入牌号表示中，表示示例"ZMgZn4RE1Zr"修改为"ZMgGd10Y3Zr"。

5）增加了合金元素含量小于 1% 的合金牌号表示示例。针对合金元素含量小于 1% 的牌号，给出表示示例，如 ZTiMo0.3Ni0.8。

6）规定了铸造有色纯金属牌号的表示方法。

7）细化了合金的分级。GB/T 8063—1994 中对于杂质限量要求严、性能高的优质合金予以规定，在牌号后标注"A"。GB/T 8063—2017 进一步细化，对于相同主成分，杂质限量有不同要求的合金,在牌号后加注"A、B、C……",进行级别的划分。细化的不同级别的合金,可以更好地适用于不同性能的产品生产,同时不同级别的合金也存在价格上的差异。

2. 中外铸造有色合金牌号表示方法概述

(1) 中国国家标准　我国的铝、镁、钛、铜、锆、镍、钴、锡、铅等铸造有色合金牌号由"铸"的汉语拼音首字母"Z"和基体金属的元素符号、主要合金元素符号以及表明合金元素名义含量的数字组成;压铸合金牌号前面冠以"压铸"的汉语拼音首字母"YZ"。

(2) 国际标准　在ISO标准中,铸造有色合金牌号由基体金属的元素符号、合金元素符号及名义百分含量值和添加元素符号及名义百分含量值组成。

(3) 美国标准　目前存在多种命名体系,规定美国有色合金牌号的标准包括美国国家标准(ANSI)、美国材料与试验学会(ASTM)的标准,1975年起美国增加了美国铝业协会(AA)、铜业发展协会(CDA)的牌号。美国材料与试验学会和美国汽车工程师学会共同研究制定了"金属和合金统一数字编号系统(UNS系统)"的材料统一代码编号。

(4) 日本标准　在JIS标准中,铸造有色合金牌号由材料类别代号、铸造代号及种类号组成。

(5) 欧洲标准　EN标准使用两种命名系统:一种是符号命名系统,由基体金属的元素符号、合金元素符号及名义百分含量值和添加元素符号及名义百分含量值组成;另一种是EN1780-1:2002数字编号系统,由代表组别号及类别号的数字组成。

3. 中外铸造有色合金牌号对照

(1) 铸造铝合金　按照主加合金元素分类,铸造铝合金可分为Al-Cu系、Al-Si系、Al-Mg系及Al-Zn四个系列。表3.1-1为相近铸造铝合金牌号的对照表,按表3.1-1的铸造铝合金牌号替换,应考虑各国牌号技术要求的差异。

表 3.1-1　相近铸造铝合金牌号的对照表

GB/T 1173—2013	ISO 3522:2007(E)	ANSI(M) H35.1—2006	JIS H5302:2006	EN 1706:2020
ZAlCu4	AlCu4Ti	259.0	—	EN AC-21100
ZAlCu4MgTi	AlCu4MgTi	—	AC1B	EN AC-21000
ZAlSi7Mg	AlSi7Mg	356.0	AC4C	EN AC-42000[2] EN AC-42100[2]
ZAlSi7MgA	AlSi7Mg0.3	A356.0	AC4CH	
ZAlSi12	AlSi12(a)	—	AC3A	EN AC-44200[2]
YZAlSi12[1]	AlSi12(Fe)	A413.0	ADC1[3]	EN AC-44300[2]
ZAlSi9Mg	AlSi10Mg	—	AC4A	EN AC-43400[2]
YZAlSi10Mg[1]	AlSi10Mg(Fe)	A360.0	ADC3[3]	EN AC-43000
ZAlSi5Cu1Mg	AlSi5Cu1Mg	355.0	AC4D	EN AC-45300
ZAlSi5Cu1MgA	AlSi5Cu1Mg	C355.0	—	EN AC-45300
ZAlSi8Cu1Mg	AlSi5Cu3	328.0	—	EN AC-45400 EN AC-46400

(续)

GB/T 1173—2013	ISO 3522:2007(E)	ANSI(M) H35.1—2006	JIS H5302:2006	EN 1706:2020
ZAlSi7Cu4	AlSi6Cu4	319.0	AC2B	EN AC-45000
ZAlSi12Cu1Mg1Ni1	—	336.0 339.0	AC8A	EN AC-48000
ZAlSi5Cu6Mg	—	—	—	—
ZAlSi9Cu2Mg	—	328.0 354.0	—	EN AC-46400
YZAlSi9Cu4[①]	AlSi8Cu3	380.0	AC4B	EN AC-46200
YZAlSi11Cu3[①]	—	—	ADC12[③]	EN AC-46100
ZAlSi7Mg1A	AlSi7Mg0.6	A357.0	—	EN AC-42200[②]
ZAlMg5Si	AlMg5(Si)	—	AC4CH	EN AC-51400[②]
ZAlMg8Zn1	—	—	—	—

① GB/T 15115—2019。
② EN 601。
③ JIS H5302:2006。

1) 在 ISO 3522:2007 (E) 中，铸造铝合金的牌号由基体金属的元素符号 (Al)、合金元素符号及名义质量分数值和添加元素符号及名义质量分数值组成。当合金元素的名义质量分数大于1%时，在合金元素符号后标出其含量；当合金元素的名义质量分数小于1%时，一般只标注元素符号，必要时在牌号后加注主要杂质元素 (Fe)。

2) 在 ANSI (M) H35.1—2006 中，铸造铝合金牌号由三位数字组、小数点及尾数组成。其中，首位数表示合金系列，见表3.1-2；第二、三位数字用以区别合金组之间的差异，无特殊含义；尾数中0表示合金铸件，1和2表示合金铸锭。值得注意的是，A356.0等部分合金牌号前冠以 A，用以区分铁元素含量。

表 3.1-2 ANSI (M) H35.1—2006 铸造铝合金牌号首位数字代号表

代号	1	2	3	4	5	6	7	8	9
含义	工业纯铝 ≥99.00%	Al-Cu 系	Al-Si-Cu 或 Al-Si-Mg	Al-Si 系	Al-Mg 系	暂无	Al-Zn 系	Al-Sn 系	其他

3) 在 JIS H5302:2006 中，铸造铝合金牌号由类别代号 A、铸造代号及种类号组成。铸造代号中，C 表示砂型铸造和金属型铸造，DC 表示压铸。例如，应用广泛的 ADC12 合金是在 Al-Si 合金基础上添加 Cu 元素，ADC3 铝合金是在 Al-Si 合金基础上添加 Mg 及 Fe 等合金元素。

4) 在 EN 1706:2020 中，使用两种命名系统，按照数字编号系统，其牌号由 EN、空格、基体元素代号、产品类型代号、短横线及五位阿拉伯数字组成。其中，铝合金元素代号为 A，铸件代号为 C，如 EN AC-21000。首位数字表示铝合金的主要合金元素，铝合金中主要合金元素 Cu、Si、Mg、Zn 分别以 2、4、5 及 7 表示；次位见表3.1-3，第三位是任意数字，第四位常为0，除航空领域应用外，第五位常为0，无特殊含义。

除此以外，欧洲标准中的符号命名系统也在使用。按照符号命名系统，铸造铝合金牌号由前缀 EN、空格、基体元素代号、产品类型代号、短横线、Al、空格、合金元素符号及名义百分含量值和添加元素符号及名义百分含量值组成，如 EN AC-Al Cu4Ti。

表 3.1-3　EN 1706：2020 铸造铝合金牌号中次位数字代号表

数字代号	合金类型	数字代号	合金类型
21×××	AlCu 系	46×××	AlSi9Cu 系
41×××	AlSiMgTi 系	47×××	AlSi(Cu) 系
42×××	AlSi7Mg 系	48×××	AlSiCuNiMg 系
43×××	AlSi10Mg 系	51×××	AlMg 系
44×××	AlSi 系	71×××	AlZnMg 系
45×××	AlSi5Cu 系		

（2）铸造镁合金　铸造镁合金按照主加合金元素可以分为：Mg-Al 系、Mg-Zn-Zr 系、Mg-RE-Zr 系和 Mg-Li 系四个系列。镁合金结构件一般为压铸件，而压铸镁合金与铸造镁合金牌号具有相同的牌号系统。表 3.1-4 中以我国在用的压铸镁合金牌号进行对照，用表 3.1-4 进行镁合金牌号替换，应考虑各国牌号技术要求的差异。

表 3.1-4　铸造镁合金牌号的对照表

GB/T 25747—2022	ISO 16220：2005	ASTM B 94—2007	JIS H5303：2006	EN 1753：2019
YZMgAl2Si	MgAl2Si	AS21A	MDC6	3.5325
YZMgAl2Si(B)	MgAl2Si(B)	AS21B	—	—
YZMgAl4Si(A)	MgAl4Si(A)	AS41A	—	—
YZMgAl4Si(B)	MgAl4Si(B)	AS41B	MDC3B	3.5326
YZMgAl4Si(S)	MgAl4Si(S)	—	—	—
YZMgAl2Mn	MgAl2Mn	—	MDC5	3.5320
YZMgAl5Mn	MgAl5Mn	AM50A	MDC4	3.5321
YZMgAl6Mn(A)	MgAl6Mn(A)	AM60A	—	—
YZMgAl6Mn	MgAl6Mn	AM60B	MDC2B	3.5322
YZMgAl8Zn1	MgAl8Zn1	—	—	3.5315
YZMgAl9Zn1(A)	MgAl9Zn1(A)	AZ91A	—	3.5316
YZMgAl9Zn1(B)	MgAl9Zn1(B)	AZ91B	MDC1B	3.5317
YZMgAl9Zn1(D)	MgAl9Zn1(D)	AZ91D	MDC1D	—

1）在 ISO 16220：2005 中，铸造镁合金牌号表示方法与铸造铝合金相似，由基体金属的元素符号（Mg）、合金元素符号及名义质量分数值组成。当合金元素的名义含量大于 1% 时，合金元素符号后标出其含量值。

2）在 ASTM B94—2007 中，铸造镁合金牌号由合金元素字母代号、数字组及级别代号三部分组成。第一部分为两种主要合金元素代号，合金元素符号按其名义质量分数递减次序排列；第二部分由代表两种主要合金元素名义质量分数的数字组成；第三部分由指定的字母如 A、B 和 C 组成，表示合金发展的不同阶段（锭、铸件和加工材），通常该字母表示合金的纯度，区分具有相同名称、不同组成的合金，"X"表示合金仍是实验性的。例如：AZ91E 表示主要合金元素为 Al 和 Zn，其名义含量分别为 9% 和 1%，E 表示标识代号。镁合金 ASTM 中也包括表示镁合金性质的表示方法，在其牌号后加短横线，其后由一个字母和一位或两位数字组成，如"AZ91D-F"表示铸态 Mg-Al-Zn 合金。

3）在 JIS H5303：2006 中，铸造镁合金牌号由铸造镁合金类别代号 M、铸造代号及种类号组成。铸造代号 C 表示铸件，代号 DC 表示压铸件，压铸镁合金牌号结尾加注的"A、B"表示合金等级。

4）在 EN 1753：2019 中，使用两种命名系统。第一种为符号命名系统，由前缀 EN、空格、基体元素代号、产品类型代号、短横线、基体金属的元素符号（Mg）和合金元素符号及含量（主要夹杂元素）组成，产品类型代号中 A 表示镁阳极，B 表示锭，C 表示铸件。另一种是数字编号系统，见表 3.1-5。首位表示材料类别（如表 3.1-6 中"3"代表铸造有色合金）；位置 2 为小数点；位置 3 表示合金组代号（如表 3.1-6 中"5"表示镁合金）；位置 4 表示产品类型代号，1 表示镁阳极，2 表示锭，3 表示铸件；位置 5 表示合金系列；末位为合金系列组之间的区别，以 0~9 表示，见表 3.1-6。

表 3.1-5　EN 1753：2019 铸造镁合金牌号结构

位置	1	2	3	4	5	6
代号	n	.	n	n	n	n

表 3.1-6　EN 1753：2019 铸造镁合金牌号中合金系列

表示方法	0	1	2	3	4	5	6	7	8	9
合金	Mg	MgAl, MgAlZn	MgAlMn, MgAlSi, MgAlRE	MgMn, MgZnCu	MgZr, MgZnZr, MgZnREZr	MgREAgZr, MgREGdZr	MgYREZr	MgZnThZr	—	—

（3）铸造铜合金　铸造铜合金分为纯铜、黄铜、青铜和白铜等类别。表 3.1-7 为铸造锡青铜、铸造铝青铜、黄铜的合金牌号对照表，用表 3.1-7 进行铜合金牌号替换，应考虑各国牌号技术要求的差异。

表 3.1-7　铸造铜合金牌号的对照表

GB/T 1176—2013	ISO 1338:1977	ASTM[2]	JIS H5120:2016	BS EN 1982:2008
ZCuSn3Zn8Pb6Ni1	—	C83800		CuSn3Zn8Pb5
ZCuSn3Zn11Pb4	—	C84500		—
ZcuSn8Zn4		C90300	CAC402C[3]	—
ZCuSn5Pb5Zn5	CuPb5Sn5Zn5	C83600	CAC406C[3]	CuPb5Sn5Zn5
ZCuSn10P1	CuSn10P	C90700		CuSn11P
ZCuSn10Zn2	CuSn10Zn2	C90500	CAC403C[3]	—
ZCuAl8Mn13Fe3Ni2		C95700		—
ZCuAl10Fe3	GCuAl10Fe3	C95200		CuAl10Fe2
ZCuAl10Fe4Ni4	GCuAl10Fe5Ni5	C95500		CuAl10Fe5Ni5
ZCuZn16Si4		C87400 C87800		CuZn16Si4

（续）

GB/T 1176—2013	ISO 1338:1977	ASTM[②]	JIS H5120:2016	BS EN 1982:2008
ZCuZn24Al5Fe2Mn2[①]	—	C86100	—	—
ZCuZn25Al6Fe3Mn3	CuZn25Al6Fe3Mn3	C86300	CAC304	—
ZCuZn26Al4Fe3Mn3	CuZn26Al4Fe3Mn3	C86200	CAC303	—
ZCuZn35Al2Mn2Fe1	CuZn35AlFeMn	C86500	CAC301	—
ZCuZn33Pb2	CuZn33Pb	C85400	CAC202	CuZn33Pb2
ZCuZn40Pb2	CuZn40Pb	C85700	—	CuZn40Pb2
ZCuZn38	—	C85500	CAC203	—
ZCuZn40Mn3Fe1	—	C86800	CAC302	—

① GB/T 1176—2013 标准中不含 ZCuZn24Al5Fe2Mn2。
② 铸造锡黄铜牌号见 ASTM 标准：B22—2015、B584—2014、B763—2012、B505—2014；铸造铝青铜牌号见 ASTM 标准：B505—2014、B148—2015、B427—2018；铸造黄铜牌号见 ASTM 标准：B584—2014、B763—2015。
③ JIS H5121:2006。

1) 在 ISO 1338：1977 中，铸造铜合金牌号由基体金属的元素符号（Cu）、合金元素符号及名义质量分数值和添加元素符号及名义质量分数值组成。

2) 在 ASTM 标准中，铸造铜合金命名采用 UNS 系统，由 C 及五位数字组成。首位数字表示分类代码，8 和 9 为铸造铜及铜合金（即 C80000～C81199、C81300～C99999）；第二、三位数表示合金编号；第四、五位数为 00。具体牌号及所对应的合金类型见表 3.1-7。ASTM 标准中铸造铜及铜合金数字牌号具有一定的规律性，但不利于直观了解合金成分。

3) 在 JIS H5120：2016 中铜合金铸件牌号由前缀 CAC、三位数字代号及级别号组成，数字代号的首位表示合金类型（见表 3.1-8），后两位为序号。早期铸造铜合金牌号由铸造铜合金类别代号、铸造代号 C 及种类号组成，类别代号详见表 3.1-9。

表 3.1-8　JIS H5120：2016 铜合金铸件牌号中首位数字代号表

代号	1××	2××	3××	4××	5××	6××	7××	8××	9××
含义	Cu	Cu Zn	Cu-Zn-Mn-Fe-Al	Cu-Sn-Zn 或 Cu-Sn-Zn-Pb	Cu-Sn	Cu-Sn-Pb	Cu-Al	Cu-Si-Zn	Cu-Sn-Zn-Bi

表 3.1-9　铸造铜合金牌号中类别代号

代号	AlB	B	BZB	HBs	LB	PB	SZB	YBs
含义	铝青铜	青铜	硅青铜	高强度铸造黄铜	铅青铜	磷青铜	硅青铜	铸造黄铜

4) BS EN 1982：2008 等效采用欧洲标准，故与欧洲标准具有相同的牌号命名系统。按照符号命名规则，铸造铜合金牌号由基体元素符号（Cu）、合金元素符号及名义质量分数值和添加元素符号及名义质量分数值组成。

从以上对照可以看出，各国的铸造有色合金牌号存在等同采用等情况，如表 3.1-1 中 JIS H5302：2006 铝合金压铸件相关技术内容与 ISO 3522 保持一致，对于合金牌号予以种类记号编号；又如表 3.1-4 中 JIS H5303：2006 中的镁合金牌号等同采用了 ASTM B94—2007，同时也存在不同国家的铸造有色合金牌号相近的情况。按照现行各国常用的材料牌号可归为三大类：一类是中国国家标准、国际标准及欧洲标准采用合金符号命名系统，可反映主要的化学成分及其含量；另一类如美国 ASTM 标准与日本标准采用材料类别代号、铸造代号及种类号的形式；第三类如欧洲标准的数字代号系统、美国的 UNS 系统及使用较多的 AA 标准，均采用数字牌号，并依据其相应的数字代码系统编号。

三、标准的特点与应用

1. 标准的特点

GB/T 8063—2017 是在 GB/T 8063—1994 的基础上进行修订的，保留了原标准的部分内容，依据 20 多年来的生产实践，对技术内容进行了修订。

1）该标准具有较高的技术成熟度，其中铸造铝及铝合金、镁及镁合金、钛及钛合金的牌号表示方法，应用范围较广，已在各个工业领域得到广泛的应用，其合理性、科学性及适用性已得到实践验证和认可。其他铸造有色金属及其合金的应用量相对较少。

2）标准中新增加了铸造锆及锆合金的牌号表示，拓展了标准的适用范围。

3）增加了合金元素、稀土元素、超低间隙元素的术语和定义，标准中的术语描述更加科学合理、规范。

4）为适应铸造镁合金的发展和使用需求，修改了铸造镁合金的牌号的表示示例。另外，还增加了牌号中合金元素含量小于 1% 的牌号表示示例，进一步完善和健全了我国铸造有色金属及其合金的牌号表示。

2. 标准的应用

对铸造有色合金而言，目前应用较多的是铝合金及镁合金，作为全球主要的结构材料，钛合金得益于其良好的性能具有较大的发展空间。随着工艺的飞速发展，铸造有色合金的研制也将与先进的制造技术相结合，采用新的工艺技术。同时，新的工艺也推动着性能更为优异的铸造有色合金的开发。随着我国各个产业链供应链的完善，对于铸造有色合金的市场需求仍然较大，合金牌号随着产业的发展会有所增加，牌号的表示方法也会不断补充完善，以更好地适应生产需求。

GB/T 8063—2017 纳入了近年来开发研制的应用较好的新合金，规范了合金材料的生产及使用。该标准为有色合金的命名提供了依据，促进了行业的协调统一。

随着铸造有色合金产业的发展，未来将在现行的合金牌号基础上添加微量元素，调控合金材料组织，以提高或改善合金的性能，进而扩大合金的使用范围。通过引进、吸收和使用先进国家的合金材料，进一步完善我国的合金材料牌号。随着开发研制新的合金材料，牌号种类、牌号表示会不断得到细化完善。

四、标准内容

GB/T 8063—2017

铸造有色金属及其合金牌号表示方法

1 范围

本标准规定了铸造有色金属及其合金的术语和定义、牌号表示方法和牌号表示示例。

本标准适用于铝、镁、钛、铜、锆、镍、钴、锌、锡、铅等铸造有色金属及其合金。

2 规范性引用文件

下列文件对于本文件的应用是必不可少的。凡是注日期的引用文件，仅注日期的版本适用于本文件。凡是不注日期的引用文件，其最新版本（包括所有的修改单）适用于本文件。

GB/T 8170 数值修约规则与极限数值的表示和判定

3 术语和定义

下列术语和定义适用于本文件。

3.1 合金元素 alloying element

为了获得具有特定性能的合金，加入或保留在基体金属中的金属或非金属元素。

3.2 稀土元素 rare earth element

17种特殊元素的统称，是化学元素周期表中镧系元素——镧（La）、铈（Ce）、镨（Pr）、钕（Nd）、钷（Pm）、钐（Sm）、铕（Eu）、钆（Gd）、铽（Tb）、镝（Dy）、钬（Ho）、铒（Er）、铥（Tm）、镱（Yb）、镥（Lu），以及钇（Y）和钪（Sc）。

3.3 超低间隙元素 extra low interstitial；ELI

钛合金中含量特别低的氧、氮、碳、氢等元素。

4 铸造有色纯金属牌号表示方法

铸造有色纯金属牌号由"Z"和相应纯金属的元素符号及表明产品纯度名义含量的数字或用表明产品级别的数字组成。

5 铸造有色合金牌号表示方法

5.1 铸造有色合金牌号由"Z"和基体金属的元素符号、主要合金元素符号以及表明合金元素名义含量的数字组成。

5.2 当合金元素多于2个时，合金牌号中应列出足以表明合金主要特性的元素符号及其名义含量的数字。

5.3 合金元素符号按其名义含量递减的次序排列。当名义含量相等时，则按元素符号字母顺序排列。当需要表明决定合金类别的合金元素首先列出时，不论其含量多少，该元素符号均应紧置于基体元素符号之后。

5.4 除基体元素的名义含量不标注外，其他合金元素的名义含量均标注于该元素符号之后，当合金元素含量规定为大于或等于1%的某个范围时，取其平均含量整数值。必要时也可用带一位小数的数字标注。合金元素含量小于1%时，一般不标注，只有对合金性能起重大影响的合金元素，允许用一位小数标注其平均含量。

5.5 数值修约规则按 GB/T 8170 的规定执行。

5.6 对具有相同主成分，需要控制超低间隙元素的合金，在牌号结尾加注（ELI）。

5.7 对具有相同主成分，杂质限量有不同要求的合金，在牌号结尾加注"A、B、C……"等表示等级。

6 牌号表示示例

铸造有色金属及其合金牌号表示示例如下：

a）铸造纯铝

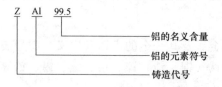

b) 铸造纯钛

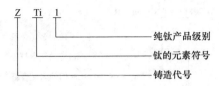

c) 铸造纯锆

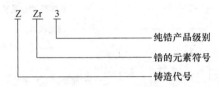

d) 铸造铝合金

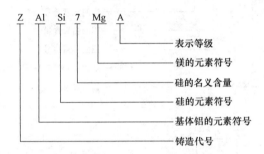

e) 铸造镁合金

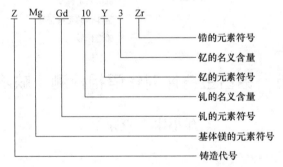

f) 铸造铜合金（锡青铜）

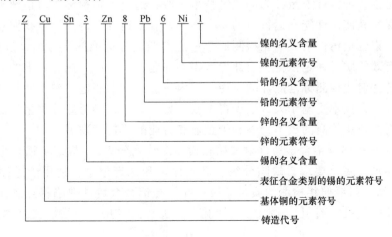

g) 铸造钛合金

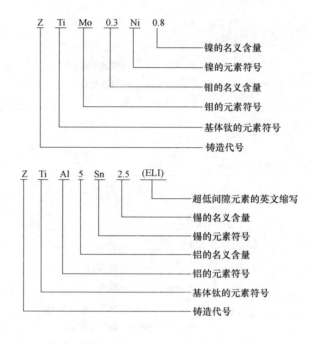

h) 铸造锆合金

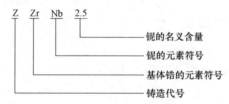

第二节 铝合金铸件射线照相检测 缺陷分级

郑小康 卢东磊

一、标准概况

无损检测是铝合金铸件质量控制的关键技术手段，通过无损检测可以检测和评定其表面和内部质量，保障其使用性能和运行时的安全性。铝合金铸件普遍采用射线照相检测实施质量控制。然而，铝合金铸件射线照相检测通常只能参照国外标准的参考图谱进行质量评定，国内并无行之有效的质量评定依据。由此导致很多问题：一方面，国外标准的参考底片几乎垄断了铝合金铸件射线检测标准底片的应用，国内只能通过购买进口参考底片的方式实施铝合金铸件质量评定，技术受制于人，缺少自主权；另一方面，参考底片价格较高，提升了国内铝合金铸件射线照相检测的成本，不利于企业和行业的可持续发展。

GB/T 11346—2018《铝合金铸件射线照相检测 缺陷分级》，规定了铝合金铸件射线照相检测的人员要求、底片要求、缺陷分级、等级评定和评定记录，适用于透照厚度不大于50mm 的铝合金铸件射线照相检测的质量分级，并结合铝合金铸件缺陷特点制作了不同厚度范围铝合金铸件的气孔、针孔（圆形）、针孔（长形）、缩孔、疏松、夹杂物（高密度）、夹杂物（低密度）缺陷参考底片。该标准不适用于铝合金压铸件，也不适用于裂纹、浇不足、偏芯、冷隔及表面不规则等缺陷的分级。

该标准于 2018 年 7 月 13 日发布，2018 年 8 月 1 日实施。

二、标准主要内容说明

1. 标准内容

该标准适用于透照厚度不大于 50mm 的铝合金铸件射线照相检测的缺陷分级。

该标准不适用于铝合金压铸件，主要是考虑到压铸件一般为较薄壁铸件，不连续的形貌与普通铝合金铸件有很大区别。由于压铸件的厚度较薄，一般内部出现的气孔、缩孔、夹杂物等不连续的尺寸也较小，分级方式也不适合采用普通铝合金铸件的对照底片。

该标准不适用于裂纹、浇不足、偏芯、冷隔及表面不规则等缺陷的分级。一般在铝合金铸件上发现裂纹时，工件会直接被判为不合格，故裂纹缺陷就不需要进行分级，因此裂纹缺陷没有被列入该标准中。浇不足、偏芯、冷隔及表面不规则等缺陷一般不属于射线检测的检测对象，所以也没有列入该标准中。

上一个版本 GB/T 11346—1989 仅对铝合金铸件的圆形针孔进行分级，GB/T 11346—2018 包含了铝合金射线检测中需要等级评定的所有常见缺陷，可满足日常铝合金射线检测时的缺陷评级需求；GB/T 11346—1989 对铝合金铸件检测的射线源仅限于 X 射线，GB/T 11346—2018 对铝合金铸件检测的射线源不再限于 X 射线，其他射线源也是允许使用的。

2. 缺陷的分类

（1）分类概述 在 GB/T 11346—2018 中，给出了 7 种缺陷类型，分别是气孔、针孔（圆形）、针孔（长形）、缩孔、疏松、夹杂物（高密度）、夹杂物（低密度）。在这方面，GB/T 11346—2018 与 ASTM E155—2020 是一致的。

（2）气孔和针孔 气孔的英文是 gas holes，针孔的英文是 gas porosity。气孔和针孔都是铝合金铸件中由于气体析出而形成的缺陷。

气孔是铸件内由气体形成的孔洞类缺陷。在底片上，气孔以圆形或长条形、边缘光滑的暗点出现，以单个或成群存在，或遍布于铸件，其表面一般比较光滑，主要呈梨形、圆形和椭圆形。一般不在铸件表面露出，大孔常孤立存在，小孔则成群出现。

针孔为针头大小分布在铸件截面上的析出性气孔。在底片上，针孔以分布在整个铸件内的圆形或条形的黑点的形式出现。针孔根据在底片上显示的长宽比又分为圆形针孔和条形针孔。图 3.2-1、图 3.2-2 为典型的气孔和针孔缺陷图像。

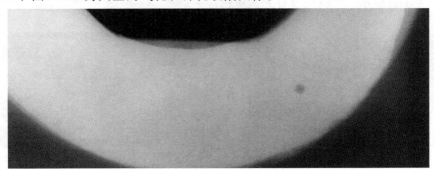

图 3.2-1 在底片上呈现的气孔缺陷

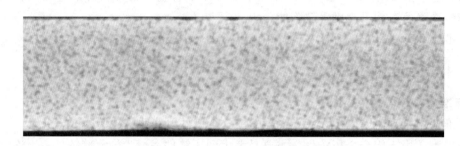

图 3.2-2　在底片上呈现的针孔缺陷

(3) 疏松和缩孔　疏松的英文是 shrinkage，缩孔的英文是 shrinkage cavity。疏松和缩孔都是铸件在凝固过程中，由于补缩不良而产生的孔洞。

疏松是铸件缓慢凝固区出现的很细小的孔洞。在底片上，疏松以局部的花絮状或蜂窝状的局部较暗的区域出现，它分布在枝晶内和枝晶间，是弥散性气孔、显微缩松及组织粗大的混合缺陷。该缺陷使铸件致密性降低。

缩孔是铸件在凝固过程中，由于补缩不良而产生的孔洞。在底片上，缩孔以树枝状、纤维状或锯齿状的暗区出现，其形状极不规则、孔壁粗糙并带有枝状晶，常出现在铸件最后凝固的部位。

(4) 夹杂物　夹杂物的英文是 foreign materials，是铸件内或表面上存在的和基体金属成分不同的质点，包括渣、砂、涂料层、氧化物、硫化物、硅酸盐等。夹杂物在底片上以孤立的、不规则或长条形的不同底片黑度出现。

夹杂物分为高密度和低密度两种。高密度和低密度是以射线穿透夹杂物和铝合金铸件后的光学密度差异来区分的，也就是夹杂物相对于底片的本底黑度。如果黑度更大，则说明密度相对于铝合金基体更小，属于低密度夹杂物；如果黑度更小，则说明是高密度。需要注意的是，这里的密度应该指在射线上的相对密度，而不是物质的真实密度。二者虽然有一定关联，但从射线底片中，我们不能得到工件的真实密度。

(5) 其他缺陷　除了上述缺陷以外，铝合金铸件中也可能存在其他缺陷，如裂纹（见图 3.2-3）、偏析。一般在铝合金铸件上发现裂纹时，工件会直接被判为不合格，故裂纹缺陷就不需要进行分级，因此裂纹缺陷没有被列入该标准中。铝合金的偏析缺陷在常规射线照相检测底片中不易显示，所以也没有列入该标准中。

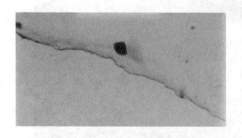

图 3.2-3　在底片上呈现的裂纹缺陷

3. 缺陷的分级

（1）分级概述　按照不同的铸件厚度，缺陷评定时的参考底片分为 A、B 两组。A 组适用于厚度在 13mm 及以下的铸件，B 组适用于厚度在 13mm 以上的铸件。缩孔缺陷的参考底片只有 A 组，适用于厚度在 50mm 及以下在铸件。每种类型的缺陷分成 8 个等级，从 1 级到 8 级缺陷的严重程度依次加重。

（2）各等级缺陷的影响　气孔缺陷通常使得铸件相应有效承载面积减小，并且造成局部应力集中程度增大，大大降低了铸件结构在使用过程中的抗疲劳性能，结构裂纹一般萌生在缺陷孔洞附近或者孔洞群集处。利用分析或数值模型来研究孔洞引发的宏观失效问题会发现，不同大小缺陷附近材料的最大利用率不同，大致规律是缺陷越大利用率越高，也就是铸件失效风险越大。

另外，缺陷所在位置的铸件厚度也影响铸件的失效风险。显然，大致规律是对某一缺陷来说，所在位置的截面厚度越大，铸件失效的风险越小。该标准考虑到铸件厚度的影响以及标准使用时的方便，将缺陷评定时使用的参考底片分为 A、B 两组，对应于不同厚度的铸件缺陷评定。

需要说明的是，除了缺陷大小和缺陷处壁厚以外，还有一个影响失效风险的因素就是缺陷距离表面的深度。射线照相检测无法得到缺陷距离表面的深度信息，需要采用如超声检测和工业 CT 等其他检测方法或技术辅助评定。

4. 缺陷的等级评定

在射线检测中，缺陷评定有多种方法，常用的有三种：第一种是首先确定缺陷的类型，再根据缺陷的测量尺寸进行评级；第二种是根据缺陷类型分别处理，对点状的首先测量尺寸，然后换算成点数，对线状的测量长度，对面积状的计算面积，然后给出级别；第三种是通过标准图谱或底片的方式，即给出一系列标准图谱，使用时，将工件底片与标准图谱对比评定，给出缺陷类型和对应的级别。对于铸件而言，一般缺陷的形貌多种多样，前两种方法可执行性较差，较通用的是第三种方法。

根据该标准对缺陷评定时，应遵循以下规则：

1）将待评定的底片与指定参考底片相比较，取铸件射线照相底片上缺陷最严重的区域进行评定。

2）评定区的大小为 50mm×50mm。

3）待评定的底片上显示的缺陷处于相邻两级之间时，按严重级别评定。

4）同一评定区内的气孔、夹杂物、缩孔，同一类型缺陷的评级应根据缺陷大小、数量和分布情况，按缺陷的累计面积评定缺陷等级。

实际缺陷评定时，具体操作步骤如下：首先，通览全片，找出缺陷。其次，将缺陷分成点状、线状和面积状三种。如果是点状，一般多为气孔、针孔、夹杂物，线状可以是疏松、缩孔，面积状多为疏松、缩孔。这样可以很快进行区分。如果缺陷较为复杂，再仔细进行斟酌，必要时可采取其他手段，如更换拍照方式，采用渗透检测、超声检测等方法辅助评定。

需要注意的是，如前文所述，缺陷的类型不止标准列出的缺陷，所以缺陷评定人员除了要熟悉该标准外,也需要熟悉铝合金铸件产品的其他缺陷,如未铸满、偏芯、冷隔及裂纹等。

5. 缺陷图谱和参考底片

GB/T 11346—2018 中附录 A 提供了各种类型、各个等级缺陷的图谱。在铝合金铸件缺陷的实际底片评定时,应依据标准的参考底片,以获得更准确的评定结果。

三、标准的特点与应用

1. 标准的特点

在该标准编制过程中,对国内外相关标准进行了广泛的调研和深入对标。该标准和国外标准相比,特点主要体现在:

1)以我国铝合金铸件特点及使用环境为依据,可满足各主要工业领域的铝合金铸件射线检测评定的需要。

2)标准化射线参考图谱不再受制于某些发达国家,为优化我国无损检测现状、提高我国无损检测在世界的影响力提供支持。

3)该标准是铸件射线检测体系的重要组成,为我国建立健全稳固的无损检测体系打下了坚实基础。

2. 标准的应用

针对铝合金铸件的缺陷识别及判定、质量评定、产品验收的所有核心工艺过程,均可利用该标准所述分组、等级及相应参考图谱执行。国内航空航天、电力、轨道交通、核电、船舶、特种特备等行业均广泛应用了铝合金铸件制品,因此该标准具有广泛的使用基础。该标准对这些行业的铝合金铸件缺陷评级、质量验收提供了有效的技术支撑和评价依据。

国外射线检测参考图谱价格较高,而应用自主研制的铝合金铸件射线检测参考图谱无须支付外方费用,从而降低了国内铝合金铸件产品的检测成本。

四、标准内容

GB/T 11346—2018

铝合金铸件射线照相检测 缺陷分级

1 范围

本标准规定了铝合金铸件(以下简称铸件)射线照相检测的人员要求、底片要求、缺陷分级、等级评定和评定记录。

本标准适用于透照厚度不大于 50mm 的铝合金铸件射线照相检测的缺陷分级。

本标准不适用于铝合金压铸件。

本标准不适用于裂纹、浇不足、偏芯、冷隔及表面不规则等缺陷的分级。

2 规范性引用文件

下列文件对于本文件的应用是必不可少的。凡是注日期的引用文件,仅注日期的版本适用于本文件。凡是不注日期的引用文件，其最新版本（包括所有的修改单）适用于本文件。

  GB/T 5611 铸造术语

  GB/T 5677 铸钢件射线照相检测

  GB/T 9445 无损检测 人员资格鉴定与认证

  GB/T 12604.2 无损检测 术语 射线照相检测

3 术语和定义

  GB/T 5611、GB/T 12604.2 界定的以及下列术语和定义适用于本文件。

3.1 夹杂物 foreign materials

  铸件内或表面上存在的和基体金属成分不同的质点。

  注：夹杂物在底片上以孤立的、不规则或长条形的不同底片黑度出现。包括渣、砂、涂料层、氧化物、硫化物、硅酸盐等。

3.2 气孔 gas holes

  铸件内由气体形成的孔洞类缺陷。

  注：气孔在底片上以圆形或长条形，边缘光滑的暗点出现，以单个或成群存在，或遍布于铸件。表面比较光滑，主要呈梨形、圆形和椭圆形。一般不在铸件表面露出，大孔常孤立存在，小孔则成群出现。

3.3 针孔 gas porosity

  针头大小分布在铸件截面上的析出性气孔。

  注：针孔在底片上以分布在整个铸件内的圆形或条形的黑点的形式出现。

3.4 疏松 shrinkage

  铸件缓慢凝固区出现的很细小的孔洞。

  注：疏松在底片上以局部的花絮状或蜂窝状的局部较暗的区域出现。分布在枝晶内和枝晶间，是弥散性气孔、显微缩松及组织粗大的混合缺陷，使铸件致密性降低。

3.5 缩孔 shrinkage cavity

  铸件在凝固过程中，由于补缩不良而产生的孔洞。

  注：缩孔在底片上以树枝状、纤维状或锯齿状的暗区出现。形状极不规则、孔壁粗糙并带有枝状晶，常出现在铸件最后凝固的部位。

4 人员要求

  实施检测结果评定的人员，应按 GB/T 9445 或与其相当的标准进行资格鉴定与认证，取得检测相关工业门类的 2 级或 2 级以上资格证书。

5 底片要求

  底片应符合 GB/T 5677 的规定。评定前应检查底片合格性，不合格的底片应重新制作。

6 缺陷分级

6.1 铸件射线检测中常见的缺陷有气孔、针孔（圆形）、针孔（长形）、缩孔、疏松、夹杂物（高密度）、夹杂物（低密度）等。

6.2 按照不同的铸件厚度，气孔、针孔（圆形）、针孔（长形）、疏松、夹杂物（高密度）、夹杂物（低密度）缺陷参考底片分为 A、B 两组，缩孔缺陷底片列入 A 组，具体见

表1。

> 注：A组标样厚度为6mm，B组标样厚度为20mm。

6.3 每种类型的缺陷分成8个等级，缺陷分级底片图见附录A。附录A中，各级缺陷参考底片均为50mm×50mm。

7 等级评定

7.1 将待评定的底片与指定参考底片相比较。取铸件射线照相底片上缺陷最严重的区域进行评定。

7.2 评定区的大小为50mm×50mm。

7.3 待评定的底片上显示的缺陷处于相邻两级之间时，按严重级别评定。

7.4 同一评定区内的气孔、夹杂物、缩孔，同一类型缺陷的评级应根据缺陷大小、数量和分布情况，按缺陷的累计面积评定缺陷等级。

8 评定记录

评定记录至少应包括铸件图号、底片编号、评定结果、评定人员签字和评定日期。

表1 参考底片缺陷类型及分组

缺陷类型	缺陷参考底片分组	适用铸件厚度 t_2/mm
气孔	A	$t_2 \leqslant 13$
	B	$13 < t_2 \leqslant 50$
针孔(圆形)	A	$t_2 \leqslant 13$
	B	$13 < t_2 \leqslant 50$
针孔(长形)	A	$t_2 \leqslant 13$
	B	$13 < t_2 \leqslant 50$
缩孔	A	$t_2 \leqslant 50$
疏松	A	$t_2 \leqslant 13$
	B	$13 < t_2 \leqslant 50$
夹杂物(低密度)	A	$t_2 \leqslant 13$
	B	$13 < t_2 \leqslant 50$
夹杂物(高密度)	A	$t_2 \leqslant 13$
	B	$13 < t_2 \leqslant 50$

附 录 A
（规范性）
缺陷图谱

A.1 各级气孔缺陷的射线照相参考图谱

A组各级气孔缺陷的射线照相的参考图谱见图A.1，B组各级气孔缺陷的射线照相的参考图谱见图A.2。

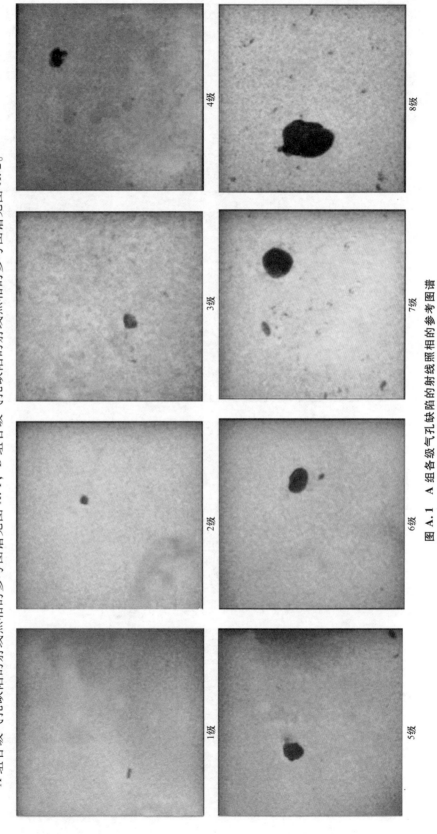

图A.1 A组各级气孔缺陷的射线照相的参考图谱

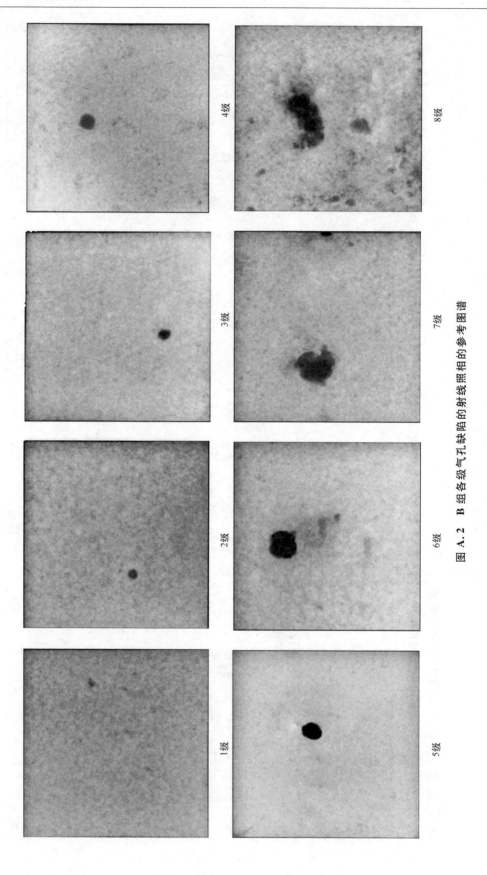

图 A.2　B 组各级气孔缺陷的射线照相的参考图谱

A.2 各级针孔（圆形）缺陷的射线照相参考图谱

A组各级针孔（圆形）缺陷的射线照相参考图谱见图A.3，B组各级针孔（圆形）缺陷的射线照相参考图谱见图A.4。

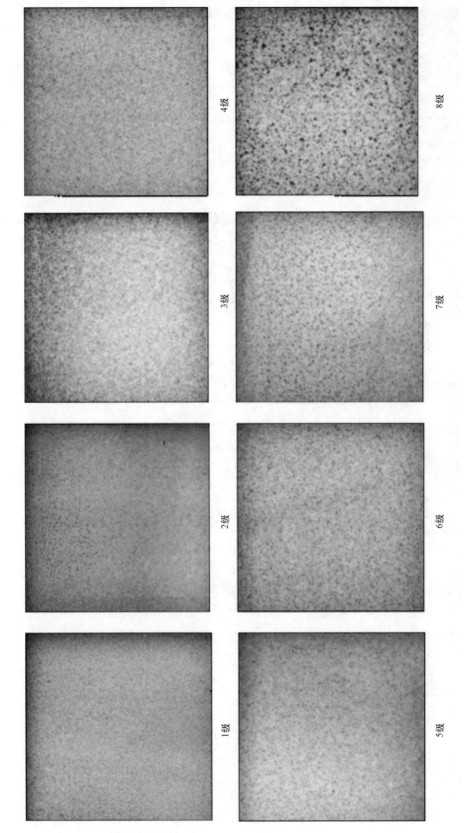

图A.3 A组各级针孔（圆形）缺陷的射线照相参考图谱

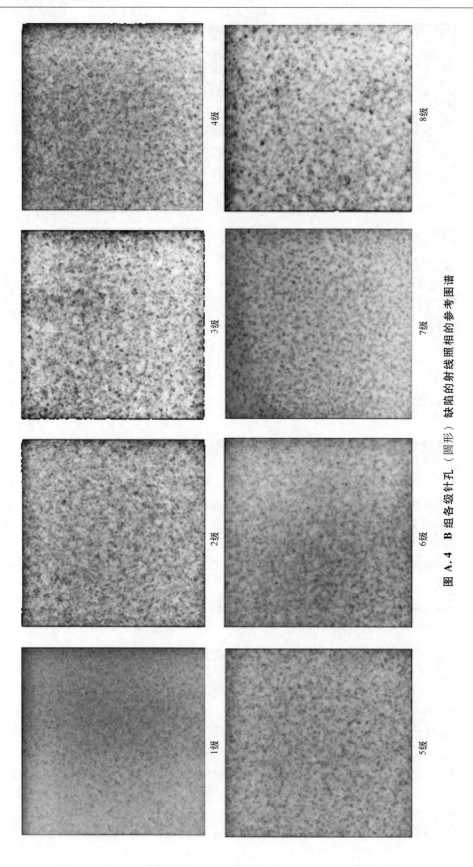

图 A.4 B 组各级针孔（圆形）缺陷的射线照相的参考图谱

A.3 各级针孔（长形）缺陷的射线照相参考图谱

A组各级针孔（长形）缺陷的射线照相的参考图谱见图A.5，B组各级针孔（长形）缺陷的射线照相的参考图谱见图A.6。

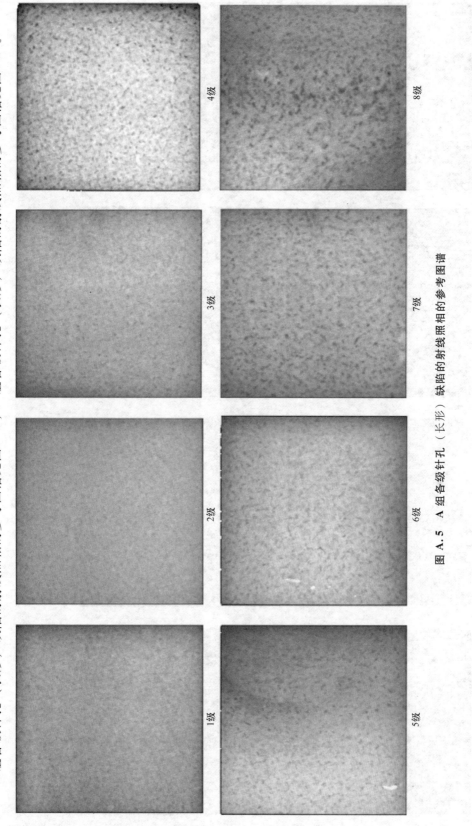

图 A.5 A组各级针孔（长形）缺陷的射线照相的参考图谱

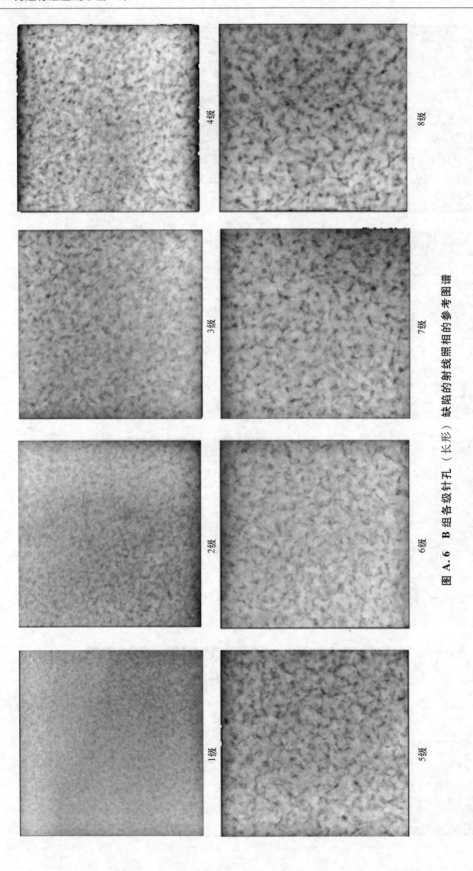

图 A.6 B 组各级针孔（长形）缺陷的射线照相的参考图谱

A.4 各级缩孔缺陷的射线照相参考图谱

A 组各级缩孔缺陷的射线照相的参考图谱见图 A.7。

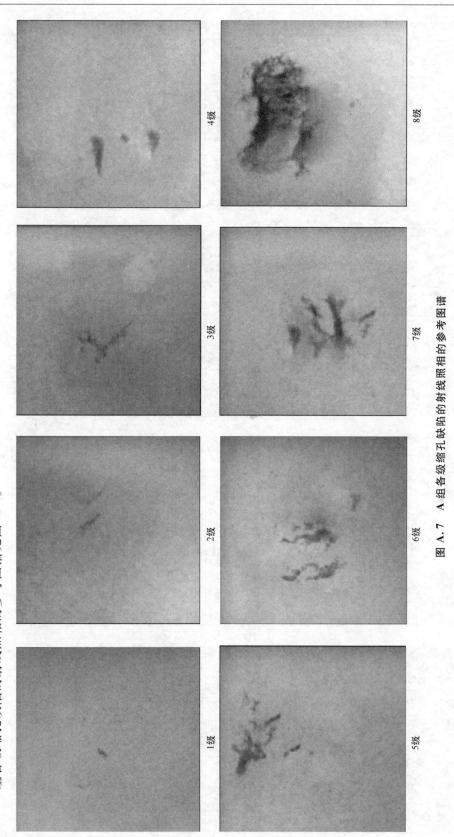

图 A.7 A 组各级缩孔缺陷的射线照相的参考图谱

A.5 各级疏松缺陷的射线照相参考图谱

A组各级疏松缺陷的射线照相的参考图谱见图A.8，B组各级疏松缺陷的射线照相的参考图谱见图A.9。

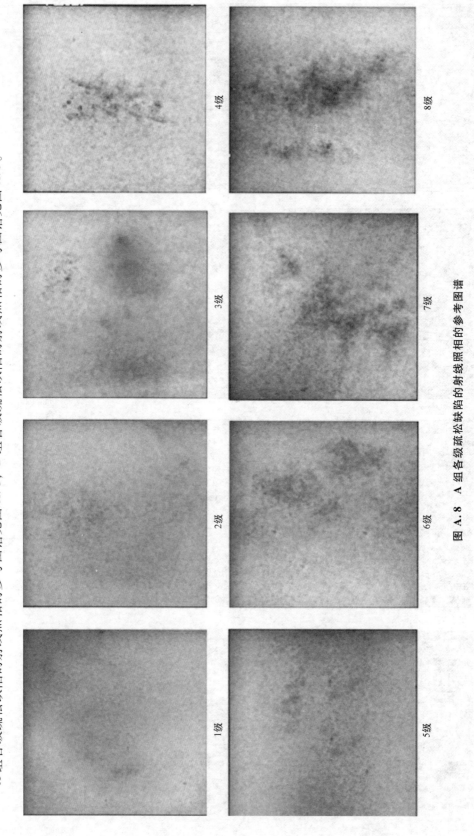

图A.8 A组各级疏松缺陷的射线照相参考图谱

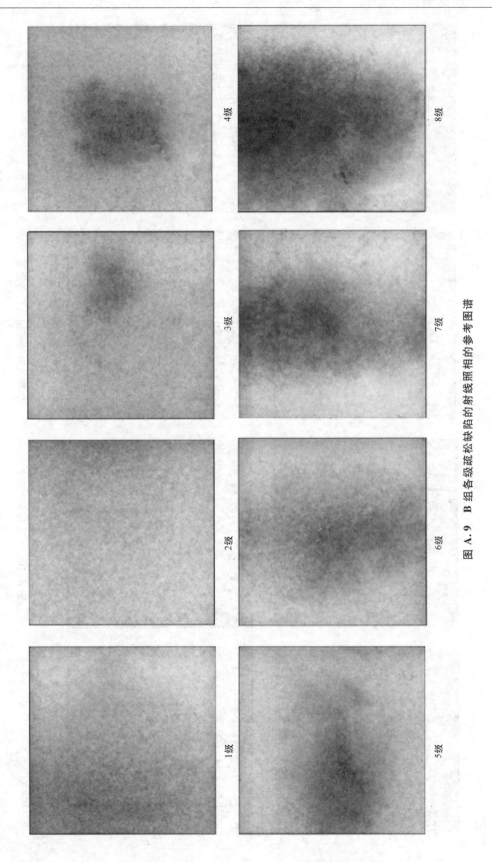

图 A.9　B 组各级疏松缺陷的射线照相的参考图谱

A.6 各级夹杂物（低密度）缺陷的射线照相参考图谱

A组各级夹杂物（低密度）缺陷的射线照相的参考图谱见图 A.10，B 组各级夹杂物（低密度）缺陷的射线照相的参考图谱见图 A.11。

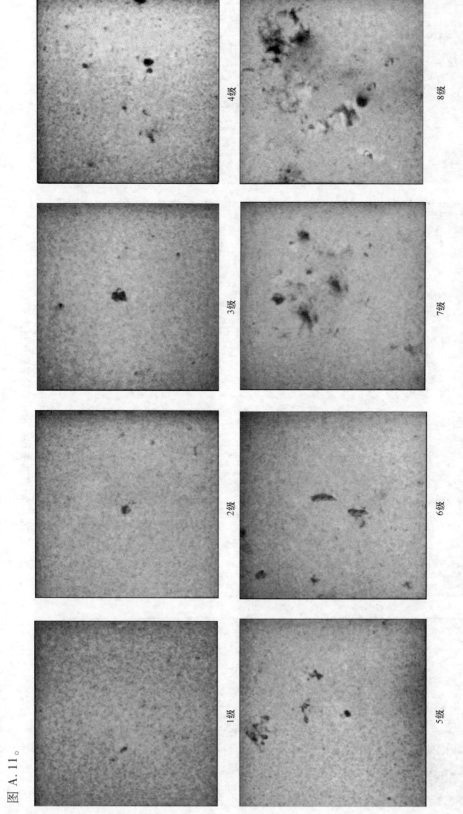

图 A.10 A 组各级夹杂物（低密度）缺陷的射线照相的参考图谱

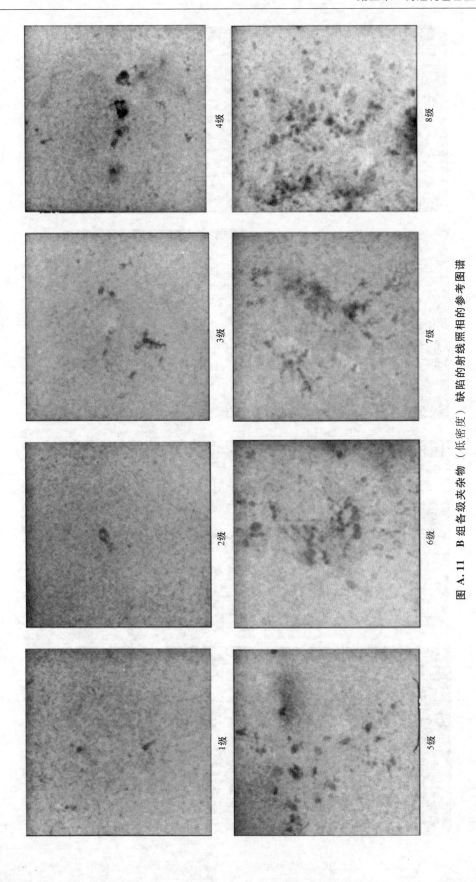

图 A.11　B 组各级夹杂物（低密度）缺陷的射线照相的参考图谱

A.7 各级夹杂物（高密度）缺陷的射线照相参考图谱

A组各级夹杂物（高密度）缺陷的射线照相的参考图谱见图A.12，B组各级夹杂物（高密度）缺陷的射线照相的参考图谱见图A.13。

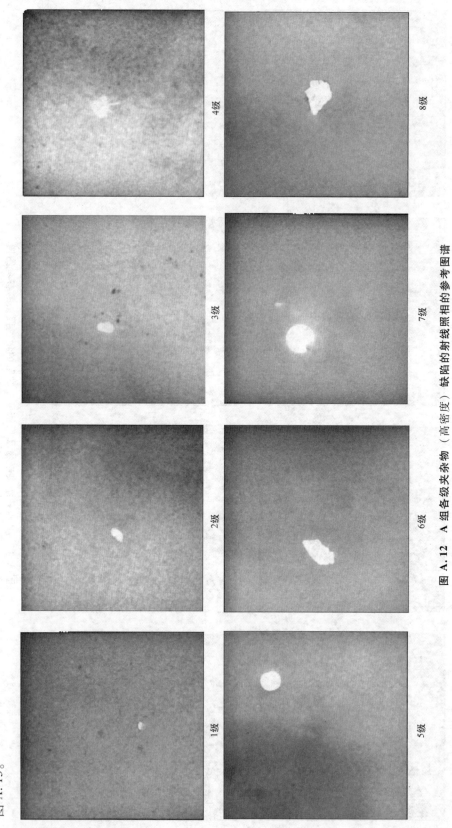

图 A.12 A组各级夹杂物（高密度）缺陷的射线照相的参考图谱

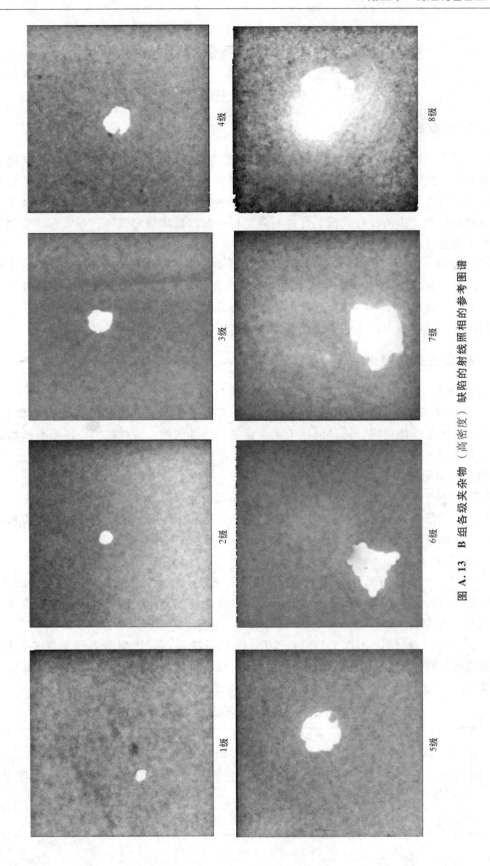

图 A.13 B 组各级夹杂物（高密度）缺陷的射线照相的参考图谱

第三节 铝合金石膏型铸造通用技术导则

李 笑 李宇飞

一、标准概况

铝合金石膏型铸造具有生产周期短、尺寸精度高、表面质量好等特点,广泛应用于电子、航空航天、光学、兵器、仪器仪表、艺术品等领域,但我国对石膏型铸造的工艺要求及石膏型用铸型粉性能试验方法和检验规则等缺少统一的技术标准。为了更好地推广技术、规范石膏型材料性能、提高铸件质量、促进石膏型铸造技术健康稳定发展,非常有必要制定铝合金石膏型铸造通用技术导则国家标准。

GB/T 39314—2020《铝合金石膏型铸造通用技术导则》于 2020 年 11 月 9 日由国家标准化管理委员会发布,2021 年 6 月 1 日实施。该标准基于国家质量基础的共性技术研究与应用专项研究,结合企业生产实际,规范了铝合金石膏型熔模铸造工艺流程和石膏型制备、焙烧、检测等环节技术要求,有利于推动石膏型铸造工艺的绿色、快速、高质量发展。

二、标准主要内容说明

1. 适用范围

GB/T 39314—2020 共分为 9 个部分,其中要求共 7 个部分:工艺过程、石膏型制备、石膏铸型粉及铸型性能检测、铸件浇注工艺及设备、铸件清理、铸件检验、废旧石膏型的处理。该标准适用于通过石膏型熔模铸造工艺方法生产的铝合金铸件。

2. 规范性引用文件

GB/T 39314—2020 引用了 GB/T 9438、HB/Z 220.5、HB/Z 220.6、JB/T 11734 等规范性引用文件。规范性引用文件全部采用现行的标准名称和标准号,使用者可据此查阅相关标准原文,以加深对该标准的了解和应用。

3. 工艺流程

GB/T 39314—2020 对铝合金石膏型熔模铸造工艺进行了规定,主要工艺过程包括蜡模制造、浇灌石膏铸型、石膏铸型脱蜡、石膏铸型焙烧、铸件浇注、铸件清理、铸件检验等。

4. 石膏铸型制备

(1)石膏型铸型材料 GB/T 39314—2020 推荐了制备石膏铸型所需的主要工艺材料,主要包括模料用材料和石膏型铸型粉材料等。其中黏结材料主要为半水石膏,根据其脱水方式不同又分为 α 型半水石膏和 β 型半水石膏,具体性能见表 3.3-1。

表 3.3-1 熔模石膏型专用模料配比

种类	脱水条件	晶粒平均粒径 /10^{-10} m	密度 /(g/cm³)	总比表面积 /(m²/g)	石膏型性能		
					相同流动性时水固比	石膏浆料凝结时间/min	干燥抗压强度/MPa
α 型半水石膏	在饱和水蒸气条件下加热脱水或在加压水溶液中脱水	940	2.73~2.75	1	0.4~0.5	15~25	40~43

(续)

种类	脱水条件	晶粒平均粒径/10^{-10} m	密度/(g/cm³)	总比表面积/(m²/g)	石膏型性能		
					相同流动性时水固比	石膏浆料凝结时间/min	干燥抗压强度/MPa
β型半水石膏	在干燥条件下加热脱水	288	2.62~2.64	8.2	0.65~0.75	8~15	13~15

耐火材料的添加可使石膏型具有良好的强度，减少其收缩和裂纹的倾向。通过不同添加剂的添加，可达到增加石膏型湿强度、加快/减缓石膏浆料凝固、减少铸型收缩等目的。对于不同石膏铸型，可根据铸件的结构特点、生产要求、使用环境选择不同的工艺材料和配比。铝合金石膏型熔模铸造专用模料配比见表3.3-2所示。

表 3.3-2　铝合金石膏型熔模铸造专用模料配比

模料名称	模料配比（质量分数，%）					
	硬脂酸	松香	石蜡	褐煤蜡	EVA	聚苯乙烯（外加）
48#	40~60	20~30	5~20	5~20	1~5	—
48T#	40~60	20~30	5~20	5~20	1~5	10~30

为了验证组成材料的适宜性，参考专业生产企业的石膏型造型材料，进行了比较详细全面的工艺性能测试。不同成分配比的材料性能比较见图3.3-1和表3.3-3。

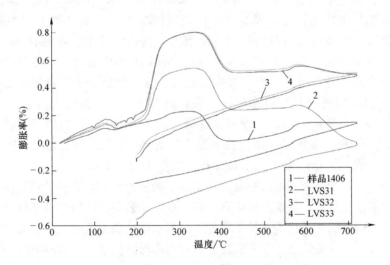

图 3.3-1　工艺性能测试曲线

表 3.3-3　不同石膏型造型材料工艺性能测试汇总

项目	样品1406	LVS31	LVS32	LVS33
消光	20′	13′30″	18′	16′15″
流平/mm	138	155	127	129
最低黏度/mPa·s	1190	2200	3280	—
pH 值	—	5.86	7.34	6.85
2h 膨胀率（%）	0.22	0.563	0.477	—

(续)

项目	样品 1406	LVS31	LVS32	LVS33
2h 抗压强度/MPa	4.4	3.1	4.498	5.223
2h 抗剪强度/MPa	1.022	0.743	1.086	0.963
2h 抗折强度/MPa	—	—	1.234	—
1000℃灼烧减量(%)	3.96	—	—	—

(2) 石膏浆料的组成和性能　石膏浆料的配比及制备对石膏铸型的质量有很大的影响。GB/T 39314—2020 推荐了石膏浆料配置过程所使用的材料、添加剂、工艺参数。部分石膏型用耐火填料的工艺性能见表 3.3-4。

表 3.3-4　部分石膏型用耐火填料的工艺性能

名称	石膏:填料（质量比）	加入填料后石膏混合料强度/MPa		
		7h	烘干(90℃、4h)	焙烧(700℃、1h)
硅砂	40:60	0.5	1.3	0.20
莫来石		2.3	3.4	0.80
铝矾土熟料		2.6	3.5	0.65

(3) 配制石膏浆料　水的清洁程度和温度、加料顺序、搅拌速率及搅拌时间等条件的变化，对浆料的黏度、凝结时间及凝结时的膨胀量都有影响，进而影响石膏型的性能和质量。为保证石膏浆料的性能稳定，混水时建议使用纯净水。当水温低于15℃时，浆料的凝固、硬化显著减缓，当温度过高时将影响铸型质量，因此建议水温控制在18℃~25℃之间，也可根据浆料组成不同按照需要调整水温。为减少石膏浆料中的气体，避免后续蜡模表面出现气泡，尽量在真空条件下进行搅拌且在搅拌过程中保持低速平稳，以防止空气卷入。

(4) 铸型焙烧　熔模石膏型制作包括灌浆、凝固、干燥、脱蜡。石膏浆体胶凝时强度很低，为了适应脱蜡工艺的需要，石膏型在脱蜡前需要给予一定的自然干燥时间，以提高铸型的强度、抗裂性能和表面质量。建议在室温内静置2h以上，不宜超过24h，放置过久石膏铸型将因过分干燥而在后续脱蜡或焙烧过程中发生干裂现象。

石膏的焙烧过程包括是石膏的结构变化和结晶水的脱出过程。石膏的热导率小，应尽量采用阶梯式升温方式，使铸型内外壁温度达到一致。焙烧工艺制订时以典型试样为试验对象，根据现有焙烧炉的结构及属性现状等进行了石膏铸型探索性焙烧工艺改进。在灌浆时将热电偶导线植入石膏型石膏里，并在焙烧过程分阶段分时间测定即时温度，对铸型实时控温，浇注后验证效果。经过多炉次试验验证，最终获得适合的典型试样高强石膏铸型焙烧工艺。总体焙烧时间为19.5h~27.5h，可根据石膏型厚度调整焙烧时间及温度。具体焙烧工艺见图 3.3-2。

5. 石膏铸型粉及铸型性能测试

石膏铸型测试包括终凝时间测试、抗拉强度测试、抗折性能测试、抗压强度测试、线膨胀率测试、抗热裂性能测试、流动性测试。主要测试方法如下：

(1) 终凝时间测试　采用标准维卡仪进行终凝时间的测试。

(2) 抗拉强度测试　采用4mm厚的"8"字型试样，在木材万能试验机 MWE-40（最大测试值是40kN）上进行抗拉强度试验测试。

(3) 抗折性能测试　选用电动抗折机对每组3个40mm×40mm×160mm的长方体试样进

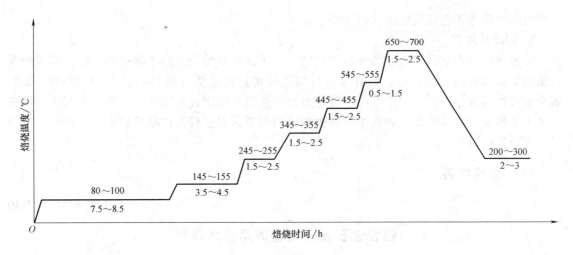

图 3.3-2　石膏铸型焙烧工艺

行抗折性能测试。

（4）抗压强度测试　在抗折试验后，每个试样中间断裂，得到 2 个抗压试样。然后在 NYL-300A 型压力试验机上进行抗压强度测试。

（5）线膨胀率测试　采用分度值为 0.02mm 的游标卡尺，测量抗折试样的长度方向尺寸变化。抗折试样灌浆成型后的标准长度为 160mm，经过干燥、焙烧后测其长度，与标准长度相比以确定其收缩率。

（6）抗热裂性能测试　将铸型加热到 700℃ 高温，随炉冷却到 350℃ 取出，在空气中冷却，考察其裂纹程度。如铸型表面没有明显裂纹，表示铸型具有足够的抗热裂性能。

（7）流动性测试　将混合料浆倒入直径为 50mm、高度为 100cm 的铜质圆筒中，将圆筒迅速而平稳地自上而下提起 15cm～20cm 的高度，让石膏混合浆料在玻璃板上摊（铺）开成饼状，测量圆饼直径。

三、标准的特点与应用

1. 标准的特点

GB/T 39314—2020 的制定实施既规范了工艺条件和工艺参数，稳定产品质量，又结合了我国铝合金石膏型熔模铸造生产实际情况，促进了行业发展。该标准的特点如下：

1）该标准的内容是根据我国现阶段石膏型铸造的生产现状、发展需求以及推动铝合金石膏型熔模铸造产业高质量发展而制定实施的，标准中提出的技术要求是结合我国石膏型熔模铸造铝合金铸件的企业和国家质量基础的共性技术研究与应用专项研究成果而制定的，具有较高的科学性和可行性。

2）该标准明确了铝合金石膏型熔模铸造工艺整体流程，结合企业生产技术的实际，规范性指导企业生产，最大限度地促进铝合金石膏型熔模铸造工艺水平的提高与发展。

3）该标准对铝合金石膏型熔模铸造在造型材料、具体制备工艺、焙烧和浇注方式等方面做了具体规定，以保证铝合金、铝镁合金和铜合金石膏型熔模铸造的工艺技术、工艺参数、造型材料原料成分的统一规范，稳定生产工艺和产品质量，避免产生大量废品、次品。

4）该标准的制定填补了我国铝合金石膏型熔模铸造工艺领域技术标准空白，解决了标准缺失问题，为我国铝合金石膏型铸件的研制和生产提供了有力的技术支撑，有利于铝合金石膏型熔模铸造工艺在我国的快速发展。

2. 标准的应用

随着我国航空航天、电子等领域的发展，对零件形状的要求越来越复杂，尺寸精度和表面粗糙度要求也越来越严格，铝合金石膏型熔模铸造的优势逐渐显示。GB/T 39314—2020 属于推荐性国家标准，适用于我国石膏型熔模铸造生产的铝合金铸件，为铝合金石膏型熔模铸造工艺研究、产品开发、企业生产提供相应的参考，对于提升产品质量水平、产业结构升级具有现实的意义。

四、标准内容

GB/T 39314—2020

铝合金石膏型铸造通用技术导则

1 范围

本标准规定了铝合金石膏型铸造的工艺过程、石膏铸型制备、石膏铸型粉及铸型性能检测、铸件浇注工艺及设备、铸件清理、铸件检验及废旧石膏型的处理。

本标准适用于铝合金铸件的石膏型铸造工艺过程。

2 规范性引用文件

下列文件对于本文件的应用是必不可少的。凡是注日期的引用文件，仅注日期的版本适用于本文件。凡是不注日期的引用文件，其最新版本（包括所有的修改单）适用于本文件。

GB/T 9438　铝合金铸件

HB/Z 220.5　铝合金熔模壳型精密铸造

HB/Z 220.6　铝合金石膏型精密铸造

JB/T 11734　石膏型熔模铸造用铸型粉

3 工艺过程

铝合金石膏型铸造工艺过程如图 1 所示。

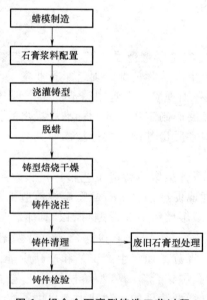

图 1　铝合金石膏型铸造工艺过程

4 石膏铸型制备

4.1 石膏铸型主要工艺材料

石膏铸型工艺的主要组成材料包括：配制模料用材料和配制石膏型铸型粉材料。推荐成分如表1所示，或按 HB/Z 220.5 执行。

表1 石膏型铸型主要组成材料

工艺材料		材料
模料		石蜡、硬脂酸、聚合松香、川蜡、蜂蜡、地蜡、聚苯乙烯、EVA（醋酸乙烯共聚物）以及沥青等
石膏型铸型粉	黏结材料	α型半水石膏、β型半水石膏、中性硅溶胶
	耐火填料	煤矸石粉、上店土、叙永土、石英粉/砂、莫来石粉/砂、方石英粉以及铝矾土
	添加剂	增强剂（玻璃纤维等）、促凝剂（氯化钠、硫酸镁、二水石膏、硼砂以及硅溶胶等）、缓凝剂（柠檬酸钠、酒石酸）、膨胀稳定剂、悬浮剂、润湿剂、消泡剂（正辛醇等）等

4.2 石膏浆料的组成和性能

4.2.1 石膏浆料的配方所使用材料主要有 α（或β）石膏、石英粉或砂、方石英粉、莫来石或砂、铝矾土以及玻璃纤维等，或按 HB/Z 220.6 执行。

4.2.2 石膏浆料中按工艺需要，可配入一定数量的促凝剂、缓凝剂、膨胀稳定剂、悬浮剂、润湿剂以及消泡剂，或按 HB/Z 220.6 执行。

4.3 配制石膏浆料

4.3.1 石膏浆料的配制是将石膏型铸型粉与一定比例的水在大气或真空条件下的搅拌机中进行。宜在真空条件下搅拌机中配制，其工艺参数如表2所示。

4.3.2 宜采用纯净水配制，不宜采用河水或井水。水温宜控制在18℃~25℃或根据需要调整。

表2 石膏浆料搅拌工艺参数

加料顺序	搅拌转速/(r/min)	搅拌真空度/MPa	搅拌时间/min
干态混合料加入水	400~500	-0.06~0.08	2~3

4.4 配制石膏型混合浆料的工艺及设备

4.4.1 开粉设备：盛装石膏粉、填料、添加剂的容器，不应使用生锈的容器。衡器可采用台秤、磅秤、杆秤、量桶、量杯等。

4.4.2 对于配制一般铸件用石膏型混合浆料，可选用常规熔模精铸涂料用搅拌机或配制环氧树脂混合料的搅拌器。这两种搅拌机（器）的搅拌叶片，既可采用带扭角的螺浆式，也可采用圆盘搅拌器结构。

4.4.3 配制复杂铸件用石膏型混合浆料，宜使用专用真空搅拌和浇灌的设备。设备推荐结构组成如图2所示。

4.5 浇灌铸型

4.5.1 灌浆前，蜡模润浸处理后固定在砂箱中适当位置，蜡模的外缘和砂箱之间的距离应不小于25mm。

4.5.2 制备好的石膏浆料宜在1min~2min内浇灌铸型；对于形状复杂的模组灌浆时，真空

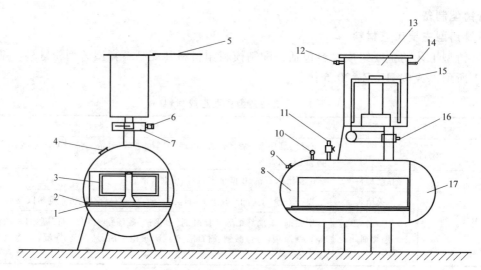

图 2 石膏浆料真空搅拌和浇灌设备示意图

1—滚道 2—底板 3—蜡型 4—砂箱 5—观察口 6—电动机 7—变速箱 8—负压注浆罐 9—接真空泵 10—压力表 11—排气阀 12—接真空泵 13—抽泡搅拌桶 14—压力表 15—搅拌皿 16—放料阀 17—门

度应不低于-0.08MPa。

4.5.3 在真空状态下浇灌时，控制浆料流量，使浆料在砂箱中由下向上，平稳上升，浆料不宜直接冲刷蜡模。灌浆结束后，立即震动砂箱，便于气体上浮破泡。

4.6 脱蜡

脱蜡前，石膏型在室温下应静置2h以上，不宜超过24h。可选用蒸汽脱蜡法、焙烧脱蜡法、微波脱蜡法以及远红外线脱蜡法脱蜡。

4.7 铸型焙烧干燥工艺

4.7.1 石膏型焙烧宜采用具有温控装置且能通风换气的电炉或燃气炉。

4.7.2 石膏型焙烧规范应根据铸型大小、厚薄确定。石膏型焙烧一般采用阶段升温，焙烧规范宜参考图3。

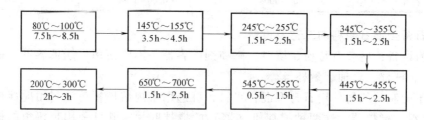

图 3 石膏型焙烧参考规范

5 石膏铸型粉及铸型性能检测

5.1 石膏铸型粉性能检测方法

石膏铸型粉性能检测包括：流动性测试、初凝和终凝时间测试、强度测试、凝固线膨胀以及抗裂纹能力测试，其测试方法以及测试结果评定按JB/T 11734的规定执行。

5.2 石膏铸型性能

石膏铸型的典型性能见表3，其测试方法按JB/T 11734的规定执行。

表 3　石膏铸型典型性能表

抗压强度/MPa		凝固时间/min		流动性 /mm	线膨胀率(%)	
湿	干	初凝	终凝		加热至700℃	冷却至室温
1.5~2.5	0.6~1.3	6~9	9~14	150~250	≤0.8	-0.8~-0.6

6　铸件浇注工艺及设备

真空重力浇注工艺浇注石膏型，宜采用的设备结构如图4所示。

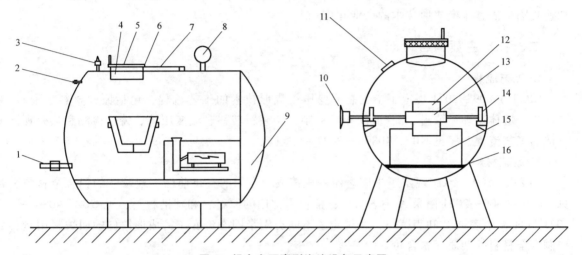

图 4　铝合金石膏型浇注设备示意图

1—接储压罐　2—接真空泵　3—排气阀　4—进铝液观察窗　5—活动盖　6—密封圈　7—滑道　8—压力表　9—真空加压浇注罐　10—浇注手轮　11—观察窗　12—铝液浇包　13—浇包抱圈　14—轴承座　15—石膏型　16—滚道

7　铸件清理

石膏型铸造铸件的清理宜采用的清理方式：第一种方式为湿法清理，采用水溶方式，利用石膏型水溶自溃散脱落特点，完成铸件清理；第二种方式为干法清理，主要采用机械震动方式使石膏铸型破碎脱落，完成铸件清理。

8　铸件检验

铸件检验按 GB/T 9438 的规定执行，或按供需双方商定的技术协议执行。

9　废旧石膏型的处理

废旧石膏型应无害化处理。

第四节　铸造铝合金　半固态流变压铸成形工艺规范

冯　剑　李大全

一、标准概况

近10年来，铝合金半固态流变成形技术快速发展，相关产品在汽车、通信、电子、建筑、工程机械等领域得到越来越广泛的应用。半固态流变压铸成形产品以其优异的力学性能与导热性能等得到市场越来越多的关注。但是，作为一种新的铸造成形工艺，铝合金半固态流变成形相关的标准还完全空白，导致行业发展处于无序状态。各生产企业应用的流变成形技术五花八门，工艺过程不规范，产品质量良莠不齐。终端市场对铝合金半固态流变成形技术的了解不足，设计人员缺少标准数据支撑，工程技术人员缺少标准的工艺流程指导。在此背景下，制定了 GB/T 40809—2021《铸造铝合金 半固态流变压铸成形工艺规范》。该标准由国家标准化管理委员会于 2021 年 10 月 11 日发布，2022 年 5 月 1 日实施。

该标准的制定与实施，可以有效规范行业发展，为生产企业提供标准的生产工艺流程指导，为产品设计人员提供标准的性能数据支撑，从而促进半固态流变技术的健康快速发展，加速我国半固态流变成形技术的产业化应用。

二、标准主要内容说明

1. 工艺流程

GB/T 40809—2021 规定了半固态流变压铸成形技术的工艺流程，包括原辅材料、配料及熔化、熔体处理、取料、高/低固相浆料制备、浆料转移、流变压铸、铸件检测和热处理。具体的工艺流程顺序见 GB/T 40809—2021 中图 1。

2. 原辅材料

GB/T 40809—2021 规定了半固态流变压铸成形常用的且目前已实现量产的铝合金材料，见 GB/T 40809—2021 附录 A 中表 A.1；推荐了常用的原材料和辅助材料，见 GB/T 40809—2021 附录 A 中表 A.2 和表 A.3，并规定了不同类别半固态流变压铸成形铸件的回炉料用量，控制合金材料的杂质元素含量。

3. 配料及熔化

GB/T 40809—2021 规定了熔炼工具的前处理工艺，包括表面杂物处理、烘干及防护处理，熔炼坩埚的预热温度和时间；规定了装炉前炉料的处理工艺和熔化过程中炉料的添加顺序。

4. 熔体处理

GB/T 40809—2021 首先规定了除气工艺的具体细节，包括除气温度和时间，并给出了除气过程中需要注意的细节，包括除气机喷头预热、喷头下降位置以及除气后静置时间等都做了较为细致的规定；其次推荐了 Al-Si 系合金适用的变质工艺细节；最后规定了熔体质量评价内容，包含化学成分、含氢量和含渣量的检测，并推荐适用快速评价含氢量的密度当量法。熔体夹渣量等级根据 K 值大小区分，K 值越小，渣含量越低，且一般不超过三级，具体评级方法见 GB/T 40809—2021 附录 C 中表 C.1。

5. 取料

GB/T 40809—2021 规定了取料过程，即将熔体质量评价完成后，在浆料转移到制浆设备之前的过程定义为取料，目的是为了与后面的浆料转移过程区分开来；规定了取料设备的预处理过程，包括舀勺的表面清理和预热处理。由于半固态流变压铸工艺对温度特别敏感，该标准规定了保温炉对熔体温度的控制精度。一般保温炉温度控制精度在 ±5℃，对于高固相半固态流变压铸成形，温度控制精度在 ±3℃。

6. 高/低固相浆料制备

GB/T 40809—2021 规定了高/低固相浆料的制备及区分方法，介绍了半固态浆料的实际固相分数计算方法，通过测量合金在加热与冷却过程中的吸热与放热来计算半固态浆料的实际固相分数，见 GB/T 40809—2021 中公式（1）。

根据 GB/T 40809—2021 中公式（1）可知，实际固相分数测定方法比较困难，在工业生产过程中不方便直接测量。该标准根据浆料的流动状态和高/低固相半固态浆料定义，通过目视的方法快速区分高/低固相分数。该标准还规定了半固态流变浆料的制备方法。高/低固相区分的特点在于低固相半固态浆料温度高于合金液相线同时可以自然流动，而高固相半固态浆料高于合金固相线并且外观已形成固体形状。

7. 浆料转移和流变压铸

GB/T 40809—2021 分别规定了高/低固相半固态流变浆料的转移方式，对于可以自由流动的低固相浆料采用舀勺进行浆料转移，而高固相半固态流变浆料通过加持状态进行转移。浆料转移至压铸机料筒进行压铸。对于低固相半固态流变浆料，其压铸工艺和传统液态压铸基本一致；对于高固相半固态流变浆料，其内浇口速度不宜高于 5m/s，增压压力不低于 40MPa。

8. 铸件检测

GB/T 40809—2021 规定了典型半固态流变压铸成形铸件的微观组织与检验方法。半固态流变压铸成形工艺制备的铸件组织主要由初生固相和液相（主要是共晶相）凝固组织组成，初生固相形貌为非枝晶（主要为球晶或近球晶），允许少量形貌为蔷薇状或菊花状。典型的高/低固相半固态流变压铸件微观组织见 GB/T 40809—2021 附录 D 中图 D.1。微观组织评价参数包括初生固相晶粒尺寸、形状因子和体积分数，详细的计算方法见 GB/T 40809—2021 附录 D 中公式（D.1）。

GB/T 40809—2021 规定了高/低固相半固态流变压铸单铸试样的力学性能。其中低固相半固态流变压铸成形目前主要在有高导热需求的通信件上应用较广，典型低固相流变压铸用铝合金的拉伸性能和导热性能数据见 GB/T 40809—2021 附录 E 中表 E.1。高固相半固态流变铝合金压铸成形目前在汽车轻量化领域得到一定程度的示范应用，常用高固相半固态流变压铸铝合金单铸试棒的力学性能见 GB/T 40809—2021 附录 E 中表 E.2，并推荐了高固相半固态流变压铸专用试棒模具，见 GB/T 40809—2021 中附录 F。

GB/T 40809—2021 规定了半固态流变压铸成形本体取样抗拉强度和断后伸长率的平均值不低于单铸试棒的 80% 和 70%。对于 I 类铸件指定部位的抗拉强度和断后伸长率分别不低于单铸试棒的 75% 和 50%，I 类铸件非指定部位和 II 类铸件分别不低于单铸试棒的 70% 和 50%，标准中附录 H 也给出了相应的判定方法。

9. 热处理

GB/T 40809—2021 规定了热处理炉的控温精度、升温速率等参数，并给出了推荐的热处理工艺参数，见 GB/T 40809—2021 附录 I 中表 I.1。根据产品的应用情况，确定对力学性能和导热性能的要求，进而确定是否需要进行热处理。高/低固相半固态流变压铸成形热处理工艺的差别在于可否进行高温固溶处理。

三、标准的应用

GB/T 40809—2021 的制定和实施将有效规范行业发展，推动铝合金铝锭原材料的生产、半固态铝合金浆料制备装备的研发和制造、流变成形设备的改造、铸件的热处理等上下游产业的技术改造升级，有利于优化铝合金压铸、挤压铸造产业结构，促进传统铸造尤其是压铸行业技术升级，加速半固态流变成形技术的产业化应用。GB/T 40809—2021附录G中表G.1和表G.2给出了半固态流变铝合金压铸成形技术在通信和汽车行业已经实现批量生产的典型零部件。GB/T 40809—2021的实施，将促进半固态流变铝合金压铸成形技术制备的轻质高强铝合金结构件在汽车、轨道交通、工程机械等领域的大量应用，有力提升我国相关行业轻量化技术应用水平；同时促进半固态流变成形工艺制备的轻质高导热产品在通信、电子等领域的大量应用，将有力保障我国通信电子等行业的快速发展。

四、标准内容

GB/T 40809—2021

铸造铝合金　半固态流变压铸成形工艺规范

1 范围

本文件规定了铸造铝合金半固态流变压铸成形的工艺流程、原辅材料、配料及熔化、熔体处理、取料、高/低固相浆料制备、浆料转移、流变压铸、铸件检测和热处理。

本文件适用于铸造铝合金半固态流变压铸成形工艺。

2 规范性引用文件

下列文件中的内容通过文中的规范性引用而构成本文件必不可少的条款。其中，注日期的引用文件，仅该日期对应的版本适用于本文件；不注日期的引用文件，其最新版本（包括所有的修改单）适用于本文件。

GB/T 228.1　金属材料　拉伸试验　第1部分：室温试验方法

GB/T 1173　铸造铝合金

GB/T 5611　铸造术语

GB/T 9438　铝合金铸件

GB/T 9452　热处理炉有效加热区测定方法

GB/T 15114　铝合金压铸件

YS/T 601　铝熔体在线除气净化工艺规范

3 术语和定义

GB/T 5611界定的以及下列术语和定义适用于本文件。

3.1 半固态流变浆料　semisolid rheological slurry

通过施加物理或化学等技术手段对凝固过程中的金属熔体进行处理，得到一种金属熔体中均匀地悬浮着一定比例非枝晶初生固相（主要为球晶或近球晶）的固液混合物。

3.2 流变压铸成形　rheological diecasting forming

将半固态流变浆料转移至压铸成形设备，进行一次加工获得零件的成形方式。

3.3 固相分数　solid fraction

半固态浆料中固相质量与浆料质量的百分比。

注：本文件规定的固相分数是半固态浆料温度对应的平衡凝固条件下的固相分数，此固相分数不是实际的固相分数。

3.4 低固相半固态流变浆料　low solid fraction semisolid slurry

能够自然流动，没有形成固定形状的半固态流变浆料。

3.5 高固相半固态流变浆料 high solid fraction semisolid slurry

已经形成固定形状，自然状态下不能流动，但在外力作用下可以流动的半固态流变浆料。

4 半固态流变压铸成形工艺规范

4.1 半固态流变压铸成形工艺流程

半固态流变压铸成形工艺流程见图1。

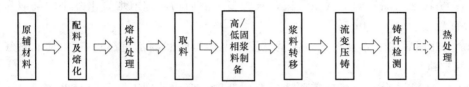

图1 半固态流变压铸成形工艺流程示意图

注：热处理工序非必需流程，为可选工序。

4.2 原辅材料

4.2.1 半固态流变压铸成形常用目标合金见附录A表A.1，表中未列出见GB/T 1173。

4.2.2 配制目标合金，可以选用金属铸锭、中间合金及回炉料，也可采用各种牌号的预制合金锭。

4.2.3 配制目标合金所用的原材料和相应的辅助材料分别见表A.2和表A.3，铝中间合金见GB/T 27677。

4.2.4 用于重熔的铝合金回炉料，按质量分为三级：

——一级回炉料：化学成分合格的废铸件、浇道等；

——二级回炉料：排溢系统，如渣包等；

——三级回炉料：金属屑、碎小废料、坩埚底料及被污染的渣包等。

一、二级回炉料重熔，浇注铸锭，分析化学成分并检验合格后方可使用。已知化学成分的一级回炉料可直接用于配料，不宜使用三级回炉料。

4.2.5 对Ⅰ类铸件，可配用一级回炉料，回炉料总量不宜超过炉料总量的50%；对Ⅱ类铸件，可配用一、二级回炉料，其中二级回炉料不宜超过炉料总量的15%；对Ⅲ类铸件，可全部配用一、二级回炉料，其中二级回炉料不宜超过炉料总量的35%。

4.3 配料及熔化

4.3.1 根据目标合金的成分，选取对应的原辅材料，配制炉料。

4.3.2 使用前，应将附着在坩埚及熔炼工具上的残余金属、氧化皮、变质剂等污物清除干净，并在120℃~250℃下加热，然后进行涂料防护处理。

4.3.3 喷涂好涂料的坩埚、熔炼工具等使用前应充分预热。坩埚在500℃~600℃预热，宜保温时间2h以上；熔炼工具在200℃~400℃预热，宜保温时间2h以上。

4.3.4 装料前，炉料（包括镁、锌、稀土等金属炉料）的表面应先清洁处理，然后在150℃~300℃之间干燥处理。

4.3.5 根据坩埚容量，应同时或分批装入回炉料、新料和部分中间合金（铝-稀土、铝-锶除外），待炉料全部熔化后，建议合金液温度降至640℃~680℃时加入。

4.4 熔体处理

4.4.1 炉料全部熔化后，一般用纯氮气或纯氩气进行除气净化处理，使用前经过气体干燥机除去水分,氮气和氩气纯度见表 A.3。

4.4.2 一般将熔体加热到 700℃~740℃,采用旋转喷吹纯氮气或纯氩气进行净化处理,净化时间 5min~30min。

4.4.3 使用纯氮气或纯氩气除气净化前,首先检查除气机上各阀门和仪表,并对旋转除气机的喷头和转杆清理后预热。

4.4.4 除气时,先打开通气阀门,将旋转喷头缓缓地降至熔体液面以下约 2/3 处,开启旋转按钮,调整转速,然后调节气瓶开关,直到整个液面均匀弥散地冒出细小的气泡为止。除气净化后宜静置 10min~30min。

4.4.5 除气处理后的熔体自除气净化至浇注结束的时间间隔不宜超过 3h,其他除气按 YS/T 601 的规定执行。

4.4.6 对于 Al-Si 系合金,可按需要选择变质处理,变质处理工艺见附录 B 表 B.1。

4.4.7 除气处理后,进行熔体炉前检验,包括熔体温度、化学成分、含氢量和含渣量检测,检验方法见附录 C。

4.4.8 熔体成分不合格时,应重新计算、补料、熔体处理、检测,直至化学成分检验合格;氢含量和渣含量不合格时,应重新除气、精炼,直至检验合格。

4.5 取料

4.5.1 用舀勺或输液管等转移熔体。舀勺或输液管等在使用前,应将残余的金属、氧化皮、变质剂等污物清除干净,宜在 120℃~250℃下加热,然后采用涂料进行防护处理。

4.5.2 转移熔体前,应将舀勺或输液管等充分的预热,温度宜控制在 200℃~400℃,且保温 2h 以上。

4.5.3 取料过程中,应控制取料温度。保温炉内的铝熔体控温精度宜控制在±5℃。对于高固相半固态流变压铸成形,保温炉内铝熔体温度宜控制在±3℃。基于合金种类的不同,取料温度宜在合金液相线温度以上 50℃至合金液相线温度范围内。

4.5.4 将纯净的铝熔体转移至半固态流变制浆设备中,完成取料,取料时间宜控制在 30s 之内。

4.6 高/低固相浆料制备

4.6.1 通过流变制浆工艺,制备得到满足 3.1 的半固态流变浆料,半固态流变浆料固相分数可以按公式(1)计算。

半固态浆料的实际固相分数按公式(1)计算,公式(1)是基于差热分析,通过测量合金在加热与冷却过程中的吸热与放热来计算半固态浆料的实际固相分数。

$$f_S = \frac{(H_L - H) - C_P(T_L - T)}{(H_L - H_S) - C_P(T_L - T_S)} \tag{1}$$

式中 f_S——半固态浆料的固相分数;
  H_L——半固态浆料在液相线温度时的热焓总量(J/g);
  H——半固态浆料热焓总量(J/g);
  C_P——半固态浆料的比热容[J/(g·K)];
  T_L——合金的液相线温度(K);
  T——半固态浆料温度(K);
  H_S——半固态浆料在固相线温度时的热焓总量(J/g);

T_S——合金的固相线温度（K）。

4.6.2 对于低固相半固态流变浆料制备，可以采用机械搅拌、电磁搅拌、超声处理、气体扰动、化学处理、热焓控制等各种物理化学方法，通过控制制浆参数，获得低固相半固态流变浆料。浆料温度应低于合金的名义液相线温度并可以自然流动。

4.6.3 对于高固相半固态流变浆料制备，可以采用机械热焓控制、机械搅拌、电磁搅拌、超声处理、气体扰动、化学处理等各种物理化学方法，通过控制制浆参数，获得高固相半固态流变浆料。浆料温度应高于合金的名义固相线温度并已经形成固定形状。

4.6.4 通过测温和目视的方法，区分高/低固相半固态流变浆料。

4.7 浆料转移

4.7.1 对于低固相半固态流变浆料，用舀勺等转移浆料，舀勺的预处理和4.5中的工艺一致。浆料转移后应及时清理转移工具，预防夹杂等缺陷引入。

4.7.2 对于高固相半固态流变浆料，通过夹持等方式转移浆料，浆料转移后需要及时清理转移工具，预防夹杂等缺陷引入。

4.7.3 将半固态流变浆料从制浆设备转移至压铸机料筒，完成浆料转移。

4.8 流变压铸

4.8.1 根据半固态铸件模具设计和铸件质量要求调试确定压铸参数。通过调整压铸机压射速度、快压点位置、增压压力、保压时间等工艺参数，在一定的压力下凝固成形铸件。高固相半固态流变压铸内浇口速度不宜高于5m/s，增压压力不宜低于40MPa。

4.8.2 将转移至压铸机料筒中的浆料进行压铸，完成半固态流变压铸。

4.9 铸件检测

4.9.1 半固态流变压铸成形铸件，按用途分为承载类、导热类、耐磨类等。承载类分类按GB/T 9438的规定执行。

4.9.2 典型半固态流变压铸成形铸件微观组织检验方法和典型微观组织，见附录D中D.1和D.2。

4.9.3 常见低固相半固态流变压铸单铸试棒的力学性能见附录E中表E.1，相应的单铸试样图样见附录F图F.1，典型低固相半固态流变压铸成形铸件的性能特点和典型应用见附录G中表G.1。

4.9.4 常见高固相半固态流变压铸单铸试棒的力学性能见表E.2，相应的单铸试样图样见图F.2，典型高固相半固态流变压铸成形铸件的性能特点和典型应用见表G.2。

4.9.5 用半固态流变压铸成形铸件上切取的本体试样检验力学性能，三根试样的抗拉强度和断后伸长率的平均值不应低于单铸试棒的80%和70%。允许其中一根试样的性能偏低：Ⅰ类铸件指定部位的抗拉强度和断后伸长率分别不应低于单铸试棒的75%和50%，Ⅰ类铸件非指定部位和Ⅱ类铸件分别不应低于单铸试棒的70%和50%。

4.9.6 铸件室温力学性能的检验按GB/T 228.1的规定执行，铸件的其他相关技术要求按GB/T 15114的规定执行。

4.9.7 铸件力学性能试验结果的判定见附录H。

4.10 热处理

4.10.1 半固态流变压铸成形铸件的热处理状态代号按GB/T 1173的规定执行。

4.10.2 热处理前对热处理炉、温控设备、固溶冷却装置等设备状况检查，确保完好。测控设备精度根据热处理炉温度均匀性，选取对应的精度，具体要求按 GB/T 9452 的规定执行，加热炉温度均匀性宜在±5℃。

4.10.3 固溶处理时，装炉温度一般在 300℃以下，升温速度以 100℃/h 左右为宜。固溶处理如需阶段保温，在两个阶段间不应停留冷却，直接升温至第二阶段温度。

4.10.4 半固态流变压铸成形常用合金材料的热处理工艺见附录 I，不在表中的见 GB/T 25745。

4.10.5 外观检查时采用目视或 10 倍以下放大镜观察，热处理后的铸件应无裂纹或超过尺寸公差的变形缺陷。

4.10.6 热处理后的金相组织不应存在过烧组织。

附 录 A
（资料性）
半固态流变压铸成形常用合金材料及原辅材料

A.1 半固态流变压铸成形常用铝合金材料化学成分

半固态流变压铸成形常用铝合金材料的化学成分见表 A.1。

表 A.1 半固态流变压铸成形常用铝合金材料化学成分

合金牌号	合金元素含量(质量分数,%)										其他	
	Si	Fe	Cu	Mn	Mg	RE	Zn	Pb+Sn	Ti	Sr	每种	总共
AlSi7Mg0.3	6.0~7.5	≤0.20	≤0.10	≤0.10	0.25~0.45	—	≤0.10	≤0.10	≤0.20	≤0.05	≤0.05	≤0.15
AlSi7Mg0.6	6.0~7.5	≤0.20	≤0.10	≤0.10	0.45~0.70	—	≤0.10	≤0.10	≤0.20	≤0.05	≤0.05	≤0.15
AlSi6Cu3Mg0.4	5.0~6.5	≤0.20	2.5~3.5	≤0.10	0.25~0.45	—	≤0.05	≤0.10	≤0.20	0.01~0.05	≤0.05	≤0.15
AlSi8	7.0~9.0	0.5~1.2	≤0.10	≤0.30	≤0.35	—	≤0.10	≤0.10	≤0.20	—	≤0.05	≤0.20
AlSi6Sr	6.5~7.6	0.5~0.8	≤0.05	≤0.05	≤0.05	—	≤0.05	≤0.10	—	0.012~0.03	≤0.05	≤0.20
AlSi6RE	5.5~7.5	0.5~0.8	≤0.05	≤0.05	0.05~0.15	0.01~0.03	0.15~0.25	≤0.10	—	0.015~0.035	≤0.05	≤0.15

A.2 配制铸造铝合金所用的主要原材料

配制半固态流变压铸成形铝合金所用的主要原材料见表 A.2。

表 A.2 配制铸造铝合金所用的主要原材料

序号	名称	技术标准	牌号	主要用途
1	重熔用铝锭	GB/T 1196	Al99.7	配制一般铸造铝合金
2	重熔用精铝锭	GB/T 1196	Al99.95	配制各种优质铸造铝合金
3	工业硅	GB/T 2881	Si-2	配制铝硅中间合金
4	铝中间合金锭	YS/T 282	AlSi12	配制一般含硅铸造铝合金

(续)

序号	名称	技术标准	牌号	主要用途
5	铝基中间合金锭规范	HB 5371	AlSi12A	配制铝硅系优质合金
6	铸造铝合金锭	GB/T 8733	相关牌号	熔制各种铸造铝合金
7	原生镁锭	GB/T 3499	Mg99.80	配制含镁铸造铝合金
8	金属锰	GB/T 2774	JMn96	配制铝锰中间合金
9	电解金属锰	YB/T 051	DJMn99.5	配制铝锰中间合金
10	阴极铜	GB/T 467	Cu-CATH-2	配制铝铜中间合金
11	电解镍	GB/T 6516	Ni9920	配制铝镍中间合金
12	锌锭	GB/T 470	Zn99.95	配制含锌合金
13	金属铬	GB/T 3211	JCr99.5-B	配制铝铬中间合金
14	海绵钛	GB/T 2524	MHTi-4	配制铝钛中间合金
15	混合稀土金属	GB/T 4153	RECe-45	变质剂
16	铝铍中间合金	YS/T 282	AlBe3	配制含铍合金
17	镉锭	YS/T 72	Cd99.96	配制 ZL205A 合金
18	铝钒合金	—	—	配制 ZL205A 合金
19	铝锶中间合金	YS/T 282	Sr:9~11	变质剂

A.3 配制铸造铝合金常用辅助材料

配制半固态流变压铸成形铝合金常用的辅助材料见表 A.3。

表 A.3 配制铸造铝合金常用辅助材料

序号	名称	技术标准	材料牌号或主要技术要求	主要用途
1	白垩粉	—	盐酸不溶物大于 2% 碳酸钙+碳酸镁≥95% 粒度 200 目筛分物≤3% 水分≤2%	配制坩埚、熔化工具等使用的涂料
2	氧化锌	GB/T 3494	ZnO-T_2	
3	滑石粉	GB/T 15342	一等品	
4	工业硅酸钠	GB/T 4209	液-5(优等品、一等品)	
5	工业用六氯乙烷	HG/T 3261		铝合金除气剂
6	氩	GB/T 4842	Ar≥99.99%	
7	纯氮气	GB/T 8979	N_2≥99.95%	
8	光卤石			配制铝镁合金精炼剂
9	萤石	YB/T 5217		
10	钡溶剂			铝镁合金精炼剂、覆盖剂
11	工业氟硅酸钠	GB/T 23936	—	六氯乙烷除气用载体材料
12	食用盐	GB/T 5461	精制盐	配制铝硅合金变质剂
13	氟化钠	YS/T 517	一级、二级	
14	工业氯化钾	GB/T 7118	优级	

(续)

序号	名称	技术标准	材料牌号或主要技术要求	主要用途
15	氟锆酸钾	—	氟锆酸钾≥98%	配制变质剂、孕育剂
16	氟硼酸钾	GB/T 22667	—	配制孕育剂或配制铝钛硼中间合金
17	氟钛酸钾	GB/T 22668	—	配制铝钛中间合金或配制铝合金变质剂
18	冰晶石	GB/T 4291	一、二级	配制铝钛中间合金或配制铝合金变质剂
19	二氧化钛	—	—	配制铝钛中间合金或铝合金除气载体材料

附 录 B
（资料性）
推荐的变质处理及孕育处理工艺参数与方法

推荐的变质处理及孕育处理工艺参数与方法见表 B.1。

表 B.1 推荐的变质处理及孕育处理工艺参数与方法

项目		钠基三元变质剂	钠基四元变质剂	氟锆酸钾	氟硼酸钾	钛	铝稀土中间合金	铝锶中间合金	盐类孕育剂
用量（占合金质量分数,%）		1.5~2	2~3	0.5~1.0	0.6	0.15~0.2	0.2~0.4	0.01~0.06	0.13~0.25
使用前预热	温度/℃	200~300	200~300	200±10		与炉料一起预热	与炉料一起预热	200±10	
	时间/h	≥3	≥3	2~4				2~4	
处理温度/℃		720~760	740~760	730~750		720~740	710~730	730~750	
处理时间/min	液面停留	10~15	10~15	2~3		—	—	—	
	压入合金	3~5	3~5	5~8		—	—	10	
有效时间/min		30	30	120		120	120~180	60	
适用范围		含硅量大于6%的铝硅系合金	含硅量大于6%的铝硅系合金				铝硅、铝铜系等铸造铝合金		
处理方法		将预热过的变质剂均匀洒在合金液面上，覆盖10min~15min 打碎硬壳，使气体排除，并将变质剂压入合金液中至100mm~150mm 深处，连续操作3min~5min 后打渣		钛以铝钛中间合金形式加入，氟锆酸钾、氟硼酸钾在合金除气后均匀洒在合金液面上，覆盖20min~3min 后压入合金，静置5min~8min 后打渣		于浇注前30min 加入合金搅拌均匀	于浇注前30min 加入合金搅拌均匀		1）压入法：除气后用钟罩将其压入合金液中至反应结束 2）冲入法：将过热至740℃~760℃的合金液冲入装有孕育剂的坩埚中，搅拌5min~8min 后打渣、浇注

附 录 C
（资料性）
熔体质量炉前检验方法

C.1 化学成分

C.1.1 化学成分检测按 GB/T 7999 或 GB/T 20975 的规定执行。当分析结果有争议时，按

GB/T 20975 仲裁。

C.1.2 合金液化学成分检测频率为每批次取样一组，每个浇注炉次为一个批次。

C.1.3 分析数值的判定采用修约比较法，数值修约规则按 GB/T 8170 的有关规定执行，修约位数与标准规定的化学成分极限数位一致。

C.2　熔体温度

采用精度不低于 1℃ 的测温仪表测量温度，热电偶一般采用 K 型。

C.3　含氢量检测

C.3.1 检测铝合金液含氢量，常用的有闭路循环法和密度法。

C.3.2 采用闭路循环法测试铝合金液含氢量时，按 YS/T 600 的规定执行。

C.3.3 采用密度法评价铝合金液含氢量时，减压测氢仪真空度设定在 −0.090MPa ~ −0.099MPa，处理时间 3min~5min。用舀勺选取 80g~100g 的铝液，放入仪器中抽真空，结束后取出样品，冷却后待用。

C.3.4 采用密度天平，分别测试样品在空气和水中的质量，计算出样品密度值。

试样密度按公式（C.1）计算：

$$\rho = m_1\rho_0/(m_1-m_2) \tag{C.1}$$

式中　ρ——试样密度（g/cm³）；
m_1——试样在空气中的质量（g）；
ρ_0——水的密度（g/cm³）；
m_2——试样在水中的质量（g）。

C.3.5 基于测试得到的样品密度和合金材料的标准密度，计算氢当量。氢当量值按公式（C.2）计算：

$$DI = (1-\rho/\rho_1)\times 100 \tag{C.2}$$

式中　DI——氢当量；
ρ——密度法测试的试样密度（g/cm³）；
ρ_1——合金材料的标准密度（g/cm³）。

C.3.6 工业生产中宜选用密度当量法快速进行合金液含氢量评价。

C.4　含渣量检测

熔体夹渣含量的检测按 YS/T 1004—2014 中附录 B 的规定执行，熔体夹渣量等级根据 K 值大小区分，K 值越小，渣含量越低，具体分级见表 C.1，且夹渣含量一般不超过三级。

表 C.1　铸锭夹渣量等级

夹渣量等级	K 值	夹渣量等级	K 值
一级	≤0.1	四级	>0.5~1.0
二级	>0.1~0.2	五级	>1.0
三级	>0.2~0.5		

注：K 值为异质颗粒数除以被检测断面总数。

C.5 推荐的 K 模试样图样
C.5.1 K 模上型试样图样
K 模上型试样图样见图 C.1。

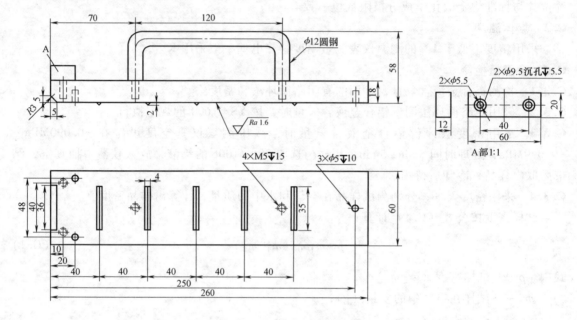

图 C.1　K 模上型试样图样

C.5.2 K 模下型试样图样
K 模下型试样图样见图 C.2。

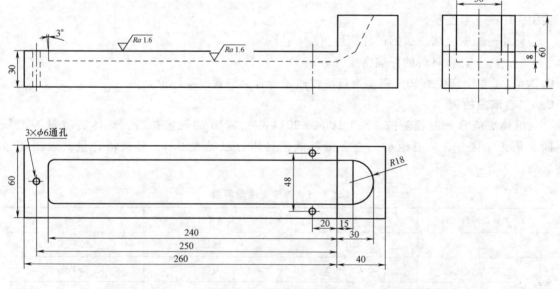

图 C.2　K 模下型试样图样

附 录 D
(资料性)
微观组织检验方法及半固态流变压铸铝合金典型微观组织

D.1 微观组织检验方法

D.1.1 显微组织检验按 GB/T 3246.1 的规定执行。

D.1.2 半固态流变压铸成形工艺制备的铸件组织主要由初生固相和液相(主要是共晶相)凝固组织组成,包含少量的强化相。初生固相形貌为非枝晶(主要为球晶或近球晶),允许少量形貌为蔷薇状或菊花状。

D.1.3 微观组织评价参数包括初生固相大小、形状因子和体积分数。

D.1.4 初生固相晶粒大小按 GB/T 6394 中的直线截点法进行评价。

D.1.5 初生固相形状因子用颗粒的圆整度 S 表征,初生固相颗粒的圆整度按公式(D.1)计算:

$$S = 4\pi A/P^2 \tag{D.1}$$

式中 S——初生固相的圆整度;
   A——初生固相颗粒的面积(μm^2);
   P——初生固相颗粒的周长(μm)。

D.1.6 初生固相体积分数 f:试样截面中初生固相面积与试样截面面积比,近似为体积分数。

D.2 半固态流变压铸铝合金典型微观组织

半固态流变压铸铝合金典型微观组织见图 D.1。

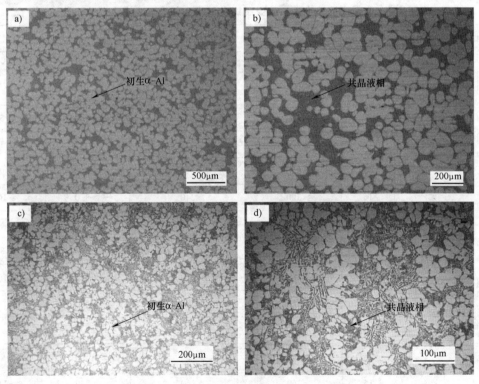

图 D.1 半固态流变压铸铝合金典型微观组织

注:图 a、b 为高固相,图 c、d 为低固相。

附录 E
（资料性）
半固态流变压铸铝合金力学和物理性能补充资料

E.1 典型低固相半固态流变压铸成形铝合金单铸试棒的力学性能和物理性能

典型低固相半固态流变压铸成形铝合金单铸试棒的力学性能和物理性能见表 E.1。

表 E.1 典型低固相半固态流变压铸成形铝合金单铸试棒的力学性能和物理性能

序号	合金	合金状态	力学性能				物理性能
			抗拉强度 R_m/MPa	规定塑性延伸强度 $R_{P0.2}$/MPa	断后伸长率 A（%）	维氏硬度 HV10	导热系数 /[W/(m·℃)]
1	AlSi8	F	≥240	≥145	≥4.0	≥70	136~150
2	AlSi6Sr	T1	≥220	≥90	≥6.0	≥55	180~190
3	AlSi6RE	T1	≥220	≥100	≥5.0	≥65	175~185

E.2 典型高固相半固态流变压铸成形铝合金单铸试棒的力学性能

典型高固相半固态流变压铸成形铝合金单铸试棒的力学性能见表 E.2。

表 E.2 典型高固相半固态流变压铸成形铝合金单铸试棒的力学性能

序号	合金	合金状态	力学性能			
			抗拉强度 R_m/MPa	规定塑性延伸强度 $R_{P0.2}$/MPa	断后伸长率 A（%）	维氏硬度 HV10
1	AlSi7Mg0.3	F	≥190	≥75	≥9.0	≥55
		T4	≥230	≥110	≥16.0	≥70
		T5	≥250	≥210	≥10.0	≥90
		T6	≥300	≥240	≥8.0	≥100
2	AlSi7Mg0.6	F	≥220	≥100	≥7.0	≥65
		T4	≥260	≥130	≥12.0	≥80
		T5	≥280	≥240	≥6.0	≥100
		T6	≥320	≥280	≥4.0	≥115
3	AlSi6Cu3Mg0.4	F	≥240	≥120	≥2.0	≥75
		T4	≥300	≥200	≥5.0	≥95
		T5	≥360	≥260	≥2.0	≥110
		T6	≥390	≥310	≥1.0	≥125

附 录 F
（资料性）
推荐的半固态铝合金流变压铸单铸试样图样

F.1 低固相半固态流变压铸单铸试样图样

低固相半固态流变压铸单铸试样图样见图F.1。

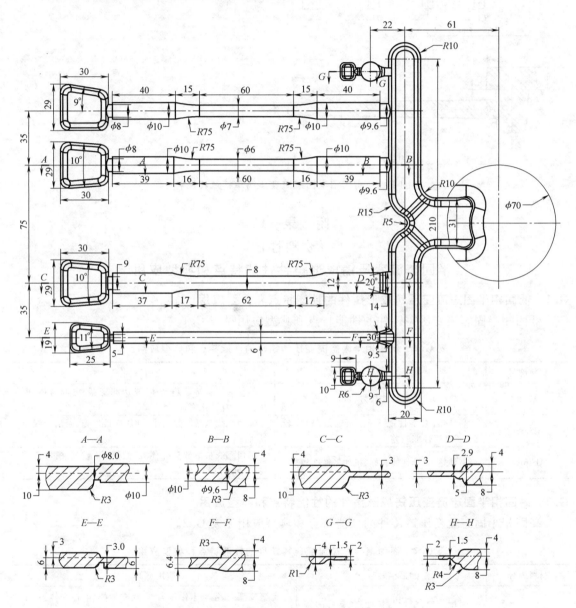

图 F.1 低固相半固态流变压铸单铸试样图样

F.2 高固相半固态流变压铸单铸试样图样

高固相半固态流变压铸单铸试样图样见图F.2。

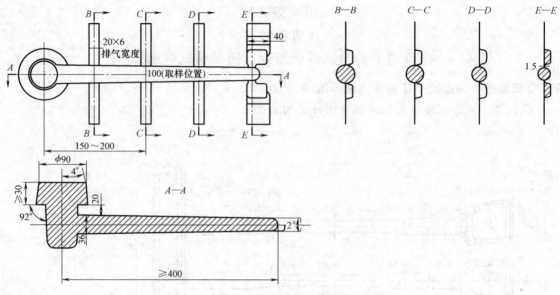

图 F.2 高固相半固态流变压铸单铸试样图样

附 录 G
（资料性）
半固态流变压铸成形铸件性能特点和典型应用

G.1 低固相半固态流变压铸成形铸件的性能特点和典型应用

低固相半固态流变压铸铸件的性能特点和典型应用见表 G.1。

表 G.1 低固相半固态流变压铸铸件的性能特点和典型应用

材料牌号	性能特点	应用举例
AlSi8	导热较好,力学性能较好,机加工性能好	通信无线基站散热壳体、光伏滤变器、电源盒体、电机壳体、自动化模板
AlSi6Sr	高导热,力学性能较差,塑性好,硬度较低,机加工性能较差	通信无线基站散热壳体、LED 灯具外壳、通信天线压铸件
AlSi6RE	高导热,力学性能较好,机加工性能较好	通信无线基站散热壳体、滤波器、屏蔽盒、模块压铸件、小间距 LED 支架

G.2 高固相半固态流变压铸成形铸件的性能特点和典型应用

高固相半固态流变压铸铸件的性能特点和典型应用见表 G.2。

表 G.2 高固相半固态流变压铸铸件的性能特点和典型应用

材料牌号	性能特点	应用举例
AlSi7Mg0.3	强度一般,塑性与韧性高;良好的铸造、机加工性能和较高工艺出品率	悬置支架类、制动卡钳体类、底盘支架类、电控壳体类、车门铰链类、车身骨架连接接头类、轨道交通用牵引轴固定座类
AlSi7Mg0.6	强度较高,塑性与韧性较高;良好的铸造、机加工性能和较高工艺出品率	悬置支架类、制动卡钳体类、底盘支架类、电控壳体类、车门铰链类、车身骨架连接接头类、轨道交通用牵引轴固定座类

(续)

材料牌号	性能特点	应用举例
AlSi6Cu3Mg0.4	强度高,塑性与韧性一般;良好的铸造、机加工性能和较高工艺出品率	悬置支架类、制动卡钳体类、底盘支架类零件、电控壳体类零件 商用车用:驾驶室与车架连接板、后处理与车架插销式连接支架、天然气瓶与车架连接支架、推力杆与车架连接支座、驾驶室前悬置与车架连接支架、驾驶室后悬置与车架连接支架、操纵器选档与车身连接支架、保险杠总成、保险杠固定安装支座、各种过渡垫块、后处理与车架连接支架、空滤器固定支架、卧铺支承座总成、前下防护装置总成、前下防护装置与车架连接支架、散热器支撑支座、脚踏板总成与车架连接支架、储气筒安装支架

附 录 H
（资料性）
检验规则

H.1 合金化学成分第一次送检分析结果不合格时，允许重新取样分析不合格元素。若第二次分析仍不合格，则判定该熔炼炉次合金化学成分不合格。

H.2 任一试样的含氢量检验结果不合格时，应重新除气，直至检验合格。

H.3 任一试样的含渣量检验结果不合格时，应重新除渣，直至检验合格。

H.4 一个熔炼炉次合金，首次送检三根铸态或热处理状态的单铸拉伸试样测试力学性能，若有两根或以上试样的力学性能达标，则判定该炉次合金力学性能合格。单铸试样第一次检验不合格时，可重复热处理后取样检验，若还不合格，允许第三次热处理，若试验结果仍不合格，则判定该炉次合金力学性能不合格。

H.5 单铸试样的热处理应与同一批次浇注的铸件同炉热处理。

H.6 当被抽检的铸件本体取样力学性能不合格时，可加倍抽检，重新取样检验力学性能。如果加倍抽检的结果都合格，则该炉（批）铸件力学性能合格，否则判定不合格。当加倍抽检仍不合格时，允许重新热处理后取样检验，但只允许重复热处理两次。

H.7 当拉伸试样存在铸造缺陷或由于试验本身故障造成检验结果不合格的，不计入检验次数，但需要更换试样重新送检。

附 录 I
（资料性）
半固态流变压铸成形常用合金材料推荐的热处理工艺

半固态流变压铸成形常用合金材料推荐的热处理工艺见表I.1。

表I.1 半固态流变压铸成形常用合金材料推荐的热处理工艺

合金牌号	合金状态	固溶处理			时效处理		
		温度/℃	时间/h	温度/℃,冷却介质	温度/℃	时间/h	冷却介质
AlSi7Mg0.3	T4	535±5	1~6	室温~100,水	—	—	—

(续)

合金牌号	合金状态	固溶处理			时效处理		
		温度/℃	时间/h	温度/℃,冷却介质	温度/℃	时间/h	冷却介质
AlSi7Mg0.3	T5	535±5	1~6	室温~100,水	室温	≥8	空气
					再170±5	2~6	空气
	T6	535±5	1~6	室温~100,水	室温	≥8	空气
					再170±5	2~10	空气
AlSi7Mg0.6	T4	535±5	1~6	室温~100,水	—	—	—
	T5	535±5	1~6	室温~100,水	室温	≥8	空气
					再170±5	2~6	空气
	T6	535±5	1~6	室温~100,水	室温	≥8	空气
					再170±5	2~10	空气
AlSi6Cu3Mg0.4	T4	505±5	2~8	室温~100,水	—	—	—
	T5	505±5	2~8	室温~100,水	室温	≥8	空气
					再190±5	2~5	空气
	T6	505±5	2~8	室温~100,水	室温	≥8	空气
					再190±5	2~8	空气
AlSi8	T1	—	—	—	180~300	2~3	空气
AlSi6Sr	T1	—	—	—	180~350	1~2	空气
AlSi6RE	T1	—	—	—	180~350	1~2	空气

第五节 镁合金铸件

李宇飞 冯志军

一、标准概况

国家标准 GB/T 13820—1992《镁合金铸件》于1992年首次制定，二十多年来一直未进行修订，在一定程度上已无法满足国内镁合金铸件生产的需要。2016年6月12日国家标准化管理委员会下达2016年第一批国家标准制修订项目计划，计划对该标准进行修订。全国铸造标准化技术委员会组织7家单位完成了对 GB/T 13820—1992 的修订。2018年7月，国家标准化管理委员会批准发布了 GB/T 13820—2018《镁合金铸件》，该标准于2018年8月1日起实施。

二、标准主要内容说明

1. 适用范围

GB/T 13820—2018 适用于采用砂型铸造和金属型铸造生产的镁合金铸件，并与 GB/T 1177—2018《铸造镁合金》配套使用。

2. 规范性引用文件

按照 GB/T 1.1—2009 的要求，GB/T 13820—1992 中"引用标准"，在 GB/T 13820—

2018 中修改为"规范性引用文件"。相比 GB/T 13820—1992，GB/T 13820—2018 增加了 GB/T 11351、GB/T 13748（1、4、6~15、20~22 部分）、GB/T 19943、GB 32792、HB/Z 328、HB 7738 等规范性引用文件，将 GB/T 6060.1《表面粗糙度比较样块 铸造表面》改为 GB/T 15056《铸造表面粗糙度 评定方法》，将 ZB H24 004《射线照相探伤方法》改为 HB/Z 60《X 射线照相检验》，将 HB 967 ZM5《镁合金显微缩松 X 光透视分级标准》改为 HB 6578《铝、镁合金铸件检验用标准参考射线底片》，并删除了 GB/T 8170《数值修约规则》。规范性引用文件现全部采用现行的标准名称和标准号，使用者可据此查阅相关标准原文，以更好地应用该标准。

3. 技术要求

相较于 GB/T 13820—1992，在技术要求方面，GB/T 13820—2018 进行了如下修订：

1）参考国外相关标准内容，在 GB/T 13820—1992 基础上增加了"铸件切取试样应在铸件最薄处和最厚处各取至少一根"内容。由于在铸件实际生产过程中需方会要求对铸件进行本体解剖性能检测，如图样和技术协议中对解剖位置未做明确说明，可参考 GB/T 13820—2018 执行，进一步提高了标准的指导作用。

2）参考国内航空标准内容，增加了 ZM5A 和 ZM11 两种合金的力学性能，进一步扩大了标准合金牌号的覆盖范围，并与 GB/T 1177—2018《铸造镁合金》保持一致。

3）在 GB/T 13820—2018 规定的力学性能中增加了附铸试棒力学性能要求。在铸件实际生产过程中需方为了检测铸件力学性能，在不破坏铸件的情况下，一般会对铸件附铸试样力学性能有具体要求。增加附铸试样力学性能，可进一步提高标准的指导性和实用性。

4）GB/T 13820—1992 未对铸件熔剂夹杂缺陷做出规定。由于铸件表面熔剂夹杂缺陷严重影响铸件质量，参考其他标准相关内容，GB/T 13820—2018 增加了"铸件在恒湿箱内显现熔剂夹杂检验的品种和数量由需方在图样或技术协议中注明。需在恒湿箱内显现熔剂夹杂检验的铸件，在清除前所有表面上的熔剂夹杂数量、大小应不超过 HB 7738 的规定"内容。

5）GB/T 13820—1992 规定铸件除另有规定外，允许用焊补的方法修复任何缺陷，但没有提到焊补修复参考的标准。GB/T 13820—2018 规定焊补修复处理依照 HB/Z 328 执行的内容，提高了标准的指导作用。

4. 试验方法

结合国内镁合金铸件生产实际情况，GB/T 13820—2018 增加了铸件化学成分检验方法，明确了重量公差检验标准，对内部质量检验标准进行了更新。

1）修改了"化学成分检验方法"，按 GB/T 13748.1、GB/T 13748.4、GB/T 13748.6~12、GB/T 13748.14、GB/T 13748.15、GB/T 13748.20~22 的规定执行；并增加了"当分析结果有争议时，应按 GB/T 13748.1、GB/T 13748.4、GB/T 13748.6~12、GB/T 13748.14、GB/T 13748.15、GB/T 13748.20~22 进行仲裁"的内容。

2）明确了尺寸和重量公差检验标准。参考国内相关标准，GB/T 13820—2018 增加了"如无明确规定，铸件重量公差应符合 GB/T 11351 的规定"的内容。

3）GB/T 13820—1992 规定铸件非加工表面粗糙度评级按 GB/T 6060.1 执行，但 GB/T 6060.1 并未涉及表面粗糙度的评级。查阅国家标准资料，GB/T 15056 是关于表面粗糙度评级的标准，GB/T 13820—2018 将铸件非加工表面粗糙度评级按 GB/T 6060.1 执行改为按 GB/T 15056 的规定执行。

5. 检验规则

在该项内容中，为了使标准内容更加清晰，GB/T 13820—2018 按组批、检验项目、取样方法、判定及复验四条对相关内容进行了介绍。

1）重新对铸件组批的组成进行了规定，将 GB/T 13820—1992 按铸件级别分别规定组批修订为统一规定，即"在 8h 内浇注的同一熔炼炉次，且采用同一热处理工艺的铸件为一批。特殊情况下的组批，由供需双方商定"。

2）增加了取样方法一条，将 GB/T 13820—1992 中化学成分、力学性能、表面质量、内部质量、铸件焊补等取样方法统一整理到该条之下，并将铸件焊补修改为铸件修复和校正，扩展了标准的使用范围。

3）增加了判定及复验一条，将 GB/T 13820—1992 中化学成分、力学性能、内部质量等判定及复验内容整理到该条之下。对力学性能判定及复验内容进行了重新整理，参考铸造领域其他国家标准，将相关内容修订为"每批的三根单铸试样中的两根试样的力学性能符合 GB/T 1177—2018 的规定，则该批铸件的力学性能合格。单铸试样和铸件上切取试样第一次检测力学性能不合格时，允许将单铸试样和铸件重复热处理，随后取样检测。若不合格，允许进行第三次热处理，若检测结果仍不合格，则该批铸件不合格。每次热处理后，若单铸试样力学性能不合格，但铸件上切取试样的力学性能合格时，则该批铸件合格"。

4）ASTM B80《镁合金砂型铸件》、ASTM B199《镁合金金属型铸件》、HB 7780《镁合金铸件规范》等国内外标准都不把例行检验放在标准内，该部分要求可由供需双方根据铸件特点和质量要求在技术协议中规定。为了使标准内容简洁清晰，提高标准的通用性，GB/T 13820—2018 删除了 GB/T 13820—1992 中的例行检验。

三、标准的特点与应用

1. 标准的特点

GB/T 13820—2018 是对 GB/T 13820—1992 的修订，修订过程中吸收了近年来我国镁合金铸件生产方面所取得的成果，并参照了美国等国外先进标准及国内相关标准，综合了国内外标准的优点，同时结合了我国镁合金铸件生产实际情况。该标准的特点如下：

1）GB/T 13820—2018 的内容是根据我国近年来镁合金铸件研制、生产、应用需要以及推动镁合金铸造产业加快发展而进行的修订，标准中提出的技术要求是根据国内多年来镁合金铸件生产实际以及用户单位的需求而制定的，具有较高的科学性和可行性。

2）GB/T 13820—2018 沿用了 GB/T 13820—1992 中合金牌号和代号共用的形式，既保留了合金牌号具有化学成分直观醒目的优点，又保留了合金代号表示方法简单、使用方便及为人们所习惯的优点，两者相对应，具有较大的实用价值。

3）GB/T 13820—2018 对 GB/T 13820—1992 的内容和顺序进行了重新整理，与目前国内外标准编制风格保持了一致，便于使用人员查阅。

4）GB/T 13820—2018 强调了供需双方协商，体现客户为主的原则，尽可能满足客户对镁合金铸件要求的特点，突出了标准的可操作性。

2. 标准的应用

随着工业技术的不断发展，对于轻量化效果显著的镁合金铸件应用越来越多，制造企业对镁合金铸件的需求量也不断扩大。GB/T 13820—2018 与 GB/T 1177—2018《铸造镁合金》

配套使用，适用于国内砂型铸造和金属型铸造生产的镁合金铸件，为从事镁合金铸件科研、设计、铸造、销售和服务提供参考和验收依据，也便于生产厂家根据配套产品的特点制定镁合金铸件的技术要求，确保镁合金铸件的质量满足需方的使用要求。GB/T 13820—2018 的实施必将对规范镁合金铸件行业发展，促进国内镁合金铸造行业的技术进步起到积极的推动作用。

四、标准内容

GB/T 13820—2018

镁合金铸件

1 范围

本标准规定了镁合金铸件（以下简称"铸件"）的分类、技术要求、试验方法、检验规则、标志、包装、运输和贮存。

本标准适用于采用砂型铸造和金属型铸造生产的镁合金铸件。

2 规范性引用文件

下列文件对于本文件的应用是必不可少的。凡是注日期的引用文件，仅注日期的版本适用于本文件。凡是不注日期的引用文件，其最新版本（包括所有的修改单）适用于本文件。

GB/T 228.1　金属材料　拉伸试验　第 1 部分：室温试验方法

GB/T 1177—2018　铸造镁合金

GB/T 6414　铸件　尺寸公差、几何公差和机械加工余量

GB/T 11351　铸件重量公差

GB/T 13748.1　镁及镁合金化学分析方法　第 1 部分：铝含量的测定

GB/T 13748.4　镁及镁合金化学分析方法　第 4 部分：锰含量的测定　高碘酸盐分光光度法

GB/T 13748.6　镁及镁合金化学分析方法　银含量的测定　火焰原子吸收光谱法

GB/T 13748.7　镁及镁合金化学分析方法　第 7 部分：锆含量的测定

GB/T 13748.8　镁及镁合金化学分析方法　第 8 部分：稀土含量的测定　重量法

GB/T 13748.9　镁及镁合金化学分析方法　第 9 部分：铁含量的测定　邻二氮杂菲分光光度法

GB/T 13748.10　镁及镁合金化学分析方法　第 10 部分：硅含量的测定　钼蓝分光光度法

GB/T 13748.11　镁及镁合金化学分析方法　铍含量的测定　依莱铬氰蓝 R 分光光度法

GB/T 13748.12　镁及镁合金化学分析方法　第 12 部分：铜含量的测定

GB/T 13748.14　镁及镁合金化学分析方法　第 14 部分：镍含量的测定　丁二酮肟分光光度法

GB/T 13748.15　镁及镁合金化学分析方法　第 15 部分：锌含量的测定

GB/T 13748.20　镁及镁合金化学分析方法　第 20 部分：ICP-AES 测定元素含量

GB/T 13748.21　镁及镁合金化学分析方法　第 21 部分：光电直读原子发射光谱分析方法测定元素含量

GB/T 13748.22　镁及镁合金化学分析方法　第 22 部分：钍含量测定

GB/T 15056　铸造表面粗糙度　评定方法
GB/T 19943　无损检测　金属材料 X 和伽玛射线　照相检测　基本规则
GB/T 32792　镁合金加工产品包装、标志、运输、贮存
HB/Z 60　X 射线照相检验
HB/Z 61　渗透检验
HB/Z 328　镁合金铸件补焊工艺及检验
HB 5462　镁合金铸件热处理
HB 6578　铝、镁合金铸件检验用标准参考射线底片
HB 7738　镁合金铸锭、铸件和零件的熔剂夹杂检验

3　铸件分类

3.1　根据铸件工作条件和用途以及在使用过程中损坏所造成的危害程度分为三类,见表1。

表 1　铸件分类

铸件类别	定义
Ⅰ	承受重载荷,工作条件复杂,用于关键部位,铸件损坏将危及整机安全运行的重要铸件
Ⅱ	承受中等载荷,用于重要部位,铸件损坏将影响部件的正常工作,造成事故的铸件
Ⅲ	承受轻载荷或不承受载荷,用于一般部位的铸件

3.2　铸件的类别由需方在图样上规定。

铸件图样标记如下:

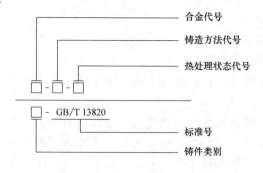

标记示例:

$$\frac{\text{ZM6-S-T6}}{\text{I-GB/T 13820}}$$

未注明类别的铸件视为Ⅲ类铸件。

4　技术要求

4.1　化学成分

铸件的化学成分应符合 GB/T 1177—2018 的规定。

4.2　供货状态

4.2.1　铸件的供货状态由需方在图样上注明或在协议中明确。

4.2.2　除另有规定外,铸件的热处理按 HB 5462 的规定执行。

4.3　力学性能

4.3.1　Ⅰ类铸件本体或附铸试样的力学性能应符合表2的规定,Ⅱ类铸件本体或附铸试样的力学性能由供需双方商定,Ⅲ类铸件可不检验力学性能。Ⅰ类、Ⅱ类铸件单铸试样的力学

性能应符合 GB/T 1177—2018 的规定。

表2 铸件本体或附铸试样的力学性能

合金牌号	合金代号	取样部位	铸造方法	取样部位厚度/mm	热处理状态	抗拉强度 R_m/MPa 平均值	抗拉强度 R_m/MPa 最小值	规定塑性延伸强度 $R_{p0.2}$/MPa 平均值	规定塑性延伸强度 $R_{p0.2}$/MPa 最小值	断后伸长率 A(%) 平均值	断后伸长率 A(%) 最小值
ZMgZn5Zr	ZM1	无规定	S、J	无规定	T1	205	175	120	100	2.5	—
ZMgZn4RE1Zr	ZM2	无规定	S	无规定	T1	165	145	100	—	1.5	—
ZMgRE3ZnZr	ZM3	无规定	S、J	无规定	T2	105	90	—	—	1.5	1.0
ZMgRE3Zn3Zr	ZM4	无规定	S	无规定	T1	120	100	90	80	2.0	1.0
ZMgAl8Zn / ZMgAl8ZnA	ZM5 / ZM5A	Ⅰ类铸件指定部位	S	≤20	T4	175	145	70	60	3.0	1.5
ZMgAl8Zn / ZMgAl8ZnA	ZM5 / ZM5A	Ⅰ类铸件指定部位	S	≤20	T6	175	145	90	80	1.5	1.0
ZMgAl8Zn / ZMgAl8ZnA	ZM5 / ZM5A	Ⅰ类铸件指定部位	S	>20	T4	160	125	70	60	2.0	1.0
ZMgAl8Zn / ZMgAl8ZnA	ZM5 / ZM5A	Ⅰ类铸件指定部位	S	>20	T6	160	125	90	80	1.0	—
ZMgAl8Zn / ZMgAl8ZnA	ZM5 / ZM5A	Ⅰ类铸件指定部位	J	无规定	T4	180	145	70	60	3.5	2.0
ZMgAl8Zn / ZMgAl8ZnA	ZM5 / ZM5A	Ⅰ类铸件指定部位	J	无规定	T6	180	145	90	80	2.0	1.0
ZMgAl8Zn / ZMgAl8ZnA	ZM5 / ZM5A	Ⅰ类铸件非指定部位；Ⅱ类铸件	S	≤20	T4	165	130	—	—	2.5	—
ZMgAl8Zn / ZMgAl8ZnA	ZM5 / ZM5A	Ⅰ类铸件非指定部位；Ⅱ类铸件	S	≤20	T6	165	130	—	—	1.0	—
ZMgAl8Zn / ZMgAl8ZnA	ZM5 / ZM5A	Ⅰ类铸件非指定部位；Ⅱ类铸件	S	>20	T4	150	120	—	—	1.5	—
ZMgAl8Zn / ZMgAl8ZnA	ZM5 / ZM5A	Ⅰ类铸件非指定部位；Ⅱ类铸件	S	>20	T6	150	120	—	—	1.0	—
ZMgAl8Zn / ZMgAl8ZnA	ZM5 / ZM5A	Ⅰ类铸件非指定部位；Ⅱ类铸件	J	无规定	T4	170	135	—	—	2.5	1.5
ZMgAl8Zn / ZMgAl8ZnA	ZM5 / ZM5A	Ⅰ类铸件非指定部位；Ⅱ类铸件	J	无规定	T6	170	135	—	—	1.0	—
ZMgNd2ZnZr	ZM6	无规定	S、J	无规定	T6	180	150	120	100	2.0	1.0
ZMgZn8AgZr	ZM7	Ⅰ类铸件指定部位	S	无规定	T4	220	190	110	—	4.0	3.0
ZMgZn8AgZr	ZM7	Ⅰ类铸件指定部位	S	无规定	T6	235	205	135	—	2.5	1.5
ZMgZn8AgZr	ZM7	Ⅰ类铸件非指定部位；Ⅱ类铸件	S	无规定	T4	205	180	—	—	3.0	2.0
ZMgZn8AgZr	ZM7	Ⅰ类铸件非指定部位；Ⅱ类铸件	S	无规定	T6	230	190	—	—	2.0	—
ZMgAl10Zn	ZM10	无规定	S、J	无规定	T4	180	150	70	60	2.0	—
ZMgAl10Zn	ZM10	无规定	S、J	无规定	T6	180	150	110	90	0.5	—
ZMgNd2Zr	ZM11	无规定	S、J	无规定	T6	175	145	120	100	2.0	1.0

注：1. "S"表示砂型铸件，"J"表示金属型铸件；当铸件某一部分的两个主要散热面在砂芯中成形时，按砂型铸件的性能指标。
2. 平均值是指铸件上三根试样的平均值，最小值是指三根试样中允许有一根低于平均值但不低于最小值。

4.3.2 当铸件有高温力学性能要求时，其具体检测项目和指标可参照 GB/T 1177—2018 中附录 A，由供需双方商定。

4.4 几何形状、尺寸和重量公差

4.4.1 铸件的几何形状和尺寸应符合图样的要求，铸件尺寸公差应符合 GB/T 6414 的规定。有特殊要求时，应在图样上标明。

4.4.2 当需方对铸件重量有要求时，应与供方商定。

4.5 表面质量

4.5.1 铸件应清理干净，不得有飞边、毛刺，非加工表面上的浇冒口应清理至与铸件表面齐平。待加工面上浇冒口的残留量，一般不应高出铸件表面5mm，其应不影响X射线检测，特殊情况由供需双方商定。

4.5.2 铸件表面不准许有冷隔、裂纹、缩孔、穿透性缺陷及严重的残缺类缺陷（如浇不足、机械损伤等）。

4.5.3 铸件在恒湿箱内显现熔剂夹杂检验的品种和数量由需方在图样或技术协议中注明。需在恒湿箱内显现熔剂夹杂检验的铸件，在清除前所有表面上的熔剂夹杂数量、大小应不超过 HB 7738 的规定。

4.5.4 铸件待加工表面上允许有经加工不超过机械加工余量范围内的任何缺陷。

4.5.5 铸件上作为加工基准所用的部位应平整。

4.5.6 铸件非加工表面和加工后的表面，在清理干净后存在的孔洞应符合表3的规定。铸件表面缺陷不应超出如下范围：

a) 铸件经氧化处理后，非加工表面上允许有直径不大于1.5mm，深度不大于1mm的分散点状表面孔洞，加工后表面上允许有直径不大于1mm，深度不大于0.5mm的分散点状表面孔洞。

b) 单个孔洞和成组孔洞的深度均不得超过壁厚的1/3；在安装边上，不得超过壁厚的1/4，有上述缺陷的同一截面的反面，其对称部位不得有类似的缺陷。

c) 螺纹孔内，螺钉或螺栓旋入4个牙距之内不准许有缺陷。

d) 凡不同于上述规定的缺陷，由供需双方商定。

表 3 铸件表面允许的缺陷

铸件种类	铸件表面积 /cm²	铸件类别	允许缺陷								孔洞边缘距铸件边缘或内孔边缘的距离/mm
			单个孔洞				成组孔洞				
			孔洞直径	孔洞深度	在10cm×10cm面积上其孔洞数	在一个铸件上其孔洞数	孔洞之间的距离	孔洞直径	孔洞深度	以3cm×3cm面积为一组其孔洞数	在一个铸件上组的数量
			mm		个		mm	mm		个	组
			≤		≤		≥	≤		≤	
小型铸件	≤1000	I	4	3	3	4	20	2	1.5	4	2	不小于孔洞最大直径的2倍
		II	4	3	3	4	20	2	1.5	5	2	
		III	4	3	3	5	15	2	1.5	6	3	
中型铸件	>1000~6000	I	4	3	3	8	30	2	1.5	4	3	
		II	4	3	3	8	30	2	1.5	5	3	
		III	4	3	3	9	25	2	1.5	6	3	
大型铸件	>6000~8000	I	4	3	3	15	30	2	1.5	4	5	
		II	4	3	3	15	30	2	1.5	5	5	
		III	4	3	3	17	25	2	1.5	6	6	
超大型铸件	>8000	I	4	3	3	28	30	2	1.5	4	7	
		II	4	3	3	28	30	2	1.5	5	7	
		III	4	3	3	30	25	2	1.5	6	8	

4.5.7 在金属型铸件的非加工表面上,允许有铸型分型、错箱、顶杆及排气塞等痕迹,但凸出处不应超过表面 1mm 或凹下处不应低于表面 0.5mm。

4.5.8 铸件表面允许有因镁铝反偏析形成的灰斑。含锆镁合金铸件表面允许有以线条、流线和点状形成存在的偏析不均匀性。

4.5.9 铸件非加工表面上的铸字和标志应清晰可辨,其位置、字体和标印方法应符合图样要求。

4.5.10 铸件的非加工面及粗加工面的表面粗糙度应符合图样或技术协议的要求。

4.6 内部质量

4.6.1 铸件内部允许的气孔、缩孔、夹渣在无特殊规定时,可参照 4.5.6 加工后表面的要求进行检验。

4.6.2 ZM5、ZM10 铸件显微疏松按 HB 6578 评定,其验收等级按表 4 的规定执行。

表 4 铸件显微疏松 X 射线检测验收等级

铸件类别	探伤部位	验收等级/级 ≤		
		第一组[①]	第二组[①]	第三组[①]
Ⅰ	指定部位	2	2	1
	非指定部位	3	3	2
Ⅱ	指定部位	3	3	2

① 第一组、第二组壁厚小于或等于 30mm,第三组壁厚大于 30mm。

4.6.3 含锆镁合金铸件的内部缺陷,由供需双方商定或按专门技术标准规定执行。

4.6.4 本标准规定以外的铸件内部缺陷,由供需双方商定或按专门技术标准规定执行。

4.6.5 铸件的 X 射线检测和荧光检测部位和比例,由需方根据铸件类别和生产情况,在图样或技术文件中规定。对各类铸件允许存在的显微疏松等级不同于表 4 规定时,由供需双方商定。Ⅱ类铸件非指定部位不检查,如需检查时,其验收等级允许比指定部位降低一级。

4.6.6 铸件内部不准许有裂纹。

4.6.7 有气密性要求的铸件,应在图样上注明。除另有规定外,当气密性试验不合格时,可进行浸渗处理。

4.6.8 当需方有要求,经与供方商定,铸件内部缺陷的 X 射线检测亦可参照附录 A 的规定执行。

4.7 铸件修复和校正

4.7.1 除另有规定外,铸件可进行修补。

4.7.2 可用打磨的方法清除缺陷,打磨后的尺寸,应符合铸件尺寸公差的要求。

4.7.3 变形的铸件允许用机械方法校正,校正后不准许有裂纹。

4.7.4 除另有规定外,允许用焊补的方法修复任何缺陷。所有铸件的各个部位只要便于焊补、打磨和检验,均可按 HB/Z 328 的规定进行焊补。

4.7.5 当采用氩弧焊焊补时,经扩修后允许焊补的面积、深度、个数和间距,一般应符合表 5 的规定。特殊情况下的焊补,由供需双方商定。

表5 铸件允许的焊补面积及数量

铸件种类	铸件表面积 /cm²	焊区最大扩修面积/cm²	焊区最大深度/mm	一个铸件上允许焊区的个数/个	一个铸件上允许焊区的总个数[①]/个	焊区边缘最小间距
小型铸件	≤1000	10	无规定	3	3	不小于相邻两焊区最大直径的和
中型铸件	>1000~6000	10	无规定	4	6	不小于相邻两焊区最大直径的和
中型铸件	>1000~6000	15	10	1	6	不小于相邻两焊区最大直径的和
中型铸件	>1000~6000	20	8	1	6	不小于相邻两焊区最大直径的和
大型铸件	>6000~8000	10	无规定	6	9	不小于相邻两焊区最大直径的和
大型铸件	>6000~8000	20	12	2	9	不小于相邻两焊区最大直径的和
大型铸件	>6000~8000	30	8	1	9	不小于相邻两焊区最大直径的和
超大型铸件	>8000	10	无规定	7	12	不小于相邻两焊区最大直径的和
超大型铸件	>8000	20	12	3	12	不小于相邻两焊区最大直径的和
超大型铸件	>8000	30	8	1	12	不小于相邻两焊区最大直径的和
超大型铸件	>8000	40	6	1	12	不小于相邻两焊区最大直径的和

① 偏移的凸台和工艺孔的焊补不计入焊区的个数。

4.7.6 同一处焊补的次数不得多于3次。焊区内应标有焊补印记。

4.7.7 铸件应在铸态下进行焊补。热处理后需焊补的铸件，焊补后按原状态进行热处理，热处理后的铸件应重新检验单铸试样的力学性能。机械加工前后暴露的小缺陷，其扩修面积小于4cm²、间距大于100mm，经需方同意，焊补后可不进行热处理。

4.7.8 Ⅰ类、Ⅱ类铸件焊补后需经荧光（或其他方法）和X射线检测。小于4cm²、不便于X射线检测的焊区，经需方同意，焊补后可不进行X射线检测。

4.7.9 焊补后，焊区不准许有裂纹、分层和未焊透等缺陷。每个焊区内允许有最大直径不大于2mm且不超过壁厚的1/3，间距不小于10mm的单个孔洞、夹渣3个。直径小于0.5mm以下的分散气孔、夹渣不计。

4.7.10 铸件允许采用供需双方商定的其他方法，如浸渗、粘补、热等静压等进行修补。

5 试验方法

5.1 化学成分

5.1.1 铸件化学成分分析方法按 GB/T 13748.1、GB/T 13748.4、GB/T 13748.6~12、GB/T 13748.14、GB/T 13748.15、GB/T 13748.20~22 的规定执行。在保证分析精度的条件下，允许使用其他检测方法。

5.1.2 当分析结果有争议时，应按 GB/T 13748.1、GB/T 13748.4、GB/T 13748.6~12、GB/T 13748.14、GB/T 13748.15、GB/T 13748.20~22 进行仲裁。

5.2 力学性能

铸件室温拉伸试验按 GB/T 228.1 的规定执行。

5.3 尺寸和重量公差

5.3.1 铸件的尺寸检验应符合图样或技术协议的要求。铸件易变动的尺寸应逐件检验，必检尺寸由供需双方商定。无法检验的尺寸，按图样或技术协议的规定执行。

5.3.2 当图样有重量要求时，重量和重量公差按图样或技术协议的规定验收。如无明确规定,铸件重量公差应符合 GB/T 11351 的规定。

5.4 表面质量

5.4.1 可通过目视或使用一定的工具、仪器或采用合适的方法检验其表面质量。

5.4.2 铸件需进行荧光或煤油浸润检查时,按 HB/Z 61 的规定执行。

5.4.3 铸件非加工表面的粗糙度评级按 GB/T 15056 的规定执行。

5.5 内部质量

铸件的 X 射线检测按 GB/T 19943 或 HB/Z 60 的规定执行。

6 检验规则

6.1 组批

在 8h 内浇注的同一熔炼炉次,且采用同一热处理工艺的铸件为一批。特殊情况下的组批,由供需双方商定。

6.2 检验项目

铸件按其类别进行检验,各类铸件的检验项目见表6。

表 6 各类铸件检验项目

铸件类别	合金		铸件							
	化学成分	单铸试样力学性能	尺寸	表面缺陷	表面粗糙度	重量	X射线探伤	荧光探伤	气密性试验	铸件本体或附铸试样力学性能
Ⅰ	▲	▲①	▲	▲	●	●	▲	▲	●	▲①
Ⅱ	▲	▲	▲	▲	●	●	●	●	●	●
Ⅲ	▲	—	▲	▲	●	●	—	—	●	—

注:▲为必检项目,●为仅当按供需双方商定才检验的项目,—为不检验项目。
① 包括铸件本体或附铸试样力学性能,铸件本体或附铸试样力学性能合格,则不必再检验单铸试样力学性能。

6.3 取样方法

6.3.1 化学成分

6.3.1.1 化学成分分析所取试样应按 GB/T 1177—2018 的规定执行。

6.3.1.2 应对每一熔炼炉次合金的基本组元和主要杂质铁、硅等进行分析。

6.3.1.3 当用几个熔炼炉次的熔融金属浇注一个铸件时,每一炉次都要检验化学成分。

6.3.2 力学性能

6.3.2.1 Ⅰ类铸件本体或附铸试样部位由需方在图样上注明。未注明时,附铸试样由供需双方商定,本体试样应在铸件最薄处和最厚处各取至少一根或由供需双方商定。除需方另有要求外,不测定本体试样的屈服强度。

6.3.2.2 除另有规定外,当在图样上指定有切取试样部位时,在连续生产的情况下,同一图样的铸件,每批用以检测指定部位切取试样的力学性能的铸件数按表7的规定,其指标应符合表2的规定。

表 7 检测力学性能用铸件数

每批件数	试验用铸件数量	每批件数	试验用铸件数量
≤50	1	>200	每批件数×2%
>50~200	2		

6.3.3 表面质量

铸件的表面质量应逐件检验。荧光、着色、表面粗糙度等检查由供需双方商定。

6.3.4 内部质量

6.3.4.1 Ⅰ类、Ⅱ类铸件应按图样或技术协议的规定进行 X 射线检测。其检测部位由供需双方商定，检测基数按每个熔炼炉次所浇注的铸件数计算。

6.3.4.2 对难以进行 X 射线检测的盲区部位，应由供需双方商定抽样解剖检查。

6.3.4.3 有气密性要求的铸件，按图样或技术协议的规定检测。

6.3.5 铸件修复和校正

6.3.5.1 铸件焊补后应经 X 射线检测和荧光或着色检测，检测面积不得小于焊补面积的 2 倍。Ⅰ类铸件的焊补部位应全部检查；Ⅱ类铸件焊补后，按供需双方商定比例进行抽查。

6.3.5.2 铸件校正后应检查有无裂纹。

6.4 判定及复验

6.4.1 化学成分

铸件化学成分第一次送检分析不合格时，允许重新取样分析不合格元素。若第二次分析仍不合格，则判定该熔炼炉次的铸件化学成分不合格。

6.4.2 力学性能

6.4.2.1 每批的三根单铸试样中的两根试样的力学性能符合 GB/T 1177—2018 的规定，则该批铸件的力学性能合格。单铸试样和铸件上切取试样第一次检测力学性能不合格时，允许将单铸试样和铸件重复热处理，随后取样检测。若不合格，允许进行第三次热处理，若检测结果仍不合格，则该批铸件不合格。每次热处理后，若单铸试样力学性能不合格，但铸件上切取试样的力学性能合格时，则该批铸件合格。

6.4.2.2 由于试验本身故障或拉伸试样存在目视可见的夹渣、气孔等铸造缺陷而造成检测结果不合格的，不计入检验次数，应更换试样重新进行试验。

6.4.3 内部质量

当用 X 射线检测抽查有不合格时，应取双倍铸件。若仍不合格，应逐个检测全部铸件。

7 标志、包装、运输和贮存

铸件的包装、标志、运输和贮存按 GB/T 32792 的规定执行。

附 录 A
（资料性）

镁合金铸件内部缺陷 X 射线检测

A.1 在确定铸件内部缺陷等级时，需方应与供方协商。

A.2 除另有规定外，可按表 A.1 的规定选择各类铸件内部缺陷验收等级。表 A.1 中注有"无"的缺陷在铸件上不准许存在。表 A.1 的规定适用于 ≤50mm 厚的铸件 X 射线检测。铸件内部缺陷 X 射线检测验收应小于或等于表 A.1 的数值。

表 A.1 铸件 X 射线检测验收等级

缺陷	标准 X 射线底片[①]	A 级	B 级	C 级	D 级
气孔	V01 Ⅰ 1.1	无	1	2	5

(续)

缺陷	标准 X 射线底片[①]	A 级	B 级	C 级	D 级
羽毛状显微疏松	VO1 Ⅰ 2.31	1	1	2	4
海绵状显微疏松	VO1 Ⅰ 2.32	1	1	2	4
较低密度外来夹杂	VO1 Ⅰ 3.11	1	2	2	4
较高密度外来夹杂	VO1 Ⅰ 3.12	无	1	2	4
流线型共晶偏析[②]	VO1 Ⅱ	无	[③]	[③]	[④]
热裂型共晶偏析[②]	VO1 Ⅱ	无	[③]	[③]	[④]
管状收缩型共晶偏析[②]	VO1 Ⅱ	无	无	[③]	[④]
显微疏松型共晶偏析[②]	VO1 Ⅱ	1	2	3	5
密度偏析[②]	VO1 Ⅱ	1	1	2	3
反应砂夹杂	VO1 Ⅱ	1	3	4	6

① 参照 6.4mm 的标准 X 射线底片。
② 评定含锆合金的偏析。评定含 Al、Zn 合金的偏析为：A 级/无；B 级/无；C 级/1；D 级/1。
③ 允许达到 X 射线底片显示量的一半。
④ 允许达到 X 射线底片显示量。

第六节　钛合金铸件表面处理技术规范

倪　嘉　刘时兵

一、标准概况

近几年来，我国钛合金铸件需求量快速增长，对钛合金铸件表面质量要求越来越高。长期以来，钛合金铸件表面净化处理工艺一直按照 HB/Z 344—2001《钛合金酸洗工艺及质量检验》执行，而钛合金铸件的喷砂工艺没有相关标准，且经过数十年的发展，酸洗材料和工艺都在不断发展，所以有必要以标准的形式对钛合金铸件喷砂和酸洗的技术要求和指标进行规范。

2020 年 11 月 19 日，国家标准化管理委员会批准发布了 GB/T 39330—2020《钛合金铸件表面处理技术规范》，该标准于 2021 年 6 月 1 日实施。

二、标准主要内容说明

1. 喷砂

在本部分内容编写过程中选定欧洲标准 EN 2497 为主要参照标准，同时依据我国钛及钛合金铸件的发展，对其进行了修改和补充。

（1）喷砂材料　GB/T 39330—2020 与 EN 2497 相比，在喷砂材料选择方面，增加了二氧化硅（SiO_2）作为喷砂材料。通常喷砂材料应比基材的硬度高，且需要有棱角状，能够有效地切削基体而不易破碎。因此，GB/T 39330—2020 将具备上述特点且不与钛合金发生反应的二氧化硅（SiO_2）、三氧化二铝（Al_2O_3）或其他供需双方认可的砂料作为喷砂材料列为钛合金铸件的喷砂材料，且规定了二氧化硅（SiO_2）、三氧化二铝（Al_2O_3）纯净度由原来的≥99.3%降为≥95%，其中氧化亚铁（FeO）含量应≤0.3%（质量分数），莫氏硬度≥7，以保证喷砂材料具有足够的硬度。

（2）喷砂参数　影响基体表面粗糙度的因素有很多，如喷砂压力、喷砂距离及喷砂角度等。GB/T 39330—2020 结合实际生产实践，对 EN 2497 规定的喷砂参数进行了定量优化，将其中具体的数值改为范围，提高了喷砂工艺在实际应用中的可操作性。操作者可根据铸件的结构及外形尺寸，进行合理选择。

（3）喷砂操作　在喷砂操作方面，相比 EN 2497，GB/T 39330—2020 在喷砂前处理、喷砂地点、喷砂工装等提出了具体要求。GB/T 39330—2020 规定，铸件喷砂时，干喷砂操作应在专门的喷砂房或空间内操作。水喷砂应采用专门的液体喷砂装置。为保证铸件大部分处于可喷砂范围，应将铸件放置于固定的喷砂台面上，用工装或铸件自重固定。无法用工装固定的小型铸件，水喷砂时，允许在佩戴专用手套的情况下手持。铸件局部喷砂时，为避免污染其他区域，应对其他区域进行保护处理。

2. 酸洗

在本部分内容编写过程中主要参考了 HB/Z 344—2001，同时依据我国钛及钛合金铸件的发展，对其进行了修改和补充。

（1）酸洗液原材料及工装　与 HB/Z 344—2001 相比，在配置溶液的原料方面，GB/T 39330—2020 删去了原有的碱性溶液，只保留了浓硝酸和氢氟酸（质量分数为40%）。这是因为：在碱洗过程中，介质温度高达430℃~450℃，会造成 α+β 和 β 钛合金半成品的过早时效强化，给进一步加工带来困难；与酸洗相比，碱洗会造成更大的金属损失，引起工业浪费。此外，碱洗后，还要进行酸洗操作，若用硝酸+氢氟酸酸洗，由于氢氟酸加入量高达5%~7%，会导致钛表面的腐蚀和吸氢，还需进行光亮处理和除氢退火，操作烦琐。相比 HB/Z 344—2001，GB/T 39330—2020 将酸洗槽由低碳钢改为不锈钢，以提高其耐蚀性，延长酸洗槽的使用寿命。

（2）酸洗液成分　GB/T 39330—2020 延续了 HB/Z 344—2001 中的酸洗液成分，见 GB/T 39330—2020 中表1。氢氟酸为酸洗液的主要腐蚀成分，钛与氢氟酸的反应为

$$2Ti+6HF=2TiF_3+3H_2\uparrow$$

在 HF 中加入 HNO_3，可降低钛铸件的吸氢量。对钛合金铸件，一般选用 GB/T 39330—2020 表1中成分1的酸洗液，对某些耐腐蚀钛合金也可选用腐蚀率较高的成分2酸洗液。

（3）酸洗操作　酸洗后的水洗流程中，除了按照 HB/Z 344—2001 规定的水温外，GB/T 39330—2020 还增加了清洗水电阻率、总可溶性固体含量、pH 值等参数，上述参数测定方法按 GB/T 5750.1 执行。

（4）酸洗溶液的维护及净化　GB/T 39330—2020 调整了报废酸洗液的处理规则，报废酸洗液应装入密封容器内运至有资质的专业机构进行处理，不应自行处理排放。增加了酸气的净化规则，酸洗过程中产生的酸气，在排入大气前应净化处理，达到环境排放标准方可排放。

3. 质量控制及技术安全

GB/T 39330—2020 针对设备、仪器、车间环境、工艺过程规定了相应的控制标准，针对喷砂、酸洗规定了安全操作规程，确保了该标准的规范性和完整性。

三、标准的特点与应用

1. 标准特点

1）GB/T 39330—2020 的制定坚持面向市场、服务产业的原则，并结合了我国的实际情况，以适应市场需求，满足行业发展，为企业的生产、质量检验、进出口贸易提供技术指导，同时有助于引导企业采用该标准进行规范化生产，具有一定的先进性。

2）GB/T 39330—2020 主要参照了 EN 2497、HB/Z 344—2001 等标准的相关内容，借鉴了实际生产过程中的相关工艺指标并把相关要求纳入了标准中，使标准内容及指标更加符合实际运用。GB/T 39330—2020 的编排、编写格式和内容表达方法等按 GB/T 1.1—2009 等系列标准的规定进行编写，使标准规范化。

2. 标准的应用

GB/T 39330—2020 为推荐性国家标准，适用于石墨加工型、砂型、金属型和熔模精铸型生产的钛及钛合金铸件的表面处理。GB/T 39330—2020 适应企业钛合金铸件表面处理的需求，作为技术方法和质量控制要求，为企业利用喷砂和酸洗手段控制钛合金铸件表面质量提供了指导，满足了我国钛合金铸件生产技术发展的需求，填补了我国钛合金铸件表面净化处理工艺技术标准的空白。

四、标准内容

GB/T 39330—2020

钛合金铸件表面处理技术规范

1 范围

本标准规定了钛及钛合金铸件表面的表面处理、质量检验、质量控制和技术安全。

本标准适用于石墨加工型、砂型、金属型和熔模精铸型生产的钛及钛合金铸件的表面处理。

2 规范性引用文件

下列文件对于本文件的应用是必不可少的。凡是注日期的引用文件，仅注日期的版本适用于本文件。凡是不注日期的引用文件，其最新版本（包括所有的修改单）适用于本文件。

GB/T 337.1　工业硝酸　浓硝酸

GB/T 4698.15　海绵钛、钛及钛合金化学分析方法　氢量的测定

GB/T 5750.1　生活饮用水标准检验方法　总则

GB/T 6614　钛及钛合金铸件

GB/T 7744　工业氢氟酸

3 表面处理

3.1 喷砂

3.1.1 一般性要求

3.1.1.1　用于干燥、喷砂或者其他过程处理的气体应脱水脱油。

3.1.1.2　喷砂过程和喷砂后铸件的处理操作，应佩戴干燥干净的手套。

3.1.2 喷砂材料

3.1.2.1 采用二氧化硅（SiO_2）、三氧化二铝（Al_2O_3）或其他供需双方认可的砂料作为喷砂材料。

3.1.2.2 二氧化硅（SiO_2）和三氧化二铝（Al_2O_3）砂料的纯净度应≥95%，其中氧化亚铁（FeO）含量应≤0.3%，莫氏硬度≥7。根据铸件表面粗糙度来确定砂料颗粒尺寸，细颗粒40μm～50μm，粗颗粒150μm～400μm。在保证表面质量的情况下，可以选用其他颗粒尺寸。

3.1.2.3 喷砂所用的砂料应避免油脂污染。喷吹过其他金属的砂料不能再用于处理钛合金材料，以免造成污染。

3.1.3 喷砂参数

铸件喷砂用的压缩空气或水流，压力应为0.1MPa～1.0MPa。根据铸件的结构及外形尺寸，喷嘴到铸件表面的距离，保持在20mm～400mm，喷射角度应控制在20°～70°。在满足喷射质量和操作安全的条件下，可以选用其他距离和角度。

3.1.4 喷砂操作

3.1.4.1 铸件喷砂前，应先清理表面异物，然后再喷砂。已渗透检查或加工后的铸件，应先碱洗或酸洗处理，然后再喷砂。

3.1.4.2 铸件清洁后，应在12h内进行喷砂处理。根据实际需要确定喷砂时长，以达到均匀一致的表面粗糙度。

3.1.4.3 铸件喷砂时，干喷砂操作应在专门的喷砂房或空间内操作。水喷砂应采用专门的液体喷砂装置。

3.1.4.4 喷砂时，铸件应放置于固定的喷砂台面上，用工装或铸件自重固定，应保证铸件大部分处于可喷砂范围内。对于无法用工装固定的小型铸件，水喷砂时，允许戴专用手套手持。

3.1.4.5 应根据铸件结构设计喷砂工艺，按照一定的路线完成喷砂操作，应避免局部区域过喷或欠喷。

3.1.4.6 具有一定厚度的铸件适用于喷砂，对厚度较薄（≤2mm）或刚度较差的铸件，喷砂时，可采用与铸件单面形状相吻合的支承工装来支承。

3.1.4.7 铸件局部喷砂时，应对其他区域进行保护处理。

3.1.4.8 喷砂后，可用清水或非卤素溶剂清洗，再采用压缩空气进行清洁。

3.2 酸洗

3.2.1 原材料及工艺装备

3.2.1.1 配制溶液的原材料见表1。

表1 配制溶液的原材料

序号	材料名称	等级	检测标准
1	浓硝酸	工业一级	GB/T 337.1
2	氢氟酸,质量分数为40%	工业一级	GB/T 7744

3.2.1.2 酸洗槽可由不锈钢焊接而成，内衬硬聚氯乙烯塑料板或者直接用硬聚氯乙烯塑料槽。

3.2.1.3 酸洗槽应配有冷却装置，有温度要求的酸洗槽应安装温度显示器。

3.2.1.4 为防止酸洗液挥发,酸洗槽应加盖和安装抽风排气系统。

3.2.1.5 所用挂具、挂篮和夹具,应用钛合金材料或带有保护涂料的不锈钢制成或硬聚氯乙烯塑料板焊接而成。

3.2.1.6 可用对流型或其他合理结构的干燥箱,在最高温度105℃下快速烘干铸件。

3.2.2 工艺流程及要求

3.2.2.1 可采用以下铸件酸洗工艺流程:喷砂去除氧化皮→有机溶剂清洗→冷水中冲洗→酸洗→冷水中冲洗→流动冷水中冲洗→喷淋→干燥→质量检验。

3.2.2.2 铸件表面的油脂、油及其他污物,可用汽油、工业乙醇和丙酮等溶剂进行清洗。酸洗后手印的污染,可用体积比为1∶1的丙酮和丁醇混合液去除,再用工业乙醇清洗,并用干净的无毛布将溶液擦干,不得挥发干。

3.2.3 酸洗液化学成分

3.2.3.1 酸洗液化学成分见表2。

表2 酸洗液化学成分

种类	硝酸(HNO_3)	氢氟酸(HF)	水	溶液温度/℃	酸洗时间/min
成分1	65%~68%[①] 150mL/L~450mL/L	40%[①] 20mL/L~100mL/L	余量	18~45	2~15
成分2	65%~68%[①] 500mL/L~550mL/L	40%[①] 20mL/L~100mL/L	余量	18~45	1~15

① 以质量分数计。

3.2.3.2 对钛合金铸件,一般选用成分1酸洗液。对某些耐腐蚀钛合金也可选用腐蚀速率较高的成分2酸洗液。

3.2.4 酸洗操作

3.2.4.1 酸洗时,应上下移动或摆动铸件,使酸液与铸件处于相对运动中;应监测酸液温度,防止超温。

3.2.4.2 根据酸洗减薄量来确定酸洗时间,开始酸洗时,1min~5min之内取出,用水冲洗后测量厚度,以便控制酸洗时间,也可采用质量损失法测定腐蚀速率来确定酸洗时间。

3.2.4.3 测定腐蚀速率时,采用尺寸为(64~76)mm×(64~76)mm×(0.4~1.2)mm的相同状态、相同材料钛合金试片,酸洗时间为15min,双面腐蚀时按公式(1)计算。

$$v = \frac{2\Delta m \delta_0}{m_0} \quad (1)$$

式中 v——腐蚀速率[mg/(mm^2·h)];

Δm——质量损失(mg);

δ_0——原始厚度(mm);

m_0——原始质量(mg)。

3.2.4.4 酸洗后再水洗,水洗温度为冷水室温以下、温水30℃~60℃。清洗水电阻率≥1200Ω·cm(25℃)、总可溶性固体(TDS)≤600mg/L、pH值5.5~8.5(一般自来水要求),测定方法按GB/T 5750.1执行。应保证有充分的水流入清洗槽,在清洗最后阶段应冲洗,以保证铸件表面不受污染。

3.2.4.5 用清洁无油的干燥压缩空气吹干,或在烘箱内烘干。戴上清洁的手套卸下铸件,用干净的包装材料保护铸件。

3.2.5 酸洗溶液配制、分析、维护与调整

3.2.5.1 配制溶液时，按配比加入化学药品，配制完成后需搅拌均匀。槽液的深度一般不超过槽深的三分之二。

3.2.5.2 应定期进行分析酸溶液中钛离子浓度，间隔周期一般不超过4周，分析方法可采用电感耦合等离子原子发射光谱仪分析。

3.2.5.3 根据溶液的分析结果对溶液进行调整。调整时按3.2.3.1规定的成分，加够各组分损耗后的需加量，然后搅拌均匀。

3.2.5.4 若酸洗液中钛离子含量>25g/L且酸洗速率不能满足需求时应报废酸洗液。报废酸洗液应装入密封容器内运至有资质的专业机构进行处理，不应自行处理排放。

3.2.6 酸气的净化

酸洗过程中产生的酸气，在排入大气前应净化处理，达到环境排放标准方可排放。

4 质量检验

4.1 喷砂质量

喷砂处理后的铸件应满足以下要求：

a) 表面粗糙度应达到 $Ra3.2\mu m \sim Ra12.5\mu m$。

b) 表面粗糙度应均匀一致且无氧化皮、无喷砂碎片、无变色、无油脂类材料、无指纹和其他污染物。

c) 如出现上述状况，应重新喷砂处理。

d) 铸件发生变形时应在矫正后再次进行喷砂处理。

e) 喷砂所用磨料应定期检查，并符合3.1.2的要求，如不符合应更换喷砂材料。

4.2 酸洗质量

4.2.1 外观

4.2.1.1 酸洗过的铸件表面质量应百分之百目视检查，表面应光滑、具有金属光泽或呈银白色、灰白色。

4.2.1.2 铸件表面不应有麻坑等过腐蚀缺陷或未酸洗掉的斑点。

4.2.1.3 铸件表面不应有油污、手印、印章痕迹和笔迹。

4.2.1.4 铸件表面不应有压坑、碰伤、划伤等机械损伤。

4.2.2 氢含量及增氢

4.2.2.1 在保证槽液成分和规定温度的情况下，酸洗不应超过规定时间，以避免更多地增氢。应定期进行增氢量的检查。退火ZTC4合金试片厚度为1mm~1.5mm，重约0.3g，每面酸洗0.025mm时增氢量不得超过0.003%。当增氢量超过0.003%时，应立即停止生产，查找原因。

4.2.2.2 测氢试样1片~3片（根），试样尺寸为3mm×3mm×(10~20)mm（或直径为3mm，长度为10mm~20mm），试样应与酸洗铸件的材料、批次、状态相同，并应经过同的酸洗工艺过程，也可从酸洗后的铸件上切取相同尺寸的试样。

4.2.2.3 每批酸洗后的铸件均应测定氢含量，或按相关技术文件执行，测定方法按GB/T 4698.15执行。

4.2.2.4 酸洗后的氢含量应符合GB/T 6614或需方技术条件。当氢含量超过规定且在

0.0125%~0.025%范围内时,可按表3规定的制度对铸件进行真空除氢退火,其他氢含量的铸件保温时间由试验确定。

表3 真空除氢退火

最大截面厚度或直径 D /mm	真空工作压强 /Pa	加热温度 T /℃	保温时间 t /h	冷却方式
$D \leqslant 20$			$1<t\leqslant 2$	
$20<D\leqslant 50$	$\leqslant 6.7\times 10^{-2}$	$550\leqslant T\leqslant 800$	$2<t\leqslant 3$	炉冷至200℃以下出炉空冷
$D>50$			$t>3$	

4.2.3 α层

4.2.3.1 酸洗后的铸件表面的α层应全部清除。

4.2.3.2 检查α层的试样取样位置按相关技术文件执行。

4.2.3.3 α层的检查用金相法或显微硬度法。

4.2.3.4 酸洗后的铸件表面有残余α层时,应重新酸洗,直到全部清除。

4.3 检查测试

按照本规范加工的铸件应满足以下要求:

a) 表面粗糙度均匀并且无氧化层,无喷砂碎片,无变色,无油脂类材料,无指纹和其他污染物。
b) 浸入电阻率不低于50Ω·m的纯水中数秒,从水中拿出之后,表面没有水膜破散。
c) 如出现上述状况,应重新进行清洗。
d) 铸件在喷砂过程中不能发生变形。
e) 喷砂所用的喷砂材料应进行定期检查以确保其满足要求。

5 质量控制

5.1 设备、仪器

5.1.1 设备、仪器应有合格证,并按规定的周期进行检定或校准。

5.1.2 未经检定或校验、检定不合格及超过有效使用期的设备和仪表,不得使用。

5.2 车间环境

5.2.1 车间铸件库应与生产间隔离以防铸件腐蚀。

5.2.2 车间除配置有效的进、排风系统外,还应有良好的自然通风。

5.2.3 车间应有良好的自然采光或照明,车间内检验及其他重要工位应设置局部照明。

5.2.4 车间生产现场应保持清洁整齐,主要酸洗槽不工作时应加盖,各酸洗槽之间应放置过桥板,防止溶液滴落地面。

5.2.5 在新厂房设计中,车间温度不应低于12℃,车间试验室温度不应低于18℃,车间的环境噪声应控制在85dB以下。

5.3 工艺过程

企业应自行制定喷砂操作和酸洗操作工艺过程及要求的质量记录表格(如工艺参数记录、规范记录及质量检验等)及填表程序。这些表格按规定程序填写后,由质量部门保存五年备案,重要记录要保存十年以上。

6 技术安全

6.1 喷砂

6.1.1 喷砂过程应由经过培训的专业人员操作。

6.1.2 铸件在喷砂过程中或之后的处理操作,应佩戴干净且干燥的手套。

6.1.3 喷砂操作时应采取安全防护措施。

6.1.4 喷砂处理工位应制定防火、防尘规程。

6.2 酸洗

6.2.1 酸洗时,应严格遵守有关安全生产技术管理制度,严防着火。

6.2.2 酸洗液对皮肤有腐蚀作用,工作时必须穿戴相应劳动保护用品。

6.2.3 接通抽风排气系统后,才能配制溶液。操作前需戴好橡胶手套、保护眼镜、工作服和长筒橡胶鞋。

6.2.4 当被浓酸洗液烧伤时,应立即用干净的强水流冲洗皮肤,然后在烧伤的皮肤上涂上清洗液;被酸洗液烧伤时用苏打溶液(一杯温水加两勺苏打)。

6.2.5 溅有酸洗液的手套、围裙和工作服需用水清洗,只能穿戴干净的工作服。工作时间内无关人员禁止进入酸洗工段。工作结束后应洗淋浴或用温水洗脸和手,并涂上甘油或凡士林。

第四章 熔模铸造

第一节 熔模铸造低温模料 第1部分：物理性能试验方法

宋珊珊　李　毅

一、标准概况

随着我国近年来熔模精密铸造技术水平不断提高，1993年制定的熔模铸造模料国家标准已不能满足实际生产需要。结合熔模铸造模料的实际应用，2018年修订了熔模铸造模料国家标准，将模料的测试方法归类为物理性能试验方法和使用性能试验方法。在修订过程中，专家们一致认为：低温模料和中温模料的配方组成、性能特点上均存在比较大的差异，不能笼统地修订模料的测试方法，应分别对低温模料和中温模料的测试方法进行修订。

GB/T 14235.1—2018《熔模铸造低温模料　第1部分：物理性能试验方法》于2018年12月28日由国家标准化管理委员会发布，2019年5月1日实施。

GB/T 14235.1—2018代替了GB/T 14235.1—1993《熔模铸造模料　熔点测定方法（冷却曲线）》、GB/T 14235.3—1993《熔模铸造模料　灰分测定方法》、GB/T 14235.4—1993《熔模铸造模料　线收缩率测定方法》、GB/T 14235.6—1993《熔模铸造模料　酸值测定方法》、GB/T 14235.7—1993《熔模铸造模料　流动性测定方法》和GB/T 14235.8—1993《熔模铸造模料　黏度测定方法》6项标准。

二、标准主要内容说明

软化点、旋转黏度、线收缩率、灰分等是低温模料物理性能的主要体现，它们直接影响熔模成型质量，进而影响铸件的尺寸精度和表面质量。为了制得高质量的铸件，应选择性能好的低温模料。

1. 软化点试验方法

表征模料熔化温度有熔点、滴点、软化点、冻凝点等，每一种方法从不同角度反映模料的熔化温度，都有特定的适用范围。熔点（冷却曲线法）的试验方法仅适用于测定晶质模料，传统的低温模料（石蜡-硬脂酸二元体系）是晶质模料，在冷却过程中有温度的停滞期，用冷却曲线法可准确测出熔点。新型环保低温模料由于不含或含少量硬脂酸，添加了其他改性添加剂等材料，因此在冷却过程中没有温度的停滞期，无法测出准确数值。冻凝点是模料停止流动的温度，是测试模料液-固转变，即熔化温度的一个临界点，国内精铸行业一般不测试此项目。滴点是材料由半固态变为液态的温度，即受热熔化开始滴落的最低温度。软化点是用来表征物质软化的温度，主要指的是模料开始变软时的温度。当模料液态黏度较大时，滴点的数值要比环球软化点高出10℃左右，容易造成熔点偏高的假象，所以美国ICI标准中没有测滴点的项目而只有测定环球软化点的试验项目，并常以此代表模料熔化温度。

软化点测试方法有环球法、梅特勒法、杯球法和空气中立方体法等。其中，环球法是一种测试仪器最为简单、价格低廉、试验方便的方法，因此在世界各国应用较为广泛；梅特勒法、杯球法等方法的仪器价格较贵。美国材料与试验协会标准关于软化点（环球法）测试方法有 ASTM E28 和 ASTM D36，两者的加热速率一致，主要区别是：ASTM E28 测温范围窄，水浴带搅拌；ASTM D36 测温范围宽，高温加热介质与低温加热介质不同，加热介质不带搅拌等。GB/T 4507—2014《沥青软化点测定法　环球法》修改采用 ASTM D36-09《沥青软化点的标准试验方法（环球法）》，GB/T 8146—2003《松香试验方法》中软化点的测定方法（环球法）修改采用 ASTM E28—1999《环球法测定松香及碳氢树脂软化点的标准试验方法》。GB/T 14235.1—2018 中软化点测定方法是：以蒸馏水为加热介质，升温速率为 $(5±0.5)$ ℃/min，两个放在试样上的钢球下落 25mm 距离时，测得的温度的平均值即为软化点。在实际生产中，可以根据软化点指标来设置低温模料的熔化温度和注射温度，软化点比熔点更能反映复配材料的物理特性。

2. 旋转黏度试验方法

黏度是指流体内部抵抗流动的阻力，用对流体的剪切应力与剪切速率之比表示，是指流体受外力作用移动时，分子间产生的内摩擦力的量度。黏度通常用旋转黏度计测定。黏度是流体的一种属性，不同流体的黏度数值不同，同种流体的黏度与温度有关，流体的黏度随温度升高而减小。低温模料的旋转黏度在一定程度上表征在液态某一温度下的流动性能。该标准中黏度测试方法是采用旋转黏度计，通过改变黏度计转子的剪切速率测得液态模料在指定温度下黏度的变化，也可以在剪切速率不变的情况下，测试不同温度的旋转黏度，绘制黏温曲线。

3. 酸值试验方法

传统的低温模料是石蜡-硬脂酸二元体系，测试低温模料酸值可测出体系中硬脂酸的含量。随着新型环保低温模料的出现，测试酸值可以判断出低温模料是硬脂酸模料还是环保低温模料。不同种类材料测试酸值的试验方法不同，如石油蜡中酸值测试方法用 GB/T 264《石油产品酸值测定法》，工业硬脂酸的酸值测试方法用 GB/T 9104—2008《工业硬脂酸试验方法》，动植物油脂的酸值测试方法用 GB/T 5530《动植物油脂酸值和酸度测定》。不同种类材料的酸值大小不同，其试验方法在称样量、指示剂类型、溶解被测材料的溶剂类型等有一定差异。该标准根据低温模料的组成制定酸值的试验方法：用二甲苯溶解试样，用1%酚酞作为指示剂，用氢氧化钾乙醇标准溶液进行滴定，中和1g模料所需的氢氧化钾毫克数即为酸值。

4. 线收缩率试验方法

线收缩率是表征低温模料从压注温度冷却至室温的线性尺寸变化率。线收缩率的大小直接影响熔模铸造铸件的尺寸精度，是低温模料的重要技术指标。国内线收缩率测试方法的标准有：GB/T 14235.4—1993《熔模铸造模料　线收缩率测定方法》和 HB 5350.1—2004《熔模铸造模料线收缩性能试验方法　第1部分：线收缩率的测定》。这两个标准所用试验压型均为圆饼，只是在厚度上有差别，HB 5350.1—2004 制定的压型厚度为 4mm，GB/T 14235.4—1993 制定的压型厚度为 6mm。在精铸企业实际生产中，现实的模具结构复杂，仅仅测试圆饼收缩率并不能表征低温模料的尺寸精度。

为了更全面地体现低温模料线收缩率的性能，应从不同部位、多角度表征模料线收缩率性能。该标准中的线收缩率试验方法的压型较为复杂，测试四个位置的线收缩率。四个测试位置：01处，外径$\phi 54mm$，内径$\phi 40mm$的圆环；02处，外径$\phi 100mm$，厚5mm的圆饼；L1处，长90mm，宽15mm，厚10mm矩形；03处，外径$\phi 55mm$，内径$\phi 50mm$的圆环。测试以上四个位置的线收缩率数据，更能反映低温模料的线收缩率性能。

5. 灰分试验方法

灰分是低温模料灼烧成固体残渣的含量，是熔模铸造低温模料重要的技术指标之一。在热水或水蒸气脱蜡后，型壳内残留有少量低温模料。在型壳的焙烧过程中，低温模料灼烧成灰分。若低温模料灰分含量高，焙烧后型腔表面灰分多，向型壳中倒入高温合金液，冷却后铸件表面容易形成坑洼、气穴、波纹等，进而影响铸件表面形貌、力学性能和尺寸精度等。

模料的灰分测试方法一般采用 ASTM D482《石油产品灰分的测试方法》、GB/T 508《石油产品灰分测定法》、HB 5350.5《熔模铸造模料性能试验方法 第5部分：灰分的测定》。不同灰分测试方法主要区别在称样量、灼烧温度等测试条件。GB/T 14235.1—2018 中灰分试验方法是：取样量5g，以无灰滤纸作引火芯点燃试样，将固体残渣灼烧至恒重，灼烧温度为（850±25）℃，称取灰分质量，求得其灰分。

三、标准的特点与应用

1. 标准的特点

将熔模铸造低温模料的性能归类为物理性能和使用性能，并将低温模料物理性能统一归类，对同一批次低温模料的线收缩率、灰分、黏度、酸值、软化点等同时测试，仪器工具可同时使用，可以避免不同批次测试所带来的由于材料因素、试验条件、测量误差等引起的误差，从而保持测试结果的一致性。

2. 标准的应用

目前市场上熔模铸造低温模料产品的生产厂家及牌号比较多，产品质量良莠不齐。该标准的应用，主要带来了以下好处：

1）在低温模料供应商生产中监测其性能，有效保证产品的质量，结合熔模精密铸造的工艺特点，对低温模料性能有一定指导作用，有利于开发性能优良的低温模料，从而带动整个低温模料行业品质的提升。

2）低温模料使用者验收产品时，通过对标准的应用，对产品进行及检测，有效避免后续由于产品质量问题带来的纠纷。

3）通过对标准的应用，可以比较不同生产厂家及牌号的低温模料的优劣，为低温模料使用者在低温模料选择上提供了便利。

四、标准内容

GB/T 14235.1—2018

熔模铸造低温模料 第1部分：物理性能试验方法

1 范围

GB/T 14235 的本部分规定了熔模铸造用低温模料的软化点、旋转黏度、酸值、线收缩率、灰分的测定方法和试验报告的基本要求。

本部分适用于熔模铸造用低温模料物理性能的测定。

2 规范性引用文件

下列文件对于本文件的应用是必不可少的。凡是注日期的引用文件，仅注日期的版本适用于本文件。凡是不注日期的引用文件，其最新版本（包括所有的修改单）适用于本文件。

GB/T 514—2005　石油产品试验用玻璃液体温度计技术条件

GB/T 601　化学试剂　标准滴定溶液的制备

GB/T 602　化学试剂　杂质测定用标准溶液的制备

GB/T 603　化学试剂　试验方法中所用制剂及制品的制备

GB/T 1800.1—2009　产品几何技术规范（GPS）　极限与配合　第1部分：公差、偏差和配合的基础

GB/T 6682—2008　分析实验室用水规格和试验方法

3 软化点测定方法

3.1 低温模料软化点的测定方法概述

置于肩或锥状黄铜环中两块水平试样圆片，在蒸馏水中以一定的速度加热，每块试样片上置有一只钢球，当试样软化到使两个放在试样上的钢球下落25mm距离时，测得的温度的平均值即为软化点。

3.2 仪器与设备

3.2.1 环：两只黄铜肩环或锥环，其尺寸规格见图1a和图1b。

3.2.2 支撑板：扁平光滑的黄铜板，其尺寸约为50mm×75mm。

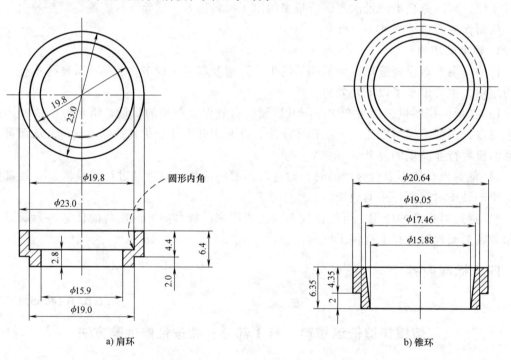

图1　环、钢球定位器、支架、组合装置图

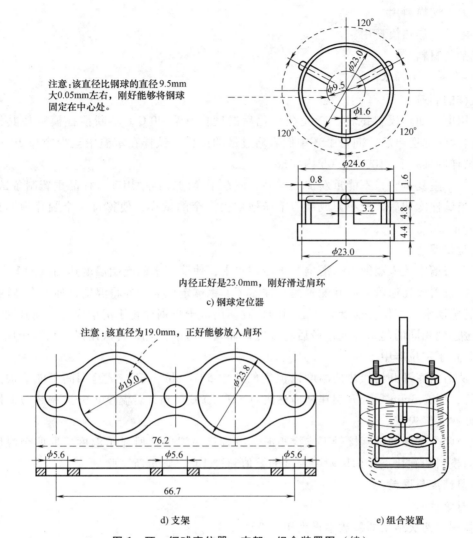

c) 钢球定位器

d) 支架　　　　　　　　e) 组合装置

图 1　环、钢球定位器、支架、组合装置图（续）

3.2.3 钢球：两只直径为 9.5mm 的钢球，每只质量为（3.50±0.05）g。

3.2.4 钢球定位器：两只钢球定位器用于使钢柱定位于试样中央，其一般形状和尺寸见图 1c。

3.2.5 浴槽：可以加热的玻璃容器，其内径不小于 85mm，离加热底部的深度不小于 120mm。

3.2.6 环支撑架和支架：一只铜支撑架用于支撑两个水平位置的环，其形状和尺寸见图 1d，其安装图形见图 1e。支撑架上的肩环的底部距离下支撑板的上表面为 25mm，下支撑板的下表面距离浴槽底部为（16±3）mm。

3.2.7 温度计：应符合 GB/T 514—2005 中 GB-42 温度计的技术要求，即测温范围在 30℃～180℃，最小分度值为 0.5℃的全浸式温度计。

合适的温度计按图 1e 悬于支架上，使得水银球底部与环底部水平，其距离在 13mm 以内，但不要接触环或者支撑架，不准许使用其他温度计代替。

3.2.8 刀：切模料用。

3.2.9 电炉：加热模料用。

3.3 试剂与材料

加热介质：蒸馏水。

3.4 试样的制备

3.4.1 用电炉加热模料试样，待完全熔化后温度再升高 20℃，不断搅拌模料使其混合均匀，待内含气泡逸出后，向每个环中倒入略过量的试样，试样在室温中至少冷却 30min。所有模料试样的准备和测试应在 6h 内完成。

3.4.2 如果重复试验，不能重新加热样品，应在干净的容器中用新鲜样品重新制备试样。

3.4.3 当试样冷却后，用小刀或刮刀干净地刮去多余的试样，使得每一个圆片饱满且和环的顶部齐平。

3.5 试验步骤

3.5.1 在浴槽中装入蒸馏水，浴槽置于冷却水中，使蒸馏水的起始温度达到 (5±1)℃。

3.5.2 把仪器放在通风橱内并配置两个样品环、钢球定位器，并将温度计插入合适的位置，浴槽装满蒸馏水，并使各仪器处于适当的位置。用镊子将钢球置于浴槽底部，使其同支架的其他部位达到相同的起始温度，最后将温度计插入合适的位置，再次用镊子从浴槽底部将钢球夹住并置于定位器中。

3.5.3 从浴槽底部开始加热使温度以恒定的速率 5℃/min 上升，试验期间不能取加热速率的平均值，但在 3min 后，升温速率应达到 (5±0.5)℃/min，若温度上升速率超过此限定范围，则此次实验失败。

3.5.4 当两个试环的球刚接触下支撑板时，分别记录温度计所显示温度，取两个温度的平均值作为模料的软化点。如果两个温度的差值超过 1℃，则重新试验。

3.6 测量精度与误差

3.6.1 重复性

重复测定两次结果的差数不得大于 1.0℃。

3.6.2 再现性

同一试样由两个实验室各自提供的试验结果之差不应超过 1.5℃。

4 旋转黏度测定方法

4.1 低温模料旋转黏度的测定方法概述

采用旋转黏度计，通过改变黏度计转子的剪切速率测得液态模料在指定温度下黏度的变化。

4.2 仪器与设备

测定旋转黏度所用的器具：

——旋转黏度计：测量范围 0.01Pa·s~10Pa·s，测量误差±5%。

——精密水银温度计：温度范围 50℃~100℃，最小分度 0.1℃。

——恒温油浴槽：温度控制精度±1℃。

——水银温度计：半浸入式，温度范围 0℃~200℃，最小分度 1℃。

——盛样筒：直径不小于 35mm，筒深不小于 165mm，适用于单转子黏度计。

4.3 试验步骤

4.3.1 按使用说明安装调试好旋转黏度计并调成水平。

4.3.2 将油浴升至指定的测试温度下保温,黏度计在测试前要预热30min。

4.3.3 根据估计的模料黏度范围,选择适当的转子,并将选好的转子和盛样筒浸入油浴中预热不少于30min。

4.3.4 将盛入烧杯中的模料加热熔化并升温至指定温度以上3℃~6℃,搅拌均匀,静置除气后将液态模料注入盛样筒内,放入油浴中保温待测。

4.3.5 迅速将转子从油浴中取出擦净,垂直地放入待测模料熔液中,转子上不应附着气泡。

4.3.6 按要求安装好盛样筒和转子。当使用单转子黏度计应使转子和盛样筒壁及筒底相距不小于8mm,模料熔液液面应位于距油浴面以下不小于70mm。

4.3.7 用精密水银温度计测定油浴温度,并控制在指定温度±1℃。使盛样筒内模料及转子在油浴中恒温不少于30min。

4.3.8 开动黏度计,待转子在模料熔液中稳定旋转30s~60s后读数。读数值应在黏度计量程的中段范围,否则,应改变转速或更换转子。

4.3.9 模料黏度在同一温度下有效测定次数应不少于5次,每次重复测试应更换盛样筒内的模料。

4.4 试验结果的计算

4.4.1 按黏度计要求将黏度测量值的单位换算成Pa·s;

4.4.2 计算模料黏度各次测量的单值$X_1, X_2, \cdots, X_n$。按式(1)计算黏度的算术平均值$\overline{X}$,按式(2)计算黏度的标准差σ:

$$\overline{X} = \frac{\sum_{i=1}^{n} \overline{X_i}}{n} \tag{1}$$

$$\sigma = \sqrt{\frac{\sum_{i=1}^{n}(X_i - \overline{X})^2}{n-1}} \tag{2}$$

式中 $\overline{X}$——模料黏度各次测量值的算术平均值(Pa·s);

X_i——模料黏度各次测量单值(Pa·s);

n——试样个数;

σ——标准差(Pa·s)。

4.5 测量精度与误差

4.5.1 与算术平均值之差超过±7%的测量值应剔除,有效测量值应不少于5个,取其算术平均值作为模料在该温度下、该剪切速率下的黏度,精确至0.001Pa·s。

4.5.2 同一实验室同一操作者两次试验结果之差不应大于10%。

5 酸值测定方法

5.1 低温模料酸值的测定方法概述

用二甲苯溶解试样,然后用氢氧化钾乙醇标准溶液进行滴定,中和1g模料所需的氢氧化钾毫克数即为酸值。

5.2 仪器与设备

测定酸值所用器具：

——锥形烧瓶：250mL 或 300mL。
——球形回流冷凝管：长约 300mm。
——滴定管：10mL，最小分度为 0.05mL。
——刮刀。
——水浴锅或电加热板。
——分析天平：精度 0.0001g。

5.3 试剂与材料

5.3.1 二甲苯。

5.3.2 95%乙醇。

5.3.3 0.05mol/L 或 0.1mol/L 氢氧化钾乙醇溶液。

5.3.4 0.05mol/L 或 0.1mol/L 盐酸标准溶液。

5.3.5 1%酚酞指示剂溶液：称 1g 酚酞，溶于 100mL 95%乙醇中，并在水浴中煮沸回流 5min，趁热用 0.1mol/L 氢氧化钾乙醇溶液滴定至微粉红色。

5.3.6 除另有规定外，测定酸值所用试剂的级别应在分析纯（含）以上，所用标准滴定溶液、制剂及制品，应按 GB/T 601、GB/T 602、GB/T 603 的规定制备，试验用水应符合 GB/T 6682—2008 中三级水的规格。

5.4 试验步骤

5.4.1 用刮刀将蜡料表层去除，在不少于三处取等量模料混匀。称 1g~10g 试样，准确至 0.0001g，放在清洁干燥的锥形烧瓶中。酸度大的模料取 1g 样，酸度小的模料可多称些，最多可称 10g。

5.4.2 加入二甲苯 20mL~60mL，具体加入量参照表1，装上回流冷凝管。把锥形烧瓶置于水浴锅内恒温加热，温度控制范围在 (70±5)℃。

表 1 试样质量与二甲苯溶剂用量的对应关系

试样质量/g	二甲苯用量/mL
1~3	20
>3~7	40
>7~10	60

5.4.3 当试样溶解至清澈透明后，取出锥形烧瓶迅速加入 6 滴~10 滴酚酞指示剂，用 0.05mol/L 或 0.1mol/L 氢氧化钾乙醇溶液滴定，至溶液呈微红色并保持 30s 不褪色为止；在每次滴定过程中，自锥形瓶停止加热到滴定到达终点的时间不应超过 3min。若滴定过程中试样有凝固现象，则需重新加热溶解后再进行滴定。

5.4.4 空白试验：在一只清洁无水的锥形烧瓶中，加入二甲苯，二甲苯的加入量与溶解模料用二甲苯的加入量一致，装上回流冷凝管。在不断摇动下，将二甲苯煮沸 5min 去除溶解于其中的二氧化碳。然后加入 6 滴~10 滴酚酞指示剂，趁热用 0.05mol/L 或 0.1mol/L 氢氧化钾乙醇溶液滴定，至溶液呈微红色为止。

5.5 试验结果的计算

5.5.1 试样的酸值 X，用 mgKOH/g 的数值表示，按式（3）计算：

$$X = \frac{56.1c(V-V_0)}{W} \tag{3}$$

式中　56.1——氢氧化钾的摩尔质量（g/mol）；

　　　c——氢氧化钾乙醇溶液的浓度（mol/L）；

　　　V——模料试样消耗的氢氧化钾乙醇溶液体积（mL）；

　　　V_0——空白试验消耗的氢氧化钾乙醇溶液体积（mL）；

　　　W——模料试样的质量（g）。

5.5.2 取重复测定三个结果的算术平均值，作为模料试样的酸值。

5.6 测量精度与误差

同一操作者重复测定同一试样，两个结果之差不应超过表 2 规定的数值。

表 2　酸值测量精度与误差

酸值范围/(mgKOH/g)	重复误差/(mgKOH/g)
≤10	±0.30
>10~20	±0.40
>20~40	±0.50
>40~60	±1.00
>60~80	±1.50
>80	±2.50

6　线收缩率测定方法

6.1　线收缩率的测定方法概述

将制备好的膏状或液态模料，在一定压力下注入一定温度的压型中，取出试样，在一定温度下放置 24h 以上，然后测量试样规定测试部位的尺寸，用测试部位压型的尺寸与试样的尺寸差除以压型尺寸计算出的百分率，表示该种模料的线收缩率。

6.2　仪器与设备

测定线收缩率所用器具：

——压注机：液压活塞式压注机，注射嘴为水平放置。

——试样压型：试样压型型腔及尺寸形状参见附录 B。型腔内尺寸公差按 GB/T 1800.1—2009 中 IT6 级精度确定。

——恒温水浴槽：温度控制范围为 0℃~100℃，温度控制精度为±1℃。

——游标卡尺：量程为 0mm~150mm，最小分度为 0.02mm。

——温度计：测量范围为 0℃~100℃，最小分度为 0.5℃。

6.3　试样的制备

6.3.1 蜡料压注温度选择实际生产认为的最佳温度，压注温度波动范围控制在±1℃内。

6.3.2 压注压力为（1.18±0.02）MPa。如果采用其他压力时，需在试验报告中注明。

6.3.3 压型温度为（28±2）℃。保压时间为（100±10）s。

6.3.4 将蜡料熔化后冷却到（85±5）℃装入压注机，冷却到注蜡温度后恒温 12h 以上，进行压注。压注完后注蜡缸内的蜡料厚度不小于20mm。

6.3.5 仔细检查试样，其待测表面不得有任何影响测试的缺陷，如气泡、冷隔和缩陷等。除去毛刺和模口余料。

6.3.6 重复压制合格试样6个以上。

6.3.7 试样在（20±1）℃恒温水浴中恒温放置24h，取出擦干测试。

6.4 试验步骤

6.4.1 用游标卡尺测量试样规定测试部位01、02、L1、03，见图B.1。

6.4.2 同一试样测试三次，每两个测试直径的夹角应大于90°。

6.5 试验结果的计算

6.5.1 线收缩率按式（4）计算：

$$\delta = \frac{D-D_1}{D} \times 100 \qquad (4)$$

式中 δ——线收缩率（%）；

D——试样压型型腔尺寸（mm）；

D_1——实测试样尺寸（mm）。

6.5.2 试验结果取其测试三次的算术平均值。

6.6 测量精度与误差

6.6.1 重复性

同一操作者在同一实验室重复测定同一模料试样，两个平行测定结果之差不应超过0.10%。

6.6.2 再现性

不同操作者在不同实验室测定同一种模料试样，两个结果之差值不应大于0.16%。

7 灰分测定方法

7.1 灰分的测定方法概述

以无灰滤纸作引火芯点燃试样，再将固体残渣灼烧至恒重，求得其灰分。

7.2 仪器与设备

测定灰分所用器具：

——瓷坩埚：35mL~50mL。

——电加热板或电炉。

——箱式电阻炉：最高炉温900℃~1050℃，工作温度（850±25）℃。

——分析天平：最小称量0.002g，精度0.0001g。

——坩埚钳。

——干燥器。

7.3 试剂与材料

测定灰分所用试剂与材料：

——盐酸：化学纯，配制成20%（体积分数）的盐酸溶液。

——硝酸：化学纯，配制成25%（体积分数）的硝酸溶液。

——蒸馏水。

——无灰滤纸：直径9cm。

7.4 试验步骤

7.4.1 用20%盐酸溶液洗涤陶瓷坩埚,若不干净可再用25%硝酸溶液洗涤,最后用蒸馏水洗净、干燥。在(850±25)℃下灼烧30min,稍冷,置于干燥器中。冷却至室温后称量,精确至0.0001g。

7.4.2 重复灼烧、冷却及称量,直至获得两次连续称量间的差数值不大于0.0004g为止。

7.4.3 将模料熔化、搅拌及过滤。冷却后分别从不少于3处取等量模料混均匀。

7.4.4 从混匀后的模料中称取试样5g,精确至0.0001g,放入灼烧至恒重的坩埚中。

7.4.5 将坩埚放在电炉上缓慢加热试样至熔化,勿使蜡液溢出或溅出。用无灰滤纸作灯芯,放入模料溶液中点燃。

7.4.6 当坩埚中试样完全燃烧仅剩残渣时,再将之放入已加热至(850±25)℃的箱式电阻炉中灼烧约1h。取出稍冷,再放入干燥器中冷却至室温,称量。然后再重复灼烧、冷却、称量,连续两次称量的差数值不大于0.0004g时,测试值有效。

7.5 试验结果及处理

7.5.1 灰分含量按式(5)计算:

$$f = \frac{a-b}{c} \times 100 \tag{5}$$

式中 f——灰分含量(%);
a——盛有残灰的坩埚质量(g);
b——坩埚质量(g);
c——试样质量(g)。

7.5.2 取两次有效试验结果的算术平均值作为该模料的灰分,精确至0.001%。

7.6 测量精度与误差

模料灰分应平行测定两次,两次试验结果的差数应符合表3的规定。

表3 灰分允许差数

灰分范围(%)	允许差数(%)
≤0.005	≤0.004
>0.005~0.01	≤0.006
>0.01~0.1	≤0.01
>0.1~1.0	≤0.02
>1.0	≤0.10

8 试验报告

模料物理性能试验报告一般应包括下列内容:
——模料名称、牌号、批号、试样来源及试样质量;
——试验编号;
——模料物理性能测试的种类、方法;
——试验人员、校对、审核、批准;
——试验日期。

附 录 A
（资料性）
新旧标准的结构差异对照表

表 A.1 新旧标准的结构差异对照表

序号	GB/T 14235.1—1993、GB/T 14235.3—1993、GB/T 14235.4—1993、GB/T 14235.6—1993、GB/T 14235.8—1993	GB/T 14235.1—2018
1	GB/T 14235.1—1993 的第 1 章规定了熔模铸造模料熔点的测定方法；适用于用冷却曲线法测定晶质模料的熔点，不适用于测定微晶或非晶质模料的熔点 GB/T 14235.3—1993 的第 1 章规定了熔模铸造模料灰分的测定方法，适用于测定各种熔模铸造模料的灰分 GB/T 14235.4—1993 的第 1 章规定了熔模铸造模料线收缩率的测定方法；适用于测定熔模铸造模料从压注温度冷却至室温的线性尺寸变化率 GB/T 14235.6—1993 的第 1 章规定了熔模铸造模料酸值的测定方法；适用于测定各种熔模铸造模料的酸值 GB/T 14235.8—1993 的第 1 章规定了熔模铸造模料黏度的测定方法；适用于测定熔模铸造模料处于液态某一指定温度不同剪切速率下的黏度	1. 范围 GB/T 14235.1—2018 的本部分规定了熔模铸造用低温模料的软化点、旋转黏度、酸值、线收缩率、灰分的测定方法和试验报告的基本要求 本部分适用于熔模铸造用低温模料物理性能的测定
2	2. 规范性引用文件 GB 514 石油产品试验用液体温度计技术条件 GB 1800~1804 公差与配合	2. 规范性引用文件 GB/T 514—2005 石油产品试验用玻璃液体温度计技术条件 GB/T 601 化学试剂 标准滴定溶液的制备 GB/T 602 化学试剂 杂质测定用标准溶液的制备 GB/T 603 化学试剂 试验方法中所用制剂及制品的制备 GB/T 1800.1—2009 产品几何技术规范（GPS） 极限与配合 第 1 部分：公差、偏差和配合的基础 GB/T 6682—2008 分析实验室用水规格和试验方法
3	GB/T 14235.1—1993 熔模铸造模料 熔点测定方法（冷却曲线法）	3 软化点测定方法
4	GB/T 14235.1—1993 的 3 方法提要	3.1 低温模料软化点的测定方法概述
5	GB/T 14235.1—1993 的 4 设备仪器	3.2 仪器与设备
6	GB/T 14235.1—1993 的 4.1~4.3	3.2.1~3.2.9
7	—	3.3 试剂与材料
8	—	3.4 试样的制备
9	GB/T 14235.1—1993 的 5.1~5.6	3.4.1~3.4.3
10	GB/T 14235.1—1993 的 5 试验步骤	3.5 试验步骤
11	GB/T 14235.1—1993 的 7 精密度	3.6 测量精度与误差
12	GB/T 14235.1—1993 的 7.1 重复性	3.6.1 重复性
13	GB/T 14235.1—1993 的 7.2 再现性	3.6.2 再现性

（续）

序号	GB/T 14235.1—1993、GB/T 14235.3—1993、GB/T 14235.4—1993、GB/T 14235.6—1993、GB/T 14235.8—1993	GB/T 14235.1—2018
14	GB/T 14235.8—1993 熔模铸造模料 黏度测定方法	4　旋转黏度测定方法
15	GB/T 14235.8—1993 的 2 方法提要	4.1　低温模料旋转黏度的测定方法概述
16	GB/T 14235.8—1993 的 3 设备仪器	
17	GB/T 14235.8—1993 的 3.1 双筒旋转黏度计	
18	—	4.2　仪器与设备
19	GB/T 14235.8—1993 的 3.2 超级恒温水浴	
20	GB/T 14235.8—1993 的 3.3 水银温度计	
21	GB/T 14235.8—1993 的 3.4 盛样筒	
22	GB/T 14235.8—1993 的 3.5 恒温水浴或烘箱	
23	GB/T 14235.8—1993 的 4 试验步骤	4.3　试验步骤
24	GB/T 14235.8—1993 的 4.1	4.3.1
25	GB/T 14235.8—1993 的 4.2~4.3	4.3.2~4.3.3
26	GB/T 14235.8—1993 的 4.4~4.5	4.3.4
27	GB/T 14235.8—1993 的 4.6	4.3.5~4.3.7
28	GB/T 14235.8—1993 的 4.7~4.8	4.3.8~4.3.9
29	GB/T 14235.8—1993 的 5 试验结果的计算	4.4　试验结果的计算
30	—	4.4.1~4.4.2
31	GB/T 14235.8—1993 的 6 允许差	4.5　测量精度与误差
32	GB/T 14235.6—1993	5　酸值测定方法
33	GB/T 14235.6—1993 的 2 方法提要	5.1　低温模料酸值的测定方法概述
34	GB/T 14235.6—1993 的 4 设备仪器	5.2　仪器与设备
35	GB/T 14235.6—1993 的 3 试剂	5.3　试剂与材料
36	—	5.3.1　二甲苯
37	GB/T 14235.6—1993 的 3.1	5.3.2
38	GB/T 14235.6—1993 的 3.2~3.4	5.3.3~5.3.5
39	—	5.3.6
40	GB/T 14235.6—1993 的 5 试验步骤	5.4　试验步骤
41	GB/T 14235.6—1993 的 5.2	5.4.1
42	GB/T 14235.6—1993 的 5.3	5.4.2
43	GB/T 14235.6—1993 的 5.4	5.4.3
44	GB/T 14235.6—1993 的 5.1 空白试验	5.4.4　空白试验
45	GB/T 14235.6—1993 的 6 计算	5.5　试验结果的计算
46	GB/T 14235.6—1993 的 6 计算	5.5.1
47	GB/T 14235.6—1993 的 5.5	5.5.2
48	GB/T 14235.6—1993 的 7 精密度	5.6　测量精度与误差
49	GB/T 14235.4—1993	6　线收缩率测定方法

(续)

序号	GB/T 14235.1—1993、GB/T 14235.3—1993、GB/T 14235.4—1993、GB/T 14235.6—1993、GB/T 14235.8—1993	GB/T 14235.1—2018
50	GB/T 14235.4—1993 的 3 方法提要	6.1 线收缩率的测定方法概述
51	GB/T 14235.4—1993 的 4 设备仪器	
52	GB/T 14235.4—1993 的 4.5 压注机	
53	GB/T 14235.4—1993 的 4.6 试样压型	6.2 仪器与设备
54	GB/T 14235.4—1993 的 4.3~4.4	
55	GB/T 14235.4—1993 的 4.1 水银温度计	
56	GB/T 14235.4—1993 的 5 试验制备	6.3 试验的制备
57	GB/T 14235.4—1993 的 5.1~5.4	6.3.1~6.3.3
58	GB/T 14235.4—1993 的 5.5	6.3.4
59	GB/T 14235.4—1993 的 5.6~5.8	6.3.5~6.3.7
60	GB/T 14235.4—1993 的 6 试验步骤	6.4 试验步骤
61	GB/T 14235.4—1993 的 6.1	6.4.1
62	GB/T 14235.4—1993 的 6.2	6.4.2
63	GB/T 14235.4—1993 的 7 试验结果的计算	6.5 试验结果的计算
64	GB/T 14235.4—1993 的 7 试验结果的计算	6.5.1
65	GB/T 14235.4—1993 的 6.2	6.5.2
66	GB/T 14235.4—1993 的 8 精密度	6.6 测量精度和误差
67	GB/T 14235.4—1993 的 8.1	6.6.1
68	GB/T 14235.4—1993 的 8.2	6.6.2
69	GB/T 14235.3—1993	7 灰分测定方法
70	GB/T 14235.3—1993 的 2 方法提要	7.1 灰分的测定方法概述
71	GB/T 14235.3—1993 的 4 设备仪器	7.2 仪器与设备
72	GB/T 14235.3—1993 的 3 试剂	7.3 试剂与材料
73	GB/T 14235.3—1993 的 5 试验步骤	7.4 试验步骤
74	GB/T 14235.3—1993 的 5.1~5.6	7.4.1~7.4.6
75	GB/T 14235.3—1993 的 6 计算	7.5 试验结果及处理
76	GB/T 14235.3—1993 的 6 计算	7.5.1
77	GB/T 14235.3—1993 的 5.7	7.5.2
78	GB/T 14235.3—1993 的 6 允许差	7.6 测量精度与误差
79	—	8 试验报告
80	—	附录 B（资料性附录）线收缩率测试用试样

附 录 B
（资料性）
线收缩率测定用试样

B.1 测试用试样

测试线收缩率所用试样图及规定测试位置见图 B.1。

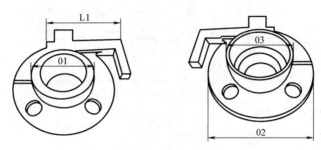

图 B.1 试样图

01—外径 φ54mm，内径 φ40mm 的圆环　　02—外径 φ100mm，厚 5mm 的圆饼

03—外径 φ55mm，内径 φ50mm 的圆环　　L1—长 90mm，宽 15mm，厚 10mm 矩形

B.2 测试用模具

测试线收缩率所用模具图及规定测试位置见图 B.2~图 B.4。

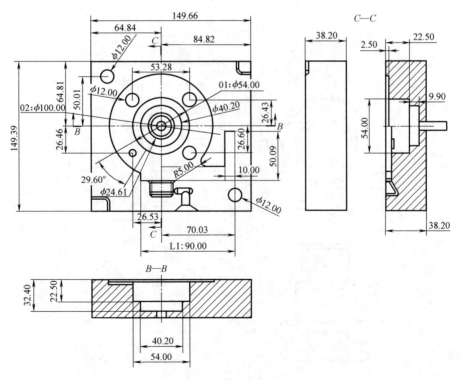

图 B.2 压型下半部分图示

注：$Ra = 0.4\mu m$。

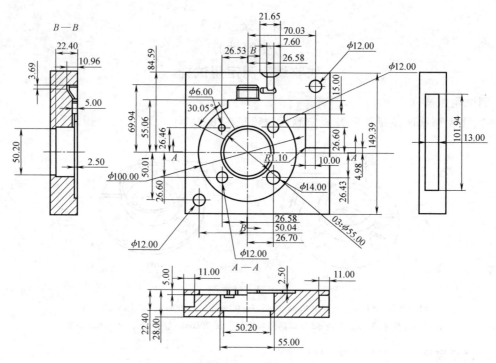

图 B.3 压型上半部分图示

注：$Ra = 0.4\mu m$。

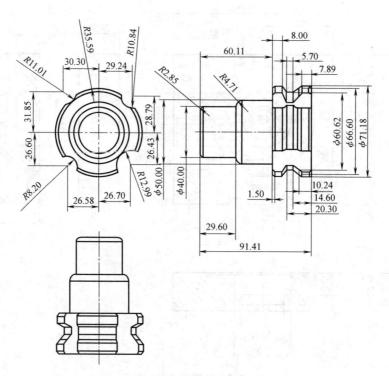

图 B.4 压型型芯图

注：$Ra = 0.4\mu m$。

第二节　熔模铸造低温模料　第2部分：使用性能试验方法

罗绍康　许罗东

一、标准概况

GB/T 14235.2—2018《熔模铸造低温模料　第2部分：使用性能试验方法》于2018年12月28日由国家标准化管理委员会发布，2019年5月1日实施。

GB/T 14235.2—2018是将GB/T 14235.2—1993《熔模铸造模料　抗弯强度测定方法》、GB/T 14235.5—1993《熔模铸造模料　表面硬度测定方法》、GB/T 14235.9—1993《熔模铸造模料　热稳定性测定方法》三项标准整合修订而成的，代替GB/T 14235.2—1993、GB/T 14235.5—1993、GB/T 14235.9—1993三项国家标准。

该标准的修订主要是通过对国内外熔模铸造低温模料及其使用试验方法近年来的技术发展调研，增加了熔模-黏结剂润湿角的测定内容，参考国内外相关的技术和方法，最后确定形成有一定先进性的熔模铸造低温模料使用性能试验方法标准。

二、标准主要内容说明

1. 修订变化

该标准修订过程中，根据熔模精密铸造检测技术的发展，针对单一的模料和单一项检测方法已经不能满足和反映实际情况，而且存在检测记录、流程复杂等问题，同时结合发达国家熔模精密铸造检测技术，对GB/T 14235.2—1993、GB/T 14235.5—1993、GB/T 14235.9—1993 3项国家标准进行了整合。修订后的标准，在熔模铸造低温模料的抗弯强度、表面硬度、热稳定性等试验方法与测试仪器等方面基本保持了原来的方法与仪器，在仪器的自动化、数据处理方面未做限制，增加了熔模-黏结剂润湿角的试验方法、测试仪器部分。

2. 熔模铸造低温模料使用性能试验方法

GB/T 14235.2—2018分别就熔模铸造低温模料的抗弯强度、表面硬度、热稳定性以及熔模-黏结剂润湿角的试验方法与测试仪器进行了分析与说明，规定了低温模料的抗弯强度、表面硬度、热稳定性以及熔模-黏结剂润湿角的测试方法、测试仪器、试样制备、测试方法、测试结果计算、试验报告等。

对同一批模料的抗弯强度、表面硬度、热稳定性以及熔模-黏结剂润湿角测定最好同时进行，尤其需要熔化模料部分要安排同时测试。这样可以避免不同次测试所带来的材料因素、试验条件、测量误差等造成测试数据的误差。

3. 测量方法、仪器及其数据处理

（1）抗弯强度测试　低温模料室温抗弯强度是指用一定加载速度下静态弯曲至脆断时的载荷所求得的强度。用制备好的膏状或液态模料，压制成规定尺寸的强度试样。试样在一定温度下放置24h后，用弯曲性能测试仪测出其静态弯曲脆性断裂的载荷峰值，并用力学公式计算出试样的抗弯强度。

同一操作者在同一实验室重复测定同一模料试样，两个结果差值不得大于0.6MPa，以满足重复性要求。

不同操作者在不同实验室测定同一模料试样,两个结果之差值不得大于1MPa,以满足再现性要求。

(2) 表面硬度的测试 以针入度表示,系指在温度20℃和100g载荷（应为100gf载荷,100gf=0.98N）下,在5s内标准针沿垂直方向插入模料的深度,以10^{-1}mm计。同一实验室同一操作者两次试验结果之差不应大于0.1mm。

(3) 热稳定性测试 将模料试样一端固定在热变形量测定仪支架上,在给定温度下保温2h,测量试样悬臂伸出端的下垂量,用以衡量模料受热时抗软化变形的能力。测定模料试样下垂量不大于2mm时的最高温度,即热稳定性温度,用以表示模料的热稳定性。由于低温模料热稳定性测试存在一定的误差,所以与算术平均值之差超过±0.4mm的测量值应剔除,有效测量值应不少于9个,取其算术平均值作为该模料的热变形量,精确至±0.01mm。同一实验室同一操作者两次试验结果之差应不大于0.3mm。

(4) 模料黏结剂润湿角测试 根据黏结剂在熔模试样表面形成的液滴,测量其外形弧线与熔模试样表面产生的弦切角,用以度量黏结剂对熔模表面的润湿程度。

模料黏结剂润湿角是根据黏结剂在熔模试样表面形成的液滴,测量其外形弧线与熔模试样表面产生的弦切角,用以度量黏结剂对熔模表面的润湿程度。由于其测量误差相对较大,GB/T 14235.2—2018要求试验前用中性清洗剂将试样表面清洗干净,再用清水冲洗,擦干。试样表面应无油污、灰尘或脱模剂存在,同时,测量次数大于8次以保证测量精度。

同一实验室同一操作者两次试验结果之差应小于5°。

4. 试验报告

熔模精密铸造低温模料的使用性能是直接决定着模料使用的方便程度,也是影响铸件质量的关键因素之一,在生产中应随时对其性能进行检测,满足铸件需求。

GB/T 14235.2—2018专门设计了试验报告的内容与格式。这样从试验报告就能反映出低温模料的类别、测试性能、测试结果以及环境条件,更加明确,可为生产、试验提供依据。

5. 验证

为了验证GB/T 14235.2—2018的准确性、实用性,企业对精密铸造低温模料的热稳定性、抗弯强度、表面硬度、润湿角、抗弯强度等进行了验证。

三、标准的特点与应用

1. 标准的特点

GB/T 14235.2—2018整合了GB/T 14235.2—1993、GB/T 14235.5—1993、GB/T 14235.9—1993 3项标准,使得标准更符合企业实际需求,减少了多次测定等不足。标准的特点见表4.2-1。

表 4.2-1　GB/T 14235.2—2018 的特点

类别	测试特点
室温抗弯强度	低温模料压注压力选(1.18±0.02)MPa,压型温度为(28±1)℃,保压时间为(100±10)s,试样放入(20±0.5)℃的恒温水浴中保温4h,加载速率为1.5~2N/s

(续)

类别	测试特点
表面硬度	加热待试模料至熔点以上约30℃,试样在室温下冷却不少于1h,再浸入(20±1)℃的恒温水浴中保温不少于1h,浴内水面应比试样表面高出不小于25mm。用手压紧按钮,同时启动秒表,自由地穿入试样中,5s后松开按钮,使标准针停止穿入试样,按下活杆使之再次与连杆顶端接触,刻度盘上指针的读数即为针入度
热变形量	压制试样的模料温度与实际生产中的最佳压注温度一致,温度范围应控制在±1℃,压注时压力为1.18MPa±0.20MPa,压型温度为28℃±2℃,保压时间为25s±5s。将模料装入预热至约40℃并涂有脱模油的注蜡筒中压注。每次装料只能压注一次,不应连续压注。将装好试样的热变形量测定仪放入预先已升温至预定温度的恒温箱中。温度以试样所在位置的温度为准。加热时温度偏差应控制在±1℃范围内
热稳定性温度	如果在给定试验温度下,试样的下垂量 $\Delta H<2mm$,则应更换新试样。每次将试验温度提高2℃再测,直至获得 ΔH 为2mm的试验温度,则此试验温度 t 即为模料热稳定性温度 若将试验温度提高2℃后,即 $(t+2)$℃时的试样 $\Delta H>2mm$,则再测 $(t+1)$℃下垂量 1)若 $\Delta H \leq 2mm$,则 $(t+1)$℃为热稳定性温度 2)若 $\Delta H>2mm$,则 t℃为热稳定性温度 如果在给定试验温度下,试样的下垂量 $\Delta H>2mm$,则更换新试样,每次将试验温度降低2℃再测,直至获得 ΔH 为2mm的试验温度,则此试验温度 t 即为模料热稳定性温度 若将试验温度降低2℃后,即 $(t-2)$℃时的试样 $\Delta H<2mm$,则再测 $(t-1)$℃下垂量 1)若 $\Delta H \leq 2mm$,则 $(t-1)$℃为热稳定性温度 2)若 $\Delta H>2mm$,则 $(t-2)$℃为热稳定性温度
润湿角	根据黏结剂在熔模试样表面形成的液滴,测量其外形弧线与熔模试样表面产生的弦切角,用以度量黏结剂对熔模表面的润湿程度

2. 标准的应用

依据新修订的标准,标准修订企业开展了多轮测试,测试的数据与标准的要求吻合度高,能够准确反映模料实际。采用的是50%石蜡+50%的硬脂酸,表4.2-2为低温模料企业实际测试与标准数据的对比。

表 4.2-2 低温模料企业实际测试与标准数据的对比

序号	类别	实际测试			
		第一次	第二次	第三次	平均
1	室温抗弯强度/MPa	3.53	3.49	3.51	3.51
2	表面硬度/(1/10mm)	17.5	17.4	17.3	17.4
3	热变形量/mm	2.23	2.21	2.22	2.22
4	热稳定性温度/℃	39.5	39.8	40.1	39.8

从表4.2-2可见,企业测试数据与标准要求基本一致,吻合度高。

四、标准内容

GB/T 14235.2—2018

熔模铸造低温模料 第2部分：使用性能试验方法

1 范围

GB/T 14235 的本部分规定了熔模铸造低温模料的抗弯强度、表面硬度、热稳定性和熔模-黏结剂润湿角等使用性能的试验方法。

本部分适用于熔模铸造低温模料的抗弯强度、表面硬度、热稳定性和熔模-黏结剂润湿角等使用性能的测定。

2 术语和定义

下列术语和定义适用于本文件。

2.1 低温模料的室温抗弯强度 bending strength at ambient temperature of low temperature pattern wax materials

一定加载速度下静态弯曲至脆断时的载荷所求得的强度。

3 抗弯强度的测定

3.1 室温抗弯强度的测定方法概述

用制备好的膏状或液态模料，压制成规定尺寸的强度试样，试样在一定温度下放置24h后，用弯曲性能测试仪测出其静态弯曲脆性断裂的载荷峰值，并用力学公式计算出试样的抗弯强度。

3.2 仪器与设备

测定抗弯强度所用的器具：

——弯曲性能测试仪：弯曲性能测试仪上安装的试样夹具见图1，支点间距30mm。
——水银温度计：测温范围为0℃～200℃，精度为1℃。
——表面温度计：测温范围为0℃～100℃，精度为1℃。
——恒温水浴：温度控制精度±1℃。
——游标卡尺：量程为0mm～150mm，精度为0.02mm。
——压注机：气动或液压活塞式压注机或射蜡机。

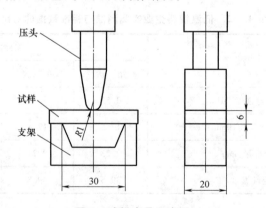

图1 试样夹具示意图

3.3 试样的制备

3.3.1 压型型腔及模口，尺寸形状见图 2。

3.3.2 试块尺寸：20mm×40mm×6mm。

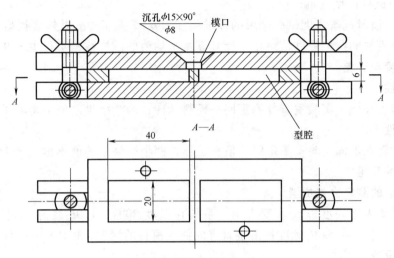

图 2 试样压型示意图

3.3.3 压注温度选用实际生产中认定的最佳温度值、压注温度波动范围控制在±1℃内。

3.3.4 压注压力为（1.18±0.02）MPa，选用其他压注压力时要在试验报告中注明。

3.3.5 压型温度为（28±1）℃，保压时间为（100±10）s。

3.3.6 将模料装入预热至压注温度的模料筒内进行压注，每次装料只能压注一次，压注完毕，蜡筒内的余料厚度不得小于 20mm。

3.3.7 模料试样不得有裂纹、气孔、机械损伤、冷隔等缺陷。迎光透视检查试样，内部不应有孔洞。

3.3.8 重复压制合格试样 9 个以上。

3.3.9 试样放入（20±0.5）℃的恒温水浴中保温 4h，取出擦干待测，存放期内试样不得弯曲变形。

3.4 试验步骤

3.4.1 用游标卡尺测量试样尺寸。

3.4.2 将试样存放在试验机装制夹具支架上，不得歪斜或倾斜。压头固定在加载杆上，其刃口应与支架上的两个刃口相平行，且处于中间位置。

3.4.3 开动试验机加载，加载速率为 1.5N/s~2N/s。

3.4.4 记录试样断裂时的载荷。

3.4.5 断口有缺陷时，试验无效。

3.5 试验结果的计算

3.5.1 将测试结果代入式（1），求出模料的抗弯强度。

$$\sigma_w = \frac{3FL}{2bh^2} \tag{1}$$

式中 σ_w——抗弯强度（MPa）；

F——试样断裂时的载荷（N）；
L——试样两支点间距（mm）；
b——试样宽度（mm）；
h——试样厚度（mm）。

3.5.2 计算出模料抗弯强度试验结果的标准偏差（σ），剔除 3σ 以外数据后计算出算术平均值，即为该模料的抗弯强度值。用于计算算术平均值的试样数量不得少于 9 个。

3.6 测量精度与误差

3.6.1 重复性
同一操作者在同一实验室重复测定同一模料试样，两个结果差值不得大于 0.6MPa。

3.6.2 再现性
不同操作者在不同实验室测定同一模料试样，两个结果之差值不得大于 1MPa。

4 表面硬度的测定

4.1 表面硬度的测定方法提要
低温模料的表面硬度以针入度表示，系指在温度 20℃、100g 载荷（应为 100gf 载荷，100gf＝0.98N）下，在 5s 内标准针沿垂直方向插入模料的深度，以 10^{-1}mm 计。

4.2 仪器与设备
测定表面硬度所用仪器：
——采用针入度测定仪或自动针入度测定仪及其附件。
——表面温度计：测温范围为 0℃～100℃，精度为 1℃。
——水银温度计：测温范围为 0℃～200℃，精度为 1℃。
——恒温水浴：温度控制精度±1℃。
——平底保温皿：容量不小于 1L，深度不小于 50mm。

4.3 试样

4.3.1 试样盛样环
试样盛样环用不锈钢制成，形状和尺寸如图 3 所示。

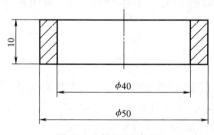

图 3 盛样环示意图

4.3.2 试样制备

4.3.2.1 将盛样环平放在涂有脱模油的平板玻璃上，加热待试模料至熔点以上约 30℃，并在此温度下保持足够的时间以使模料温度均匀，然后小心注入盛样环中，注满为止。

4.3.2.2 试样冷却后刮平，带环取下，以模料与玻璃板形成的试验表面为待测面。待测面应光滑平整，不应有缩陷、气泡和冷隔等缺陷。

4.3.2.3 试样在室温下冷却不少于 1h，再浸入（20±1）℃的恒温水浴中保温不少于 1h，浴内水面应比试样表面高出不小于 25mm。

4.3.3 试验步骤

4.3.3.1 调整针入度测定仪使成水平。按规定安装好标准针。

4.3.3.2 将试样从恒温水浴中取出，立即放入水温（20±1）℃的平底保温皿中，试样表面以上水层高度应不小于 10mm。

4.3.3.3 将放有试样的保温皿放在针入度测定仪的圆形平台上，调节标准针使针尖与试样表面刚好接触，按下活杆，使之与连接标准针的连杆接触，并将刻度指针调至零点。

4.3.3.4 用手压紧按钮，同时启动秒表，自由地穿入试样中，5s 后松开按钮，使标准针停止穿入试样。

4.3.3.5 按下活杆使之再次与连杆顶端接触。记下刻度盘上指针的读数，即试样的针入度。

4.3.3.6 同一试样至少测定 3 次。每次穿入点距盛样环边缘及其相互间距均不应小于 10mm。

4.3.3.7 每次测定后，应将标准针取下，用浸有乙醇或汽油的棉花擦净，再用干净棉丝擦干。若标准针弯曲或针尖发毛应及时更换。

4.3.4 试验结果及处理

4.3.4.1 同一试样表面硬度测定的最大值与最小值之差，不应超过表1的规定。

表 1　表面硬度测定的允许偏差

测定表面硬度时插入模料的深度范围/mm	允许偏差/mm
≤0.5	0.05
>0.5~1	0.1
>1~2.5	0.2

4.3.4.2 试样表面硬度的有效测量值应不少于 3 个，取其算术平均值作为该模料的表面硬度，取至 0.1mm。

4.3.4.3 同一实验室同一操作者两次试验结果之差不应大于 0.1mm。

5 热稳定性的测定

5.1 热稳定性的测定方法提要

将模料试样一端固定在热变形量测定仪支架上，在给定温度下保温 2h，测量试样悬臂伸出端的下垂量，用以衡量模料受热时抗软化变形的能力。

测定模料试样下垂量不大于 2mm 时的最高温度，即热稳定性温度，用以表示模料的热稳定性。

5.2 热变形量测定仪

热变形量测定仪主要由压板、支架和定位块组成，其示意图见图 4。

5.3 其他试验仪器和设备

测定热稳定性所用的其他器具：

——水银温度计：测温范围为 0℃~200℃，精度为 1℃。
——表面温度计：测温范围为 0℃~100℃，精度为 1℃。
——压注机：气动或液压活塞式压注机或射蜡机。
——游标卡尺：量程为 0mm~150mm，精度为 0.02mm。

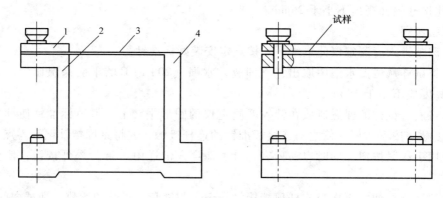

图 4 热变形量测定仪示意图
1—压板 2—支架 3—试样 4—定位块

——鼓风恒温干燥箱：温度控制精度为±1℃。有效容积为不小于300mm×300mm×300mm。
——游标高度尺或读数显微镜：游标高度尺量程为150mm，精度0.02mm。读数显微镜量程100mm，精度0.01mm，物镜焦距30mm以上。

5.4 试样制备

5.4.1 试样带注蜡口的形状、尺寸应符合图5规定。

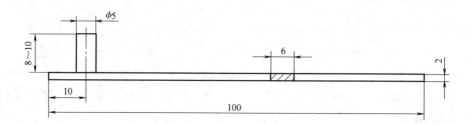

图 5 试样形状、尺寸

5.4.2 压制试样时，模料温度按实际生产中的最佳压注温度控制，压注时的温度范围应控制在±1℃，压注压力为（1.18±0.20）MPa，压型温度为（28±2）℃，保压时间为（25±5）s，将模料装入预热至约40℃并涂有脱模油的注蜡筒中压注。每次装料只能压注一次，不应连续压注。压注完毕，蜡筒内余料厚度不得小于10mm。

5.4.3 对光透视试样，内部不应有气泡，检查试样外形，试样应平直，不应弯曲和翘曲，用小刀修去多余毛刺及注蜡口，逐个测量试样厚度，厚度超过（2±0.1）mm者作废；有效试样数量应不少于9个。

5.5 试验步骤

5.5.1 将检查合格的试样仔细安装在热变形量测定仪的支架上，试样上无毛刺的一面朝下作为测量基准面。试样相互间应留有间隙，不应粘连。用固定块保证试样悬臂长60mm。然后压板压紧，试样不应松动（如图6所示）。

5.5.2 小心移去定位块，使试样悬臂伸出端呈自由状态。用高度尺或读数显微镜逐一测出其高度 H_1。

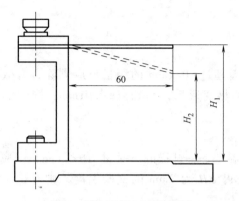

图 6 热变形量测定示意图

5.5.3 将装好试样的热变形量测定仪放入预先已升温至预定温度的恒温箱中。温度以试样所在位置的温度为准。几套测定仪同时加热时其相互间距离及其与炉门/炉壁之间的距离均应大于 50mm，加热时温度偏差应控制在 ±1℃ 范围内。

5.5.4 从试样入炉开始计时，保温 2h 后取出试样，在室温（20±2）℃下停放 2h 后逐个测量试样悬臂伸出端高度 H_2。

5.6 试验结果及处理

5.6.1 热变形量的计算

5.6.1.1 按式（2）计算试样热变形量：

$$\Delta H_{t-2} = H_1 - H_2 \tag{2}$$

式中 ΔH_{t-2}——试样在设定温度 t 下保温 2h 后的热变形量（mm）；

H_1——试样在加热前悬臂伸出端高度（mm）；

H_2——试样在设定温度下加热后悬臂伸出端高度（mm）。

5.6.1.2 计算每个试样热变形量 ΔH_{t-2} 的单值，为方便公式表示，用 X_1，X_2，…，X_n，表示每个试样热变形量的单值。

5.6.1.3 按式（3）计算热变形量的平均值 $\overline{X}$：

$$\overline{X} = \frac{\sum_{i=1}^{n} X_i}{n} \tag{3}$$

式中 $\overline{X}$——一组试样热变形量的算术平均值（mm）；

X_i——测定的试样热变形量的单值（mm）。

5.6.1.4 按式（4）计算每组试样热变形量的标准差 σ：

$$\sigma = \sqrt{\frac{\sum (X_i - \overline{X})^2}{n-1}} \tag{4}$$

式中 σ——标准差（mm）；

n——试样个数。

5.6.1.5 按式（5）计算离散系数 C_v：

$$C_v = \frac{\sigma}{\overline{X}} \tag{5}$$

式中 C_v——离散系数。

5.6.1.6 与算术平均值之差超过±0.4mm 的测量值应剔除，有效测量值应不少于 9 个，取其算术平均值作为该模料的热变形量，精确至±0.01mm；同一实验室同一操作者两次试验结果之差应不大于 0.3mm。

5.6.2 热稳定性温度

5.6.2.1 如果在给定试验温度下，试样的下垂量 ΔH<2mm，则应更换新试样，每次将试验温度提高 2℃再测，直至获得 ΔH 为 2mm 的试验温度，则此试验温度 t 即为模料热稳定性温度。

若将试验温度提高 2℃后，即 $(t+2)$℃时的试样 ΔH>2mm，则再测 $(t+1)$℃时下垂量：
a) 若 ΔH≤2mm，则 $(t+1)$℃为热稳定性温度；
b) 若 ΔH>2mm，则 t℃为热稳定性温度。

5.6.2.2 如果在给定试验温度下，试样的下垂量 ΔH>2mm，则更换新试样，每次将试验温度降低 2℃再测，直至获得 ΔH 为 2mm 的试验温度，则此试验温度 t 即为模料热稳定性温度。

若将试验温度降低 2℃后，即 $(t-2)$℃时的试样 ΔH<2mm，则再测 $(t-1)$℃时下垂量：
a) 若 ΔH≤2mm，则 $(t-1)$℃为热稳定性温度；
b) 若 ΔH>2mm，则 $(t-2)$℃为热稳定性温度。

6 熔模-黏结剂润湿角的测定

6.1 熔模铸造熔模-黏结剂润湿角的测定

根据黏结剂在熔模试样表面形成的液滴，测量其外形弧线与熔模试样表面产生的弦切角，用以度量黏结剂对熔模表面的润湿程度。图 7 为接触润湿角测定示意图。

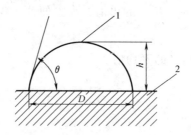

图 7 接触润湿角测定示意图
1—黏结剂液滴 2—熔模试样

6.2 试验仪器与设备

测定熔模-黏结剂润湿角所用的器具：
——水银温度计：测温范围为 0℃~200℃，精度为 1℃。
——表面温度计：测温范围为 0℃~100℃，精度为 1℃。
——游标卡尺：量程为 (0~150) mm，精度为 0.02mm。
——测量显微镜：精度 0.01mm。
——注射器：容量 1mL。

——注射针头：4½号。

6.3 试样尺寸

试样推荐尺寸为 2mm×25mm×60mm。

6.4 试样制备

熔模试样按实际生产中的制模工艺制成，试样表面应平整，无流痕、气泡、缩陷、裂纹等缺陷。

6.5 试样数量

有效试样数量不少于 8 个。

6.6 试验步骤

6.6.1 试验前用中性清洗剂将试样表面清洗干净，再用清水冲洗，擦干。试样表面应无油污、灰尘或脱模剂存在。

6.6.2 将测量显微镜水平安放在支架上，并调整水平。

6.6.3 将试样放在载物台的小试架上，调整光路，对准焦距。

6.6.4 将待测水玻璃黏结剂小心吸入注射器，排除空气，装上针头，用纱布擦净针头上的余液。

6.6.5 稍加微力，使针头露出一液滴，待其欲滴时，令黏结剂液滴接触被测试样表面，并使液滴滴落于试样表面上。保持环境温度 (20±2)℃。

6.6.6 调整焦距，按图 3 测量液滴高度，液滴直径，精确至 0.01mm。

6.6.7 测量、读数应在 20s～30s 内完成。

6.7 试验结果及处理

6.7.1 润湿角按式 (6) 计算：

$$\theta = 2\arctan\frac{2h}{D} \tag{6}$$

式中 θ——润湿角 (°)；
h——液滴高度 (mm)；
D——液滴直径 (mm)。

6.7.2 计算每个熔模试样润湿角 θ 的单值，为了方便用公式表示，每个熔模试样润湿角 θ 的单值分别用 X_1，X_2，…，X_n 表示。

6.7.3 按式 (7) 计算模料润湿角的算术平均值 $\overline{X}$，取至 1°。

$$\overline{X} = \frac{\sum_{i=1}^{n} X_i}{n} \tag{7}$$

式中 $\overline{X}$——一组试样润湿角的算术平均值，单位为度 (°)；
X_i——试样润湿角测定的单值，单位为度 (°)。

6.7.4 按式 (8) 计算每组试样润湿角的标准差 σ：

$$\sigma = \sqrt{\frac{\sum(X_i - \overline{X})^2}{n-1}} \tag{8}$$

式中 n——试样个数。

6.7.5 按式（9）计算离散系数 C_v：

$$C_v = \frac{\sigma}{\overline{X}} \tag{9}$$

式中　σ——标准差（°）；

　　　C_v——离散系数。

6.7.6 同一实验室同一操作者两次试验结果之差应小于5°。

7 试验报告

试验报告应包括下列内容：

a）模料名称、牌号、批号及试样来源；
b）本部分编号及名称；
c）试验环境的温度、湿度；
d）模料使用性能测试种类、数值等；
e）试验人员、校对、审核、批准；
f）试验日期。

附　录　A
（资料性）
新旧标准的差异对照表

表 A.1　新旧标准的差异对照表

序号	GB/T 14235.2—1993、GB/T 14235.5—1993、GB/T 14235.9—1993	GB/T 14235.2—2018
1	GB/T 14235.2—1993 的第1章规定了熔模铸造模料在室温下的抗弯强度的测定方法；适用于测定熔模铸造模料室温弯曲脆断时的强度 GB/T 14235.5—1993 的第1章规定了熔模铸造模料表面硬度的测定方法；适用于测定熔模铸造用均质模料的表面硬度 GB/T 14235.9—1993 的第1章规定了熔模铸造模料热稳定性的测定方法；适用于测定各种熔模铸造用模料的热稳定性	1　范围 GB/T 14235 的本部分规定了熔模铸造低温模料的抗弯强度、表面硬度、热稳定性和熔模-黏结剂润湿角等使用性能的试验方法。 本部分适用于熔模铸造低温模料的抗弯强度、表面硬度、热稳定性和熔模-黏结剂润湿角等使用性能的测定
2	规范性引用文件： GB 1800～1804　公差与配合 GB 4985　石油蜡针入度测定方法	—
3	—	2　术语和定义
4	—	2.1　低温模料的室温抗弯强度
5	GB/T 14235.2—1993 熔模铸造模料 抗弯强度测定方法	3　抗弯强度的测定
6	GB/T 14235.2—1993 的 3 方法提要	3.1　室温抗弯强度的测定方法概述
7	GB/T 14235.2—1993 的 4 设备仪器	3.2　仪器与设备
8	GB/T 14235.2—1993 的 5 试样的制备	3.3　试样的制备
9	—	3.3.1
10	—	3.3.2
11	GB/T 14235.2—1993 的 5.1～5.2	3.3.3～3.3.4

(续)

序号	GB/T 14235.2—1993、GB/T 14235.5—1993、GB/T 14235.9—1993	GB/T 14235.2—2018
12	GB/T 14235.2—1993 的 5.3、5.4	3.3.5
13	GB/T 14235.2—1993 的 5.5~5.7	3.3.6~3.3.8
14	GB/T 14235.2—1993 的 5.8 试样在室温下存放 20h 以上,再放入(20±1)℃的恒温水浴中保温 4h,取出擦干待测。若试样在 20℃ 下恒温存放,则不必再经过(20±1)℃的恒温处理。存放期内试样不得弯曲变形	3.3.9 试样放入(20±0.5)℃的恒温水浴中保温 4h,取出擦干待测,存放期内试样不得弯曲变形
15	GB/T 14235.2—1993 的 6 试验步骤	3.4 试验的步骤
16	GB/T 14235.2—1993 的 6.1~6.4	3.4.1~3.4.4
17	—	3.4.5
18	GB/T 14235.2—1993 的 7 试验结果的计算	3.5 试验结果的计算
19	GB/T 14235.2—1993 的 7 试验结果的计算	3.5.1~3.5.2
20	GB/T 14235.2—1993 的 8 精密度	3.6 测量精度与误差
21	GB/T 14235.2—1993 的 8 用以下规定来判断试验结果的可靠度(95%置信度)	—
22	GB/T 14235.2—1993 的 8.1~8.2	3.6.1~3.6.2
23	GB/T 14235.2—1993 的附录 A	—
24	GB/T 14235.5—1993 熔模铸造模料 表面硬度测定方法	4 表面硬度的测定
25	GB/T 14235.5—1993 的 3 方法提要	4.1 表面硬度的测定方法提要
26	GB/T 14235.5—1993 的 4 设备仪器	4.2 仪器与设备
27	—	4.3 试样
28	—	4.3.1 试样盛样环
29	GB/T 14235.5—1993 的 5 试样制备	4.3.2 试样制备
30	GB/T 14235.5—1993 中的 5.1 将黄铜板置于 2 个软木塞上,用脱模及湿润其上表面,放上试样成型器。然后,把它们放入(30±1)℃的保温箱内恒温 20min。GB/T 14235.5—1993 的 5.2 加热模料,待融化后温度再升高 20℃。熔化时充分搅拌模料液,并使其含气泡逸出后才可注入恒温的成型器。如果模料收缩过大无法形成光滑试样表面时,可适当提高黄铜板的恒温温度,或者降低试样浇注温度	4.3.2.1 将盛样环平放在涂有脱模油的平板玻璃上,加热待试模料至熔点以上约30℃,并在此温度下保持足够的时间以使模料温度均匀,然后小心注入盛样环中,注满为止
31	GB/T 14235.5—1993 的 5.3 浇注试样使之成凸面,并在(20±1)℃下冷却 1h,然后刮去多余的模料,从板上取下成型器。再将与光铜板接触的试样光滑面朝上,在试验温度精确至±1℃的水浴中放置 1h。一般试验温度为 20℃,也可测定其他选定温度的针入度,但报告中要予以说明	4.3.2.2 试样冷却后刮平,带环取下,以模料与玻璃板形成的试验表面为待测面。待测面应光滑平整,不应有缩陷、气泡和冷隔等缺陷
32	GB/T 14235.5—1993 的 5.4 将装有试样的成型器从水浴中取出,迅速放入玻璃小水浴中,使水面高出试样光滑面 20mm,用温度计直接测量玻璃小水浴的温度。当修正值等于或者超过 0.05℃时水银柱露出部分需要修正,修正方法见附录 A	4.3.2.3 试样在室温下冷却不少于 1h,再浸入(20±1)℃的恒温水浴中保温不少于 1h,浴内水面应比试样表面高出不小于 25mm
33	GB/T 14235.5—1993 的 6 试验步骤	4.3.3 试验步骤

(续)

序号	GB/T 14235.2—1993、GB/T 14235.5—1993、GB/T 14235.9—1993	GB/T 14235.2—2018
34	GB/T 14235.5—1993 的 6.1 使滑杆与指针相接触,将针入度刻度盘指示值调整为零。调节可调节针组使标准针靠近试样表面,观察针尖投影,用微调使针尖恰好接触试样表面。5min 后释放滑杆,使标准针自由降落 5s 后立即卡住滑杆。然后轻轻按下指针杆使之与滑杆顶住,准确地由刻度盘读取针入度值。用秒表计时,要在试验前开动秒表,当秒针走至易于读算位置时释放滑杆,经 5s 时立即卡住滑杆	4.3.3.1 调整针入度测定仪使成水平。按规定安装好标准针。 4.3.3.2 将试样从恒温水浴中取出,立即放入水温(20±1)℃的平底保温皿中,试样表面以上水层高度应不小于 10mm。 4.3.3.3 将放有试样的保温皿放在针入度测定仪的圆形平台上,调节标准针使针尖与试样表面刚好接触,按下活杆,使之与连接标准针的连杆接触,并将刻度指针调至零点。 4.3.3.4 用手压紧按钮,同时启动秒表,自由地穿入试样中,5s 后松开按钮,使标准针停止穿入试样。 4.3.3.5 按下活杆使之再次与连杆顶端接触。记下刻度盘上指针的读数,即试样的针入度
35	GB/T 14235.5—1993 的 6.2 每个试样需测试 4 点,每个测试点距试样边缘不小于 6mm,并且彼此间距均不得少于 8mm。不要选择试样表面有白斑或皱纹处作为测试点。每次测定前要认真检查水浴温度。用清洁的干绸布顺针尖擦拭,以除去前次测定所附着的渣屑	4.3.3.6 同一试样至少测定 3 次。每次穿入点距盛样环边缘及其相互间距均不应小于 10mm。 4.3.3.7 每次测定后,应将标准针取下,用浸有酒精或汽油的棉花擦净,再用干净棉丝擦干。若标准针弯曲或针尖发毛应及时更换
36	GB/T 14235.5—1993 的 7 试样结果的计算	4.3.4 试验结果及处理
37	—	4.3.4.1 增加表 1 表面硬度测定的允许偏差
38	GB/T 14235.5—1993 的 7 取四次测定结果的算术平均值作为测定结果,即表面硬度值。计算结果精确到一个单位	4.3.4.2 试样表面硬度的有效测量值应不少于 3 个,取其算术平均值作为该模料的表面硬度,取至 0.1mm
39	GB/T 14235.5—1993 的 8 精密度(8.1 重复性、8.2 再现性)	4.3.4.3 同一实验室同一操作者两次试验结果之差不应大于 0.1mm
40	GB/T 14235.5—1993 附录 A	—
41	GB/T 14235.9—1993 熔模铸造模料 热稳定性测定方法	5 热稳定性的测定
42	GB/T 14235.9—1993 的 2 方法提要	5.1 热稳定性的测定方法提要
43	GB/T 14235.9—1993 的 3.1	5.2 热变形量测量仪
44	GB/T 14235.9—1993 的 3 设备仪器	5.3 其他试验仪器和设备
45	GB/T 14235.9—1993 的 4 试样制备	5.4 试样制备
46	GB/T 14235.9—1993 的 4.1	5.4.1
47	GB/T 14235.9—1993 的 4.2~4.7	5.4.2~5.4.3
48	GB/T 14235.9—1993 的 5 试样步骤	5.5 试验步骤
49	GB/T 14235.9—1993 的 5.1~5.4	5.5.1~5.5.4

(续)

序号	GB/T 14235.2—1993、GB/T 14235.5—1993、GB/T 14235.9—1993	GB/T 14235.2—2018
50	—	5.6 试验结果及处理
51	—	5.6.1 热变形量的计算
52	—	5.6.1.1~5.6.1.4 热变形量、热变形量的标准差、离散系数的计算式
53	GB/T 14235.9—1993 的 5.5	5.6.1.5
54	—	5.6.2 热稳定性温度
55	GB/T 14235.9—1993 的 5.6	5.6.2.1~5.6.2.2
56	—	6 熔模-黏结剂润湿角的测定
57	—	7 试验报告
58	—	附录 A 新旧标准的差异对照表

第三节 熔模铸造用硅砂、粉

张年玉 朱家辉

一、标准概况

1981 年，原中华人民共和国第一机械工业部分布了 JB/T 2979—1981《熔模铸造制壳材料用石英砂粉》，这是熔模铸造制壳材料硅砂粉的首个行业标准。1990 年 1 月 12 日，国家技术监督局批准了 GB/T 12214—1990《熔模铸造用硅砂、粉》，该标准于 1990 年 10 月 1 日实施，同时 JB/T 2979—1981《熔模铸造制壳材料用石英砂粉》废止。

2019 年 8 月 30 日，国家市场监督管理总局和中国国家标准化管理委员会分布了 GB/T 12214—2019《熔模铸造用硅砂、粉》，该标准于 2020 年 3 月 1 日实施。GB/T 12214—2019 是在 GB/T 12214—1990 的基础上，结合现有熔模铸造用硅砂、粉产品和实际使用及技术验证的情况进行修订的。在 GB/T 12214—2019 编制过程中，查询了国内外有关硅砂、粉方面的资料，并对相关的国内标准和技术资料进行了大量的技术分析对比、资料查证、调查研究，以及必要的试验验证工作。

二、标准主要内容说明

1. 范围

GB/T 12214—2019 规定了熔模铸造用硅砂、粉的术语和定义，分级、分组的依据，牌号的表示方法，化学成分、耐火度、细粉含量、含水量、粒度的技术要求，化学成分、耐火度、细粉含量、含水量、粒度的试验和测定分析方法，各项试验的取样方法、质量证明书、不合格的处理等检验规则，以及包装方法、标识和贮运事项等。

2. 术语和定义

GB/T 12214—1990 规定了熔模铸造用硅砂、熔模铸造用硅粉、重量平均粒径、重量均方差、百克粉总表面积和含粉量的定义。本次修订增加了细粉含量的定义，删除了重量平均粒径、重量均方差、百克粉总表面积和含粉量的定义。GB/T 5611《铸造术语》中将含粉量名称修改为细粉含量，本次修订也相应进行了变更。GB/T 12214—1990 中砂与粉的粒径界限为 0.15mm，GB/T 12214—2019 中砂与粉的粒径界限更新为 0.075mm，熔模铸造用硅砂、粉的定义相应做了变更。

3. 分级、分组及牌号

（1）分级 GB/T 12214—2019 将熔模铸造用硅砂、粉按二氧化硅（SiO_2）和有害杂质含量分为四级，见 GB/T 12214—2019 中表 1。GB/T 12214—1990 将熔模铸造用硅砂、粉分为 98、97、96 三级。考虑到目前熔模铸造生产上也普遍使用 $w(SiO_2) \geqslant 99\%$ 的优质硅砂、粉，本次修订增加了分级代号 99。此外，GB/T 12214—2019 调低了有害杂质含量最大值，对其规定更严格。

（2）分组 熔模铸造用硅砂按粒度组成分组见 GB/T 12214—2019 中表 2。GB/T 12214—1990 将熔模铸造用硅砂根据粒度组成分为 85、60、30 和 21 四组。通过对目前主流使用厂家的调研，本次修订增加了 170 和 15 的分组代号，使对硅砂的粒度检测更贴近实际。

熔模铸造用硅粉按粒度组成分组见 GB/T 12214—2019 中表 3。GB/T 12214—1990 将熔模铸造用硅粉根据粒度组成分为 28 和 33 两组。本次修订改为 9 和 6 两组。按照孔径为 0.075mm 筛以下各筛粉的质量分为 9 和 6 两组，即 270 目和 325 目，硅粉分组代号与硅砂代号能够相互衔接。相对于 GB/T 12214—1990，GB/T 12214—2019 更能直观地反映硅粉的粒度大小。

（3）牌号 GB/T 12214—2019 规定了砂和粉的牌号规则。熔模铸造用硅砂的牌号组成包括了熔模铸造用硅砂拼音首字母大写 RZGS+分级代号+主要粒度组成的首筛筛号/主要粒度组成的尾筛筛号+（平均细度值+平均细度偏差分级代号）。与 GB/T 12214—1990 中牌号规则相比，变化很大。GB/T 12214—2019 中的硅砂牌号能直观地表达粒度的大小。熔模铸造用硅粉的牌号组成包括了熔模铸造用硅粉拼音首字母大写 RGF+分级代号-分组代号。硅粉的牌号规则与上一版相比没有变化。

4. 技术要求

（1）化学成分 硅砂、粉的主要化学成分为 SiO_2，见 GB/T 12214—2019 中表 1。

（2）耐火度 GB/T 12214—1990 规定了熔模铸造用硅砂、粉的耐火度分为 98 级（≥1700℃）、97 级（≥1650℃）和 96 级（≥1650℃）三级。本次修订时增加了耐火度 99 级（≥1750℃），见 GB/T 12214—2019 中表 4。

（3）细粉含量 GB/T 12214—2019 的术语和定义中规定细粉含量的定义是粒径大于等于 0.020mm 且小于 0.075mm 的颗粒质量占砂样总质量的百分比。GB/T 12214—1990 将粒径小于 0.15mm 的耐火颗粒定义为粉。GB/T 12214—2019 规定熔模铸造用硅砂的细粉含量不大于 0.2%。

（4）含水量 GB/T 12214—2019 规定硅砂、粉的含水量不大于 0.3%。

（5）粒度 GB/T 12214—2019 规定硅砂的粒度采用试验筛进行分析，其主要粒度组成部分三筛砂总量不小于 90%，其中主筛的比例不低于 45%。硅粉的粒度采用试验筛进行分析，其主要粒度组成部分，主筛粉的质量分数不得少于 85%，孔径为 0.075mm 筛以下、主筛以上的物料不得大于 5%，主筛以下的物料不得大于 10%。

5. 试验方法

1) 硅砂、粉化学成分的测定方法按 GB/T 7143《铸造用硅砂化学分析方法》，化学分析的内容包括硅砂、粉的主要化学成分 SiO_2 含量分析，有害杂质 K_2O+Na_2O、$CaO+MgO$、Fe_2O_3 的含量分析。主要化学成分 SiO_2 含量分析采用氢氟酸挥散发法或者盐酸一次脱水重量-钼蓝吸光光度联用法。

2) 耐火度的测定按 GB/T 7322《耐火材料　耐火度试验方法》，采用试验锥弯倒法测定。

3) 细粉含量的测定在粒度试验后进行，称其孔径为 0.075mm 筛下、孔径为 0.020mm 筛上试料量，计算细粉试料量占原试样质量的百分比。本次修订删除了含粉量，增加了硅砂细粉含量的测定。

4) 含水量测定分析按 GB/T 2684《铸造用砂及混合料试验方法》的规定执行。含水量计算公式见 GB/T 12214—2019 中式（1）。

5) 粒度测定分析按 GB/T 2684《铸造用砂及混合料试验方法》的规定执行，使用震摆式或电磁微震式筛砂机。试样由样品中选取，选取试样的方法采用"四分法"或分样器，不得少于 1kg，然后继续采用"四分法"，直至试样质量为 100g 左右，并在 105℃~110℃烘干至恒重。称取试样（50±0.01）g，装入筛中筛分分析。

6. 检验规则

1) 硅砂、粉各项试验取样方法按 GB/T 2684 的规定执行。散装砂、粉样品的选取从离边缘和表面 200mm~300mm 的各个角及中心部位，用取样器选取。袋装砂、粉的平均样品由同一批量的百分之一的袋中选取，但不得少于 3 袋，样品总质量不得少于 5kg。样品必须注明其名称、批号、产地、采样日期及采样人姓名。

2) 供方提供的砂、粉应按供需双方商定的项目进行检验，并出具质量证明书，供方应对其质量证明书的真实性负责。

3) 需方可根据质量证明书抽查砂、粉质量，如有不符，可与供方共同复验，复验结果与该标准或双方协议不符，需方有权退货。

4) 供需双方对检验结果有争议时，可请双方认可的机构仲裁。

7. 包装和贮运

GB/T 12214—1990 规定：硅砂、粉采用双层袋包装，内层为塑料袋，外层为聚丙烯袋或麻袋等，每袋为 25kg 或 50kg。根据目前市场供货实际情况，本次修订为外层为聚丙烯袋。GB/T 12214—2019 对包装袋的标志增加了执行标准和生产日期。

硅砂、粉的贮存及运输过程中应防止受潮，混入杂物。运输过程中物流企业应充分做好车辆或船舶清理、覆盖，恶劣天气时尽量停止运输或强化防潮措施。仓库应划分区域存放，下方放置架空垫。

三、标准的特点与应用

1. 标准的特点

在起草 GB/T 12214—2019 过程中，为验证修订标准的指标参数，对熔模铸造厂家、供应商提供的硅砂、粉试样进行检测，包括需要修改的、增加的、删除的指标项目。检测包括不同来源的硅砂、粉，检测其化学成分、耐火度、细粉含量、粒度、含水量等项目。检测结果表明，目前熔模铸造所使用硅砂、粉的 SiO_2 含量均达到 GB/T 12214—1990 的要求，其他含量（Fe_2O_3、CaO+MgO、K_2O+ Na_2O）及含水量、灼减等均小于 GB/T 12214—1990 的要求。因此，此次修订时，对 K_2O、Na_2O、CaO、MgO 等有害杂质含量的控制要求更为严格。通过对目前主流使用厂家的调研，GB/T 12214—2019 增加了 170 和 15 的分组代号，使对硅砂的粒度检测更贴近实际，硅粉分为 270 目和 325 目两个型号，符合主流厂家的使用情况。

GB/T 12214—1990 所引用的标准，有的已进行了修订，有的已作废并重新制定，引用标准中涉及的检测方法和检测手段也已进行了更新，在 GB/T 12214—2019 中进行了修订。GB/T 12214—2019 对熔模铸造用硅砂、粉的基本性能指标做了适当的调整，同时做了一些适当的增减，增加了 170 和 15 的分组代号，删除了 GB/T 12214—1990 中的重量平均粒径、重量均方差、百分克总表面积等对现实生产指导作用不大的定义。

2. 标准的应用

该标准的修订，必将对促进我国熔模铸造行业的技术进步，提高精密铸件的产量和质量，发挥积极的作用，为企业在生产中使用优质硅砂、粉的验收标准提供了依据，为企业的生产、质量检验、进出口贸易提供技术指导，同时有助于引导本行业企业采用该标准进行规范化生产。GB/T 12214—2019 的实施，为在生产中使用优质的硅砂、粉起到了规范、指导作用，可以提升产品质量，促进科研及其成果转化，提高产品竞争力，获得显著的经济效益和社会效益。

熔模铸造用户应根据所浇注金属的特性和浇注温度选用硅砂、粉，不得超出硅砂、粉的耐火度所能承受的温度场合。在使用新的供方提供的硅砂、粉前，应经过来样使用试验、小批量应用等充分验证，方可批量使用，以预防产生经济损失和纠纷。

四、标准内容

GB/T 12214—2019

熔模铸造用硅砂、粉

1 范围

本标准规定了熔模铸造用硅砂、粉的术语和定义，分级、分组及牌号，技术要求，试验方法，检验规则，包装和贮运。

本标准适用于熔模铸造制壳用硅砂、粉。

2 规范性引用文件

下列文件对于本文件的应用是必不可少的。凡是注日期的引用文件，仅注日期的版本适用于本文件。凡是不注日期的引用文件，其最新版本（包括所有的修改单）适用于本文件。

GB/T 2684　铸造用砂及混合料试验方法
GB/T 5611　铸造术语
GB/T 7143　铸造用硅砂化学分析方法
GB/T 7322　耐火材料 耐火度试验方法

3 术语和定义

GB/T 5611 界定的以及下列术语和定义适用于本文件。

3.1 熔模铸造用硅砂 silica sand for investment casting

以石英（SiO_2）为主要矿物成分，其 SiO_2 含量不小于 96%，粒径为 0.075mm ~ 3.350mm 的耐火颗粒物。

3.2 熔模铸造用硅粉 silica flour for investment casting

以石英（SiO_2）为主要矿物成分，其 SiO_2 含量不小于 96%，粒径在 0.075mm 以下的耐火颗粒物。

3.3 细粉含量 fine particle content

硅砂中粒径大于等于 0.020mm 且小于 0.075mm 的颗粒质量占砂样总质量的百分比。

4 分级、分组及牌号

4.1 分级

熔模铸造用硅砂、粉按二氧化硅（SiO_2）和有害杂质含量分为四级，见表1。

表 1　硅砂、粉按二氧化硅（SiO_2）和有害杂质含量分级

序号	分级代号	SiO_2 含量(%) ≥	有害杂质含量(%) ≤			外观
			K_2O+Na_2O	$CaO+MgO$	Fe_2O_3	
1	99	99	0.5		0.1	洁白
2	98	98	0.7		0.1	洁白
3	97	97	1.0		0.2	个别砂粒有锈斑
4	96	96	1.8		0.3	个别砂粒有锈斑

4.2 分组

4.2.1 硅砂

硅砂按粒度组成分组见表2。

表 2　硅砂粒度分组

序号	分组代号	粒度/mm		
		前筛	主筛	后筛
1	170	3.350	1.700	0.850
2	85	1.700	0.850	0.600
3	60	0.850	0.600	0.425
4	30	0.425	0.300	0.212
5	21	0.300	0.212	0.150
6	15	0.212	0.150	0.106

4.2.2 硅粉

硅粉按粒度组成分组见表3。

表 3　硅粉粒度分组

序号	分组代号	粒度/mm		
		主筛以上	主筛	主筛以下
1	9	0.053 ~ 0.075	0.045	0.045 以下
2	6	0.045 ~ 0.075	0.040	0.040 以下

4.3 牌号表示方法
4.3.1 硅砂牌号
熔模铸造用硅砂的牌号表示方法如下：

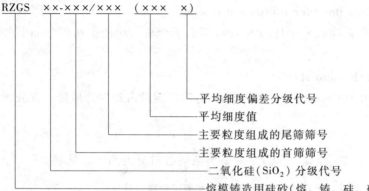

示例：RZGS 96-50/100 （54A）

表示该牌号硅砂的最小二氧化硅（SiO_2）含量为96%，主要粒度组成为三筛，其首筛筛号为50，尾筛筛号为100，平均细度为54，平均细度偏差值为±2。

4.3.2 硅粉牌号
熔模铸造用硅粉牌号表示方法如下：

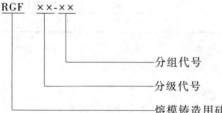

示例1：RGF 98-9

表示该牌号熔模铸造用硅粉分级代号为98级，分组代号为9。

示例2：RGF 97-6

表示该牌号熔模铸造用硅粉分级代号为97级，分组代号为6。

5 技术要求
5.1 化学成分
硅砂、粉的主要化学成分为 SiO_2，其含量见表1。

5.2 耐火度
硅砂、粉的耐火度值见表4。

表4 硅砂、粉耐火度分级

分级代号	99	98	97	96
耐火度/℃	≥1750	≥1700	≥1650	≥1650

5.3 细粉含量
硅砂的细粉含量不大于0.2%。

5.4 含水量
硅砂、粉的含水量不大于0.3%。

5.5 粒度

5.5.1 硅砂的粒度采用试验筛进行分析，其主要粒度组成部分，三筛砂重量主次比例依次为：(50±5)%、(30±5)%、(10±5)%，三筛砂总量不小于90%。

5.5.2 硅粉的粒度采用试验筛进行分析，其主要粒度组成部分，主筛粉的重量不少于85%，孔径为0.075mm筛以下、主筛以上的物料不大于5%，主筛以下的物料不大于10%。

6 试验方法

6.1 硅砂、粉化学成分的测定按GB/T 7143执行。

6.2 硅砂、粉耐火度的测定按GB/T 7322执行。

6.3 硅砂细粉含量的测定在粒度试验后进行，称其孔径为0.075mm筛下、孔径为0.020mm筛上试料量G_1，按式（1）计算细粉含量。

$$X = \frac{G_1}{G} \times 100\% \tag{1}$$

式中　X——细粉含量，以百分数（%）表示；

G_1——0.075mm筛下、0.020mm筛上的试料质量（g）；

G——原试样质量（g）。

6.4 硅砂、粉含水量、粒度的测定分析按GB/T 2684执行。

7 检验规则

7.1 硅砂、粉各项试验取样方法按GB/T 2684执行。

7.2 供方提供的砂、粉应按本标准规定及供需双方商定的项目进行检验，并出具质量证明书。

7.3 需方可根据本标准及质量证明书抽查砂、粉质量，如有不符，可与供方共同复验。复验结果与本标准或双方协议不符，需方有权退货。

7.4 供需双方对检验结果有争议时，可请双方认可的第三方部门仲裁。

8 包装和贮运

8.1 硅砂、粉采用双层袋包装，内层为塑料袋，外层为聚丙烯袋等。

8.2 包装袋的标志：

a）熔模铸造用硅砂（粉）；

b）本标准编号；

c）牌号；

d）重量；

e）供方全称；

f）生产日期。

8.3 运输贮存过程中，应防潮，防止混入杂物。

第四节　熔模铸造用铝矾土砂、粉

张年玉　张寅

一、标准概况

1981年，原中华人民共和国第一机械工业部发布了JB/T 2978—1981《熔模铸造制壳材料用铝矾土砂粉》，这是熔模铸造用铝矾土砂粉的首个行业的标准。1990 年 1 月 12 日，国家技术监督局批准了 GB/T 12215—1990《熔模铸造用铝矾土砂、粉》，该标准于 1990 年 10 月 1 日实施，同时 JB/T 2978—1981《熔模铸造制壳材料用铝矾土砂粉》废止。

2019 年 8 月 30 日，国家市场监督管理总局和中国国家标准化管理委员会发布了 GB/T 12215—2019《熔模铸造用铝矾土砂、粉》，该标准于 2020 年 3 月 1 日实施。GB/T 12215—2019 是在 GB/T 12215—1990 的基础上，结合现有熔模铸造用铝矾土砂、粉产品和实际使用及技术验证的情况进行修订的。在 GB/T 12215—2019 编制过程中，结合我国现有砂矿资源现状和企业的二次加工能力，适当提高了砂、粉的部分指标，增加了砂、粉分类组别，使有限资源得到充分利用，也使标准更贴合实际和适应市场需求，满足了行业发展，为企业的生产、质量检验、进出口贸易提供技术指导。

二、标准主要内容说明

1. 范围

GB/T 12215—2019 规定了适用于熔模铸造制壳用铝矾土砂、粉的术语和定义，分类、分级、分组的依据，牌号的表示方法，化学成分、耐火度、细粉含量、含水量、粒度的技术要求和特殊技术要求，化学成分、耐火度、细粉含量、含水量、粒度的试验和测定分析方法，各项试验的取样方法、质量证明书、不合格的处理等检验规则，以及包装方法、标识和贮运事项等。

2. 规范性引用文件

GB/T 12215—2019 规定了熔模铸造制壳用铝矾土砂、粉的化学成分、耐火度、含水量、粒度等要求的测定分析方法的来源文件，也规定了铸造术语的标准规范性引用文件。

3. 术语和定义

GB/T 12215—1990 规定了熔模铸造用铝矾土砂、熔模铸造用铝矾土粉、重量平均粒径、重量均方差、百克粉总表面积和含粉量的定义，本次修订增加了细粉含量的定义。重量平均粒径、重量均方差、百克粉总表面积这些指标实际应用意义不大，本次修订删除了这三个铸造术语。GB/T 5611《铸造术语》中将含粉量名称修改为细粉含量，本次修订也相应进行了变更。GB/T 12215—1990 中砂与粉的粒径界限为 0.15mm，GB/T 12215—2019 中砂与粉的粒径界限更新为 0.075mm，熔模铸造用铝矾土砂、粉的定义相应做了变更。

4. 分类、分级、分组及牌号

（1）分类 熔模铸造用铝矾土砂、粉的分类仍然以按煅烧后的主晶相分类，分别是铝矾土熟料、铝矾土合成料两类。

（2）分级 按铝矾土熟料中 Al_2O_3 和有害杂质含量，铝矾土熟料分为三级，铝矾土合成料只规定一个级别。通过对目前主流使用厂家的调研，铝矾土熟料中有害杂质含量的要求已经有较大提高。

（3）分组 GB/T 12215—2019 将熔模铸造用铝矾土砂分为 170、85、60、30、21 和 15 六组；熔模铸造用铝矾土粉分为 9 和 6 两组。GB/T 12215—1990 将熔模铸造用铝矾土砂根据粒度组成分为 85、60、30 和 21 四组，本次修订增加了 170 和 15 两组，使对铝矾土砂的粒度检测更贴近实际，更适应厂家对粒度的差异性需求。GB/T 12215—1990 中熔模铸造用铝矾土粉根据粒度组成分为 28、33 两组，本次修订改为 9 和 6 两组。由于 GB/T 12215—

2019 删除了 GB/T 12215—1990 中的重量平均粒径、重量均方差、百分克总表面积等定义，所以铝矾土粉的粒度分组也做了相应修改，按照孔径为 0.075mm 筛以下各筛粉的质量分为 9 和 6 两组，即 270 目和 325 目，铝矾土粉分组代号与铝矾土砂代号能够相互衔接。GB/T 12215—1990 对粉的分组是按照粒度特性参数来进行的，包括重量平均粒径、百克粉总表面积、重量均方差，这些指标测量直观性差，厂家极少应用。因此，GB/T 12215—2019 比 GB/T 12215—1990 更能直观地反映铝矾土粉的粒度大小，也与熔模铸造用锆英粉、硅粉、莫来石粉标准中的粒度组成的编制规则一致。

（4）牌号　GB/T 12215—2019 规定了砂和粉共四种类型牌号规则。熔模铸造用铝矾土熟料砂的牌号组成包括了熔模铸造用铝矾土熟料砂拼音首字母大写 RZLS+分级代号+主要粒度组成的首筛筛号/主要粒度组成的尾筛筛号+（平均细度值+平均细度偏差分级代号）。熔模铸造用铝矾土合成料砂的牌号组成包括了熔模铸造用铝矾土合成料砂拼音首字母大写缩写 RZLS（H）+主要粒度组成的首筛筛号/主要粒度组成的尾筛筛号+（平均细度值+平均细度偏差分级代号）。熔模铸造用铝矾土熟料粉的牌号组成包括了熔模铸造用铝矾土熟料粉拼音首字母大写 RLF+分级代号-分组代号。熔模铸造用铝矾土合成料粉的牌号组成包括了熔模铸造用铝矾土合成料分拼音首字母大写 RLF（H）-分组代号。与 GB/T 12215—1990 相比，GB/T 12215—2019 中砂的牌号加入了主要粒度组成的首筛筛号、主要粒度组成的尾筛筛号和平均细度值，使得牌号更能直观地反应铝矾土砂的粒度大小。

5. 技术要求

（1）化学成分　铝矾土砂、粉的主要化学成分为 Al_2O_3，在 GB/T 12215—2019 的 4.2.1 和 4.2.2 条铝矾土熟料和合成料的分级中规定了 Al_2O_3 的含量和有害杂质的含量。GB/T 12215—2019 对有害杂质含量要求进行了提升，如二级铝矾土熟料中 TiO_2 含量由 5.0% 更新为 4.0%，铝矾土熟料 3 个级别的 $CaO+MgO$ 和 K_2O+Na_2O 含量有所降低。

（2）细粉含量　在 GB/T 12215—2019 的术语和定义中，规定细粉含量的定义是粒径大于等于 0.020mm 且小于 0.075mm 的颗粒质量占砂样总质量的百分比。GB/T 12215—1990 将粒径小于 0.15mm 的耐火颗粒定义为粉。GB/T 12215—2019 规定熔模铸造用铝矾土砂的细粉含量不大于 0.3%。

6. 试验方法

1）化学成分分析方法按 GB/T 6900《铝硅系耐火材料化学分析方法》的规定执行，化学分析的内容包括铝矾土砂、粉的主要化学成分 Al_2O_3 含量，有害杂质 TiO_2、$CaO+MgO$ 和 K_2O+Na_2O 的含量。

2）耐火度的测定按 GB/T 7322《耐火材料　耐火度试验方法》的规定执行，采用试验锥弯倒法测定。

3）本次修订删除了含粉量，增加了铝矾土砂细粉含量的测定。细粉含量的测定在粒度试验后进行，细粉含量按照 GB/T 12215—2019 中公式（1）计算。

4）含水量测定分析按 GB/T 2684《铸造用砂及混合料试验方法》的规定执行。含水量按式（4.4-1）计算：

$$X_1 = \frac{G_1 - G_2}{G_1} \times 100\% \tag{4.4-1}$$

式中　X_1——含水量；

G_1——烘干前试样的质量（g）；

G_2——烘干后试样的质量（g）。

5）粒度测定分析按 GB/T 2684《铸造用砂及混合料试验方法》的规定执行，使用震摆式或电磁微震式筛砂机。试样由样品中选取，选取试样的方法采用"四分法"或分样器，不得少于 1kg，然后继续采用"四分法"，直至试样质量为 100g 左右，并在 105℃~110℃ 烘干至恒重。称取试样（50±0.01）g，装入筛中筛分分析。

7. 检验规则

1）铝矾土砂、粉各项试验取样方法按 GB/T 2684 的规定执行。散装砂、粉样品的选取从离边缘和表面 200mm~300mm 的各个角及中心部位，用取样器选取。袋装砂、粉的平均样品由同一批量的百分之一的袋中选取，但不得少于 3 袋，样品总质量不得少于 5kg。样品必须注明其名称、批号、产地、采样日期及采样人姓名。

2）供方提供的砂、粉应按供需双方商定的项目进行检验，并出具质量证明书，供方应对其质量证明书的真实性负责。

8. 包装和贮运

GB/T 12215—1990 规定：铝矾土砂、粉采用双层袋包装，内层为塑料袋，外层为聚丙烯袋或麻袋等，每袋为 25kg 或 50kg。根据目前市场供货实际情况，本次修订为外层为聚丙烯袋。GB/T 12215—2019 对包装袋的标志增加了执行标准和生产日期。

铝矾土砂、粉的贮存及运输过程中应防止受潮，混入杂物。运输过程中物流企业应充分做好车辆或船舶清理、覆盖，恶劣天气时尽量停止运输或强化防潮措施。仓库应划分区域存放，下方放置架空垫。

三、标准的特点与应用

1. 标准的特点

在起草 GB/T 12215—2019 过程中，为验证修订标准的指标参数，对熔模铸造厂家、供应商的提供用铝矾土砂、铝矾土粉试样进行检测，包括需要修改的、增加的、删除的指标项目。检测包括不同来源的铝矾土熟料砂、粉，铝矾土合成料砂、粉，检测其化学成分、灼减、主晶相、耐火度、细粉含量、粒度、含水量等项目。检测结果表明，目前熔模铸造所使用铝矾土砂、粉的 Al_2O_3 含量均达到 GB/T 12215—1990 的要求，其他含量 TiO_2、Fe_2O_3、CaO+MgO、K_2O+Na_2O 及含水量、灼减等均小于 GB/T 12215—1990 的要求。因此，此次修订时，对 K_2O、Na_2O、CaO、MgO 等有害杂质的含量的控制要求更为严格。通过对目前主流使用厂家的调研，GB/T 12215—2019 增加了 170 和 15 的分组代号，使对铝矾土砂的粒度检测更贴近实际，铝矾土粉分为 270 目和 325 目两个型号，符合主流厂家的使用情况。

GB/T 12215—1990 所引用的标准，有的已进行了修订，有的已作废并重新制定，引用标准中涉及的检测方法和检测手段也已进行了更新，在 GB/T 12214—2019 中进行了修订。GB/T 12214—2019 对熔模铸造用铝矾土砂、粉的基本性能指标做了适当的调整，同时做了一些适当的增减，增加了 170 和 15 的分组代号，删除了 GB/T 12215—1990 中的重量平均粒径、重量均方差、百分克总表面积等对现实生产指导作用不大的定义。

2. 标准的应用

该标准的修订，为企业在生产中使用优质铝矾土砂、粉的验收标准提供了依据，为企业的生产、质量检验、进出口贸易提供技术指导，同时有助于引导本行业企业采用该标准进行规范化生产，必将对促进我国熔模铸造行业的技术进步，提高精密铸件的产量和质量，发挥积极的作用。

熔模铸造用户应根据所浇注金属的特性和浇注温度选用铝矾土砂、粉，不得超出铝矾土的耐火度所能承受的温度场合。在使用新的供方提供的铝矾土砂、粉前，应经过来样使用试验、小批量应用等充分验证，方可批量使用，以预防产生经济损失和纠纷。

四、标准内容

GB/T 12215—2019

熔模铸造用铝矾土砂、粉

1 范围

本标准规定了熔模铸造用铝矾土砂、粉的术语和定义，分类、分级、分组及牌号，技术要求，试验方法，检验规则，包装和贮运。

本标准适用于熔模铸造制壳用铝矾土砂、粉。

2 规范性引用文件

下列文件对于本文件的应用是必不可少的。凡是注日期的引用文件，仅注日期的版本适用于本文件。凡是不注日期的引用文件，其最新版本（包括所有的修改单）适用于本文件。

GB/T 2684 铸造用砂及混合料试验方法
GB/T 5611 铸造术语
GB/T 6900 铝硅系耐火材料化学分析方法
GB/T 7322 耐火材料 耐火度试验方法

3 术语和定义

GB/T 5611 界定的以及下列术语和定义适用于本文件。

3.1 熔模铸造用铝矾土砂 bauxite sand for investment casting

以 Al_2O_3 为主要成分，且 Al_2O_3 含量不小于 65%，粒径为 0.075mm~3.350mm 的耐火颗粒物。

3.2 熔模铸造用铝矾土粉 bauxite flour for investment casting

以 Al_2O_3 为主要成分，且 Al_2O_3 含量不小于 65%，粒径为 0.075mm 以下的耐火颗粒物。

3.3 细粉含量 fine particle content

粒径大于或等于 0.020mm 且小于 0.075mm 的颗粒质量占砂样总质量的百分比。

4 分类、分级、分组及牌号

4.1 分类

铝矾土砂、粉按煅烧后的主晶相分类，见表1。

表1 铝矾土砂、粉按煅烧后的主晶相分类

序号	分类	主晶相(%)	耐火度/℃
1	铝矾土熟料	刚玉+莫来石≥90	≥1770
2	铝矾土合成料	莫来石≥80	≥1790

4.2 分级

4.2.1 铝矾土熟料

按铝矾土熟料中 Al_2O_3 和有害杂质含量,铝矾土熟料分为三级,见表2。

表2 铝矾土熟料分级

序号	分级代号	Al_2O_3 含量(%) ≥	有害杂质含量(%) ≤				
			Fe_2O_3	TiO_2	$CaO+MgO$	K_2O+Na_2O	灼减量
1	85	85	1.0	4.0	0.4	0.4	0.5
2	80	80	1.5	4.0	0.5	0.5	0.5
3	70	70	2.0	5.0	0.6	0.6	0.5

4.2.2 铝矾土合成料

铝矾土合成料的化学成分见表3。

表3 铝矾土合成料化学成分

化学成分	Al_2O_3	SiO_2	Fe_2O_3	TiO_2	$CaO+MgO$	K_2O+Na_2O	灼减量
含量(%)	66~70	24~28	≤1.5	≤4.0	≤0.5	≤0.5	≤0.5

4.3 分组

4.3.1 铝矾土砂

铝矾土砂按粒度组成分为六组,见表4。

表4 铝矾土砂按粒度组成分组

序号	分组代号	粒度/mm		
		前筛	主筛	后筛
1	170	3.350	1.700	0.850
2	85	1.700	0.850	0.600
3	60	0.850	0.600	0.425
4	30	0.425	0.300	0.212
5	21	0.300	0.212	0.150
6	15	0.212	0.150	0.106

4.3.2 铝矾土粉

铝矾土粉按粒度组成分为两组,见表5。

表5 铝矾土粉按粒度组成分组

分组代号	粒度/mm		
	主筛以上	主筛	主筛以下
9	0.053~0.075	0.045	0.045以下
6	0.045~0.075	0.040	0.040以下

4.4 牌号表示方法
4.4.1 铝矾土砂

熔模铸造用铝矾土熟料砂和铝矾土合成料砂的牌号表示方法如下：

a) 熔模铸造用铝矾土熟料砂牌号：

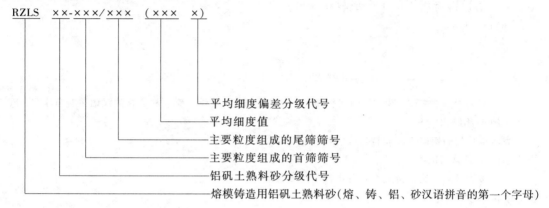

示例1：RZLS 85-50/100 （54A）

表示该牌号铝矾土熟料砂的最小铝矾土熟料含量为85%，主要粒度组成为三筛，其首筛筛号为50，尾筛筛号为100，平均细度为54，平均细度偏差值为±2。

b) 熔模铸造用铝矾土合成料砂牌号：

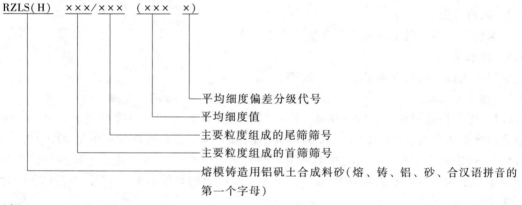

示例2：RZLS（H）50/100 （54A）

表示该牌号铝矾土合成料砂的最小铝矾土合成料主要粒度组成为三筛，其首筛筛号为50，尾筛筛号为100，平均细度为54，平均细度偏差值为±2。

4.4.2 铝矾土粉

熔模铸造用铝矾土熟料粉和铝矾土合成料粉的牌号表示方法如下：

a) 熔模铸造用铝矾土熟料粉牌号：

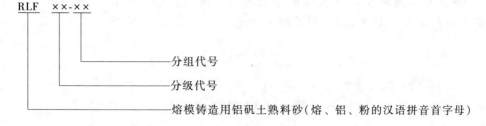

示例1：RLF 85-9

表示该牌号的铝矾土熟料粉分级代号为85级，分组代号为9级。

示例2：RLF 80-6

表示该牌号的铝矾土熟料粉分级代号为80级，分组代号为6级。

b) 熔模铸造用铝矾土合成料粉牌号：

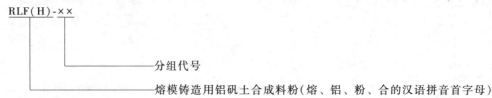

示例3：RLF(H)-9

表示该牌号的铝矾土合成料粉分组代号为9级。

示例4：RLF(H)-6

表示该牌号的铝矾土合成料粉分组代号为6级。

5 技术要求

5.1 化学成分

铝矾土砂、粉的主要化学成分为Al_2O_3，其含量见表2、表3。

5.2 耐火度

铝矾土砂、粉的耐火度见表1。

5.3 细粉含量

熔模铸造用铝矾土砂的细粉含量不大于0.3%。

5.4 含水量

铝矾土砂、粉的含水量不大于0.3%。

5.5 粒度

5.5.1 熔模铸造用铝矾土砂的粒度采用试验筛进行分析，其主要粒度组成部分，三筛砂重量主次比例依次为：(50±5)%、(30±5)%、(10±5)%，三筛砂总量不小于90%。

5.5.2 熔模铸造用铝矾土粉的粒度采用试验筛进行分析，其主要粒度组成部分，主筛粉的质量不少于85%，孔径为0.075mm筛以下、主筛以上的物料不大于5%，主筛以下的物料不大于10%。

5.6 特殊技术要求

需方要求对本标准未列项目加以控制时，由供需双方在协议中规定。

6 试验方法

6.1 铝矾土砂、粉化学成分的测定按GB/T 6900的规定执行。

6.2 铝矾土砂、粉耐火度的测定按GB/T 7322的规定执行。

6.3 铝矾土砂细粉含量的测定在粒度试验后进行，称其孔径为0.075mm筛下、孔径为0.020mm筛上试料量G_1，按式（1）计算细粉含量。

$$X=\frac{G_1}{G}\times100\% \tag{1}$$

式中 X——细粉含量，以百分数（%）表示；

G_1——0.075mm筛下、0.020mm筛上的试料质量（g）；

G——原试样质量（g）。

6.4 铝矾土砂、粉含水量、粒度的测定分析按 GB/T 2684 的规定执行。

7　检验规则

7.1　铝矾土砂、粉各项试验取样方法按 GB/T 2684 的规定执行。

7.2　供方提供的砂、粉应按供需双方商定的项目进行检验，并出具质量证明书。

7.3　需方可根据质量证明书抽查砂、粉质量，如有不符，可与供方共同复验，复验结果与本标准或双方协议不符，需方有权退货。

7.4　供需双方对检验结果有争议时，可请双方认可的机构仲裁。

8　包装和贮运

8.1　铝矾土砂、粉采用双层袋包装，内层为塑料袋，外层为聚丙烯袋等。

8.2　包装袋的标志：

　　a）熔模铸造用铝矾土砂（粉）；

　　b）本标准编号；

　　c）牌号；

　　d）重量；

　　e）供方全称；

　　f）生产日期。

8.3　贮存及运输过程中，应防止受潮及混入杂物。

第五章 通 用 基 础

第一节 铸件 尺寸公差、几何公差与机械加工余量

王 芳 张 寅

一、标准概况

GB/T 6414—2017《铸件 尺寸公差、几何公差与机械加工余量》是铸造基础性标准之一。该标准使用重新起草法修改采用 ISO 8062-3：2007《产品几何量技术规范（GPS） 模制零件的尺寸和几何公差 第3部分：铸件一般尺寸、几何公差和机械加工余量》。该标准代替 GB/T 6414—1999《铸件 尺寸公差与机械加工余量》。

GB/T 6414—2017 于 2017 年 12 月 29 日发布并实施。

二、标准主要验证分析

该标准适用于各种材料的铸件和各种工艺方法生产的铸件。修订过程中，验证的铸件是批量生产的，且尺寸大小、公差要求涵盖了标准规定的各尺寸段及公差要求。根据铸件批量，每一种尺寸实测 25~120 件，对获得的测量数据进行系统分析，运用数理统计方法，通过正态分布曲线来判定尺寸公差和几何公差数值的合理性。实测数据量多达 10 万个以上，由各参与企业自行验证，最终得出对该标准公差等级数据的合理性结论或者修改建议。

验证工作主要针对 GB/T 6414—2017 中表 2（铸件线性尺寸公差 DCT）规定的铸件尺寸公差等级 DCTG 及相应的线性尺寸公差值，以及 GB/T 6414—2017 中表 3 直线度公差、表 4 平面度公差、表 5 圆度平行度垂直度和对称度公差、表 6 同轴度公差进行验证。对 GB/T 6414—2017 中表 7 规定的铸件机械加工余量等级 RMAG 及对应的机械加工余量 RMA 的数值范围，不做验证，供铸件生产企业在确定铸造工艺时选用。

GB/T 6414—2017 起草工作组组织铸件生产企业进行了数据收集验证工作，抽取的铸件尺寸涉及大、中、小尺寸以及壁厚与一般尺寸。每一种尺寸实测不少于 25 件，25 个~120 个实测数据。计算每一种尺寸实测数据的平均值、标准差，通过数据处理后绘制正态分布曲线，按 3σ 准则对照标准规定的每一种尺寸的公差等级，确定实测数据在 6σ 偏差范围内的概率，由此得出标准所规定的公差等级是否合理的结论或者提出修改公差范围的建议值。经各企业的验证，90% 的尺寸能达到的标准规定的公差等级。对于铸件尺寸精度要求严格的企业，可以在 GB/T 6414—2017 的基础上再适当提高铸件的尺寸精度水平。

铸件尺寸验证实例：制动盘图样尺寸 $\phi 12.5^{+0.18}_{0}$ mm，同尺寸实测 120 件，实测数据正态分布图见图 5.1-1。

GB/T 6414—2017 表 2 中公称尺寸 12.5mm 的公差等级 DCTG3 对应的尺寸公差值为 0.2mm，本实测尺寸 $\phi 12.5^{+0.18}_{0}$ mm 的尺寸公差值为 0.18mm，尺寸精度高于标准规定的要求。

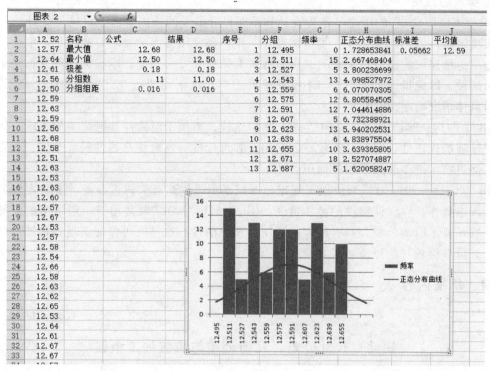

图 5.1-1　制动盘尺寸 $\phi12.5^{+0.18}_{0}$mm 实测数据正态分布图

图 5.1-1 中数据处理得出平均值 a = 12.59mm，标准差 σ = 0.05662mm。GB/T 6414—2017 所规定的尺寸范围为：12.50mm～12.70mm，则实测尺寸在此区间的概率计算如下：

u_1 = (12.50mm-12.59mm)/0.05662mm ≈ -1.59

u_2 = (12.70mm-12.59mm)/0.05662mm ≈ 1.94

查标准正态分布表：

$\Phi(u_2)-\Phi(u_1)$ = 0.9738-0.0559 = 0.9179 ≈ 91.8%

即本例制动盘实测尺寸 ϕ12.5mm 在标准规定的公差范围 ϕ12.50mm～12.70mm 内的概率约为 91.8%。

各企业对其验证过程中的铸件尺寸实测数据进行上述过程的数据分析，90%的尺寸能达到的标准规定的公差等级。

三、标准的特点与应用

1. 标准的特点

铸件尺寸精度是铸件质量的重要指标之一。GB/T 6414—2017 的制定与实施，对促进铸件尺寸精度的提高有一定的作用。随着科技的进步，提高铸件尺寸精度问题引起了各国的重视。国际标准化组织于 2016 年发布了 ISO 8062-3：2007。GB/T 6414—2017 的修订涉及面广，工作量大，共有 20 多家单位参与了修订与验证工作。本次修订中实测了各种铸件近百种，测量各种类型铸件尺寸上百个，获得实测数据 10 万个以上。经过数据计算处理，绘制出正态分布曲线和直方图，为制定我国铸件尺寸公差标准提供了重要依据。

2. 标准的应用

GB/T 6414—2017的用途是作为设计和检验尺寸公差的依据。由于对铸件设计的尺寸精度要求决定铸件的铸造工艺，为了协调设计、生产和使用方面的要求，提出了一般性的尺寸公差选用等级建议。验证结果说明，生产方式对铸件尺寸公差的影响很大。因此，将生产方式分为两种，即成批和大量生产与小批和单件生产。在不同的行业，批量的概念是不同的，可根据具体情况确定。

GB/T 6414—2017和GB/T 6414—1999相比较，增加了对铸件几何公差的要求，标准内容具有较强的先进性，同时具有较好的通用性和可比性。这对提高铸件尺寸精度，强化质量意识，促进技术进步起到了积极作用。

GB/T 6414—2017对错型值做了规定，有利于促进提高有关铸造设备、工装定位装备的精度，改进操作，以保证铸件的尺寸精度。GB/T 6414—2017既适用于一般情况的公差，也适用于特殊要求时的公差，具有较大的通用性和灵活性。这样既可保证满足各种铸件的技术要求，又可取得较好的经济效益。

四、标准内容

GB/T 6414—2017

铸件 尺寸公差、几何公差与机械加工余量

1 范围

本标准规定了铸件的尺寸公差、几何公差与机械加工余量的术语和定义，尺寸标注方法，铸件尺寸公差等级，几何公差等级，机械加工余量等级及其在图样上的标注。

本标准适用于由各种铸造方法生产的铸件。

2 规范性引用文件

下列文件对于本文件的应用是必不可少的。凡是注日期的引用文件，仅注日期的版本适用于本文件。凡是不注日期的引用文件，其最新版本（包括所有的修改单）适用于本文件。

GB/T 131 产品几何技术规范（GPS）技术产品文件中表面结构的表示法

GB/T 1182 产品几何技术规范（GPS）几何公差 形状、方向、位置和跳动公差标注

GB/T 1800.1 产品几何技术规范（GPS）极限与配合 第1部分：公差、偏差和配合的基础

GB/T 1800.2 产品几何技术规范（GPS）极限与配合 第2部分：标准公差等级和孔、轴极限偏差表

GB/T 4458.5 机械制图 尺寸公差与配合注法

GB/T 5611 铸造术语

GB/T 16892 形状和位置公差非刚性零件注法

GB/T 17851 产品几何技术规范（GPS）几何公差 基准和基准体系

GB/T 24744 产品几何规范（GPS）技术产品文件（TPD）中模制件的表示法

3 术语和定义

GB/T 5611界定的以及下列术语和定义适用于本文件。

3.1 铸件公称尺寸 nominal dimension of casting

机械加工前的毛坯铸件的设计尺寸（见图1），包括必要的机械加工余量（见图2）。

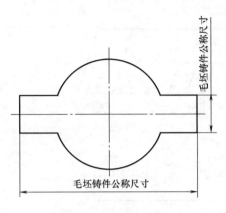

图1 图样标注

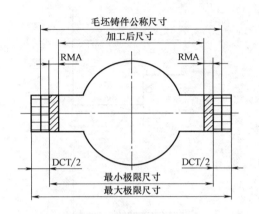

图2 尺寸公差与极限尺寸

3.2 铸件尺寸公差 dimensional casting tolerance

铸件尺寸的允许变动量。公差等于最大极限尺寸与最小极限尺寸之差的绝对值，也等于上偏差与下偏差之差的绝对值。

3.3 错型（错箱） surface mismatch (shift)

由于合型时错位，铸件的一部分与另一部分在分型面处相互错开。

3.4 机械加工余量 required machining allowance

在毛坯铸件上为了随后可用机械加工方法去除铸造对金属表面的影响，并使之达到所要求的表面特征和必要的尺寸精度而留出的金属余量。

3.5 起模斜度 draft

为使模样容易从铸型中取出或型芯自芯盒脱出，平行于起模方向在模样或芯盒壁上的斜度。

4 尺寸标注

除壁厚的尺寸标注（允许存在由两个尺寸组成的尺寸链）外，应避免链式尺寸标注。

5 倾斜要素

5.1 在设计要求有斜度（如有起模斜度）的位置，应采用沿斜面对称分布的公差（见图3）。

5.2 图样上一般应规定斜度是增加材料，还是减去材料，或取平均值，表示为：斜度+，图3a；斜度-，图3b；斜度±，图3c。

5.3 与图样上通用的斜度布置不同的特殊表面的斜度，应在该表面上单独标注，标注应符合 GB/T 131 的规定，例如+∀。

5.4 对于要机械加工的尺寸，为了能获得成品尺寸，应采用"斜度+"，而不考虑图样上对斜度的通用技术要求。

6 缩略语

缩略语见表1。

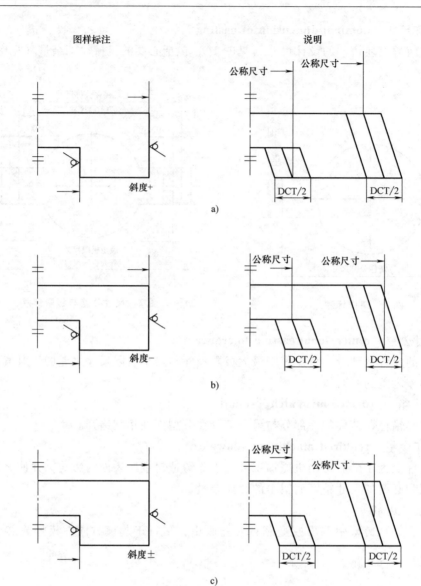

图 3 斜面上的公差

表 1 缩略语

缩略语	解释	引自
DCT（dimensional casting tolerance）	铸件尺寸公差	7.2
GCT（geometrical casting tolerance）	铸件几何公差	7.3
DCTG（dimensional casting tolerance grade）	铸件尺寸公差等级	7.2
GCTG（geometrical casting tolerance grade）	铸件几何公差等级	7.3
RMA（required machining allowance）	机械加工余量	10
RMAG（required machining allowance grade）	机械加工余量等级	10
TP（taper+）	斜度+	5
TM（taper−）	斜度−	5
SMI（surface mismatch）	错型	8

7 公差等级

7.1 总则

7.1.1 单个的尺寸公差和几何公差的标注应符合 GB/T 4458.5、GB/T 1182 和 GB/T 16892 的规定。

7.1.2 采用一般公差时,应标注出单个的公差。

7.2 铸件尺寸公差等级（DCTG）

7.2.1 铸件尺寸公差等级共分为16级,标记为 DCTG1~DCTG16,见表2。

表2 铸件尺寸公差（DCTG） （单位：mm）

公称尺寸		铸件尺寸公差等级（DCTG）及相应的线性尺寸公差值															
大于	至	DCTG1	DCTG2	DCTG3	DCTG4	DCTG5	DCTG6	DCTG7	DCTG8	DCTG9	DCTG10	DCTG11	DCTG12	DCTG13	DCTG14	DCTG15	DCTG16
—	10	0.09	0.13	0.18	0.26	0.36	0.52	0.74	1	1.5	2	2.8	4.2	—	—	—	—
10	16	0.1	0.14	0.2	0.28	0.38	0.54	0.78	1.1	1.6	2.2	3	4.4	—	—	—	—
16	25	0.11	0.15	0.22	0.3	0.42	0.58	0.82	1.2	1.7	2.4	3.2	4.6	6	8	10	12
25	40	0.12	0.17	0.24	0.32	0.46	0.64	0.9	1.3	1.8	2.6	3.6	5	7	9	11	14
40	63	0.13	0.18	0.26	0.36	0.5	0.7	1	1.4	2	2.8	4	5.6	8	10	12	16
63	100	0.14	0.2	0.28	0.4	0.56	0.78	1.1	1.6	2.2	3.2	4.4	6	9	11	14	18
100	160	0.15	0.22	0.3	0.44	0.62	0.88	1.2	1.8	2.5	3.6	5	7	10	12	16	20
160	250	—	0.24	0.34	0.5	0.7	1	1.4	2	2.8	4	5.6	8	11	14	18	22
250	400	—	—	0.4	0.56	0.78	1.1	1.6	2.2	3.2	4.4	6	9	12	16	20	25
400	630	—	—	—	0.64	0.9	1.2	1.8	2.6	3.6	5	7	10	14	18	22	28
630	1000	—	—	—	0.72	1.0	1.4	2	2.8	4	6	8	11	16	20	25	32
1000	1600	—	—	—	0.80	1.1	1.6	2.2	3.2	4.6	7	9	13	18	23	29	37
1600	2500	—	—	—	—	—	—	2.6	3.8	5.4	8	10	15	21	26	33	42
2500	4000	—	—	—	—	—	—	—	4.4	6.2	9	12	17	24	30	38	49
4000	6300	—	—	—	—	—	—	—	—	7	10	14	20	28	35	44	56
6300	10000	—	—	—	—	—	—	—	—	—	11	16	23	32	40	50	64

注：关于壁厚公差,见第9章。

7.2.2 在默认条件下,铸件的尺寸公差应相对于公称尺寸对称设置,即一半为正,另一半为负。如尺寸20mm,DCTG10级的铸件尺寸公差为±1.2mm。

7.2.3 铸件的尺寸公差也可以不对称,不对称公差应按 GB/T 1800.1 和 GB/T 1800.2 的规定在铸件公称尺寸后面单独标注。

7.2.4 对于压铸件,因其特殊的技术原因,可以采用不对称的公差设置。

7.2.5 各类铸件所能达到的尺寸公差等级见附录A。

7.3 铸件几何公差等级（GCTG）

7.3.1 总则

7.3.1.1 铸件几何公差等级分为7级,标记为 GCTG2~GCTG8（见表3~表6）。表3~表6中给出的公差为单向正公差,是允许的几何公差的最大值。各类铸件所能达到的几何公差等级见附录 A。

注 1：GCTG1 是为需要更高精度的几何公差值预留的等级。

注 2：关于一般几何公差在铸件上的应用参见附录 B。

7.3.1.2 形状公差（直线度公差、平面度公差、圆度公差）和位置公差（倾斜度公差、平行度公差、垂直度公差）不适用于铸件有起模斜度的部位。这些部位的公差需要单独标注。

7.3.1.3 除表 3~表 6 给出的公差以外，其他的几何公差（如倾斜度公差、位置度公差）应单独标注。

7.3.2 公称尺寸

表 3~表 6 中使用的公称尺寸是铸件结构的最大公称尺寸。圆角的公称尺寸可忽略，不需要单独标注。

7.3.3 基准

7.3.3.1 一般位置公差的基准

对于一般位置公差，应在图样上标明基准系，并在图样上注明"GB/T 6414—2017 DS"字样。

标注示例：GB/T 6414—2017 DS | A | B | C |

注：该基准体系不适用于同轴度和对称度一般几何公差。

7.3.3.2 一般同轴度公差的基准

以下条件适用于一般同轴度公差的基准：

——如果一个圆柱的特征结构（内部或外部的）贯穿其他所有同轴圆柱结构的整个长度，则该特征结构的轴即用作基准（单一基准）（参见附录 C 中的图 C.1）。

——否则，则采用一个公共基准，它由距离最远的两个特征结构的轴组成（参见图 C.2），这两个特征结构位于图样的中心线上。如果有多个特征结构存在（如内部或外部的），则采用半径最大的结构（参见图 C.3）。

7.3.3.3 一般对称度公差的基准

7.3.3.3.1 以下条件适用于一般对称度公差的基准：

——如果一个由两个相对的平行面组成的特征结构（内部或外部的）贯穿其他所有对称结构的整个长度，那么这个结构的中间平面用作基准（单一基准）（参见图 C.4）。

——否则，则采用一个公共基准，它由中间平面和/或距离最远的两个结构的中间直线组成（参见图 C.5），这两个结构位于图样的中心线（平面）上。如果有多个特征结构存在，则采用两个尺寸最大的结构的中间平面为基准（参见图 C.6）。两个基准结构之一可能是圆柱形（参见图 C.7）。

7.3.3.3.2 如果采用公共基准，一般对称度公差也适用于基准图形本身。

表 3 铸件直线度公差 （单位：mm）

公称尺寸		铸件几何公差等级（GCTG）及相应的直线度公差						
大于	至	GCTG2	GCTG3	GCTG4	GCTG5	GCTG6	GCTG7	GCTG8
—	10	0.08	0.12	0.18	0.27	0.4	0.6	0.9
10	30	0.12	0.18	0.27	0.4	0.6	0.9	1.4
30	100	0.18	0.27	0.4	0.6	0.9	1.4	2

(续)

公称尺寸		铸件几何公差等级(GCTG)及相应的直线度公差						
大于	至	GCTG2	GCTG3	GCTG4	GCTG5	GCTG6	GCTG7	GCTG8
100	300	0.27	0.4	0.6	0.9	1.4	2	3
300	1000	0.4	0.6	0.9	1.4	2	3	4.5
1000	3000	—	—	—	3	4	6	9
3000	6000	—	—	—	6	8	12	18
6000	10000	—	—	—	12	16	24	36

表 4 铸件平面度公差　　　　　　　　　　（单位：mm）

公称尺寸		铸件几何公差等级(GCTG)及相应的平面度公差						
大于	至	GCTG2	GCTG3	GCTG4	GCTG5	GCTG6	GCTG7	GCTG8
—	10	0.12	0.18	0.27	0.4	0.6	0.9	1.4
10	30	0.18	0.27	0.4	0.6	0.9	1.4	2
30	100	0.27	0.4	0.6	0.9	1.4	2	3
100	300	0.4	0.6	0.9	1.4	2	3	4.5
300	1000	0.6	0.9	1.4	2	3	4.5	7
1000	3000	—	—	—	4	6	9	14
3000	6000	—	—	—	8	12	18	28
6000	10000	—	—	—	16	24	36	56

表 5 铸件圆度、平行度、垂直度和对称度公差　　　　（单位：mm）

公称尺寸		铸件几何公差等级(GCTG)及相应的公差						
大于	至	GCTG2	GCTG3	GCTG4	GCTG5	GCTG6	GCTG7	GCTG8
—	10	0.18	0.27	0.4	0.6	0.9	1.4	2
10	30	0.27	0.4	0.6	0.9	1.4	2	3
30	100	0.4	0.6	0.9	1.4	2	3	4.5
100	300	0.6	0.9	1.4	2	3	4.5	7
300	1000	0.9	1.4	2	3	4.5	7	10
1000	3000	—	—	—	6	9	14	20
3000	6000	—	—	—	12	18	28	40
6000	10000	—	—	—	24	36	56	80

表 6 铸件同轴度公差　　　　　　　　　　（单位：mm）

公称尺寸		铸件几何公差等级(GCTG)及相应的同轴度公差						
大于	至	GCTG2	GCTG3	GCTG4	GCTG5	GCTG6	GCTG7	GCTG8
—	10	0.27	0.4	0.6	0.9	1.4	2	3
10	30	0.4	0.6	0.9	1.4	2	3	4.5
30	100	0.6	0.9	1.4	2	3	4.5	7

(续)

公称尺寸		铸件几何公差等级（GCTG）及相应的同轴度公差						
大于	至	GCTG2	GCTG3	GCTG4	GCTG5	GCTG6	GCTG7	GCTG8
100	300	0.9	1.4	2	3	4.5	7	10
300	1000	1.4	2	3	4.5	7	10	15
1000	3000	—	—	—	9	14	20	30
3000	6000	—	—	—	18	28	40	60
6000	10000	—	—	—	36	56	80	120

7.3.3.3.3 其他几何公差应单独标出，所有标注应符合 GB/T 17851 的规定。

8 错型（SMI）

8.1 除非另有规定，错型值应在表 2 所规定的公差范围内（见图 4）。

8.2 对于没有起模斜度的铸件，也要控制错型。错型值应小于表 3~表 5 的直线度、平面度和圆度等形状公差。

8.3 如需限定错型量，则应按 GB/T 24744 的规定，在图样上单独注明允许的最大错型量。

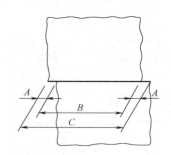

图 4　错型

A—错型量　　B—最小尺寸　　C—最大尺寸

9 壁厚公差

除非另有规定，从 DCTG1~DCTG15 的壁厚公差应比其他尺寸的一般公差粗一级，例如：在通用公差等级为 DCTG10 的图样上，壁厚的公差则应为 DCTG11。DCTG16 等级仅适用于一般定义为 DCTG15 级的铸件壁厚。

10 机械加工余量（RMA）

10.1 总则

10.1.1 本标准规定的机械加工余量等级（RMAG）适用于整个成品铸件（见附录 D），所有加工表面的加工余量应按表 7 中最大公称尺寸对应的范围选取（见图 9）。

10.1.2 铸件某一部位的最大尺寸应不超过加工尺寸与加工余量及铸造公差之和（见图 2 和图 5~图 8）。当有斜度时，斜度应另外考虑，如图 3 所示。

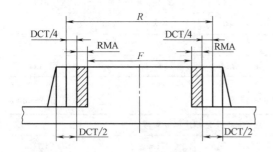

图 5　凸台外面作机械加工

R—铸件公称尺寸　　F—机械加工后的尺寸

RMA—机械加工余量　　DCT—铸件线性尺寸公差

$R = F + 2RMA + DCT/2$

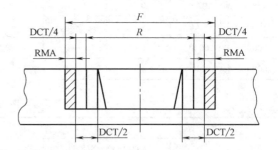

图 6　内腔作机械加工

R—铸件公称尺寸　　F—机械加工后的尺寸

RMA—机械加工余量　　DCT—铸件线性尺寸公差

$R = F - 2RMA - DCT/2$

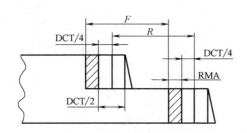

图7 台阶尺寸作机械加工
R—铸件公称尺寸　F—机械加工后的尺寸
RMA—机械加工余量　DCT—铸件线性尺寸公差
$R = F$

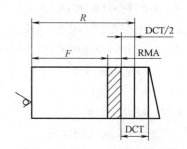

图8 在铸件某一侧作机械加工
R—铸件公称尺寸　F—机械加工后的尺寸
RMA—机械加工余量　DCT—铸件线性尺寸公差
$R = F + RMA + DCT/2$

10.1.3 对于砂型铸件,其上表面和铸孔比其他表面需要更大的加工余量,因此可以选择高一级的加工余量等级。机械加工余量应单独注明。

10.2 机械加工余量等级（RMAG）

10.2.1 铸件的机械加工余量等级分为10级,分别为 RMAG A～RMAG K（见表7）。

注：对于特殊的合金和制造方法,建议的机械加工余量等级见表 D.1。

10.2.2 机械加工余量等级的选择见附录 D。

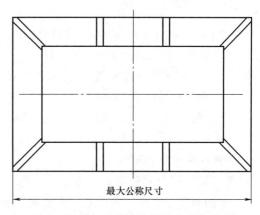

图9 机械加工后铸件的最大公称尺寸

表7　机械加工余量　　　　　　　　　　（单位：mm）

铸件公称尺寸		铸件的机械加工余量等级 RMAG 及对应的机械加工余量 RMA									
大于	至	A	B	C	D	E	F	G	H	J	K
—	40	0.1	0.1	0.2	0.3	0.4	0.5	0.5	0.7	1	1.4
40	63	0.1	0.2	0.3	0.3	0.4	0.5	0.7	1	1.4	2
63	100	0.2	0.3	0.4	0.5	0.7	1	1.4	2	2.8	4
100	160	0.3	0.4	0.5	0.8	1.1	1.5	2.2	3	4	6
160	250	0.3	0.5	0.7	1	1.4	2	2.8	4	5.5	8
250	400	0.4	0.7	0.9	1.3	1.8	2.5	3.5	5	7	10
400	630	0.5	0.8	1.1	1.5	2.2	3	4	6	9	12
630	1000	0.6	0.9	1.2	1.8	2.5	3.5	5	7	10	14
1000	1600	0.7	1.0	1.4	2	2.8	4	5.5	8	11	16
1600	2500	0.8	1.1	1.6	2.2	3.2	4.5	6	9	13	18
2500	4000	0.9	1.3	1.8	2.5	3.5	5	7	10	14	20
4000	6300	1	1.4	2	2.8	4	5.5	8	11	16	22
6300	10000	1.1	1.5	2.2	3	4.5	6	9	12	17	24

注：等级 A 和等级 B 只适用于特殊情况,如带有工装定位面、夹紧面和基准面的铸件。

11 图样上的标注

11.1 铸件一般尺寸公差的标注

铸件一般尺寸公差,应按下列方式标注在图样上：

a) 用公差代号统一标注：

如：GB/T 6414-DCTG12。

b) 如果需要进一步限制错型（见第 8 章）：

如：GB/T 6414-DCTG12—SMI±1.5。

c) 如果需要在公称尺寸后面标注个别公差：

如："93±3" 或 "200^{+5}_{-3}"。

注：更多内容，见附录 A。

11.2 机械加工余量的标注

机械加工余量，应按下列方式标注在图样上：

a) 用公差和机械加工余量代号统一标注；

例如：对于最大尺寸范围为大于 400mm，小于或等于 630mm，机械加工余量为 6mm（加工余量等级为 H）的铸件，铸件的一般公差采用 GB/T 6414-DCTG12 的通用公差，可以标注为：

GB/T 6414-DCTG12—RMA6（RMAG H）。

注：允许在图样上直接标注出加工余量值。

b) 在铸件的表面需要局部的加工余量时，则应单独标注在图样的特定表面上，标注应符合 GB/T 131 的规定，如图 10 所示。

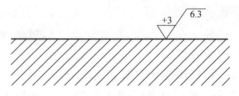

图 10 个别表面上机械加工余量的标注

11.3 铸件几何公差的标注

铸件一般几何公差应以下列方式之一标注在图样中：

a) 如同时符合铸件一般公差、机械加工余量等级和铸件的几何公差等级的，应标注为：

如：GB/T 6414-DCTG12—RMA6（RMAG H）—GCTG7。

b) 符合表 3 到表 6 的铸件一般几何公差，应标注为：

如：GB/T 6414-GCTG7。

附 录 A
（规范性）
铸件公差

A.1 影响铸件精度的因素

表 A.1 和表 A.2 给出了各种铸造方法通常能够达到的尺寸公差等级，表 A.3 给出了各种铸造方法通常能够达到的几何公差等级。铸件的精度取决于许多因素，包括：

a) 铸件的复杂程度；

b) 模样的类型；

c) 铸件材质；

d) 模样状况；

e) 铸造工艺。

A.2 大批量生产的铸件尺寸公差等级

对于大批量重复生产方式，通过调整和控制型芯的位置，可达到比表 A.1 更精的尺寸公差等级。

A.3 小批量生产的铸件尺寸公差等级

表 A.2 给出了适用于小批量生产的较宽的尺寸公差。

表 A.1 大批量生产的毛坯铸件的尺寸公差等级

方法		铸件尺寸公差等级 DCTG								
		钢	灰铸铁	球墨铸铁	可锻铸铁	铜合金	锌合金	轻金属合金	镍基合金	钴基合金
砂型铸造 手工造型		11~13	11~13	11~13	11~13	10~13	10~13	9~12	11~14	11~14
砂型铸造 机器造型和壳型		8~12	8~12	8~12	8~12	8~10	8~10	7~9	8~12	8~12
金属型铸造(重力 铸造或低压铸造)		—	8~10	8~10	8~10	8~10	7~9	7~9	—	—
压力铸造		—	—	—	—	6~8	4~6	4~7	—	—
熔模铸造	水玻璃	7~9	7~9	7~9	—	5~8	—	5~8	7~9	7~9
	硅溶胶	4~6	4~6	4~6	—	4~6	—	4~6	4~6	4~6

注：表中所列出的尺寸公差等级是在大批量生产下铸件通常能够达到的尺寸公差等级。

表 A.2 小批量生产或单件生产的毛坯铸件的尺寸公差等级

方法	造型材料	铸件尺寸公差等级 DCTG							
		钢	灰铸铁	球墨铸铁	可锻铸铁	铜合金	轻金属合金	镍基合金	钴基合金
砂型铸造 手工造型	黏土砂	13~15	13~15	13~15	13~15	13~15	11~13	13~15	13~152
	化学黏结剂砂	12~14	11~13	11~13	11~13	10~12	10~12	12~14	12~14

注：1. 表中所列出的尺寸公差等级是砂型铸造小批量或单件时，铸件通常能够达到的尺寸公差等级。
2. 本表也适用于经供需双方商定的本表未列出的其他铸造工艺和铸件材料。

表 A.3 铸件几何公差等级

方法	几何公差等级 GCTG								
	铸钢	灰铸铁	球墨铸铁	可锻铸铁	铜合金	锌合金	轻金属合金	镍基合金	钴基合金
砂型铸造 手工造型	6~8	5~7	5~7	5~7	5~7	5~7	5~7	6~8	6~8
砂型铸造 机器造型和壳型	5~7	4~6	4~6	4~6	4~6	4~6	4~6	5~7	5~7
金属型铸造(不 包括压力铸造)	—	—	—	—	3~5	—	3~5	—	—
压力铸造	—	—	—	—	2~4	2~4	2~4	—	—
熔模铸造	—	3~5	3~5	3~5	3~5	2~4	3~5	—	—

A.4 尺寸公差等级增量

A.4.1 表 2 中的铸件尺寸公差数据可构成一组光滑曲线。这些曲线采用的增量为：$\sqrt{2}$，用于等级 DCTG1~DCTG13；$\sqrt[3]{2}$，用于等级 DCTG13~DCTG16。

A.4.2 铸件的许多尺寸因受分型面和型芯的影响，需要增大尺寸公差，尺寸公差增加量已包括在表 2 中。

A.4.3 本标准还适用于经供需双方商定的本表未列出的其他铸造工艺和铸件材料。

A.4.4 表 A.2 中的数值一般适用于公称尺寸大于 25mm 的铸件。对于较小尺寸的铸件，通常能保证下列较精的尺寸公差：

　　a) 公称尺寸≤10mm：精度等级提高三级；

b) 10mm<公称尺寸≤16mm：精度等级提高二级；

c) 16mm<公称尺寸≤25mm：精度等级提高一级。

A.4.5 对于熔模铸件，根据其最大公称尺寸选用以下相应的公差等级：

a) 最大公称尺寸≤100时，选 DCTG4~DCTG6 级；

b) 100<最大公称尺寸≤400，选 DCTG4~DCTG8 级；

c) 最大公称尺寸>400时，选 DCTG4~DCTG9 级。

A.4.6 对于熔模铸件，采用以下等级时应符合相应的规定：

a) GCTG2 级：只可用于特殊协议；

b) GCTG3 级：外形不带侧向滑块的普通铸件；

c) GCTG4 级：复杂铸件和外形带侧向滑块的铸件。

附 录 B
（资料性）
一般几何公差在铸件上的应用

B.1 总则

如果图样上已注明使用本标准的公差，则一般公差适用于所有未注明几何公差的铸件。

一般形状公差适用于与基准无关的情况。

一般位置公差适用于7.3.3.1中描述的基准系。

一般位置公差（同轴度、对称度）适用于7.3.3.2、7.3.3.3和附录C中描述的基准系。

图 B.1 给出了一般几何公差在铸件上的应用示例。

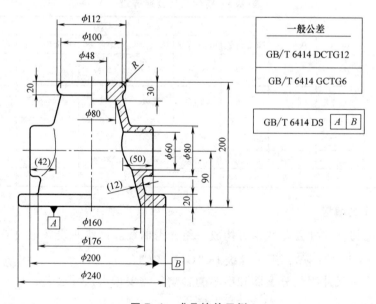

图 B.1 成品铸件示例

B.2 形状公差

B.2.1 直线度公差

一般直线度公差应用于图 B.2 所示的 8 种特征结构。公差值取自表3。

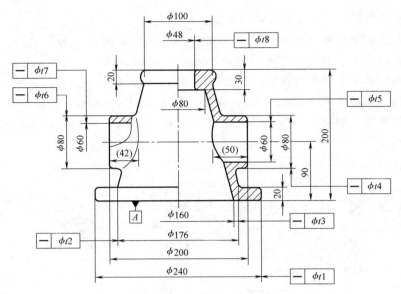

图 B.2 一般直线度公差

以 GCTG6 级为例,这 8 种特征结构如下:
a) 底部凸缘外圆柱的轴线(公称尺寸为 20mm):$t1$ 为 0.6mm。
b) 外锥体的轴线〔公称尺寸为 160mm,即 200mm−20mm(底部)−20mm(顶部)〕:$t2$ 为 1.4mm。
c) 内锥体的轴线〔公称尺寸为 170mm,即 200mm−30mm(顶部)〕:$t3$ 为 1.4mm。
d) 水平的外圆柱的轴线(公称尺寸为 42mm):$t4$ 和 $t6$ 为 0.9mm。
注:如果两个水平的外圆柱的轴线需要共用一个公差带,则需要单独标出直线度公差。
e) 水平孔的轴线(公称尺寸为 50mm):$t5$ 和 $t7$ 为 0.9mm。
注:如果两个水平孔需要共用一个公差带,则需要单独标出直线度公差。
f) 顶部孔的轴线(公称尺寸为 30mm):$t8$ 为 0.6mm。

B.2.2 平面度公差

一般平面度公差应用于图 B.3 所示的 6 种特征结构。公差值取自表 4。

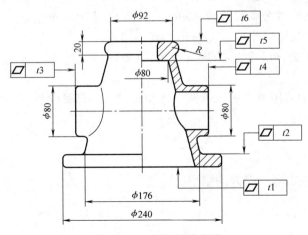

图 B.3 一般平面度公差

以 GCTG6 级为例，这 6 种特征结构如下：
a）底部凸缘的下平面（公称尺寸为 φ240mm）：$t1$ 为 2mm。
b）底部凸缘的上平面（公称尺寸为 φ240mm）：$t2$ 为 2mm。
c）水平圆柱体的左侧和右侧平面（公称尺寸为 φ80mm）：$t3$ 和 $t4$ 为 1.4mm。
d）内锥体小端的平面（公称尺寸为 φ80mm）：$t5$ 为 1.4mm。
e）上部的平面［公称尺寸为 φ92mm，即 112mm-(10×2) mm］：$t6$ 为 1.4mm。

B.2.3 圆度公差

一般圆度公差应用于图 B.4 所示的 9 种特征结构。公差值取自表 5。

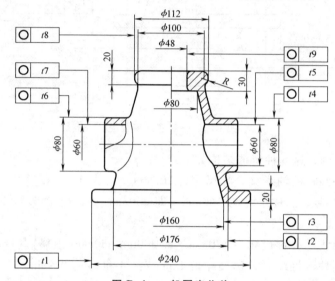

图 B.4　一般圆度公差

以 GCTG6 级为例，这 9 种特征结构如下：
a）底部凸缘的外圆柱（公称尺寸为 φ240mm）：$t1$ 为 3mm。
b）圆锥体的外锥面（公称尺寸为 φ176mm）：$t2$ 为 3mm。
c）圆锥体的内锥面（公称尺寸为 φ160mm）：$t3$ 为 3mm。
d）水平圆柱体的外圆柱面（公称尺寸为 φ80mm）：$t4$ 和 $t6$ 为 2mm。
e）水平孔的内孔面（公称尺寸为 φ60mm）：$t5$ 和 $t7$ 为 2mm。
f）顶部的外圆（公称尺寸为 φ112mm）：$t8$ 为 3mm。
g）顶部的内孔（公称尺寸为 φ48mm）：$t9$ 为 2mm。

B.2.4 圆柱度公差

一般圆柱度公差的应用要考虑以下圆柱体相对的 3 种母线的公差，即：
——一般直线度公差。
——圆度公差。
——平行度公差。
上述每种公差都受其通用公差的限定。

B.3 位置公差

B.3.1 平行度公差

一般平行度公差适用于图 B.5 所示基准的 8 种特征结构。公差值取自表 5。

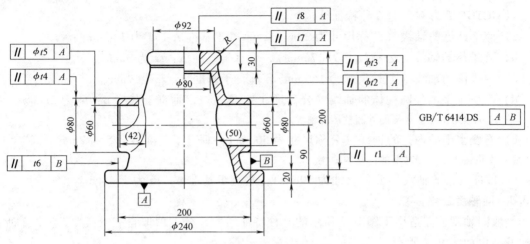

图 B.5 一般平行度公差

以 GCTG6 级为例，这 8 种特征结构如下：

a) 底部凸缘的上表面（公称尺寸为 $\phi240$ mm），平行于基准 A：$t1$ 为 3mm。
b) 水平圆柱体外柱面的左侧和右侧轴线（公称尺寸为 42mm），平行于基准 A：$t2$ 和 $t4$ 为 2mm。

注：如果两个水平圆柱的内柱面的轴线需要共用一个公差带，则需要单独标出一个平行度公差。

c) 水平圆柱体内柱面的左侧和右侧轴线（公称尺寸为 50mm），平行于基准 A：$t3$ 和 $t5$ 为 2mm。

注：如果两个水平圆柱的内柱面的轴线需要共用一个公差带，则需要单独标出一个平行度公差。

d) 水平圆柱体的左侧端面（公称尺寸为 $\phi80$ mm），平行于基准 B：$t6$ 为 3mm。
e) 圆锥体的小端面（公称尺寸为 $\phi80$ mm），平行于基准 A：$t7$ 为 3mm。
f) 上部的平面［公称尺寸为 $\phi92$ mm，也就是 112mm-（10×2）mm］，平行于基准 A：$t8$ 为 2mm。

B.3.2 垂直度公差

一般垂直度公差适用于图 B.6 所示基准的 6 种特征结构。公差值取自表 5。

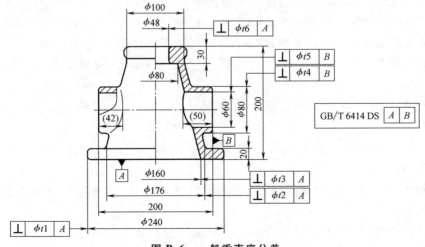

图 B.6 一般垂直度公差

以 GCTG6 级为例，这 6 种特征结构如下：
a) 底部凸缘的轴线（公称尺寸为 20mm），垂直于基准 A：$t1$ 为 1.4mm。
b) 外锥体的轴线（公称尺寸为 176mm），垂直于基准 A：$t2$ 为 3mm。
c) 内锥体的轴线（公称尺寸为 160mm），垂直于基准 A：$t3$ 为 3mm。
d) 右侧水平的外圆柱体的轴线（公称尺寸为 42mm），垂直于基准 B：$t4$ 为 2mm。
注：$t4$ 也适用于左侧水平的外圆柱体的轴线。
e) 右侧水平的内孔的轴线（公称尺寸为 50mm），垂直于基准 B：$t5$ 为 2mm。
注：$t5$ 也适用于左侧水平的内孔的轴线。
f) 顶部内孔的轴线（公称尺寸为 30mm），垂直于基准 A：$t6$ 为 1.4mm。

B.3.3 同轴度公差

一般同轴度公差适用于图 B.7 所示的 9 种特征结构，公差值取自表 6。按 7.3.3.2 所选择的基准也如图 B.7 所示。

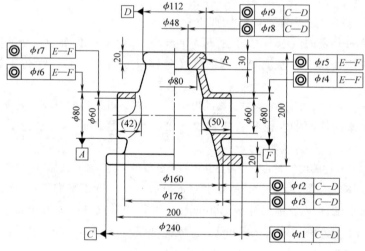

图 B.7 一般同轴度公差

以 GCTG6 级为例，这 9 种特征结构如下：
a) 底部凸缘外圆柱的轴线（公称尺寸为 20mm），同轴于公共基准 C—D：$t1$ 为 2mm。
b) 内锥体的轴线（公称尺寸为 ϕ160mm），同轴于公共基准 C—D：$t2$ 为 4.5mm。
c) 外锥体的轴线（公称尺寸为 ϕ176mm），同轴于公共基准 C—D：$t3$ 为 4.5mm。
d) 右侧水平的外圆柱体的轴线（公称尺寸为 42mm），同轴于公共基准 E—F：$t4$ 为 3mm。
e) 右侧水平的内圆柱体的轴线（公称尺寸为 50mm），同轴于公共基准 E—F：$t5$ 为 3mm。
f) 左侧水平的外圆柱体的轴线（公称尺寸为 42mm），同轴于公共基准 E—F：$t6$ 为 3mm。
g) 左侧水平的内圆柱体的轴线（公称尺寸为 50mm），同轴于公共基准 E—F：$t7$ 为 3mm。
h) 顶部孔的轴线（公称尺寸为 30mm），同轴于公共基准 C—D：$t8$ 为 2mm。

i) 顶部外圆柱体的轴线（公称尺寸为 20mm），同轴于公共基准 $C—D$：$t9$ 为 2mm。

B.3.4 对称度公差

一个一般对称度公差适用于图 B.8 所示的 1 种特征结构，对称于如图所示的 $C—D$，$t1$ 基准。公差值取自表 5。

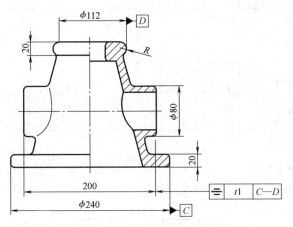

图 B.8　一般对称度公差

一般对称度公差适用于水平圆柱体的两个端面的中间平面（公称尺寸为 $\phi 80$mm），对称于公共基准 $C—D$：$t1$ 为 2mm。

附 录 C
（资料性）
一般几何公差基准

根据 7.3.3，本附录给出了不同情况下的一般几何公差基准的图解，见图 C.1~图 C.7。

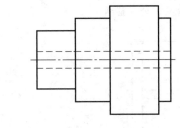

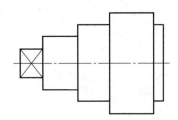

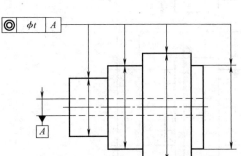

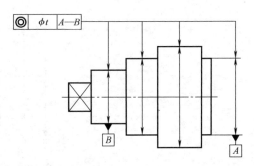

图 C.1　一般同轴度公差的图示及含义，单一基准　　**图 C.2　一般同轴度公差的图示及含义，公共基准**

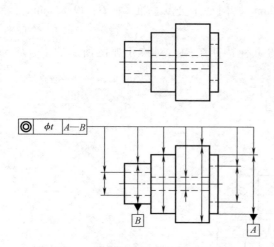

图 C.3 一般同轴度公差的图示及含义，
有最大直径（圆柱外径）的公共基准

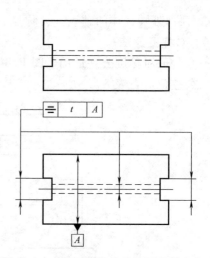

图 C.4 一般对称度公差的图示及含义，
单一基准

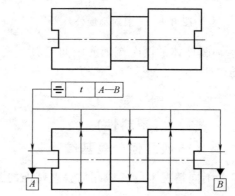

图 C.5 一般对称度公差的图示及含义，公共基准

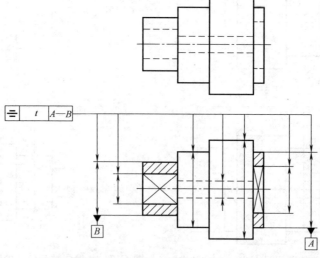

图 C.6 一般对称度公差的图示及含义，有最大尺寸的公共基准

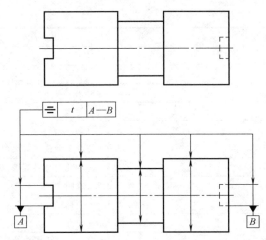

图 C.7 一般对称度公差的图示及含义，公共基准，一个圆柱形基准

附 录 D
（规范性）
机械加工余量等级（RMAG）

推荐用于各种铸造合金及铸造方法的机械加工余量等级列于表 D.1 中。

表 D.1 铸件的机械加工余量等级

方法	机械加工余量等级								
	钢	灰铸铁	球墨铸铁	可锻铸铁	铜合金	锌合金	轻金属合金	镍基合金	钴基合金
砂型铸造 手工铸造	G~J	F~H	F~H	F~H	F~H	F~H	F~H	G~K	G~K
砂型铸造 机器造型和壳型	F~H	E~G	E~G	E~G	E~G	E~G	E~G	F~H	F~H
金属型 （重力铸造和低压铸造）	—	D~F	D~F	D~F	D~F	D~F	D~F	—	—
压力铸造	—	—	—	—	B~D	B~D	B~D	—	—
熔模铸造	E	E	E	—	E	—	E	E	E

注：本表也适用于经供需双方商定的本表未列出的其他铸造工艺和铸件材料。

附 录 E
（资料性）
本标准与 ISO 8062-3：2007 的章条编号对照表

本标准与 ISO 8062-3：2007 的章条编号对照一览表见表 E.1。

表 E.1 本标准与 ISO 8062-3：2007 的章条编号对照一览表

本标准章条编号	ISO 8062-3：2007 章条编号
1 范围	1 范围
2 规范性引用文件	2 规范性引用文件
3 术语和定义	3 术语和定义

(续)

本标准章条编号	ISO 8062-3:2007 章条编号
4 尺寸标注	—
5 倾斜要素	—
6 缩略语	4 缩略语
7 公差等级	5 公差等级
7.1 总则	5.1 总则
7.2 铸件尺寸公差等级(DCTG)	5.2 铸件尺寸公差等级(DCTG)
7.3 铸件几何公差等级(GCTG)	5.3 铸件几何公差等级(GCTG)
7.3.1 总则	5.3.1 总则
7.3.2 公称尺寸	5.3.2 公称尺寸
7.3.3 基准	5.3.3 基准
7.3.3.1 一般位置公差的基准	5.3.3.1 一般位置公差的基准
7.3.3.2 一般同轴度公差的基准	5.3.3.2 一般同轴度公差的基准
7.3.3.3 一般对称度公差的基准	5.3.3.3 一般对称度公差的基准
8 错型(SMI)	6 错型(SMI)
9 壁厚公差	7 壁厚
10 机械加工余量(RMA)	8 要求的机械加工余量等级(RMA)
10.1 总则	8.1 总则
10.2 机械加工余量等级(RMAG)	8.2 要求的机械加工余量等级(RMAG)
11 图样上的标注	9 图样上的标注
11.1 铸件一般尺寸公差的标注	9.1 铸件通用尺寸公差的标注
11.2 机械加工余量的标注	9.2 要求的机械加工余量的标注
11.3 铸件几何公差的标注	9.3 铸件几何公差的标注
	10 报废
附录 A(规范性附录) 铸件公差	附录 A(规范性附录) 铸件公差
附录 B(资料性附录) 一般几何公差在铸件上的应用	附录 E(资料性附录) 一般几何公差在铸件上的应用
附录 C(资料性附录) 一般几何公差基准	附录 D(资料性附录) 一般几何公差基准
附录 D(规范性附录) 机械加工余量等级(RMAG)	附录 B(资料性附录) 要求的机械加工余量等级
附录 E(资料性附录) 本标准与 ISO 8062-3:2007 的章条编号对照表	—
—	附录 C(资料性附录) 一般公差特征的概念
—	附录 F(资料性附录) 与产品几何规范(GPS)矩阵模型的关系

第二节 铸件重量公差

王 芳 崔兰芳

一、标准概况

铸件重量公差相关标准的发展过程见图 5.2-1。行业标准 JB/T 2580—1979《铸钢件机械加工余量尺寸公差和重量偏差》和 JB/T 2854—1980《铸铁件机械加工余量尺寸公差和重量偏差》分别于 1979 年和 1980 年首次制定发布。国家标准 GB/T 11351—1989《铸件重量公差》于 1989 年首次制定发布，原 JB/T 2580—1979 和 JB/T 2854—1980 作废。GB/T 11351—2017《铸件重量公差》于 2017 年 11 月 1 日由国家标准化管理委员会批准发布，2018 年 5 月 1 日实施，代替 GB/T 11351—1989。

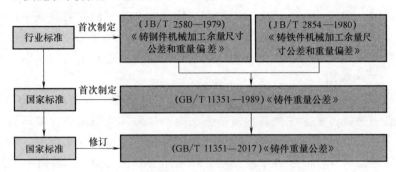

图 5.2-1　铸件重量公差相关标准的发展过程

GB/T 11351—2017《铸件重量公差》是通用基础性标准，具备广泛的实用性、科学性，是铸件设计、生产、质量验收的依据。GB/T 11351—2017《铸件重量公差》是在充分分析国外标准，吸取其长处，以及在对十多家企业进行调查、征集数据，并经过对 50 多种铸件实测称重，共获取 3000 多个测量数据的基础上，按与 GB/T 6414—2017《铸件 尺寸公差、几何公差与机械加工余量》配套的原则制定的。

二、标准主要内容说明

1. 范围

适用范围有了较大的扩展。GB/T 11351—1989 适用于砂型铸造、金属型铸造、压力铸造、低压铸造和熔模铸造等方法生产的各种金属及合金铸件；GB/T 11351—2017 适用于各种铸造方法生产的铸件，各种铸造方法包括：砂型铸造（手工造型、机器造型及壳型、湿砂型、自硬砂造型）、铁型覆砂铸造、金属型铸造、压力铸造、熔模铸造（水玻璃、硅溶胶）、低压铸造、消失模铸造、V 法铸造等，铸件材料包括：铸钢、灰铸铁、球墨铸铁、可锻铸铁、铜合金、轻金属合金、镍基合金、钴基合金等。与 GB/T 11351—1989 相比，GB/T 11351—2017 增加了消失模铸造、V 法铸造、铁型覆砂铸造方法生产的铸件，这是因为在 GB/T 11351—1989 制定时的生产条件下，这三种铸造工艺尚不成熟，没有形成规模生产，目前这三种铸造方法已经广泛应用，生产工艺是成熟稳定的，铸件质量也是可靠稳定的。

2. 基本原则

与 GB/T 11351—1989 相比，GB/T 11351—2017 在基本原则部分做了较大修改，增加了 3 个一级标题，即重量公差的等级和代号、铸件公称重量的确定、重量公差的选用，使标准的章条结构清晰，方便标准使用者。

（1）重量公差的等级和代号　重量公差的代号用字母"MT"，字母"MT"为英文"mass tolerance"重量公差字头的缩写。重量公差等级与尺寸公差等级（GB/T 6414—2017《铸件 尺寸公差、几何公差与机械加工余量》）相对应。重量公差等级共分 16 级，MT1～MT16。重量公差等级列于 GB/T 11351—2017 中表 1，表中规定了不同公称重量范围对应的重量公差等级（MT）和重量公差数值（%）。

(2) 铸件公称重量的确定　GB/T 11351—2017 规定了三种铸件公称重量确定的方法。由于铸件重量公差与尺寸公差相关，GB/T 11351—2017 与 GB/T 6414—2017《铸件 尺寸公差、几何公差与机械加工余量》配套使用。铸件的铸造工艺方案确定后，机械加工余量和工艺余量是定值，而尺寸偏差是变量。根据尺寸公差和重量公差对应测量统计分析结果表明：铸件的尺寸精度对铸件重量公差的影响是非常明显的，尺寸公差按幂函数变化，重量公差呈现出负指数变化，尺寸公差、机械加工余量和重量公差是相关的。

(3) 重量公差的选用

1) 对应一定的重量公差等级，重量公差值应按公称重量所在范围从 GB/T 11351—2017 表 1 中选取。表中的数值是考虑到各种铸造方法生产的铸件而制定的，如压力铸造和熔模铸造铸件大多为小件，重量轻，精度高，无机械加工余量或少机械加工余量，所以重量公差要求高一些。公称重量从 0.4kg 起，重量公差分段采用公差优先数 R5 系列中的部分档次，最大 40000kg，基本上能满足绝大多数铸件的需要。GB/T 11351—2017 表 1 中的公差值从左向右，随着公差等级的增大而增加；从上向下，随着公称重量的增大而减小；表中的重量公差数值均为上下偏差之和。

一般情况下，一种铸件只能选择一个重量公差等级，即上下偏差是相同的。但也可以将下偏差的等级提高，如上偏差为 MT10 级，下偏差为 MT8 级。下偏差原则上不能比上偏差大。

2) 小批和单件生产的铸件，重量公差等级可参考 GB/T 11351—2017 附录 A 中的表 A.1 选取；一般情况下，重量公差等级应与尺寸公差等级对应选取。例如，如尺寸公差等级按 DCTG10 级，重量公差等级也应按 MT10 级，原则上重量公差等级可以提高，但不可以降低。

批量生产的铸件，重量公差等级的选取可参考 GB/T 11351—2017 附录 B 中的表 B.1 选取。

3) 一般情况下，重量公差按对称公差选取。在实际生产中，重要的是保持铸件尺寸的一致性，尺寸的一致性保证了铸件重量偏差的一致性，便于后续的机械加工，尤其对于大批量生产和机械加工的铸件，保持尺寸或重量的一致性是极其重要的。

4) 有特殊要求的重量公差，应在图样或技术文件中注明。当有特殊要求重量公差不能按常规选定时，可由供需双方商定后，在图样或技术文件中注明，作为验收的依据。特殊要求的重量公差值可以不受等级限制，但数值上应尽量从 GB/T 11351—2017 表 1 中选取。

3. 标注方法

1) 当铸件的重量公差作为验收依据时，应在图样或技术文件中注明。

2) 当重量公差为对称公差时，标注为：GB/T 11351 MT 10 级。

3) 当重量公差的上下偏差不同时，应单独标注。

4. 检验方法

1) 铸件重量公差的检验方法采用称量法。铸件的公称重量和被检铸件的重量应选择同一精度等级的计量器具称量。计量器具需经过计量校定。

2) 如实称重量在公差范围之内，则被检铸件的重量合格。

评定方法规定，被检铸件的实际重量小于或等于公称重量加上重量公差的上偏差之和，以及大于或等于公称重量减去下偏差之差时，则铸件重量合格。如实际重量超出重量公差的范围，即大于最大允许值或小于最小允许值时，则铸件重量不合格。

5. 标准的主要验证分析

验证范围包括铸铁件、铸钢件、有色合金铸件等，工艺方法涉及机器造型、手工造型、金属型、熔模铸造、压铸等。经过对测量数据分类、统计，经过数理分析处理，得出铸件重量的波动范围。在标准制定过程中，以数理统计理论为基础，按金属材料和工艺方法分类，较系统地研究了铸件重量的分布及变化规律，使该标准具有较强的科学性和规律性。

铸件重量公差数据验证分析实例：

1）成批生产的 QT 450-10 轮毂，公称重量 38.2kg，采用砂型铸造机器造型，根据 GB/T 11351—2017 表 3 选取重量公差等级 MT10。GB/T 11351—2017 表 1 中公称重量 38.2kg 的重量公差等级 MT10 对应的重量公差数值为 12%，按对称公差选取±6%，则公称重量 38.2kg 的重量公差为±2.3kg，标准规定的重量范围为 35.9～40.5kg。实测一批 QT450-10 轮毂重量数据的正态分布图如图 5.2-2 所示。

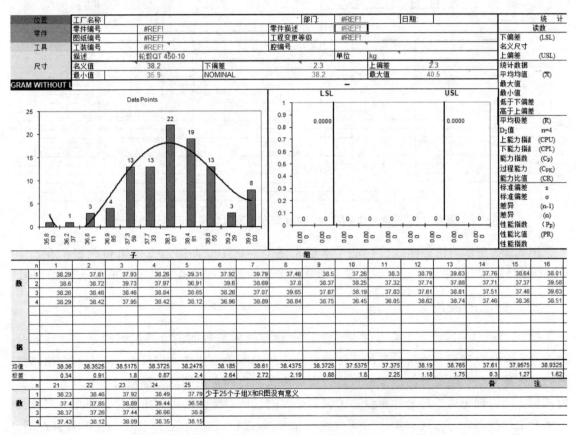

图 5.2-2　实测一批 QT450-10 轮毂重量数据的正态分布图

图 5.2-2 所示的正态曲线，验证了本例实测一批 100 件轮毂的重量数据，在选取 GB/T 11351—2017 中表 1 规定的重量公差数值范围内，出现的概率是呈现正态分布规律的。

2）成批生产的 ZG270-500 固定支座，公称重量 1.0kg，采用铁型覆砂造型，根据 GB/T 11351—2017 附录 B 中的表 B.1 选取重量公差等级 MT11。GB/T 11351—2017 表 1 中公称重量 1.0kg 的重量公差等级 MT11 对应的重量公差数值为 20%，按对称公差选取±10%，则公称重量 1.0kg 的重量公差为±0.10kg，标准规定的重量范围为 0.90kg～1.10kg。实测一批

ZG270-500 固定支座重量数据的正态分布图如图 5. 2-3 所示。

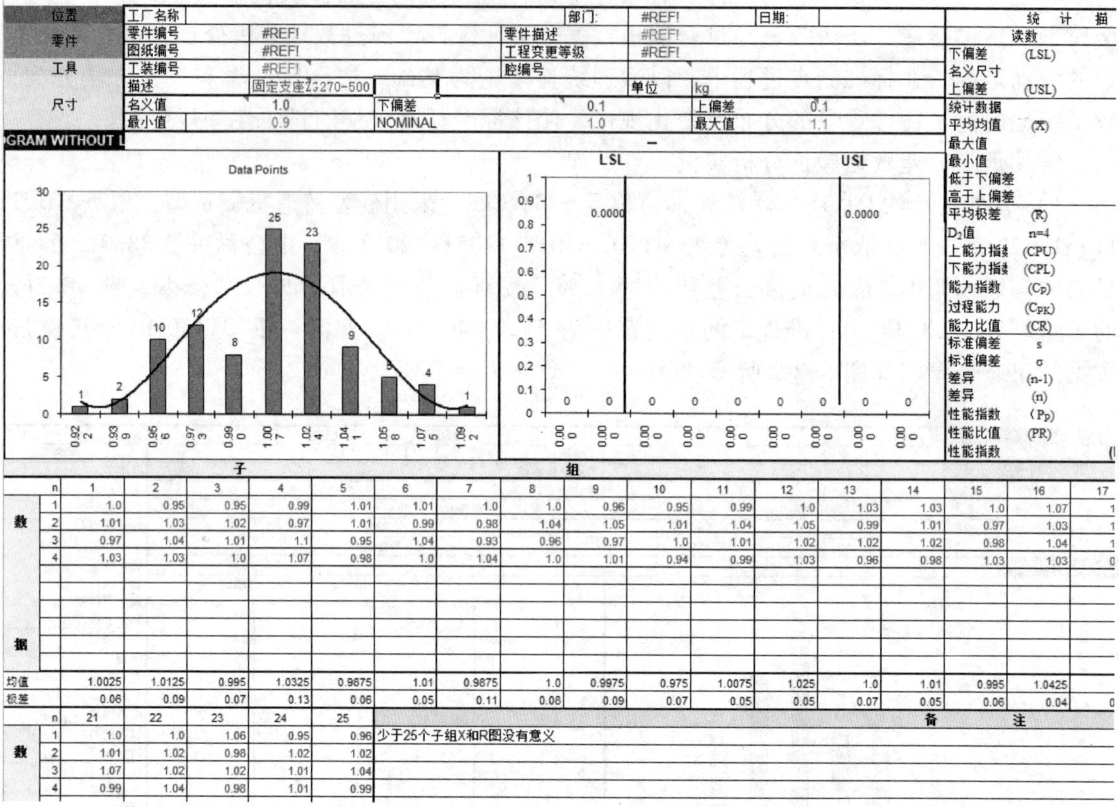

n	1	2	3	4	5	6	7	8	9	10	11	12	13	14	15	16	17
数据 1	1.0	0.95	0.95	0.99	1.01	1.01	1.0	1.0	0.96	0.95	0.99	1.0	1.03	1.03	1.0	1.07	1
2	1.01	1.03	1.02	0.97	1.01	0.99	0.98	1.04	1.05	1.01	1.04	1.05	0.99	1.01	0.97	1.03	1
3	0.97	1.04	1.01	1.1	0.95	1.04	0.93	0.96	0.97	1.0	1.01	1.02	1.02	1.02	0.98	1.04	1
4	1.03	1.03	1.0	1.07	0.98	1.0	1.04	1.0	1.01	0.94	0.99	1.03	0.96	0.98	1.03	1.03	0
均值	1.0025	1.0125	0.995	1.0325	0.9875	1.01	0.9875	1.0	0.9975	0.975	1.0075	1.025	1.0	1.01	0.995	1.0425	
极差	0.06	0.09	0.07	0.13	0.06	0.05	0.11	0.08	0.09	0.07	0.05	0.05	0.07	0.05	0.06	0.04	0

n	21	22	23	24	25	备注
数据 1	1.0	1.0	1.06	0.95	0.96	少于25个子组X和R图没有意义
2	1.01	1.02	0.98	1.02	1.02	
3	1.07	1.02	1.02	1.01	1.04	
4	0.99	1.04	0.98	1.01	0.99	

图 5. 2-3 实测一批 ZG270-500 固定支座重量数据的正态分布图

图 5. 2-3 所示的正态曲线，验证了本例实测的一批 100 件固定支座重量数据，在选取 GB/T 11351—2017 中表 1 规定的重量公差数值范围内，出现的概率是呈现正态分布规律的。

三、标准的应用

GB/T 11351—2017 主要解决了铸件实际重量和公称重量间的合理偏差问题。铸件的公称重量有时难以确定，通常铸件的公称重量和铸件实际重量往往差别较大，应在对合格铸件进行实际称重后，与设计的给定重量进行比对修正，再确定正确的公称重量，并以此作为验收依据，所以确定铸造的公称重量是关键。必要时，应对铸件的公称重量进行修正，对成批与大量生产的铸件，公称重量应定期检定（半年或一年），在工艺方案或工装模具修改后，应进行复查，及时修正公称重量数据。

对压铸件和熔模铸件，应加强周期性检测。随着模具使用次数的增多，模具尺寸偏差的变大，铸件的实际重量与公称重量的偏差会加大，所以要定期周期性地检查修正模具尺寸，或者当生产到一定数量的铸件时，修正铸件的公称重量。对手工造型的铸件，重量公差等级比机器造型的铸件重量公差提高三级。对有特殊要求的重量公差不能按常规选定时，可按双方商定的重量作为验收依据，特殊要求的重量公差值可以不受等级限制，但数值应尽量从标准的铸件重量公差值中选取。

四、标准内容

GB/T 11351—2017

铸件重量公差

1 范围

本标准规定了铸件重量公差(以下简称重量公差)的术语和定义、基本原则、标注方法和检验方法。

本标准适用于各种铸造方法生产的铸件。

2 术语和定义

下列术语和定义适用于本文件。

2.1 铸件公称重量 nominal mass of casting

根据铸件图计算的重量或根据供需双方认定合格的铸件重量或按照一定方法确定的被检铸件的基准重量,包括铸件机械加工余量及其他工艺余量等因素引起的铸件重量的变动量。

2.2 铸件重量公差 mass tolerance of casting

铸件实际重量与公称重量的差与铸件公称重量的比值(用百分率表示)。

2.3 重量公差等级 mass tolerance grade

铸件重量公差大小程度的级别。

2.4 实际重量 actural mass

被检铸件的实测重量。

3 基本原则

3.1 重量公差的等级和代号

重量公差的代号用字母"MT"表示。重量公差等级共分16级,MT1~MT16。重量公差等级列于表1。

3.2 铸件公称重量的确定

3.2.1 批量生产时,从供需双方共同认定的首批合格铸件中随机抽取不少于10件的铸件,以实称重量的平均值作为公称重量。

3.2.2 小批和单件生产时,以计算重量或供需双方共同认定的合格铸件的实称重量作为公称重量。

3.2.3 以供需双方共同认定的标准样品或计算方法得到的重量作为公称重量。

3.3 重量公差的选用

3.3.1 对应一定的重量公差等级,重量公差值应按公称重量所在范围从表1中选取。

表1 铸件重量公差数值

公称重量/kg	重量公差等级 MT															
	1	2	3	4	5	6	7	8	9	10	11	12	13	14	15	16
	重量公差数值(%)															
≤0.4	4	5	6	8	10	12	14	16	18	20	24	—	—	—	—	—
>0.4~1	3	4	5	6	8	10	12	14	16	18	20	24	—	—	—	—

（续）

公称重量/kg	重量公差等级 MT															
	1	2	3	4	5	6	7	8	9	10	11	12	13	14	15	16
	重量公差数值(%)															
>1~4	2	3	4	5	6	8	10	12	14	16	18	20	24	—	—	—
>4~10	—	2	3	4	5	6	8	10	12	14	16	18	20	24	—	—
>10~40	—	—	2	3	4	5	6	8	10	12	14	16	18	20	24	—
>40~100	—	—	—	2	3	4	5	6	8	10	12	14	16	18	20	24
>100~400	—	—	—	—	2	3	4	5	6	8	10	12	14	16	18	20
>400~1000	—	—	—	—	—	2	3	4	5	6	8	10	12	14	16	18
>1000~4000	—	—	—	—	—	—	2	3	4	5	6	8	10	12	14	16
>4000~10000	—	—	—	—	—	—	—	2	3	4	5	6	8	10	12	14
>10000~40000	—	—	—	—	—	—	—	—	2	3	4	5	6	8	10	12
>40000	—	—	—	—	—	—	—	—	—	2	3	4	5	6	8	10

3.3.2 小批量和单件生产的铸件，重量公差等级的选取可参考附录A表A.1。批量生产的铸件，重量公差等级的选取可参考附录B表B.1。

3.3.3 一般情况下，重量公差按对称公差选取。

3.3.4 有特殊要求的重量公差，应在图样或技术文件中注明。

4 标注方法

4.1 当铸件的重量公差作为验收依据时，应在图样或技术文件中注明。

4.2 当重量公差为对称公差时，标注为：GB/T 11351 MT 10级。

4.3 当重量公差的上、下偏差不同时，应单独标注。

5 检验方法

5.1 铸件重量公差的检验方法采用称量法。铸件的公称重量和被检铸件的重量应选择同一精度等级的计量器具称量。

5.2 如实称重量在公差范围之内，则被检铸件的重量合格。

附 录 A
（资料性附录）
小批量和单件生产的铸件重量公差等级

用于小批量和单件生产的铸件重量公差等级见表A.1。

表A.1 用于小批量和单件生产的铸件重量公差等级

铸造工艺	重量公差等级 MT								
	铸钢	灰铸铁	球墨铸铁	可锻铸铁	铜合金	锌合金	轻金属合金	镍基合金	钴基合金
湿型砂铸造	11~13	11~13	11~13	11~13	11~13	11~13	11~13	11~13	11~13
自硬砂铸造	12~14	11~13	11~13	11~13	10~12	12~14	10~12	12~14	12~14
消失模铸造	11~13	11~13	11~13	11~13	—	—	—	—	—
V法铸造	12~14	11~13	11~13	11~13	—	—	—	—	—
熔模铸造	4~6	4~6	4~6	—	4~6	—	4~6	4~6	4~6

附 录 B
（资料性附录）
成批和大批量生产的铸件重量公差等级

用于成批和大批量生产的铸件重量公差等级见表 B.1。

表 B.1 用于成批和大批量生产的铸件重量公差等级

工艺方法		重量公差等级 MT								
		铸钢	灰铸铁	球墨铸铁	可锻铸铁	铜合金	锌合金	轻金属合金	镍基合金	钴基合金
砂型铸造手工造型		11~14	11~14	11~14	11~14	10~13	10~13	9~12	11~14	11~14
砂型铸造机器造型及壳型		8~12	8~12	8~12	8~12	8~10	8~10	7~9	8~12	8~12
铁型覆砂		8~12	8~12	8~12	8~12	—	—	—	—	—
金属型铸造低压铸造		—	8~10	8~10	8~10	8~10	7~9	7~9	—	—
压力铸造		—	—	—	—	6~8	4~6	4~6	—	—
熔模铸造	水玻璃	7~9	7~9	7~9	—	5~8	—	5~8	7~9	7~9
	硅溶胶	4~6	4~6	4~6	—	4~6	—	4~6	4~6	4~6

第三节 铸造表面粗糙度 评定方法

夏少华

一、标准概况

长期以来，与铸件表面粗糙度测试评价相关的国家标准有 GB/T 6060.1—1997《表面粗糙度比较样块铸造表面》、GB/T 15056—1994《铸造表面粗糙度评定方法》。随着人们对表面粗糙度测试评价方法的认识与研究进一步深入，针对表面粗糙度的二维评价标准和检测装置在某些工况下往往具有局限性，三维评价标准及相应的检测方法与检测装置已成为国内外铸造工作者广泛关注的课题。

新修订的 GB/T 15056—2017《铸造表面粗糙度 评定方法》于 2017 年 11 月 1 日正式发布，2018 年 5 月 1 日实施。

二、标准主要内容说明

GB/T 15056—2017 对适用范围进行了细化和明确，规定了铸造缺陷与非铸造缺陷以及精整后的铸造表面不作为被检表面，铸造表面粗糙度等级应符合 GB/T 6060.1—1997 中表 1 的规定。

在铸造表面粗糙度比较样块的比对方法中，针对标准之前并未对检测环境要求做出相关规定，而国外相关表面粗糙度检测标准均对作业环境的光照度有相关的要求，本次修订时在4.4条中增加了对检测环境光照度的建议要求（光照度不低于350lx），光照度是一个物理术语，指示光照的强弱和物体表面积被照明程度的量。根据GB 50034—2013《建筑照明设计标准》规定，工业建筑或机械加工一般加工公差≥0.1mm时，光照度标准值规定应达到300lx且另加局部照明。在参考了国外相关标准后，GB/T 15056—2017对光照度做出了不低于350lx的规定，以保证检测结果的可靠性与真实性。

在铸造表面粗糙度参数值等级的评定中，5.2条修改了样块选择的基本要求，特别强调了应选择不小于检测单元面积尺寸的样块对检测单元逐一进行比对，提高了检验结果的可靠性。该标准规定用轮廓平均算术偏差 Ra 的指标来评定表面粗糙度，单位为μm。国内企业实际生产中都是用 Ra 指标；日本常用 R_{max} 指标，相当于轮廓最大高度偏差 Rz 指标；欧美国家常用VDI3400标准来标示表面粗糙度，夏米尔纹的CH标准等同于VDI3400标准。表5.3-1为VDI3400、Ra、R_{max} 对照表。

表5.3-1 VDI3400、Ra、R_{max} 对照表

VDI3400(CH)	Ra/μm	R_{max}/μm	VDI3400(CH)	Ra/μm	R_{max}/μm
0	0.1	0.4	24	1.6	6.5
6	0.2	0.8	27	2.2	10.5
12	0.4	1.5	30	3.2	12.5
15	0.56	2.4	33	4.5	17.5
18	0.8	3.3	36	6.3	24
21	1.12	4.7			

评定表面粗糙度应规定一段基准线长度作为取样长度。取样长度应根据零件实际表面的形成情况及纹理特征，选取能反映表面粗糙度特征的那一段长度。量取取样长度时，应根据实际表面轮廓的总的走向进行。规定和选择取样长度是为了限制和减弱表面波纹度和形状误差对表面粗糙度的测量结果的影响。评定长度是评定轮廓所必需的一段长度，它可包括一个或几个取样长度。由于零件表面各部分的表面粗糙度不一定很均匀，在一个取样长度上往往不能合理地反映某一表面粗糙度特征，故需在表面上取几个取样长度来评定表面粗糙度。评定长度一般包含5个取样长度。为了在使用比较样块评定铸造表面粗糙度时能得出科学的和定量的判定结果，在GB/T 15056—2017中规定，用网格划分检测单元后，对每一检测单元逐一进行对比，最后以统计计算的方法进行判定。在标准中规定了不同面积的被检铸造表面划分检测单元的最少个数；同时明确规定以被检铸造表面中80%的检测单元所达到的最大参数值的等级，作为该铸造表面粗糙度等级；并强调规定，其余20%检测单元的表面粗糙度等级不得大于以80%检测单元所测定的表面粗糙度等级一级以上；若超一个等级以上时，则被测铸造表面的表面粗糙度按20%检测单元比所达到的最大参数值等级的小一级参数值评定。

另外，标准5.2条的表1中增加了被检铸造表面面积小于10000mm²的要求，规定应采用不少于2个样块对被检区域进行检测，提高了标准的适用范围。标准5.6条修改了被检铸造表面面积小于10000mm²的等级评定要求，以被检铸造表面最大的表面粗糙度等级评定。

GB/T 15056—2017补充了对表面粗糙度的记录要求。在铸造表面粗糙度评定示例部分

增加了示例4，具体说明了当被检铸造表面面积小于10000mm²时的评定方法。

为计算简便，所划分的单元数应以5的倍数为宜。实际检测表明：检测单元数划分得越多，越有利于剔除较粗的20%部分。这些内容的修订，对进一步完善和丰富铸件表面粗糙度测量和评价方法具有较好的指导作用，有助于提高铸件表面质量水平。

三、标准的特点及应用

1. 标准的特点

铸造表面质量受诸多因素的影响，是一个比较复杂的问题。同一铸件的表面有不尽相同的表面粗糙度。如上表面和下表面、外层和内腔的表面粗糙度差异很大，作为设计图样就应有不同的标注。当前企业一般采用经验估测的方法来评定铸造表面粗糙度，这是不够准确的。为了能够较精确地测定表面粗糙度参数，比较科学的做法是按评定方法标准中所规定的网格划分检测单元的方法，用比较样块近似半定量的方式来确定被检表面的参数值。为适应80%比例，在划分检测单元数时，选5的倍数为好，这样便于计算。用标准规定检测单元内以最粗处的等级评定为该检测单元的表面粗糙度，所以划分检测单元数越多，判定结果越准确。如果需仲裁或进一步精确评定表面粗糙度时，应使用表面粗糙度轮廓仪进行检测。

2. 标准的应用

铸造表面粗糙度评定方法是铸造行业的一项通用基础性标准。铸造表面粗糙度评定方法标准的制定，必将对规范铸件表面质量起到促进作用，对铸造企业控制铸件表面质量，对铸件用户验收铸件都具有技术指导作用。对于铸件表面质量的具体考核指标，铸造企业或铸件用户都有严格的内控标准。随着铸造生产技术的发展进步和对铸件质量需求的变化，铸造企业可根据用户的实际需求和企业的实际生产水平，依据该标准制定更为严格的企业内控标准。

GB/T 15056—2017规定了铸造表面粗糙度的评定方法，标准用定性的工具——样块比对法得到近似定量的评定结果，这是对评定铸造表面粗糙度的一项重要补充。标准为制作表面粗糙度比对样块提供了应遵循的技术规范，并为设计人员选择和规定铸件表面粗糙度提供依据。该标准实施后，在促进技术交流，提高产品质量，扩大对外贸易和开展国内质量评比等方面起到了积极作用。该标准对于铸件的生产、检验、销售及售后服务，制修订其他铸造标准，编制工艺技术文件，编写铸造专业出版物，进行铸造专业技术教育，以及进行国际、国内技术交流等许多方面都具有十分重要的意义。

四、标准内容

GB/T 15056—2017

铸造表面粗糙度　评定方法

1 范围

本标准规定了铸造表面粗糙度参数值等级、铸造表面粗糙度比较样块的比对方法、铸造表面粗糙度参数值等级的评定、检测结果的记录及铸造表面粗糙度评定示例等。

本标准适用于采用GB/T 6060.1规定的铸造表面粗糙度比较样块对铸造表面粗糙度的检验。

本标准不适用于浇口、冒口、补贴的残余表面等区域的评定。

2 规范性引用文件

下列文件对于本文件的应用是必不可少的。凡是注日期的引用文件，仅注日期的版本适用于本文件。凡是不注日期的引用文件，其最新版本（包括所有的修改单）适用于本文件。

GB/T 6060.1 表面粗糙度比较样块 铸造表面

3 铸造表面粗糙度参数值等级

铸造表面粗糙度参数值应符合 GB/T 6060.1—1997 中表 1 的规定。

4 铸造表面粗糙度比较样块的比对方法

4.1 用符合 GB/T 6060.1 规定的铸造表面粗糙度比较样块，对被检铸件的铸造表面用视觉或触觉的方法进行对比。

4.2 应选用与铸件合金材质和工艺方法相近的样块进行比对。

4.3 被检的铸造表面应清理干净，样块表面和被检铸造表面都不应有油污、锈蚀。

4.4 视觉比对时应在光照度不低于 350lx 的条件下进行，也可借助放大镜观察比对，放大镜倍数应在 1~5 倍之间。

4.5 当视觉比对无法准确判定被检表面粗糙度值时，可辅助采用触觉比对来再次确认表面粗糙度值。触觉比对时应用手指在被检铸造表面和相近二个参数值等级比较样块表面触摸，获得同样感觉的那个等级即为被检铸造表面粗糙度数值。当表面粗糙度值介于比较样块两级参数值之间时，依据数值大的等级进行评定。

5 铸造表面粗糙度参数值等级的评定

5.1 对被检铸造表面均匀划分若干个检测单元，用样块对检测单元逐一进行比对。

5.2 划分检测单元数目应符合表 1 的规定。每个检测单元面积不应小于样块的面积。

表 1 检测单元数

被检测铸造表面面积/mm^2	<10000	10000~100000	>100000~1000000	>1000000
检测单元数/个	不少于 2	不少于 5	不少于 10	不少于 20

5.3 检测单元的表面粗糙度应以该单元内表面粗糙度最大值评定。当表面粗糙度介于比较样块两级值之间时，以数值大的等级评定。

5.4 将所有检测单元的表面粗糙度从小到大排列，以从最小值开始的 80% 检测单元数中的最大值定为该铸造表面粗糙度，但其余 20% 检测单元的表面粗糙度最大值比所评定的表面粗糙度值不应大于一个等级以上。

5.5 当其余 20% 检测单元的最大表面粗糙度值比 80% 检测单元表面粗糙度最大值大两个或两个以上等级时，则以这 20% 检测单元中最大表面粗糙度等级小一级的值定为被检铸造表面粗糙度。

5.6 被检铸造表面面积小于 10000mm^2 时，以被检铸造表面最大的表面粗糙度值评定。

5.7 当供需双方对比较样块所评定的结果有争议时，应采用表面粗糙度轮廓仪进行检测。

6 检测结果的记录

记录应至少包含以下内容：

——铸件的名称与编号；

——检测单元数与检测区域位置；

——检测方法与所使用样块；

——每个检测区域的表面粗糙度值；

——检查人员的姓名和日期。

如果需方有需要，供方应提供表面粗糙度表面检查结果记录。

7 铸造表面粗糙度评定示例

铸造表面粗糙度评定示例，见示例1~示例4。

示例1：

如被检铸造表面分为10个检测单元，各检测单元最大表面粗糙度为：$Ra25$；$Ra25$；$Ra12.5$；$Ra25$；$Ra12.5$；$Ra25$；$Ra50$；$Ra12.5$；$Ra25$；$Ra50$。其中$Ra12.5$有3个，$Ra25$有5个，$Ra50$有2个。

80%检测单元中表面粗糙度有$Ra12.5$，$Ra25$，则最大值为$Ra25$；

20%检测单元中表面粗糙度有$Ra50$，则最大值为$Ra50$，高$Ra25$一个等级。

根据5.4，则该被检铸造表面粗糙度为$Ra25$。

示例2：

如被检铸造表面分为10个检测单元，各检测单元最大表面粗糙度为：$Ra25$；$Ra25$；$Ra50$；$Ra12.5$；$Ra50$；$Ra25$；$Ra12.5$；$Ra25$；$Ra25$。其中$Ra12.5$有2个，$Ra25$有5个，$Ra50$有3个。

80%检测单元中表面粗糙度有$Ra12.5$，$Ra25$，$Ra50$，则最大值为$Ra50$；

20%检测单元中表面粗糙度有$Ra50$，则最大值为$Ra50$。

根据5.4，则该被检铸造表面粗糙度为$Ra50$。

示例3：

如被检铸造表面分为10个检测单元，各检测单元最大表面粗糙度为：$Ra25$；$Ra25$；$Ra25$；$Ra100$；$Ra12.5$；$Ra25$；$Ra12.5$；$Ra12.5$；$Ra25$。其中$Ra12.5$有3个，$Ra25$有5个，$Ra50$有1个，$Ra100$有1个。

80%检测单元中表面粗糙度有$Ra12.5$，$Ra25$，则最大值为$Ra25$；

20%检测单元中表面粗糙度值有$Ra50$，$Ra100$，则最大值为$Ra100$。

根据5.5，以20%检测单元最大值等级的小一级定为该检铸造粗糙度，则该被检铸造表面粗糙度为$Ra50$。

示例4：

如被检铸造表面面积小于10000mm^2，各检测单元最大参数值等级为：$Ra25$；$Ra50$；$Ra25$；$Ra100$。

根据5.6，以被检铸造表面粗糙度最大值评定，则该被检铸造表面粗糙度为$Ra100$。

第四节　铸件X射线数字成像检测

李兴捷　朱　智

一、标准概况

随着电子信息与计算机技术的进步，射线数字成像检测技术得到了迅猛发展。射线数字成像技术具有检测速度快、成本低、图像计算机处理、数字存储传输、计算机评定等特点，正在逐步取代传统的胶片射线照相检测，得到广泛应用。

GB/T 39638—2020《铸件X射线数字成像检测》于2020年12月14日由国家市场监督管理总局发布，2021年7月1日实施。

GB/T 39638—2020的发布实施，符合国家铸造产业绿色智能的要求，能更好地推动铸造行业由传统的胶片成像技术向数字成像技术的发展，实现射线检测的自动化和智能化，大大降低检测成本，提高检测效率，并有利于推动铸造行业对产品质量的控制与提升，有助于铸造行业提高产品竞争力和附加值，为铸造行业的产业升级提供技术支撑。

二、标准主要内容说明

GB/T 39638—2020《铸件 X 射线数字成像检测》与 GB/T 5677《铸件 射线照相检测》保持基本相同的结构，便于检测人员对两个标准内容相同和不同处的理解与实施。

1. 范围

GB/T 39638—2020 规定检测成像部件为面阵和线阵探测器，不包括 CR 检测技术的 IP 板。X 射线源为小于 1000kV 的 X 射线机和 1MeV 以上的加速器。

2. 射线检测技术分级和补偿规则

（1）射线检测技术分级　GB/T 39638—2020 与 GB/T 5677 射线照相检测具有等效性，也分为 A 级（基本）、B 级（优化）两个技术等级，一般情况应选用 A 级技术。

对于批产铸件快速检测的自动检测技术，考虑到动态成像检测，灵敏度、不清晰度下降，规定在目前的技术水平下，对比度灵敏度、不清晰度经合同双方商定，可适当调整。

（2）补偿规则　对比度噪声比 CNR 表示细节的可识别性参数，见式（5.4-1）。

$$\mathrm{CNR} = \mu_{\mathrm{eff}} \Delta w \mathrm{SNR} \tag{5.4-1}$$

式中　μ_{eff}——有效衰减系数；

　　　Δw——细小厚度差；

　　　SNR——信噪比。

对比度噪声比被空间分辨率归一化处理，归一化对比度噪声比 $\mathrm{CNR}_{\mathrm{N}}$ 表示细节可识别能力，见式（5.4-2）。

$$\mathrm{CNR}_{\mathrm{N}} = c\frac{\mu_{\mathrm{eff}} \Delta w \mathrm{SNR}}{\mathrm{SR}_{\mathrm{b}}^{\mathrm{image}}} = \mu_{\mathrm{eff}} \Delta w \mathrm{SNR}_{\mathrm{N}} \tag{5.4-2}$$

式中　c——常数；

　　　$\mathrm{SR}_{\mathrm{b}}^{\mathrm{image}}$——图像空间分辨率；

　　　$\mathrm{SNR}_{\mathrm{N}}$——归一信噪比。

特定细小厚度差的归一化对比度噪声比 $\mathrm{CNR}_{\mathrm{N}}^{\mathrm{sp}}$ 见式（5.4-3）。

$$\mathrm{CNR}_{\mathrm{N}}^{\mathrm{sp}} = \frac{\mathrm{CNR}_{\mathrm{N}}}{\Delta w} = c\frac{\mu_{\mathrm{eff}} \mathrm{SNR}}{\mathrm{SR}_{\mathrm{b}}^{\mathrm{image}}} = \mu_{\mathrm{eff}} \mathrm{SNR}_{\mathrm{N}} \tag{5.4-3}$$

使用补偿规则的目的在于获得最小的 $\mathrm{CNR}_{\mathrm{N}}/\Delta w$（$\mathrm{CNR}_{\mathrm{N}}^{\mathrm{sp}}$），以便数字成像检测获得足够的对比度灵敏度。式（5.4-3）建立了补偿规则的近似公式，从公式中可以看出，对比度灵敏度主要与有效衰减系数（对应管电压）、信噪比成正比，与图像空间分辨率成反比。

3. 检测技术

（1）透照方式　根据铸件几何结构的特点，GB/T 39638—2020 规定了 11 种透照方式示意图，见 GB/T 39638—2020 中图 1~图 11。其中，6 种为典型透照方式示意图，5 种为复杂几何形状透照方式示意图。与胶片法不同，射线数字成像没有中心周向透照方式。

（2）射线能量的选择　对于管电压 1000kV 以下的 X 射线机，为了论证射线数字成像的最佳管电压，使用 ASTM E2597 铝、铜、钛合金阶梯试块，开展射线数字成像的最佳管电压的测定。测定结果表明：铝、铜、钛合金阶梯厚度的最佳管电压值与胶片法管电压曲线上相应值，存在一定的偏差，在大部分厚度范围，大于胶片法管电压。因此，射线数字成像检测采用胶片法管电压与材料的透照厚度之间的关系曲线图，仅作为参考，数字成像的最佳管电压应高于胶片法，不做严格的限制。

（3）探测器系统的选择　归一化信噪比（SNR_N）是用于评价探测器系统 DDA 图像质量的参数，可以用来划分探测器系统的等级。探测器系统的选择，必须保证探测器系统实现的检测图像归一化信噪比满足 GB/T 39638—2020 中表 3 和表 4 中最小 SNR_N 的要求。

（4）一次透照最大区域　考虑到铸件厚度的不均匀性，一次透照最大区域确定，使用美国标准的材质厚度宽容度（SMTR）比欧洲标准的 K 值更为科学。铸件一次透照最大区域的厚度变化要小于不同材质厚度宽容度（SMTR）。在一次透照最大区域内，检测图像质量应符合要求。

（5）散射线控制　射线检测主要采用背铅板、滤波板、限束器等方法减少散射线。根据射线数字成像的特点，在控制散射线方面，该标准采用在射线源窗口前安装滤波板、限束器的办法；同时，也可采用在探测器前工件后安装滤波板的办法。

（6）射线源至工件最小距离

1）一般规定。当使用普通焦点尺寸的射线机，探测器接近被检工件时，射线源至工件最小距离 f 可按照胶片法的诺模图和公式计算。

2）几何放大技术。使用微小焦点尺寸的射线机，采用几何放大技术，需要确定最佳几何放大倍数，提高图像空间分辨率，达到标准规定的要求。

可以通过 GB/T 39638—2020 中公式（8）、公式（9）、公式（10）来计算最佳几何放大倍数几何不清晰度和标准允许的图像最大不清晰度值。

（7）像质计的使用　丝型和阶梯孔型像质计使用与胶片法相同；使用双丝型像质计测定探测器系统基本空间分辨率和图像空间分辨率，应按 GB/T 35394 要求；铸件自动检测时可以不使用像质计，但图像质量应通过使用丝型或阶梯孔型像质计和双丝型像质计定期核查。

（8）变截面透照技术　技术方法基本上与胶片法相同，只是根据数字射线检测的数字探测器的特点，将"多胶片法"变更为"选择更高动态范围的探测器"。

（9）数据处理　射线数字成像产生检测图像主要有两个噪声来源：一方面来自探测器本身，另一方面来自光子、量子涨落引起的随机噪声。探测器校正的目的是降低探测器自身原因引起的各种噪声。对于射线曝光引起的随机噪声，则使用图像处理技术来降低，以便提高信噪比。

1）探测器校正。偏置校正（暗校正）是对无射线照射下，探测器系统的暗电流所引起的暗场图像的校正。增益校正（亮校正）是在射线照射下，探测器响应非一致性校正或平场校正。对于厚度变化的铸件检测，为减少结构性噪声，需要使用多点增益校正，有利于探测器信噪比的提高和线性改善。

2）探测器坏像素修正。探测器坏像素是数字探测器固有的特性，通过制造商的指南写入坏像素分布图并校正。

3）图像处理。在 GB/T 39638—2020 中，图像处理技术包括窗宽和窗位技术调整，以及积分降噪、SR_b、SNR、SNR_N 测定工具等。

（10）图像质量　GB/T 39638—2020 规定了图像质量应达到的最低像质值。通常，图像应同时满足对比度灵敏度和不清晰度与空间分辨率的规定，也可以根据补偿规则Ⅱ，提供等价的检测对比度灵敏度。在对比度灵敏度和不清晰度与空间分辨率无法测定的情况下，可用图像的最小 SNR_N 代替。

4. 图像评定

图像缺陷识别评定分为人工与自动识别评定。随着人工智能技术的进步，智能自动识别评定将成为未来发展方向。

（1）人工识别评定　评定应在适当的窗宽和窗位下进行，相应的值应根据评定区的信噪比大小确定。采用铸件参考缺陷数字图像标准评定，应将参考缺陷图像调整为与检测图像相同的空间分辨率，进行显示对比。

（2）自动识别评定　铸件自动检测时，可以采用缺陷自动识别评定软件系统进行人工辅助评定，要求缺陷自动识别评定的漏检率为零，误判率应低于 5%。

三、标准的特点与应用

1. 标准的特点

该标准的制定实施，既符合铸造产业数字化智能化的发展方向，又能确保铸件产品质量。该标准适应市场需求，满足行业发展，为企业的生产、质量检验、进出口贸易提供技术规范和指导。标准的特点如下：

1）采用数字成像技术、探测器系统代替了传统的胶片系统，明确了探测器系统的选择，使用双丝型像质计测定探测器基本空间分辨率和图像空间分辨率，保证图像的不清晰度达到规定要求。

2）保持与传统的胶片成像技术的等价性，明确 GB/T 39638—2020 与 GB/T 5677 射线照相检测的等效性，规定获得与胶片法同等检测灵敏度的数字检测图像的最低要求值。

3）根据数字成像的特点，明确图像补偿规则，保证数字成像检测获得足够的对比度灵敏度。

4）一次透照最大区域采用不同材质厚度宽容度（SMTR）来确定，在一次透照最大区域内，检测图像质量应符合规定要求。

5）采用几何放大技术，确定最佳几何放大倍数，提高图像的空间分辨率。

6）图像评定分为人工识别评定和自动识别评定，自动识别评定采用缺陷自动识别评定软件系统，进行人工辅助评定。

7）该标准在制定过程中，参考了美国标准 ASTM E1734—2016《铸件射线数字成像方法》和欧洲标准 EN 12681-2：2017《铸造射线检测　第 2 部分　数字探测器技术》。该标准技术路线与欧洲标准相同，与美国标准相差较大。

与 EN 12681-2：2017 标准的主要技术差异：①只适用了铸件采用数字探测器阵列（DDA）的 X 射线数字成像检测，不包括计算机射线照相检测和 γ 射线数字成像检测；②增加了订货须知的内容；③增加了检测系统、像质计、工艺文件的要求；④经过试验论证，推荐的胶片法管电压与材料的透照厚度之间的关系，仅作为参考，数字成像的最佳管电压应高于胶片法；⑤增加了探测器系统的选择；⑥增加了一次透照最大区域的确定；⑦增加了曝光曲线；⑧增加了图像评定的内容；⑨按合同、技术条件、图样或者其他协议等规定的验收标准和等级，没有制定专门的验收标准；⑩对比度灵敏度采用了胶片法铸件射线照相检测国家标准的数值。

与 ASTM E1734—2016 标准的主要技术差异：①只适用铸件的 X 射线数字成像检测，不包括 γ 射线数字成像检测；②增加了订货须知的内容；③采用的射线检测技术分级不同；④采用了补偿规则；⑤采用的像质计标准不同；⑥增加了铸件的透照方式、射线能量选择、变截面透照技术、数据处理、曝光曲线、晶粒组织的影响、自动识别评定的要求；⑦放射源到工件的最小距离，分 A、B 级技术，使用公式或诺模图、最佳几何放大倍数来确定，不按几何不清晰度公式确定；⑧图像最低像质值有差别。

2. 标准的应用

GB/T 39638—2020 作为推荐性国家标准，规定了铸件 X 射线数字成像检测的技术和质量控制。该标准应用于钢、铁、铜及铜合金、镍及镍合金、铝及铝合金、镁及镁合金、钛及钛合金等材料的铸件，其他金属材料铸件也可参照使用。该标准适应当前企业铸件 X 射线数字成像检测的需求，作为技术方法和质量控制要求，为企业利用射线数字成像检测手段控制铸件产品质量提供了指导依据，符合铸造行业未来"智能化铸造车间"和"智能化铸造生产"的发展方向。

四、标准内容

GB/T 39638—2020

铸件 X 射线数字成像检测

1 范围

本标准规定了铸件采用数字探测器阵列（DDA）的 X 射线数字成像检测技术分级和补偿规则、一般要求、检测技术、图像评定、检测记录和报告等。

本标准适用于钢、铁、铜及铜合金、镍及镍合金、铝及铝合金、镁及镁合金、钛及钛合金等材料的铸件，其他金属材料铸件也可参照使用。

2 规范性引用文件

下列文件对于本文件的应用是必不可少的。凡是注日期的引用文件，仅注日期的版本适用于本文件。凡是不注日期的引用文件，其最新版本（包括所有的修改单）适用于本文件。

GB/T 5677　铸件　射线照相检测

GB/T 9445　无损检测　人员资格鉴定与认证

GB/T 12604.11　无损检测　术语　X 射线数字成像检测

GB 18871　电离辐射防护与辐射源安全基本标准

GB/T 23901.1　无损检测　射线照相检测图像质量　第 1 部分：丝型像质计像质值的测定

GB/T 23901.2　无损检测　射线照相检测图像质量　第 2 部分：阶梯孔型像质计像质值的测定

GB/T 23901.5　无损检测　射线照相检测图像质量　第 5 部分：双丝型像质计图像不清晰度的测定

GB/T 30821　无损检测　数字图像处理与通信
GB/T 35389　无损检测　X射线数字成像检测　导则
GB/T 35394　无损检测　X射线数字成像检测　系统特性
GBZ 98　放射工作人员健康要求
GBZ 117　工业X射线探伤放射防护要求

3 术语和定义

GB/T 12604.11 界定的以及下列术语和定义适用于本文件。

3.1 公称厚度　nominal thickness
材料的公称壁厚，不考虑偏差。

3.2 透照厚度　penetrated thickness
射线透照方向上的材料公称厚度。多壁透照时，穿透厚度为通过的各层材料公称厚度之和。

3.3 工件至探测器距离　object to DDA distance
沿射线束中心线测出的射线源侧被检工件表面至探测器间的距离。

3.4 射线源尺寸　source size
射线源的有效焦点尺寸。

3.5 射线源至工件距离　source to object distance
沿射线束中心线测出的射线源至射线源侧被检工件表面间的距离。

3.6 射线源至探测器距离　source to DDA distance
沿射线束中心线测出的射线源至探测器间的距离。

3.7 几何放大倍数　geometric magnification
射线源至探测器距离与射线源至工件距离的比值。

3.8 数字探测器阵列　digital detector array
将射线转换为成阵列化排列的、大小与所在区域曝光量成比例的模拟信号，然后对模拟信号进行模/数转换，并传递到计算机进行处理显示的电子装置。

3.9 探测器基本空间分辨率　basic spatial resolution of a digital detector
双丝型像质计直接放置在探测器上，放大倍数为1时，测量得到的第一对双峰调制度值小于20%的丝对，表示探测器可分辨的最小几何尺寸。数字探测器本身特性，是在数字图像上所测定的图像不清晰度值的1/2，且对应于有效像素尺寸。

3.10 图像空间分辨率　spatial resolution of a digital image
双丝型像质计直接放置在被检工件的射线源侧，测量得到的第一对双峰调制度值小于20%的丝对，表示探测器在一定放大倍数下数字图像中可分辨的最小几何尺寸。工件检测获得数字图像中所测定图像不清晰度值的1/2。

3.11 信噪比　signal to noise ratio
图像测定区的灰度值的平均值与灰度值的标准差（噪声）之比。

3.12 归一化信噪比　normalized signal to noise ratio
图像信噪比被空间分辨率归一化处理的值。

注：直接在图像中测量，或测量 $SNR_{measured}$ 和空间分辨率 SR_b^{image}，经下式归一化计算得到：

$$SNR_N = SNR_{measured} \times (88.6 \mu m / SR_b^{image})$$

3.13 对比度噪声比 contrast to noise ratio
表示细节的可识别性,细节的对比度与背景噪声(背景的灰度标准偏差)之比。

3.14 归一化对比度噪声比 normalized contrast to noise ratio
对比度噪声比被空间分辨率归一化处理的值。

注:直接在数字图像中测量,或测量 CNR 和空间分辨率 SR_b^{image},经下式归一化计算得到:

$$CNR_N = CNR \times (88.6 \mu m / SR_b^{image})$$

3.15 集群核像素 cluster kernel pixel
在 3×3 邻域内,好像素少于 5 个的坏像素群。

3.16 固有不清晰度 inherent unsharpness
探测器系统的不清晰度,双丝型像质计直接放置于探测器表面,获得的数字图像上测量。

$$U_i = 2 \times SR_b^{detector}$$

3.17 几何不清晰度 geometric unsharpness
由射线源尺寸和透照几何布置引起的图像不清晰度。

$$U_g = db/f$$

3.18 图像不清晰度 image unsharpness
一个明锐的边界成像后的影像模糊区域的宽度,双丝型像质计直接放置于放射源侧工件表面,获得的数字图像上测量。

3.19 特定材料厚度宽容度 specific material thickness range
达到规定图像质量的材料厚度范围。

4 符号
表 1 所列符号适用于本文件。

表 1 符号和说明

符号	说明
b	工件至探测器距离
CKP	集群核像素
CNR	对比度噪声比
CNR_N	归一化对比度噪声比
D	探测器
d	射线源尺寸
DDA	数字探测器阵列
F	射线源至探测器距离
f	射线源至工件距离
f_{min}	射线源至工件最小距离
M_{opt}	最佳几何放大倍数
S	射线源
SMTR	特定材料厚度宽容度

(续)

符号	说明
SNR	信噪比
SNR_N	归一化信噪比
$SR_b^{detector}$	探测器基本空间分辨率
SR_b^{image}	图像空间分辨率
t	公称厚度
U_g	几何不清晰度
U_i	固有不清晰度
U_{im}	图像不清晰度
w	透照厚度

5 订货须知

5.1 结构复杂铸件中的无法检测区域,合同双方应在检测前协商确定,并在透照工艺文件中注明。

5.2 在双方合同中应明确涉及检测的内容如下:

 a) 检测时机;

 b) 表面状况;

 c) 检测范围和区域;

 d) 检测标准、技术等级;

 e) 透照布置图;

 f) 铸件上检测区域的标识;

 g) 图像的标记;

 h) 图像质量要求;

 i) 验收标准;

 j) 任何特殊要求,如:检测缺陷的最小尺寸。

5.3 供货方的责任仅限于合同中指定的技术条件,不做检测的铸件,不能按后序的检测结果判定;初始检测验收后进行复检,若发生以下情况,则不应按复检的结果判定。

 a) 复检方法或工艺与合同规定不同;

 b) 经过机加透照厚度减少 50% 或以上。

6 射线检测技术分级和补偿规则

6.1 射线检测技术分级:

6.1.1 射线检测技术分为两级:

 ——A 级:基本技术;

 ——B 级:优化技术。

6.1.2 射线检测技术等级选择,应符合相关标准、设计图样、技术条件的规定,在无特殊要求时,一般应选用 A 级技术。A 级技术不能满足检测要求时,应选用 B 级技术。像质计达不到附录 A 的表 A.1~表 A.4 规定的技术不适用本标准。

6.1.3 本标准与 GB/T 5677 胶片射线照相检测具有等效性。

6.1.4 自动检测技术主要用于批产铸件的快速检测，经合同双方商定，其对比度灵敏度、不清晰度可适当调整。

6.1.5 当由于技术或结构原因不能满足 B 级技术的透照条件时（例如射线源类型、射线源至工件距离等），经合同双方商定，可选用 A 级技术规定的透照条件，其灵敏度损失应采取增加 SNR_N（推荐至少升至 1.4 倍）来补偿。若补偿后灵敏度达到了 B 级技术的规定，可认为铸件按 B 级技术检测。针对图 3 的透照布置，若按 8.8.1.7 减小射线源至工件距离（f），则无须按上述方法进行补偿。

6.2 补偿规则

6.2.1 补偿规则分为补偿规则Ⅰ（CPⅠ）、补偿规则Ⅱ（CPⅡ）和补偿规则Ⅲ（CPⅢ），以便数字成像检测获得足够的对比度灵敏度。

6.2.2 使用补偿规则的目的在于获得最小的 $CNR_N/\Delta w$，即基于被检材料厚度差 Δw 的归一化对比度噪声比；当 $CNR_N/\Delta w$ 因下列某个参数值不足而未达到要求时，可通过提高 SNR 进行补偿：

CPⅠ：针对对比度降低（如：由于管电压增高），通过提高 SNR 进行补偿（如：增加管电流或曝光时间）。

CPⅡ：针对探测器不清晰度大（SR_b^{image} 大于规定值），通过提高 SNR 进行补偿（增加单丝型或阶梯孔型像质值，补偿双丝型像质值识别损失）。

CPⅢ：针对探测器局部不清晰度大（DDA 坏像素修正导致的），通过提高 SNR 进行补偿。

6.2.3 补偿规则基于小尺寸缺陷（$\Delta w \ll w$）的近似公式，见公式（1）：

$$\frac{CNR_N}{\Delta w} = c \frac{\mu_{eff} SNR}{SR_b^{image}} \tag{1}$$

式中 c——常数；

μ_{eff}——有效衰减系数。

7 一般要求

7.1 检测人员

7.1.1 检测人员应符合 GB/T 9445 或其他相关标准要求，通过工业数字射线检测技术培训考核，并从事与其等级要求相符的工作。

7.1.2 检测人员的健康应符合 GBZ 98 的规定；上岗前应进行辐射安全知识的培训考核。

7.2 检测系统

7.2.1 检测系统的射线源、探测器、机械装置、图像处理装置、辐射安全防护装置等配置应符合 GB/T 35389 的规定要求。

7.2.2 系统特性的测定方法应按照 GB/T 35394 的规定要求。

7.2.3 系统特性校验周期不超过 12 个月，在如下情况下应进行校验：

    a）检测系统有改变时；

    b）检测过程中系统或图像质量有明显异常时；

    c）系统停止使用超过 1 个月后重新使用时。

7.3 像质计

7.3.1 采用的像质计包括丝型、阶梯孔型、双丝型像质计,其型号和规格应分别符合 GB/T 23901.1、GB/T 23901.2、GB/T 23901.5 的规定。

7.3.2 丝型像质计或阶梯孔型像质计用于图像的对比度灵敏度测定,像质计材料的吸收系数应尽可能地接近或等同于被检材料的吸收系数。

7.3.3 双丝型像质计用于测量探测器和图像的空间分辨率。

7.4 射线防护

射线检测的辐射防护应遵循 GB 18871、GBZ 117 及相关安全防护法规的规定。

7.5 工艺文件

7.5.1 除非协议或合同中有特殊规定,否则应按工艺文件进行检测,合同双方应商定工艺文件的具体要求。工艺文件包括工艺规程和操作指导书。

7.5.2 工艺规程中应至少包含如下内容:

a) 适用范围;
b) 依据的标准、法规及其他技术文件;
c) 检测人员资格要求;
d) 检测设备、探测器系统;
e) 像质计类型及使用;
f) 检测标准、验收标准、验收级别;
g) 技术等级;
h) 射线能量的选择;
i) 透照方式;
j) 透照工艺参数;
k) 图像处理参数;
l) 图像质量要求:不清晰度、对比度灵敏度、归一化信噪比等;
m) 图像显示与评定;
n) 检测记录和报告;
o) 系统性能校验。

7.5.3 首次使用的操作指导书应进行工艺验证,以验证图像质量是否能够达到标准规定的要求。操作指导书中应至少包含如下内容:

a) 铸件名称、编号、材质、热处理状态、检测部位、表面状态、检测时机;
b) 射线机(型号、射线源尺寸)、探测器(型号、基本空间分辨率、归一化信噪比等);
c) 像质计类型及使用;
d) 检测标准、验收标准、验收级别;
e) 技术等级;
f) 透照方式及布置;
g) 透照工艺参数(管电压、曝光量、透照几何参数等);
h) 图像处理参数;
i) 图像质量要求:不清晰度、对比度灵敏度、归一化信噪比等;
j) 图像显示与评定;

8 检测技术

8.1 铸件表面处理和检测时机

8.1.1 铸件表面应去除任何可能遮盖或混淆铸件内部缺陷的状态，清除铸件上影响图像中缺陷影像辨认的多余物。

8.1.2 检测时机应满足技术条件、合同或订货须知的要求。若无特殊规定时，检测宜在热处理前、热处理后、交货状态下进行。

8.2 透照方式

8.2.1 一般规定

8.2.1.1 应根据铸件的结构特点和技术条件的要求选择适宜的透照方式，应优先选用单壁透照方式，在单壁透照不能实施的情况下，才可以采用双壁透照方式。透照应按 8.2.2~8.2.7 的规定执行。

8.2.1.2 若条件允许，曲面铸件应优选图 3 内透照方式，以获得更佳的透照方向。

8.2.1.3 按图 4 透照方式，在满足灵敏度和不清晰度要求的前提下，放射源至被检区表面距离应尽可能最小。

8.2.1.4 按图 5、图 6 透照方式，缺陷应按单壁的厚度分级，壁厚不同时，应参照较小的壁厚。

8.2.1.5 若几何形状造成其他方式难以应用或者能够获得更好的灵敏度，可按图 6 使用双壁双影透照方法，以确保缺陷检出率，图像质量满足要求。

8.2.2 平面铸件单壁透照

射线源位于被检工件前侧，探测器位于另一侧，见图 1。

8.2.3 曲面铸件单壁外透照

射线源位于被检工件凸面侧，探测器位于凹面侧，见图 2。

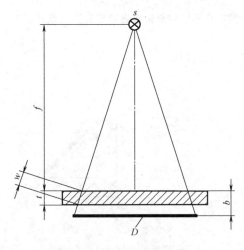

图 1 平面铸件单壁透照布置

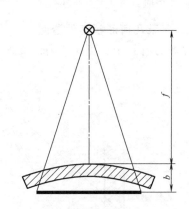

图 2 曲面铸件单壁外透照布置

8.2.4 曲面铸件单壁内透照

射线源位于被检工件凹面侧，探测器位于凸面侧，见图 3。

8.2.5 平面或曲面铸件双壁单影透照

射线源与探测器位于被检工件的两侧，见图 4。

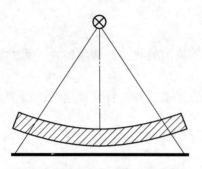

图 3 曲面铸件单壁内透照布置

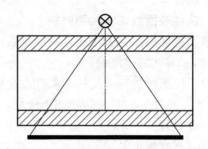

图 4 平面或曲面铸件双壁单影透照布置

8.2.6 平面或曲面铸件双壁双影透照

射线源与探测器位于被检工件的两侧,分段或整体曝光,见图 5、图 6。

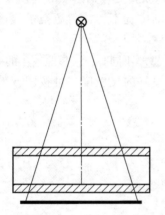

图 5 平面或曲面铸件双壁双影
透照布置(分段曝光)

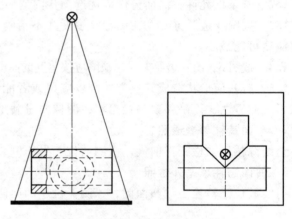

图 6 平面或曲面铸件双壁双影透照布置(整体曝光)

8.2.7 复杂几何形状铸件透照

除非另有约定,见图 7~图 11。

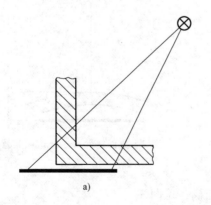

a)

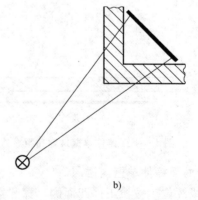

b)

图 7 边缘和法兰铸件透照布置

注:图 b 只有在图 a 不能实现时才能使用。

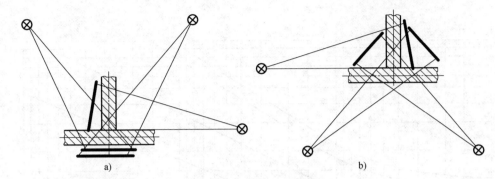

图 8 肋形铸件透照布置

注：图 b 只有在图 a 不能实现时才能使用。

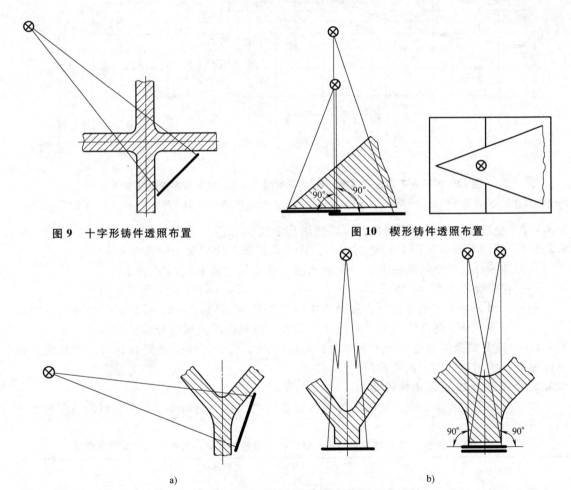

图 9 十字形铸件透照布置　　　　图 10 楔形铸件透照布置

图 11 肋形和支撑结构铸件透照布置

8.3 射线能量的选择

8.3.1 管电压 1000kV 以下的 X 射线机

8.3.1.1 在保证穿透工件的前提下，宜尽可能采取较低的管电压，以使图像得到尽可能高的 SNR_N。推荐的胶片法管电压与材料的透照厚度之间的关系（见图 12），仅作为参考，数字成像的最佳管电压应高于胶片法。

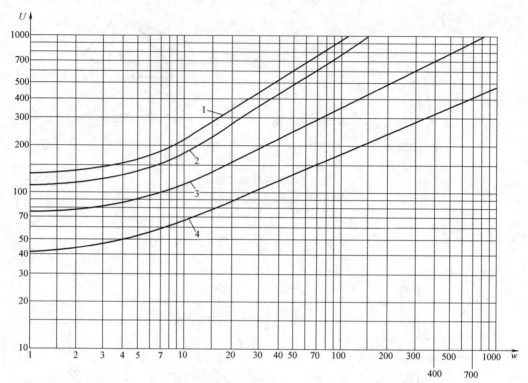

图 12　推荐的不同透照厚度允许的 X 射线 1000kV 以下最高管电压参考值

1—铜及铜合金或镍及镍基合金　2—钢或铁　3—钛及钛合金　4—铝及铝合金　w—透照厚度（mm）　U—X 射线电压（kV）

8.3.1.2　经过精确校正的探测器，可以使用高于规定的管电压进行检测。

8.3.1.3　补偿规则 I（CPI），通过以下方式提高图像对比度灵敏度：

——在 SNR_N 不变的条件下，提高对比度（降低管电压和提高曝光量）；

——在对比度不变（管电压不变）的条件下，增加 SNR_N（提高曝光量）；

——在曝光量不变的条件下，提高管电压，对比度下降，SNR_N 提高。若更高的管电压可使 SNR_N 提高值远大于对比度降低值，则对比度灵敏度提高。

8.3.1.4　检测截面厚度变化较大铸件时，可以将规定的管电压适当提高，若一次曝光成像不同厚度，使用这些厚度的平均值。

8.3.2　1MeV 及以上 X 射线设备

表 2 给出了胶片法 1MeV 及以上 X 射线设备对钢、铁、铜和镍基合金材料的透照厚度范围，仅作为参考。

表 2　1MeV 及以上 X 射线设备对钢、铁、铜和镍基合金材料的透照厚度范围参考值

射线能量/MeV	透照厚度 w[①]/mm	
	A 级	B 级
>1~4	$30 \leqslant w \leqslant 120$	$50 \leqslant w \leqslant 100$
>4~12	$w \geqslant 50$[②]	$w \geqslant 70$[②]
>12	$w \geqslant 80$[②]	$w \geqslant 100$[②]

① 一次曝光成像不同厚度，应使用这些厚度的平均值。
② 满足图像质量要求，A 级的最小透照厚度可减少 10mm，B 级的最小透照厚度可减少 20mm。

8.4　探测器系统的选择

8.4.1　探测器系统参数主要是基本空间分辨率和归一化信噪比，按 GB/T 35394 的要求测定。

8.4.2 归一化信噪比的测定区,分为左上下、右上下(距探测器有效区域边缘10%的角上)和中心共5个区,测定区为不小于50像素×50像素,测定结果是5个区的平均值。归一化信噪比表示其检测特性,用来划分探测器系统的等级。

8.4.3 基本空间分辨率是系统特性的主要参数。

8.4.4 像素尺寸不同但归一化信噪比相同的探测器系统,具有相同的检测能力。

8.4.5 探测器系统归一化信噪比的选择,应保证实现检测图像归一化信噪比满足表3和表4的要求。

表3 最小 SNR_N ——钢、铁、铜和镍基合金

射线能量/keV	透照厚度 w/mm	最小 SNR_N	
		A级	B级
≤50	—	100	150
>50~150		70	120
>150~250		70	100
>250~350	w≤50	70	100
	w>50	70	70
>350~1000	w≤50	70	100
	w>50	70	70
>1MeV~5MeV	w≤100	70	100
	w>100	70	70
>5MeV	w≤100	70	100
	w>100	70	70

表4 最小 SNR_N ——铝、镁、钛、锌

射线能量/keV	最小 SNR_N	
	A级	B级
≤150	70	120
>150~250	70	100
>250~500	70	100

8.5 一次透照最大区域

8.5.1 根据特定材料厚度宽容度(SMTR)来确定一次透照最大区域的范围,一次透照最大区域的厚度变化小于材料厚度宽容度。

8.5.2 在一次透照最大区域内,检测图像质量应符合要求。

8.5.3 特定材料厚度宽容度(SMTR)按 GB/T 35394 的要求测定。

8.6 射线方向

8.6.1 一般情况下射线束应对准被检区中心,并与被检工件垂直;建议优先选择有利于发现缺陷的方向透照。

8.6.2 当受铸件形状结构的限制时,入射辐射角允许不超过30°的角度,引起的检测图像变形应不影响对缺陷的有效识别评定。

8.7 散射线控制

为减少散射线的影响,可采用以下措施控制:
    a) 在射线源窗口前,安装滤波板;
    b) 在射线源窗口前,安装限束器;

c）在探测器前工件后，安装滤波板。

8.8 射线源至工件最小距离

8.8.1 一般规定

8.8.1.1 射线源至工件最小距离 $f_{\min}$ 与源焦点尺寸 d 和工件至探测器距离 b 有关，当源焦点尺寸有两个方向尺寸时，应取较大值。

8.8.1.2 射线源至工件距离 f 的选择，除图 2、图 3 所示透照布置外，探测器接近工件，应使 f/d 符合公式（2）和公式（3）：

A 级：

$$f/d \geq 7.5 b^{2/3} \tag{2}$$

B 级：

$$f/d \geq 15 b^{2/3} \tag{3}$$

$f_{\min}$ 值可根据图 13 诺模图确定，诺模图按公式（2）和公式（3）制作。

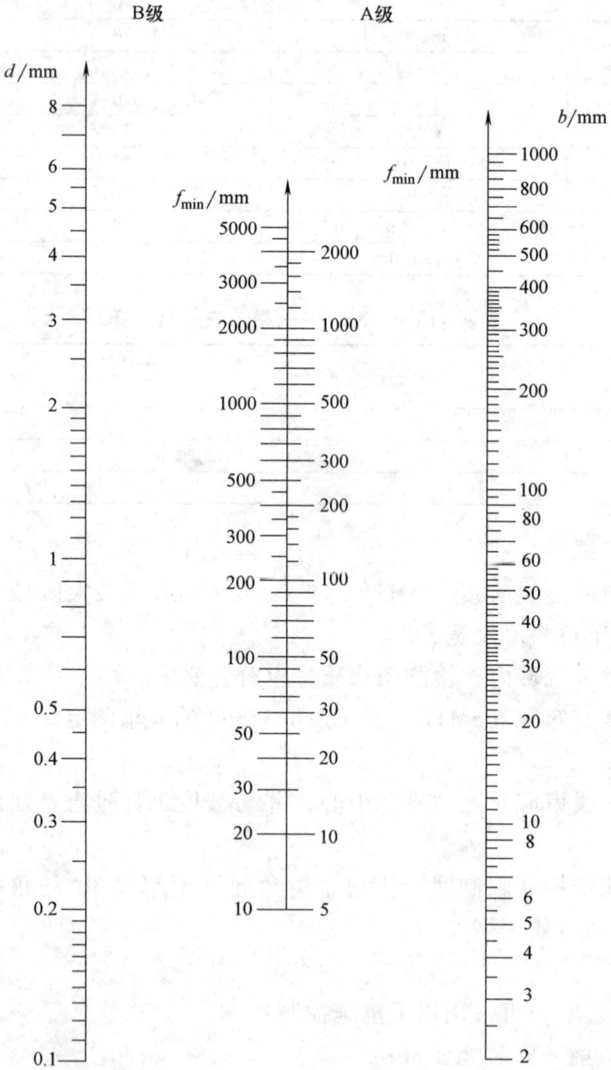

图 13　确定射线源至工件最小距离 $f_{\min}$ 的诺模图

8.8.1.3 针对图2、图3所示透照布置选择射线源至工件距离 f 时,探测器接近工件,应使 f/d 符合公式(4)和公式(5)。

A级：
$$f/d \geq 7.5 \frac{b}{\sqrt[3]{t}} \tag{4}$$

B级：
$$f/d \geq 15 \frac{b}{\sqrt[3]{t}} \tag{5}$$

8.8.1.4 当探测器接近工件,按工件至探测器距离 b 选择探测器的基本空间分辨率 $SR_b^{detector}$ 应符合公式(6)和公式(7)：

A级：
$$SR_b = \frac{\sqrt[3]{b}}{15} \tag{6}$$

B级：
$$SR_b = \frac{\sqrt[3]{b}}{30} \tag{7}$$

8.8.1.5 射线源至工件最小距离 f_{min} 按公式(2)和公式(3)或图13确定的前提是探测器的基本空间分辨率 $SR_b^{detector}$ 小于公式(6)或公式(7)的计算值,丝型或阶梯孔型像质值,通过增加信噪比(CPⅡ)能达到表A.1～表A.4要求。

8.8.1.6 当 $b<1.5t$ 时,公式(2)和公式(3)及图13中的 b 值可用公称厚度 t 取代。采用双壁单影透照(见8.2.5), b 值应取公称厚度 t, 采用双壁双影透照(见8.2.6), b 值应取外部尺寸。

8.8.1.7 采用曲面内透照(见8.2.4),允许射线源至工件距离减少不超过规定值的40%,在图像像质值满足要求的前提下,经合同双方商定可进一步减少射线源至工件距离。

8.8.1.8 采用A级技术时,若需检测平面型缺陷,为使几何不清晰度减小为原来的1/2,应按B级技术确定射线源至工件最小距离 f_{min}。对裂纹敏感度大的材料有更为严格的技术要求时,应选用灵敏度比B级更优的技术进行透照。

8.8.2 几何放大技术

8.8.2.1 图像的对比度灵敏度和空间分辨率不能满足表A.1～表A.5的要求时,可以通过采用提高图像归一化信噪比 SNR_N (见8.15.4, CPⅡ补偿规则)或采用几何放大技术的方式,使其达到规定的要求。

8.8.2.2 确定选择最佳放大倍数时,应通过在工件的源侧和探测器侧使用的双丝型像质计验证：

——若 $2SR_b^{detector}>d$, 则双丝型像质计应放置在工件的探测器侧；

——若 $2SR_b^{detector} \leq d$, 则双丝型像质计应放置在工件的源侧。

8.8.2.3 推荐两侧同时放置双丝型像质计,但在一定的射线源尺寸情况下确定了最佳放大倍数后,工件检测时只需放置一个双丝型像质计。

8.8.2.4 通过最佳放大倍数 M_{opt}、几何不清晰度 U_g 和基本空间分辨率 $SR_b^{detector}$ 相关的公式(8)、公式(9)、公式(10)确定图像不清晰度 U_{im}：

$$M_{opt} = 1 + \left(\frac{2SR_b^{detector}}{d}\right)^2 \qquad (8)$$

$$U_g = \left(\frac{F}{f} - 1\right)d = (M_{opt} - 1)d \qquad (9)$$

$$U_{im} = \frac{1}{M_{opt}}\sqrt{U_g^2 + (2SR_b^{detector})^2} \qquad (10)$$

式中 $SR_b^{detector}$——探测器基本空间分辨率；
　　　F——射线源至探测器距离；
　　　f——射线源至工件距离；
　　　U_g——几何不清晰度；
　　　d——射线源尺寸；
　　　M_{opt}——按 F/f 确定的最佳几何放大倍数；
　　　U_{im}——A级和B级技术检测，表A.5允许的图像最大不清晰度值。

8.8.2.5 可通过增加放大倍数和/或减小射线源尺寸，使图像不清晰度达到表A.5要求，应由工件上放置的双丝型像质计验证。

8.8.2.6 通常工件源侧和探测器侧的放大倍数不同，因此，宜以被检工件透照中心区域确定放大倍数，工件源侧和探测器侧的放大倍数差应不超过±25%。

8.8.2.7 若放大倍数差超过±25%，应重新设置检测几何条件，以便使工件的源侧和探测器侧的图像不清晰度满足表A.5要求。

8.8.2.8 若使用8.15.4的CPⅡ补偿规则，则可选择较小的放大倍数。

8.9 标记与标识

8.9.1 图像标识

8.9.1.1 被检工件的每一个透照部位，宜放置由高密度材料制成的字母、数字、符号组成的识别标记，如：铸件编号、部位编号、定位标记、返修标记、曝光日期等，表征检测图像所属工件、部位等信息。图像标识应尽可能位于有效评定区之外，并确保每一透照部位标记明确无误。

8.9.1.2 图像标识可能对缺陷自动识别产生影响，自动检测时可以不使用识别标识，检测部位的识别应根据有关技术文件的要求，通过软件或内部排序来实现。

8.9.2 工件标记

工件表面应做出永久性标记，以确保每幅图像准确定位，但不包括自动检测。若铸件的性质或使用条件不允许在铸件表面做永久性标记时，应采用准确的透照示意图或拍照等方式来记录。

8.9.3 图像搭接

当透照区域要采用两幅以上的图像时，每幅图像应具有一定的搭接区域，以确保整个受检区域均被透照。应将高密度搭接标记置于搭接区的工件表面，并使之能显示在每幅图像上。若按顺序检测，每幅图像上均显示高密度搭接标记。精确定位的铸件自动检测，不需要使用搭接标记。

8.10 像质计的使用

8.10.1 丝型和阶梯孔型像质计使用

8.10.1.1 图像的对比度灵敏度应使用丝型像质计或阶梯孔型像质计验证和评定，并满足表

A. 1~表 A. 4 规定。

8.10.1.2 像质计应优先放置在工件射线源侧表面边缘上，像质计应与工件表面紧贴，并置于厚度均匀区，在图像上该区具有均匀的归一化信噪比。

8.10.1.3 若像质计不能按标准放置在铸件上，可放置在等效厚度试块上，用同一探测器进行对比度灵敏度验证。

8.10.1.4 若需在相同条件下得到大量图像，每个位置一次曝光，则应至少放置一个像质计验证对比度灵敏度。

8.10.1.5 检测不同壁厚的区域，像质计应按照壁厚最大的部位选择并放置在壁厚最大部位。

8.10.1.6 中空工件检测探测器侧单壁，像质计可以放置在工件内部单壁射线源侧表面上。

8.10.1.7 使用丝型像质计时，其位置应确保至少有10mm线长显示在归一化信噪比均匀的图像中。

8.10.1.8 像质计若不能放置在射线源一侧，也不能使用等效厚度试块的情况下，可将其放置在探测器侧，应紧贴像质计放置高密度材料"D"标记；除非几何结构使其无法实现，标记影像应位于有效评定区之外，并注明在检测报告中。

8.10.1.9 采取相关措施能保证，类似的被检工件或区域是以相同的曝光参数和透照技术进行检测，且获得的图像对比度灵敏度没有差异，则不必对每幅图像进行对比度灵敏度验证，图像对比度灵敏度验证范围应由合同双方商定。

8.10.2 双丝型像质计使用

8.10.2.1 探测器系统基本空间分辨率按 GB/T 35394 要求测定，验证系统硬件是否满足表 A.5 透照厚度的规定。

8.10.2.2 图像空间分辨率按 GB/T 35394 要求测定，测定的图像空间分辨率对应透照厚度应满足表 A.5 的规定。

8.10.2.3 对工件进行数字射线检测时，不强制要求进行双丝型像质计验证，可以使用具有代表性试件验证。

8.10.2.4 用于图像空间分辨率，单壁单影透照时的透照厚度对应于工件的公称厚度，双壁双影透照（8.2.6）时，双丝型像质计放置于工件射线源侧表面上，以外部尺寸为透照厚度。

8.10.2.5 用于双壁双影透照的探测器基本空间分辨率，应达到不低于以两倍壁厚作为透照厚度所对应表 A.5 的规定值。

8.10.2.6 双丝型像质计放置时，其金属丝与数字图像的行或列倾斜角度应为2°~5°。

8.10.2.7 若采用几何放大技术（见8.8.2），双丝型像质计应用于各种几何放大倍数，工件的全部图像都应放置双丝型像质计测定图像空间分辨率，双丝型像质计可以放置在等效厚度试块上。

8.10.3 自动检测使用

图像的像质计影像可能对缺陷自动识别产生影响，在自动检测时可以不使用像质计，但图像质量应通过使用丝型或阶梯孔型像质计和双丝型像质计定期核查。

8.11 曝光曲线

数字射线检测系统应绘制出常用被检材料的曝光曲线，推荐采用以管电压为参数，纵坐标为曝光量，横坐标为透照厚度的曝光曲线，制作方法按 GB/T 35394 执行，按曲线确定曝光参数。

8.12 变截面透照成像技术

对于截面厚度变化较大的铸件，在满足规定的图像质量要求前提下，一次曝光成像，增大厚度有效透照范围，其技术方法如下：

a) 提高射线能量；

b) 厚度补偿；

c) 选择更高动态范围的探测器。

8.13 数据处理

8.13.1 探测器校正

8.13.1.1 应按照制造商推荐的程序校正探测器，探测器校正包括偏置校正（暗校正）和增益校正（亮校正），增益校正至少进行一次。多点增益校正有利于探测器信噪比的提高和线性改善。

8.13.1.2 校正图像应作为质量控制原始图像保存，探测器校正应定期或在曝光条件发生较大改变时进行。

8.13.2 探测器坏像素修正

8.13.2.1 坏像素是探测器中性能超出规范要求的像素单元，应按制造商的指南确定并记录坏像素分布图。应对坏像素进行插值处理，这是使用探测器检测的必要程序。探测器检测成像区内不宜存在集群核像素（CKP），若 CKP 远小于要检测的最小缺陷尺寸，则可以使用。

8.13.2.2 更高的 SNR_N 可补偿由于坏像素插值处理造成的局部不清晰度的增大。

8.13.2.3 应定期对坏像素进行评定。

8.13.3 图像处理

8.13.3.1 图像应对信噪比 SNR、空间分辨率 SR_b 和归一化信噪比 SNR_N 进行评价，可通过窗宽和窗位技术调整，获得最佳显示图像。检测软件中应集成有积分降噪、SR_b、SNR、SNR_N 测定工具，用于图像显示和评估。

8.13.3.2 应具有图像缩放功能，用于关键图像分析评估。

8.13.3.3 对存储的原始图像进一步处理时，应有明确记录，并得到合同双方的许可，且不得修改所存储的原始图像数据。

8.13.3.4 若进一步的图像处理是为了评价丝型或阶梯孔型像质值时，则应采用相同的处理参数对铸件评定和确定像质值。

8.14 图像显示评定条件与存储

8.14.1 图像应在较暗的室内评定，背景光反射不能干扰图像评定；显示器设置应使用适当的测试图像校验。

8.14.2 图像显示评定最低条件应满足 a)~d) 的要求：

a) 最低亮度：$250cd/m^2$；

b) 最少显示灰度级：256；

c) 最小可显示的亮度比：1∶250；

d) 最少显示像素数：2000000，像素尺寸<0.3mm。

8.14.3 存储不能降低原始图像的图像质量，原始图像存储前，仅允许与探测器校正相关的图像处理（如：偏置校正、增益校正和坏像素校正）。

8.14.4 原始图像存储格式宜为 DICONDE（见 GB/T 30821）或其他专用格式，存储的原始图像不能被更改。

8.14.5 若图像处理在图像评定之前，则处理后的图像不应作为原始图像。

8.14.6 应定期对原始图像进行备份，以便长期存储；如备份存储时对原始数据进行了压缩，所选择的压缩方式不应丢失原始数据。

8.15 图像质量

8.15.1 图像最低像质值

8.15.1.1 图像的对比度灵敏度，应满足表 A.1~表 A.4 规定。

8.15.1.2 图像的不清晰度与空间分辨率，应满足表 A.5 规定。

8.15.1.3 一般情况下，图像应同时满足对比度灵敏度和不清晰度与空间分辨率的规定。

8.15.2 最小归一化信噪比

8.15.2.1 图像的最小 SNR_N，应满足表 3 和表 4 规定，按 GB/T 35394 的要求测定。

8.15.2.2 SNR_N 值应在评定区内的较厚壁厚和图像 SNR_N 均匀区域中测定，测定区为不小于 50 像素×50 像素，由于铸件表面粗糙度产生的噪声影响图像 SNR_N，因此表 3 和表 4 中值仅为推荐值。

8.15.2.3 用户应规定图像允许的最小 SNR_N 值，一般情况下，应满足表 3 和表 4 的规定。表 3 和表 4 对不同的射线能量和透照厚度，给出了图像允许的最小 SNR_N 值。

8.15.3 其他要求

图像标识应符合 8.9 的规定，图像有效评定区不应存在干扰缺陷图像识别的伪像。

8.15.4 补偿规则 II（CP II）

补偿规则分为三级：

一级补偿：提高单丝型像质值一级补偿双丝型像质值降低一级。例如，要求值为 D12（透照厚度 5mm，B 级，见表 A.5）和 W16（透照厚度 5mm，B 级，见表 A.1），则认为 D11 和 W17 提供了等价的检测对比度灵敏度。

二级补偿：提高单丝型像质值二级补偿双丝型像质值降低二级。

三级补偿：一般情况下，补偿应限制在最多二级补偿。对特定检测，在保证检测灵敏度情况下，经合同双方同意，可提高单丝型像质值三级补偿双丝型像质值降低三级。

8.16 晶粒组织的影响

8.16.1 晶粒组织的衍射和吸收可导致图像产生衍射斑，改变曝光技术能够判断是否为衍射斑，如选择平移法、更高的射线能量、增加工件与探测器之间的距离。

8.16.2 当衍射斑致使图像无法评定，经合同双方协商后可使用本标准规定之外的参数。

9 图像评定

9.1 一般要求

9.1.1 图像应由检测人员评定，按合同、技术条件、图样或者其他协议等规定的验收标准和等级，确定铸件符合或不符合。

9.1.2 由检测人员或计算机软件进行图像缺陷识别评定。

9.1.3 原则采用静态数字图像评定，若动态数字图像满足质量要求，也可以使用。

9.1.4 为保证缺陷几何尺寸测量的准确性，应采取已知尺寸的试件对图像尺寸测量及标定。

9.2 人工识别评定

9.2.1 在开始识别评定前，评定人员要有足够的暗场适应时间。

9.2.2 评定人员对缺陷进行识别定性，并利用辅助评定工具对缺陷进行定量分析评定。评定应在适当的窗宽和窗位下进行，相应的值应根据评定区的信噪比大小确定。

9.2.3 采用铸件参考缺陷数字图像标准评定，应将参考缺陷图像调整为与检测图像相同的空间分辨率，进行显示对比。

9.2.4 按评定区特征确定图像缩放比例，在固定的缩放模式下进行评定。

9.3 自动识别评定

铸件自动检测时，缺陷自动识别评定的漏检率为零，误判率应低于5%；具有缺陷识别、标定、判定、铸件符合性等功能。

10 检测记录和报告

10.1 检测记录

应按照现场操作的实际情况，详细记录检测过程的有关信息和数据，至少应包括下列内容：

a) 检测单位；
b) 被检铸件：名称、编号、材质、热处理状况、检测部位、检测比例、厚度、表面状态、检测时机；
c) 设备器材：名称、型号和主要技术特性参数；
d) 检测技术：检测标准、工艺规范、技术等级、验收要求；
e) 工艺参数：透照方式、像质计、滤波板、射线能量、曝光量、放大倍数、透照几何参数、图像处理参数等；
f) 透照示意图；
g) 检测数据；
h) 图像评定：对比度灵敏度、空间分辨率、归一化信噪比、缺陷类别尺寸位置；
i) 评定结果；
j) 检测人员、资格；
k) 检测日期。

10.2 检测报告

应依据检测记录出具，至少包含以下的内容：

a) 检测单位；
b) 被检铸件：名称、编号、材质、热处理状况、检测部位、检测比例、厚度、表面状态、检测时机；
c) 设备器材：射线机（型号、射线源尺寸）、探测器（型号、基本空间分辨率、归一化信噪比值、A/D转换、单帧积分时间、叠加帧数、像素尺寸等）；
d) 检测技术：检测标准、工艺规范、技术等级、验收要求；
e) 工艺参数：透照方式、像质计、滤波板、射线能量、曝光量、放大倍数、透照几何参数、图像处理参数等；
f) 透照示意图；
g) 图像评定：对比度灵敏度、空间分辨率、归一化信噪比、缺陷类别和级别；
h) 评定结论：评定结果、符合性；
i) 偏离标准的特别协议；
j) 检测和审核人员、资格；
k) 检测和编制报告日期。

附 录 A
（规范性）
图像最低像质值

单壁透照且像质计置于源侧的图像丝型像质计对比度灵敏度见表 A.1。

表 A.1 丝型像质计对比度灵敏度

像质值 丝径/mm	公称厚度 t/mm	
	A 级	B 级
W19(0.050)	—	≤1.5
W18(0.063)	≤1.2	>1.5~2.5
W17(0.080)	>1.2~2.0	>2.5~4.0
W16(0.100)	>2.0~3.5	>4.0~6.0
W15(0.125)	>3.5~5.0	>6.0~8.0
W14(0.160)	>5.0~7.0	>8.0~12
W13(0.20)	>7.0~10	>12~20
W12(0.25)	>10~15	>20~30
W11(0.32)	>15~25	>30~35
W10(0.40)	>25~32	>35~45
W9(0.50)	>32~40	>45~65
W8(0.63)	>40~55	>65~120
W7(0.80)	>55~85	>120~200
W6(1.00)	>85~150	>200~350
W5(1.25)	>150~250	>350
W4(1.60)	>250~350	—
W3(2.00)	>350	—

单壁透照且像质计置于源侧图像阶梯孔型像质计对比度灵敏度见表 A.2。

表 A.2 阶梯孔型像质计对比度灵敏度

像质值 孔径/mm	公称厚度 t/mm	
	A 级	B 级
H2(0.160)	—	≤2.5
H3(0.200)	≤2.0	>2.5~4.0
H4(0.250)	>2.0~3.5	>4.0~8.0
H5(0.320)	>3.5~6.0	>8.0~12
H6(0.400)	>6.0~10	>12~20
H7(0.500)	>10~15	>20~30
H8(0.630)	>15~24	>30~40
H9(0.800)	>24~30	>40~60

(续)

像质值 孔径/mm	公称厚度 t/mm	
	A 级	B 级
H10(1.000)	>30~40	>60~80
H11(1.250)	>40~60	>80~100
H12(1.500)	>60~100	>100~150
H13(2.000)	>100~150	>150~200
H14(2.500)	>150~200	>200~250
H15(4.000)	>200~250	—
H16(3.200)	>250~320	—
H17(5.000)	>320~400	—
H18(6.300)	>400	—

双壁透照且像质计分别置于源侧和探测器侧的图像丝型像质计对比度灵敏度见表 A.3。

表 A.3 丝型像质计对比度灵敏度——双壁透照

像质值 丝径/mm	透照厚度 w/mm			
	源侧	探测器侧	源侧	探测器侧
	A 级	A 级	B 级	B 级
W19(0.050)	—	—	≤1.5	≤1.5
W18(0.063)	≤1.2	≤1.2	>1.5~2.5	>1.5~2.5
W17(0.080)	>1.2~2.0	>1.2~2.0	>2.5~4.0	>2.5~4.0
W16(0.100)	>2.0~3.5	>2.0~3.5	>4.0~6.0	>4.0~6.0
W15(0.125)	>3.5~5.0	>3.5~5.0	>6.0~8.0	>6.0~12
W14(0.160)	>5.0~7.0	>5.0~10	>8.0~15	>12~18
W13(0.20)	>7.0~12	>10~15	>15~25	>18~30
W12(0.25)	>12~18	>15~22	>25~38	>30~45
W11(0.32)	>18~30	>22~38	>38~45	>45~55
W10(0.40)	>30~40	>38~48	>45~55	>55~70
W9(0.50)	>40~50	>48~60	>55~70	>70~100
W8(0.63)	>50~60	>60~85	>70~100	>100~180
W7(0.80)	>60~85	>85~125	>100~170	>180~300
W6(1.00)	>85~120	>125~225	>170~250	>300
W5(1.25)	>120~220	>225~375	>250	—
W4(1.60)	>220~380	>375	—	—
W3(2.00)	>380	—	—	—

双壁透照且像质计分别置于源侧和探测器侧的图像阶梯孔型像质计对比度灵敏度见表 A.4。

表 A.4 阶梯孔型像质计对比度灵敏度——双壁透照

像质值 孔径/mm	透照厚度 w/mm			
	源侧 A 级	探测器侧 A 级	源侧 B 级	探测器侧 B 级
H2(0.160)	—	—	≤1.0	≤2.5
H3(0.200)	≤1.0	≤2.0	>1.0~2.5	>2.5~5.5
H4(0.250)	>1.0~2.0	>2.0~5.0	>2.5~4.0	>5.5~9.5
H5(0.320)	>2.0~3.5	>5.0~9.0	>4.0~6.0	>9.5~15
H6(0.400)	>3.5~5.5	>9.0~14	>6.0~11	>15~24
H7(0.500)	>5.5~10	>14~22	>11~20	>24~40
H8(0.630)	>10~19	>22~36	>20~35	>40~60
H9(0.800)	>19~35	>36~50	—	>60~80
H10(1.000)	—	>50~80	—	—

图像的最大不清晰度和空间分辨率见表 A.5。

表 A.5 A 级和 B 级图像最大不清晰度和空间分辨率

透照厚度 $w^{①}$/ mm	A 级应识别最小丝对值 和最大不清晰度/mm	A 级最大空间分辨率 SR_b^{image}/mm	B 级应识别最小丝对值 和最大不清晰度/mm	B 级最大空间分辨率 SR_b^{image}/mm
≤2.0	D12(0.125)	0.063	D13+^{②}(0.08)	0.04
>2.0~5.0	D10(0.20)	0.10	D13(0.10)	0.05
>5.0~10	D9(0.26)	0.13	D12(0.125)	0.063
>10~24	D8(0.32)	0.16	D11(0.16)	0.08
>24~40	D7(0.40)	0.20	D10(0.20)	0.10
>40~55	D7(0.40)	0.20	D9(0.26)	0.13
>55~85	D6(0.50)	0.25	D9(0.26)	0.13
>85~150	D6(0.50)	0.25	D8(0.32)	0.16
>150~200	D5(0.64)	0.32	D8(0.32)	0.16
>200~250	D5(0.64)	0.32	D7(0.40)	0.20
>250~380	D4(0.80)	0.40	D7(0.40)	0.20
>380	D4(0.80)	0.40	D6(0.50)	0.25

① 对于双壁单影透照技术，应用公称厚度 t 替代透照厚度 w。
② D13+是指双丝型像质计图像中 D13 丝对所显示的调制传递函数曲线上的调制度值远大于 20%。

第五节 铸件 射线照相检测

李兴捷 张 震

一、标准概况

GB/T 5677—1987《铸钢件 射线照相及底片等级分类方法》于 1987 年首次制定发布，2007 年进行了第一次修订，修改为 GB/T 5677—2007《铸钢件 射线照相检测》。2007 年以来,国内外射线照相检测在胶片分类、射线设备能量、变截面透照技术、黑度范围等方面,都有所发展,同时,国际、美国、欧洲同类标准也在不断更新。根据我国在使用标准中的经验反馈,结合国内铸件射线检测的实际状况,对标准进行了修订。本次修订是第二次修订,根据国家标准化管理委员会于 2016 年 6 月 12 日下达的 2016 年第一批国家标准制修订计划,标准修改为《铸件 射线照相检测》。GB/T 5677—2018《铸件 射线照相检测》于 2018 年 9 月 17 日发布,于 2019 年 4 月 1 日正式实施。

我国作为世界铸造大国,随着装备制造业的转型升级,军工、航空航天、核电、轨道交通、海洋工程、船舶等领域对高端铸件需求量越来越大,对铸件质量的要求越来越高。根据高端铸件所具有多材质、各种铸造工艺、结构复杂、壁厚不均、质量要求高等特点,射线照相检测作为手段之一,得到了广泛应用,为控制铸件的质量、改进铸造技术与工艺提供了依据。该标准有利于推动铸造行业对产品质量的控制与提升,有助于企业提高产品竞争力和附加值。

二、标准主要内容说明

1. 标准名称

GB/T 5677—2018 对 GB/T 5677—2007 标准名称进行了修改,"铸钢件"改为"铸件",以适应铸造行业对射线照相检测的需求。

2. 范围

GB/T 5677—2018 适用范围有了较大的扩展,增加了金属材料种类和各种铸造工艺方法,使铸件有了完整的射线照相检测标准。GB/T 5677—2018 适用于钢、铜及铜合金、镍及镍合金、铝及铝合金、钛及钛合金和各种铸造工艺方法生产的铸件,其他金属材料铸件也可参照使用。

3. 规范性引用文件

GB/T 5677—2018 引用了人员健康、放射防护、人员资格鉴定、仪器器材及使用等 13 个国家标准,标准的使用查询更加方便,更具有针对性。

4. 订货须知

GB/T 5677—2018 将 GB/T 5677—2007 中"铸造厂的责任"调整成"订货须知",使该部分内容更加完善。

5. 通则

(1) 检测人员 GB/T 5677—2018 增加了检测人员的健康、视力、辐射安全培训的要求,增强检测人员辐射安全意识。

(2) 设备与器材 GB/T 5677—2007 引用 GB/T 19943—2005,胶片系统按 GB/T 19348.1—2003 分类,为 T1~T4 四个等级。修订后的 GB/T 5677—2018 提出了影响检测能力和质量的主要检测设备器材的要求,增加了"设备与器材"内容,涉及密度计、标准密度片、观片灯、增感屏、像质计、暗室等。按照 GB/T 19348.1 变更,修改了胶片系统类别,胶片系统按 GB/T 19348.1—2014 分类,为 C1~C6 六个等级。

(3) 工艺文件 GB/T 5677—2007 的第 6 章为透照工艺卡,按照严格射线检测工艺,保证射线检测质量的要求。修订后的 GB/T 5677—2018 增加了工艺文件的内容:工艺规程和操作指导书。

6. 射线透照技术

（1）透照方式　GB/T 5677—2018 将 GB/T 5677—2007 指定的 GB/T 19943—2005 中的"图 7 平面及曲面形工件双胶片单壁透照"图示删除，并根据铸件几何结构的特点，增加了 6 种透照方式图示，见 GB/T 5677—2018 中图 7~图 12。

（2）一次透照最大区域　为控制平面形铸件裂纹等线性缺陷的检出，方便环形铸件的透照，GB/T 5677—2018 修改了平面形铸件 K 值要求，增加了环形铸件最少透照次数的内容。GB/T 5677—2018 规定：对于平面形铸件，A 级、B 级技术 K 值不应大于 1.03；对于曲面、环形、复杂结构铸件，B 级技术 K 值不应大于 1.1，A 级技术 K 值不应大于 1.2；环形铸件通过 K 值确定的最少透照次数 N 的图表见 GB/T 5677—2018 中附录 D。

（3）变截面透照技术　对于截面厚度变化较大的铸件，在满足规定的影像质量要求前提下，增大有效透照区，减少曝光次数，GB/T 5677—2018 增加了变截面铸件透照技术的内容。

（4）胶片的选择　胶片系统按 GB/T 19348.1—2014 分类：C1~C6 六个等级。钢、铜、镍、铝、钛合金射线照相所适用的胶片系统类别，按新的胶片系统，对 GB/T 5677—2007 中表 3 和表 4 进行了修改。

（5）曝光量　为控制底片影像质量，GB/T 5677—2018 增加了曝光量控制的内容，提出了曝光量的推荐值。

（6）曝光曲线　GB/T 5677—2018 增加了曝光曲线的内容，明确每台在用的射线设备都应绘制出常用被检材料的曝光曲线，以及绘制方法和校验的要求，使用曝光曲线来确定曝光参数。

（7）像质计的使用　像质计是控制和评价射线照相质量的重要环节。GB/T 5677—2018 增加了"像质计的使用"内容，包括：像质计的放置、像质计数量、像质计影像识别，详细说明了铸件射线照相的像质计使用，大大提高了标准的针对性和可操作性。

（8）底片质量　按照射线照相检测技术，为规范底片质量的要求，GB/T 5677—2018 增加了"底片质量"内容，包括：黑度、像质计灵敏度、其他要求。修改了底片黑度的范围，细化了像质计灵敏度、底片标识和伪缺陷的规定。

（9）底片储存　底片的储存的条件和时间，直接影响储存底片的影像质量。为达到底片储存的目的，GB/T 5677—2018 增加了"底片储存"内容。

7. 底片评定

把验收标准中的规定修改为按照供需双方的合同等确定验收标准，更加符合市场经济的原则。同时，增加了对评片人员的要求，底片应由 2 级及以上射线检测人员评定，按合同、技术条件、图样或者其他协议等规定的验收标准和等级，确定铸件符合或不符合。

8. 附录部分

为满足射线照相检测的要求，方便标准的使用，GB/T 5677—2018 了增加规范性附录 B，规定了光学密度计的核查；增加了资料性附录 C，给出了射线检测操作指导书的参考格式；增加了资料性附录 D，指导环形铸件最少透照次数的确定；增加了规范性附录 E，规定了各种形状射线源焦点尺寸的计算。

三、标准的特点与应用

1. 标准的特点

GB/T 5677—2018 吸收了近年射线照相检测技术发展的成果，并参考了国外的同类标准，根据实际使用及技术工艺试验的情况，重新起草修订。该标准与我国的现行法律、法规和强制性标准协调一致。该标准适应市场需求，满足行业发展，为企业的生产、质量检验、进出口贸易提供技术指导。该标准的特点如下：

1）扩大了铸件检测范围，适用不同金属材料和各种铸造工艺方法铸件。

2）与ISO 4993：2015《钢铁铸件射线照相检测》和EN 12681：2003《铸造射线检验》技术路线相同，与ASTM E1030—2015《金属铸件射线检验方法》相差较大。与ISO 4993：2015的技术差异：修改了范围、订货须知、工艺文件、一次透照最大区域、胶片的选择、像质计的使用，增加了设备与器材、曝光量、曝光曲线、底片质量、底片储存、底片评定、附录B、附录C、附录D、附录E，删除了验收评定标准。与EN 12681：2003的技术差异：增加了设备与器材、曝光量、曝光曲线、附录B、附录C、附录D、附录E，修改了工艺文件要求、一次透照最大区域、标记要求、黑度范围。与ASTM E1030—2015的技术差异：不同处有技术分级、荧光与金属荧光增感屏使用、像质计、放射源到工件的最小距离、黑度范围、灵敏度，增加了透照方式、一次透照最大区域、变截面透照技术、射线源的选择、曝光量、曝光曲线、附录C、附录D。

GB/T 5677—2018在方法的可靠性、操作的可行性、执行的统一性、内容的全面性等方面有较大的进步。

3）该标准中强调了供需双方协商，按合同和技术条件要求，开展铸件射线照相检测，体现了市场经济的原则。

2. 标准的应用

该标准作为推荐性国家标准，规定了铸件射线照相检测的技术和质量控制，应用于钢、铜及铜合金、镍及镍合金、铝及铝合金、钛及钛合金和各种铸造工艺方法生产的铸件，其他金属材料铸件也可参照使用。该标准适应当前企业铸件射线照相检测的需求，作为技术方法和质量控制要求，为企业利用射线照相检测手段控制铸件的内部质量提供了指导依据。

四、标准内容

GB/T 5677—2018

铸件　射线照相检测

1　范围

本标准规定了用X射线和γ射线照相胶片法检测铸件的订货须知、射线照相技术分级、通则、射线透照技术、底片评定、检测记录与报告。

本标准适用于钢、铜及铜合金、镍及镍合金、铝及铝合金、钛及钛合金和各种铸造工艺方法生产的铸件的射线检测，对其他金属材料铸件的射线检测也可参照使用。

2　规范性引用文件

下列文件对于本文件的应用是必不可少的。凡是注日期的引用文件，仅注日期的版本适用于本文件。凡是不注日期的引用文件，其最新版本（包括所有的修改单）适用于本文件。

GB/T 9445　无损检测　人员资格鉴定与认证（GB/T 9445—2015，ISO 9712：2012，IDT）

GB 11533　标准对数视力表

GB/T 12604.2　无损检测　术语　射线照相检测（GB/T 12604.2—2005，ISO 5576：

1997，IDT）

  GB 18871 电离辐射防护与辐射源安全基本标准

  GB/T 19348.1 无损检测 工业射线照相胶片 第1部分：工业射线照相胶片系统的分类（GB/T 19348.1—2014，ISO 11699-1：2008，MOD）

  GB/T 19348.2 无损检测 工业射线照相胶片 第2部分：用参考值方法控制胶片处理（GB/T 19348.2—2003，ISO 11699-2：1998，IDT）

  GB/T 19802 无损检测 工业射线照相观片灯 最低要求（GB/T 19802—2005，ISO 5580：1985，IDT）

  GB/T 23901.1 无损检测 射线照相底片像质 第1部分：线型像质计 像质指数的测定（GB/T 23901.1—2009，ISO 19232-1：2004，IDT）

  GB/T 23901.2 无损检测 射线照相底片像质 第2部分：阶梯孔型像质计 像质指数的测定（GB/T 23901.2—2009，ISO 19232-2：2004，IDT）

  GB/T 23910 无损检测 射线照相检测用金属增感屏

  GBZ 98 放射工作从业人员健康标准

  GBZ 117 工业 X 射线探伤放射防护要求

  GBZ 132 工业 γ 射线探伤放射防护标准

3 术语和定义

GB/T 12604.2 界定的及下列术语和定义适用于本文件。

3.1 公称厚度 nominal thickness

t

母材的公称壁厚，不考虑偏差。

3.2 透照厚度 penetrated thickness

w

射线透照方向上的母材公称厚度。多壁透照时，穿透厚度为通过的各层材料公称厚度之和。

3.3 工件至胶片距离 object-to-film distance

b

沿射线束中心线测出的射线源侧被检工件表面至胶片间的距离。

3.4 射线源尺寸 source size

d

射线源的有效焦点尺寸。

3.5 焦距 source-to-film distance

F

沿射线束中心线测出的射线源至胶片间的距离。

3.6 射线源至工件距离 source-to-object distance

f

沿射线束中心线测出的射线源至射线源侧被检工件表面间的距离。

4 订货须知

4.1 应在询价和合同中注明射线检测所涉及如射线技术等级、检测部位及验收标准等相关信息。

4.2 无法进行射线检测的复杂结构铸件区域,应在射线检测前双方协商确定注明;若使用其他无损检测方法,需经过双方商定。平面型缺陷可以用适当的射线检测结合其他无损检测方法,附加的无损检测需经过双方商定。

4.3 对不要求做射线检测的铸件不应由于后序的射线检测结果不合格而判定为不合格。同时,初始射线检测验收之后进行复检,此复检的方法若与当初合同规定不同,或经过机加铸件厚度减少50%或以上,铸件不应按复检的结果判定。

5 射线照相技术分级

5.1 射线照相技术分为两个等级:

——A级:基本技术;

——B级:优化技术。

射线照相技术等级选择,应符合相关标准、设计图样、技术条件的规定。在无特殊要求时,一般应选用A级技术。A级技术不能满足检测要求时,应选用B级技术。

5.2 当B级技术规定的透照条件(如射线源至工件的距离)无法实现时,经合同各方商定,也可选用A级技术规定的透照条件。此时灵敏度的损失可通过提高底片最小黑度至3.0或选用较高级别的胶片来补偿,若补偿后灵敏度达到了B级技术的规定,可视为按B级条件检测。

6 通则

6.1 检测人员

6.1.1 检测人员应按照GB/T 9445或其他相关标准要求,并持有相应考核机构颁发的资格证书,检测人员的资格各方应一致认可。

6.1.2 检测人员的健康应符合GBZ 98的规定,上岗前应进行辐射安全知识的培训,并持有放射工作人员证书。

6.1.3 检测人员未经矫正或经矫正的近(距)视力和远(距)视力应不低于5.0(小数记录值为1.0),每年应检查一次视力,测试方法应符合GB/T 11533的规定。

6.2 设备与器材

6.2.1 射线装置

6.2.1.1 X射线由X射线机或加速器产生。

6.2.1.2 γ射线由Co60、Ir192、Se75、Yb169、Tm170源等产生。

6.2.2 密度计

6.2.2.1 密度计的最大可测值应不低于4.5,测量精度误差不超过±0.05。

6.2.2.2 密度计首次使用前应核查,应至少每6个月核查一次,核查方法可按附录B的规定进行,核查后应填写记录。

6.2.3 标准密度片

标准密度片应至少包括8个黑度基准(高、中、低),能覆盖0.3~4.5黑度范围,应至少每两年送计量部门检定一次。

6.2.4 观片灯

观片灯的主要性能应符合GB/T 19802的规定。

6.2.5 胶片

6.2.5.1 胶片系统类别应与GB/T 19348.1一致,即C1~C6,C1为最高级别,C6为最低级别,胶片系统特性指标见表1。

6.2.5.2 使用中胶片的灰雾度,当选用A级技术时不应高于0.35,当选用B级技术时不应高于0.25。

6.2.5.3 胶片处理方法、设备和化学药剂应按照GB/T 19348.2的规定,用胶片制造商提供的预先曝光胶片测试片进行测试和控制。不得使用超过规定有效期的胶片,胶片保存温度和相对湿度应分别控制在5 ℃~25 ℃和30%~60%,并应避免受任何电离辐射的照射。

表1 工业射线胶片系统的主要特性指标

胶片系统类别	梯度最小值(G_{min})		颗粒度最大值$(\sigma_D)_{max}$	(梯度/颗粒度)最小值$(G/\sigma_D)_{min}$
	$D=2.0$	$D=4.0$	$D=2.0$	$D=2.0$
C1	4.5	7.5	0.018	300
C2	4.3	7.4	0.020	230
C3	4.1	6.8	0.023	180
C4	4.1	6.8	0.028	150
C5	3.8	6.4	0.032	120
C6	3.5	5.0	0.039	100

注:表中的黑度D均指不包括灰雾度的净黑度。

6.2.6 增感屏

射线检测应使用金属增感屏或不用增感屏,增感屏应符合GB/T 23910的要求,应平整、无划伤、无污物。

6.2.7 像质计

线型像质计的型号和规格应符合GB/T 23901.1的规定,孔型像质计型号和规格应符合GB/T 23901.2的规定。像质计材料的吸收系数应尽可能接近或等同于被检材料的吸收系数,任何情况下不能高于被检材料的吸收系数。

6.2.8 暗室

6.2.8.1 暗室的温度应控制在18℃~25℃,设有通风装置,分为"干区"与"湿区","干区"的相对湿度应控制在30%~60%。

6.2.8.2 应根据胶片供应商的推荐,使用安全红灯和红灯滤光片,安全红灯的安全性一般每年检查一次,当更换灯泡或滤光片时,应同时进行安全性检查。简易的检查方法为:切一条胶片,放在平时切包装胶片距安全红灯最近的位置上,一半用黑纸遮挡,另一半暴露在安全红灯下,暴露时间不少于切包装胶片所需的最长时间,然后,按实际使用的程序进行暗室处理,测量两边的黑度值,其差值应不高于0.05。

6.2.9 射线防护

射线照相的辐射防护应遵循GB 18871、GBZ 117、GBZ 132的规定。

6.3 工艺文件

6.3.1 除非协议或合同中有特殊规定,应按照书面工艺文件进行射线检测,合同双方应商定书面工艺文件的具体要求。工艺文件包括工艺规程和操作指导书。

6.3.2 工艺规程应由3级人员编制,工艺规程中应至少包含如下内容:

a）适用范围；
b）设备仪器及材料；
c）射线照相技术等级；
d）透照技术；
e）透照方式；
f）射线能量的选择；
g）胶片与增感屏的选择；
h）散射线的控制；
i）放射源到工件的最小距离；
j）曝光量；
k）像质计的使用；
l）暗室处理方法或条件；
m）底片观察技术。

6.3.3 操作指导书应由2级及以上人员编制，首次使用的操作指导书应进行工艺验证，以验证底片质量是否能够达到标准规定的要求。操作指导书中应至少包含如下内容：
a）铸件名称、图号及材料种类；
b）检测部位、表面状态；
c）射线源种类、型号及焦点尺寸；
d）胶片型号；
e）暗室处理；
f）黑度范围；
g）屏蔽方式；
h）增感屏的厚度和类型；
i）像质计类型和像质指数；
j）射线照相技术等级；
k）检测标准、验收标准、验收级别；
l）透照参数：射线源至胶片距离、管电压、管电流或 γ 射线源活度以及曝光时间；
m）布片示意图。

注：操作指导书格式可参照附录C或根据铸件产品特点自行设计。

7 射线透照技术

7.1 铸件表面处理和检测时机

7.1.1 铸件表面应去除任何可能遮盖或混淆铸件内部缺陷的状态，清除影响底片上缺陷影像辨认的多余物。当要求A级技术时，切除后的浇、冒口残余量不超过透照部位厚度的10%；当要求B级技术时，浇、冒口应完全切除。

7.1.2 检测时机应满足技术条件或合同的要求。技术条件或合同中无特殊规定时，射线检测宜在热处理后、毛坯铸件、粗加工、精加工条件下进行。

7.2 透照布置

7.2.1 透照方式

7.2.1.1 应根据铸件的结构特点和技术条件的要求选择适宜的透照方式，应优先选用单壁透照方式,在单壁透照不能实施的情况下,才允许采用双壁透照方式。

7.2.1.2 典型透照布置:图1~图7为简单结构,图8~图12为复杂结构。

7.2.1.3 平面形铸件的单壁透照,按图1布置。

7.2.1.4 曲面形铸件的单壁透照,按图2、图3或图4布置。若条件允许,射线源应按图3、图4放置,以获得更佳的透照方向。

7.2.1.5 平面及曲面形铸件的双壁透照,按图5、图6、图7布置。若几何形状造成其他布置难以应用或能够获得更好的检测灵敏度,可按图7使用双壁双影透照方法,以确保充分检出缺陷,影像质量满足要求。对于外径小于100mm环形铸件,可按图6使用双壁双影透照方法,每隔120°或60°曝光一次。

7.2.1.6 检测按图6、图7布置,缺陷应按单壁的厚度分级,壁厚不同时,应参照较小的壁厚。

7.2.1.7 检测按图5布置,放射源至被检区表面距离应最小,像质计应满足要求。

7.2.1.8 复杂几何形状的透照,除非获得其他许可,推荐按图8~图12布置。

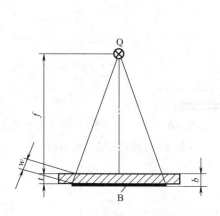

图1 平面形铸件单壁透照

Q—放射源　B—胶片　f—源至工件的距离　t—公称厚度
b—工件至胶片的距离　w—透照厚度

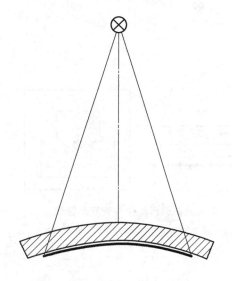

图2 曲面形铸件单壁透照(一)

注:源位于凸面侧,胶片位于凹面侧。

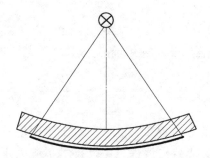

图3 曲面形铸件单壁透照(二)

注:源位于凹面侧,胶片位于凸面侧。

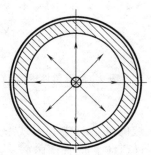

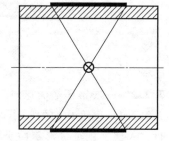

图4 曲面形铸件单壁透照(三)

注:源位于圆心,胶片位于外圆周。

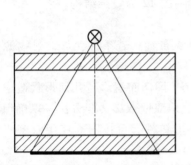
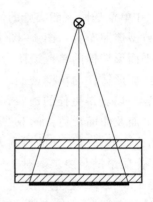

图 5　平面及曲面形铸件双壁单影透照
注：分段曝光，源与胶片均在两侧。

图 6　平面及曲面形铸件双壁双影透照（一）
注：分段曝光，源与胶片均在两侧。

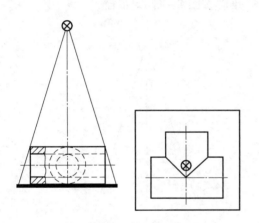
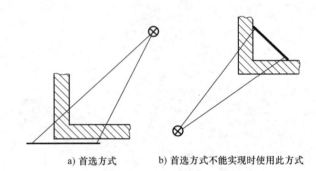

图 7　平面及曲面形铸件双壁双影透照（二）
注：整体曝光，源与胶片均在两侧。

a) 首选方式　　　b) 首选方式不能实现时使用此方式

图 8　边缘和凸缘铸件透照

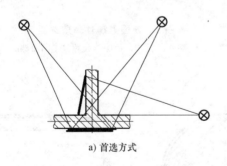

a) 首选方式　　　　　　　　b) 首选方式不能实现时使用此方式

图 9　肋形铸件透照

7.2.2　一次透照最大区域

7.2.2.1　厚度均匀的一个被检区域的外端与中心射线束的穿透厚度之比 K，对于平面形铸件，A级、B级技术不应大于1.03。对于曲面、环形、复杂结构铸件，B级技术不应大于1.1，A级技术不应大于1.2，环形铸件通过 K 值确定的最少透照次数 N 的图表参照附录D。

7.2.2.2　若缺陷的取向特殊或此方法为能够检测的唯一方法，K 值可以适当放大，由合同

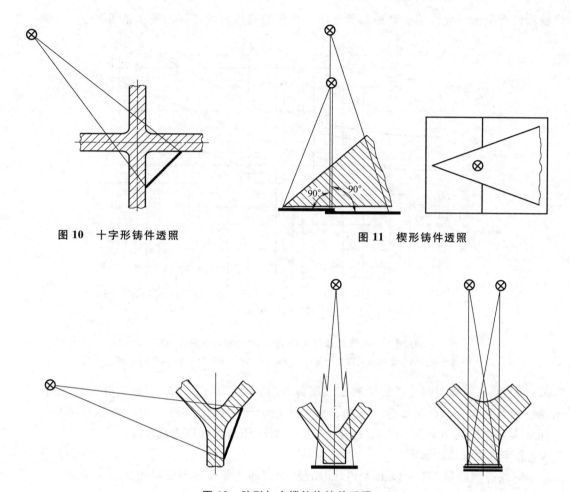

图 10 十字形铸件透照

图 11 楔形铸件透照

图 12 肋形加支撑结构铸件透照

双方商定。

7.2.3 射线束方向

一般射线束应对准被检区中心,并在该点与被检铸件表面垂直;需要时也可选用有利于发现缺陷的方向透照。

7.2.4 变截面透照技术

对于截面厚度变化较大的铸件,在满足规定的影像质量要求前提下,增大有效透照区,减少曝光次数,其技术方法如下:

a) 多胶片法:允许同一暗袋中放两张或多张感光速度相同或不同的胶片同时曝光;

b) 提高射线能量法:适当提高管电压;使用 γ 射线源或加速器代替 X 射线源(只适合 A 级技术);

c) 厚度补偿法:用补偿块、补偿粉、补偿泥、补偿液等填补铸件较薄部分(只适合 A 级技术)。

7.3 射线源的选择

7.3.1 500kV 及以下 X 射线源的选择

7.3.1.1 使用不高于 500kV 的 X 射线机进行检测时,在保证穿透力的前提下,应尽可能采取较低的管电压,允许的最高透照管电压与材料的透照厚度之间的关系见图13。

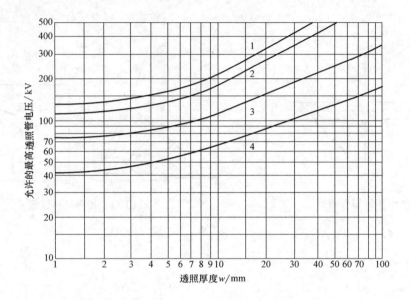

图13 不同透照厚度允许的X射线最高透照管电压
1—铜及铜合金或镍及镍基合金 2—钢 3—钛及钛合金 4—铝及铝合金

7.3.1.2 采用提高射线能量法检测变截面铸件时,可以将图13中的最高管电压适当提高。对钢、铜及铜合金、镍及镍合金材料,管电压最大允许提高50kV;对钛及钛合金材料,管电压最大允许提高40kV;对铝及铝合金材料,管电压最大允许提高30kV。

7.3.2 其他射线源的选择

γ射线源和能量1MeV以上X射线装置所允许的透照厚度范围见表2。

表2 γ射线源和能量1MeV以上X射线设备透照厚度范围(钢、铜及镍基合金等)

射线源	透照厚度 w/mm	
	A级	B级
Tm170	≤5	≤5
Yb169①	1~15	2~12
Se75②	10~40	14~40
Ir192	20~100	20~90
Co60	40~200	60~150
1MeV~4MeV X射线	30~200	50~180
>4MeV~12MeV X射线	≥50	≥80
>12MeV X射线	≥80	≥100

① 对于铝和钛,允许的透照厚度范围 A级为 10mm<w<70mm,B级为 25mm<w<55mm。
② 对于铝和钛,允许的透照厚度范围 A级为 35mm<w<120mm。

7.3.3 γ射线源的使用

在能够使用X射线的情况下,尽量不要选用γ射线源。对于薄壁件,采用Ir192或Co60γ射线源进行透照与用曝光参数合适的X射线进行透照相比,底片影像质量较差。

7.4 胶片和增感屏的选择

7.4.1 应根据射线技术级别和使用射线源类型或能量按表3和表4选用合适的胶片类别及增感屏材料和厚度。

7.4.2 使用胶片与增感屏时,应使胶片与增感屏之间紧贴。

表3 钢、铜、镍合金射线照相所适用的胶片系统类别和金属增感屏

射线种类	透照厚度 w/mm	胶片系统类别[①]		金属增感屏类型和厚度/mm	
		A级	B级	A级	B级
X射线(≤100keV)			C3	不用屏或用铅屏(前后)≤0.03	
X射线(>100keV~150keV)	—	C5		铅屏(前后)≤0.15	
X射线(>150keV~250keV)			C4	铅屏(前后)0.02~0.15	
X射线(>250keV~500keV)	w≤50	C5	C4	铅屏(前后)0.02~0.2	
	w>50		C5	前铅屏0.1~0.2[②];后铅屏0.02~0.2	
Tm170	w≥5	C5	C4	铅屏(前后)0.02~0.15	
Yb169	w<5		C3	不用屏或用铅屏(前后)≤0.03	
Se75		C5	C4	铅屏(前后)0.1~0.2	
Ir192		C5	C4	前铅屏0.02~0.2	前铅屏0.1~0.2[②]
				后铅屏0.02~0.2	
Co60	w≤100	C5	C4	钢或铜屏(前后)0.25~0.7[③]	
	w>100		C5		
X射线(1MeV~4MeV)	w≤100	C5	C3	钢或铜屏(前后)0.25~0.7[③]	
	w>100		C5		
X射线(4MeV~12MeV)	w≤100		C4	铜、钢或钽前屏≤1[④]	
	100<w≤300	C5	C4	铜、钢后屏≤1,钽屏≤0.5[④]	
	w>300		C5		
X射线(>12MeV)	w≤100		C4	—	钽前屏≤1[⑤]
	100<w≤300	C5	C4		钽后屏不用
	w>300		C5		钽前屏≤1[⑤];钽后屏≤0.5

① 可使用更好的胶片系统类别。
② 若使用前屏≤0.03mm的真空包装胶片,可在工件与胶片之间加0.1mm附加铅屏。
③ A级也可以用0.5mm~2mm铅屏。
④ 经合同双方协商,A级可以用0.5mm~1mm铅屏。
⑤ 经合同双方协商,可以用钨屏。

7.5 散射线控制

7.5.1 为减少散射线的影响,可利用铅光阑限制一次射线束的大小;使用γ射线透照应采取滤光板,按工件厚度,滤光板的厚度应选择在0.5mm~2mm之间。

7.5.2 使用适当厚度的铅板(至少1.0mm)放在暗袋的后面,有效的防护背散射。初次透照确定曝光参数时,应检查背散射;在暗袋与防护铅板之间放一个铅字母"B"(厚度≥1.5mm,高度≥10mm),若底片上出现低于周围背景黑度的"B"字影像,说明背散射防护

表4　铝、钛射线照相所适用的胶片系统类别和金属增感屏

射线种类	胶片系统类别[①]		金属增感屏类型和厚度/mm	
	A级	B级	A级	B级
X射线（≤150keV）	C5	C3	不用屏或用铅前屏≤0.03；后屏≤0.15	
X射线（>150keV~250keV）			铅屏（前后）0.02~0.15	
X射线（>250keV~500keV）			铅屏（前后）0.1~0.2	
Yb169			铅屏（前后）0.02~0.15	
Se75			铅前屏0.2[②]；后屏0.1~0.2	

① 可使用更好的胶片系统类别。
② 可以用0.1mm铅屏附加0.1mm滤光板，取代0.2mm的铅屏。

不足，需增加防护铅板的厚度。若底片上出现高于周围背景黑度的"B"字影像或不出现影像，说明背散射防护符合要求。底片上高于周围背景黑度的"B"字影像，只要不遮掩底片影像或与缺陷混淆，底片可以使用。

7.6 源至工件的最小距离

7.6.1 源至工件最小距离 f_{min} 与射线源的有效焦点尺寸 d 和工件至胶片距离 b 有关。

7.6.2 源至工件距离 f 的选择，应使 f/d 符合下列要求：

A级技术： $$f/d \geq 7.5b^{2/3} \qquad (1)$$

B级技术： $$f/d \geq 15b^{2/3} \qquad (2)$$

7.6.3 根据式（1）、式（2）确定 f_{min} 值的方法制成的诺模图见图14。

7.6.4 利用图14诺模图来确定源至工件最小距离 f_{min}，有效焦点尺寸 d 按附录E的规定计算。

7.6.5 当 $b<1.2t$ 时，式（1）、式（2）及图14中的 b 可用公称厚度 t 取代；采用双壁单影透照，b 取一个公称厚度 t；采用双壁双影透照，b 取其外径。

7.6.6 采用A级技术时，若需检查平面型缺陷，应按B级技术确定 f_{min} 值，即为A级技术确定的 f_{min} 值的2倍。

7.6.7 对裂纹敏感度大的材料有更为严格的技术要求时，应选用灵敏度比B级更优的技术进行透照。

7.6.8 采用源在内圆心透照方式周向曝光时（见图4），在满足底片质量要求的前提下，f_{min} 值可以减小，但减小值不应超过规定值的50%。

7.6.9 采用源位于凹面侧胶片位于凸面侧内单壁透照方式曝光时（见图3），在满足

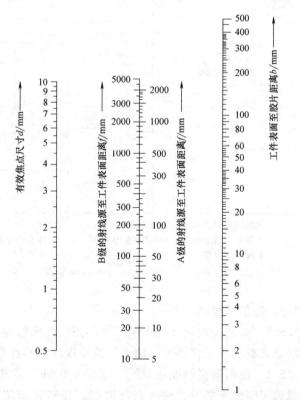

图14　确定射线源至工件表面最小距离 f_{min} 的诺模图

底片质量要求的前提下，f_{min}值可以减小，但减小值不应超过规定值的20%。

7.7 曝光量

7.7.1 X射线照相，焦距为700mm时，曝光量的推荐值为：A级技术不小于15mA·min，B级技术不小于20mA·min，焦距变化时可按平方反比定律进行换算。

7.7.2 γ射线源照相，将源由源容器至预定曝光位置的往返时间尽量短，不应超过总曝光时间10%。

7.8 曝光曲线

7.8.1 对于每台在用的射线设备都应绘制出常用被检材料的曝光曲线，按照曲线确定曝光参数。

7.8.2 制作曝光曲线所用有胶片、增感屏、焦距、射线能量等条件以及灵敏度、黑度等参数均应符合本标准的相关规定。

7.8.3 每年应至少对使用中的曝光曲线校验一次，若对射线透照参数有影响的设备部件进行更换和修理，应及时对曝光曲线进行校验。

7.9 标记

7.9.1 底片标记

7.9.1.1 由识别标记和定位标记组成，一般由适当尺寸的铅（或其他高密度材料）制成的数字、拼音字母和符号等构成。

7.9.1.2 定位标记在底片上应明显标识检测范围，并不影响底片评定。当射线检测覆盖整个被检区，采用两张或多张胶片一次透照时，胶片间搭接标记，通常用"↑"符号表示。每张底片定位标记，与铸件一一对应，清晰可见。

7.9.1.3 识别标记应确保底片标识的唯一性，至少包括以下信息：
a）检测实验室的名称和代号；
b）曝光日期；
c）透照的铸件、部位；
d）首次或返修透照。

注：返修透照以"R"作标记，后面跟相应的透照次数（如：R1为第一次透照，R2为第二次透照）。

7.9.2 工件标记

工件表面宜做出永久性标记，以确保每张射线底片可准确定位；若铸件的性质或使用条件不准许在铸件表面做永久性标记时，应采用准确的底片分布图来记录。

7.10 像质计的使用

7.10.1 像质计的放置

7.10.1.1 一般情况下，像质计应放在铸件被检区的源侧表面边缘，当在一张胶片上同时透照多个工件时，应在靠近边缘的一个铸件上放置像质计，线型像质计的最细丝居于外侧。

7.10.1.2 若铸件上不能放置像质计，可将像质计放在材料和厚度与铸件被检区相同的垫块上（平面尺寸不小于100mm×100mm），尽可能靠近被检铸件，像质计到胶片的距离不小于铸件射线源侧表面到胶片的距离。

7.10.1.3 像质计不能放置在射线源一侧，也不能使用垫块的情况下，可将其放置在胶片侧，应在像质计上适当位置放置铅字"F"标记，并注明在检测报告中。单壁透照应进行对比试验，确定出胶片侧像质指数。

7.10.2 像质计数量

原则上每张底片都应有像质计影像，符合以下情况允许增减像质计：

a）底片有效评定区的黑度变化超过像质计所在处黑度的-15%～+30%时，需使用2个像质计，一个像质计放在黑度最大部位表面，另一个像质计放在黑度最小部位表面，均要达到灵敏度的要求，最大和最小黑度值符合7.13.1的规定。

b）对于圆环形和平面形铸件，曝光使用几个暗袋时，至少有1个像质计放在源侧透照区边缘工件的表面上。对圆环形铸件，圆心周向100%曝光时，至少使用3个像质计间隔120°放置；使用4个以上的暗袋，对部分圆周进行曝光时，至少使用3个像质计，其长度的每端应放置1个像质计，中间放置1个像质计。

c）当单个铸件排成圆周进行射线检测时，每个铸件应符合7.10.2.a）的要求。

7.10.3 像质计影像识别

7.10.3.1 采用底片上能够识别的最细金属线或最小孔的编号来描述：

a）使用线型像质计时，对于厚度均匀的区域，能够清晰地看到连续的最细丝长度不得低于10mm；

b）使用阶梯孔型像质计时，对于厚度均匀的区域，能够识别最小孔，若同一阶梯上有两个孔，则两孔应均可识别。

7.10.3.2 在多胶片法中，如果单片所识别的像质指数不能满足要求，但双片叠加满足要求，应用双片评定被检区影像。

7.11 胶片处理

手工处理和自动处理均可采用，应按胶片生产厂推荐的温度和时间或自动洗片机的使用说明对胶片进行处理。

7.12 评片要求

7.12.1 评片室应整洁、安静，室内的光线应暗而柔和，室内温度控制在18℃～25℃，湿度不宜超过75%。

7.12.2 评片人员所在处的光照度不宜超过30lx，评片前应经历暗适应时间，从阳光下进入时间不少于5min，从室内进入时间不少于30s。

7.12.3 评片时，透过底片评定范围的亮度，应不小于：

——30cd/m^2（底片黑度≤2.5时）；

——10cd/m^2（底片黑度>2.5时）。

7.12.4 评片时可以使用10倍以下并带有刻度尺的放大镜。

7.13 底片质量

7.13.1 黑度

7.13.1.1 底片评定区范围的黑度A级在1.5～4.5，B级在2.0～4.5。

7.13.1.2 底片最大黑度上限允许提高，观片灯透过底片的亮度不应低于10cd/m^2。

7.13.1.3 用于双片叠加评定的单张底片，单张底片黑度应不小于1.3。

7.13.2 像质计灵敏度

单壁透照且像质计置于源侧时，像质计灵敏度应符合表5、表6的规定。外径小于100mm的环形件采用双壁双影透照，且像质计分别置于被检工件源侧和胶片侧时，其像质计灵敏度应符合表7、表8的规定。其中像质计置于胶片侧的灵敏度，也适合于外径大于

100mm，采用双壁单影透照像质计置于胶片侧的情况。

表5 线型像质计灵敏度值——单壁透照、像质计置于源侧

像质指数丝径/mm	公称厚度 t/mm	
	A级	B级
W19(0.050)	—	≤1.5
W18(0.063)	≤1.2	>1.5~2.5
W17(0.080)	>1.2~2.0	>2.5~4.0
W16(0.100)	>2.0~3.5	>4.0~6.0
W15(0.125)	>3.5~5.0	>6.0~8.0
W14(0.160)	>5.0~7.0	>8.0~12
W13(0.20)	>7.0~10	>12~20
W12(0.25)	>10~15	>20~30
W11(0.32)	>15~25	>30~35
W10(0.40)	>25~32	>35~45
W9(0.50)	>32~40	>45~65
W8(0.63)	>40~55	>65~120
W7(0.80)	>55~85	>120~200
W6(1.00)	>85~150	>200~350
W5(1.25)	>150~250	>350
W4(1.60)	>250~350	—
W3(2.00)	>350	

表6 孔型像质计灵敏度值——单壁透照、像质计置于源侧

像质指数孔径/mm	公称厚度 t/mm	
	A级	B级
H2(0.160)	—	≤2.5
H3(0.200)	≤2.0	>2.5~4.0
H4(0.250)	>2.0~3.5	>4.0~8.0
H5(0.320)	>3.5~6.0	>8.0~12
H6(0.400)	>6.0~10	>12~20
H7(0.500)	>10~15	>20~30
H8(0.630)	>15~24	>30~40
H9(0.800)	>24~30	>40~60
H10(1.000)	>30~40	>60~80
H11(1.250)	>40~60	>80~100
H12(1.500)	>60~100	>100~150
H13(2.000)	>100~150	>150~200
H14(2.500)	>150~200	>200~250
H15(4.000)	>200~250	—
H16(3.200)	>250~320	—
H17(5.000)	>320~400	—
H18(6.300)	>400	—

表 7 线型像质计灵敏度值——双壁透照

像质指数丝径/mm	透照厚度 w/mm			
	源侧 A级	胶片侧 A级	源侧 B级	胶片侧 B级
W19(0.050)	—	—	≤1.5	≤1.5
W18(0.063)	≤1.2	≤1.2	>1.5~2.5	>1.5~2.5
W17(0.080)	>1.2~2.0	>1.2~2.0	>2.5~4.0	>2.5~4.0
W16(0.100)	>2.0~3.5	>2.0~3.5	>4.0~6.0	>4.0~6.0
W15(0.125)	>3.5~5.0	>3.5~5.0	>6.0~8.0	>6.0~12
W14(0.160)	>5.0~7.0	>5.0~10	>8.0~15	>12~18
W13(0.20)	>7.0~12	>10~15	>15~25	>18~30
W12(0.25)	>12~18	>15~22	>25~38	>30~45
W11(0.32)	>18~30	>22~38	>38~45	>45~55
W10(0.40)	>30~40	>38~48	>45~55	>55~70
W9(0.50)	>40~50	>48~60	>55~70	>70~100
W8(0.63)	>50~60	>60~85	>70~100	>100~180
W7(0.80)	>60~85	>85~125	>100~170	>180~300
W6(1.00)	>85~120	>125~225	>170~250	>300
W5(1.25)	>120~220	>225~375	>250	—
W4(1.60)	>220~380	>375	—	—
W3(2.00)	>380	—	—	—

表 8 孔型像质计灵敏度值——双壁透照

像质指数孔径/mm	透照厚度 w/mm			
	源侧 A级	胶片侧 A级	源侧 B级	胶片侧 B级
H2(0.160)	—	—	≤1.0	≤2.5
H3(0.200)	≤1.0	≤2.0	>1.0~2.5	>2.5~5.5
H4(0.250)	>1.0~2.0	>2.0~5.0	>2.5~4.0	>5.5~9.5
H5(0.320)	>2.0~3.5	>5.0~9.0	>4.0~6.0	>9.5~15
H6(0.400)	>3.5~5.5	>9.0~14	>6.0~11	>15~24
H7(0.500)	>5.5~10	>14~22	>11~20	>24~40
H8(0.630)	>10~19	>22~36	>20~35	>40~60
H9(0.800)	>19~35	>36~50	—	>60~80
H10(1.000)	—	>50~80	—	—

7.13.3 其他要求

7.13.3.1 底片上标识应符合 7.9.1 的规定。

7.13.3.2 底片评定区内不应存在影响评定的伪缺陷，如对底片上显示的真实性存在怀疑，应重新透照。采用双片叠加评定时，若其中一张底片存在轻微伪缺陷，在能够识别和不影响评定的前提下，不用重新透照。

7.14 底片储存

底片应在适合的温度、湿度等环境中储存，防止底片变质或其他损坏。铸件交付后底片储存的期限和地点应由合同双方协商。

8 底片评定

底片应由 2 级及以上射线检测人员评定，按合同、技术条件、图样或其他协议等规定的验收标准和等级，确定铸件符合或不符合。

9 检测记录和报告

9.1 检测记录应按照现场操作的实际情况，详细记录检测过程的有关信息和数据，至少应包括下列内容：

a）被检铸件：名称、编号、图号、材质、检测部位；
b）设备器材：射线源（种类、型号、焦点尺寸）、胶片（品牌、型号）、增感屏（类型、厚度）、像质计（种类、型号）、滤光板、背散射屏蔽铅板；
c）工艺参数：检测技术等级、透照技术、透照方式、透照参数、暗室处理方式和参数；
d）底片评定：黑度、像质计灵敏度、缺陷类别和级别；
e）评定结论：评定结果、符合或不符合；
f）布片图；
g）检测人员、审核人员及资格。

9.2 检测报告应依据检测记录开出，至少包含以下的内容：

a）被检铸件：名称、编号、图号、材质、检测部位；
b）设备器材：射线源（种类、型号、焦点尺寸）、胶片（品牌、型号）、增感屏（类型、厚度）、像质计（种类、型号）、滤光板、背散射屏蔽铅板；
c）工艺参数：检测技术等级、透照技术、透照方式、透照参数、暗室处理方式和参数；
d）底片评定：黑度、像质计灵敏度、缺陷类别和级别；
e）评定结论：评定结果、符合或不符合；
f）布片图；
g）检测人员、审核人员及资格；
h）检测单位。

附 录 A
（资料性）

本标准与 ISO 4993：2015 相比的结构变化情况

本标准与 ISO 4993：2015 相比在结构上有较多调整，具体章条编号对照情况见表 A.1。

表 A.1 本标准与 ISO 4993:2015 的章条编号对照情况

本标准章条编号	对应的 ISO 4993:2015 章条编号
1	1
2	2
3	3
4	4,11
5	—
6.1	7
6.2.1~6.2.8	—
6.2.9	5.1
6.3	9
7.1	6
7.2	附录 B,附录 C
7.3	附录 D
7.4~7.14	—
8	—
9	—
附录 A,附录 B,附录 C,附录 D,附录 E	—

附 录 B
（规范性）
光学密度计定期核查方法

B.1 核查的一般规定

光学密度计可按照生产厂推荐的方法或按 B.2 规定的方法核查。

B.2 校验步骤

B.2.1 接通光学密度计外电源和测量开关，预热 10min 左右。

B.2.2 用标准密度片的零黑度点调整光学密度计零点，校准后顺次测量光学密度片上不同黑度的各点的黑度，记录测量值。

B.2.3 按 B.2.2 的规定反复测量 3 次。

B.2.4 计算出各点测量值的平均值，以平均值与黑度片该点的黑度值之差作为光学密度计的测量误差。

B.2.5 对黑度不大于 4.5 的各点的测量误差均应不超过±0.05，否则光学密度计应重新调整、修理或报废。

附 录 C
（资料性）
射线检测操作指导书

检测人员应按照操作指导书对铸件进行射线检测，操作指导书为双方在检测前共同认可的工艺文件。操作指导书的格式可参考表 C.1。

表 C.1 射线检测操作指导书

编号：　　　　　　　　　　　　　　　　　　　　　　　　　　　　　　　　　　版次：

铸件名称		铸件图号		材质	
检测部位		表面状态		射线源种类	
检测设备型号		焦点尺寸		射线源活度	
增感屏类型/厚度		胶片型号		像质计	
屏蔽方式		黑度范围		洗片方式	
显定影液型号		显影时间/温度		射线技术等级	
检测标准		验收标准		验收级别	

布片示意图：　　　　　　　　　　　　　附加说明：

底片编号	厚度	透照方式	焦距	管电压	管电流	曝光时间	像质指数

编制(资格)：　　　　　　　审核(资格)：　　　　　　　　　　日期

附　录　D
（资料性）
环形铸件最少透照次数的确定

D.1 透照次数曲线

外径 D_o 大于 100mm 的环形铸件 100% 透照，所需最少透照次数可从图 D.1~图 D.4 中直接查出：

a) 图 D.1 为源在外单壁透照 B 级（$K=1.1$）的最少透照次数曲线图；
b) 图 D.2 为用其他方式（偏心内透和双壁单影）透照 B 级（$K=1.1$）的最少透照次数曲线图；
c) 图 D.3 为源在外单壁透照 A 级（$K=1.2$）的最少透照次数曲线图；
d) 图 D.4 为用其他方式（偏心内透和双壁单影）透照 A 级（$K=1.2$）的最少透照次数曲线图。

D.2 由图确定透照次数的方法

计算出 t/D_o、$D_o/f(D_o/F)$，在横坐标上找到 t/D_o 值对应的点，过此点画一垂直于横坐标的直线；在纵坐标上找到 $D_o/f(D_o/F)$ 对应的点，过此点画一垂直于纵坐标的直线；从两直线交点所在的区域确定所需的透照次数；当交点在两区域的分界线上，应取较大数值作为所需的最少透照次数。

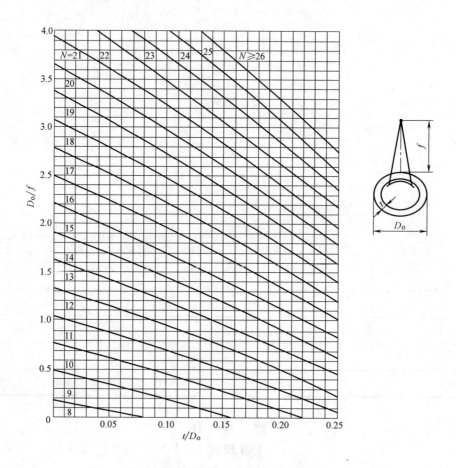

图 D.1 源在外单壁透照 B 级（$K=1.1$）的最少透照次数

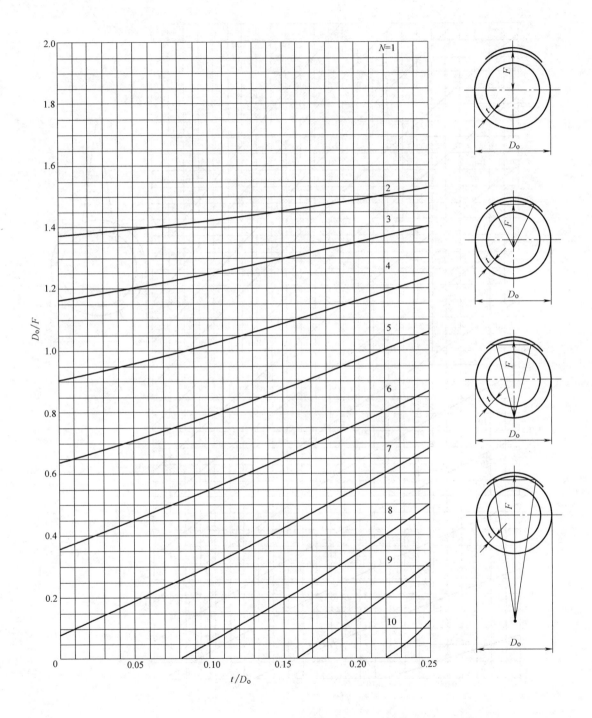

图 D.2 其他方式（偏心内透和双壁单影）透照 B 级（$K=1.1$）的最少透照次数

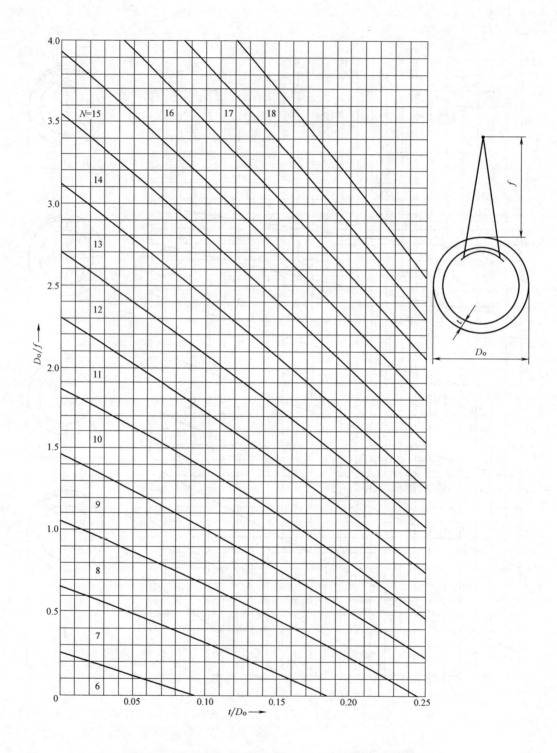

图 D.3　源在外单壁透照 A 级（$K=1.2$）的最少透照次数

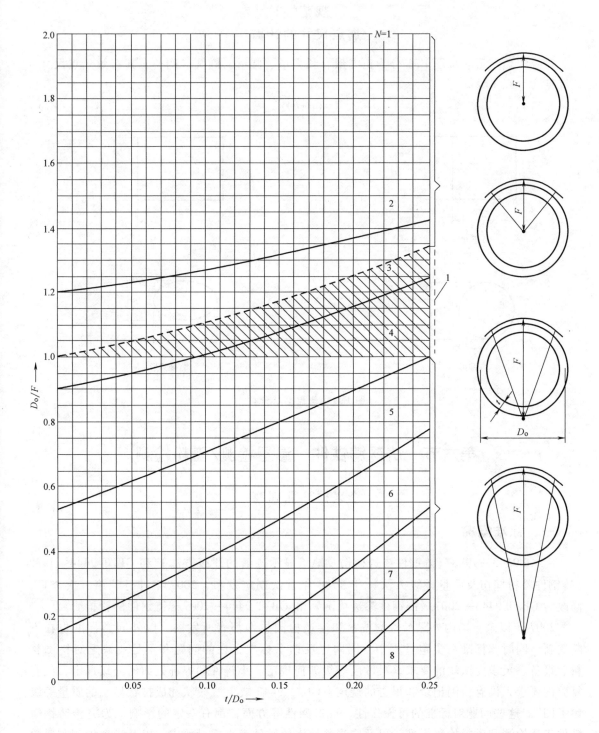

图 D.4 其他方式（偏心内透和双壁单影）透照 A 级（$K=1.2$）的最少透照次数

附录 E
（规范性）
焦点尺寸的计算

射线源焦点形状按图 E.1 分为正方形、长方形、圆形、椭圆形四类，其有效焦点尺寸 d 计算见式（E.1）：

$$d=(a+b)/2 \qquad (E.1)$$

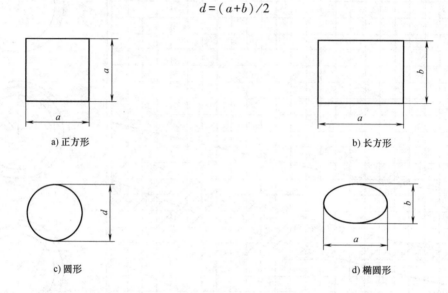

图 E.1　焦点形状分类

第六节　铸钢铸铁件　渗透检测/磁粉检测

李兴捷　张钊骞

一、标准概况

GB/T 9443—1988《铸钢件渗透探伤及缺陷显示迹痕的评级方法》和 GB/T 9444—1988《铸钢件磁粉探伤及质量评级方法》于 1988 年首次制定发布，2007 年进行了第一次修订，修改为 GB/T 9443—2007《铸钢件渗透检测》和 GB/T 9444—2007《铸钢件磁粉检测》。

2007 年以来，国内外磁粉检测技术和渗透检测技术都有所发展，国外同类标准也在不断更新。同时，标准在实施过程中，国内也反馈了标准存在的问题和不足：缺乏对检测材料、设备、灵敏度试块的要求，灵敏度等级如何规定，小铸件和焊补处如何分级评定，没有复验的要求，没有检测记录和报告的规定，GB/T 9443 缺少"线状和成排状显示的质量等级参考图"。这些问题对标准的可操作性、可追溯性等方面，都有一定的影响。为完善铸钢铸铁件渗透检测和磁粉检测标准，以适应当前铸钢铸铁件表面质量要求，以及渗透检测和磁粉检测技术的发展，有必要对标准进行修订。

根据国家标准化管理委员会于 2016 年 6 月 12 日下达的 2016 年第一批标准制修订国家

计划，标准修订为 GB/T 9443—2019《铸钢铸铁件　渗透检测》和 GB/T 9444—2019《铸钢铸铁件　磁粉检测》。这两个标准于 2019 年 8 月 30 日发布，2020 年 3 月 1 日正式实施。

二、标准主要内容说明

1. 标准名称

对标准名称进行了修订，"铸钢件"改为"铸钢铸铁件"，以适应铸造行业对铸铁件检测的需求。

2. 范围

适用范围扩大到铸铁件，解决了国内铸铁件没有相应检测标准的问题。

3. 术语和定义

标准定义了"非线状显示、线状显示、成排状显示"3 条术语，有利于显示的质量分级与评定，便于对标准的理解。

4. 一般要求

（1）总则　GB/T 9443—2019 规定了渗透检测技术要求、检测方法、渗透材料、设备、温度高于 50℃ 及低于 10℃ 的渗透检测、渗透灵敏度试块、着色渗透灵敏度等级和荧光渗透灵敏度等级等，GB/T 9444—2019 规定了磁粉检测技术要求、检测方法、检测介质、设备、标准试片和环形试块、试片的灵敏度等，为检测实施提供了技术基础，提高了可操作性。

（2）订货须知　GB/T 9443—2019 增加了检测技术的要求，GB/T9444—2019 增加了检测技术和检测灵敏度等级的要求，使内容更加完善。

（3）检测方法　GB/T 9443—2019 增加了渗透、显像的时间和温度的具体要求；GB/T 9444—2019 增加了磁化和介质施加的具体要求，检测后有要求时应清洗铸件及退磁。这些内容使标准更具有可操作性。

（4）检测人员　增加了检测人员资格应符合的标准和证书的要求。

（5）表面要求　增加了根据评定显示最小尺寸，表面粗糙度应达到的要求等，保证了小尺寸缺陷的检出。

（6）观察条件　增加了观察条件应符合 GB/T 5097 的规定。

5. 验收准则

（1）质量等级　质量等级——非线状显示（单个的）评定表和质量等级——线状和成排状显示评定表由 GB/T 9443—2007 和 GB/T9444—2007 中质量等级评定表拆分而来，方便检测人员的评定。

（2）质量等级表示方法　增加了质量等级用英文字母和数字表示方法的规定。

6. 显示的分级和评定

（1）概述　增加了"6.1 概述"，规定了分级和评定时不需考虑缺陷的性质、评定结果仅为当前工件表面状态的质量情况，以及质量等级表中数值与对应的质量等级参考图存在细微的差异时，以数据为最终评判依据。解决了分级和评定时，面临的具体问题，便于理解。

（2）显示分级　增加了铸件的检测区域小于 105mm×148mm 时，评定数值按面积比例折算，以及铸件焊补处的检测区域的规定，使小铸件和焊补处的分级更科学、精准。

7. 复验

增加了"7 复验"，规定了复验的要求，保证检测的准确性和可靠性。

8. 检测记录和报告

增加了"8 检测记录和报告",规定了记录相关的检测信息,以及检测报告应包含的内容,保证了检测的可追溯性。

9. 附录部分

按照标准规范化的要求,增加了"附录 A 采用国际标准时与原标准的章条编号对照和技术性差异及其原因"。按照标准正文中分级和评定时不需考虑缺陷的性质的规定,取消了"GB/T 9443—2007 和 GB/T 9444—2007 附录 A 不连续类型与显示性质的关系"。根据评定显示最小尺寸的需要,更精准的选择表面粗糙度,取消了"GB/T 9443—2007 附录 C 和 GB/T 9444—2007 附录 B 表面状况的等效性指南",修改为"附录 B 推荐的检测表面粗糙度"。按照标准正文中已包括检测方法和引用标准相关内容,取消了"GB/T 9443—2007 附录 B 铸钢件渗透检测特殊方法",取消了"GB/T 9444—2007 附录 D 无损检测 磁粉检测和附录 E 正方形法图解"。GB/T 9443—2019 增加了"附录 D 线状和成排状显示的质量等级参考图",使质量等级参考图更加完整。GB/T 9444—2019"附录 C 非线状显示的质量等级参考图和附录 D 线状显示和成排状显示的质量等级参考图",由 GB/T 9444—2007"附录 C 质量等级图例"拆分而来,分别与标准正文中质量等级评定表对应,方便评定。增加了"附录 E 检测报告格式",推荐使用。

三、标准的特点与应用

1. 标准的特点

这两个标准吸收了近些年渗透检测和磁粉检测技术发展的成果,并参考了国外的同类标准,根据国内实际使用及技术工艺试验的情况,重新修订。两个标准与我国的现行法律、法规和强制性标准协调一致。两个标准适应市场需求,满足行业发展,可为企业的生产、质量检验、进出口贸易提供技术指导。标准的特点如下:

1)为满足国内铸造行业对铸铁件表面检测的需求,对标准进行起草修订时,检测范围扩大到铸铁件,弥补了国内铸铁件检测标准的空白。

2)两个标准都用于检测铸钢铸铁件表面质量,GB/T 9443—2019 应用在铸钢铸铁件表面开口缺陷检测,GB/T 9444—2019 应用在铁磁性铸钢铸铁件表面及近表面缺陷检测。两个标准的结构编排、编写格式相同,质量等级与评定相同,但采用的检测技术和方法不同。两个标准在方法的可靠性、操作的可行性、执行的统一性、内容的全面性等方面有较大的进步。

3)在修订 GB/T 9443—2019 过程中,对照 ISO 4987《铸钢件渗透检测》,参考了 EN 1371-1《铸造 渗透检验 第 1 部分》。与 ISO 4987 的技术差异:增加了 7 项规范性引用文件、术语和定义、成排状显示(AP)、渗透检测总则、检测灵敏度等级、显示分级与评定概述、检测记录,修改了适用范围、3 项规范性引用文件、检测方法、显示分级、复验、表面粗糙度的比较样块。与 EN 1371-1 的技术差异:增加了术语和定义、渗透检测总则、检测灵敏度等级、显示分级与评定概述、检测记录,修改了适用范围、检测方法、显示分级、复验、表面粗糙度的比较样块、非线状显示(SP)的质量等级参考图、线状显示(LP)和成排状显示(AP)的质量等级参考图,取消了缺陷性质与显示类型的对应关系、非线状密集显示、铝镁合金铸件非线状显示质量等级参考图。

4）在修订 GB/T 9444—2019 过程中，对照 ISO 4986《铸钢件磁粉检测》，参考了 EN 1369《铸造 磁粉检验》。与 ISO 4986 的技术差异：增加了 5 项规范性引用文件、术语和定义、磁粉检测总则、显示分级与评定概述、复验、检测记录，修改了适用范围、3 项规范性引用文件、检测方法、显示分级、退磁、表面粗糙度的比较样块。与 EN 1369 的技术差异：增加了术语和定义、磁粉检测总则、显示分级与评定概述、复验、检测记录，修改了检测方法、显示分级、退磁、表面粗糙度的比较样块、非线状允许显示的最大数量代替允许显示的总面积、非线状显示（SM）的质量等级参考图、线状显示（LM）和成排状显示（AM）的质量等级参考图，取消了缺陷性质与显示类型的对应关系。

5）标准中强调了供需双方协商，按合同和技术条件要求，开展铸钢铸铁件渗透检测和磁粉检测，体现了市场经济的原则。

2. 标准的应用

这两个标准作为推荐性国家标准，规定了铸钢铸铁件渗透检测和磁粉检测的技术和质量等级评定，应用于铸钢铸铁件表面开口缺陷检测和铁磁性铸钢铸铁件表面及近表面缺陷检测。这两个标准适应当前企业铸钢铸铁件渗透检测和磁粉检测的需求，作为技术方法和质量等级评定要求，为企业利用渗透检测和磁粉检测手段控制铸钢铸铁件的表面质量提供了指导依据。

四、标准内容

GB/T 9443—2019

铸钢铸铁件 渗透检测

1 范围

本标准规定了铸钢铸铁件渗透检测的一般要求、验收准则、显示的分级和评定、复验、检测记录和报告等。

本标准适用于铸钢铸铁件表面开口缺陷的渗透检测。

2 规范性引用文件

下列文件对于本文件的应用是必不可少的。凡是注日期的引用文件，仅注日期的版本适用于本文件。凡是不注日期的引用文件，其最新版本（包括所有的修改单）适用于本文件。

GB/T 5097 无损检测 渗透检测和磁粉检测 观察条件（GB/T 5097—2005，ISO 3059：2001，IDT）

GB/T 9445 无损检测 人员资格鉴定与认证（GB/T 9445—2015，ISO 9712：2012，IDT）

GB/T 12604.3 无损检测 术语 渗透检测（GB/T 12604.3—2013，ISO 12706：2009，IDT）

GB/T 18851.1 无损检测 渗透检测 第 1 部分：总则（GB/T 18851.1—2012，ISO 3452-1：2008，IDT）

GB/T 18851.2 无损检测 渗透检测 第 2 部分：渗透材料的检验（GB/T 18851.2—2008，ISO 3452-2：2006，IDT）

GB/T 18851.3 无损检测 渗透检测 第 3 部分：参考试块（GB/T 18851.3—2008，

ISO 3452-3：1998，IDT）

GB/T 18851.4 无损检测 渗透检测 第4部分：设备（GB/T 18851.4—2005，ISO 3452-4：1998，IDT）

GB/T 18851.5 无损检测 渗透检测 第5部分：温度高于50℃的渗透检测（GB/T 18851.5—2014，ISO 3452-5：2008，IDT）

GB/T 18851.6 无损检测 渗透检测 第6部分：温度低于10℃的渗透检测（GB/T 18851.6—2014，ISO 3452-6：2008，IDT）

JB/T 6064 无损检测 渗透试块通用规范

3 术语和定义

GB/T 12604.3界定的以及下列术语和定义适用于本文件。

3.1 非线状显示 non-linear indications

SP

长度（L）小于宽度（b）3倍的显示，$L<3b$。

3.2 线状显示 linear indications

LP

长度（L）大于或等于宽度（b）3倍的显示，$L \geqslant 3b$。

3.3 成排状显示 aligned indications

AP

3个及以上的非线状显示在一条线上且间距小于2mm的显示。

2个线状显示在一条线上且间距小于最长显示长度的显示。

4 一般要求

4.1 总则

4.1.1 本标准未规定的渗透检测技术要求、检测方法、渗透材料、试块、设备、温度高于50℃及低于10℃的渗透检测等按 GB/T 18851.1~18851.6 的规定执行。

4.1.2 工作场所应通风充足并远离热源和火源，检测材料和检测设备应按制造商的说明书使用。

4.1.3 检测开始前应进行综合性能测试，一般采用标准试块，当用户或技术文件没有规定时，宜选用 JB/T 6064 的三点式或五点式B型试块。也可以采用更有效的方法，检测具有已知的缺陷类型、位置、大小和分布情况的代表性工件，工件应无以往检测所残留的显示。

4.1.4 着色渗透灵敏度等级分为1级、2级、3级。不同灵敏度等级在三点式B型试块上需显示的裂纹区位数应符合表1的规定。

4.1.5 荧光渗透灵敏度等级分为1/2（超低）级、1（低）级、2（中）级；3（高）级、4（超高）级。不同灵敏度等级在五点式B型试块上需显示的裂纹区位数应符合表2的规定。

表1 着色渗透灵敏度等级

灵敏度等级	显示的裂纹区位数	灵敏度等级	显示的裂纹区位数
1	1~2	3	3
2	2~3		

表 2 荧光渗透灵敏度等级

灵敏度等级	显示的裂纹区位数	灵敏度等级	显示的裂纹区位数
1/2	1	3	4
1	2	4	5
2	3		

4.2 订货须知

进行渗透检测时，供需双方应明确以下内容：

a) 检测区域、数量或比例。
b) 实施渗透检测的时机和方法。
c) 检测人员的资格证书（见4.4）。
d) 被检区域表面粗糙度（见4.5）。
e) 检测技术。
f) 检测灵敏度等级。
g) 检测区域质量等级（见第5章和第6章）：
——缺陷类型；
——质量等级。
注：铸钢铸铁件的不同检测区域可规定不同的缺陷类型和质量等级。
h) 评定按表3和表4中规定的缺陷类型和质量等级执行（见6.1）。

4.3 检测方法

4.3.1 检测方法应符合相关标准并满足需要检测的缺陷类型和灵敏度要求，不同检测方法的检测灵敏度不同，应根据被检工件的表面粗糙度、批量、检测条件和订货信息来确定。

4.3.2 检测时机通常是按交付状态或合同规定。

4.3.3 检测技术应包括：表面清洁方法、表面粗糙度、检测方法、显示观察、记录和评定以及检测后的清洗等要求。

4.3.4 渗透、显像的时间和温度应符合相关标准的要求，检测前应验证检测灵敏度是否达到要求。检测时渗透剂的施加应确保在规定的渗透时间内保持湿润，在10℃~50℃时，渗透时间不少于5min，显像时间不少于10min，但不宜超过30min，推荐的渗透和显像时间均为10min。

4.3.5 检测结束后，如果残留的渗透剂或显像剂会干扰后续的使用要求或协议中有明确要求时应进行清洗。

4.4 人员资格

检测人员应符合GB/T 9445或其他相关标准规定的要求，并持有相应考核机构颁发的资格证书，检测人员的资格供需双方应一致认可。

4.5 表面要求

4.5.1 检测前应进行被检件的表面检查，被检表面应清洁、干燥、无干扰检测实施和检测结果评定的油、脂、砂子、锈以及其他污染物和涂层。根据表面污染物和涂层可以用一种或几种方法进行表面处理，同时要考虑处理方法对被检件的适用性和影响。可采用清扫、水洗、溶剂（解）清洗、蒸汽除油、酸洗、碱洗、超声波清洗、机械清洗等方法。

4.5.2 当被检件需要喷砂或抛丸处理时，应尽可能避免缺陷显示的封闭或堵塞，机械加工也可能会降低渗透检测效果。当需避免出现封闭或堵塞缺陷显示风险时，可在双方协议中明确是否采用化学腐蚀方法。采用化学腐蚀的方法，应在清洗后进行检测并记录腐蚀液的化学成分及其他参数（浓度、温度、浸泡时间、中和、清洗等）。

4.5.3 根据评定渗透显示最小尺寸的需要，推荐的渗透检测表面粗糙度参考附录 B。

4.6 观察条件

观察条件应符合 GB/T 5097 的规定，在目视或最大放大 3 倍条件下观察。

5 验收准则

5.1 缺陷类型

按缺陷渗透显示的形状和大小，测量显示的长度 L 和宽度 b，根据长宽比来确定缺陷显示类型。显示类型分三类：非线状显示（SP）、线状显示（LP）、成排状显示（AP）。

5.2 质量等级

5.2.1 一般要求

预先确定质量等级，对不同类型缺陷的形状和尺寸显示可选用不同质量等级验收，矩形评定区为 105mm×148mm。

5.2.2 非线状显示

5.2.2.1 表 3 规定了非线状显示的质量等级。

5.2.2.2 需评定的显示的最小长度为 L_1，小于该长度的显示不需评定。

5.2.2.3 允许的显示的最大长度为 L_2。

5.2.2.4 允许显示的最大数量为评定区内大于或等于 L_1 且小于或等于 L_2 的显示数。

表 3 质量等级——非线状渗透显示（SP）（单个的）

显示特征	质量等级						
	SP001	SP01	SP1	SP2	SP3	SP4	SP5
观察方法	放大镜或目视		目视				
观察显示的放大倍数	≤3		1				
需评定显示的最小长度 L_1/mm	0.3	0.5	1.5	2	3	5	5
允许显示的最大长度 L_2/mm	1	2	3①	6①	9①	14①	21①
允许显示的最大数量	5	6	8	8	12	20	32

① 允许有 2 个达到最大长度的显示。

5.2.3 线状和成排状显示

5.2.3.1 表 4 规定了线状和成排状显示的质量等级。

5.2.3.2 需评定的显示的最小长度为 L_1，小于该长度的显示不需评定。

5.2.3.3 允许显示的最大长度为 L_2。

5.2.3.4 累积长度为评定区内大于或等于 L_1 且小于或等于 L_2 的显示长度之和。

5.2.3.5 质量等级评定时应考虑壁厚，评定区的壁厚区间类型分 a、b、c 三类：

——a 类：$t \leqslant 16$mm；

——b 类：$16\text{mm} < t \leqslant 50\text{mm}$；

——c 类：$t > 50$mm。

注：t 为截面厚度。

表 4 质量等级——线状渗透显示（LP）和成排状渗透显示（AP）

显示特征			质量等级										
		LP001 AP001	LP01 AP01	LP1 AP1		LP2 AP2		LP3 AP3		LP4 AP4		LP5 AP5	
观察方法		放大镜或目视		目视									
观察显示的放大倍数		≤3		1									
需评定的显示的最小长度 L_1/mm		0.3		1.5		2		3		5		5	
允许的显示[①] 单个(I)或累积(T)的长度		I 或 T	I 或 T	I	T	I	T	I	T	I	T	I	T
线状（LP）和成排状（AP）显示的最大长度 L_2[②]/mm	壁厚a类 $t≤16mm$	0	1	2	4	4	6	6	10	10	18	18	25
	壁厚b类 $16<t≤50mm$	0	1	3	6	6	12	9	18	18	27	27	40
	壁厚c类 $t>50mm$	0	2	5	10	10	20	15	30	30	45	45	70

① 允许有 2 个达到最大长度的显示。
② 相对于断裂力学，壁厚和最大裂纹长度之间没有函数关系。但是在没有相关的断裂力学参数时，本表供参考。

5.2.4 质量等级选择

5.2.4.1 根据表 3 和表 4 选择质量等级。

5.2.4.2 如有必要，可参考附录 C 和附录 D 中不同缺陷类型和壁厚区间的参考图选择质量等级。质量等级参考图为 105mm×148mm 的矩形图，每个质量等级中不需评定的缺陷显示的最大尺寸见 26mm×37mm 矩形图，参考图的绘制比例为 1∶1。

表 3 对应附录 C 非线状显示（SP）（单个的）质量等级。

表 4 对应附录 D 线状显示（LP）和成排状显示（AP）质量等级。

5.2.4.3 不能把表 3 和表 4 中相同的质量等级视为具有相同的缺陷严重程度和危害程度。

5.2.5 质量等级表示方法

5.2.5.1 合同和检测报告中的质量等级表示方法应符合本标准。

5.2.5.2 正确的表示方法示例如下：

——非线状显示 2 级：SP2；

——线状显示 5 级，壁厚区间 c 类：LP5c。

6 显示的分级和评定

6.1 概述

6.1.1 按显示类型进行分级和评定时不需考虑缺陷的性质（如：裂纹、缩孔等），除非另有协议规定。当对缺陷的性质有争议时可采用其他的检测方法进行证实。

注：显示不一定都是缺陷，如伪缺陷或其他因素也可能产生渗透显示。

6.1.2 质量等级的评定结果仅为当前工件表面状态的质量情况，以后由于受力或表面状态改变时（如：加工等），应重新确认质量等级。

6.1.3 尽管表 4 中的数值与对应的质量等级参考图存在细微的差异，但表 4 中的质量等级与相应参考图的质量等级是相同的。若出现争议,以表中数据为最终评判依据。

6.2 显示分级

6.2.1 一般要求

6.2.1.1 分级和评定时,105mm×148mm 的矩形评定区应处于显示最严重的位置。

6.2.1.2 当铸件的检测区域小于 105mm×148mm 时,允许的显示数量、显示长度和累积长度宜按面积比例折算,但原则上不应提高一个质量等级。

6.2.1.3 铸件焊补处的检测区域为焊补区及边界外 25mm。

6.2.2 非线状显示

6.2.2.1 评定长度大于或等于 L_1 且小于或等于 L_2 的显示(见表3),显示的最大尺寸为该显示的长度。

6.2.2.2 非线状显示质量等级按表3进行评定。

6.2.3 线状和成排状显示

6.2.3.1 根据检测区域的壁厚,测量大于或等于 L_1 且小于或等于 L_2 显示的长度,计算评定区内显示的累积长度。累积结果应与表4中的"累积"进行对比,线状和成排状显示质量等级按表4进行评定。

6.2.3.2 成排状显示长度为显示和间距的总长度。

6.3 检测结果评定

当缺陷显示等级优于或等于合同中规定的质量等级时,认为铸件符合本标准要求。铸件的同一区域中可以同时出现非线状显示、线状或成排状显示,按表3和表4分别评级。

7 复验

以下情况需要复验:
——检测过程中操作方法有误;
——检测结束时验证检测灵敏度不符合要求;
——检测人员对检测结果产生怀疑;
——合同各方有争议或认为有必要。

8 检测记录和报告

8.1 检测记录

8.1.1 记录相关的检测信息(见4.2)。

8.1.2 如协议中无特殊规定,则至少应记录所有不符合质量等级要求和缺陷显示最严重区域的渗透显示信息。显示信息包括所有相应质量等级规定的需评定显示的类型、大小、数量以及评定区的位置和该位置的壁厚区间。记录可采用文字描述、绘制简图、照相等方法。

8.2 检测报告

8.2.1 检测报告应包含以下内容:

a) 制造商信息;
b) 买方信息(包括合同号);
c) 铸件名称、编号、图号、数量和材质;
d) 检测日期和地点;
e) 报告编号;
f) 检测区域;

g) 检测时机;

h) 表面粗糙度;

i) 检测灵敏度等级;

j) 检测方法;

k) 检测设备;

l) 渗透材料;

m) 检测参数;

n) 验收等级;

o) 检测结果(描述和位置);

p) 严重缺陷显示位置示意图;

q) 评定结果;

r) 检测机构资质(有2级以上证书的批准人签名);

s) 检测人员的签名和资格。

8.2.2 推荐的中英文检测报告格式参见附录E,根据实际情况可以修改。

附 录 A
(资料性)
采用国际标准时与原标准的章条编号对照和技术性差异及其原因

本标准与ISO 4987:2010章条编号的对照见表A.1。

表 A.1 本标准与 ISO 4987:2010 章条编号的对照

本标准章条编号	对应ISO 4987:2010标准章条编号	本标准章条编号	对应ISO 4987:2010标准章条编号
1	1	6.2	6.1
2	2	6.3	6.2
3	—	7	7
4.1	—	8.1	—
4.2	3	8.2	9
4.3	4.1,8	附录A	—
4.4	4.2	附录B	附录A
4.5	4.3	附录C	附录B
4.6	4.4	附录D	附录C
5.1	5.1	附录E	附录D
5.2	5.2	—	参考文献
6.1	—	参考文献	

本标准与ISO 4987:2010的技术性差异及其原因见表A.2。

表 A.2 本标准与 ISO 4987：2010 的技术性差异及其原因

本标准章条编号	技术性差异	原因
1	标准适用范围中的"铸钢件"修改为"铸钢铸铁件"	扩大了标准适用范围
2	关于规范性引用文件,本标准做了具有技术性差异的调整,调整的情况集中反映在第 2 章"规范性引用文件"中,具体调整如下 ——用等同采用国际标准的 GB/T 5097 代替 ISO 3059； ——用等同采用国际标准的 GB/T 9445 代替 ISO 9712； ——用等同采用国际标准的 GB/T 18551.1 代替 ISO 3452-1	以适应我国的技术条件
	增加了 GB/T 12604.3、GB/T 18551.2～GB/T 18551.6、JB/T 6064 共 7 项引用文件	增加引用文件,保证检测需求
3	增加了术语和定义	便于对标准的理解
3.3	增加了成排状显示(AP)	便于对标准的理解
4.1	增加了渗透检测总则	提高可操作性
4.1.4	增加了检测灵敏度等级	提高可操作性
4.3.4	"渗透时间在 5min～60min"修改为"渗透时间不少于 5min"	满足检测需求
6.1	增加了概述	增加说明,便于理解
6.2.2.1	"评定长度大于 L_1 的显示"修改为"评定长度大于或等于 L_1 且小于或等于 L_2 的显示"	满足科学评定的最低要求
6.2.3.1	"评定长度大于最小长度的单个显示,测量显示的长度"修改为"测量大于或等于 L_1 且小于或等于 L_2 显示的长度"	满足科学评定的最低要求
7	"应从预清洗开始,重复整个检测工艺规程"修改为"复验方法应符合本标准"	保证检测准确性
8.1	增加了检测记录	增加适用性
附录 B	由符合 ISO 11971 规定的 SCRATA 和 BNIF 359 比较样块修改为符合 GB/T 6060.1 规定的比较样块	以适应我国的技术条件

附 录 B
（资料性）
推荐的渗透检测表面粗糙度

推荐使用的渗透检测表面粗糙度见表 B.1。

表 B.1 推荐的渗透检测表面粗糙度

显示的最小尺寸/mm	比较样块(GB/T 6060.1)		显示的最小尺寸/mm	比较样块(GB/T 6060.1)
	Ra 标称值/μm			Ra 标称值/μm
0.3	6.3		2	25
1.5	12.5		3	50

注：可以等效采用其他比较样块。

附 录 C
（资料性）
非线状显示（SP）的质量等级参考图（单个的）

图 C.1~图 C.5 仅供参考，采用的比例为 1∶1。
例图大小分别为 26mm×37mm 和 105mm×148mm。

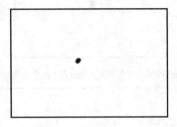

a) 质量等级SP1中不需评定的显示的最大尺寸

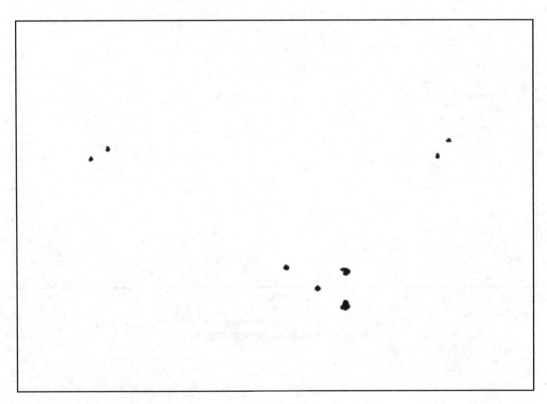

b) 质量等级SP1

图 C.1 非线状显示的质量等级 SP1

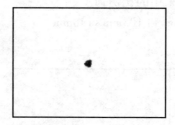

a) 质量等级SP2中不需评定的显示的最大尺寸

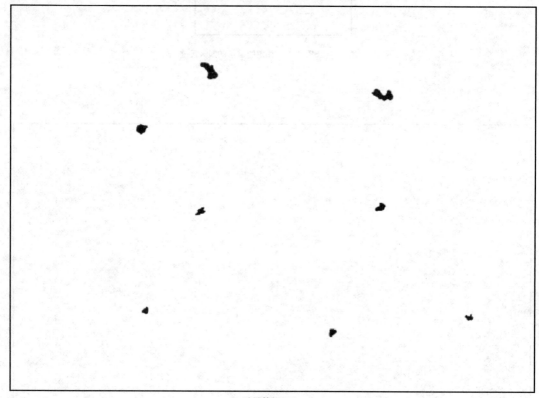

b) 质量等级SP2

图 C.2 非线状显示的质量等级 SP2

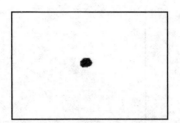

a) 质量等级SP3中不需评定的显示的最大尺寸

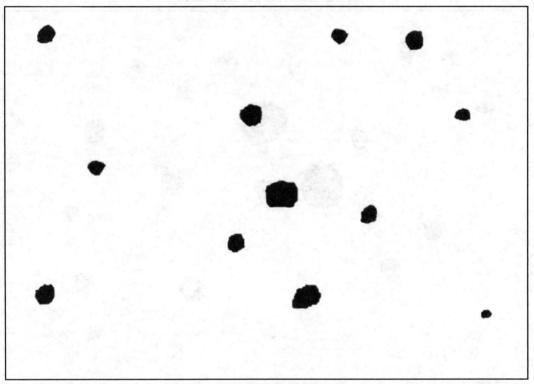

b) 质量等级SP3

图 C.3 非线状显示的质量等级 SP3

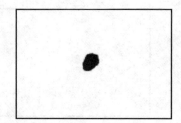

a) 质量等级SP4中不需评定的显示的最大尺寸

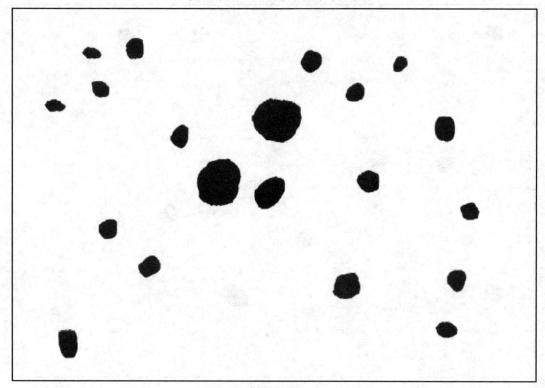

b) 质量等级SP4

图 C.4 非线状显示的质量等级 SP4

a) 质量等级SP5中不需评定的显示的最大尺寸

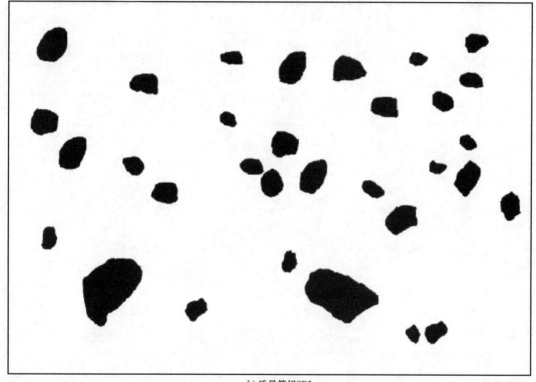

b) 质量等级SP5

图 C.5 非线状显示的质量等级 SP5

附 录 D
（资料性）
线状显示（LP）和成排状显示（AP）的质量等级参考图

图 D.1~图 D.15 仅供参考，采用的比例为 1∶1。
例图大小分别为 26mm×37mm 和 105mm×148mm。

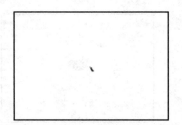

a) 质量等级LP1a或AP1a中不需评定的显示的最大尺寸

b) 质量等级LP1a或AP1a

图 D.1 壁厚≤16mm 线状或成排状显示的质量等级 LP1a 或 AP1a

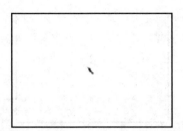

a) 质量等级LP2a或AP2a中不需评定的显示的最大尺寸

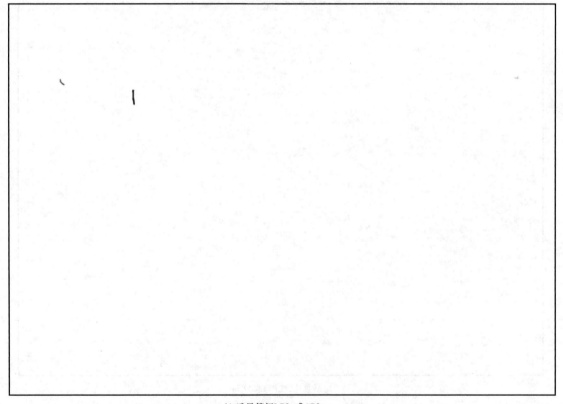

b) 质量等级LP2a或AP2a

图 D.2　壁厚≤16mm 线状或成排状显示的质量等级 **LP2a** 或 **AP2a**

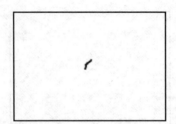

a) 质量等级LP3a或AP3a中不需评定的显示的最大尺寸

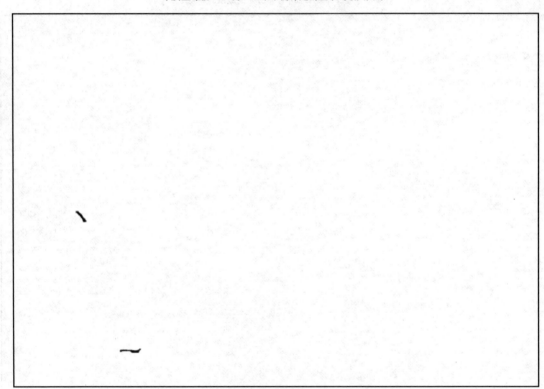

b) 质量等级LP3a或AP3a

图 D.3 壁厚≤16mm 线状或成排状显示的质量等级 LP3a 或 AP3a

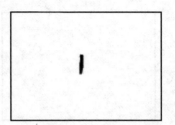

a) 质量等级LP4a或AP4a中不需评定的显示的最大尺寸

b) 质量等级LP4a或AP4a

图 D.4　壁厚≤16mm 线状或成排状显示的质量等级 LP4a 或 AP4a

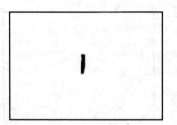

a) 质量等级LP5a或AP5a中不需评定的显示的最大尺寸

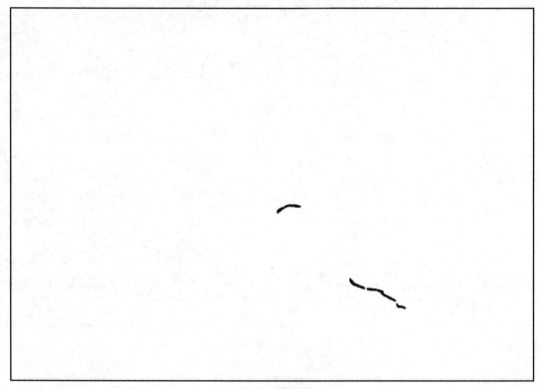

b) 质量等级LP5a或AP5a

图 D.5　壁厚≤16mm 线状或成排状显示的质量等级 LP5a 或 AP5a

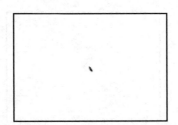

a) 质量等级LP1b或AP1b中不需评定的显示的最大尺寸

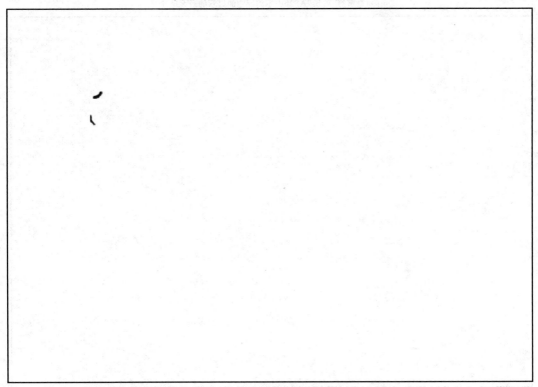

b) 质量等级LP1b或AP1b

图 D.6　16mm<壁厚≤50mm 线状或成排状显示的质量等级 LP1b 或 AP1b

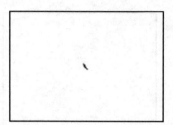

a) 质量等级LP2b或AP2b中不需评定的显示的最大尺寸

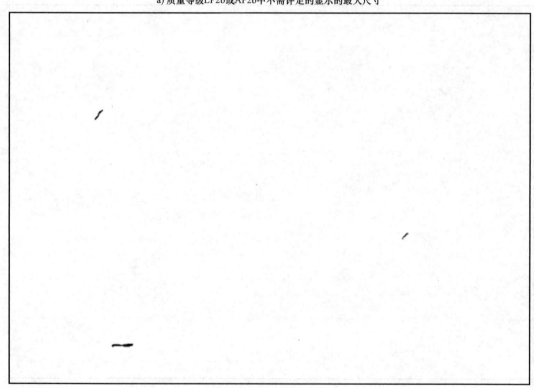

b) 质量等级LP2b或AP2b

图 D.7　16mm<壁厚≤50mm 线状或成排状显示的质量等级 LP2b 或 AP2b

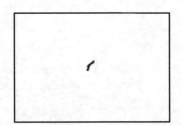

a) 质量等级LP3b或AP3b中不需评定的显示的最大尺寸

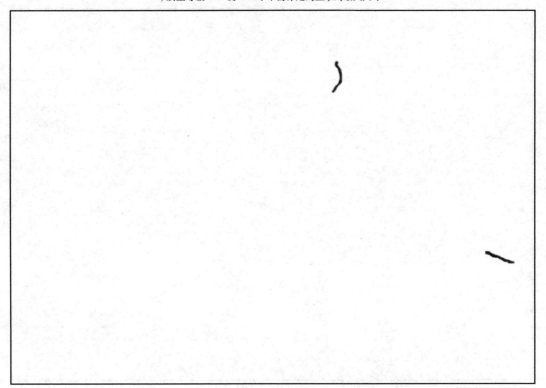

b) 质量等级LP3b或AP3b

图 D.8　16mm<壁厚≤50mm 线状或成排状显示的质量等级 LP3b 或 AP3b

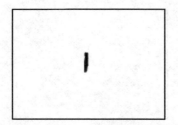

a) 质量等级LP4b或AP4b中不需评定的显示的最大尺寸

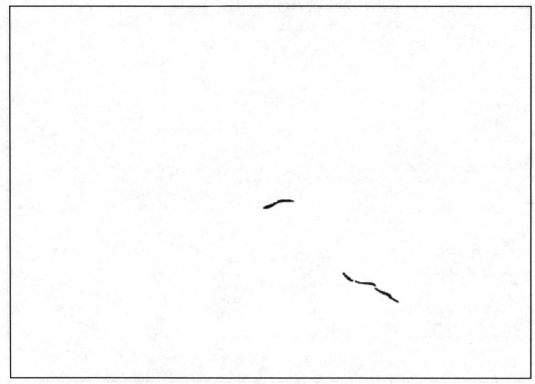

b) 质量等级LP4b或AP4b

图 D.9　16mm<壁厚≤50mm 线状或成排状显示的质量等级 LP4b 或 AP4b

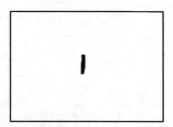

a) 质量等级LP5b或AP5b中不需评定的显示的最大尺寸

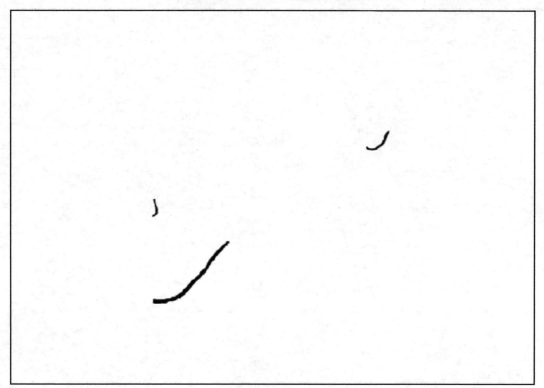

b) 质量等级LP5b或AP5b

图 D.10　16mm<壁厚≤50mm 线状或成排状显示的质量等级 LP5b 或 AP5b

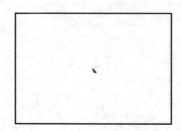

a) 质量等级LP1c或AP1c中不需评定的显示的最大尺寸

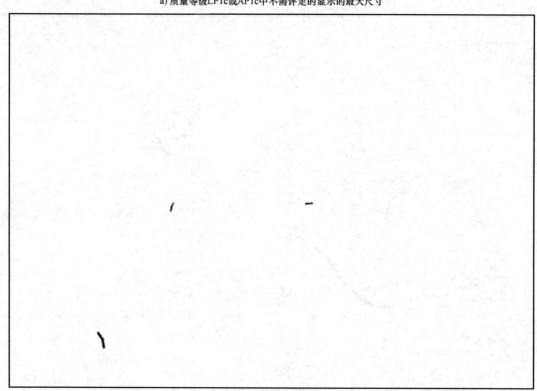

b) 质量等级LP1c或AP1c

图 D.11　壁厚>50mm 线状或成排状显示的质量等级 LP1c 或 AP1c

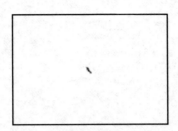

a) 质量等级LP2c或AP2c中不需评定的显示的最大尺寸

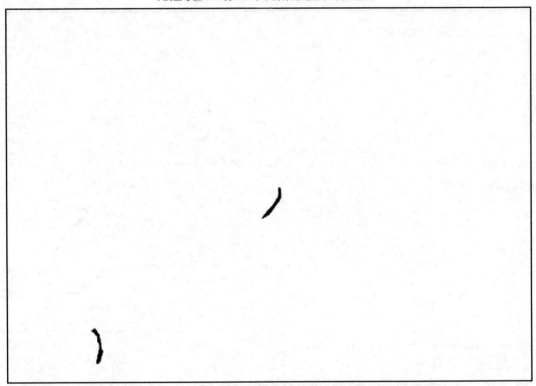

b) 质量等级LP2c或AP2c

图 D.12 壁厚>50mm 线状或成排状显示的质量等级 LP2c 或 AP2c

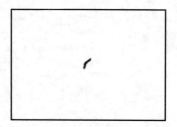

a) 质量等级LP3c或AP3c中不需评定的显示的最大尺寸

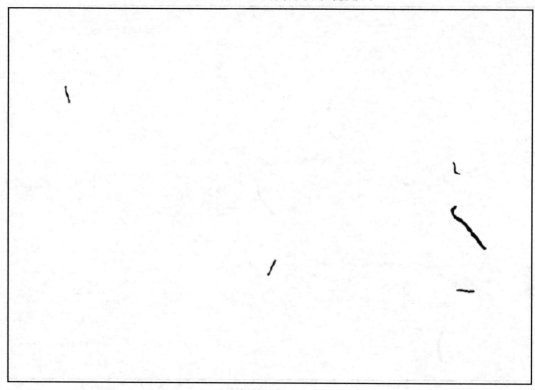

b) 质量等级LP3c或AP3c

图 D.13 壁厚>50mm 线状或成排状显示的质量等级 LP3c 或 AP3c

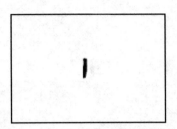

a) 质量等级LP4c或AP4c中不需评定的显示的最大尺寸

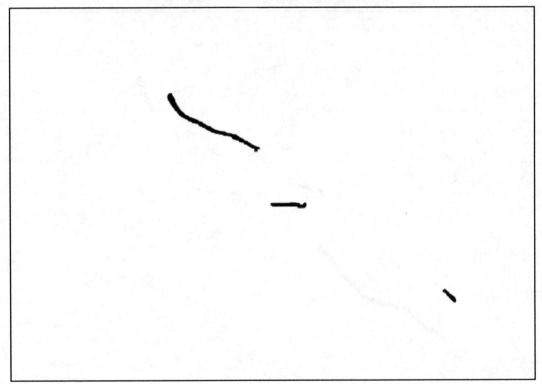

b) 质量等级LP4c或AP4c

图 D.14 壁厚>50mm 线状或成排状显示的质量等级 LP4c 或 AP4c

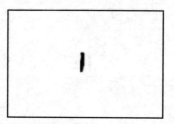

a) 质量等级LP5c或AP5c中不需评定的显示的最大尺寸

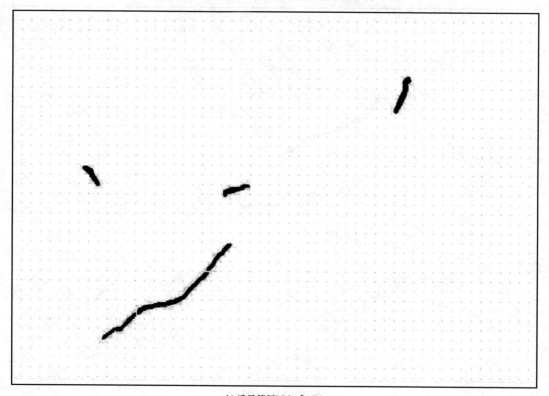

b) 质量等级LP5c或AP5c

图 D.15　壁厚>50mm 线状或成排状显示的质量等级 LP5c 或 AP5c

附 录 E
（资料性）
渗透检测报告格式

渗透检测报告格式见表 E.1。

表 E.1 渗透检测报告格式

公司名称 Company	渗透检测报告 Liquid penetrant inspection document	编号 No.
		页数 Sheet
		依据 According to

客户 Customer		合同号 Order No.		
规范 Specification		材质 Material	炉号 Heat No.	
标识 Identification	数量 Quantify	铸件名称 Casting designation	批号 Lot No.	图号 Drawing No.

检测区域 Area examined
☐ 100%
☐ 检测计划 Testing scheme
☐ 焊补处 Cavity root

检测时机 Stage
☐ 热处理后 After heat treatment
☐ 应力消除前 Before stress relieving

渗透剂 Penetrant
清洗剂 Remover
显像剂 Developer

三点式 B 型试块 Three-point type B test block
五点式 B 型试块 Five-point type B test block
代表性工件 Representative work piece

检测条件 Testing conditions

表面状况 Surface condition
☐ 喷砂 Shot-blasted
☐ 打磨 Ground
☐ 机械加工 Machined

铸件温度 Casting temperature
☐ 5℃~14℃
☐ 15℃~35℃
☐ 36℃~55℃

检测材料 Testing material
☐ 干 Dry
☐ 湿 Wet
☐ 荧光 Fluorescent

(续)

检测结果 Test results	
依据 According to	
符合 Accepted □ 是 Yes □ 否 No	
不符合记录 Non-conformance note	
附表 Continuation sheet □ 有 Yes □ 无 No	
检测机构 inspection authority	
质量保证部门 Quality assurance section	
日期/地点 Date/place	
检验员/操作者签名 Signature of inspector/operator	

合适的选项前标记。(If applicable, tick the relevant box.)

GB/T 9444—2019

铸钢铸铁件 磁粉检测

1 范围

本标准规定了铸钢铸铁件磁粉检测的一般要求、验收准则、显示的分级和评定,复验,检测记录和报告等。

本标准适用于铁磁性铸钢铸铁件表面及近表面缺陷的磁粉检测。

2 规范性引用文件

下列文件对于本文件的应用是必不可少的。凡是注日期的引用文件,仅注日期的版本适用于本文件。凡是不注日期的引用文件,其最新版本(包括所有的修改单)适用于本文件。

GB/T 5097 无损检测 渗透检测和磁粉检测 观察条件(GB/T 5097—2005,ISO 3059:2001,IDT)

GB/T 9445 无损检测 人员资格鉴定与认证(GB/T 9445—2015,ISO 9712:2012,IDT)

GB/T 12604.5 无损检测 术语 磁粉检测

GB/T 15822.1 无损检测 磁粉检测 第1部分:总则(GB/T 15822.1—2005,ISO 9934-1:2001,IDT)

GB/T 15822.2 无损检测 磁粉检测 第2部分:检测介质(GB/T 15822.2—2005,ISO 9934-2:2002,IDT)

GB/T 15822.3 无损检测 磁粉检测 第3部分:设备(GB/T 15822.3—2005,ISO 9934-3:2002,IDT)

GB/T 23906 无损检测 磁粉检测用环形试块

GB/T 23907 无损检测 磁粉检测用试片

3 术语和定义

GB/T 12604.5界定的以及下列术语和定义适用于本文件。

3.1 非线状显示 non-linear indications
SM

长度（L）小于宽度（b）3倍的显示，$L<3b$。

3.2 线状显示 linear indications
LM

长度（L）大于或等于宽度（b）3倍的显示，$L \geq 3b$。

3.3 成排状显示 aligned indications
AM

3个及以上的非线状显示在一条线上且间距小于2mm的显示。

2个线状显示在一条线上且间距小于最长显示长度的显示。

4 一般要求
4.1 总则
4.1.1 本标准未规定的磁粉检测技术要求、检测方法、检测介质、设备等按GB/T 15822.1、GB/T 15822.2和GB/T 15822.3的规定执行。

4.1.2 工作场所应通风充足并远离热源和火源，检测材料和检测设备按制造商的说明书使用。

4.1.3 采用GB/T 23907的标准试片验证磁粉检测综合性能，试片分高、中、低三种灵敏度。中心导体法应采用GB/T 23906的环形试块来验证。

4.1.4 检测开始前应进行综合性能测试，一般采用标准试片或环形试块，当用户或技术文件没有规定时，推荐选用A1-30/100型试片。也可以采用更有效的方法，检测具有已知的缺陷类型、位置、大小和分布情况的代表性工件，工件应已退磁并无以往检测所残留的显示。

4.2 订货须知
进行磁粉检测时，供需双方应明确以下内容：

a）检测区域、数量或比例。

b）实施磁粉检测的时机和方法。

c）检测人员的资格证书（见4.4）。

d）被检区域表面粗糙度（见4.5）。

e）是否只在一个方向上磁化（见4.3）。

f）检测技术。

g）检测完毕后是否退磁（即最大剩余磁场强度值的要求）。

h）检测区域质量等级（见第5章和第6章）：

——缺陷类型；

——质量等级。

注：铸钢铸铁件的不同检测区域可规定不同的缺陷类型和质量等级。

i）评定按表1和表2中规定的缺陷类型和质量等级执行（见6.2）。

4.3 检测方法
4.3.1 检测方法应符合相关标准并满足需要检测的缺陷类型和灵敏度要求。不同检测方法的检测灵敏度不同，应根据被检件的表面粗糙度、批量、检测条件和订货信息来确定。

4.3.2 检测时机通常是按交付状态或合同规定。

4.3.3 检测技术应包括：表面清洁方法、表面粗糙度、检测方法、显示观察、记录和评定以及检测后的退磁和清洗等要求。

4.3.4 检测前应验证铸钢铸铁件的表面磁场强度能否达到要求。当铸钢铸铁件表面的磁场强度为2.4kA/m时，若其磁感应强度大于1T，则可以确定该铸钢铸铁件具有铁磁性。

4.3.5 检测时应在两个相互垂直的方向磁化，当无法进行相互垂直磁化时，供需双方应达成一致的磁化方向。除非另有规定或当知道受应力方向只重点检测最危险的缺陷时，可在一个方向进行磁化。

4.3.6 磁化和介质施加应符合标准要求。例如连续法，应在即将磁化前和磁化过程中持续施加检测介质，停止施加检测介质后继续磁化一定时间，以便有足够时间形成磁痕显示。

4.3.7 检测后有要求时应清洗铸件。在最终交货状态，当铸件剩磁高于规定的最大剩余磁感应强度值时应退磁。

4.4 人员资格

检测人员应符合GB/T 9445或其他相关标准规定的要求，并持有相应考核机构颁发的资格证书，检测人员的资格供需双方应一致认可。

4.5 表面要求

4.5.1 检测前应先检查工件表面，被检表面应清洁、干燥、无干扰检测实施和检测结果评定的油、脂、砂子、锈蚀以及其他污染物和涂层。

4.5.2 表面污染物和涂层可以用一种或几种方法进行处理（要考虑对被检件的适用性和影响）。表面处理方法可采用清扫、水洗、溶剂（解）清洗、蒸汽除油、酸洗、碱洗、超声波清洗、机械清洗等。

4.5.3 被检表面可以是喷砂、喷丸、打磨或机加工后的表面，但喷砂、喷丸应考虑对缺陷检出的影响。

4.5.4 根据评定磁痕显示最小尺寸的需要，推荐的磁粉检测表面粗糙度参见附录B。

4.5.5 薄的（不大于0.05mm）非导电涂层一般不会干扰磁痕形成，但处在导电接触点位置的涂层应去除。

4.6 观察条件

观察条件应符合GB/T 5097的规定，在目视或最大放大3倍条件下观察。

5 验收准则

5.1 缺陷类型

按缺陷磁痕显示的形状和大小，测量显示的长度L和宽度b，根据长宽比确定缺陷显示类型。显示类型分三类：非线状显示（SM）、线状显示（LM）、成排状显示（AM）。

5.2 质量等级

5.2.1 一般要求

预先确定质量等级，对不同类型缺陷的形状和尺寸显示，可选用不同质量等级验收，矩形评定区为105mm×148mm。

5.2.2 非线状显示

5.2.2.1 表1规定了非线状显示的质量等级。

5.2.2.2 需评定的显示的最小长度为L_1，小于该长度的显示不需评定。

5.2.2.3　允许显示的最大长度为 L_2。

5.2.2.4　允许显示的最大数量为评定区内大于或等于 L_1 且小于或等于 L_2 的显示数。

表 1　质量等级——非线状磁痕显示（SM）（单个的）

显示特征	质量等级						
	SM001	SM01	SM1	SM2	SM3	SM4	SM5
观察方法	放大镜或目视		目视				
观察显示的放大倍数	≤3		1				
需评定显示的最小长度 L_1/mm	0.3		1.5	2	3	5	5
允许显示的最大长度 L_2/mm	0	1	3[①]	6[①]	9[①]	14[①]	21[①]
允许显示的最大数量	—	—	8	8	12	20	32

① 允许有 2 个达到最大长度的显示。

5.2.3　线状和成排状显示

5.2.3.1　表 2 规定了线状和成排状显示的质量等级。

5.2.3.2　需评定的显示的最小长度为 L_1，小于该长度的显示不需评定。

5.2.3.3　允许显示的最大长度为 L_2。

5.2.3.4　累积长度为评定区内大于或等于 L_1 且小于或等于 L_2 的显示长度之和。

5.2.3.5　质量等级评定时应考虑壁厚，评定区的壁厚区间类型分 a、b、c 三类：

——a 类：$t \leqslant 16\mathrm{mm}$；

——b 类：$16\mathrm{mm} < t \leqslant 50\mathrm{mm}$；

——c 类：$t > 50\mathrm{mm}$。

注：t 为截面厚度。

表 2　质量等级——线状磁痕显示（LM）和成排状磁痕显示（AM）

显示特征		质量等级												
		LM001 AM001	LM01 AM01	LM1 AM1		LM2 AM2		LM3 AM3		LM4 AM4		LM5 AM5		
观察方法		放大镜或目视		目视										
观察显示的放大倍数		≤3		1										
需评定的显示的最小长度 L_1/mm		0.3		1.5		2		3		5		5		
允许的显示[①] 单个(I)或累积(T)的长度		I 或 T		I	T	I	T	I	T	I	T	I	T	
线状(LM)和成排状显示(AM)的最大长度 L_2[②]/mm	壁厚 a 类 $t \leqslant 16\mathrm{mm}$	0	1	2	4	4	6	6	10	10	18	18	25	
	壁厚 b 类 $16 < t \leqslant 50\mathrm{mm}$	0	1	3	6	6	12	9	18	18	27	27	40	
	壁厚 c 类 $t > 50\mathrm{mm}$	0	2	5	10	10	20	15	30	30	45	45	70	

① 允许有 2 个达到最大长度的显示。

② 相对于断裂力学，壁厚和最大裂纹长度之间没有函数关系。但在没有相关的断裂力学参数时，本表供参考。

5.2.4　质量等级选择

5.2.4.1　按表 1 和表 2 选择质量等级。

5.2.4.2 如有必要，也可参考附录 C 和附录 D 中不同缺陷类型和壁厚区间的参考图选择质量等级。质量等级参考图为 105mm×148mm 的矩形图，每个质量等级中不需评定的缺陷显示的最大尺寸参见 26mm×37mm 矩形图，参考图的绘制比例为 1∶1。

表 1 对应附录 C 非线状显示（SM）（单个的）质量等级。

表 2 对应附录 D 线状显示（LM）和成排状显示（AM）质量等级。

5.2.4.3 不可把表 1 和表 2 中相同的质量等级视为具有相同的缺陷严重程度和危害程度。

5.2.5 质量等级表示方法

5.2.5.1 合同和检测报告中的质量等级表示方法应符合本标准。

5.2.5.2 正确的表示方法示例如下：
——非线状显示 2 级：SM2；
——线状显示 5 级，壁厚区间 a 类：LM5a。

6 显示的分级和评定

6.1 概述

6.1.1 按显示类型进行分级和评定时不需考虑缺陷的性质（如：裂纹、缩孔等），除非另有协议规定。当对缺陷的性质有争议时可采用其他的检测方法进行证实。

注：显示不一定都是缺陷，如伪缺陷或其他因素也可能产生磁痕显示。

6.1.2 质量等级的评定结果仅为当前工件表面状态的质量情况，以后由于受力或表面状态改变时（如：加工等），需根据本标准重新确认质量等级。

6.1.3 表 2 中的数值与对应的质量等级参考图存在细微差异，表 2 中的质量等级与相应参考图的质量等级相同。若出现争议，以表中数据为最终评判依据。

6.2 显示分级

6.2.1 一般要求

6.2.1.1 分级和评定时，105mm×148mm 的矩形评定区应处于显示最严重的位置。

6.2.1.2 当检测区域小于 105mm×148mm 时，允许的显示数量、显示长度和累积长度宜按面积比例折算，但原则上不应提高一个质量等级。

6.2.1.3 铸件焊补处的检测区域为补焊区及边界外 25mm。

6.2.2 非线状显示

6.2.2.1 评定长度大于或等于 L_1 且小于或等于 L_2 的显示（见表 1），显示的最大尺寸为该显示的长度。

6.2.2.2 非线状显示质量等级按表 1 进行评定。

6.2.3 线状和成排状显示

6.2.3.1 按检测区域的壁厚，测量大于或等于 L_1 且小于或等于 L_2 显示的长度，计算评定区内显示的累积长度。累积结果应与表 2 中的"累积"进行对比，线状和成排状显示按表 2 进行评定。

6.2.3.2 成排状显示长度为显示和间距的总长度。

6.3 检测结果评定

当缺陷显示等级优于或等于合同中规定的质量等级时，可判定符合本标准。当铸件同一区域中同时出现非线状显示、线状或成排状显示时，按表 1、表 2 分别评级。

7 复验

出现以下情况时,需要复验:
- ——检测过程中操作方法有误。
- ——检测结束时验证检测灵敏度不符合要求。
- ——对检测结果产生怀疑。
- ——合同各方有争议或认为有必要。

8 检测记录和报告

8.1 检测记录

8.1.1 记录相关的检测信息(见4.2)。

8.1.2 如协议中无特殊规定,则至少应记录所有不符合质量等级要求和缺陷显示最严重区域的磁痕显示信息。显示信息包括所有相应质量等级规定的需评定显示的类型、大小、数量以及评定区的位置和该位置的壁厚区间。记录可采用文字描述、绘制简图、照相等方法。

8.2 检测报告

8.2.1 检测报告应包含以下内容:
- a)制造商信息;
- b)买方信息(包括合同号);
- c)铸件名称、编号、图号、数量和材质;
- d)检测日期和地点;
- e)报告编号;
- f)检测区域;
- g)检测时机;
- h)表面粗糙度;
- i)检测方法;
- j)检测设备;
- k)磁化方法;
- l)检测材料;
- m)检测参数;
- n)验收等级;
- o)检测结果(描述和位置);
- p)严重缺陷显示位置示意图;
- q)评定结果;
- r)检测机构资质(有2级以上证书的批准人签名);
- s)检测人员的签名和资格。

8.2.2 推荐的中英文检测报告格式参考附录E,根据实际情况可以修改。

附 录 A
(资料性)
采用国际标准时与原标准的章条编号对照和技术性差异及其原因

本标准与ISO 4986:2010章条编号的对照见表A.1。

表 A.1 本标准与 ISO 4986:2010 章条编号的对照

本标准章条编号	对应 ISO 4986:2010 标准章条编号
1	1
2	2
3.1	5.1.2
3.2	5.1.3
4.1	—
4.2	3
4.3	4.1,7
4.4	4.2
4.5	4.3
4.6	4.4
5.1	—
5.2	5.2
6.1	—
6.2	6.1
6.3	6.2
7	—
8	8
附录 A	—
附录 B	附录 A
附录 C	附录 B
附录 D	附录 C
附录 E	附录 D
—	参考文献
参考文献	—

本标准与 ISO 4986:2010 的技术性差异及其原因见表 A.2。

表 A.2 本标准与 ISO 4986:2010 的技术性差异及其原因

本标准章条编号	技术性差异	原因
1	"铸钢件"修改为"铸钢铸铁件"	扩大了标准适用范围
2	关于规范性引用文件,本标准做了具有技术性差异的调整,调整的情况集中反映在第 2 章"规范性引用文件"中,具体调整如下 ——用等同采用国际标准的 GB/T 5097 代替 ISO 3059 ——用等同采用国际标准的 GB/T 9445 代替 ISO 9712 ——用等同采用国际标准的 GB/T 158221.1 代替 ISO 9934-1	以适应我国的技术条件

(续)

本标准章条编号	技术性差异	原因
2	——增加了 GB/T 12604.5、GB/T 15822.2、GB/T 15822.3、GB/T 23906、GB/T 23907 等 5 项引用文件	满足对引用文件的需求,以适应我国的技术条件
3	增加了术语和定义	便于对标准的理解
4.1	增加了磁粉检测总则	提高可操作性
4.3.4	"供需双方必须达成一致的磁化方向"修改为"当无法进行相互垂直磁化时,供需双方必须达成一致的磁化方向"	提高可操作性
4.3.6	"检测后应清洗铸件"修改为"检测后有要求时应清洗铸钢铸铁件,在最终交货状态,当铸钢铸铁件剩磁高于规定的最大剩余磁感应强度值时宜退磁"	提高可操作性
6.1	增加了概述	增加说明,便于理解
6.2.2.1	"评定长度大于 L_1 的显示"修改为"评定长度大于或等于 L_1 且小于或等于 L_2 的显示"	满足科学评定的最低要求
6.2.3.1	"评定长度大于最小长度的单个显示,测量显示的长度"修改为"测量大于或等于 L_1 且小于或等于 L_2 显示的长度"	满足科学评定的最低要求
7	增加了复验	提高检测准确性
8.1	增加了检测记录	增加适用性
附录 B	由符合 ISO 11971 规定的 SCRATA 和 BNIF 359 比较样块修改为等效的符合 GB/T 6060.1 规定比较样块	以适应我国的技术条件

附 录 B
(资料性)
推荐的磁粉检测表面粗糙度

推荐使用的磁粉检测表面粗糙度见表 B.1。

表 B.1 推荐的磁粉检测表面粗糙度

显示的最小尺寸/mm	比较样块(GB/T 6060.1) Ra 标称值/μm	显示的最小尺寸/mm	比较样块(GB/T 6060.1) Ra 标称值/μm
0.3	6.3	2	25
1.5	12.5	3	50

注:可以等效采用其他比较样块。

附 录 C
(资料性)
非线状显示(SM)的质量等级参考图(单个的)

图 C.1~图 C.5 仅供参考。采用的比例为 1:1。

例图大小分别为 26mm×37mm 和 105mm×148mm。

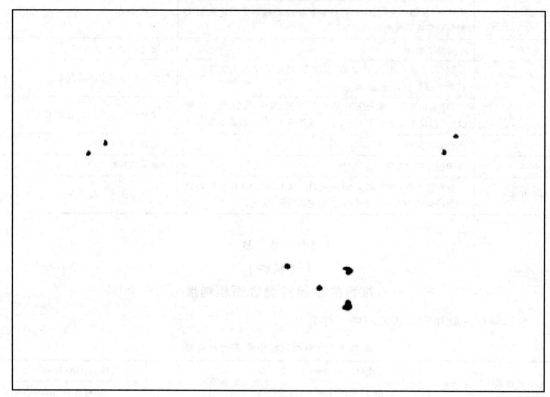

a) 质量等级SM1中不需评定的显示的最大尺寸

b) 质量等级SM1

图 C.1 非线状显示的质量等级 SM1

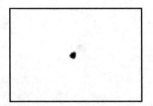

a) 质量等级SM2中不需评定的显示的最大尺寸

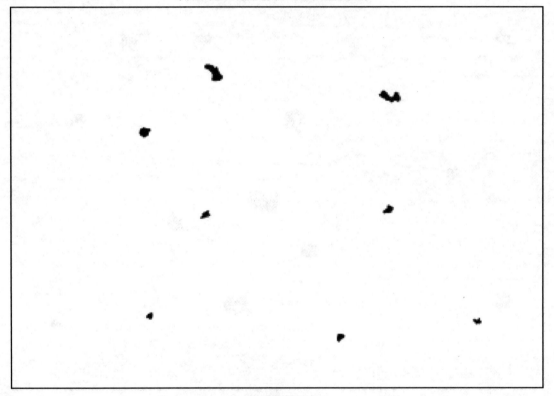

b) 质量等级SM2

图 C.2 非线状显示的质量等级 SM2

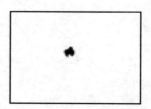

a) 质量等级SM3中不需评定的显示的最大尺寸

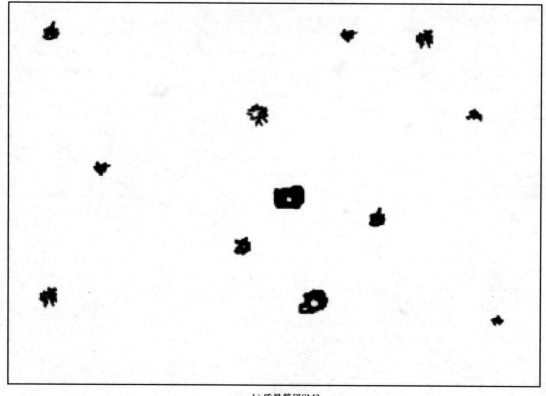

b) 质量等级SM3

图 C.3　非线状显示的质量等级 SM3

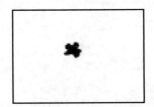

a) 质量等级SM4中不需评定的显示的最大尺寸

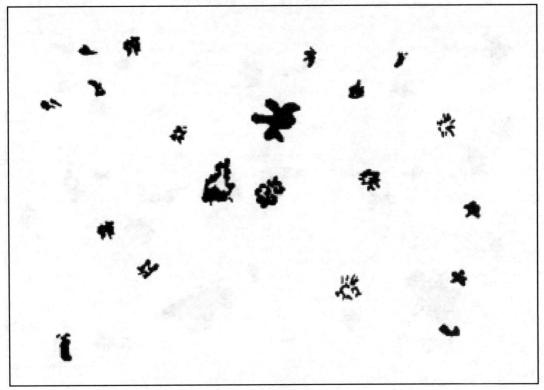

b) 质量等级SM4

图 C.4 非线状显示的质量等级 SM4

a) 质量等级SM5中不需评定的显示的最大尺寸

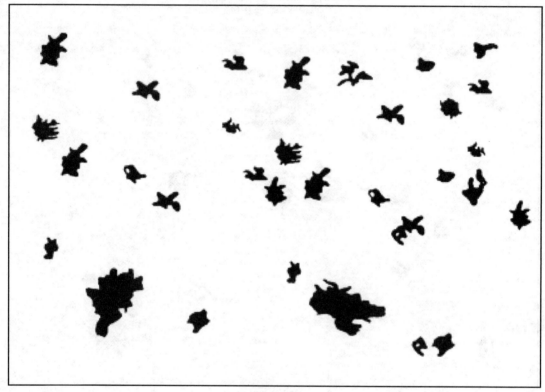

b) 质量等级SM5

图 C.5　非线状显示的质量等级 SM5

附 录 D
（资料性）
线状显示（LM）和成排状显示（AM）的质量等级参考图

图 D.1~图 D.15 仅供参考，采用的比例为 1∶1。
例图大小分别为 26mm×37mm 和 105mm×148mm。

a) 质量等级LM1a或AM1a中不需评定的显示的最大尺寸

b) 质量等级LM1a或AM1a

图 D.1　壁厚≤16mm 线状或成排状显示的质量等级 LM1a 或 AM1a

a) 质量等级LM2a或AM2a中不需评定的显示的最大尺寸

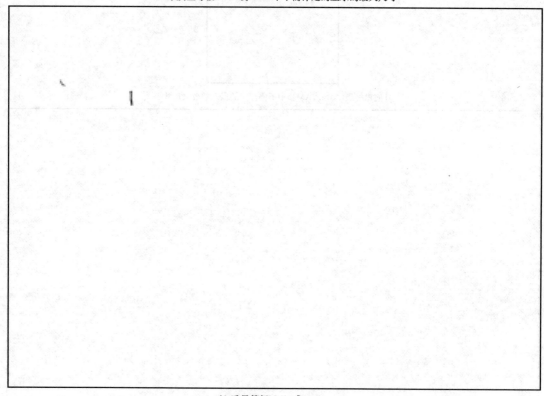

b) 质量等级LM2a或AM2a

图 D.2 壁厚≤16mm 线状或成排状显示的质量等级 LM2a 或 AM2a

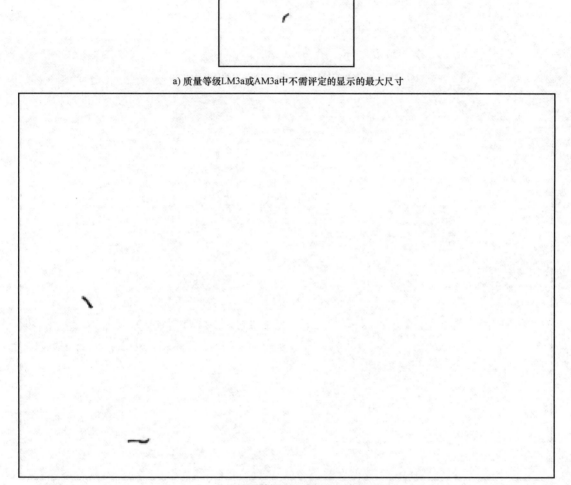

a) 质量等级LM3a或AM3a中不需评定的显示的最大尺寸

b) 质量等级LM3a或AM3a

图 D.3　壁厚≤16mm 线状或成排状显示的质量等级 LM3a 或 AM3a

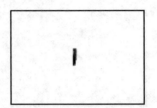

a) 质量等级LM4a或AM4a中不需评定的显示的最大尺寸

b) 质量等级LM4a或AM4a

图 D.4 壁厚≤16mm 线状或成排状显示的质量等级 LM4a 或 AM4a

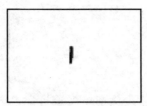

a) 质量等级LM5a或AM5a中不需评定的显示的最大尺寸

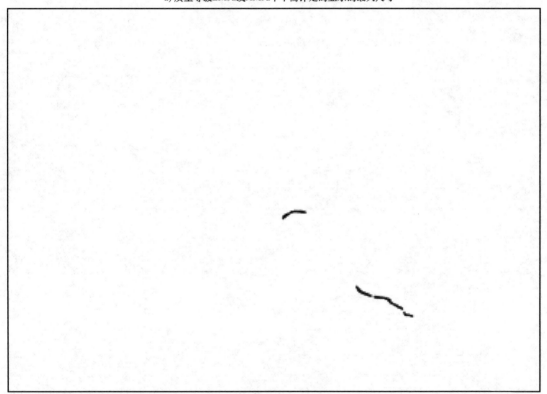

b) 质量等级LM5a或AM5a

图 D.5　壁厚≤16mm 线状或成排状显示的质量等级 LM5a 或 AM5a

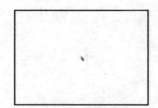

a) 质量等级LM1b或AM1b中不需评定的显示的最大尺寸

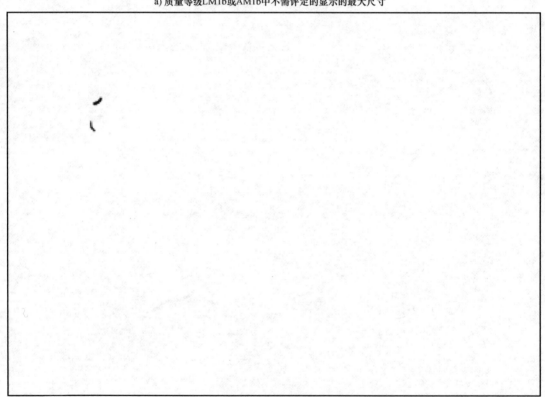

b) 质量等级LM1b或AM1b

图 D.6　16mm<壁厚≤50mm 线状或成排状显示的质量等级 LM1b 或 AM1b

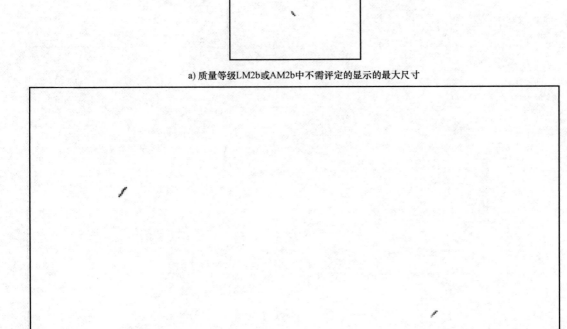

a) 质量等级LM2b或AM2b中不需评定的显示的最大尺寸

b) 质量等级LM2b或AM2b

图 D.7　16mm<壁厚≤50mm 线状或成排状显示的质量等级 LM2b 或 AM2b

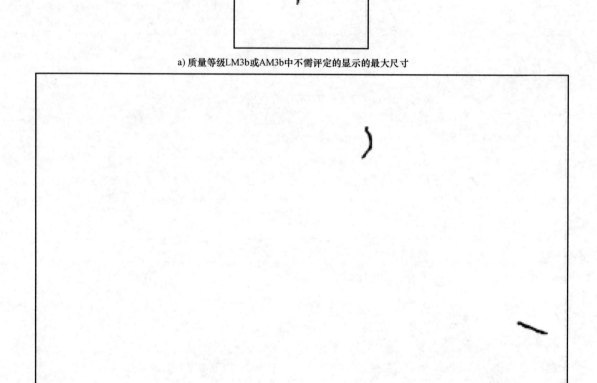

图 D.8 16mm<壁厚≤50mm 线状或成排状显示的质量等级 LM3b 或 AM3b

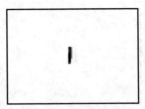

a) 质量等级LM4b或AM4b中不需评定的显示的最大尺寸

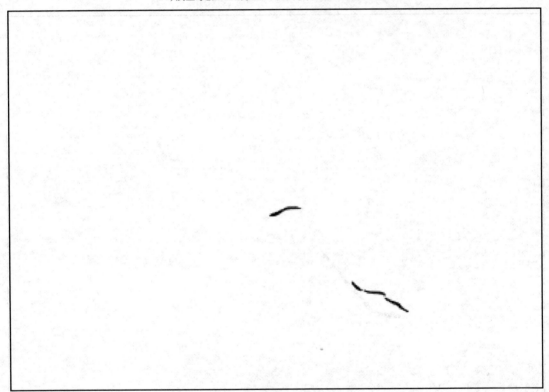

b) 质量等级LM4b或AM4b

图 D.9　16mm<壁厚≤50mm 线状或成排状显示的质量等级 LM4b 或 AM4b

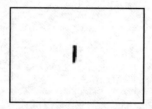

a) 质量等级LM5b或AM5b中不需评定的显示的最大尺寸

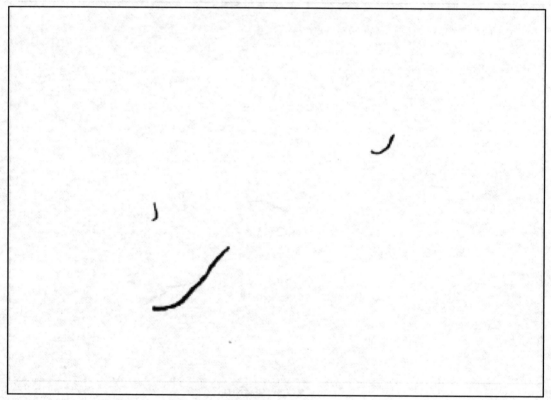

b) 质量等级LM5b或AM5b

图 D.10 16mm<壁厚≤50mm 线状或成排状显示的质量等级 LM5b 或 AM5b

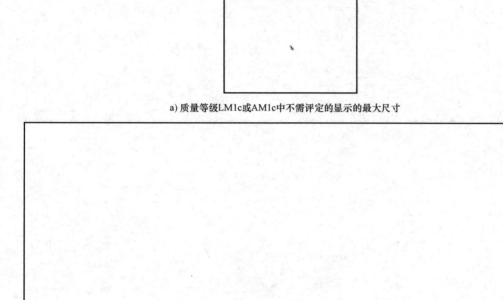

a) 质量等级LM1c或AM1c中不需评定的显示的最大尺寸

b) 质量等级LM1c或AM1c

图 D.11　壁厚>50mm 线状或成排状显示的质量等级 LM1c 或 AM1c

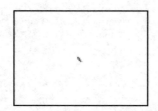

a) 质量等级LM2c或AM2c中不需评定的显示的最大尺寸

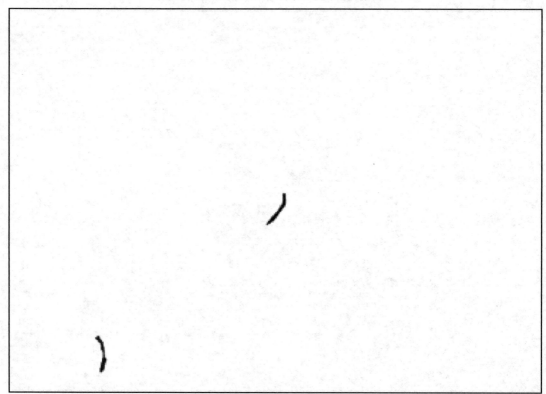

b) 质量等级LM2c或AM2c

图 D.12 壁厚>50mm 线状或成排状显示的质量等级 LM2c 或 AM2c

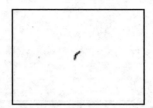

a) 质量等级LM3c或AM3c中不需评定的显示的最大尺寸

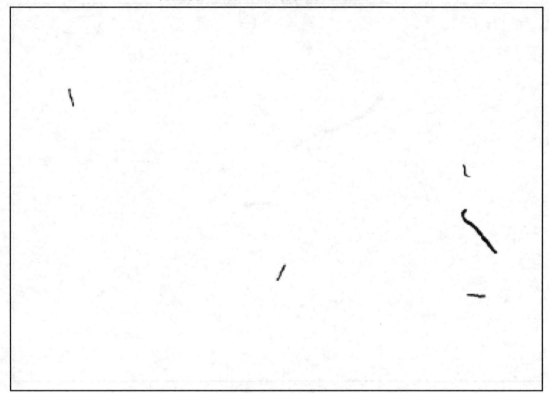

b) 质量等级LM3c或AM3c

图 D.13　壁厚>50mm 线状或成排状显示的质量等级 LM3c 或 AM3c

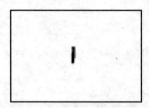

a) 质量等级LM4c或AM4c中不需评定的显示的最大尺寸

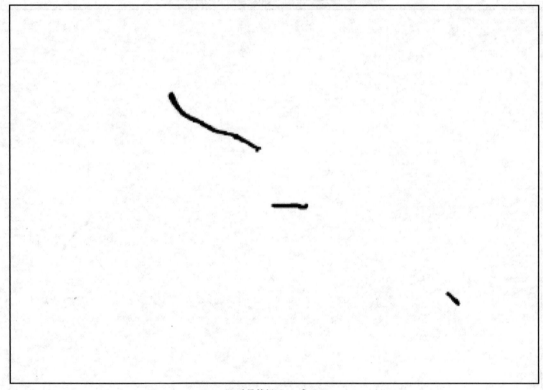

b) 质量等级LM4c或AM4c

图 D.14　壁厚>50mm 线状或成排状显示的质量等级 LM4c 或 AM4c

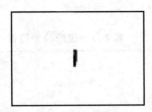

a) 质量等级LM5c或AM5c中不需评定的显示的最大尺寸

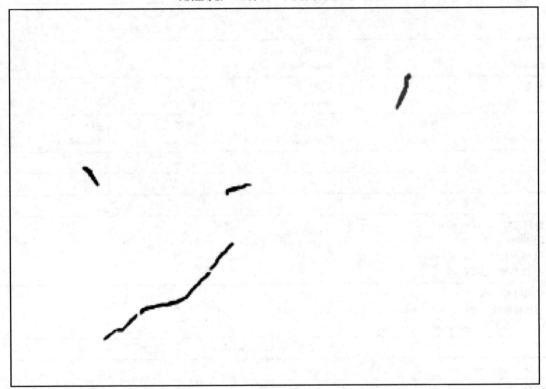

b) 质量等级LM5c或AM5c

图 D.15 壁厚>50mm 线状或成排状显示的质量等级 LM5c 或 AM5c

附录 E
（资料性）
磁粉检测报告格式

磁粉检测报告格式见表 E.1。

表 E.1　磁粉检测报告格式

公司名称 Company	磁粉检测报告 Magnetic Particle inspection document		编号 No.
			页数 Sheet
			依据 According to

客户 Customer		合同号 Order No.		
规范 Specification		材质 Material		炉号 Heat No.
标识 Identification	数量 Quantify	铸件名称 Casting designation	批号 Lot No.	图号 Drawing No.

检测区域　Area examined
☐ 100%
☐ 检测计划　Testing scheme
☐ 焊补处　Cavity root

检测时机　Stage
☐ 热处理后　After heat treatment
☐ 应力消除前　Before stress relieving

检测条件　Testing conditions
设备　Apparatus
磁粉　Magnetic particle reference
表面状况　Surface condition ☐ 喷砂　Shot-blasted ☐ 打磨　Ground ☐ 机械加工　Machined
铸件温度　Casting temperature ☐ 16℃~60℃ ☐ 61℃~320℃
磁化方法　Magnetization method
检测材料　Testing material ☐ 干　Dry ☐ 湿　Wet ☐ 荧光　Fluorescent

（续）

极间距　Rod spacing		mm
磁化电流　Magnetizing current		A

电流类型　Type of current
☐交流　　Alternating
☐直流　　Direct
☐脉冲　　Pulsatory

试片　Test piece
环形试块　Test ring
代表性工件　Representative work piece

检测结果　Test results

依据　According to

符合　Accepted
☐是　Yes
☐否　No

不符合记录　Non-conformance note

附表　Continuation sheet
☐有　Yes
☐无　No

检测机构　Inspection authority

质量保证部门　Quality assurance section

日期/地点　Date/place

检验员/操作者签名　Signature of inspector/operator

合适的选项前标记。（If applicable, tick the relevant box.）

第六章 铸铁国际标准

第一节 概 述

张 寅 王泽华

一、铸铁国际标准的变化

ISO/TC25是国际标准化组织负责制定铸铁国际标准的技术委员会，在过去的若干年里完成了11项标准的修订和发布，见表6.1-1。其中，7项是铸铁材料标准，这些标准对铸铁的力学性能、金相组织及检测技术进行了规定，标准中有关材料特性的资料性附录，可供设计者参考，有助于设计者选材使用；另外4项标准定义了铸铁的石墨形态、基体组织和球化率评定方法。

表6.1-1 11项铸铁国际标准

标准号	标准名称
ISO 5922:2005	可锻铸铁 分类
ISO 1083:2018	球墨铸铁 分类
ISO 185:2020	灰铸铁 分类
ISO 17804:2020	铸造 等温淬火球墨铸铁 分类
ISO 16122:2017	蠕墨铸铁 分类
ISO 21988:2006	抗磨铸铁 分类
ISO 2892:2007	奥氏体铸铁 分类
ISO 945-1:2019	铸铁金相组织 第1部分：石墨分类目视检测法
ISO/TR 945-2:2011	铸铁金相组织 第2部分：石墨分类图像分析法
ISO/TR 945-3:2016	铸铁金相组织 第3部分：基体组织
ISO 945-4:2019	铸铁金相组织 第4部分：球墨铸铁球化率评定方法

表6.1-1中的7项铸铁材料标准涉及的铸件数量巨大。据统计，2020年全世界这7类材料的铸件产量超过7300万t。用这些材料生产的铸件单重小的为几克，大的超过500t。

ISO标准明确规定了这7类铸铁材料的88个不同等级的材料牌号。这些标准附录中的辅助信息是经ISO/TC仔细验证确定的，以便使材料得到最合适的选择应用。表6.1-2列出了这7类铸铁材料的一般性能，有助于用户选用相关标准，也可用于不同铸铁材料的性能比较，但并不是将铸铁与其他材料相比较。表6.1-3列出了不同类型铸铁材料的典型应用，供设计选材时参考。

并不是所有的设计师们都清楚铸铁材料的特性，设计时往往需要超出标准规定的材料性能数据。比如灰铸铁的断面敏感性就是一个很好的例子，铸件本体的力学性能往往低于单铸试棒或附铸试块的力学性能，这取决于截面厚度。即使是经验丰富的工程师有时也不清楚铸铁断面敏感性这一重要特性，导致对铸铁材料不切实际的期望，或者低估铸铁材料真正的潜能。

表 6.1-2　ISO 标准中 7 类铸铁材料的一般性能

材料性能	灰铸铁	球墨铸铁	等温淬火球墨铸铁	蠕墨铸铁	可锻铸铁	奥氏体铸铁	抗磨铸铁
抗拉强度	一般	优	特优	优	良	良	一般
韧性	差	优	特优	差	良	优	差
抗冲击性	差	良	优	差	良	良	差
低温性能	一般	良	优	一般	良	良	良
热传导性	特优	良	良	优	良	良	良
热冲击性能	一般	一般	一般	一般	一般	优	一般
抗磨性	一般	一般	良	一般	差	一般	特优
耐蚀性	一般	一般	一般	一般	一般	特优	良
耐热性	良	一般	差	一般	一般	优	良
切削加工性	特优	优	一般	优	良	良	差
焊接性	差	差	差	差	差	差	差

表 6.1-3　铸铁材料的典型应用

类型	典型应用
灰铸铁	抗拉强度 100~300MPa。广泛应用于一般工程用零部件,如泵、阀门、压缩机缸体、机床件、缸体、制动鼓和制动盘、离合器压盘、冲压工具、路政工具等
球墨铸铁	抗拉强度 350~900MPa,断后伸长率 2%~22%。广泛应用于要求抗拉强度和断后伸长率比灰铸铁更高的一般工程用零部件,如曲轴、阀门、泵、转向节、悬挂部件、主轴箱体等
等温淬火球墨铸铁	抗拉强度 800~1400MPa,断后伸长率 2%~11%。应用于要求有很高的强度,有良好的韧性、疲劳强度和耐磨性的零件,如齿轮、凸轮、曲轴、差速齿轮、分速器、挖掘机铲齿、铁道车辆斜楔、轨道导轨等
蠕墨铸铁	抗拉强度 300~500MPa,断后伸长率 0.5%~2%。应用于要求有良好的导热性且强度比灰铸铁高的零件,如钢锭模、气缸体、制动鼓和制动盘、缸套、液压件等
可锻铸铁	抗拉强度 270~800MPa,断后伸长率 1%~16%。应用于要求有较高强度、韧性和焊接性的零件,如管件、悬架组件、万向联轴器等
奥氏体铸铁	抗拉强度 140~440MPa,断后伸长率 1%~25%。应用于耐腐蚀、耐热且无磁性的零件,如排气歧管、燃气透平机外壳、涡轮增压器、制冷配件、压缩机壳、耐腐蚀泵体等
抗磨铸铁	硬度 340~630HBW。应用于有较高耐磨性和抗冲击性的零件,如岩石破碎机、磨球、挖掘机铲齿、抛丸机的抗磨衬板、运送液态磨料的泵体、阀体等

铸铁材料具有极其复杂和宽泛的性能特点,本节提供一些铸铁材料学方面的基本知识,用以指导设计师对材料的选择。正确选择材料,可使铸铁材料的性能得到最大限度的发挥,使铸铁材料的性能能够得到最大限度的应用。

二、铸铁的材料学特征

普通碳钢通常是设计师最熟悉的铁-碳合金,其中碳的含量决定了它的主要性能,随着碳含量的增加,形成越来越多的珠光体,一般碳的质量分数达到 0.77% 时,则完全是珠光体。继续提高碳含量,会导致形成铁碳化物(即渗碳体)数量增加,渗碳体硬而脆。在白口铸铁中碳全部以渗碳体的形式存在,然后经过石墨化退火处理后获得可锻铸铁。耐磨铸铁中有马氏体与大量残留奥氏体加碳化物与球状石墨,这种组织具有均匀的高硬度、高耐磨性。其他铸铁中碳多数以石墨的形式存在,添加硅可以促进石墨的形成而抑制碳化物的产生。灰铸铁中碳以片状石墨的形式存在,这是铸铁凝固过程中形成的。球状石墨和蠕虫状石墨是通过在铁液中添加球化剂和蠕化剂,控制凝固时石墨生长机理,使之形成所需形态的石墨颗粒。在奥氏体铸铁中,必须添加其他合金元素以满足材料的组织和性能要求。等温淬火球墨铸铁要进行热处理,必要时要进行合金化,以满足标准要求。

ISO 标准涉及的 7 类铸铁材料的材料学特征如下:

1) 灰铸铁是碳主要以片状石墨形态析出的铸铁,断口呈灰色。通常是珠光体基体,有极少量的铁素体存在。一般不需要热处理,除非要求消除应力以提高尺寸稳定性。

2) 球墨铸铁是铁液经过球化处理而不是在凝固后经过热处理,使石墨大部分或全部呈球状,有时少量为团絮状的铸铁。基体组织从完全铁素体到完全珠光体,甚至有贝氏体和马氏体。热处理通常用于铸件的铁素体化,特别是要求在低温下具有高冲击值的铸件;高强度球墨铸铁件也可以通过调质处理和正火处理获得。

3) 蠕墨铸铁是金相组织中石墨形态主要是蠕虫状的铸铁。石墨短而粗,通常只有极少量的球状石墨存在,基体从以铁素体为主到完全为珠光体。一般不需要热处理,除非要求消除应力。

4) 可锻铸铁是白口铸铁通过石墨化或氧化脱碳退火处理,改变其金相组织或成分而获得具有较高韧性的铸铁。可锻铸铁有黑心可锻铸铁和白心可锻铸铁两种,这些是特意降低硅含量以产生铁碳化物,然后通过热处理分解碳化物以形成石墨。基体从完全铁素体到完全珠光体。可锻铸铁经油淬并回火可以获得更强的强度。

5) 等温淬火球墨铸铁是一种由球墨铸铁通过等温淬火热处理得到以奥铁体(ausferrite)为主要基体的强度高、塑韧性好的铸铁。等温淬火处理可以大幅度提高球墨铸铁的力学性能,有时需要专门的合金化,以保证厚断面基体组织的均匀性。

6) 奥氏体铸铁是基体组织为奥氏体的铸铁。奥氏体铸铁具有良好的耐酸性、耐碱性、耐海水腐蚀性、耐热性和非磁性,0℃ 以下仍有良好的韧性,可应用于一些特殊用途,不仅可以应用于低温,也可应用于高温。

7) 抗磨铸铁是具有良好的抗磨料磨损性能的铸铁。通过合金化或热处理,抗磨铸铁可形成马氏体基体或马氏体+碳化物混合基体。

三、断面敏感性对材料性能的影响

断面敏感性是铸铁材料最重要的性能之一。

设计师期待铸件和试样具有相同的力学性能,对铸钢件和一些合金铸件可能能做到。但对于铸铁件,一般铸件本体力学性能和同批次试样的力学性能是有差异,这与铸铁材料的断面敏感性有关。

断面敏感性是指代表铸件的单铸试样的拉伸性能与铸件本体试样的拉伸性能之间的差异。铸铁材料有一个非常重要的特性就是断面敏感性大,这是因为不同的铸件截面会有不同的凝固速度。薄断面处凝固快,厚断面处凝固缓慢,铸件壁厚差异,造成石墨形态和大小会有差异,铸件基体组织也会有差异,这些影响因素导致在铸件不同断面具有不同的力学性能。因为灰铸铁的断面敏感性大,铸造试棒大小对其拉伸性能影响较大,所以在 ISO 185

中，统一规定了单铸试棒和附铸试样的尺寸。ISO 185 中表 1 的数据是经过了大量的研究取得的不同截面的性能数据。表 6.1-4 列出了部分数据，由表 6.1-4 可见，考虑到断面敏感性的影响，灰铸铁件的力学性能按壁厚最多分为 7 个等级，这更加准确地反映了铸件的力学性能。

表 6.1-4 ISO 185 标准中与断面敏感性相关的部分数据

材料牌号	最小抗拉强度 R_m（强制性值）/MPa	铸件壁厚/mm >	铸件壁厚/mm ≤	铸件本体预期抗拉强度 R_m/MPa ≥
ISO 185/JL/150	150	2.5	5	180
		5	10	155
		10	20	130
		20	40	110
		40	80	95
		80	150	80
		150	300	—
ISO 185/JL/250	250	5	10	250
		10	20	225
		20	40	195
		40	80	170
		80	150	155
		150	300	—
ISO 185/JL/350	350	10	20	315
		20	40	280
		40	80	250
		80	150	225
		150	300	—

铸铁材料的断面敏感性由大到小依次为灰铸铁、蠕墨铸铁、球墨铸铁、可锻铸铁和耐磨铸铁。在蠕墨铸铁、球墨铸铁和等温淬火球墨铸铁标准中，也要求测试单铸试样的力学性能，但可以选择测试附铸试样的力学性能。如果所用的附铸试样尺寸恰当，这样会更接近铸件主要壁厚的力学性能，标准的表中规定了所要求的力学性能值，这是指铸件主要壁厚处的力学性能。

术语主要壁厚是指经供需双方协商一致同意，用以确定铸件材料力学性能的铸件断面厚度。主要壁厚通常被理解为代表设计目的的最重要的铸件壁厚，也最受关注。主要壁厚的位置是用来确定材料性能的，所以标准允许在铸件本体上由双方商定的位置处切取试样，但这样就破坏了铸件。通常的做法是商定实物取样方法，或者在首件时进行实物取样验证铸件的性能。

四、硬度

国家标准没有规定各种牌号铸铁的硬度，只提供不同牌号铸铁可能的硬度值，而企业标准往往需要规定各种材料的硬度范围。ISO 185 的规范性附录中增加了硬度等级规范。因为抗拉强度是硬度的函数，一般来说，抗拉强度不同，则硬度不同，规定铸件的硬度等级基本上就规定了铸件的抗拉强度等级。如客户对硬度有附加要求，这也是合理的。

需要清楚铸铁材料断面敏感性对硬度的影响。由于铸件厚断面处的石墨比薄断面处的石墨粗大，而且基体组织也受到冷却速度的影响，厚断面就会比薄断面软。ISO 185 中表 2 说明，考虑到断面敏感性的影响，明确了 40mm～80mm 厚度断面的硬度范围，并提供其他厚度较薄截面上的预期硬度值，ISO 185 中附录 C 给出了断面敏感性对硬度的影响资料。

所有铸铁都是含有石墨的复合材料，不宜采用压头直径小于 5mm 的硬度计。理想的测试布氏硬度的方法是使用直径为 10mm 的压头，并施加 3000kgf（29.4kN）载荷（10/3000），这样才会得到准确的硬度值。较薄断面可以用直径为 5mm 的压头和 750kgf（7.35kN）载荷。用洛氏硬度、维氏硬度和其他硬度测试设备，用较小的压头和较小的载荷测定铸铁硬度时，有时会得到波动很大的测试结果，造成对产品硬度的怀疑。这时需要多测定几点，取其平均值。

当规定硬度时，需要考虑具体材料硬度值的正常变化范围。对含有石墨的铸铁材料，典型的硬度变化范围大约是 50HBW，比如 HT250 硬度值为 187HBW10/3000～241HBW10/3000。对耐磨材料的要求则不同，只规定了最小硬度，即使在满足规定的最小硬度的情况下，薄断面和厚断面间仍然会有硬度差。

如果规定在铸件本体上测试硬度，其硬度范围应由供需双方商定，并且应指定在铸件本体上的测试位置。

五、热处理

一些铸铁材料需要进行特殊热处理并作为其生产工艺的一部分，如可锻铸铁和等温淬火球墨铸铁。其他铸铁材料可以用热处理方法提高性能或作为矫正措施，标准是允许的，也有助于达到材料等级的要求。常用的热处理工艺见表 6.1-5。

表 6.1-5 铸铁材料常用的热处理工艺

工艺	奥氏体化温度/℃	保温时间[①]/h	冷却工艺和后序工艺
退火	900	$1+t^{②}/25$mm	随炉冷却到 200℃ 以下
正火	900	$1+t^{②}/25$mm	空冷，对大型铸件有时要吹风冷却
淬火+回火	900	$1+t^{②}/25$mm	油淬或水淬，然后回火到要求的硬度
消除应力	550	$1+t^{②}/25$mm	随炉缓慢冷却到 200℃ 以下

① 热处理的时间取决于铸件壁厚的大小及其装炉的密度。
② t 为铸件壁厚（mm）。

六、焊接和焊补

铸铁件的焊接性很差，如果焊接工艺不当，则会产生很多问题：焊缝处组织会发生变化；焊接处难于机械加工；受热区域可能会产生裂纹；由于石墨的析出，焊接材料和母材难于熔合，焊接操作困难，焊接成本也大。这种认识来自过去长期以来焊接失败的结果。抗磨铸铁显然是不适宜焊接的，它们的脆性特点会导致在焊接热影响区周围产生开裂；等温淬火球墨铸铁也不能焊接，因为焊接部位的基体组织和性能会发生重大改变。

一般不推荐对铸铁件进行焊接或焊补，因为难度太大，难以保证质量，有时甚至会对铸件产生更大的损伤。但确实需要焊接/焊补时，可以应用气焊技术焊补铸铁件，而且铸件必须预热到足够高的温度，焊补后严格控制冷却速度。20世纪70年代试验的粉末焊技术，用氧混合气熔化金属粉末实施焊接，试验结果表明焊接部位比母材抗拉强度高，即表明铸件缺陷焊补是可能的。灰铸铁、球墨铸铁，包括奥氏体铸铁，蠕墨铸铁和可锻铸铁，可以使用相同的技术进行焊接，焊条是兼容的。当然，铸铁件焊补成本很大，并需要特别小心才能确保成功。

白心可锻铸铁完全脱碳后可以和钢焊接在一起。但不推荐把灰铸铁焊接到其他材料（如钢）上，因为这样焊接后总是不能达到应用要求。应用熔化极气体保护电弧焊和惰性气体钨极保护焊技术通常也是不成功的，因为难以控制输入的热量和没有合适的焊丝等。

七、结束语

本节的目的是帮助设计工程师们更多地了解铸铁材料，更好地选择和利用铸铁材料。铸铁材料具有宽泛的组织和性能，它比其他工程材料具有更广泛的潜在用途。ISO标准提供了大量铸铁材料的力学性能和物理性能基础数据，可供设计工程师们参考。

第二节 灰铸铁 分类

张 寅

一、标准概况

ISO 185：2005《灰铸铁 分类》是在 ISO 185：1988 的基础上修订而成的，和1988版相比，ISO 185：2005 最主要的技术内容改动是增加了 ISO 185/JL/225 和 ISO 185/JL/275 两个牌号，在我国的国家标准 GB/T 9439—2010《灰铸铁件》中也相应地增加了 HT225 和 HT275 两个牌号，因为 HT200 至 HT300 之间的牌号是最为常用的牌号，其生产量也是最大的，将这个范围内的牌号数量增加也有利于生产。GB/T 9439—2010 完全等同采用了 ISO 185：2005 的全部技术内容。在美国 ASTM A48/A48M—2003 中，也有 No.225 和 No.275 两个牌号。

在 ISO 185：2005 中，各牌号灰铸铁在金相显微镜下观察到的组织是片状石墨分布在以珠光体为主的基体上，如图 6.2-1 所示。

在实际条件下，灰铸铁的凝固促成共晶团的形成，每个共晶团中存在连续的石墨骨架，如图 6.2-2 所示。这是一张所有的金属基体被腐蚀掉后，突出显示石墨结构的灰铸铁的共晶团表面的立体照片。一个完整的共晶团的素描图如图 6.2-3 所示。

共晶团在加工后的表面经常可以看到，如图 6.2-4 所示。特别是当表面处理得很精细时，这常被

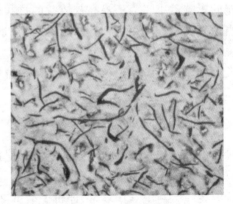

图 6.2-1 在珠光体基体上的片状石墨 150×

误解为间断的缺陷结构。事实上这是很正常的材料,它是由加工操作造成的,是由于加工切削掉共晶团上部而暴露出来的共晶核团截面,外轮廓是由材料中的微量元素如磷等物质所形成的。图 6.2-4 不仅显示了一个共晶团内的石墨的三维几何图像,而且也显示在加工或实验室金相制备时切取片层后暴露出的明显的片状石墨形态。

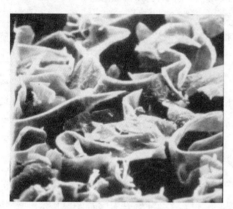

图 6.2-2 深腐蚀后的共晶团中的石墨结构 250×

图 6.2-3 一个完整的共晶团的素描图

石墨的数量取决于碳含量,而共晶团的大小和数量决定了石墨片的大小。这些因素在很大程度上决定了材料的力学性能。

二、金相组织对性能的影响

片状石墨的数量和分布形式对力学性能有重大影响。通常含有相对数量较多的粗大片状石墨的灰铸铁的抗拉强度低,基体中的铁素体的含量较多。抗拉强度随着石墨数量减少而增大,也随着石墨变细和基体中的铁素体数量的减小而增大,其中,基体组织对灰铸铁拉伸性

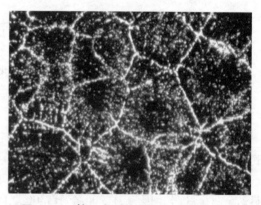

图 6.2-4 精细表面的共晶团外轮廓 30×

能的影响最小。为了提高灰铸铁的抗拉强度,通常需要降低灰铸铁的碳、硅含量(降低碳当量),采用较好的孕育技术,以及在适当条件下添加促进珠光体的合金元素。对灰铸铁来说,其中石墨在很大程度上决定了其力学性能,而基体组织对灰铸铁力学性能的影响则相对微弱得多。也就是说,决定了灰铸铁拉伸性能的是石墨而不是基体组织。

三、化学成分和碳当量

在 ISO 185 中没有化学成分的要求,化学成分由生产商自行决定,生产商可以自行调整成分以满足规定的抗拉强度的要求。促进珠光体生成的元素可以被用来增加基体中珠光体的数量,但主要控制因素是碳、硅含量。通常,铸铁中的碳、硅含量可通过热分析技术测量铸铁液相线碳当量(CE)来评价。表 6.2-1 为 ISO 185 中材料的碳当量范围。碳当量定义如下:当碳当量(CE)为 4.25% 时,为共晶组织,但通常为亚共晶组织。因此,碳和硅含量越低,根据 CE 计算的抗拉强度越大。碳当量可按式(6.2-1)计算:

$$CE = w(C) + \frac{w(Si)}{4} + \frac{w(P)}{2} \tag{6.2-1}$$

目前，大多数铸造厂灰铸铁的磷含量较低且很稳定，在这样低磷状态下，插入热分析装置，可测得精确的碳含量，自动计算得到的硅含量误差在±0.15%以内。对不同材料硬度等级的铸件，可按双方商定的取样位置处的铸件壁厚来确定合适的碳当量范围。

表 6.2-1 ISO 185 中材料的碳当量范围

ISO 185 中的材料牌号	典型的 CE 范围(%)
ISO 185/JL/100	4.0~4.2(通常要退火)
ISO 185/JL/150	4.0~4.2
ISO 185/JL/200	3.8~4.0
ISO 185/JL/225	3.7~3.9
ISO 185/JL/250	3.6~3.8
ISO 185/JL/275	3.5~3.7
ISO 185/JL/300	3.4~3.6
ISO 185/JL/350	3.5~3.6(添加合金元素)

如果保证孕育良好，获得满意的石墨形态，则可确保在此碳当量范围的各牌号灰铸铁在 $\phi30mm$ 单铸试棒上的拉伸性能满足最小抗拉强度要求。由于灰铸铁的断面敏感性，在此碳当量范围内的铸件不一定会得到与单铸试样相同的拉伸性能。

四、石墨形态和尺寸

石墨形态和大小（体积）主要取决于共晶团的凝固速度和共晶团的数量。凝固速度与铸件壁厚有关，厚大断面的凝固速度比薄断面的凝固速度慢，所以大断面铸件中的共晶团数量较少，共晶团尺寸较大而且石墨粗大。通常，在浇注前的瞬时孕育有助于提高共晶团数量，并使石墨分布均匀。如果孕育不良，会导致石墨形态变差；如果孕育得好，石墨形态和分布就会优化，从而得到较高的抗拉强度。ISO 945 将石墨分为五种形态，如图 6.2-5 所示。

五种石墨形态如下：

A 型石墨：均匀分布，没有方向性。通常在熔炼、孕育较好的灰铸铁材料中出现。

B 型石墨：菊花状石墨，片状、细小卷曲的石墨聚集成菊花状分布。B 型石墨的出现也可能是因为孕育效果一般；典型的中等冷却的石墨类型，以及迅速冷却的铸件表面区也会出现孕育效果不理想的结果。

C 型石墨：初生（粗大）石墨。出现在过共晶铸铁中，也就是碳当量大于 4.25% 的铸铁中。在厚大断面呈现粗大的板块状，在薄断面处聚集成簇的星状。

D 型石墨：细小片状在枝晶间呈无方向性分布的过冷石墨。通常和过快的冷却速度有关，特别是当孕育不好时在薄壁处最常见的。

E 型石墨：具有方向性的过冷石墨。通常出现在强烈的亚共晶铸铁，也就是低碳当量且孕育不理想铸铁。

ISO 945 按石墨的尺寸大小分为 8 级，1 级石墨最粗大，8 级最细小。因此，必要时需要规定石墨的形态和大小。作为对灰铸铁牌号要求的补充，通常要求灰铸铁中的石墨为 A 型

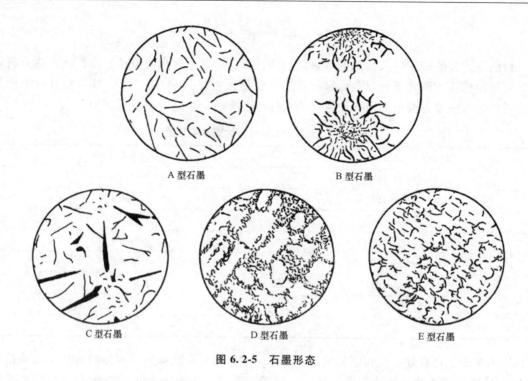

图 6.2-5　石墨形态

石墨，石墨长度等级为 4 级~6 级。由于石墨形态和分布与铸件的壁厚有关，所以在对石墨形态和长度做出规定的同时，规定对石墨形态和长度进行检测的位置和深度。

五、断面敏感性

在所有铸铁材料中，灰铸铁的断面敏感性最大，在设计选材、计算材料的实际使用性能时，一定要考虑断面敏感性。

六、合金化元素的影响

对于高牌号的灰铸铁，有时添加合金元素是为了确保形成完全的珠光体基体。铜和锡能促进珠光体的形成。有时也加入铬，虽然铬也有助于促进珠光体的形成，但铬更易于促进共晶碳化物的形成，所以铬应谨慎使用。铬细化珠光体提高灰铸铁强度的作用并不明显，铜的加入会抵消铬增大白口的不利影响。有时候生产商会加入过量的合金元素，认为这样会改进性能。必须要清楚，当基体是完全珠光体时，进一步增加促进珠光体的元素，通常会对性能起到反作用。例如，锡能增加脆性，在完全珠光体基体时铬只能促进碳化物的产生。镍的质量分数达到 2% 时，性能会提高，直到形成奥氏体基体前，镍不会对性能有影响。一般而言，较高的强度是因完全珠光体基体而实现的，最重要的是通过良好的孕育以形成良好的石墨形态，而不是加入不必要的合金元素来实现的。

七、热处理

热处理通常用于提高材料性能。然而灰铸铁的热处理并不是提高性能的最好方式，因为石墨形态决定了灰铸铁的性能，通过热处理使基体的任何变化带来性能的改进是有限的。

有时，特别对 ISO 185/JL/100 这个牌号要求退火处理，主要是为了满足快速加工的需要，而不是为了满足力学性能。当厚大断面铸件缓慢冷却时会产生铁素体基体，这样可以通过正火处理作为补救措施以确保全珠光体基体，可以消除不希望的硬质相——碳化物。表 6.2-2 给出了灰铸铁件的典型热处理工艺。

表 6.2-2　灰铸铁件的典型热处理工艺

工艺参数	退火	正火	去应力
升温速度/(℃/h)	100~200	100~200	100~200[1]
加热温度/℃	900~950	900~950	550~600
保温时间/h	$1+t$[2]$/25mm$	$1+t$[2]$/25mm$	$1+t$[2]$/25mm$
冷却速度/(℃/h)	50~100,冷却至200℃以下	50~100,冷却至200℃以下	炉外空冷[3]

[1] 薄而脆的铸件，升温速度应该控制在 50~100℃/h。
[2] t 为铸件壁厚（mm）。
[3] 厚断面铸件可能需要辅助风扇吹风冷却。

用于灰铸铁的最常用的热处理操作是去除应力。机械加工遇到的普遍问题是加工期间或加工后铸件的尺寸变化和铸件变形。这通常是由于铸件存在内应力所引起的。铸件在厚壁处和薄壁处以不同的速度凝固和冷却，以及形成铸件内部几何形状的型芯的存在，还有过度的抛丸清理等都会产生内应力。机械加工消除这些应力，导致铸件变形。按表 6.2-2 所示的去应力处理可以解决这个问题。对所有的热处理，按铸件的最大壁厚来确定加热温度和保温时间。

机械加工可以引起内应力并造成铸件的变形和尺寸变化，特别是当背吃刀量大和切削速度过快，或者装卡位置不当和夹紧不牢靠时，都会产生内应力。这些问题的影响都可以通过热处理去除应力来解决，铸件为最终的加工要留有足够的加工余量。

八、焊接问题

灰铸铁不适宜焊接，ISO 185 规定，灰铸铁件不允许焊接，焊接将增加应力，促使铸件失效。

对于非常小的表面缺陷，电弧焊有时被用来表面修复。这种做法通常是不可取的，因为焊条通常是高镍材料，会使焊接区周围的金属变灰暗。

九、牌号的选择

ISO 185 中材料牌号从抗拉强度为 100MPa 的以铁素体基体为主的材料，一直增大到抗拉强度为 350MPa 的完全珠光体基体的材料。所有各牌号以规定的最小抗拉强度等级来表示，最小抗拉强度+100MPa 即为最大抗拉强度。每个牌号的最大抗拉强度不能超过最小抗拉强度 100MPa 以上。例如牌号是 200 的，其抗拉强度值必须在 200MPa~300MPa 之间。这是为了完全消除当抗拉强度明显高于最小抗拉强度时，会对材料的其他性能产生不利影响。

对最小抗拉强度是 100MPa 和 150MPa 的灰铸铁，其碳含量和硅含量高，所以具有很高的导热性和减震能力。这些牌号应用于要求抗拉强度、硬度以及疲劳强度不变的情况下，可能使用的不是材料的关键性能。这些牌号的铸件生产很有可能被用在导热性和减震能力很重要的条件下，如底板和光具座，那里内应力很少或没有应力。这些高碳含量的材料具有良好的润滑承载性能，这种性能使材料避免产生磨屑，从而减轻对软基体组织的划伤和磨损。

中间牌号 200~275，有较低的碳、硅含量，基体主要是或完全是珠光体基体，具有良好的导热性和减震性能，以及更高的抗拉强度和硬度，可提供优异的耐磨性。这些牌号大量应用于工程中常用的铸件，如泵体、阀体、机床床身，特别是汽车零部件如缸盖、制动盘、制动鼓和离合器压盘。

高牌号的 300 和 350，有良好的综合性能。与其他类型的铸铁相比，它在具有高强度的同时，还保持良好的导热性。350MPa 已接近在生产中能获得的最大抗拉强度，要得到再高一点的强度值将是很难实现的。因此，这些高牌号灰铸铁材料往往应用于既要求强度较高，又要求导热性好，而无法使用另一类高强度材料如导热性差的球墨铸铁的场合。

所有 ISO 185 的牌号，断后伸长率最大不超过 1.5%，而耐冲击性能也差，因此这些材料不适合对材料塑性有要求的工作场合。

十、结束语

灰铸铁作为一种传统的金属材料，由于具有诸多优点而成为一种应用最为广泛的基础材料。由于铸铁中石墨有利于润滑及贮油，所以耐磨性好。同样，由于石墨的存在，灰铸铁的减震性优于钢。铸造工艺性能好，所以适宜于铸造结构复杂或薄壁铸件。由于石墨在切削加工时易于形成断屑，所以灰铸铁的可加工性优于钢。

灰铸铁在质量、性能和价格等方面正面临着严酷的挑战，世界铸铁件的生产状况和趋势是，灰铸铁件的比例明显下降，但仍占有一定优势。球墨铸铁件的产量持续增长，蠕墨铸铁和特种铸铁也有了较大的发展。全球的灰铸铁产量逐年下降，但高强度铸铁所占的比重越来越大，高强度灰铸铁的生产无疑是我国灰铸铁的发展方向。抓紧铸铁产业结构的调整和技术改造，努力提高铸件质量档次，提高治理环境污染的水平，实现铸铁材料的高附加值化是应付未来更加激烈的市场竞争、满足用户多样化需求的主要对策。

消除灰铸铁件焊补时产生的焊接应力和极易产生的白口缺陷，是长期面对的需要解决的问题。产生白口的主要原因是冷却速度过快和石墨化元素不足，而产生裂纹的原因主要是焊接应力。灰铸铁件焊补问题的解决，符合目前绿色制造和资源循环利用、建设节约型社会的大潮流。

第三节　球墨铸铁　分类

张　寅

一、标准概况

ISO 1083：2018《球墨铸铁　分类》规定了球墨铸铁的力学性能和金相显微镜下的金相组织，包括石墨的球状形态。图 6.3-1 所示为球墨铸铁的金相组织，其石墨形态呈球状，基体组织以珠光体为主。ISO 1083：2018 规定的球墨铸铁牌号，其范围包括从完全铁素体基体到完全珠光体基体。基体为完全铁素体的球墨铸铁的抗拉强度大于 350MPa，断后伸长率大于 22%；基体为完全珠光体的球墨铸铁的抗拉强度大于 900MPa，断后伸长率大于 2%。

球墨铸铁的常规生产是在低硫的铁液中加入少量的镁，以形成球状石墨。由于镁会促进碳化物的生成，所以接着要添加一定量的硅，以抵消或中和镁对碳化物的促进作用。这样处理的结果是球墨铸铁材料中含有球状石墨，而不是片状石墨。一般而言，球墨铸铁中石墨球的大小大约是孕育良好的灰铸铁共晶团尺寸的 1/200~1/100。

二、金相组织对力学性能的影响

球墨铸铁的凝固机理与灰铸铁不同，因各种不同牌号等级的球墨铸铁中形成球状石墨，球墨铸铁的力学性能明显高于灰铸铁。灰铸铁中的片状石墨具有更高的表面积与体积比，片状石墨对铸铁基体

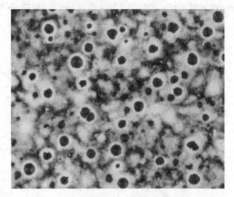

图 6.3-1 球墨铸铁的金相组织

的割裂作用显著，而且片状石墨的尖锐边界会引起铸铁基体内的应力集中。而球墨铸铁中的球状石墨的表面积与体积比较适宜，不会引起铸铁基体内的应力集中。通过选择不同的原材料、合金化及热处理工艺，可得到基体范围从完全铁素体到完全珠光体的球墨铸铁，从而调整球墨铸铁的力学性能。与灰铸铁不同，球墨铸铁的力学性能主要是由基体组织决定的。

三、化学成分和碳当量

在 ISO 1083 的历次版本中，均没有规定球墨铸铁的化学成分，化学成分由生产企业自行决定。为了达到标准的要求，可以通过合金化和热处理使材料性能满足不同球墨铸铁牌号的要求。由于球墨铸铁的力学性能主要取决于基体组织，所以对球墨铸铁不需要像灰铸铁那样根据不同的牌号来大幅度地调整碳和硅的含量。球墨铸铁的碳、硅含量控制在很窄的范围内，要满足标准中所有牌号的要求是完全可能的。球墨铸铁中磷的质量分数控制很低，一般在 0.04% 以下，所以磷对碳当量的影响不大。对于需要热处理的球墨铸铁件，其碳含量通常保持不变，而硅的质量分数通常保持在 2.0%~2.25%。要求在低温条件下保持高冲击性能的球墨铸铁，硅的质量分数需要保持在 1.9%~2.1%。然而，对于绝大多数球墨铸铁件，球墨铸铁的基本化学成分和碳当量见表 6.3-1。在实际生产中，一般尽可能将球墨铸铁的碳当量控制在共晶成分（4.25%）附近。这一成分范围并不适用于 ISO 1083：2018 的第 8 章和附录 A 中提到的具有较好机械加工性能的高硅球墨铸铁。

表 6.3-1 球墨铸铁的基本化学成分和碳当量

元素	C	Si	CE
质量分数（%）	3.40~3.60	2.40~2.70	4.00~4.27

注：根据铸件壁厚的不同，Si 含量可不限于此范围。

四、石墨形态和大小

对于球墨铸铁，其石墨形态一般用"球化率"来评价，由于非球状的石墨会降低球墨铸铁的力学性能，所以在企业标准中会对球墨铸铁的球化率做出规定。一般要求球化率应大于 90%。球化不良是球墨铸铁生产中最常见的问题，球墨铸铁中允许存在少量非球状的石墨，这也是 ISO 1083 中规定球墨铸铁的石墨主要以球状形态存在的原因。ISO 945-1：2019

将铸铁中的石墨形态分为Ⅰ型~Ⅵ型六种类型，见图6.3-2。

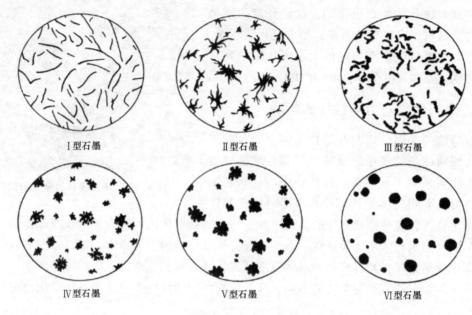

图 6.3-2　石墨形态

通常企业标准中规定球墨铸铁的最小球化率，实际上是指Ⅵ型石墨所占的百分数，因为Ⅵ型石墨是最理想的球状石墨形态。最小90%的球化率的规定是不全面的，除非同时也规定了剩下10%的石墨形态。以含有91%的Ⅵ型石墨和9%的Ⅰ型石墨为例，可能会满足石墨形态的要求，但是力学性能达不到ISO 1083的要求。尽管按ISO 1083对力学性能要求的规定，这些材料会被判定为不合格，但最好还是按ISO 945-1：2019，对石墨形态做出明确的规定。在ISO 945-4：2019中，对球墨铸铁的球化率的计算方法也有规定。比如可以规定球墨铸铁的石墨中Ⅵ型石墨应占80%以上，Ⅴ型和Ⅵ型石墨总计应在95%以上，而剩余的石墨则只能是Ⅲ型，而不能出现其他类型的石墨，这样就可以保证球墨铸铁在满足球化率要求的同时，也可以满足力学性能要求。ISO 945-1：2019按球状石墨的大小规定了8个规格的石墨尺寸等级。必要时，用户可以在规定球墨铸铁球化率的同时也规定球状石墨的尺寸等级。而在此之前，用户必须了解球墨铸铁的断面敏感性对石墨形态和尺寸的影响，以针对不同的铸件壁厚，对球墨铸铁的球化率和石墨尺寸做出合理的规定。

ISO 1083：2018的附录E给出了球化率（或球状石墨比率）的一般定义，但更为精确的计算可参考ISO 945-4：2019规定的球化率计算方法；ISO 1083：2018的附录E也简述了影响球化率的某些工艺因素，指出80%~85%或更高的球化率能保证标准规定的最小抗拉强度，铸件要承受多种载荷特别是要抗疲劳时应有较高的球化率。

五、球墨铸铁的断面敏感性

与灰铸铁相比，因为主要是基体组织决定了材料性质，所以球墨铸铁的断面敏感性不太明显。通常在薄壁处、快速凝固的断面上发现理想的Ⅵ型石墨；壁厚处，随着凝固时间的增加，球状石墨的尺寸变大、数量减少且形态变差。

特殊合金化可以在一定程度上解决这个问题，但仍然存在较厚断面的性能低于较薄断面性能的情况。当规定了铸件的石墨形态和大小时，就必须要规定检测位置，供需双方共同协商规定检测的取样位置，以免产生分歧。如果作为质量控制的常规控制程序，在单铸试块上取样检测石墨形态和大小，必须了解单铸试块的石墨形态和大小有可能和铸件本体的不一样。

由于球墨铸铁的力学性能主要取决于其基体组织，除非石墨形态发生严重恶化，否则，球墨铸铁的力学性能不会受到石墨的太大影响。表 6.3-2 中给出了三组具有相近珠光体基体组织，但球化率不同的 JS/600-3 球墨铸铁材料的力学性能。

表 6.3-2　ISO 1083：2018 中不同球化率下 JS/600-3 球墨铸铁材料的力学性能

球化率(%)	珠光体含量(%)	抗拉强度 R_m/MPa	条件屈服强度 $R_{p0.2}$/MPa	断后伸长率(%)
100	65	679	399	9.0
75	70	632	386	5.0
45	68	534	343	5.0

注：对于铁素体基体球墨铸铁，力学性能随球化率降低的情况会有所不同。材料的硬度越高，则其断面敏感性越显著。

当球墨铸铁件较厚部位的石墨形态发生畸变时，对铁素体球墨铸铁材料的抗拉强度影响不大，但断后伸长率显著降低。而珠光体球墨铸铁材料的抗拉强度降低，对断后伸长率影响不大，见表 6.3-3。

表 6.3-3　断面厚度和球墨铸铁拉伸性能的关系

断面厚度/mm	珠光体球墨铸铁			铁素体球墨铸铁		
	抗拉强度/MPa	条件屈服强度 $R_{p0.2}$/MPa	断后伸长率(%)	抗拉强度/MPa	条件屈服强度 $R_{p0.2}$/MPa	断后伸长率(%)
45	648	386	4.0	425	288	23
150	571	363	3.0	425	285	18
300	494	340	2.5	386	283	7

六、合金元素的影响

国际上，铁素体球墨铸铁的产量比珠光体球墨铸铁的产量多，在生产中所使用的原材料是相当纯净的，包括高品质的生铁和废钢。在珠光体球墨铸铁材料的生产过程中，有时需要加入一些合金元素来保证基体中的珠光体含量，其中最常用的是铜和锡。在相同含量下，锡对珠光体促进作用是铜的 10 倍以上。然而通常在实际生产中经常使用铜作为珠光体促进元素，因为和锡相比，铜在提高球墨铸铁的抗拉强度的同时，还可以使材料保持较高的韧性。合金元素的添加应适量，因为当球墨铸铁的基体全部转变为珠光体后，过量添加合金元素会提高材料的脆性，从而对材料的使用性能造成负面影响，同时也会增加铸件不必要的成本。需方在规定球墨铸铁件中的合金元素量时，也要规定材料的力学性能，但是用户最好只规定球墨铸铁的力学性能，同生产企业协商确定合金元素及其添加量，因为铸件生产企业往往更了解合金元素及其添加量对球墨铸铁材料性能的影响。有时也添加其他合金元素，如铋和锑，这有助于产生大量细小的石墨球，并改善石墨球的形状，从而提高厚大断面处的性能。

七、基体组织及其性能

与 ISO 1083：2004 相比，ISO 1083：2018 增加了固溶强化铁素体球墨铸铁 ISO 1083/JS450-18、ISO 1083/JS500-14、ISO 1083/JS600-10 三个牌号。ISO 1083：2004 中原有的铁素体-珠光体球墨铸铁的 14 个牌号依然保持不变，在球墨铸铁的试样形式中增加了"并排试样"。固溶强化铁素体球墨铸铁的三个牌号，是在克服了铁素体-珠光体混合基体的球墨铸铁缺点的基础上开发出来的新材料。铁素体-珠光体球墨铸铁具有适中的断后伸长率，但是铸件的硬度差异大，这是由于珠光体的数量和分布不同引起的。为了避免珠光体的形成，就需要增加硅含量，以强化铁素体基体而获得需要的力学性能。随着基体中铁素体的增加，断后伸长率增大。

ISO 1083：2018 中表 1 规定了 JS/350-22～JS/900-2 这 14 种铁素体-珠光体基体球墨铸铁牌号的力学性能，可以看出随着抗拉强度的升高，球墨铸铁的断后伸长率逐渐降低。大多数的球墨铸铁的生产采用高纯度原材料，就可生产出低强度、高韧性铸件。铜和锡等合金元素通常用于生产强度较高而韧性较差的高牌号球墨铸铁，因为加入促进珠光体形成的元素，通过提高基体组织中珠光体的含量来提高球墨铸铁的强度，但会降低其韧性。

所有牌号的球墨铸铁均可采用纯度较低的原材料生产，通过热处理调整其性能。当通过热处理调整其性能时，在力学性能上没有差异或者差异很小，但对铸造厂来说，这不是正常的工艺，因为使用纯度较差的原材料会使铸件热处理和抛丸清理的成本提高。一些特殊的牌号，如 JS/800-2、JS/900-2 以及一些耐冲击球墨铸铁，则对原材料的质量要求较高。JS/800-2 和 JS/900-2 需要通过热处理来获得所需的超高强度，而耐冲击球墨铸铁则需要通过热处理来确保其满足 V 型缺口冲击吸收能量的要求。

ISO 1083：2018 中表 1 列出了球墨铸铁各牌号的最小抗拉强度和典型的基体组织，见表 6.3-4。由表 6.3-4 可看出，随着抗拉强度的提高，材料的塑性降低，同时材料的基体组织由铁素体转变为珠光体或回火马氏体，回火马氏体是通过淬火加回火热处理而形成的。

表 6.3-4 ISO 1083：2018 球墨铸铁的基体组织和力学性能

牌号	最小抗拉强度 /MPa	最小屈服强度 /MPa	最小断后伸长率 (%)	典型的基体组织
ISO1083/JS/350-22LT	350	220	22	铁素体
ISO1083/JS/350-22-RT	350	220	22	铁素体
ISO1083/JS/350-22	350	220	22	铁素体
ISO1083/JS/400-18-LT	400	240	18	铁素体
ISO1083/JS/400-18-RT	400	250	18	铁素体
ISO1083/JS/400-18	400	250	18	铁素体
ISO1083/JS/400-15	400	250	15	铁素体
ISO1083/JS/450-10	450	310	10	铁素体为主
ISO1083/JS/500-7	500	320	7	铁素体+珠光体
ISO1083/JS/500-10	500	320	10	铁素体+珠光体
ISO1083/JS/550-5	550	350	5	铁素体+珠光体

(续)

牌号	最小抗拉强度/MPa	最小屈服强度/MPa	最小断后伸长率(%)	典型的基体组织
ISO1083/JS/600-3	600	370	3	主要为珠光体
ISO1083/JS/700-2	700	420	2	珠光体
ISO1083/JS/800-2	800	480	2	珠光体或索氏体
ISO1083/JS/900-2	900	600	2	回火马氏体+索氏体或屈氏体

JS/500-10 具有较好的综合性能，其抗拉强度比 ISO 185：2020 中的最高等级的灰铸铁的抗拉强度高，并且还有很好的韧性。在设计选材的过程中，人们较少选择 JS/450-10、JS/500-7 和 JS/550-5 这几种牌号。虽然这几种材料的强度和韧性都不是最突出的，但是具有相对较好的综合性能，即具有较高的强度和较好的韧性，所以在某些对强度和韧性均有一定要求的应用条件下，这些材料有可能是较好的选择。

八、高硅固溶强化铁素体球墨铸铁

ISO 1083：2004 的附录 A 规定的两种高硅球墨铸铁牌号，在 ISO 1083：2018 中列入标准正文的表 3 中。ISO 1083：2018 的表 3 给出了三种固溶强化铁素体球墨铸铁 ISO 1083/JS450-18、ISO 1083/JS500-14、ISO 1083/JS600-10 在不同壁厚范围内的力学性能值。这三种材料中由于硅固溶量的增加使铁素体的塑性略有下降，但硅的质量分数在 3.8%~4.4% 范围内依然有较高的塑性变形性能。如果以屈服强度作为设计基准，则可以用较低牌号的固溶强化铁素体球墨铸铁来代替高牌号的普通球墨铸铁，这样可降低成本。例如，QT500-14 的屈服强度 $R_{p0.2}$ 就和 QT700-2 的相当。因此，固溶强化铁素体球墨铸铁更适用于对强度和断后伸长率都有要求的零件，以及以变形而非断裂作为失效标准的零件，如主要承受静载荷的一些结构件。由于硅含量增加会提高韧-脆转变温度，从而影响到球墨铸铁的低温冲击性能，这种材料也不适宜用于在低温状态下工作的零部件。由于当球墨铸铁中的硅含量高时，虽然材料仍然保持一定的强度和韧性，但材料变脆了，这种材料不适用于出现高冲击状态的工况条件。

九、耐冲击球墨铸铁

ISO 1083：2004 的表 2 V 型缺口单铸试样的冲击吸收能量和表 4 V 型缺口附铸试样的冲击吸收能量合并修改为 ISO 1083：2018 的表 2 铁素体-珠光体球墨铸铁 V 型缺口铸造试样的最小冲击吸收能量。

耐冲击球墨铸铁主要用于在室温、-20℃ 及 -40℃ 条件下承受冲击载荷的铸件。虽然这些耐冲击球墨铸铁的耐冲击性能不能与铸钢相比，但是其应用十分广泛，如用于需要在不同温度条件下使用的汽车转向节等。表 6.3-5 中给出了耐冲击球墨铸铁材料的性能。

只要能保证球墨铸铁的基体组织为完全铁素体，那么使材料满足室温冲击性能的要求并不难。但是要满足球墨铸铁-40℃ 的低温冲击性能非常困难，需要调整材料的化学成分，一般情况下需要将球墨铸铁中硅的质量分数降低至 1.9%~2.0%，同时还要加入质量分数约为 0.8% 的镍。较低的硅含量可以提高球墨铸铁的耐冲击性能，而镍可起到强化基体作用以保证满足最小屈服强度的要求。即使调整了球墨铸铁的化学成分,一般也需要经过完全退火处理使其基体组织转变为全铁素体,否则也无法满足球墨铸铁在-40℃条件下的低温冲击性能要求。设计者和工程技术人员在选材时,在考虑材料满足使用的同时,也要考虑由于合金化和热处理增加生产成本的问题。

表 6.3-5　耐冲击球墨铸铁材料的性能

牌号等级 ISO 1083/JS	铸件壁厚 t/mm	冲击吸收能量/J					
		室温		-20℃		-40℃	
		三个试样的平均值	单个试样的值	三个试样的平均值	单个试样的值	三个试样的平均值	单个试样的值
350-22-LT/S	≤60	—	—			12	9
	>60	—	—			10	7
350-22-RT/S	≤60	17	14				
	>60	15	12				
400-18-LT/S	≤60			12	9		
	>60			10	7		
400-18-RT/S	≤60	14	11				
	>60	12	9				

十、热处理

从生产成本上来说,采用退火处理来获得铁素体球墨铸铁的途径是不合理的,一般是使用高纯生铁和高品质废钢来生产铁素体球墨铸铁。一般将球墨铸铁在 900℃~950℃ 和 720℃~750℃ 两阶段各保温一定时间后,缓冷至 600℃ 出炉空冷,即可得到完全铁素体的基体组织,而保温时间取决于铸件的尺寸大小,以及每批铸件在退火炉内的堆放密度。通过热处理得到的铁素体基体球墨铸铁通常具有与铸态铁素体基体球墨铸铁相当的力学性能。但是通过热处理工艺获得铁素体球墨铸铁时,可以将硅含量控制得较低,所以通过热处理获得的铁素体球墨铸铁的耐冲击性能和机械加工性能通常略好于铸态铁素体球墨铸铁。生产 -40℃ 耐低温冲击球墨铸铁时,应该要考虑退火处理。

铸态珠光体球墨铸铁的抗拉强度比较低,为了提高珠光体球墨铸铁的强度,有时可通过正火处理来提高材料的拉伸性能。ISO 1083:2018 的 10.4 条有这样的规定。典型的正火工艺是将铸件加热至 900℃ 保温 1h(铸件最大壁厚大于 25mm 时,壁厚每增加 25mm 增加保温时间 1h,按铸件的最大壁厚计算保温时间),然后空冷(厚壁铸件可采用风冷来提高冷却速度)。正火的同一批次有多个小铸件时,应注意保证铸件的间距,以保证足够的冷却速度。

对于最高牌号 JS/800-2 和 JS/900-2,为了达到力学性能要求有时需要经过油淬加回火处理。使用和正火相同的加热周期,然后油淬产生马氏体,随后将铸件在 300℃~325℃ 进行回火处理,以达到所要求的性能。

十一、球墨铸铁件的焊接

球墨铸铁也适用于焊接,但焊条中硅的质量分数比球墨铸铁件母体中硅的质量分数高

0.5%，镁的质量分数一般为 0.08%~0.10%。

十二、球墨铸铁牌号的选择

所有铁素体球墨铸铁的抗拉强度都高于最高牌号的灰铸铁的抗拉强度，而且都具有较高的断后伸长率和耐冲击性能。抗拉强度在 500MPa 左右的中等牌号的球墨铸铁具有较好的综合性能。全珠光体基体的球墨铸铁具有较高的抗拉强度，也具有一定的韧性，其抗拉强度和屈服强度高于全铁素体基体的球墨铸铁，但韧性和断后伸长率低于全铁素体基体的球墨铸铁。因此，不同牌号的球墨铸铁可以提供不同的性能组合供设计人员选择。ISO 1083：2018 中的表 G.1 给出了球墨铸铁的其他性能。

ISO 1083：2018 增加了固溶强化铁素体球墨铸铁的三个牌号，这种材料是在克服了铁素体-珠光体混合基体的球墨铸铁缺点的基础上开发出来的新材料。铁素体-珠光体球墨铸铁具有适中的强度和断后伸长率，但是铸件的硬度差异大，这是由于珠光体的数量和分布不同引起的。为了避免珠光体的形成，增加了硅含量，以强化铁素体基体而获得需要的力学性能。ISO 1083：2018 给出了三种固溶强化铁素体球墨铸铁 ISO 1083/JS450-18、ISO 1083/JS500-14、ISO 1083/JS600-10 在不同壁厚范围内的力学性能值。

JS/350-22-LT 和 JS/400-18-LT 这两种牌号在低温条件下具有较好的耐冲击性能，所以常被用于低温工况条件下的汽车零部件以及一些泵类和阀类铸件。而 JS/350 和 JS/400 牌号的球墨铸铁可用于对拉伸性能要求较低，而对冲击性能和韧性要求较高的工况条件。

JS/450-10、JS/500-7、JS/500-10 和 JS/550-5 这几种牌号具有较好的抗拉强度和韧性等综合力学性能，但是由于这些牌号的基体组织中存在珠光体，而且 JS/500-10 球墨铸铁的硅含量也较高，所以它们的耐冲击性能较差。这些牌号的球墨铸铁主要用于对强度和塑性均有较高要求的场合。而且，由于材料的抗疲劳性能随抗拉强度的升高而提高，所以这些材料也具有一定的抗疲劳性能，可用于一些承受疲劳载荷的产品，如泵轮、悬架和往复运动的部件等。

高牌号的 JS/600-3、JS/700-2、JS/800-2 和 JS/900-2 等材料具有很高的强度、较低的韧性和耐冲击性能。这些材料得以应用是因其具有高强度或者因高强度带来的较好的抗疲劳性能。最好的应用实例是汽车曲轴，世界上绝大多数的汽车曲轴是用 JS/700-2 或 JS/800-2 球墨铸铁生产的，以避免曲轴在使用过程中的疲劳失效，而抗拉强度在使用中并不是最重要的。在选用 JS/600-3~JS/900-2 间的球墨铸铁时，应根据设计对拉伸性能和其他性能的需求来选择合适的材料，以满足使用性能要求。

球墨铸铁的导热性比灰铸铁差，当因灰铸铁的拉伸性能不满足使用要求而选择球墨铸铁时，必须要考虑球墨铸铁的导热性是否可以满足需求。在热传导方面，蠕墨铸铁的导热性介于灰铸铁和球墨铸铁之间，也是一个可以考虑的选择。

十三、结束语

球墨铸铁在我国已有 70 余年的应用，其应用量仅次于灰铸铁。球墨铸铁以其优异的力学性能，主要用于生产要求强度高、韧性好、耐磨性高、耐低温冲击性能的零部件。

ISO 1083：2018 规定的球墨铸铁，主要是非合金化球墨铸铁。随着铸造原材料质量的提高，企业生产技术的进步和工艺装备水平的提高，高品质球墨铸铁和具有特殊性能的合金化球墨铸铁的生产在不断增加,且质量可靠,生产工艺成熟稳定。合金球墨铸铁这类重要的基础性工业材料在我国还有广阔的市场前景,然而我国球墨铸铁件还依然以中低档铸件为主,部分高端铸件还依赖进口,球墨铸铁的应用和发展还依然需要铸造工作者的不懈努力。

第四节 蠕墨铸铁 分类

张 寅

一、标准概况

ISO 16112:2017《蠕墨铸铁 分类》规定了蠕墨铸铁(或紧密石墨铸铁)的性能要求。蠕墨铸铁的抗拉强度和屈服强度比大多数灰铸铁高而低于球墨铸铁,其导热性又接近于普通灰铸铁。在光学显微镜下,珠光体蠕墨铸铁的典型石墨形状如图 6.4-1 所示。灰铸铁的 A 型片状石墨在通常情况下为两侧面光滑、片长、较薄、端部较尖,与灰铸铁不同,蠕墨铸铁的石墨形态为短而厚、紧密,由此得名紧密石墨铸铁。由于受到铸件断面敏感性的影响,在蠕墨铸铁中经常会观察到球状石墨,如图 6.4-2 所示。在厚壁铸铁件中,氮含量达到一定浓度后会出现蠕虫状石墨。按照 ISO 16112:2017,可通过控制残留镁量来生产球墨铸铁或蠕墨铸铁。

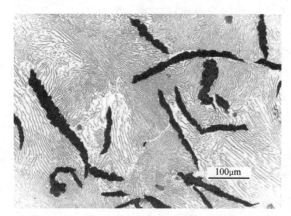

图 6.4-1 珠光体蠕墨铸铁的典型石墨形状

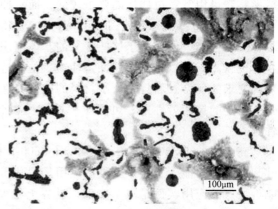

图 6.4-2 蠕墨铸铁中的球状石墨

二、标准的主要修订内容

新标准 ISO 16112:2017 与原标准 ISO 16112:2006 相比,对以下方面的技术内容进行了修改和补充:

1) 标准中表 1 和表 2 的布氏硬度值转移到表 A.1。
2) 删除了表 2 中主要壁厚 $t \leqslant 12.5$mm 附铸试样的力学性能值,因为主要壁厚 $t \leqslant 12.5$mm 附铸试样的力学性能值与 12.5mm$<t \leqslant 30$mm 的一样。
3) 附录 B 中补充了关于球化率评定方法更详细的解释。
4) 删除 ISO 16112:2006 的附录 C,原标准的附录 D 和附录 E 分别修改为 ISO 16112:2017 的附录 C 和附录 D。ISO 16112:2017 的附录 D 与原标准的附录 E 相比,增加了蠕墨铸铁的典型应用范围。

三、蠕墨铸铁的特点

蠕墨铸铁的性能介于灰铸铁和球墨铸铁之间，且热导率接近于一般灰铸铁，灰铸铁、蠕墨铸铁和球墨铸铁的热导率对比见表6.4-1。在高温下以及有较大的温度梯度下工作的零件，对导热性要求较高，灰铸铁的强度或者其他性能不能满足应用要求的场合，可以选用蠕墨铸铁。因为经过蠕化处理，蠕墨铸铁的石墨片变得短而粗，端部圆钝，对铸铁基体的割裂作用显著降低，所以蠕墨铸铁的拉伸性能要优于灰铸铁。蠕墨铸铁具有优良的力学性能和导热性，适用于汽车发动机的缸体、缸盖等及其他领域。

表 6.4-1 灰铸铁、蠕墨铸铁和球墨铸铁的热导率对比

类型	灰铸铁、蠕墨铸铁和球墨铸铁在不同温度下的热导率/[W/(m²·K)]					
灰铸铁	温度/℃	JL/150	JL/200	JL/250	JL/300	JL/350
	100	66	53	51	48	45
	400	47	44	42	41	40
蠕墨铸铁	温度/℃	JV/300	JV/350	JV/400	JV/450	JV/500
	100	45	42	39	37	35
	400	42	40	38	36	34
球墨铸铁	温度/℃	JS/400-18	JS/500-10	JS/600-3	JS/700-2	JS/900-2
	100	36	35	33	31	31
	400	36	35	32	31	31

1. 金相组织对蠕墨铸铁性能的影响

经过深腐蚀处理后，在电子显微镜下对蠕墨铸铁试样进行观察可见，与灰铸铁中的片状石墨一样，蠕虫状石墨也存在于共晶团内，紧密程度较大，内部仍是相互联系的立体分枝型石墨，如图6.4-3所示。由于蠕墨铸铁内的球化元素在液相内有偏聚现象，球化元素浓度高的地方，可能会出现单独存在的球状石墨。一般情况下，蠕墨铸铁的基体组织在铸态时以铁素体为主，并含有一定量的珠光体。由于蠕墨铸铁的生产工艺与球墨铸铁相似，蠕墨铸铁也可以通过合金化或者热处理的手段对基体组织进行改进，从而获得一系列力学性能，因此蠕墨铸铁的大多数性能介于灰铸铁和球墨铸铁之间。

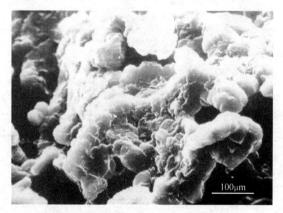

图 6.4-3 蠕墨铸铁经深腐蚀后的共晶团

ISO 16112：2017规定了蠕墨铸铁的五个牌号，其单铸和附铸试样的力学性能见表6.4-2和表6.4-3。蠕墨铸铁牌号越高，其抗拉强度越高，塑性越低。强度最低的JV/300蠕墨铸铁的基体组织主要为铁素体，强度最高的JV/500蠕墨铸铁的基体组织则全部为珠光体，而中等强度蠕墨铸铁的基体组织由铁素体和珠光体组成。蠕墨铸铁中通常会加入一些合金元素来

对其性能进行改进，从而得到不同牌号的蠕墨铸铁。采用合金化来调控蠕墨铸铁的性能有助于为蠕墨铸铁的生产工艺和原材料质量控制提供更多的选择余地。例如，通过调整合金元素及其添加量，采用不同厂家、不同质量的废钢均可以生产出组织和性能合格的蠕墨铸铁。蠕墨铸铁常用的合金元素与球墨铸铁一样，一般使用铜或锡作为合金元素。

表 6.4-2 蠕墨铸铁单铸试样的力学性能

牌号	抗拉强度 R_m/MPa ≥	条件屈服强度 $R_{p0.2}$/MPa ≥	断后伸长率 A(%) ≥	典型的布氏硬度范围 HBW	主要基体组织
ISO 16112/JV/300/S	300	210	2.0	140~210	铁素体
ISO 16112/JV/350/S	350	245	1.5	160~220	铁素体+珠光体
ISO 16112/JV/400/S	400	280	1.0	180~240	珠光体+铁素体
ISO 16112/JV/450/S	450	315	1.0	200~250	珠光体
ISO 16112/JV/500/U	500	350	0.5	220~260	珠光体

表 6.4-3 蠕墨铸铁附铸试样的力学性能

牌号	主要壁厚 t/mm	抗拉强度 R_m/MPa ≥	条件屈服强度 $R_{p0.2}$/MPa ≥	断后伸长率 A(%) ≥	典型的布氏硬度范围 HBW	主要基体组织
ISO 16112/JV/300/U	$t \leq 12.5$	300	210	2.0	140~210	铁素体
	$12.5 < t \leq 30$	300	210	2.0	140~210	
	$30 < t \leq 60$	275	195	2.0	140~210	
	$60 < t \leq 120$	250	175	2.0	140~210	
ISO 16112/JV/350/U	$t \leq 12.5$	350	245	1.5	160~220	铁素体+珠光体
	$12.5 < t \leq 30$	350	245	1.5	160~220	
	$30 < t \leq 60$	325	230	1.5	160~220	
	$60 < t \leq 120$	300	210	1.5	160~220	
ISO 16112/JV/400/U	$t \leq 12.5$	400	280	1.0	180~240	珠光体+铁素体
	$12.5 < t \leq 30$	400	280	1.0	180~240	
	$30 < t \leq 60$	375	260	1.0	180~240	
	$60 < t \leq 120$	325	230	1.0	180~240	
ISO 16112/JV/450/U	$t \leq 12.5$	450	315	1.0	200~250	珠光体
	$12.5 < t \leq 30$	450	315	1.0	200~250	
	$30 < t \leq 60$	400	280	1.0	200~250	
	$60 < t \leq 120$	375	260	1.0	200~250	
ISO 16112/JV/500/U	$t \leq 12.5$	500	350	0.5	220~260	珠光体
	$12.5 < t \leq 30$	500	350	0.5	220~260	
	$30 < t \leq 60$	450	315	0.5	220~260	
	$60 < t \leq 120$	400	280	0.5	220~260	

2. 化学成分和碳当量

ISO 16112：2017 没有规定蠕墨铸铁的化学成分，制造商可以自行控制化学成分，通过合金化获得不同牌号的蠕墨铸铁。与球墨铸铁相似，蠕墨铸铁不需要像灰铸铁那样控制碳当量。不同牌号蠕墨铸铁的碳、硅含量范围可以控制得很窄，见表6.4-4。为了保持铸件具有较好的冲击韧性，蠕墨铸铁中的磷含量需要控制得很低，一般情况下磷的质量分数应低于0.04%，磷对蠕墨铸铁碳当量的影响可以忽略不计。在实际生产中，生产厂家一般将蠕墨铸铁的碳当量控制在共晶碳当量（4.25%）附近。

表6.4-4 蠕墨铸铁的主要化学成分范围

元素	质量分数(%)
C	3.40~3.90
Si	2.40~2.70
CE	4.00~4.27

注：Si含量不限于表中列出的范围，可根据壁厚的不同进行调整。

3. 石墨形态和尺寸

ISO 16112：2017 规定蠕墨铸铁的石墨形态应至少有80%为蠕虫状石墨，即 ISO 945-1 中规定的Ⅲ型石墨，剩余的石墨只能是Ⅴ型或Ⅵ型石墨。ISO 945-1 中规定的六种石墨类型见图 6.3-2。

ISO 16112：2017 的附录 B 规定蠕墨铸铁的球化率处于5%~20%之间，同时规定了石墨尺寸和圆整度的评定方法。测试试样可以在放大100倍下与标准球化率显微组织图进行比较评定。

按照 ISO 945-1 的规定，在评定球墨铸铁和蠕墨铸铁的球化率时，都需要分析Ⅲ、Ⅳ、Ⅴ和Ⅵ型石墨的数量，规定蠕墨铸铁球化率是蠕墨铸铁中石墨球数的最大值，球墨铸铁球化率是其中石墨球数的最小值。换言之，蠕墨铸铁中球状石墨的数量不能过多，需要控制在一个合理的范围内。

考虑到不同壁厚会对蠕墨铸铁的石墨尺寸及形状产生影响，所以 ISO 16112 中 B.10 部分要求供需双方应协商确定检测球化率的取样位置，以保证检测结果的一致性。

ISO 945-1 将石墨球按尺寸大小划分了八个等级。必要时，在规定蠕墨铸铁中石墨形态的同时对石墨球的尺寸等级进行规定。

4. 蠕墨铸铁的断面敏感性

与其他铸铁材料一样，蠕墨铸铁的组织和性能也会随着铸件结构和壁厚的变化而发生改变。设计师和工程师应该了解这一点，以便在设计时充分发挥材料的性能优势。

蠕墨铸铁的生产工艺与球墨铸铁相似，而其断面敏感性与灰铸铁更加接近，这是因为蠕墨铸铁和灰铸铁中都会形成共晶团。随着铸件壁厚的增加，铁液的凝固速率降低，形成球状石墨的趋势也减弱。因此，厚壁铸件中的石墨球密度要小于薄壁铸件，其性能也会有差别。ISO 16112：2017 对附铸试块力学性能的要求是随着壁厚的增加，其性能要求降低。蠕墨铸铁中石墨球数的增加可以提高其抗拉强度和断后伸长率，但是球状石墨的增多也会导致材料的导热性下降。如前所述，蠕墨铸铁在性能上的最大优势就是其强度高于灰铸铁的同时，还保持了与灰铸铁相近的导热性，所以需要对蠕墨铸铁中球状石墨的数量进行控制。

由于蠕墨铸铁中球状石墨数量的增多会降低其导热性，从而影响其适用性，因此，设计师和工程师在确定铸件的关键壁厚尺寸时，需要综合考虑对力学性能和导热性的要求，必要时，指定在这些关键位置进行金相检测。根据 ISO 16112：2017，Ⅴ型和Ⅵ型石墨的总量应不超过石墨数量的 20%，所以对于确定的关键壁厚位置，其金相组织应符合这一要求。通常情况下，制造商可以通过调整生产工艺，使特定壁厚位置的金相组织满足要求。但是，如果铸件的壁厚非常不均匀，采用任何手段都不可能同时保证铸件不同壁厚位置的金相组织一致，这也是供需双方应协商确定金相组织检测位置的原因。

5. 热处理

蠕墨铸铁通常情况下不需要专门进行热处理，但有时会对其采取一些补救性的热处理措施以使材料性能满足要求。这些补救性的热处理措施主要包括退火和正火。对于某些形状复杂的铸件，为了防止其在机械加工过程中发生变形，往往需要对铸件进行去应力退火处理。

6. 焊接

蠕墨铸铁不适宜焊接，灰铸铁和球墨铸铁可以利用焊接进行修补。

四、蠕墨铸铁的应用

蠕墨铸铁主要应用于对散热要求比较严格的场合，ISO 16112：2017 的附录 D 列出了蠕墨铸铁的性能特点和典型应用，见表 6.4-5。

表 6.4-5　蠕墨铸铁的性能特点和典型应用

材料牌号	性能特点	典型应用
ISO 16112/JV/300	强度低，塑性和韧性高；高的热导率和低的弹性模量；热应力积聚小；以铁素体基体为主，长时间暴露于高温之中引起的生长小	排气歧管、涡轮增压器壳体、离合器零部件、大型船用和固定式发动机缸盖
ISO 16112/JV/350	与合金灰铸铁比较，有较高强度并有一定的塑性和韧性；与球墨铸铁比较，有较好的铸造性、切削性和较高的工艺出品率	机床底座、托架和联轴器，离合器零部件，大型船用和固定式柴油机缸盖，钢锭模
ISO 16112/JV/400	有综合的强度、刚性和导热性，较好的耐磨性	汽车的缸体和缸盖，机床底座、托架和联轴器，重型车制动鼓，泵壳和液压件，钢锭模
ISO 16112/JV/450	比 ISO 16112/JV/400 有更高的强度、刚性和耐磨性，不过切削性稍差	汽车的缸体和缸盖、气缸套、火车制动盘、泵壳和液压件
ISO 16112/JV/500	强度高，塑韧性低；耐磨性最好，切削性差	高负荷汽车缸体、气缸套

第五节　奥氏体铸铁　分类

张　寅

一、标准概况

ISO 2892：2007《奥氏体铸铁　分类》为设计者提供了一系列具有良好耐热性和耐蚀性的材料，其中，一些牌号的材料还具有优良的低温抗冲击性能、抗氧化性能、低的热膨胀性能和无磁性的优点。ISO 2892：2007 的表 1～表 4 规定了不同牌号奥氏体铸铁的化学成分和力学性能。ISO 2892：2007 将材料分为两种不同类型，即工程用牌号和特殊用途牌号，这两类材料中都含有质量分数最低为12%的镍,所以奥氏体铸铁通常被称为高镍奥氏体铸铁。

材料中高含量的镍和其他元素具有稳定奥氏体的作用。因此,奥氏体铸铁在凝固和冷却过程中,当冷却到很低的温度时,奥氏体会一直保持稳定而不转变为珠光体和(或)铁素体。如果铬含量足够高时,高镍奥氏体铸铁的奥氏体基体中会含有富铬碳化物。

奥氏体铸铁中的碳主要以石墨的形式存在,而不同牌号的奥氏体铸铁,其石墨形状也不同,有些牌号中的石墨是片状石墨,有些牌号则是球状石墨。奥氏体铸铁的研究最早开始于20世纪40年代以前,由于当时还没有发明球墨铸铁,所以最初的奥氏体铸铁中的石墨都是片状石墨。此后,随着球墨铸铁的诞生,含有球状石墨的奥氏体铸铁也被发明出来。与含有片状石墨的奥氏体铸铁相比,含有球状石墨的奥氏体铸铁具有更好的力学性能。由于奥氏体铸铁的基体组织为奥氏体,不能转变为其他组织,所以不能通过热处理来改善奥氏体铸铁的力学性能和使用性能。奥氏体铸铁的热处理主要是消除应力热处理和稳定化热处理,从而保证铸件在机械加工和使用过程中不发生变形,确保其尺寸稳定性。

奥氏体铸铁金相组织见图6.5-1和图6.5-2。这两个图的放大倍数不同,但基体组织相同,其组织均为奥氏体+富铬碳化物。在铬含量较低牌号的奥氏体铸铁中是不存在碳化物的。

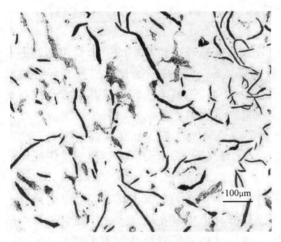

图6.5-1 含有片状石墨的奥氏体铸铁金相组织

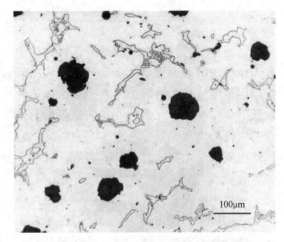

图6.5-2 含有球状石墨的奥氏体铸铁金相组织

二、金相组织对力学性能的影响

奥氏体铸铁的抗拉强度并不是很高,最高牌号的奥氏体球墨铸铁的抗拉强度在390MPa以上,在实际生产中,其最高抗拉强度一般不会超过420MPa。对于奥氏体灰铸铁,其抗拉强度一般要求在140MPa~170MPa之间,实际生产中其最高抗拉强度一般不会超过200MPa。因此,奥氏体铸铁并不适用于强度要求很高的领域,但是在有一定强度要求的条件下,选择奥氏体球墨铸铁要明显优于奥氏体灰铸铁。

三、化学成分的影响

奥氏体铸铁的性能取决于其化学成分,特别是铬、锰、钼和硅含量,这些元素影响其耐热性、耐蚀性、磁性、冲击韧性、抗蠕变和热膨胀等性能,从而为特殊用途提供了一系列理想材料，其性能远超出非合金材料本身性能的范围。

ISO 2892：2007 是所有铸铁标准中仅有的两个规定了铸铁材料化学成分的标准之一（另外一个是 ISO 21988）。除此之外，其他铸铁材料标准中都没有规定铸铁材料的化学成分，其材料的化学成分由生产企业自行决定。

虽然 ISO 2892：2007 的表 1 和表 2 中规定了不同牌号奥氏体铸铁的化学成分范围，但是在不降低材料性能的情况下，奥氏体铸铁中也可以存在标准规定成分以外的其他元素。规定化学成分范围是因为成分与性能密切相关。

标准规定奥氏体铸铁中碳的质量分数最高为 3%，而某些高镍牌号的奥氏体铸铁中碳的质量分数最高为 2.4% 或 2.6%。如果材料是严重的过共晶，就很难满足奥氏体铸铁的力学性能要求，也会导致铸造缺陷的产生。

在不添加合金元素的铸铁中，碳、硅、磷以外的其他元素对碳当量的影响很小，在关于灰铸铁的内容中给出了一个简化的碳当量计算公式，其中忽略了其他元素（如镍）的影响，因为在这些元素含量很低时，对碳当量的影响是微不足道的。

对于奥氏体铸铁，由于镍、锰等合金元素的含量较高，所以这些合金元素对碳当量的影响就不能忽视。对于奥氏体铸铁的碳当量 CE，应该采用下列公式来计算。

$$CE = w(C) + \frac{w(Si)}{4} + \frac{w(P)}{2} + \frac{w(Mn)}{6} + \left[\frac{w(Cr) + w(Mo) + w(V)}{5}\right] + \left[\frac{w(Ni) + w(Cu)}{15}\right]$$

从上式中可以看出，如果奥氏体铸铁中的碳含量与普通球墨铸铁中的碳含量相近，那么奥氏体铸铁的碳当量显然会远远超过共晶碳当量（4.25%）。过共晶的化学成分会导致铸铁中产生很多缺陷，所以为了减少奥氏体铸铁的冶金缺陷和铸造缺陷，需要将其碳含量控制在较低的水平。所有元素都会在一定程度上影响碳当量，其中镍元素的影响最为显著。奥氏体铸铁中镍的质量分数一般为 12%~36%。在如此高的镍含量条件下，如果碳含量过高，会使铸铁的碳当量大大超过共晶碳当量。因此，为了避免形成过共晶组织，需要控制奥氏体铸铁的碳含量。

标准中各牌号奥氏体铸铁的硅含量范围比较宽，这主要是为了保证在不同壁厚的铸件中避免产生过量的碳化物。在薄壁铸件中，通常可以将硅含量控制在较高水平；而对于厚壁铸件，则要适当降低其硅含量。某些牌号的奥氏体铸铁，其硅的质量分数需要控制在 4%~6% 的高水平，可以改善其高温抗氧化性和抗长大性。

镍是获得稳定的奥氏体基体必不可缺的元素。在 Fe-Ni 二元合金中，为了保证获得奥氏体基体，镍的质量分数需要在 30% 以上。在奥氏体铸铁中，由于碳、铜、锰和铬等元素的存在，所需的镍含量要稍低一些。如加入铁中的镍的质量分数增加到 13%~22% 时，其金相组织将逐渐转变为无磁性的奥氏体，材料的磁导率很低，近似无磁，磁滞损失很小，节能效果很好。要求以耐热、耐蚀和低的热膨胀行为主要服役条件的零部件应使用高镍含量（镍的质量分数大于 30%）的铸铁。

铜本身并不是稳定奥氏体的元素，但铸铁中含有镍这样的稳定奥氏体元素的情况下，它可以作为促进奥氏体形成的元素。因为铜可以提高镍元素在铸铁基体中的固溶度，只有在铸铁中含有镍元素时，铜才能起到稳定奥氏体基体的作用。此外，铜在奥氏体球墨铸铁中的固溶度要低于其在奥氏体灰铸铁中的固溶度。因此，铜元素不能取代奥氏体铸铁中的镍元素，企图用铜代替镍来降低成本是极不合理的。含铜的奥氏体灰铸铁经常被采用，但是含铜的奥氏体球墨铸铁，由于铜有干扰球化的作用而很少应用。按一般规律，奥氏体灰铸铁中，质量分数为1%的镍可以提高铜的固溶度0.4%。例如，在所有的奥氏体铸铁牌号中，只有JLA/XNi15Cu6Cr2奥氏体灰铸铁的铜含量较高，而其他奥氏体铸铁中铜的质量分数则一般低于0.5%。

锰是一种稳定奥氏体元素，而且在铸铁中具有较高的固溶度。由于锰还是稳定碳化物的元素，所以锰几乎不单独使用，而是与镍同时作为合金元素用于奥氏体铸铁。锰元素常用于奥氏体灰铸铁JSA/XNi13Mn7和奥氏体球墨铸铁JSA/XNi13Mn7中，以减少镍元素的用量，并可得到完全无磁性的奥氏体铸铁。

铬元素能够改善奥氏体铸铁的耐热性和耐蚀性，其含量越高，改善效果越显著。铬达到一定量后，会形成碳化物，降低奥氏体铸铁的加工性能和力学性能。铬元素在奥氏体中的固溶度仅为0.5%，而过量的铬元素会以碳化物的形式存在于铸铁组织中。铬元素还会提高材料对缺口的敏感性，从而降低奥氏体铸铁的塑性和冲击韧性。因此，为了控制铸铁中的碳化物含量，保证其力学性能，应控制铸铁中的铬含量。

ISO 2892：2007并没有规定奥氏体铸铁中钼元素的含量，但在其表1和表2均用表注说明加钼有助于改善铸铁的高温性能，尤其是耐热性和抗蠕变性。奥氏体铸铁中钼的添加量一般在1%（质量分数）左右即可满足性能要求。

仅在奥氏体铸铁的JSA/XNi20Cr2Nb牌号中添加铌元素，是通过防止在焊缝和热影响区产生微裂纹来改善材料的焊接工艺性能。ISO 2892：2007的表1在注释中给出了所需铌含量的计算公式。在实际生产中，一般将铸件中残留铌的质量分数控制在0.12%~0.20%之间。

四、石墨形态、大小和数量

与其他含有石墨的铸铁材料一样，奥氏体铸铁的石墨形态和尺寸可以按照ISO 945-1中给出的标准图谱进行分级评定。为了得到理想的石墨形态，需要控制好孕育处理工艺，同时调整奥氏体铸铁中的铬含量，以控制其组织中碳化物的数量。

需要注意的是，奥氏体球墨铸铁中的石墨球与普通球墨铸铁中的石墨球相比，其圆整度要差一些，而且铸件的壁厚越厚，冷却速度越慢，石墨球的圆整度越差。

对于普通球墨铸铁用户，一般会对石墨球的形态做出要求（如规定Ⅵ型和Ⅴ型石墨所占的百分比）。客户可以在普通球墨铸铁技术要求的基础上，制定奥氏体球墨铸铁的内控标准，需要对奥氏体球墨铸铁的技术规范做出适当的修改，主要是要考虑到铸件壁厚对石墨形态的影响。与普通球墨铸铁相比，奥氏体球墨铸铁中石墨球的尺寸大小差别不大，但是石墨球的数量会有一定的差别。由于奥氏体铸铁中碳的质量分数一般低于3%（低于普通铸铁的碳含量），奥氏体铸铁中的石墨数量也少于普通铸铁，所以用户在规定奥氏体铸铁石墨球数的时候应该有所考虑。

五、断面敏感性

奥氏体铸铁具有一定的断面敏感性，与普通灰铸铁和球墨铸铁断面敏感性的表现有所不同。由于奥氏体灰铸铁的碳含量小于普通灰铸铁，奥氏体灰铸铁的断面敏感性要小于普通灰铸铁。同样，奥氏体球墨铸铁的断面敏感性也比普通球墨铸铁的断面敏感性相对小一些。奥氏体铸铁在厚壁铸件中石墨球的圆整度相对较差，所以其断面敏感性也会受到这方面的影响。

设计人员在规定所需的力学性能时，应注意考虑断面敏感性，并与供应商协商规定力学性能试样的检测位置。

六、热处理

ISO 2892：2007 的 7.3 条规定了奥氏体铸铁的热处理工艺要求。由于奥氏体铸铁的基体组织为稳定的奥氏体，所以不能采用热处理的手段来改变其基体组织并达到改善其力学性能的目的。奥氏体铸铁常用的热处理工艺主要包括去应力退火和高温稳定化热处理。去应力退火可以消除复杂铸件在凝固过程中由于各部分冷却速度不一致而造成的内应力；而高温稳定化处理的目的是保证奥氏体铸铁在高温条件下（500℃ 以上）的形状和尺寸稳定性。ISO 2892：2007 的附录 B 列出了奥氏体铸铁常用的热处理工艺。

七、焊接问题

奥氏体铸铁可以使用适于铸铁焊接的任何方法进行焊接。通常使用普通高镍材料的焊条焊接铸件，因为普通高镍材料的焊条与高镍铸件有良好的颜色匹配性。高镍铸铁材料易于在热影响区产生微裂纹和焊缝开裂，在铸件中添加铌可以解决这个问题。奥氏体铸铁中只有一个牌号规定了铌含量，如果存在焊接问题，铌元素可以添加到任何牌号中，铌含量在一定范围内，不会产生不利影响。

八、奥氏体铸铁牌号的选用

对奥氏体铸铁材料的选用，主要考虑其在耐热性、耐蚀性、无磁性、塑性和冲击韧性等方面的优势，拉伸性能并不属于选材时主要考虑的因素。当然，拉伸性能也是很重要的指标。

需要注意的是，任何牌号的奥氏体铸铁都不可能在所有性能方面都具有优势。因此，不能期望一种材料在具有很好的耐热性和耐蚀性的同时，还具有较好的耐低温冲击性能，因为耐热性和耐蚀性的改善均要求奥氏体铸铁中含有较高的铬元素，但铬含量的升高会降低材料的耐低温冲击性能。

表 6.5-1 给出了奥氏体铸铁的主要性能，有助于设计人员根据不同应用领域选择合适的奥氏体铸铁牌号。

表 6.5-1 奥氏体铸铁的主要性能

牌号	性能
ISO 2892/JLA/XNi15Cu6Cr2	低强度奥氏体灰铸铁,较好的耐热性和耐蚀性(优于 ISO 2892/JLA/XNi35Si5Cr2)。可在高盐、碱性和弱酸性的环境中使用。不能被磁化
ISO 2892/JSA/XNi20Cr2	使用最普遍的奥氏体铸铁,能够在 750℃ 条件下保持较高的耐热性和耐蚀性。在铬含量较低的情况下不能被磁化
ISO 2892/JSA/XNi23Mn4	在 0℃ 以下的低温条件下可以保持较高的塑性和冲击韧性。不适用于需要较高耐热、耐蚀、耐冲刷性能的场合。不能被磁化
ISO 2892/JSA/XNi20Cr2Nb	与 ISO 2892/JSA/XNi20Cr2 牌号相近,但是添加了 Nb 元素以改善其焊接工艺性能
ISO 2892/JSA/XNi22	在铬含量较低的情况下,具有较好的耐低温(0℃ 以下)冲击性能。耐热性和耐蚀性低于 ISO 2892/JSA/XNi20Cr2 牌号。不能被磁化

（续）

牌号	性能
ISO 2892/JSA/XNi35	Ni 含量较高,热膨胀系数最低,抗震性能好
ISO 2892/JSA/XNi35Si5Cr2	Ni、Cr 含量较高,硅含量较高,抗热生长,尺寸稳定性好。抗热震性能好,热膨胀系数低
ISO 2892/JLA/XNi13Mn7	成本低,Mn 含量高,强度低,为片状石墨奥氏体铸铁。不适用于要求较高耐热、耐蚀、耐冲刷性能的场合。通常作为不能被磁化的材料使用
ISO 2892/JSA/XNi13Mn7	与 ISO 2892/JLA/XNi35Si5Cr2 相近,但是由于石墨形态为球状石墨,所以力学性能更高。通常作为不能被磁化的材料使用
ISO 2892/JSA/XNi30Cr3	Cr 含量较高,能在 800℃ 条件下保持较高的耐热、耐蚀、耐冲刷性能。可通过添加 Mo 元素来进一步提升其高温性能
ISO 2892/JSA/XNi30Si5Cr5	具有优于 ISO 2892/JSA/XNi20Cr2 和 ISO 2892/JSA/XNi30Cr3 的耐热、耐蚀和耐冲刷性能。在冲刷腐蚀较为严重的条件下,可提供优于 ISO 2892/JSA/XNi35Si5Cr2 的服役性能
ISO 2892/JSA/XNi35Cr3	与 ISO 2892/JSA/XNi35 相近,但是添加了 Cr 元素,使得其热性能得到改善。可通过添加 Mo 元素来进一步提升其高温性能

九、结束语

奥氏体球墨铸铁因为在常温下具有稳定的奥氏体组织,在临界温度附近没有相变,因而不易因骤冷骤热而产生变形或裂纹。奥氏体球墨铸铁以其具有的优异的抗热冲击性、抗热蠕变性、耐蚀性、高温抗氧化性以及低的热膨胀性和低温冲击韧性,而被广泛用于石油、化工、海洋与船舶、仪器仪表以及核工程等许多工业领域,用以制造耐热、耐蚀的零部件。

奥氏体球墨铸铁具有低磁导率的特点,以此性能而应用于制造变压器尾箱、电机夹圈、磁铁支架、潜水艇零件等。奥氏体球墨铸铁是球墨铸铁领域中一个新的研究重点,其应用前景十分广阔。

第六节 抗磨铸铁 分类

张 寅

一、标准概况

抗磨铸铁件多应用于土方工程、岩石破碎、矿产开采、加工、抛丸清理机械和液态磨料的输送设备上。ISO 21988：2006《抗磨铸铁 分类》的表 1、表 2 和表 3 明确规定了一系列抗磨铸铁材料的性能。抗磨铸铁材料基本上分为三类,分别为普通抗磨铸铁和低合金抗磨铸铁、镍铬抗磨铸铁（通常称为镍硬铸铁）、高铬抗磨铸铁。

不同于 ISO 标准中基体含有石墨的其他铸铁,抗磨铸铁中没有石墨,一些碳完全溶解于基体中,大多数碳以碳化物形式存在。标准中各牌号都含有铬,最低牌号中规定铬的质量分数最高为2%（通常生产中超过0.5%），最高牌号中铬的质量分数最高为40%。基体中存在含铁-铬碳化物的复合物，复合物含量随着铬含量的提高而增加。

在抗磨铸铁材质中碳化物有不同的级别。最低牌号等级的抗磨铸铁，分为普通抗磨铸铁和低合金抗磨铸铁两种，基体为珠光体。镍铬抗磨铸铁和高铬抗磨铸铁都含有马氏体基体，还有少量未转变的残留奥氏体。镍铬抗磨铸铁的马氏体基体受镍元素影响，而高铬抗磨铸铁的马氏体受镍和钼元素影响。普通抗磨铸铁和低合金抗磨铸铁通常在铸态供货，但是镍铬抗磨铸铁和高铬抗磨铸铁都是通过热处理来强化性能。添加较多的合金元素和进行热处理都会增加成本，所以当选择一个特定的牌号时必须要考虑到成本因素。

这几类抗磨铸铁的金相组织如图6.6-1~图6.6-3所示。

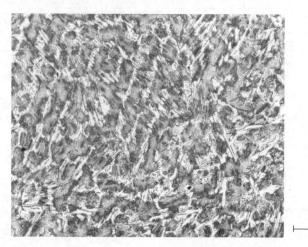

图 6.6-1　低合金抗磨铸铁的金相组织

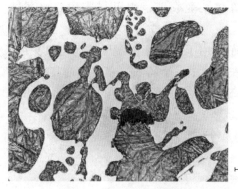

图 6.6-2　镍铬抗磨铸铁的金相组织

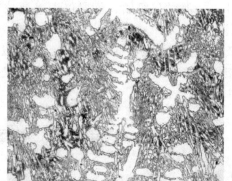

图 6.6-3　高铬（28%）抗磨铸铁的金相组织

二、金相组织对性能的影响

在力学性能方面，ISO 21988：2006 和 ISO 6507-1 的规定相一致，只规定了测定布氏硬度。布氏硬度的测定通常使用直径为10mm的碳化钨球，加载3000kgf（29.4kN）。规定的硬度范围从普通抗磨铸铁的最小340HBW到镍铬抗磨铸铁的最小630HBW。这是被测材料金相组织的混合硬度，包括在基体周围存在的一定数量的碳化物。抗磨铸铁中各金相组织的硬度见表6.6-1所示。

表 6.6-1 抗磨铸铁中各金相组织的硬度

组成相	硬度	
	HBW	HV30
Fe_3C(铁碳化物)	782~1016	840~1100
$(FeCr)_3C$(铁铬碳化物)	980~1140	1060~1240
$(FeCr)_7C_3$(铁铬碳化物)	1367~1623	1500~1800
铁素体	70~200	70~200
珠光体	236~434	240~460
奥氏体(高铬)	332~563	350~600
马氏体	471~926	500~1000

从表 6.6-1 可以看出，在同一基体中，随着碳化物结构的改变，硬度增加。因此，就有必要了解以下基本原理：普通抗磨铸铁和低合金抗磨铸铁中，在珠光体基体中含有 Fe_3C 和 $(FeCr)_3C$。在 $w(Cr) \leq 5\%$ 的镍铬抗磨铸铁中，马氏体基体中主要含有 $(FeCr)_3C$ 和少量 $(FeCr)_7C_3$。在 $w(Cr) \geq 5\%$ 的镍铬抗磨铸铁中，马氏体基体中主要含有 $(FeCr)_7C_3$ 和少量 $(FeCr)_3C$。在高铬抗磨铸铁中，马氏体基体中 $(FeCr)_7C_3$ 数量明显占多数。因此，随着铬含量的增加，基体组织从珠光体转变为马氏体，硬度和耐磨性增加。基体组织比碳化物软得多，基体组织的功能是辅助提高材料整体的韧性和耐磨性，在材料的整个寿命周期中保持碳化物在原位。

三、材料的化学成分

ISO 21988：2006 是 ISO 铸铁标准中两个规定了化学成分的标准之一（另一个是 ISO 2892），在其他的标准中，材料的化学分成由生产商自行确定。

ISO 21988：2006 规定了每个牌号的化学成分，其他元素只要对性能不产生不利影响即可。

1. 普通抗磨铸铁和低合金抗磨铸铁

普通抗磨铸铁和低合金抗磨铸铁是一种为了产生共晶碳化物的低硅铸铁。当铬的质量分数最高达到 2% 时可以提高性能。随着铸件壁厚的增加，为了保证金相组织中不含游离石墨和保持共晶碳化物的数量，就需要减少硅含量和增加铬含量。其布氏硬度和化学成分见表 6.6-2。

表 6.6-2 普通抗磨铸铁和低合金抗磨铸铁的布氏硬度和化学成分

材料牌号	布氏硬度 HBW ≥	化学成分(质量分数,%)			
		C	Si	Mn	Cr ≤
ISO21988/JN/HBW340	340	2.4~3.9	0.4~1.5	0.2~1.0	2.0
ISO21988/JN/HBW400	400	2.4~3.9	0.4~1.5	0.2~1.0	2.0

2. 镍铬抗磨铸铁

镍铬抗磨铸铁基本上包括两个材料等级，名义含量（质量分数）为 4%Ni2%Cr 和 5%Ni9%Cr。后一等级通常称为镍硬铸铁，这种材料的基体中含有很多不连续的碳化物组织，因而很坚硬。每个等级都有碳含量范围,碳含量的选择取决于对硬度、韧性和抗反复冲击性能的要求。碳含量降低时可提高韧性和抗反复冲击性能,耐磨性随着碳含量的增加而增加。但增加碳含量时可得到高硬度但脆性大、不耐冲击的材料。其布氏硬度和化学成分见表6.6-3。

表 6.6-3 镍铬抗磨铸铁的布氏硬度和化学成分

材料牌号	布氏硬度 HBW ≥	化学成分(质量分数,%)						
		C	Si	Mn	P	S	Ni	Cr
ISO 21988/JN/HBW480Cr2	480	2.5~3.0	≤0.8	≤0.8	≤0.10	≤0.10	3.0~5.5	1.5~3.0
ISO 21988/JN/HBW500Cr9	500	2.4~2.8	1.5~2.2	0.2~0.8	0.06	0.06	4.0~5.5	8.0~10.0
ISO 21988/JN/HBW510Cr2	510	3.0~3.6	≤0.8	≤0.8	≤0.10	≤0.10	3.0~5.5	1.5~3.0
ISO 21988/JN/HBW555Cr9	555	2.5~3.5	1.5~2.5	0.3~0.8	≤0.08	≤0.08	4.5~6.5	8.0~10.0
ISO 21988/JN/HBW630Cr9	630	3.2~3.6	1.5~2.2	0.2~0.8	0.06	0.06	4.5~5.5	8.0~10.0

化学成分和铸件壁厚共同影响抗磨铸铁的金相组织。表6.6-4和表6.6-5给出了两类镍铬抗磨铸铁的化学成分和铸件壁厚的关系,化学成分可以保证形成白口组织和没有珠光体基体的铸件,但这也取决于铸件壁厚。

表 6.6-4 镍铬抗磨铸铁(4%Ni2%Cr)的化学成分和铸件壁厚的关系

铸件壁厚 t/mm	化学成分(质量分数,%)			
	Si	Mn	Ni	Cr
$t \leq 25$	0.50	0.40	3.4	1.8
$25 < t \leq 50$	0.40	0.50	3.8	2.0
$50 < t \leq 100$	0.40	0.50	4.2	2.5
$t > 100$	0.40	0.60	4.5	3.0

注:如果铸件的壁厚远远大于100mm时,应使用高镍含量的铸铁。

表 6.6-5 镍铬抗磨铸铁(5%Ni9%Cr)的化学成分和铸件壁厚的关系

铸件壁厚 t/mm	化学成分(质量分数,%)			
	Si	Mn	Ni	Cr
$t \leq 25$	1.90	0.40	4.5	8.5
$25 < t \leq 50$	1.80	0.50	5.0	9.0
$50 < t \leq 100$	1.80	0.50	5.0	9.0
$t > 100$	1.60	0.60	5.5	9.5

注:如果铸件的壁厚远远大于100mm时,应使用高镍含量的铸铁。

3. 高铬抗磨铸铁

高铬抗磨铸铁的前五个牌号中铬含量依次提高。在所有这些牌号中碳含量增加,可以提高硬度,但会降低韧性和增加脆性。其布氏硬度和化学成分见表6.6-6。

化学成分的选择要优先满足铸件的使用要求,铸件的韧性和抗反复冲击性能随着碳含量的减少而增加。当碳的质量分数在1.8%~2.4%时,铸件具有良好的韧性和抗反复冲击性能。当碳的质量分数在2.4%~3.2%时,铸件获得韧性和抗冲击性的最佳组合。当碳的质量分数在3.2%~5.5%时,铸件的韧性和抗反复冲击性能变差而耐磨性提高。

表 6.6-6 高铬抗磨铸铁的布氏硬度和化学成分

材料牌号	布氏硬度 HBW ≥	化学成分(质量分数,%)								
		C	Si	Mn	P	S	Cr	Ni	Mo	Cu
ISO 21988/JN/HBW555Cr13	555	1.8~3.6	≤1.0	0.5~1.5	≤0.08	≤0.08	11.0~14.0	≤2.0	≤3.0	≤1.2
ISO 21988/JN/HBW555Cr16							14.0~18.0			
ISO 21988/JN/HBW555Cr21							18.0~23.0			
ISO 21988/JN/HBW555Cr27				0.5~2.0			23.0~30.0			
ISO 21988/JN/HBW600Cr35	600	3.3~5.5	≤1.0	1.0~3.0	≤0.06	≤0.06	30.0~40.0	≤1.0	≤1.5	≤1.2
ISO 21988/JN/HBW600Cr20Mo2Cu		2.6~2.9		≤1.0			18.0~21.0		1.4~2.0	1.4~2.0

高铬抗磨铸铁的金相组织取决于铸件的冷却速度,所以金相组织对铸件的壁厚很敏感。随着铸件壁厚的不同,为了获得所要求的力学性能,生产中就有必要调整表 6.6-6 中合金元素的含量。

对铸态供货的合金化元素含量在最下限的低合金抗磨铸件或者有厚大壁厚的铸件,要达到规定的最小硬度值,可能会有一定困难,这就需要供需双方去商定具体要求。

铸件的耐蚀性会随着铬含量的增加而增加,也会随着碳含量的减少而增加。

四、化学成分对性能的影响

在普通抗磨铸铁和低合金铸铁中,碳和铬的影响不是特别大,它们的主要作用是确保金相组织中含有碳化物和无游离石墨的珠光体。碳和铬主要影响镍铬铸铁和高铬铸铁性能。镍和钼的加入有助于在基体中形成硬质的马氏体组织。

高铬铸铁的碳含量低时具有强韧性,随着碳含量增加会形成更多的碳化物,直到出现连续网状碳化物时材料会变得又硬又脆。进一步增加碳含量,韧性降低,直到最后形成大量的碳化物,碳化物会明显增大脆性。一般是在共晶点开始出现碳化物,共晶点可以定义为 $w(C)+0.056w(Cr)=4.4\%$,大于 4.4% 的称为过共晶铸铁,小于 4.4% 的称为亚共晶铸铁。大部分的铸铁是亚共晶铸铁。高碳和高铬的铸铁是过共晶铸铁,过共晶铸铁材料在使用中表现不佳,因为它们的脆性大。图 6.6-4 所示为不同碳含量和铬含量时高铬抗磨铸铁的共晶点,过共晶铸铁在线的右边。

五、断面敏感性

抗磨铸铁的断面敏感性不同于含有石墨铸铁的断面敏感性,因为抗磨铸铁中没有石墨的存在,但仍然存在材料性能的变化,这和不同壁厚的凝固和冷却速度的不同有关。铸件壁厚越大,冷却速度越慢,形成的碳化物趋于粗大,基体组织也粗大,从而降低硬度。这样就有必要调整碳和铬含量。为了保持基体硬度,需要同时增加镍和钼含量,然后再测量材料的布氏硬度。

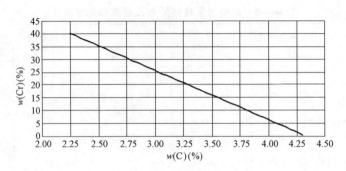

图 6.6-4　高铬抗磨铸铁的共晶点

六、热处理

普通抗磨铸铁和低合金抗磨铸铁通常不进行热处理，而在铸态下使用，因为热处理很少能提高其性能。相反，镍铬抗磨铸铁和高铬抗磨铸铁通常需要热处理，因为热处理可使其使用性能得到显著的改善。但也有例外，例如高铬抗磨铸铁基体中有奥氏体，有时在铸态条件下使用，在使用中奥氏体硬化转变为马氏体。现场试验表明，这种组织的使用性能没有通过热处理直接获得马氏体组织的铸件的使用性能好。在镍铬抗磨铸铁和高铬抗磨铸铁的基体中都含有奥氏体，另一个重要的方面奥氏体的加工硬化伴随有体积的膨胀。这样就会在接近零部件的工作表面产生应力，如果在经受冲击状态下使用，铸件的工作表面就会破碎。如果在铸件投入使用前，通过热处理将大量的奥氏体完全分解转变为马氏体，以提高抗反复冲击性能，出现这种问题的可能性就会大大降低。

抗磨铸铁件热处理也有不利的一面，因为抗磨铸铁本质上是脆性材料，在热处理时循环加热或冷却过程中，易导致铸件开裂。一般情况下，热处理是正常的工艺路线。镍铬抗磨铸铁和高铬抗磨铸铁的铸态组织中含有复合碳化物和马氏体，还有残留奥氏体。镍铬抗磨铸铁进行热处理的目的是在相对低的温度下消除材料的应力，或者改善冲击性能；在这种情况下，应在较高的温度下进行了消除应力处理。

高铬抗磨铸铁基体中有更多的复合物，在铸态下薄壁处基体是奥氏体，适中壁厚处基体中有一些马氏体，而厚大壁厚处基体是珠光体。热处理的目的是产生以马氏体为主的基体，这可以通过对适中壁厚的铸件在大约1000℃高温下短时间热处理而获得。随后进行回火处理也可以使一些残留奥氏体发生转变，但主要是为了消除应力。

铸件的生产商通常要对他们生产的铸件进行热处理，要么为了便于机械加工进行退火处理，要么进行淬火+回火硬化处理（如果铸件没有任何机械加工要求）。快速加热或冷却有产生裂纹的危险。ISO标准规定当铸件在退火状态下加工时，要考虑随后的淬火和回火处理。这对用户或者他们的分包商来说也是至关重要的，因为如果加热和冷却太快就会发生开裂现象。

抗磨铸件的热处理见表6.6-7。加热循环的次数、加热和冷却的温度等，都取决于铸件的厚度和铸件几何形状的复杂程度。

在任何情况下，抗磨铸铁的加热和冷却都必须小心操作以免铸件开裂。

七、材料牌号的选择

很难根据铬和碳含量来选择牌号，牌号选择要考虑诸如耐磨性、抗冲击性和耐蚀性等方

表 6.6-7 抗磨铸件的热处理

材料牌号	热处理的目的	第一工序	第二工序
普通抗磨铸铁和低合金抗磨铸铁			
通常不热处理			
镍铬抗磨铸铁			
4%Ni2%Cr	消除应力	250℃~300℃,8h~16h	炉冷或空冷
4%Ni2%Cr	提高抗冲击性	425℃~475℃,4h~6h	250℃~300℃,8h~16h
5%Ni9%Cr	提高韧性	800℃~850℃,6h~12h	—
5%Ni9%Cr	提高抗冲击性	800℃~850℃,8h~16h	250℃~300℃,8h~16h
高铬抗磨铸铁			
所有牌号	退火软化处理(要求硬度小于378HBW时)	920℃~975℃,1h/25mm 壁厚,保温至少 1h	随炉至810℃,炉冷至600℃,以大于55℃/h的冷却速度冷至室温
所有牌号	硬化处理	900℃~1050℃,4h~12h	快冷至室温或吹风冷却
所有牌号	回火处理	200℃~550℃,4h~12h	空冷至室温

注:室温约为 20℃。

面。普通抗磨铸铁和低合金抗磨铸铁可以被认为是一种低成本的抗磨材料,这种材料具有适度的耐磨性,可以在没有明显的冲击和腐蚀的工况条件下使用。这主要是由于基体中珠光体量少,不能支撑脆性碳化物,并且耐蚀性较差,从而限制了其应用。

镍铬抗磨铸铁和高铬抗磨铸铁应用在工况条件很差的环境中。在这种情况下,尤其是在条件多变时就不容易确定选取最合适的材料,如被破碎和磨碎的矿物质的硬度和大小都是多变的。

镍铬抗磨铸铁材料中残留奥氏体的量通常比较低,这种奥氏体在使用中硬化成为马氏体并伴有体积膨胀会导致工作表面剥落。高铬抗磨铸铁通常应用于既耐磨损又耐腐蚀的工况条件下,这通常是在湿态磨损的情况下,例如在含有硫和酸性混合物的浆料处理过程中。一般来说,高铬抗磨铸铁材料具有硬度和韧性的最佳组合,但要注意确保使用条件不致苛刻到使铸件发生断裂,因为材料是脆性的,特别是在碳含量高的情况下。

八、结束语

硬度是抗磨铸铁的重要质量指标,主要通过控制材料的化学成分和通过热处理而得到期望的金相组织来保证。而化学成分的选择、热处理工艺都和铸件壁厚有关,所以针对具体的铸件应根据结构特点,确定其化学成分和热处理工艺。在执行标准时,应根据具体铸件结构和应用工况条件确定更精准的标准范围,以体现不同产品的差异性和个性化特点。

第七节 铸造 等温淬火球墨铸铁 分类

徐 东 徐 宁

一、标准概况

1992 年,美国材料与试验协会在 ASTM A644M—1992《铸铁件术语》中正式将球墨铸铁经等温淬火热处理获得针状铁素体+高碳奥氏体的混合组织命名为奥铁体。

2005年11月1日，ISO/TC25铸铁和生铁技术委员会SC2球墨铸铁分会发布了ISO 17804：2005《铸造 等温淬火球墨铸铁 分类》；2020年6月，发布了ISO 17804：2020《铸造 等温淬火球墨铸铁 分类》。等温淬火球墨铸铁又称奥铁体球墨铸铁或ADI。等温淬火球墨铸铁是以铁、碳、硅为基本元素，碳主要以球状石墨形式存在，并通过等温淬火处理得到奥铁体基体的铸造材料。ISO 17804：2020强调了供需双方商定，按订货协议或技术要求等，体现了市场经济的原则。

等温淬火球墨铸铁由于其奥铁体基体组织，其中四个牌号材料具有强度高、塑性和韧性好的综合优良性能，两个牌号材料具有强度高、耐磨性好的性能。等温淬火球墨铸铁的力学性能与金相组织（即石墨和基体组织）有关。典型的ADI基体组织由针状奥铁体组成，其中包含了被碳、硅固溶强化了的针状铁素体条束和高碳奥氏体的混合组织。

我国国家标准GB/T 24733—2009《等温淬火球墨铸铁件》修改采用ISO 17804：2005，并参照了美国ASTM A897/A897M—2006《等温淬火球墨铸铁件标准规范》、SAE J2477—2004《汽车等温淬火球墨铸铁（ADI）件》和AGMA939—A07 6/06《齿轮用等温淬火球墨铸铁（ADI）》等国外先进标准的一些相关条款。

二、标准的主要修订内容

新标准ISO 17804：2020与原标准ISO 17804：2005相比，对以下方面的技术内容进行了修改和补充。

1）更新了规范性引用文件。ISO 17804：2005规范性引用了ISO 148-1、ISO148-2、ISO 148-3、ISO 945、ISO 6506-1、ISO 6507-1、ISO 6892、ISO/TR 15931八个标准；ISO 17804：2020规范性引用了ISO 148-1、ISO 945-1、ISO 6506-1、ISO 6892-1、ISO/TR 15931五个标准。

2）增加和修改了术语与定义。ISO 17804：2020增加了奥铁体（ausferrite）、铸造试块（cast sample）、单铸试块（separately cast sample）、并排试块（side-by-side cast sample）、附铸试块（cast-on sample）、检验批次（test unit，inspection lot，test batch）六个术语及其定义；修改了ISO 17804：2005中奥铁体球墨铸铁、石墨球化处理、球墨铸铁等温淬火处理三个术语及其定义；铸件主要壁厚（relevant wall thickness）的术语和定义未发生变化。

3）增加了并排试块。ISO 17804：2005中包括单铸试块、附铸试块和本体试块，ISO 7804：2020与ISO 17804：2005相比，增加了并排试块。

4）修改了制造方法（包括浇注和热处理）。

5）增加了石墨形态检验的条款。ISO 17804：2020增加了"9.4石墨形态检验"，石墨应按照ISO 945-1的规定进行金相检验，也能用无损检测方法进行检验。

6）修改和丰富了附录B的内容。删除了ISO 17804：2005附录B的表B.1中的注3和注4；增加了原始标距$L_0=4d$试样代替原始标距$L_0=5d$试样应供需双方商定，原始标距$L_0=4d$试样尺寸应符合图B.1的规定；增加了原始标距$L_0=4d$试样与原始标距$L_0=5d$试样断后伸长率的对比表；增加了原始标距$L_0=4d$试样与原始标距$L_0=5d$试样断后伸长率的关系式[见ISO 17804：2020中公式（B.1）]。

7）附录 G 增加了五种不同测试方法的疲劳数据，即增加了交变拉伸和压缩、脉冲拉伸、交变扭转、旋转弯曲（无缺口）和旋转弯曲（缺口）五种测试方法的疲劳数据。

8）附录 H 中依据 ISO 945-4 修改了球化率的内容。

9）删掉了原附录 I 等温淬火球墨铸铁的机械加工性，将附录 I 更换为试块取样位置截面图。

10）附录 J 增加了 GB/T 24733—2009 牌号和修订了其他国际标准的牌号。

11）修改了参考文献。

三、标准主要内容说明

1. 范围

ISO 17804：2020 规定了等温淬火球墨铸铁的牌号及其相应的技术要求。按从单铸试块、并排试块或附铸试块或本体试块加工的试样测定的拉伸性能分级，将等温淬火球墨铸铁分为五个牌号。按硬度分级规定了两个牌号。

2. 材料牌号

ISO 17804：2020 的附录 J 给出了与 EN、ASTM、JIS、GB/T 和 SAE 标准相似牌号的参照表，见表 6.7-1，用表 6.7-1 进行等温淬火球墨铸铁材料牌号替换，应考虑各国牌号技术要求的差异。

表 6.7-1 等温淬火球墨铸铁牌号的对照表

ISO 17804：2020	ASTM A 897/M—2016	EN1564：2012	JIS G5503：1995	GB/T 24733—2009	SAE J 2477
—	750/500/11	—	—	—	AD750
JS/800-10	—	EN-GJS-800-10	—	QTD 800-10	—
JS/800-10RT	—	—	—	QTD 800-10R	—
JS/900-8	900/650/9	EN-GJS-900-8	FCAD 900-8	QTD 900-8	AD900
			FCAD 1000-5		
JS/1050-6	1050/700/7	EN-GJS-1050-6		QTD 1050-6	AD1050
JS/1200-3	1200/850/4	EN-GJS-1200-3	FCAD 1200-2	QTD 1200-3	AD1200
JS/1400-1	1400/1100/2	EN-GJS-1400-1	FCAD 1400-1	QTD1400-1	AD1400
—	1600/1300/1				AD1600
JS/HBW400	1400/1100/1	EN-GJS-HB400	FCAD 1400-1	QTD HBW400	AD1400
JS/HBW450	1600/1300/-	EN-GJS-HB450	—	QTD HBW450	AD1600

ISO 17804：2020 材料牌号表示方法应按照 ISO/TR 15931 的规定。按单铸、并排或附铸试块加工的试样（试样原始标距 $L_0 = 5d$）测定的拉伸性能进行分级，将等温淬火球墨铸铁分为五个牌号；按硬度进行分级，将抗磨等温淬火球墨铸铁分为两个牌号。材料牌号是根据采用砂型或导热性与砂型相当的铸型铸造的单铸、并排或附铸试块加工的厚度或直径为 25mm 的试样的最小力学性能确定的，与铸件主要壁厚 $t \leq 30$mm 的力学性能值相对应，见表 6.7-2，牌号与试块类型无关。

表 6.7-2　等温淬火球墨铸铁单铸试块、并排试块或附铸试块的力学性能

材料牌号	铸件壁厚 t /mm	抗拉强度 R_m /MPa ≥	条件屈服强度 $R_{p0.2}$ /MPa ≥	断后伸长率 A(%) ≥
ISO 17084/JS/800-10 ISO JS/800-10RT	$t \leq 30$	800	500	10
	$30 < t \leq 60$	750		6
	$60 < t \leq 100$	720		5
ISO 17084/JS/900-8	$t \leq 30$	900	600	8
	$30 < t \leq 60$	850		5
	$60 < t \leq 100$	820		4
ISO 17084/JS/1050-6	$t \leq 30$	1050	700	6
	$30 < t \leq 60$	1000		4
	$60 < t \leq 100$	970		3
ISO 17084/JS/1200-3	$t \leq 30$	1200	850	3
	$30 < t \leq 60$	1170		2
	$60 < t \leq 100$	1140		1
ISO 17084/JS/1400-1	$t \leq 30$	1400	1100	1
	$30 < t \leq 60$	1170	供需双方商定	
	$60 < t \leq 100$	1140		

美国 ASTM A897/M—2016《等温淬火球墨铸铁件标准规范》是按单铸试块加工的试样（试样原始标距 $L_0 = 4d$）测定的力学性能进行分级的。由于试样在拉伸过程中的断后伸长率是不均匀的，在断口处伸长更长一些，所以原始标距 $L_0 = 4d$ 的试样比原始标距 $L_0 = 5d$ 试样的断后伸长率要高一些。ISO 17804：2020 的附录 B（规范性附录）规定了原始标距 $L_0 = 4d$ 试样的最小断后伸长率，以及与原始标距 $L_0 = 5d$ 试样的断后伸长率的换算关系和换算公式。

3. 制造

ISO 17804：2020 规定，等温淬火球墨铸铁的生产方法应由铸造方和热处理方共同决定，化学成分应由铸造方和热处理方协商确定，用于等温淬火的球墨铸铁的生产方法应由铸造方确定，热处理应由热处理方自行确定，应确保铸造和热处理工艺采用与已验收认可的首批样件同样的工艺参数。

我国国家标准 GB/T 24733—2009 的附录 C 给出了等温淬火球墨铸铁件铸造工艺建议，包括对球墨铸铁毛坯铸件的质量要求、化学成分的控制、热处理前的金相组织、等温淬火工艺过程和等温淬火球墨铸铁的金相组织。

4. 铸造试样拉伸性能

ISO 17804：2020 规定了五个牌号铸铁的拉伸性能，见表 6.7-2。随着材料牌号的提高，等温淬火球墨铸铁的抗拉强度和屈服强度相应提高，断后伸长率相应降低。铸件本体的性能值无法统一，因其取决于铸件的复杂程度和铸件壁厚的变化。经过适当的热处理，屈服强度最小值可按表 6.7-2 规定，而随铸件壁厚增大，抗拉强度和断后伸长率会降低。

等温淬火球墨铸铁的强度和断后伸长率取决于基体组织，组织越细密，强度越高。各牌号的等温淬火球墨铸铁的主要基体组织均为奥铁体。低牌号等温淬火球墨铸铁的针状铁素体

组织粗大,高碳奥氏体数量较多,强度低,断后伸长率高;高牌号等温淬火球墨铸铁的针状铁素体组织细密,高碳奥氏体数量较少,往往也含有少量极细碳化物,强度高,断后伸长率低。

5. 铸造试样冲击试验

ISO 17804:2020 规定了一种具有耐冲击性能的等温淬火球墨铸铁材料,其牌号为 ISO 17804/JS/800-10RT,见表 6.7-3。ISO JS/800-10RT 的抗拉强度与 ISO JS/800-10 相同,是因为这两种表示方法的牌号其实是完全相同的材料,"RT"表示该材料可以满足冲击性能要求。ISO JS/800-RT 材料一般应用于对冲击性能有一定要求的铸件上。ISO 17804:2020 的附录 F(资料性附录)给出了等温淬火球墨铸铁无缺口冲击试验的详细信息。

表 6.7-3 ISO 17804/JS/800-10RT 等温淬火球墨铸铁的 V 型缺口试样冲击性能

材料牌号	铸铁主要壁厚 t /mm	室温冲击吸收能量(23℃±5℃)/J ≥	
		三次平均值	单值
ISO 17804/JS/800-10RT	$t \leqslant 30$	10	9
	$30 < t \leqslant 60$	9	8
	$60 < t \leqslant 100$	8	7

6. 铸件本体试样

ISO 17804:2020 规定,如需要,供需双方应商定铸件本体试样的取样位置及要达到的力学性能指标值。附录 E(资料性附录)给出了力学性能最小值(或允许范围),见表 6.7-4,材料牌号中"C"(casting)(如 ISO 17804/JS/800-10/C)表示铸件的意思。表 6.7-2 和表 6.7-3 可用于指导铸件可能的力学性能值,铸件本体的力学性能值可能等于或小于表 6.7-2 和表 6.7-3 的规定值。

表 6.7-4 铸件本体试样的抗拉强度和断后伸长率

材料牌号	条件屈服强度 $R_{p0.2}$/MPa ≥	抗拉强度 R_m/MPa ≥			断后伸长率 $A(\%)$ ≥		
		铸件主要壁厚 t/mm					
		$t \leqslant 30$	$30 < t \leqslant 60$	$60 < t \leqslant 100$	$t \leqslant 30$	$30 < t \leqslant 60$	$60 < t \leqslant 100$
ISO 17804/JS/800-10/C	500	790	740	710	8	5	4
ISO 17804/JS/900-8/C	600	880	830	800	7	4	3
ISO 17804/JS/1050-6/C	700	1020	970	940	5	3	2
ISO 17804/JS/1200-3/C	850	1170	1140	1110	2	1	1
ISO 17804/JS/1400-1/C	1100	1360	供需双方商定				

7. 硬度

ISO 17804:2020 中的两种抗磨等温淬火球墨铸铁(见表 6.7-5,即 ISO 17804/JS/HBW400、ISO 17804/JS/HBW450)材料具有强度高、耐磨性好的优良性能。ISO 21988 抗磨铸铁标准不包含这两种抗磨等温淬火球墨铸铁,主要是因为 ISO 21988 中的抗磨铸铁都是通过添加特定合金元素获得的,ISO 17804:2020 的附录 A 中的两种抗磨等温淬火球墨铸铁的耐磨性主要是通过热处理获得的,而不是通过加入合金元素获得的。

表 6.7-5　抗磨等温淬火球墨铸铁牌号

材料牌号	布氏硬度 HBW ≥	其他性能（仅供参考）		
		抗拉强度 R_m/MPa ≥	条件屈服强度 $R_{p0.2}$/MPa ≥	断后伸长率 A(%) ≥
ISO 17804/JS/HBW400	400	1400	1100	1
ISO 17804/JS/HBW450	450	1600	1300	—

ISO 17804：2020 的附录 C（资料性附录）给出了等温淬火球墨铸铁的硬度范围的指导值，见表 6.7-6。随着牌号的增加，硬度相应增加，基体组织中的块状高碳奥氏体数量相应减少，针状奥铁体组织变得更加细密。当对机械加工性能有要求时，供需双方可商定在铸件特定部位上具有较窄的硬度差范围。对 JS/800-10 和 JS/800-10RT 牌号，30~40HBW 硬度差范围通常可被供需双方接受。随着材料抗拉强度和硬度提高，硬度范围会更宽。

表 6.7-6　布氏硬度指导值

材料牌号	布氏硬度范围　HBW
ISO 17804/JS/800-10	250~310
ISO 17804/JS/800-10RT	
ISO 17804/JS/900-8	280~340
ISO 17804/JS/1050-6	320~380
ISO 17804/JS/1200-3	340~420
ISO 17804/JS/1400-1	380~480

ISO 17804：2020 删除了原标准 ISO 17804：2005 中的附录 I 等温淬火球墨铸铁的机械加工性能。

由于等温淬火球墨铸铁的硬度高、加工难度大，最好在等温淬火处理前对其进行机械加工。但是铸件等温淬火后尺寸会略微变大，这就需要了解铸件等温淬火后的尺寸变化规律。等温淬火球墨铸铁件的尺寸增幅取决于铸态显微组织、等温淬火处理温度及铸件形状，尺寸增幅通常在 0.05%~0.4%。

8. 石墨形态

等温淬火球墨铸铁与普通球墨铸铁的凝固机理完全相同。ISO 1083：2018 规定石墨形状应以Ⅵ型和Ⅴ型为主，ISO 17804：2020 规定石墨形状应以Ⅵ型为主，按 ISO 945-1《铸铁金相组织　第 1 部分：石墨分类目视检测法》的规定，石墨形态参考图见图 6.3-2。ISO 17804：2020 与 ISO 1083：2018 相比，提高了对石墨形态的要求，但基于缺少具体研究数据，没有对石墨颗粒做出具体要求。ASTM A897/M—2016《等温淬火球墨铸铁件》的 5.1 条规定了球状和团球状石墨数量不应低于 80%（ASTM A247 中的Ⅰ型和Ⅱ型）。

石墨形状应进行金相检查，按目测法或图像分析法，供需双方宜在接受订单时商定。

ISO 17804：2020 的附录 H 给出了球化率的附加信息。球化率可通过以下三种方法来确定。

1）采用目测法比较 ISO 945-1 石墨形态示意图，评价Ⅵ型和Ⅴ型石墨球所占的百分比。

2）在金相显微镜下目测比较球墨铸铁石墨形态与标准图片。

3）ISO 17804：2020 的自动图像法确定Ⅵ型和Ⅴ型石墨面积所占总石墨颗粒面积的百

分比，按 ISO 945-4 的规定。ISO 945-4《铸铁金相组织　第 4 部分：球墨铸铁球化率评价方法》规定了目测法和图像法评定球墨铸铁球化率的方法。

球化率是Ⅵ型和Ⅴ型石墨颗粒的面积乘以加权因子，除以所有石墨颗粒的面积（临界尺寸为 10μm）。

铸态球墨铸铁的球化率影响等温淬火热处理工艺。球化率不仅取决于生产工艺（炉料、残余镁含量、孕育方式等），也取决于铸件断面的冷却模数。此外，在与铸型接触的铸件表面偶尔也能观察到一些衰退变异的石墨。

即使对给定冷却模数的材料，也不可能准确地确定产生临界球化率的最小特征值。这是因为球化率的变化不仅与测定方法有关，而且与铸件的材料牌号（特别是材料的化学成分）、单位面积上石墨数量有关。

9. 基体组织

ISO 17804：2020 规定各牌号等温淬火球墨铸铁的基体组织主要以铁素体和奥氏体为主，允许少量其他组织（如马氏体、碳化物）的存在，以不影响所要求的力学性能为原则。

如果等温时间不够，奥氏体中的碳含量没有增加或增加的量不够，则这种奥氏体在室温时是不稳定的，当冷却到室温时，它会转变为马氏体。等温温度较低的高强度等温淬火球墨铸铁中往往含有少量的由未反应奥氏体转变而来的马氏体。

等温淬火球墨铸铁中有两种碳化物：第一种是在铸态时就存在，经过高温奥氏体化和等温处理后依然存在于共晶团边界处的碳化物；第二种是等温处理过程中奥铁体反应所形成的碳化物，往往存在于铁素体和奥氏体的边界上。通常要求具有高强度和韧性的等温淬火球墨铸铁件不期望组织中含有奥铁体反应形成的碳化物颗粒，更不期望组织中含有铸态碳化物，所以应控制等温淬火球墨铸铁中碳化物的体积分数小于 0.5%。

铸件某些断面的冷却速度可能不能避免珠光体或其他高温转变组织的形成，这些金相组织的最大含量、铸件取样位置及其力学性能，可由供需双方商定。

10. 试样制备

材料的力学性能可通过测试下列试块制取的样品进行评价。

1）单铸试块：在冶金条件与铸件相似的浇注系统中浇注。
2）并排试块：和铸件用同一浇注系统，与铸件并排浇注。
3）附铸试块：直接连接在铸件浇注系统上的试块。
4）本体试块：直接在铸件上制取的试块（仅供需双方商定时，特别是在协议中规定取样条件和测得的性能值）。

ISO 17804：2020 与 ISO 17804：2005 相比，增加了并排试块（side-by-side cast sample）。

ISO 17804：2020 规定：制备的试样应能代表生产的铸件。试块与铸件应采用同样的材质、熔炼和热处理工艺。应根据铸件的重量和壁厚来选择试块的形式和大小（单铸试块、附铸试块、并排试块、本体试块）。一般情况下，试块的形式宜由供需双方商定。除非另有协议，试样的选取由供方确定。当铸件重量超过 2000kg，且主要壁厚超过 60mm 时，应优先采用附铸试块或并排试块。试块尺寸和位置应由供需双方商定。型内球化处理时，不宜采用单铸试块。所有的试块都应有明显的标记，以确保可追溯性。试块应与所代表的铸件进行相同的等温淬火热处理。拉伸试样和冲击试样应从经等温淬火热处理后的试块上加工而成。同时，标准详细规定了铸造试块的尺寸、检验频次和数量，以及针对单铸试块、附铸试块、并排试块、铸件本体试块的具体要求。

四、等温淬火球墨铸铁的应用

我国国家标准 GB/T 24733—2009《等温淬火球墨铸铁件》的附录 I 列出了等温淬火球墨铸铁的性能特点和应用示例，见表 6.7-7。ISO 17804：2020 与 GB/T 24733—2009 的等温淬火球墨铸铁牌号对照见表 6.7-1。

表 6.7-7 GB/T 24733—2009 列出的各牌号等温淬火球墨铸铁的性能特点和应用示例

材料牌号	性能特点	应用示例
QTD 800-10 (QTD 800-10R)	布氏硬度 250HBW~310HBW。具有优异的抗弯曲疲劳强度和较好的抗裂纹性能。机械加工性能较好。抗拉强度和疲劳强度稍低于 QTD 900-8，但可成为等温淬火处理后需进一步机械加工的 QTD 900-8 零件的代替牌号。动载性能超过同硬度的球墨铸铁齿轮	大功率船用发动机（8000kW）支承架、注塑机液压件、大型柴油机（10 缸）托架板、中型货车悬挂件、恒速联轴器和柴油机曲轴（经圆角滚压）等
QTD 900-8	布氏硬度 270HBW~340HBW。适用于要求较高韧性和抗弯曲疲劳强度以及机械加工性能良好的承受中等应力的零件。具有较好的低温性能。等温淬火处理后进行喷丸、圆弧滚压或磨削，有良好的强化效果	柴油机曲轴（经圆角滚压）、真空泵传动齿轮、风镐缸体、机头、货车后钢板弹簧支架、汽车牵引钩支承座、衬套、控制臂、转动轴轴颈支撑、转向节、建筑用夹具、下水道盖板等
QTD 1050-6	布氏硬度 310HBW~380HBW。适用于高强度高韧性和高弯曲疲劳强度以及机械加工性能尚好的承受中等应力的零件。低温性能为各牌号 ADI 中最好，等温淬火处理后进行喷丸、圆弧滚压或磨削有很好的强化效果。进行喷丸强化后超过淬火钢齿轮的动载性能，接触疲劳强度优于渗氮钢齿轮	大功率柴油机曲轴（经圆角滚压）、柴油机正时齿轮、拖拉机、工程机械齿轮、拖拉机轮轴传动器轮毂、坦克履带板体等
QTD 1200-3	布氏硬度 340HBW~420HBW。适用于要求高抗拉强度，较好疲劳强度，抗冲击和高耐磨性的零件	柴油机正时齿轮、链轮、铁路车辆销套等
QTD 1400-1	布氏硬度 380HBW~480HBW。适用于要求高强度、高接触疲劳强度和高耐磨性的零件。该牌号的齿轮接触疲劳强度和弯曲疲劳强度超过经火焰淬火或感应淬火球墨铸铁齿轮的动载性能	凸轮轴、铁路货车斜楔、小货车后桥弧齿锥齿轮、托辊、滚轮、冲剪机刀片等
QTD HBW400	布氏硬度大于 400HBW。适用于要求高硬度、耐磨的零件	犁铧、斧、锹、铣刀等工具，挖掘机斗齿，杂质泵体，施肥刀片等
QTD HBW450	布氏硬度大于 450HBW。适用于要求高硬度、耐磨的零件	磨球、衬板、颚板、锤头、锤片、挖掘机斗齿等

第八节 铸铁金相组织 球墨铸铁球化率评定方法

王泽华　张　欣　钱坤才　陈凯敏　朱家辉　张　寅

一、标准概况

球化率是评定球墨铸铁质量的重要指标，为此国际标准化组织、欧盟以及主要工业国家对球墨铸铁的球化率均做出了定义,并提出了相应的评定方法。但这些标准规定的球墨铸铁球化率的评定方法存在较大的差异。

目前球墨铸铁球化率的评定方法可分为两类:计数法和面积法。计数法是指定义球化率为球墨铸铁中Ⅵ型石墨和Ⅴ型石墨颗粒所占总石墨颗粒的百分比。面积法是指定义球化率为球墨铸铁中Ⅵ型石墨和Ⅴ型石墨颗粒面积所占总石墨颗粒面积的百分比。不管是计数法还是面积法测定球化率,一个共性问题是,什么形态的石墨属于Ⅵ型石墨和Ⅴ型石墨。目前的石墨颗粒形态是依据 ISO 945-1《铸铁金相组织 第1部分:石墨分类目视检测法》中的示意图分类的,评定结果人为因素大。为此,2019 年 5 月,国际标准化组织正式发布实施 ISO 945-4:2019 *Microstructure of cast irons—Part 4: Test method for evaluating nodularity in spheroidal graphite cast irons*(中文名:《铸铁金相组织 第4部分:球墨铸铁球化率评定方法》)。ISO 945-4:2019 也是首个由我国提出并负责制定的铸铁材料领域的国际标准。

二、标准主要内容说明

ISO 945-4:2019 规定了目测法和图像法评定球墨铸铁球化率的方法。现有很多企业使用对比标准图片的目测法评定球墨铸铁球化率,同时很多企业也使用图像法,且图像法的应用越来越普及。另外,考虑到球墨铸铁金相检测方便,ISO 945-4:2019 还提供了单位面积石墨颗粒数的评定和石墨颗粒大小表示方法。

1. 名词定义

(1)最大佛雷德直径 颗粒轮廓上最大的两点距离,如图 6.8-1 中的 l_m。

(2)圆整度 ρ 用石墨颗粒面积与该颗粒最大佛雷德圆面积的比值表示石墨颗粒的圆整度 ρ,由公式(6.8-1)计算获得:

$$\rho = \frac{A}{A_m} = \frac{4A}{\pi l_m^2} \quad (6.8\text{-}1)$$

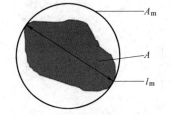

图 6.8-1 石墨颗粒及佛雷德圆示意图

式中 A——石墨颗粒面积(mm^2),见图 6.8-1;

A_m——石墨颗粒佛雷德圆面积(mm^2),见图 6.8-1;

l_m——石墨颗粒最大佛雷德直径(mm),见图 6.8-1。

(3)球形石墨 ISO 945-1 规定的Ⅵ型和Ⅴ型石墨颗粒,或圆整度≥0.6 的石墨颗粒。这一定义遵循传统的描述,增加了球形石墨颗粒的定量描述,增强了可操作性,满足了计算机图像分析要求。

(4)球化率 铸铁中球形石墨的比例,通常以百分数表示。

(5)球墨铸铁 一种以铁、硅、碳为基体的铸造合金,其碳主要以球形石墨形式存在。

(6)石墨颗粒数 用石墨颗粒数(graphite particle count)取代球形石墨颗粒数(nodular count),因为实际评定石墨球颗粒数时,根本没有区分球形石墨和非球形石墨。用图像法可以区分球形石墨和非球形石墨,但用目测法是做不到的。

2. 球化率评定方法

(1)目测法 目测法,也称图片对比法。通过比较试样金相组织与标准图片,确定石墨球化率级别。目测法的基础是标准照片。

针对现有球化率评定参照图片存在的问题,ISO 945-4:2019 的附录 A 提供了球化率为

50%~95%的标准图片。ISO 945-4：2019参照图片做了两方面的改进：

1）严格按照球形石墨定义和石墨颗粒数学模型、球化率计算公式制作标准图片。

2）扩大评定视场，增大评估结果的稳定性。标准图片由原来的 $\phi 70mm$，增大到 $\phi 120mm$，实际视场由 $\phi 0.7mm$ 扩大到 $\phi 1.2mm$，并根据现有金相显微镜的实际视场，增加了矩形图片，见表 6.8-1。

目测法评定球墨铸铁球化率对检验设备要求简单，操作方便，国际上普遍采用。但目测法评定球墨铸铁球化率时，存在人为因素。相对于目测法，图像法可以较好地避免人为因素的影响。随着计算机科学技术的发展和普及，用图像法测定球化率方法的应用也日益普遍。

表 6.8-1 球墨铸铁球化率评级图

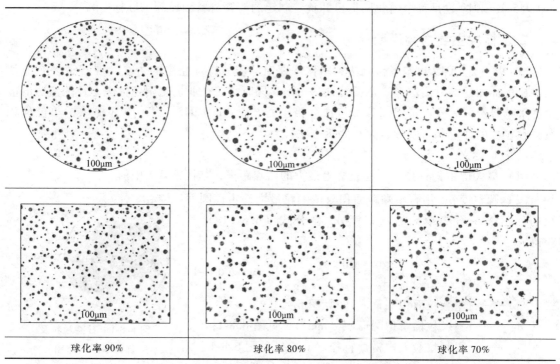

(2) 图像法 石墨颗粒密度是指石墨颗粒面积与石墨颗粒的外接圆面积的比值；圆整度是指石墨颗粒面积与石墨颗粒的最大佛雷德圆面积的比值，是常用的描述不规则颗粒形态的参数。目前市场上的球化率分析软件均采用圆整度描述石墨颗粒形态。

图像法评估球墨铸铁的球化率是必须建立在球化率数学计算公式上的，现有不同标准中的球化率计算公式是不一样的，所以其计算结果也不一致，严格来说没有可比性。

(3) 视场的选择 评定视场的选择对评定结果会产生重大的影响。对于球化率评定的视场选择，ISO 945-4：2019 规定，随机选取视场数量不得少于 5 个，且其石墨颗粒数量不得少于 500 颗。选择最差的视场评定球化率不具有代表性，应该是随机选择视场较为合理；适当增加评定视场数量，有利于提高评定结果的稳定性。ISO 945-4：2019 同时规定了评定视场的数量和石墨颗粒数量是基于同时考虑到薄壁件和厚大断面铸件。对于薄壁件，石墨颗粒细小，5 个视场的石墨颗粒数量将会超过 500 颗；对于厚大断面铸件，由于石墨颗粒粗大，数量少，必须测定较多的视场，才能达到 500 颗石墨的要求。

同时 ISO 945-4：2019 明确了当视场中大部分石墨颗粒小于 10μm 或大于 120μm 时，可以改变视场的放大倍数，使之达到最合适的观察评定效果。单个视场中，石墨颗粒数量不得少于 20 颗。

3. 球化率计算

(1) 计算公式　ISO 945-4：2019 规定球化率 p_{nod} 为圆整度系数大于或等于 0.6 的石墨颗粒面积除以所有形态石墨颗粒的面积，计算公式如下：

$$p_{nod} = \frac{A_{VI} + A_V}{A_{all}} \tag{6.8-2}$$

式中　p_{nod}——球化率（%）；

A_{VI}——VI 型石墨颗粒的面积（mm^2）；

A_V——V 型石墨颗粒的面积（mm^2）；

A_{all}——所有石墨颗粒的面积（mm^2）。

最大佛雷德直径小于临界尺寸的石墨颗粒面积不计。

(2) 颗粒圆整度计算　颗粒面积和最大佛雷德圆直径都是通过统计计算图像像数确定的，像数大小、对金相照片的扫描方式和图像的数据处理方法等直接影响计算不规则颗粒圆整度结果。在计算石墨颗粒圆整度时，一定要注意图像的分辨率，ISO 945-4：2019 参照 ISO/TR 945-2 的规定，图像的分辨率必须≤1μm。分辨率越高，石墨颗粒面积、最大佛雷德圆直径和圆整度计算结果越精确。

(3) 球形石墨颗粒圆整度极限　不管是计数法还是面积法评定球化率，球形石墨颗粒圆整度极限是关键。对于相同的金相组织，圆整度极限越高，意味着金相组织中球形石墨颗粒数越少，球形石墨颗粒的面积就越小，计算得出的球化率就越低；反之，球形石墨颗粒的圆整度极限越低，计算得出的球化率就越高。

随着技术进步，球墨铸铁的生产水平已取得大幅度提高，尽管新标准要与原标准衔接，但新标准对球化率的评定要求应适当提高。采用计数法分别以 0.5 和 0.6 作为球形石墨颗粒圆整度临界值和采用面积法以 0.6 为球形石墨颗粒圆整度临界值计算球化率，其计算结果差异值见图 6.8-2。图 6.8-2 的横坐标 A 是以 0.5 为球形石墨颗粒圆整度临界值采用计数法计算的球化率。由图 6.8-2 可以看到，采用面积法以 0.6 为临界值时的计算结果 B 与采用计数法以 0.5 为临界值时的计算结果 A 比较接近。经大量验证试验，采用面积法、球形石墨颗粒圆整度定为 0.6 是合适的。

(4) 最小石墨颗粒尺寸　最小颗粒尺寸极限将直接影响球化率计算结果，影响程度的大小取决于球化率评定方法。采用颗粒计数法时，最小颗粒尺寸极限对计算结果影响很大，这是因为大小颗粒对球化率的权重是相等的；采用面积法时，大小颗粒对计算结果的权重是不同的，石墨颗粒小对结果的影响小。采用计数法和面积法对同一组金相照片（图号为 A～J），分别计算最小颗粒尺寸界限为 5μm～20μm 时的球化率，结果见表 6.8-2。由表 6.8-2 可以看出：采用计数法时，球化率计算结果的最大差异达 8.1%，10 组数据的平均差异达 4.2%；采用面积法时，球化率计算结果的最大差异达 3.3%，10 组数据的平均差异达 1.1%。小颗粒石墨面积占总石墨颗粒面积的比重小，对计算结果影响较小。

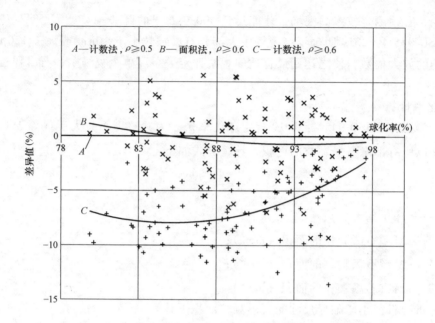

图 6.8-2 圆整度临界值和计算方法对球化率计算结果的影响

表 6.8-2 不同最小颗粒尺寸界限对应的球化率计算结果

图号	计数法					面积法				
	最小颗粒尺寸界限				最大波动	最小颗粒尺寸界限				最大波动
	5μm	10μm	15μm	20μm		5μm	10μm	15μm	20μm	
	球化率(%)									
A	41.4	38.8	37.9	37.1	4.3	50.3	50.1	50.0	49.6	0.7
B	51.4	51.4	50.3	46.7	4.8	55.1	55.0	54.7	53.7	1.4
C	57.8	54.4	53.2	49.7	8.1	60.2	60.1	59.8	59.0	1.3
D	54.8	54.0	56.4	58.6	4.6	65.1	65.0	65.3	65.7	0.6
E	62.1	62.2	61.5	60.9	1.3	70.0	70.0	69.6	69.4	0.6
F	67.8	69.5	72.6	71.0	4.9	75.0	75.0	75.2	74.6	0.6
G	81.9	82.0	81.8	77.8	4.3	80.1	80.0	79.4	76.8	3.3
H	82.2	81.7	82.8	82.9	1.2	85.1	85.1	85.2	85.1	0.1
I	87.2	90.1	90.1	90.1	2.9	89.9	90.1	89.9	89.2	0.9
J	90.3	93.8	95.8	96.0	5.7	94.9	95.1	95.4	95.1	0.5

ISO 945-4：2019 规定一般最小石墨颗粒极限为 10μm，但对于厚大断面球墨铸铁试样或薄壁快速凝固试样，其最小颗粒尺寸极限可以适当调整。

（5）视场边界上石墨颗粒的处理　ISO 945-4：2019 明确规定，在评定球化率时，应除去与视场边界相切的石墨颗粒。因为不能正确判别与视场边界相切的石墨颗粒的形态（也无法测量其圆整度），所以必须将其面积排除在球化率计算公式（6.8-2）之外。

（6）相邻石墨颗粒处理　采用计算机图像识别形态时，涉及图像的分辨率，分辨率越高，图像识别越精确。当两颗石墨颗粒相邻太近时，如图像分辨率不足够高，就可能将两颗石墨合二为一，影响石墨颗粒圆整度计算结果，进而影响球化率计算结果。因此，用图像法测定球化率时，对相邻石墨颗粒应进行人为干预，确保圆整度计算结果正确。

三、石墨颗粒大小等级及其分布

1. 石墨颗粒大小分级

对石墨颗粒大小的分级，ISO 945-4：2019 完全参照 ISO 945-1 的规定，见表 6.8-3。而 ISO 945-1 的规定是视场中石墨颗粒大小与表 6.8-3 对应的尺寸确定石墨颗粒大小等级。由于金相试样剖面位置的不同，二维视场看到的石墨颗粒最大尺寸一般要小于实际石墨颗粒的最大尺寸，所以允许有少量小于相应等级尺寸的小颗粒石墨。

表 6.8-3 石墨颗粒尺寸分级表

级别/级	100 倍视场下的石墨颗粒尺寸/mm	实际石墨颗粒尺寸/mm
3	25~<50	0.25~<0.5
4	12~<25	0.12~<0.25
5	6~<12	0.06~<0.12
6	3~<6	0.03~<0.06
7	1.5~<3	0.015~<0.03
8	<1.5	<0.015

2. 石墨颗粒分布及表示方法

二维视场看到的石墨颗粒最大尺寸不一定是石墨颗粒的实际最大尺寸，且一般要小于石墨颗粒的实际最大尺寸。有些学者认为，球墨铸铁中石墨颗粒的大小是非常一致的，并建议用二维视场看到的最大石墨颗粒尺寸表示石墨颗粒大小等级。

图 6.8-3 是随意抽取的一个球墨铸铁拉伸试样断口的扫描电镜图像和金相照片。图 6.8-3a 和图 6.8-3b 的断口扫描电镜图像基本上可以反映石墨颗粒的三维最大尺寸，从图像上可以清晰地看到大部分石墨颗粒尺寸为 6 级和 7 级，还有少量的 5 级和 8 级石墨颗粒。因此，球墨铸铁中石墨颗粒的大小往往是不一致的。同一断口的金相照片及其二值化图像见图 6.8-3c 和图 6.8-3d，金相照片中 8 颗石墨为 5 级，93 颗石墨为 6 级，118 颗石墨为 7 级，24 颗石墨为 8 级。对比图 6.8-3 的扫描电镜图像和二维金相图像反映的石墨颗粒分布规律，可以认为：球墨铸铁中石墨颗粒的大小并非是一致的，往往是跨级的，甚至跨多个级别。

因此，在评定石墨颗粒大小等级时，石墨颗粒大小可以是同一级别，也可以是跨级的。另外，由于二维视场看到的石墨颗粒最大尺寸一般要小于实际石墨颗粒的最大尺寸，所以允许有少量小于相应等级尺寸石墨颗粒。

四、石墨颗粒数

在评定球墨铸铁单位面积石墨颗粒数时通常简称石墨颗粒数。实际评定石墨颗粒数时，根本没有区分球形石墨和非球形石墨，欲要区分球形石墨颗粒和非球形石墨颗粒，用计算机图像分析是可行的，但用目测法是不可行的，所以评定的所谓球形石墨颗粒数实际上是石墨颗粒数，其中包括球形石墨和非球形石墨颗粒。因此，ISO 945-4：2109 的名词术语中，就用石墨颗粒数（graphite particle count）取代了球形石墨颗粒数（nodular count）。

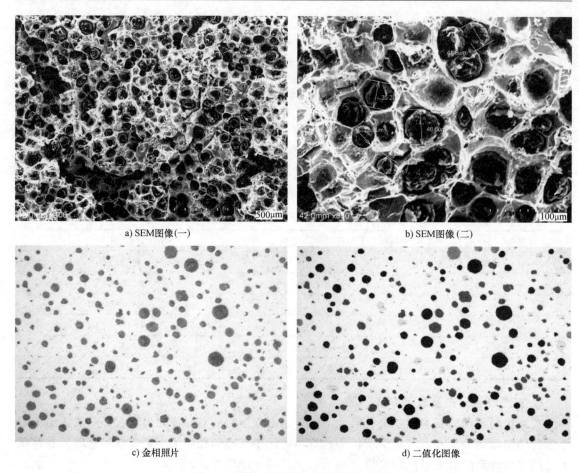

图 6.8-3 球墨铸铁石墨颗粒尺寸分布

球墨铸铁单位面积的石墨颗粒数与最小石墨颗粒尺寸极限密切相关。众所周知，规定的最小石墨颗粒尺寸越小，石墨颗粒数就越多。一般情况下，规定的最小石墨颗粒尺寸为 $10\mu m$，特殊需要可以规定为 $5\mu m$。ISO 945-4：2019 给出了最小石墨颗粒尺寸为 $10\mu m$ 和 $5\mu m$ 的两组参照图。表 6.8-4 是最小石墨颗粒尺寸为 $10\mu m$ 和 $5\mu m$ 时，ISO 945-4：2019 参照图的石墨颗粒数。一般球墨铸铁成分选择在共晶附近，同类基体的球墨铸铁凝固析出的石墨数量是非常接近的。石墨颗粒越小，单位面积颗粒数量就越多。由表 6.8-4 可见，石墨颗粒数越多，最小石墨颗粒尺寸对石墨颗粒数的影响就越大，如最小颗粒尺寸 $10\mu m$ 为 200 颗/mm^2，对应的最小颗粒尺寸 $5\mu m$ 为 230 颗/mm^2（见图 6.8-4）；最小颗粒尺寸 $10\mu m$ 为 1000 颗/mm^2，对应的最小颗粒尺寸 $5\mu m$ 为 2188 颗/mm^2。

表 6.8-4 ISO 945-4：2019 参照图的石墨颗粒数

ISO 945-4:2019 参照图号	最小颗粒尺寸	
	≥$10\mu m$	≥$5\mu m$
	石墨颗粒数/(颗/mm^2)	
图 B.1a	25	31
图 B.1b	50	64

(续)

ISO 945-4:2019 参照图号	最小颗粒尺寸	
	≥10μm	≥5μm
	石墨颗粒数/(颗/mm²)	
图 B.1c	100	116
图 B.1d	150	165
图 B.1e	200	230
图 B.1f	300	350
图 B.1g	400	480
图 B.1h	600	684
图 B.1i	800	1155
图 B.1j	1000	2188

五、结束语

球化率是评定球墨铸铁质量的重要指标，ISO 945-4：2019 规范了采用目测法和图像法评定球墨铸铁球化率。该标准定义石墨颗粒圆整度≥0.6 的石墨颗粒为球形石墨，建立了球化石墨颗粒的数学模型，并规定球形石墨颗粒面积百分数为球化率；该标准对视场的选择、视场边界上石墨颗粒以及相邻石墨颗粒的处理都做了明确规定，减少了人为因素，结果稳定性好，评定结果与原有球化率评定方法保持良好的延续性和一致性。

ISO 945-4：2019 提出了用石墨颗粒数的概念，取代传统的球形石墨颗粒数，使其更符合实际。ISO 945-4：2019 参照 ISO 945-1 标准规定了石墨颗粒大小等级。ISO 945-4：2019 提供了一组球化率评定参照图（球化率50%~95%）和一组石墨颗粒数评定参照图（最小颗粒尺寸≥10μm，为 25 颗/mm²~1000 颗/mm²；最小颗粒尺寸≥5μm，为 31 颗/mm²~2188 颗/mm²）。

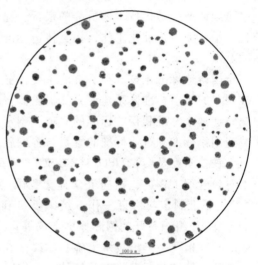

图 6.8-4 最小颗粒尺寸 10μm 和 5μm 对应的石墨颗粒数为 200 颗/mm² 和 230 颗/mm²

附　　录

附录 A　全国铸造标准化技术委员会简介

全国铸造标准化技术委员会（SAC/TC54）是国家标准化管理委员会直属的全国性铸造技术工作机构，负责我国铸造行业的标准化技术管理工作和国际标准化组织（ISO）铸造标准化的国内技术对口管理工作。全国铸造标准化技术委员会成立于1985年，秘书处挂靠在沈阳铸造研究所。

全国铸造标准化技术委员会下设铸钢、铸铁、铸造有色合金、压力铸造、熔模精铸、造型材料、通用基础及工艺、耐磨材料与铸件八个分技术委员会。

全国铸造标准化技术委员会的宗旨：提高铸件产品质量和企业的经济效益，提高铸造标准化水平，完善标准化工作，拓宽铸造标准化工作领域，参与和推进铸造行业的国际标准化活动。

全国铸造标准化技术委员会的主要任务：①负责政府主导制定的由铸造国家标准和行业标准构成的铸造标准体系建设；②提出铸造国家标准、行业标准制定与修订工作计划，负责组织铸造国家标准和行业标准的立项、制定、修订、审查、报批和复审工作；③负责组织开展铸造国家标准和行业标准的宣贯与咨询服务工作；④承担ISO/TC25（国际标准化组织/铸铁及生铁技术委员会）、ISO/TC17/SC11（国际标准化组织/钢/铸钢分技术委员会）的国内技术对口管理工作，包括向ISO提交我国的铸造国际标准提案，组织有关单位和专家承担ISO铸造标准制定与修订工作，组织委员和专家参加ISO/TC25、ISO/TC17/SC11及其他相关的ISO/TC组织召开的国际标准会议等；⑤贯彻国家标准化工作的方针、政策，结合铸造行业的实际情况，提出技术措施和建议；⑥承担国家市场监督管理总局和国家标准化管理委员会委托办理的与标准化有关的其他工作。

全国铸造标准化技术委员会成立30多年来，在国家标准化管理委员会直接领导和支持下，共组织制定和修订了铸造国家标准、行业标准350余项。目前，在积极加快新标准立项工作的同时，全国铸造标准化技术委员会还积极组织对旧标准的修订工作，铸造标准体系得到了补充和完善，为铸造行业的持续发展提供了有力的技术支持和保障。ISO于2019年5月正式发布了由全国铸造标准化技术委员会首次组织国内铸造企业制定的国际标准ISO 945-4：2019 *Microstructure of cast irons—Part 4：Test method for evaluating nodularity in spheroidal graphite cast irons*（中文名：《铸铁金相组织　第4部分：球墨铸铁球化率评定方法》），ISO 945-4：2019的发布标志着我国铸铁和生铁领域在实质性参与国际标准化工作程度和实效上取得了重要的突破，对提高我国铸铁和生铁材料水平及其检验水平起到了积极的促进作用，为我国今后参与国际标准的制定和国际标准方面的合作创造了有利条件。

标准的生命和价值在于实施，标准的宣贯是标准实施的重要步骤。全国铸造标准化技术委员会采取了多种方式加强标准的宣贯工作。一是组织专家撰写标准解读文章并在《铸造》杂志上刊登；二是组织编写出版《铸造标准应用手册》；三是自2009年开始，连续举办了十二届"中国铸造质量标准论坛"。这些宣贯工作可使相关人员更好地掌握和使用标准,对提高企业的经济效益和社会效益起到了积极的推动作用。

全国铸造标准化技术委员会积极宣传标准对企业、行业乃至国家的重要影响,充分发挥其组织和协调作用,调动企事业单位积极提出新的铸造国家标准、行业标准和国际标准项目,积极参与铸造国家标准、行业标准和国际标准的制定与修订工作。全国铸造标准化技术委员会将以《国家标准化发展纲要》为指引,努力完成"铸造标准化十四五规划"确定的工作目标,以高质量的标准引领和支撑我国铸造行业高质量发展。

第七届全国铸造标准化技术委员会（SAC/TC 54）

主任委员：娄延春

副主任委员：南 海　吴智信　谢华生　王成刚

委　　员（按姓氏笔画排序）：卜 伟　马 波　王 海　王进兴　王泽华　尹绍奎

冯志军　朱世根　刘洪汇　刘统洲　孙忠诚　苏仕方

李 卫　李锋军　吴铁明　沈永华　宋 量　宋建辉

张世明　张志勇　武玉平　周建新　郜业见　俞旭如

祝建勋　夏少华　原晓雷　常移迁　阎峰云　董显明

蒋春宏　游国强　谭锁奎　翟启杰　熊 鹰　薛 涛

全国铸造标准化技术委员会秘书处

秘书长：苏仕方（兼）

秘　书：张 寅　朱家辉　秦广华

电　话：024-25644943　024-25852311-395

网　站：www.sactc54.cn

附录 B　铸造国家标准和行业标准

现行的铸造国家标准和行业标准见表 B-1 和表 B-2。

表 B-1　现行的铸造国家标准

序号	标准号	标准名称
1	GB/T 1173—2013	铸造铝合金
2	GB/T 1174—2022	铸造轴承合金
3	GB/T 1175—2018	铸造锌合金
4	GB/T 1176—2013	铸造铜及铜合金
5	GB/T 1177—2018	铸造镁合金
6	GB/T 1348—2019	球墨铸铁件
7	GB/T 2100—2017	通用耐蚀钢铸件
8	GB/T 2684—2009	铸造用砂及混合料试验方法

（续）

序号	标准号	标准名称
9	GB/T 5611—2017	铸造术语
10	GB/T 5612—2008	铸铁牌号表示方法
11	GB/T 5613—2014	铸钢牌号表示方法
12	GB/T 5677—2018	铸件　射线照相检测
13	GB/T 5678—2013	铸造合金光谱分析取样方法
14	GB/T 5680—2010	奥氏体锰钢铸件
15	GB/T 6060.1—2018	表面粗糙度比较样块　第1部分:铸造表面
16	GB/T 6414—2017	铸件　几何公差、尺寸公差与机械加工余量
17	GB/T 6614—2014	钛及钛合金铸件
18	GB/T 6967—2009	工程结构用中、高强度不锈钢铸件
19	GB/T 7143—2010	铸造用硅砂化学分析方法
20	GB/T 7216—2009	灰铸铁金相检验
21	GB/T 7233.1—2009	铸钢件　超声检测　第1部分:一般工程用途铸钢件
22	GB/T 7233.2—2010	铸钢件　超声检测　第2部分:高承压铸钢件
23	GB/T 7659—2010	焊接结构用铸钢件
24	GB/T 8063—2017	铸造有色金属及其合金牌号表示方法
25	GB/T 8263—2010	抗磨白口铸铁件
26	GB/T 8491—2009	高硅耐蚀铸铁件
27	GB/T 8492—2014	一般用途耐热钢和合金铸件
28	GB/T 9437—2009	耐热铸铁件
29	GB/T 9438—2013	铝合金铸件
30	GB/T 9439—2010	灰铸铁件
31	GB/T 9440—2010	可锻铸铁件
32	GB/T 9441—2021	球墨铸铁金相检验
33	GB/T 9442—2010	铸造用硅砂
34	GB/T 9443—2019	铸钢铸铁件　渗透检测
35	GB/T 9444—2019	铸钢铸铁件　磁粉检测
36	GB/T 11346—2018	铝合金铸件射线照相检测　缺陷分级
37	GB/T 11351—2017	铸件重量公差
38	GB/T 11352—2009	一般工程用铸造碳钢件
39	GB/T 12214—2019	熔模铸造用硅砂、粉
40	GB/T 12215—2019	熔模铸造用铝矾土砂、粉
41	GB/T 13818—2009	压铸锌合金
42	GB/T 13819—2013	铜及铜合金铸件
43	GB/T 13820—2018	镁合金铸件
44	GB/T 13821—2009	锌合金压铸件

(续)

序号	标准号	标准名称
45	GB/T 13822—2017	压铸有色合金试样
46	GB/T 13925—2010	铸造高锰钢金相
47	GB/T 14235.1—2018	熔模铸造低温模料 第1部分:物理性能试验方法
48	GB/T 14235.2—2018	熔模铸造低温模料 第2部分:使用性能试验方法
49	GB/T 14408—2014	一般工程与结构用低合金铸钢件
50	GB/T 15056—2017	铸造表面粗糙度 评定方法
51	GB/T 15073—2014	铸造钛及钛合金
52	GB/T 15114—2009	铝合金压铸件
53	GB/T 15115—2009	压铸铝合金
54	GB/T 15116—2022	压铸铜合金及铜合金压铸件
55	GB/T 16253—2019	承压钢铸件
56	GB/T 16746—2018	锌合金铸件
57	GB/T 17445—2022	铸造磨球
58	GB/T 23301—2009	汽车车轮用铸造铝合金
59	GB/T 24597—2009	铬锰钨系抗磨铸铁件
60	GB/T 24733—2009	等温淬火球墨铸铁件
61	GB/T 25138—2010	检定铸造粘结剂用标准砂
62	GB/T 25139—2010	铸造用泡沫陶瓷过滤网
63	GB/T 25746—2010	可锻铸铁金相检验
64	GB/T 25747—2022	镁合金压铸件
65	GB/T 25748—2010	压铸镁合金
66	GB/T 26648—2011	奥氏体铸铁件
67	GB/T 26649—2011	镁合金汽车车轮铸件
68	GB/T 26650—2011	摩托车和电动自行车用镁合金车轮铸件
69	GB/T 26651—2011	耐磨钢铸件
70	GB/T 26652—2011	耐磨损复合材料铸件
71	GB/T 26653—2011	排气岐管铸铁件
72	GB/T 26654—2011	汽车车轮用铸造镁合金
73	GB/T 26655—2022	蠕墨铸铁件
74	GB/T 26656—2011	蠕墨铸铁金相检验
75	GB/T 26657—2011	砂型烘干炉能耗评定
76	GB/T 26658—2011	消失模铸件质量评定方法
77	GB/T 26659—2011	铸造用再生硅砂
78	GB/T 28702—2012	球墨铸铁用球化剂
79	GB/T 31203—2014	乘用车用铝合金车轮铸件
80	GB/T 31204—2014	熔模铸造碳钢件

(续)

序号	标准号	标准名称
81	GB/T 31205—2014	耐磨耐蚀铸钢件
82	GB/T 32238—2015	低温承压通用铸钢件
83	GB/T 32247—2015	低温铁素体球墨铸铁件
84	GB/T 32251—2015	熔模精铸工艺 污染物的控制
85	GB/T 32252—2015	熔模精铸工艺 通用技术导则
86	GB/T 32255—2015	高温承压马氏体不锈钢和合金钢通用铸件
87	GB/T 34904—2017	球墨铸铁件 超声检测
88	GB/T 36518—2018	镍及镍合金铸件
89	GB/T 36589—2018	铸件 工业计算机层析成像（CT）检测
90	GB/T 38222—2019	工程结构用中、高强度不锈钢铸件金相检验
91	GB/T 38223—2019	奥氏体不锈钢铸件中铁素体含量测定方法
92	GB/T 38440—2019	铸铁楔压强度试验方法
93	GB/T 38441—2019	生铁及铸铁 铬、铜、镁、锰、钼、镍、磷、锡、钛、钒和硅的测定 电感耦合等离子体原子发射光谱法
94	GB/T 39314—2020	铝合金石膏型铸造通用技术导则
95	GB/T 39330—2020	钛合金铸件表面处理技术规范
96	GB/T 39428—2020	砂型铸钢件 表面质量目视检测方法
97	GB/T 39638—2020	铸件 X射线数字成像检测
98	GB/T 40738—2021	熔模铸造 硅溶胶快速制壳工艺规范
99	GB/T 40800—2021	铸钢件焊接工艺评定规范
100	GB/T 40802—2021	通用铸造碳钢和低合金钢铸件
101	GB/T 40805—2021	铸钢件 交货验收通用技术条件
102	GB/T 40809—2021	铸造铝合金 半固态流变压铸成形工艺规范
103	GB/T 41160—2022	铸造工具钢
104	GB/T 41162—2022	特殊物理性能合金钢铸件
105	GB/T 41972—2022	铸铁件 铸造缺陷分类及命名

表 B-2 现行的铸造行业标准

序号	标准号	标准名称
1	JB/T 2435—2013	铸造工艺符号及表示方法
2	JB/T 2980.1—1999*	熔模铸造型壳高温热变形试验方法
3	JB/T 3828—2013	铸造用热芯盒树脂
4	JB/T 4007—2018	熔模铸造涂料试验方法
5	JB/T 4153—1999*	型壳高温透气性试验方法
6	JB/T 4394—2016	稀土镁硅合金 稀土总量、硅、总镁和氧化镁的化学分析方法
7	JB/T 5105—2022	铸件模样 起模斜度
8	JB/T 5106—1991*	铸件模样型芯头 基本尺寸

(续)

序号	标准号	标准名称
9	JB/T 5108—2018	铸造黄铜金相检验
10	JB/T 6246—1992*	实验室震摆式筛砂仪
11	JB/T 6248—1992*	记录式发气性测定仪
12	JB/T 6953—2018	铸造冲天炉烟尘排放限量
13	JB/T 6983—1993*	铸件材料消耗工艺定额计算方法
14	JB/T 6984—2013	铸造用铬铁矿砂
15	JB/T 6985—1993*	铸造用镁橄榄石砂
16	JB/T 7441—1994*	涡洗式洗砂仪
17	JB/T 7526—2008	铸造用自硬呋喃树脂
18	JB/T 7699—2022	铸造用木制模样和芯盒技术条件
19	JB/T 7945.1—2018	灰铸铁力学性能试验方法 第1部分:拉伸试验
20	JB/T 7945.2—2018	灰铸铁力学性能试验方法 第2部分:弯曲试验
21	JB/T 7946.1—2017	铸造铝合金金相 第1部分:铸造铝硅合金变质
22	JB/T 7946.2—2017	铸造铝合金金相 第2部分:铸造铝硅合金过烧
23	JB/T 7946.3—2017	铸造铝合金金相 第3部分:铸造铝合金针孔
24	JB/T 7946.4—2017	铸造铝合金金相 第4部分:铸造铝铜合金晶粒度
25	JB/T 8583—2008	铸造用覆膜砂
26	JB/T 8834—2013	铸造覆膜砂用酚醛树脂
27	JB/T 8835—2013	砂型铸造用水玻璃
28	JB/T 9219—2016	球墨铸铁 超声声速测定方法
29	JB/T 9220—2023**	铸造化铁炉炉渣化学分析方法（代替 JB/T 9220.1—1999 ~ JB/T 9220.11—1999）
30	JB/T 9221—2017	铸造用湿型砂有效膨润土及有效煤粉试验方法
31	JB/T 9222—2008	湿型铸造用煤粉
32	JB/T 9223—2013	铸造用锆砂、粉
33	JB/T 9226—2008	砂型铸造用涂料
34	JB/T 9227—2013	铸造用膨润土（代替 JB/T 9227—1999、JB/T 9225—1999）
35	JB/T 10854—2019	水平连续铸造铸铁型材
36	JB/T 10973—2010	艺术铸造雕塑件
37	JB/T 10974—2010	艺术铸造乐器
38	JB/T 10974—2010	艺术铸造响器
39	JB/T 11733—2013	熔模铸造用煅烧高岭土砂粉
40	JB/T 11734—2013	石膏型熔模铸造用铸型粉
41	JB/T 11735—2014	铝合金锌合金压铸生产安全技术要求
42	JB/T 11736—2014	镁合金压铸件精整机加工通风降尘安全规范
43	JB/T 11737—2014	镁合金压铸块状废料回收工艺规范
44	JB/T 11738—2013	铸造用三乙胺冷芯盒法树脂

(续)

序号	标准号	标准名称
45	JB/T 11739—2013	铸造用自硬碱性酚醛树脂
46	JB/T 11842—2014	铸造磨段
47	JB/T 11843—2014	耐磨损球墨铸铁件
48	JB/T 11844—2014	实型铸铁件表面质量评定方法
49	JB/T 11845—2014	实型铸造用模样EPS板材
50	JB/T 11846—2014	消失模铸造模样材料 STMMA 可发性共聚树脂
51	JB/T 11994—2014	铸造用高纯生铁
52	JB/T 11995—2014	铸造企业清洁生产综合评价方法
53	JB/T 12281—2015	铁型覆砂造型机
54	JB/T 12282—2015	连续铸造铸铁空心型材
55	JB/T 12283—2015	饮用水系统零部件用黄铜铸件
56	JB/T 12379—2015	一般工程用耐腐蚀双相(奥氏体—铁素体)不锈钢铸件
57	JB/T 12380—2015	承压部件用耐腐蚀双相(奥氏体—铁素体)不锈钢铸件
58	JB/T 13037—2017	覆膜砂高温性能试验方法
59	JB/T 13038—2017	铸造湿型砂用混配粘结剂
60	JB/T 13039—2017	铸造用低氨覆膜砂
61	JB/T 13040—2017	铸造用发热保温冒口套
62	JB/T 13041—2018	铸造用废旧不锈钢压块
63	JB/T 13042—2018	铸造用再生不锈钢和耐热钢 母合金
64	JB/T 13043—2017	铸造用球形陶瓷砂
65	JB/T 13044—2017	耐热钢排气歧管铸件
66	JB/T 13082—2017	有色合金铸造用无机粘结剂覆膜湿态砂
67	JB/T 13412—2018	熔模铸造型壳抗弯强度试验方法(代替 JB/T 2980.2—1999)
68	JB/T 13472—2018	球墨铸铁用球化包芯线
69	JB/T 13746—2019	铜艺术铸件铸造缺陷补焊修正技术规范
70	JB/T 13747—2020	砂型铸造 生产过程安全操作规范

注：标注"*"为即将更新标准；标注"**"预计2023年发布。

附录C ISO铸造标准和ASTM铸造标准

常用的ISO铸造标准和ASTM铸造标准见表C-1和表C-2。

表C-1 ISO铸造标准

序号	标准号	标准中文名称
1	ISO 10679：2019	铸造工具钢
2	ISO 11970：2016	铸钢件焊接工艺流程规范
3	ISO 11971：2020	铸钢件表面质量目视检测法

(续)

序号	标准号	标准中文名称
4	ISO 11972:2015	一般用途耐蚀铸钢
5	ISO 11973:2015	一般用途耐热铸钢及合金
6	ISO 13520:2015	奥氏体不锈钢铸件中铁素体含量的测定
7	ISO 13521:2015	奥氏体锰钢铸件
8	ISO 13583-1:2015	离心铸钢件及合金件 第1部分:一般试验及公差
9	ISO 13583-2:2015	离心铸钢件及合金件 第2部分:耐热材料
10	ISO 14737:2021	一般用途铸造碳钢及低合金钢
11	ISO 16468:2015	熔模铸件 (钢、镍合金件和钴合金)一般技术要求
12	ISO 19959:2020	熔模铸件 铸钢件、镍合金件和钴合金件表面质量目视检测法
13	ISO 19960:2015	特殊物理性能合金钢铸件
14	ISO 4986:2020	铸钢件磁粉检测
15	ISO 4987:2020	铸钢件渗透检测
16	ISO 4990:2015	铸钢件交货验收通用技术条件
17	ISO 4991:2015	承压钢铸件
18	ISO 4992-1:2020	铸钢件超声检测 第1部分:一般用途铸钢件
19	ISO 4992-2:2020	铸钢件超声检测 第2部分:高强度铸钢件
20	ISO 4993:2015	钢铁铸件 X射线照相检验
21	ISO 9477:2015	一般工程与结构用高强度铸钢
22	ISO 7003:1990	铸钢牌号表示方法
23	ISO 185:2020	灰铸铁 分类
24	ISO 1083:2018	球墨铸铁 分类
25	ISO 2892:2007	奥氏体铸铁 分类
26	ISO 5922:2005	可锻铸铁
27	ISO 945-1:2019	铸铁金相组织 第1部分:石墨分类目视检测法
28	ISO 945-4:2019	铸铁金相组织 第4部分:球墨铸铁球化率评定方法
29	ISO 9147:1987	生铁的定义与分类
30	ISO 16112:2017	蠕墨铸铁 分类
31	ISO 17804:2020	铸造 等温淬火球墨铸铁 分类
32	ISO 21988:2006	抗磨铸铁 分类
33	ISO/TR 945-2:2011	铸铁金相组织 第2部分:石墨分类图像分析法
34	ISO/TR 945-3:2016	铸铁金相组织 第3部分:基体组织
35	ISO/TR 10809-1:2009	铸铁 第1部分:设计材料和性能
36	ISO/TR 10809-2:2011	铸铁 第2部分:焊接
37	ISO/TR 15931:2004	铸铁和生铁的命名方法
38	ISO/TR 16078:2013	铸铁 铸件缺陷的分类和命名
39	ISO 10049:2019	铝合金铸件 疏松目视检测法

(续)

序号	标准号	标准中文名称
40	ISO 3522:2007	铝合金镁合金铸件化学成分和力学性能

表 C-2 ASTM 铸造标准

序号	标准号	标准中文名称
1	ASTM A27—2020	一般用途碳钢铸件标准规范
2	ASTM A47/A47M—1990(2018)e1	铁素体可锻铁铸件标准规范
3	ASTM A48/A48M—2022	灰铸铁件标准规范
4	ASTM A128—2019	奥氏体锰钢铸件标准规范
5	ASTM A148/A148M—2020e1	结构用高强度钢铸件标准规范
6	ASTM A159—1983(2020)	汽车用灰铸铁件标准规范
7	ASTM A216/A216M—2021	适于熔焊的高温用碳钢铸件标准规范
8	ASTM A217/A217M—2022	用于高温承压零件的马氏体不锈钢和合金钢铸件标准规范
9	ASTM A220/A220M—1999(2018)e1	珠光体可锻铸铁标准规范
10	ASTM A242/A242M—2013(2018)	高强度低合金结构钢标准规范
11	ASTM A247—2019	铁铸件中石墨显微结构评定试验方法
12	ASTM A278/A278M—2001(2020)	650°F(350℃)以下的含压力部件用灰铸铁件标准规范
13	ASTM A295/A295M—2014(2020)	高碳抗摩擦轴承钢标准规范
14	ASTM A327/A327M—2022	铸铁冲击试验方法
15	ASTM A319—1971(2020)	高温非承压部件用灰铸铁件标准规范
16	ASTM A367—2022	铸铁的激冷试验方法
17	ASTM A389/A389M—2013(2018)	用于高温承压零件的经特殊热处理的合金钢铸件标准规范
18	ASTM A395/A395M—1999(2018)	高温用铁素体球墨铸铁承压铸件标准规范
19	ASTM A436—1984(2020)	奥氏体灰铸铁件标准规范
20	ASTM A439/A439M—2018	奥氏体球墨铸铁件标准规范
21	ASTM A447/A447M—2011(2021)	高温用铬-镍-铁合金钢(25-12级)铸件标准规范
22	ASTM A487/A487M—2021	承压用铸钢件标准规范
23	ASTM A488/A488M—2018e2	评定铸钢件焊接规程和焊工资格的标准实施方法
24	ASTM A494/A494M—2022	镍和镍合金铸件标准规范
25	ASTM A518/A518M—1999(2018)	高硅耐蚀铸铁件标准规范
26	ASTM A532/A532M—2010(2019)	抗磨铸铁标准规范
27	ASTM A536—1984(2019)e1	球墨铸铁件标准规范
28	ASTM A560/A560M—2012(2018)	铬-镍合金铸件标准规范
29	ASTM A571/A571M—2001(2019)	低温承压部件用奥氏体球墨铸铁件标准规范
30	ASTM A597/A597M—2014(2020)	铸造工具钢标准规范
31	ASTM A602—1994(2018)	汽车可锻铸铁件标准规范
32	ASTM A609/A609M—2012(2018)	碳素钢、低合金钢和马氏体不锈钢铸件及其超声检测的标准实施规范

(续)

序号	标准号	标准中文名称
33	ASTM A644—2017	铸铁件标准术语
34	ASTM A667/A667M—1987(2018)	离心铸造双金属(灰口和白口铸铁)缸体标准规范
35	ASTM A681—2008(2015)	合金钢工具
36	ASTM A686—1992(2016)	碳素工具钢
37	ASTM A703/A703M—2020a	承压零件用铸钢件通用要求标准规范
38	ASTM A732/A732M—2020	一般用途熔模铸造碳钢和低合金钢及高温用高强度钴合金钢铸件标准规范
39	ASTM A743/A743M—2021	一般用途铁-铬和铁-铬-镍耐蚀合金铸件标准规范
40	ASTM A744/A744M—2021a	用于危险工况的铁-铬-镍耐蚀合金铸件标准规范
41	ASTM A747/A747M—2018	沉淀硬化不锈钢铸件标准规范
42	ASTM A748/A748M—1987(2018)	压力容器用静力铸造冷硬白口铸铁-灰铸铁双金属轧辊标准规范
43	ASTM A781/A781M—2021	一般工业用钢和合金铸件的通用技术条件
44	ASTM A799/A799M—2010(2020)	估算铁素体含量用仪器校准不锈钢铸件标准实施规程
45	ASTM A800/A800M—2020	评估奥氏体合金钢铸件中铁素体含量的标准实施规程
46	ASTM A802—2019	铸钢件表面验收和外观检验的标准实施规范
47	ASTM A823—1999(2019)	静态金属型铸造灰铸铁件标准规范
48	ASTM A834—1995(2020)	一般工业用铸铁件通用要求标准规范
49	ASTM A842—2011a	蠕墨铸铁件标准规范
50	ASTM A866—2018	中碳抗磨轴承钢标准规范
51	ASTM A874/A874M—1998(2018)e1	低温用铁素体球墨铸铁件标准规范
52	ASTM A890/A890M—2018a	一般用途铁-铬-镍-钼双相(奥氏体/铁素体)耐蚀合金铸件标准规范
53	ASTM A897/A897M—2016	等温淬火球墨铸铁件标准规范
54	ASTM A903/A903M—1999(2017)	铸钢件磁粉和液体渗透检验的表面验收标准规范
55	ASTM A915/A915M—2008(2018)	化学成分要求类似于标准锻造牌号的碳钢和合金钢铸件标准规范
56	ASTM A957/A957M—2021	一般工业用熔模铸造铸钢和合金铸件的通用技术要求标准规范
57	ASTM A958/A958M—2017	具有类似于标准锻造牌号的拉伸性能和化学成分要求的碳钢和合金钢铸件标准规范
58	ASTM A985/A985M—2021	用于承压零件的熔模铸造铸钢件通用技术要求标准规范
59	ASTM A990/A990M—2014a	用于在腐蚀性环境中工作的承压零件的、需进行特殊检验的铁-镍-铬合金和镍合金铸件标准规范
60	ASTM A995/A995M—2020	用于承压零件的奥氏体-铁素体(双相)不锈钢铸件标准规范
61	ASTM A997—2008(2018)	熔模铸件目视检查的表面验收标准的标准实施规程
62	ASTM A1001—2018	厚壁高强度铸钢件标准规范
63	ASTM A1002—2016(2020)	镍-铝有序合金铸件标准规范
64	ASTM A1067/A1067M—2012a(2018)	铸钢件用试验试样标准规范

(续)

序号	标准号	标准中文名称
65	ASTM A1095—2015(2019)	高硅钼铁素体铸铁件标准规范
66	ASTM B22/B22M—2017	桥梁和转台用青铜铸件标准规范
67	ASTM B26/B26M—2018e1	铝合金砂型铸件标准规范
68	ASTM B37—2018	钢铁制造用铝标准规范
69	ASTM B62—2017	合成青铜或益司(铜币)合金铸件标准规范
70	ASTM B66—2015(2021)	用于蒸汽机车耐磨零件的青铜铸件标准规范
71	ASTM B80—2015	镁合金砂型铸件标准规范
72	ASTM B85/B85M—2018e1	铝合金压铸件标准规范
73	ASTM B86—2018e1	锌和锌铝(ZA)合金砂型铸件和压铸件标准规范
74	ASTM B93/B93M—2021	砂型铸件、金属型铸件和压铸件用镁合金铸锭标准规范
75	ASTM B94—2018	镁合金压铸件标准规范
76	ASTM B108/B108M—2019	铝合金金属型铸件标准规范
77	ASTM B148—2018	铝青铜砂型铸件标准规范
78	ASTM B176—2018	铜合金压铸件标准规范
79	ASTM B179—2018	所有铸造工艺生产的铸件的铝合金锭和熔体标准规范
80	ASTM B199—2017	镁合金金属型铸件标准规范
81	ASTM B208—2014(2021)	制备砂型铸造、金属型铸造、离心铸造和连续铸造铜合金铸件拉伸试验试样制备规程
82	ASTM B224—2016	铜的分类
83	ASTM B240—2022	铸件和压铸件用锌和锌-铝(Zn-Al)合金铸锭标准规范
84	ASTM B271/B271M—2018	铜基合金离心铸件标准规范
85	ASTM B296—2020	铸造和锻造镁合金回火代号的标准实施规程
86	ASTM B320—1960(2019)	铸铁件电镀准备的标准实施办法
87	ASTM B327—2021	锌合金压铸件用母合金标准规范
88	ASTM B367—2022	钛及钛合金铸件标准规范
89	ASTM B369/B369M—2020	铜-镍合金铸件标准规范
90	ASTM B403—2020	镁合金熔模铸件标准规范
91	ASTM B505/B505M/—2018	铜合金连续铸件标准规范
92	ASTM B557—2015	锻造和铸造铝合金和镁合金制品的拉伸试验方法
93	ASTM B584—2014(2022)	一般用途铜合金砂型铸件标准规范
94	ASTM B607—2021	工程用自动催化镍硼铸件标准规范
95	ASTM B618/B618M—18e1	铝合金熔模铸件标准规范
96	ASTM B660—2021	铝及镁制品的封装/包装标准规范
97	ASTM B661—2012(2020)	镁合金热处理规程
98	ASTM B686/B686M—2018	高强度铝合金铸件标准规范
99	ASTM B752/B752M—2022	一般用途锆基耐蚀合金铸件标准规范

(续)

序号	标准号	标准中文名称
100	ASTM B763/B763M—2015(2022)	阀门用铜合金砂型铸件标准规范
101	ASTM B770—2021	一般用途铜铍合金砂型铸件标准规范
102	ASTM B806—2014(2022)	一般用途铜合金金属型铸件标准规范
103	ASTM B824—2017	铜合金铸件通用技术要求标准规范
104	ASTM B881—2017	铝及镁合金制品的标准术语
105	ASTM B894—2017	锌铜铝合金压铸件标准规范
106	ASTM B949—2018	锌及锌合金制品通用技术要求标准规范
107	ASTM B951—2011(2018)	铸造和锻造纯镁及镁合金汇编用标准实施规范
108	ASTM B953—2021	光谱化学分析用镁和镁合金取样的标准实施规范
109	ASTM B954—2015	用原子发射光谱法分析镁和镁合金的标准试验方法
110	ASTM B955/B955M—2018	铝合金离心铸件标准规范
111	ASTM E8/E8M—2015a	金属材料拉伸试验方法
112	ASTM E10—2018	金属材料布氏硬度试验方法
113	ASTM E125—1963(2018)	铸铁件的磁粉检测用标准参考底片
114	ASTM E155—2020	铝、镁铸件检验用标准参考射线底片
115	ASTM E192—2020	航空航天用熔模铸钢件的标准参考射线底片
116	ASTM E23—2018	金属材料切口试棒冲击试验的标准试验方法
117	ASTM E272—2021	高强度铜基和镍-铜合金铸件的标准参考射线底片
118	ASTM E280—2021	厚壁[(4.5in~12in(114mm~305mm)]铸钢件的参考射线底片
119	ASTM E310—2021	锡青铜铸件的标准参考射线底片
120	ASTM E446—2020	厚度不超过2in(50.8mm)的铸钢件的标准参考射线底片
121	ASTM E505—2015	铝和镁压铸件检验用标准参考射线底片
122	ASTM E689—2020	球墨铸铁件的标准参考射线底片
123	ASTM E1030/E1030M—2021	金属铸件的X射线照相检验的试验方法
124	ASTM E1320—2020	钛铸件用标准参考射线底片
125	ASTM E1351—2001(2020)	现场金相复制品的生产和评定标准实施规范
126	ASTM E1734—2016a	铸件照相检验的标准实施规范
127	ASTM E1999—2018	使用火花原子发射光谱测定法对铸铁进行分析的试验方法
128	ASTM E2422—2017	铝铸件检验用标准数字参考图像
129	ASTM E2660—2017	航空航天用熔模铸钢件的标准数字参考图像